Lothar Gail · Hans-Peter Hortig (Hrsg.)

Reinraumtechnik

Springer

Berlin
Heidelberg
New York
Barcelona
Hongkong
London
Mailand
Paris
Tokio

L. Gail · H.-P. Hortig (Hrsg.)

Reinraumtechnik

Mit 245 Abbildungen

 Springer

Dr. Lothar Gail

Siemens Axiva GmbH & Co. KG
Industriepark Höchst, G 810
65926 Frankfurt/Main

Prof. Dr. Hans-Peter Hortig

Wickerer Weg 8
65795 Hattersheim

ISBN 3-540-66885-3 Springer-Verlag Berlin Heidelberg New York

Die Deutsche Bibliothek – CIP-Einheitsaufnahme
Reinraumtechnik / Hrsg.: Lothar Gail ; Hans-Peter Hortig. – Berlin ; Heidelberg ; New York ;
Barcelona ; Hongkong ; London ; Mailand ; Paris ; Tokio : Springer, 2002
(VDI-Buch)
ISBN 3-540-66885-3

Springer-Verlag Berlin Heidelberg New York
ein Unternehmen der BertelsmannSpringer Science+Business Media GmbH

http://www.springer.de

© Springer-Verlag Berlin Heidelberg 2002
Printed in Germany

Datenkonvertierung und Satz: PTP-Berlin, Berlin
Einbandgestaltung: Struve & Partner, Heidelberg

Gedruckt auf säurefreiem Papier   SPIN: 10554433   68/3021 gm – 5 4 3 2 1 0

Einführung

Wie schützt man einen Arbeitsplatz vor Kontamination durch die Umgebung? Wie schützt man ihn vor luftgetragenen Partikeln, vor Mikrokontamination? Die Antwort, die W. Whitfield von der Sandia Corporation in den sechziger Jahren auf diese Fragen gab, wurde unter dem Begriff des „Laminar flow" bekannt und markiert bis heute den Einstieg in die moderne Reinraumtechnik.

Die Entwicklung ist dabei nicht stehengeblieben. Innerhalb von weniger als drei Jahrzehnten ist aus diesem Ansatz eine Technologie hervorgegangen, die den Aufstieg neuer, bedeutender Industrien ermöglicht hat. Ohne feste Anbindung innerhalb der angewandten Technik ist ein Fachgebiet entstanden, das binnen kurzem zum Synonym technischen Fortschritts geworden ist, ein Gebiet mit einer Vielzahl von Teilaufgaben und Anwendungen, das nicht mehr leicht zu überblicken ist.

Was ist neu an der Reinraumtechnik? Was macht ihre Bedeutung aus? Man hatte gelernt, dass empfindliche Prozesse der Pharmazie und der Mikroelektronik nur dann mit der gewünschten Sicherheit und Ausbeute durchzuführen sind, wenn es gelingt, Mikrokontaminationen unterschiedlicher Art vom Prozess fernzuhalten.

Die Reinraumtechnik erweiterte die klassischen Aufgaben der Hygiene auf jede Art von Mikrokontamination – partikulärer und molekularer Natur. Aus dieser Erweiterung folgten neue Fragen: Welche Kontaminationsquellen sind zu beachten? Welchen Einfluss haben sie einzeln und gemeinsam auf das Prozessgeschehen? Wie lassen sich einzelne Kontaminationsmechanismen beherrschen? Wie werden Kontaminationen analytisch bestimmt? Wie empfindlich sind die Analysenverfahren?

Anfangs vorwiegend zur Überprüfung von Reinräumen eingesetzt, bewährten sich Streulicht-Partikelzähler bald auch als optimale Systeme zur Überprüfung der Leckdichtigkeit von Hochleistungs-Schwebstofffiltern. Als hochempfindliche on-line-Methode setzt man die Partikelmesstechnik inzwischen aber auch zunehmend ein, um Reinräume und Arbeitszonen kontinuierlich zu überwachen.

Schon die präzise Definition und Analytik von Mikrokontamination kann extrem aufwendig sein und wesentliche Konsequenzen für die gesamte Prozessführung haben. Die Spezifikation von Anforderungen an die Beherrschung der Mikrokontamination wird deshalb zu Recht als die zentrale Aufgabe der Reinraumplanung angesehen.

Bei der Definition von Reinraum-Spezifikationen geht es immer auch um den Gesichtspunkt der Wirtschaftlichkeit. Zur optimalen Spezifikation gehört somit vor allem, dass die Anforderungen für jede der einzelnen Kontaminationsquellen richtig verstanden und umgesetzt werden und eine Gesamtlösung für die Vielfalt an Kontaminationsfaktoren erreicht wird! Aus einer zunächst fest mit der Raumlufttechnik verbundenen Reinraumtechnik ist dabei längst ein Partner für die Prozessentwicklung geworden, und zwar immer da, wo die Prozessumgebung einen kritischen Qualitätsfaktor darstellt. Die luftgetragene Kontamination hängt eben nicht alleine von der Qualität der raumlufttechnischen Anlagen ab, sondern ebenso vom Personal, von der Personalbekleidung, von Transportvorgängen und Produktionseinrichtungen.

Die verbesserte Abgrenzung kritischer Bereiche hängt schließlich auch eng mit dem Energieverbrauch von Reinraumanlagen zusammen. Das Bemühen um die Senkung der Betriebskosten führt schon seit Jahren zur schrittweisen Ablösung der traditionellen Konzepte zentraler Raumlufttechnik. Wo es nicht primär um die thermodynamische, sondern um reinraumtechnische Luftbehandlung geht, bietet die dezentrale Luftbehandlung erhebliche Vorteile. In der Form von Filter-Fan-Modulen stehen dafür inzwischen optimierte Systeme zur Verfügung.

Zu den traditionellen Arbeitsgebieten der Reinraumtechnik kommen stetig neue hinzu. Man strebt nach weiter verbesserten Umgebungsbedingungen, d.h. wirksamerem Schutz vor den Einflüssen von Personaltätigkeit und Raumumgebung. Diese Trends führen folgerichtig zu Reinraumkonzepten mit zusätzlichen Barrieren zwischen dem Personalbereich und dem Prozessbereich. Die neuen Minienvironments und Isolatoren führen zu veränderten Fertigungslinien und erfordern Anpassungen im Bereich der technischen Gebäudeausrüstung sowie der Gebäudearchitektur.

Bei der Bewertung prozessspezifischer Kontaminationsrisiken gelangt man in vielen Fällen zu dem Ergebnis, dass das größte Kontaminationsrisiko nicht einmal vom Reinraum selbst, sondern vom Kontakt des Produkts mit gasförmigen und flüssigen Medien ausgeht. Die Anforderungen an jedes dieser Medien werden analog zum Reinraumkonzept spezifiziert: Anlagen, Komponenten, Werkstoffe, Reinigungsverfahren, Prüf-, Abnahme- und Überwachungsverfahren. Die Komplexität derartiger Systeme lässt nur in Ausnahmefällen die Untersuchung einzelner Kontaminationsfaktoren zu.

Ein weiterer Schritt in neue Arbeitsgebiete ergibt sich mit dem für die Mikroelektronik wichtigen Thema der Beherrschung molekularer Kontamination. Die Forderung etwa, die Kontamination der Raumluft durch organische Verbindungen zu begrenzen, führt zu der Forderung, sämtliche Bau- und Ausrüstungsmaterialien auf die Freisetzung organischer Verbindungen hin zu überprüfen.

Die gleiche Technik, die einen besonders wirksamen Schutz des Prozessbereichs bietet, lässt sich auch zum Schutz der Umgebung und des Personals nutzen. Die neuen Barrieretechniken der Reinraumtechnik ermöglichen Arbeitsbereiche, die zum Raum hin offen und dennoch wirksam geschützt sind. Andere Systeme ermöglichen, die Vorteile der Isolatortechnik sogar mit kontinuierlichem Produktfluss zu verbinden. Beides kommt nicht nur dem Produktschutz sondern auch dem Arbeitsschutz zugute.

Mit der Erweiterung ihrer Aufgabenstellungen zeigt die Reinraumtechnik wichtige Parallelen zur Hygiene. Unter dem Begriff der Good Manufacturing Practices (GMP) strebt man danach, alle Einflussgrößen zu kontrollieren, die für die Absicherung einer bestimmten Produktqualität relevant sind. Ein solches Konzept ist nicht auf die Herstellungsabläufe beschränkt, sondern soll mit dem Material- und Personalfluss, dem Schleusenkonzept, der Personalausrüstung und Personalschulung alle qualitätsrelevanten Funktionen erfassen.

Wie integriert man sämtliche Teilfunktionen reinraumtechnischer Systeme? Wie wird sichergestellt, dass eine Anlage mit einer Vielzahl qualitätsbestimmender Funktionen den festgelegten Prozessanforderungen und dem Stand der Technik entspricht, wenn sie zum Betrieb freigegeben wird? Die Qualifizierungskonzepte der Reinraumtechnik müssen bereits in der Konzeptphase für jede Neuanlage greifen und über Planung, Bau und Inbetriebnahme bis zum Nachweis der fortlaufenden Übereinstimmung mit den festgelegten Leistungsmerkmalen fortgeführt werden. Die Absicherung von Qualität im subvisuellen Bereich erfordert eigene Konzepte, und die Erfahrungen mit diesen Konzepten zeigen, wie die Prozesskontrolle auf Kosten der Produktkontrolle dabei ständig an Bedeutung gewinnt.

Die enge Verbindung von Reinraumtechnik und GMP wird auch durch die Aufnahme reinraumtechnischer Spezifikationen in einschlägige prozessorientierte GMP-Regelwerke belegt, wie die GMP-Regelwerke europäischer und US-amerikanischer Behörden für die Sterilproduktion. Reinraumtechnische Normen, etwa für die Raumklassifizierung, werden herangezogen, um Basisanforderungen für die GMP-gerechte Produktion von Arzneimitteln zu definieren.

Reinraumkonzepte werden demnach auch innerhalb der Pharmazie genutzt, um Prozessanforderungen zu definieren. Die Nachteile einer solchen Integration dürfen dabei nicht übersehen werden. In den prozessorientierten Regelwerken wird zwar noch auf die einschlägigen Reinraumregelwerke verwiesen, bei der Spezifikation reinraumtechnischer Anforderungen weicht man jedoch von dem ab, was innerhalb der Reinraumtechnik als Stand der Technik gilt. So entsteht hier durch mangelhafte Anwendung ein wachsender Korrektur- und Deregulierungsbedarf. Die Fachgremien der Reinraumtechnik haben diese Mängel erkannt und sind diesbezüglich tätig geworden. Das internationale Normungsprojekt ISO/TC 209 arbeitet mit großem Druck daran, weltweit akzeptierte Grundregeln der Reinraumtechnik zu erstellen. Elemente dieses Projekts sind nicht nur ein verbessertes Klassifizierungssystem für die Partikelkontamination der Luft, sondern ebenso die Beherrschung der Biokontamination nach dem HACCP-Konzept, die Reinraum-Messtechnik, Planung sowie Bau und Betrieb von Reinraumanlagen.

Das Spektrum der hier behandelten Themen zeigt die Entwicklung der Reinraumtechnik von der Lösung einzelner Kontaminationsprobleme zu umfassenden Technologiekonzepten hin. In dem Maße, wie deutlich wird, dass die Fortschritte der Anwender nicht mehr von einzelnen Verbesserungen abhängen, sondern von Gesamtkonzepten, die alle Werkzeuge der Reinraumtechnik beinhalten, formiert sich auch eine industrielle Infrastruktur, die eben diese Konzepte als Dienstleistung anbietet.

In der vorliegenden Schrift wird versucht, alle wichtigen Teilgebiete und Methoden der Reinraumtechnik darzustellen, um dem Anwender die Orientierung innerhalb dieses innovativen Arbeitsgebietes zu erleichtern. Das Ziel dieses Buches ist, dem Leser aus der Fülle von Teilgebieten genau das Spektrum an Informationen aufzubereiten, das er für den Bau und Betrieb von Reinraumanlagen braucht und das ihm hilft, Reinraumprozesse mit der angestrebten Qualität und Sicherheit zu betreiben. Das Buch versteht sich damit eher als Orientierungshilfe denn als Lehrbuch und richtet sich damit an Reinraumpraktiker aller Fachrichtungen.

Frankfurt, Hattersheim   Lothar Gail
September 2001   Hans-Peter Hortig

Inhaltsverzeichnis

1 Systeme und Konzepte der Reinraumtechnik 1
HANS-PETER HORTIG
1.1 Historie 1
1.2 Heutige Reinraumsysteme 4
1.3 Integrales Belüftungskonzept 12
Literatur 18

2 Integrales Reinheitssystem 19
JOCHEN SCHLIESSER, DIETER WERNER
2.1 Einleitung – Anwendungsbereiche 19
2.2 Definition 20
    2.2.1 Integrales Reinheitssystem 20
    2.2.2 Produktumgebung 20
2.3 Reinheit in der Produktumgebung 21
2.4 Ursachen, Anforderungen und Ziele 22
2.5 Beispiele ausgeführter Integraler Reinheitssysteme 25
2.6 Vorgehensweise zur Auslegung und Realisierung 26
2.7 Beispiele durchgeführter Anpassungen 28
    2.7.1 Strömungstechnische Anpassung 28
    2.7.2 Thermische Anpassung 29
    2.7.3 Anpassung der Produktübergabe 29
    2.7.4 Anpassung der Arbeitsplatzanordnung 30
    2.7.5 Wirtschaftliche Anpassung 31
Literatur 34

3 Physikalische Grundlagen gasgetragener partikulärer Kontaminationen 35
HEINZ FISSAN, ANDREAS TRAMPE
3.1 Problemstellung 35
3.2 Partikelquellen 36
    3.2.1 Dispergierung 36
    3.2.2 Zerkleinerung 36
    3.2.3 Nukleation (Gasquellen, Gas/Partikelumwandlung) 37
    3.2.4 Kondensation (Partikelwachstum) 37
    3.2.5 Koagulation (Partikel/Partikelumwandlung) 38

3.3 Partikeleigenschaften 39
   3.3.1 Partikelgröße und Form 39
   3.3.2 Verteilungen 42
   3.3.3 Bewegung von Partikeln in Gasen 46
   3.3.4 Partikelbewegung aufgrund der Gravitation 51
   3.3.5 Partikelbewegung im elektrischen Feld 52
   3.3.6 Partikelbewegung im thermischen Feld 54
3.4 Anwendungen 54
Literatur 55

4 Partikelmesstechnik 57
CHRISTOPH HELSPER
4.1 Einleitung 57
4.2 Übersicht über die verwendeten Partikelmessverfahren 58
4.3 Optische Partikelzähler 60
   4.3.1 Physikalische Grundlagen 60
   4.3.2 Funktionsprinzip und Aufbau 62
   4.3.3 Verfahrensmerkmale und Fehlerquellen 67
   4.3.4 Funktionskontrolle und Kalibrierung 69
4.4 Probenahme, Transport und Verdünnung 72
4.5 Erzeugung von Prüfaerosolen 78
Literatur 81

5 Reinraumtechnische Schutzkonzepte 83
RÜDIGER DETZER
5.1 Allgemeines 83
5.2 Partikelausbreitung bei Mischströmungen 83
5.3 Partikelausbreitung in turbulenzarmen
Verdrängungsströmungen 85
   5.3.1 Wirbelschleppen hinter bewegten Körpern 88
   5.3.2 Turbulente Austauschbewegungen 88
   5.3.3 Strömungsvorgänge an luftundurchlässigen Störstellen ... 90
   5.3.4 Strömungsvorgänge an Raumumschließungsflächen 91
   5.3.5 Einfluss der Abluftentnahme auf die Luftströmung 92
   5.3.6 Konvektionsströmung an Wärmequellen 96
Literatur 100

6 Luftfiltration 101
BERTHOLD FÖRSTER, DIETER SCHROERS
6.1 Einleitung 101
6.2 Luftfilter-Systeme 102
6.3 Aufbau von Faserfiltern 103
   6.3.1 Faserfiltermedien 103
   6.3.2 Filterelemente 105
6.4 Einsatz und Auswahl von Faserfiltern 110

6.5   Filterklassifizierung und Filterprüfverfahren 111
      6.5.1   Grob- und Feinstaubfilter 111
      6.5.2   Schwebstofffilter 114
6.6   Filtertheorie im Vergleich zum Experiment 116
      6.6.1   Mikroskopisches Filterverhalten 117
              6.6.1.1   Diffusion 118
              6.6.1.2   Sperreffekt 119
              6.6.1.3   Trägheit 119
      6.6.2   Druckverlust des Faserfiltermediums 120
      6.6.3   Abscheidevermögen des Faserfiltermediums 123
6.7   Betriebsverhalten von Luftfiltern 126
      Literatur 126

7   Reinraumanlagen für Mikroelektronik und Pharma 129
    MANFRED RENZ
    7.1   Einleitung 129
    7.2   Reinraumanlagen für die Halbleiterfertigung 130
          7.2.1   Grundlagen 130
          7.2.2   Gebäude- und Reinraumkonzepte 133
          7.2.3   Umluftsysteme 138
                  7.2.3.1   Umluftgeräte 138
                  7.2.3.2   Rückluftschacht mit integriertem
                            Axialventilator 139
                  7.2.3.3   Filter-Ventilator-Einheiten 140
                  7.2.3.4   Vergleich der Umluftsysteme 144
          7.2.4   Außenluftversorgung 145
                  7.2.4.1   Außenluftfilterung 146
                  7.2.4.2   Außenlufterwärmung 147
                  7.2.4.3   Außenluftkühlung 148
                  7.2.4.4   Befeuchtung 148
                  7.2.4.5   Ventilatorbauteil 149
                  7.2.4.6   Einbindung ins Gebäude 149
          7.2.5   Prozessfortluftsystem 150
    7.3   Reinraumanlagen für die Pharmaindustrie 154
          7.3.1   Grundlagen 154
          7.3.2   Anlagenkonzepte 157
                  7.3.2.1   Raumluftversorgung durch Außenluft .. 157
                  7.3.2.2   Mischluftanlagen 158
                  7.3.2.3   Umluftanlage mit getrennter
                            Außenluftversorgung 159
                  7.3.2.4   Filter-Ventilator-Einheiten 159
          7.3.3   Druckhaltung 161
          7.3.4   Reinraumkomponenten 162
                  7.3.4.1   Decken 163
                  7.3.4.2   Wände 164
                  7.3.4.3   Böden 165
          Literatur 167

8   Isolatortechnik in der pharmazeutischen Industrie 168
      EDGAR SIRCH
      8.1 Entwicklung der Isolatortechnik (1975–2000) 168
      8.2 Isolatoren für das aseptische Arbeiten in der
           Pharmafertigung und der Mikrobiologie 174
           8.2.1 Anforderungen an die Komponenten 174
                  8.2.1.1 Die Isolatorhülle mit ihren Zugriffssystemen ... 175
                  8.2.1.2 Die logistischen Schnittstellen zum
                           Isolatorumfeld 177
                  8.2.1.3 Die Reinraumanlage mit integriertem Modul
                           zur Kaltsterilisation 182
                  8.2.1.4 Die Monitoring- und Dokumentationssysteme .. 185
           8.2.2 Die isolatorgerechte aseptische Abfüllanlage 187
           8.2.3 Werkstoffe im Isolator 189
           8.2.4 Isolatortechnik für die aseptische und
                  biotechnische Fertigung/Beispiele 190
           8.2.5 Beispiele für Isolatoren in der Mikrobiologie 193
           8.2.6 Gründe für die Einführung der Isolatortechnik 198
           8.2.7 Behördenforderungen 199
           8.2.8 Validierung der aseptischen Fertigung 200
      8.3 Isolatoren in der SPF-Tierhaltung 203
      8.4 Isolatortechnik in der Produktion kleiner Mengen hoch-
           wirksamer Arzneistoffe und der Handhabung gefährlicher
           Substanzen 205
           8.4.1 Spezielle Anforderungen an Isolatoren 205
           8.4.2 Ausführungsbeispiele für Isolatoren zur Handhabung
                  hochwirksamer und toxischer Substanzen 206
      8.5 Normung 209
           8.5.1 Isolatortechnik als Alternative zur konventionellen
                  Reinraumtechnik in bestehenden Regelwerken 209
           8.5.2 Neue ISO-Norm 14644-7/Reinraummodule 210
      8.6 Definition pharmazeutischer Isolatoren 210
           Literatur 211

9   Ver- und Entsorgung von Reinstmedien 212
      ANDREAS NEUBER, WAHIDI HASIB
      9.1 Einleitung 212
      9.2 Reinstmedien in der Halbleiterindustrie 214
           9.2.1 Reinstwasser 214
                  9.2.1.1 Anwendung und Grundlagen 214
                  9.2.1.2 Erzeugung 217
                  9.2.1.3 Verteilung 225
                  9.2.1.4 Qualifizierung und Überwachung von
                           Reinstwasseranlagen 226
           9.2.2 Prozesschemikalien 230
                  9.2.2.1 Anwendung und Grundlagen 230
                  9.2.2.2 Versorgung 232

9.2.2.3 Qualifizierung und Überwachung von
Prozesschemikalienversorgungssystemen 235
9.2.3 Prozessgase 236
9.2.3.1 Anwendung und Grundlagen 236
9.2.3.2 Versorgung 239
9.2.3.3 Qualifizierung und Überwachung von
Prozessgasversorgungssystemen 245
9.2.4 Andere Prozessmedien 246
9.2.4.1 Druckluft 246
9.2.4.2 Prozesskühlwasser 247
9.2.4.3 Prozesswasser und Trinkwasser 248
9.2.4.4 Vakuum 248
9.2.5 Entsorgung und Behandlung von Abwasser und
Prozesschemikalien 249
9.2.6 Entsorgung und Behandlung von Abluft 249
9.2.7 Space Management 251
9.2.8 Qualitätsmanagement bei der Installation
von Reinstmediensystemen 251
9.3 Reinstmedien in der pharmazeutischen Industrie 253
9.3.1 Pharmawasser 253
9.3.1.1 Anwendung und Grundlagen 253
9.3.1.2 Wasser für Injektionszwecke (Aqua ad
iniectabilia, WFI) 253
9.3.1.3 Gereinigtes Wasser (Aqua purificata, AP) 254
9.3.1.4 Aufbereitetes Wasser 255
9.3.1.5 Trinkwasser 255
9.3.1.6 Verunreinigungen und Kontaminationen 255
9.3.2 Wasseraufbereitung 255
9.3.2.1 Vorbehandlung 257
9.3.2.2 Wichtige Aufbereitungsverfahren 258
9.3.2.3 Verteilsysteme 261
9.3.2.4 Monitoring und Qualitätskontrolle 263
9.3.3 Dampf 266
9.3.4 Andere Prozessmedien in der pharmazeutischen
Industrie 266
9.4 Ausblick und Trends 267
Literatur 267

10 Luftgetragene Molekulare Verunreinigungen
(Airborne Molecular Contamination – AMC) 270
KLAUS KÜMMERLE, MARTIN SCHOTTLER
10.1 Motivation, Definitionen 270
10.2 Typische Konzentrationen, Spezifikationen und Grenzwerte .. 272
10.3 Quellen molekularer Kontamination 278
10.3.1 Äußere Quellen 278
10.3.1.1 Außenluft 278
10.3.1.2 Fabrikabluft 280

10.3.2 Quellen im Gebäude 281
10.3.3 Zusammenfassende Beurteilung von Kontamina-
        tionsquellen für die Halbleiterproduktion 284
10.3.4 Berechnung der stationären Kontaminations-
        konzentration im Reinraum 285
10.4 Testmethoden zur Bestimmung der Ausgasung
     von Materialien 286
   10.4.1 Methodenübersicht 286
   10.4.2 Bestimmung der Ausgasung von Materialien auf
          relevanten produktspezifischen Oberflächen 286
   10.4.3 Bestimmung der Ausgasung unter
          Vakuumbedingungen 287
   10.4.4 Bestimmung der Ausgasung unter
          atmosphärischen Bedingungen 287
10.5 Filtrationssysteme für AMC 288
   10.5.1 Abscheideverfahren auf Filterbasis 288
   10.5.2 Abscheideverfahren auf Wäscherbasis 291
   Literatur 293

11 Hygiene und Schulung 295
   DIETRICH KRÜGER
   Literatur 305

12 Textile Reinraumbekleidung 307
   CARSTEN MOSCHNER, MONIQUE SLAGHUIS
   12.1 Einleitung und Problemstellung 307
   12.2 Kriterien zur Auswahl eines Reinraumgewebes 310
      12.2.1 Partikelrückhaltevermögen gegenüber
             luftgetragenen Partikeln 310
      12.2.2 Partikelmigrationsverhalten 311
      12.2.3 Abriebfestigkeit/Aufrauneigung 311
      12.2.4 Elektrostatisches Verhalten 312
      12.2.5 Tragephysiologische Eigenschaften 314
      12.2.6 Dekontaminierbarkeit 316
      12.2.7 Sterilisierbarkeit 317
   12.3 Konfektionstechnische Merkmale einer Reinraumbekleidung .. 317
      12.3.1 Passform/Schnitt 318
      12.3.2 Nähte 318
      12.3.3 Konfektionstechnische Hilfsmittel 319
      12.3.4 Sonderausstattungen 319
   12.4 Das System Reinraumbekleidung inklusive
        der Reinraumzwischenbekleidung 319
   12.5 Einweg- oder Mehrweg-Reinraumbekleidung? 323
   12.6 Reinraumbekleidung aus laminierten oder
        beschichteten Materialien 324
   12.7 Spezielle Ausrüstungen für Reinraumgewebe 325

12.8 Reinigung und Reparatur textiler Reinraumbekleidung 325
    12.8.1 Dekontamination 326
    12.8.2 Reinigungseinrichtungen 327
    12.8.3 Reinigungsverfahren 327
    12.8.4 Waschprozess 327
    12.8.5 Vorsortierung/Vorkontrolle der Reinraumwäsche
         im Serviceunternehmen 328
    12.8.6 Reparatur von Reinraumbekleidung 329
    12.8.7 Verpacken von Reinraumbekleidung/Versand 330
    12.8.8 Aufbewahrung von Reinraumbekleidung 330
    12.8.9 Bekleidungslogistik 330
12.9 Prüfung der dekontaminierten Reinraumbekleidung 331
    12.9.1 Prüfmethoden zur Bestimmung der Restkonta-
         mination auf/in der Reinraumbekleidung sowie
         andere Bekleidungstests 332
        12.9.1.1 ASTM-F51 332
        12.9.1.2 ASTM-„Schnellmessmethode" 333
        12.9.1.3 GTS-Stoff-Prüf-System 333
        12.9.1.4 Helmke-Drum-Test 333
    12.9.2 „Particle-Containment"-Test 335
    12.9.3 Nachweis des Gesamtgehalts an extrahierbaren oder
         flüchtigen Bestandteilen 335
12.10 Anhang 336
    Literatur 338

13 Produktionsmittel-Prüfung auf Reinheitstauglichkeit 344
    UDO GOMMEL, JOCHEN SCHLIEßER, ALEXANDER RAPP
13.1 Einleitung 344
13.2 Motivation 344
13.3 Fehlende Vergleichbarkeit der Kontaminations-
    eigenschaften von Produkten 346
13.4 Vorgehensweise der Reinheitstauglichkeitsuntersuchungen ... 347
    13.4.1 Spezifikationenauswahl 347
    13.4.2 Definition der Reinheitstauglichkeit von
         Produktionsmitteln 348
        13.4.2.1 Reinheitstauglichkeit 348
        13.4.2.2 Reinraumtauglichkeit 349
    13.4.3 Vergleichbarkeit von Untersuchungsergebnissen 349
    13.4.4 Unterschiede bei der Ermittlung der Reinraum-
         tauglichkeit von Produktionseinrichtungen und
         Verbrauchsgütern 350
13.5 Durchführung der Reinraumtauglichkeitsuntersuchung von
    Produktionseinrichtungen 351
13.6 Aufdecken von Optimierungspotenzialen, Synergieeffekte
    einer Reinraumtauglichkeitsuntersuchung an Produktions-
    einrichtungen 353

13.6.1 Statistische Analyse 354
13.6.2 Zeitaufgelöste Emissionsentwicklung mit Hilfe
von Life-Cycle-Tests 358
13.7 Durchführung der Reinraumtauglichkeitsuntersuchung von
Verbrauchsgütern 360
13.7.1 Untersuchung der Reinraumtauglichkeit von
Verbrauchsgütern am Beispiel von Handschuhen 361
13.7.1.1 Indirekte Nachweismethoden 362
13.7.1.2 Direkte Nachweismethoden 363
13.7.2 Prüfstände zur Schaffung standardisierter
Prüfbedingungen 364
13.7.2.1 Prüfstand mit Druck- und Scherkraft auf
Prüfobjekt 364
13.7.2.2 Materialprüfstand zur Ermittlung der Reinraumtauglichkeit von Verbrauchsgütern 365
13.8 Zusammenfassung und Ausblick 367
Literatur 368

14 Messtechnik 370
MICHAEL AUST
14.1 Einleitung 370
14.2 Richtlinien 371
14.3 Durchführung und Messtechnik 374
14.3.1 Visuelle Endkontrolle 374
14.3.2 Bestimmung der Luftgeschwindigkeit und des
Luftvolumenstroms 375
14.3.3 Filterlecktest 376
14.3.4 Dichtigkeit der lufttechnischen Anlage,
des Deckensystems und des Raums 377
14.3.5 Parallelität und Strömungsrichtung 379
14.3.6 Raumdruckverhältnis 379
14.3.7 Reinheitsklasse 380
14.3.8 Partikelablagerung 380
14.3.9 Erholzeit (Recovery-Test) 381
14.3.10 Luftkeimzahl 382
14.3.11 Temperatur und relative Luftfeuchte 382
14.3.12 Schalldruckpegel 383
14.3.13 Gebäudeschwingung 383
14.3.14 Beleuchtung 384
14.3.15 Bodenableitfähigkeit 384
14.3.16 Luftgetragene molekulare Kontamination 384
14.3.17 Magnetische und elektrische Felder 385
14.3.18 Dokumentation 385
14.3.19 Messsysteme 386
Literatur 386

15 Produktschutz und Arbeitsschutz 389
RAINALD FORBERT, LOTHAR GAIL
15.1 Reinraumtechnik und Arbeitsschutz 389
    15.1.1 Schutzanforderungen in der pharmazeutischen Industrie 389
    15.1.2 Schutzanforderungen in anderen Industrien 391
15.2 Quantifizierung von Schutzanforderungen 392
    15.2.1 Personenschutz 392
    15.2.2 Produktschutz 394
15.3 Schutzkonzepte 395
    15.3.1 Raum 395
    15.3.2 Arbeitsplatz 396
    15.3.3 Maschine 400
15.4 Personalausrüstung und -training 402
15.5 Qualifizierung 404
    15.5.1 Personen- und Produktschutz 404
    15.5.2 Filteranordnung und -prüfung 406
    Literatur 408

16 Qualitätsmanagement in der Reinraumtechnik 409
HORST WEIßSIEKER
16.1 Allgemeines 409
16.2 Gesetzliche und regulatorische Grundlagen 413
    16.2.1 Gesetzliche Grundlagen – das Muss 413
    16.2.2 Regulatorische Grundlagen – das Soll 414
    16.2.3 Non-mandatory-Informationen – das Kann 414
16.3 Qualitätsmanagement 414
    16.3.1 Risk Assessment und Risk Management 415
        16.3.1.1 Risikoanalyse 415
        16.3.1.2 Komponenten des Risiko-Assessments 417
        16.3.1.3 Folgen eines Fehlers 418
    16.3.2 Fischgräten- oder Ishikawa-Diagramm 419
    16.3.3 Fehlermöglichkeits- und Einflussanalyse FMEA 420
    16.3.4 Simulation 421
    16.3.5 Qualitätsmanagement in der Planungsphase 422
    16.3.6 Qualitätsmanagement und Kostenstrukturen im
        Reinraum 422
        16.3.6.1 Investitions- und Betriebskostenmatrix 423
        16.3.6.2 Qualifizierung und Validierung 423
    16.3.7 Qualitätsmanagement in der Ausführung 428
        16.3.7.1 Aufbau- und Ablauforganisation 429
        16.3.7.2 Qualifizierung 429
        16.3.7.3 Projektbegleitende Dokumentation 430
        16.3.7.4 Abnahme und Zertifizierung 430
    16.3.8 Qualitätsmanagement bei der Erstinbetriebnahme
        und im Betrieb 430
        16.3.8.1 Qualitätsüberwachung und Prozesssteuerung 430
        16.3.8.2 Reinheitsoptimierung im Betrieb 430

16.3.8.3 Requalifizierung 431
16.4 Der Qualitätskreis: Planen – Bauen – Betreiben 431
16.5 Schulung und Training 432
16.6 Kostenmanagement: Balance zwischen Investitions-
      und Betriebskosten 434
16.7 Zusammenfassung und Ausblick 437
      Literatur 440

17 Qualifizierung von Lüftungsanlagen und Reinräumen 441
      BERTHOLD FÖRSTER, HERMANN ALLGAIER
17.1 Vorschriften und Richtlinien 441
17.2 Dokumentation und Durchführung 442
      17.2.1 Commissioning 444
      17.2.2 Validierungsmasterplan (VMP) 446
      17.2.3 Design Qualification (DQ) 447
              17.2.3.1 Überprüfung des Designs 448
              17.2.3.2 Technische Dokumentation 449
      17.2.4 Installation Qualification (IQ) 449
              17.2.4.1 Generelles Vorgehen und Protokollierung ... 449
              17.2.4.2 Lüftungsanlage 450
              17.2.4.3 Reinraumwände, -decken und -böden 451
      17.2.5 Operational Qualification (OQ) 453
              17.2.5.1 Generelles Vorgehen und Protokollierung ... 453
              17.2.5.2 Kalibrierung von RLT-Sensoren 456
              17.2.5.3 Nachweis des Zuluft-Raumluftwechsels 456
              17.2.5.4 Nachweis der LF-Geschwindigkeitsverteilung 458
              17.2.5.5 Dichtsitz- und Integritätsprüfung von
                        Schwebstofffiltern 459
              17.2.5.6 Nachweis der Differenzdrücke zwischen
                        Reinräumen 460
              17.2.5.7 Nachweis der Lufttemperatur und der
                        relativen Luftfeuchte 461
              17.2.5.8 Bestimmung der Partikelreinheitsklasse
                        („at rest") 462
              17.2.5.9 Bestimmung der Erholzeit 464
              17.2.5.10 Visualisierung von Luftströmungen 465
              17.2.5.11 Bestimmung der mikrobiellen Reinheitsklasse
                        („at rest") 466
      17.2.6 Performance Qualification 468
              17.2.6.1 Nachweis der Lufttemperatur, der relativen
                        Feuchte und des Raumdifferenzdrucks 469
              17.2.6.2 Bestimmung der Partikelreinheitsklasse
                        („in operation") 469
              17.2.6.3 Bestimmung der mikrobiellen Reinheitsklasse
                        („in operation") 470
      17.2.7 Final Report 470
      Literatur 470

18 Reinraum – Regelwerke 471
LOTHAR GAIL, CHRISTINE MONTIGNY, HANS-H. SCHICHT
18.1 Von nationalen zu globalen Konzepten 471
18.2 Internationale Reinraumnormung 473
18.3 Die Normenfamilien DIN EN ISO 14644 und
       DIN EN ISO 14698 476
       18.3.1 ISO 14644-1 Reinheitsklassifizierung 476
       18.3.2 ISO 14644-2 Requalifizierung und Überwachung 477
       18.3.3 ISO 14644-3 Messtechnik 478
       18.3.4 ISO 14644-4 Planung, Ausführung und Erst-
               Inbetriebnahme 479
       18.3.5 ISO 14644-5 Betrieb 479
       18.3.6 ISO/CD 14644-6 Begriffe und Einheiten 479
       18.3.7 ISO 14644-7 Einrichtungen zur Trennung von
               Reinraumbereichen 480
       18.3.8 ISO 14644-8 Molekulare Kontamination 480
       18.3.9 ISO 14698-1 bis -3 Biokontaminationskontrolle 481
18.4 Übersicht der Reinraum- und GMP-Regularien 481
       18.4.1 Nationale Reinraum-Regelwerke 483
               18.4.1.1 VDI 2083 484
               18.4.1.2 IEST-Richtlinien 485
       18.4.2 Anmerkungen zu speziellen Themenbereichen 486
               18.4.2.1 Reinraumklassifizierungen 486
               18.4.2.2 Messtechnik und Qualifizierung 486
             ⸙ 18.4.2.3 Reinraumabgrenzung 487
               18.4.2.4 Sicherheitswerkbänke 488
               18.4.2.5 Reinraumkleidung 488
18.5 Konkurrierende Regularien 488
18.6 Moderne Regelsetzung 493
       Literatur 493

Sachverzeichnis 497

1 Systeme und Konzepte der Reinraumtechnik

Die „Technik des Reinen Arbeitens" wird gemeinhin stets mit den neuesten HiTec-Prozessen – insbesondere der Elektronik – im Zusammenhang gesehen. Das ist natürlich nicht falsch, aber die ersten und grundlegenden Ideen zur „Technik des Reinen Arbeitens" sind sehr viel älter! Eine Übersicht über die Meilensteine dieser Entwicklung gibt Abb. 1.1

1.1 Historie

Die Reinraumtechnik ist in ihrem Ursprung eng mit den Wurzeln der Medizin verbunden [1.1]. Bereits im Altertum, z. B. in der hippokratischen Medizin, war bekannt, dass zur Krankheitsbekämpfung die *Sauberkeit* von fundamentaler Bedeutung ist.

Aber es dauerte etwa bis zum 19. Jh., bis das Arbeitsgebiet der Keimfreiheit und der Sterilität in ein wissenschaftliches Stadium eintrat.

So wurde von Lister (Joseph Lister, engl. Chirurg, 1827–1912) die *Antisepsis* eingeführt, die als Grundprinzip das Unschädlichmachen von Erregern am Ort der medizinischen Operation beinhaltete. Man ging von dem Gedanken

Zeitraum	Prinzip
Altertum	Sauberkeit
19. Jh. bis heute	Antisepsis (Lister)
	Asepsis (Semmelweis)
	Isolation gegen Außen
	Sterilräume mit Mischlüftung
	Turbulenzarme Verdrängungslüftung

Abb. 1.1   Meilensteine in der Entwicklung des „Reinen Arbeitens"

aus, dass die störenden Keime, Krankheitserreger usw. eben einfach überallhin gelangen – also auch an den Ort des medizinischen Eingriffs – und dann dort vor Ort unschädlich gemacht werden müssen.

Einen wichtigen Schritt weiter ging die von Semmelweis (Ignaz Philipp Semmelweis, ungar. Gynäkologe, 1818–1865) verfochtene Idee der *Asepsis,* wobei die Fernhaltung jeglicher Erreger vom Ort des Geschehens bei medizinischen Arbeiten postuliert wurde. Man dachte dabei in erster Linie an den Transport der Kontaminanden auf den Oberflächen der benutzten Instrumente und Gerätschaften sowie auf der Haut des beteiligten Personals. So entstanden entsprechende Reinigungs-, Desinfizier- bzw. Sterilisierverfahren, wie z. B. auch heute noch benutzte Dampf- oder Heißluftsterilisierprozesse.

Dies war ein sehr wichtiger Schritt vorwärts – auch in der richtigen Richtung – und die Erfolge waren nicht zu übersehen, aber bis zum gesteckten Ziel, dem Ausschluss jeglicher Kontamination, klaffte noch eine deutliche Lücke! Man hatte einen bedeutsamen weiteren Transportmechanismus für Störenfriede aus der Umgebung noch nicht erfasst; gemeint ist hier der Transport von Kontaminanden auf oder als luftgetragene Schwebstoffteilchen. Diese liegen in ihren Abmessungen im µm-Bereich und darunter, haben so niedrige Sedimentationgeschwindigkeiten, dass man praktisch sagen kann, dass sie den Luftbewegungen folgen.

Diese Schwebstoffteilchen können daher ohne weiteres Bakterien, Sporen, Viren oder sonstige biologisch nicht unbedenkliche Substanzen transportieren oder selbst darstellen [1.2].

Medizin und Pharmazie verlangten jedoch sterile Arbeitsbedingungen. Die in der pharmazeutischen Fertigung erhobene Forderung nach strikter Aufrechterhaltung steriler Arbeitsbedingungen erlangte insbesondere dadurch weitergehende Bedeutung, dass inzwischen parenteral zu applizierende Präparate entwickelt worden waren, die aufgrund ihrer stofflichen Struktur keine nachträgliche Sterilisation erlaubten. Solche Präparate, bspw. Sera, Impfstoffe und Antibiotika, müssen ganz einfach während ihrer ganzen Herstellungskette unter gesichert sterilen/aseptischen Bedingungen verarbeitet werden.

Diese Erkenntnisse, begleitet von fortschreitenden Entwicklungen in Mikrobiologie und physikalischer Messtechnik, erzwangen für die Reinraumtechnik das Beschreiten neuer Wege. Man bemühte sich, den Reinraum hermetisch abzuschließen, um die kritischen Arbeitsplätze vor dem Eindringen irgendeiner Kontamination aus der stets als unrein zu betrachtenden Umgebung zu schützen.

Wesentliche Merkmale dieser Reinraumgeneration – der sog. *Konventionellen Reinräume* oder *Konventionellen Sterilräume* – sind vor allem:
- Die in den Reinraum einzubringenden Güter, Produkte und Gegenstände werden in entsprechender Reinheit eingeschleust.
- Das Personal kann den Reinraum erst nach Umkleiden, Waschen, Anlegen spezieller Kleidung und Passieren von Schleusen betreten.
- Die zur Belüftung bzw. Klimatisierung des Reinraums erforderliche Luft wird entsprechend hochgradig gereinigt („sterilfiltriert") und mit möglichst hoher Luftwechselzahl eingeblasen, um alle Teile des Raums durch induzierte Turbulenzen gut zu spülen (Begrenzung nur durch Behaglich-

keitskriterien). Dabei wird der Raum gegenüber seiner Umgebung unter einem gewissen Überdruck gehalten.

Eine Schleusung – wie oben mehrfach zitiert – stellt jedoch nie einen absoluten Abschluss dar und deshalb ordnete man zwischen dem Reinraum und der äußeren unreinen Umgebung eine Pufferzone mit niedrigeren Reinheitsanforderungen an; in der pharmazeutischen Fertigung war das dann die sog. „Keimarme Zone".

Diese Stufung verringerte die Gefahr des Einschleppens einer Kontamination von außen auf mutiplikativem Wege. Außerdem zeigte es sich, dass einige Zuarbeitungsprozesse, wie z.B. Maschinenwartung, Justierarbeiten usw. von dieser Keimarmen Zone aus verrichtet werden können, was den Arbeitsabläufen im Inneren des Reinraums natürlich eindeutig zugute kommt.

Die Rein- oder Sterilräume selbst wurden i.d.R. als fester Raum oder als feste Kabine ausgeführt je nach Maßgabe des darin ablaufenden Arbeitsprozesses bzw. der baulichen Gegebenheiten.

Solche *Konventionellen Reinräume* oder *Reinräume der ersten Generation* waren zu Beginn der 60er Jahre weltweit eingeführt und in sehr großer Zahl durchaus erfolgreich in Betrieb – in Pharmazie, Medizin, Feinwerktechnik und Elektronik.

Für den technischen Lösungsansatz hatte sich im Prinzip als unerheblich erwiesen, dass die Anforderungen für die Reinheit aus den verschiedensten Arbeitsgebieten stammten. Im Endeffekt ging es doch stets um das Ausschließen von schwebefähiger Materie, von Schwebstoffteilchen kleinster Abmessungen, die entweder selbst die Störenfriede waren oder kontaminierende Substanzen trugen. Die grundlegende Systematik, das technische Prinzip war somit von Branche zu Branche übertragbar.

Darüber hinaus zeigte die Erfahrung, dass die üblicherweise eingesetzten sog. „Absolutfilter" oder „Sterilfilter" sowohl für tote Materie als auch für biologisch aktive Substanzen gleichermaßen effektive Sperren darstellten – es konnte kein Keimwachstum aus der abgeschiedenen Materie durch die Filter hindurch (übliches Filtermedium: Glasfaservlies) beobachtet werden.

Trotz dieser bereits damals verfügbaren Filter mit höchsten Abscheideleistungen gerade im Bereich um und $< 1\,\mu m$ wurde das Ziel des sterilen Arbeitens bzw. des fremdstofffreien Arbeitens durch dieses Raumkonzept noch nicht vollständig erreicht. Der Grund lag darin, dass beim Arbeitsprozess selbst und insbesondere durch die beteiligten Personen unweigerlich Verunreinigungen innerhalb der Reinen Zone freigesetzt werden, deren unschädliche Abfuhr bei dieser Art von Belüftung (turbulente Mischlüftung) nicht bewerkstelligt wurde.

Die Messtechnik in Physik und Mikrobiologie machte zu Beginn der 60er Jahre sehr große Fortschritte; dies belegte obige neuen Erkenntnisse mit Zahlen und führte zu dem zwingenden Schluss, dass dieser Typ des „Konventionellen Reinraums" offensichtlich an der Grenze seiner Leistungsfähigkeit angekommen war.

1.2 Heutige Reinraumsysteme

Die Suche nach leistungsfähigeren Reinraumsystemen begann unabhängig voneinander zunächst in der amerikanischen Raumfahrtforschung, d.h. bei der NASA und ihren Partnern, z.B. der Sandia Corporation, und wenige Zeit später auch in der pharmazeutischen Industrie – und da muss man die Hoechst AG in Frankfurt sowie die Ciba AG in Basel nennen.

Der erste Hinweis, dass man wohl auf eine aerodynamische Trennung von Produkt und Emittenten übergehen sollte, ergab sich empirisch und zufällig. Bei der Herstellung von miniaturisierten Bauteilen für die NASA produzierte man in einem „Konventionellen Reinraum" mehr Ausschuss als brauchbare Ware; die Diagnose lautete: Schwebstoffteilchen!

Guter Rat war teuer und zunächst nicht verfügbar. Ganz pragmatisch zog man nun mit den besonders kritisch erachteten Arbeitsplätzen direkt vor die Einlassöffnungen der ja „absolut gefilterten" Zuluft. Das Ergebnis kehrte sich praktisch um, der Ausschuss ging drastisch zurück und man erhielt überwiegend brauchbare Ware. Allerdings zog es zunächst unzumutbar infolge der hohen Lufteintrittsgeschwindigkeit, die ja nach dem „Konventionellen Prinzip" kräftig Turbulenzen induzieren sollte. Man reduzierte nun die Luftgeschwindigkeiten unter Vergrößerung der Anströmfläche solange, bis wieder Behaglichkeit hergestellt war; gleichzeitig konnte festgestellt werden, dass die Arbeitsergebnisse immer noch so günstig waren – die Spülung des Arbeitsplatzes funktionierte immer noch.

So entstand der Urahn einer neuen Generation von Reinräumen.

Man hatte auch schnell einen eingängigen, als Schlagwort geeigneten Namen zur Hand, nämlich *Laminar Flow*, der allerdings streng physikalisch betrachtet falsch ist. Betrachtet man den Raum als Strömungskanal und ermittelt die Re-Zahl, so liegen die erreichten Werte von Re >10.000 eben nicht im klassischen laminaren Bereich. Das kümmerte offensichtlich jedoch niemanden, zumal die reinraumtechnischen Vorteile eindeutig vorhanden und reproduzierbar waren.

Ohne dass man die Transportvorgänge in dieser Strömung im Detail kannte, ohne dass man Genaueres über den Ablösevorgang der Teilchen von der Quelle wusste und auch ohne detaillierte Informationen über die Quellstärke des Emittenten Mensch konnte man den Weg zu besseren reinraumtechnischen Ergebnissen – um praktisch schnell voranzukommen – nur einfach nach bestem Wissen beschreiben. So entstanden also zu einem sehr frühen Zeitpunkt der Entwicklung im Bereich der Raumfahrt durch die große Anzahl der zusammenwirkenden Unternehmen und Stellen eine ganze Reihe pragmatisch geprägter Anleitungen und Richtlinien.

Als Beispiel seien hier die beiden folgenden Regularien genannt:

– Aerospace Industries Association
  Standard ARTC–62–132
  Requirements for Clean Rooms
  Washington, D.C., Sept. 1962

– Marshall Space Flight Center Standard 246
Design and Operation Criteria of Controlled Environment Areas
Office of Technical Services
Department of Commerce
Washington, D.C., July 1963

Durch einen glücklichen Zufall kam es damals zu einem Treffen zwischen Fachleuten der NASA und ihren Partnern einerseits und einer kleinen Besuchergruppe von Hoechst und Ciba andererseits.

Aus diesem Besuch, den dabei gemachten Beobachtungen, der anschließenden Diskussion über die getroffenen Maßnahmen und Ergebnisse, entstand spontan die Idee, Reinräume mit sehr hohen Anforderungen, wie eben die Sterilräume der pharmazeutischen Fertigung, ähnlich zu gestalten. Alle Stationen der Fertigung steriler pharmazeutischer Produkte, an denen das Produkt offen gehandhabt wird, was z.B. insbesondere in der Endfertigung – also bei der Abfüllung steriler Präparate in Ampullen oder Vials praktisch nicht zu umgehen ist, waren als reine Zonen mit speziell gerichteten Luftströmungen auszuführen.

Es war schnell zu erkennen, dass die verschiedenen Prozessschritte auch verschieden gestaltete Stromführungen erfordern würden.

Im ersten Stadium der nun einsetzenden Entwicklungsarbeit wurden drei Schwerpunkte gesetzt.

Erstens wurde mit Hilfe neuester Messtechnik eine Bestandsaufnahme in den bestehenden Sterilproduktionen vorgenommen.

Zweitens wurden mit einem recht pragmatischen Programm wesentliche Eigenschaften solcher „LF"-Strömungszonen untersucht – Randbedingungen, Stabilitätsfragen, Lauflängen, Raumabmessungen, Längs- und Quertransport-Effekte für Schwebstoffteilchen, aber auch konstruktive Details, Materialfragen, mess- und prüftechnisch relevante Fragen usw.

Drittens wurde eine Analyse und Einteilung in typische Fälle nach Anordnung, produktspezifischen Eigenheiten und zu unterdrückender Kontaminations-Transport-Richtung vorgenommen (s. Abb. 1.2).

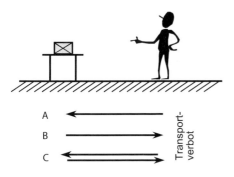

Abb. 1.2 Typische Anwendungsfälle, geordnet nach zu unterbindenden Transportrichtungen von Schwebstoffteilchen

Die meisten Anwendungsfälle im – sagen wir – klassischen Sterilraum entsprechen dabei dem Fall A in Abb.1.2, d.h. der Transport von Emissionen aus der Umgebung und vom Personal zum Produkt hin ist zu unterdrücken. Der umgekehrte Fall (Situation B in Abb.1.2) gilt bspw. bei der Verarbeitung eines nicht sterilen, feindispersen Pulvers mit toxischen Eigenschaften, vor dem das Personal zu schützen ist. Soll dieses Produkt dann auch gleichzeitig noch unter sterilen Bedingungen gehandhabt werden, liegt nach Abb. 1.2 der Fall C vor. Darüber hinaus gibt es natürlich zahlreiche weitere spezielle andere Konstellationen, die hiermit noch nicht erfasst sind und als Einzelfälle behandelt werden müssen [1.1, 1.3].

In einem nächsten Schritt der Entwicklung galt es dann, die Emissionsquelle Mensch zu untersuchen. Hierzu wurde in einem LF-Raum mit horizontaler Strömung ein wirklichkeitsnaher Versuchsaufbau geschaffen, in dem ein Mensch in Reinraumkleidung typische Arbeiten durchführte. Stromabwärts dieser Person wurden in einer Ebene quer zur Hauptströmungsrichtung ein recht dichtes Netz von Messpunkten definiert. Dort wurden mit einem Partikelzähler die Partikelkonzentrationen und mit einem Anemometer die Luftgeschwindigkeiten gemessen. Durch Integration über die Messebene wurde die von der Versuchsperson abgegebene Partikelmenge ermittelt.

Dabei zeigten sich von Versuchsperson zu Versuchsperson starke Streuungen, es zeigte sich z.B., dass die aktuelle Hautbeschaffenheit eine deutliche Rolle spielt, dass nämlich die Intensität der Abgabe von Teilchen unmittelbar nach dem Duschen oder gründlichen Waschen drastisch gesteigert war, dann aber mehr oder weniger schnell auf einen stationären Wert absank. Diese Schwankungen im Ergebnis betragen durchaus bis zu einer Zehnerpotenz nach oben oder unten. Vom Gewebe der Kleidung geht ebenfalls ein starker Einfluss aus, wobei gewisse Synthesefasern deutlich günstiger sind und weniger Abrieb erzeugen. Während man anfänglich zur Erfüllung des gewünschten Tragekomforts Baumwoll-Polyester-Mischgewebe bevorzugte, gestatten die heutigen weiterentwickelten Textilien den Einsatz von 100%igem Polyestergewebe.

Die Emission von Personen betreffend publizierte Philip R. Austin [1.3, 1.4] ähnliche Beobachtungen wie oben zitiert. Fasst man diese Ergebnisse zusammen und bildet daraus Mittelwerte, so kann man für erste Abschätzungen von den in Abb.1.3 dargestellten Richtwerten ausgehen.

Die Faustwerte steigern sich vom ruhigen Sitzen über leichte langsame Bewegungen bis zu schnellen Bewegungen jeweils um eine Zehnerpotenz. Für Bewegungen am Arbeitsplatz ergaben sich Richtwerte zwischen 1 und 10×10^6 Partikel $> 0,3\ \mu$m je Minute und Person.

Machen wir nun eine einfache Bilanz für den „Konventionellen Reinraum" mit Mischlüftung (Abb.1.4). Er habe eine Grundfläche von 10 m^2, eine Höhe von 3 m, eine Luftwechselrate von 10 1/h und sei durch eine Person in Reinraumkleidung in mittlerem Bewegungszustand (5×10^6 Part. $> 0,3\ \mu$m/min) belegt. Wenn wir weiter annehmen, dass keine sonstigen Kontaminationsquellen vorhanden sind, so müssen die durch den Menschen stündlich erzeugten $60 \times 5 \times 10^6$ Partikel durch den stündlichen Luftdurchsatz von $3 \times 10 \times 10$ m^3/h abtransportiert werden. Die erreichbare Reinheit bzw. Parti-

Bewegungsart	Partikel > 0,3 µm / min
Ruhig Stehen oder Sitzen	1×10^5
Sitzen, leichte Armbewegung	1×10^6
langsam Gehen	1×10^6
Schnelle Bewegung	1×10^7 und mehr

Abb. 1.3 Richtwerte für die Teilchen-Emission eines Menschen in Reinraumkleidung

Resultierende mittlere Teilchenkonzentration:

$$\frac{60 \times 5 \times 10^6 \text{ Teilchen / h}}{10 \times 30 \times \text{m}^3\text{/h}} = \mathbf{1000\ Teilchen > 0{,}3\ \mu m / l}$$

!

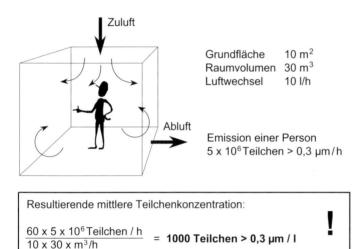

Abb. 1.4 Partikelbilanz in einem „Konventionellen Reinraum" mit einer Person und Mischlüftung

kelkonzentration liegt also in der Grössenordnung von 1000 Teilchen > 0,3 µm/l Luft!

Wie frühere Untersuchungen der Keimzahlen ergaben, kann man natürlich keine exakt allgemeingültigen Verhältniszahlen für das Verhältnis von biologisch aktiven zu toten Partikeln in der Atmosphäre angeben, aber man rechnete näherungsweise damit, dass auf 1000 Teilchen immerhin 1 vermehrungsfähiger Keim kommt. Dann haben wir aber in unserem oben beschriebenen Musterraum im stationären Betrieb mit *1 Keim pro 1 l Luft* zu rechnen. Dieser Wert wurde bei den oben beschriebenen Untersuchungen zur Emission des Menschen experimentell auch bestätigt.

Hier liegen demnach die Leistungsgrenzen des „Konventionellen Reinraumsystems"! Und das ist auch die Erklärung für die zwar seltenen, aber doch immer wieder einmal unerwartet vorkommenden Unsterilitäten – auch in ordentlich und sorgfältig betriebenen Sterilräumen nach dem „Konventionellen System"!

Diese Erfahrungen, Erkenntnisse und inzwischen auch Versuchergebnisse, ließen von den neuartigen Reinräumen nach dem *Laminar Flow Prinzip* deutliche Verbesserungen erwarten.

Die oben bereits zitierten Strömungsuntersuchungen hatten gezeigt, dass bei Re-Zahlen von deutlich >10.000 natürlich keine laminare Strömung vorliegt. Dennoch sehen die Strömungsbilder ähnlich aus und der Stofftransport quer zur Strömungsrichtung ist sehr gering und sehr langsam. Das bedeutet, dass eine an einem beliebigen Punkt freigesetzte Verunreinigung entlang einem definierten Stromfaden unter ganz langsamer Verbreiterung des kontaminierten Bereiches abfließt. Es handelt sich um eine Anlaufströmung, die man richtigerweise als „Turbulenzarme Verdrängungsströmung" bezeichnet, bei der sich die Störungen aus den Schubspannungen an der Kanalwandung noch nicht bis in das Innere fortgepflanzt haben. Die Gleichmäßigkeit der Strömung und ihr Turbulenzgrad sind einzig und allein von der Gleichmäßigkeit des Strömungsfelds im Einströmquerschnitt abhängig. Ein Element mit unendlich vielen, sehr kleinen, vergleichbaren und dicht beieinander liegenden Öffnungen, das lauter gleichgerichtete Stromfäden mit gleichem Impuls erzeugt, wäre das ideale Einlassorgan. In der Praxis kommt dieser Vorstellung der Hochleistungsschwebstoff-Filter (kurz HOSCH-Filter) selbst sehr nahe; und man hat mit diesem als Einlasselement auch sehr gute Ergebnisse erzielt!

Doch zurück zur historischen Entwicklung! Ausgehend vom bisherigen Denken in „Konventionellen Steilräumen" – also (festen Gebäude-)Räumen – wandte man das LF-System auf den gesamten Raum an, lernte jedoch sehr schnell, dass die Anordnung von Produkt und Personal je nach Anwendungsfall speziell gestaltet werden musste. Heiße Diskussionen folgten über die Frage der horizontalen oder vertikalen Stromführung; die Antwort kann selbstredend keine generelle sein, denn die apparative Anordnung, der Materialfluss, die Personal-Platzierung und die zu unterbindende Kontaminanden-Transportrichtung geben die Lösung einfach vor. Für die Aufgabenstellungen in der pharmazeutischen Endfertigung zeigte sich bspw., dass eine vertikale Stromführung für die meisten Aufgabenstellungen, besser gesagt, für die meisten Stationen einer Fertigungslinie, der Lösungsansatz ist, da die vertikale Strömung sozusagen einen trennenden Vorhang zwischen Produkt und Personal darstellt (Abb.1.5).

Es muss eben nur dafür gesorgt werden, dass sich niemand über die kritischen Stellen beugt. Gleichzeitig sind Strömungshindernisse selbstverständlich zu vermeiden, d.h. alle Objekte mussten strömungsgünstig bzw. strömungsdurchlässig gestaltet, ebene Flächen an Arbeitstischen oder Maschinengehäusen z.B. perforiert ausgeführt werden. Die so erzielten Ergebnisse in „Gesamt-LF-Räumen" waren auf Anhieb sehr gut und man kann sagen, dass das Kontaminationsrisiko damit um mehrere Zehnerpotenzen

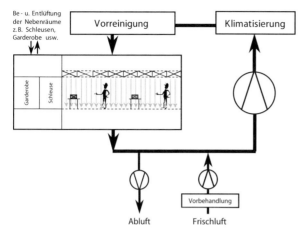

Abb. 1.5   Schematische Darstellung eines „Gesamt-LF-Raums" (Down-Flow)

reduziert werden konnte. Im Normalbetrieb, bei richtiger Anordnung und Gestaltung des Arbeitsplatzes, richtigem Verhalten des Personals, ist das Risiko praktisch zu Null geworden, wenn man die in unmittelbarer Umgebung des zu schützenden Objekts gemessene Partikelkonzentration als Maßstab verwendet. So erfreulich diese Ergebnisse auch waren, es musste festgestellt werden, dass man sie sehr teuer erkaufte.

Bereits die schematische Darstellung lässt diese Probleme erahnen:
- Alleine für die Zuführung und gleichmäßige Verteilung der Luft sowie für deren Ableitung wird gegenüber früher sehr viel zusätzliches Gebäudevolumen benötigt.
- Bei Strömungsgeschwindigkeiten von 0,3–0,4 m/s und Anströmung des gesamten Raumquerschnitts ergeben sich im Endeffekt Luftwechselraten von mehreren 100/h und damit riesige Luftmengen.
- Bei solch großen Luftmengen werden dann größere Kanalquerschnitte, sehr große Förderleistungen, größere Kühlleistungen, mehr Schalldämpfungsaufwand und mehr Platz benötigt.

Daraus folgt gezwungenermaßen, dass das nutzbare Gebäudevolumen bzw. die Nettonutzfläche für den eigentlichen Reinen Arbeitsprozess nur noch einen kleinen Anteil des gesamten Bauwerks darstellen kann. Es ist daher nicht verwunderlich, dass die Installationskosten und auch die Betriebskosten erschreckende Höhen erreichen. Bei dem Modell der Ausrüstung des gesamten Raums mit einer LF-Strömung entfällt praktisch auch die nachträgliche Umrüstung bestehender Gebäude.

Es wurde daher intensiv nach kostengünstigeren, aber reinraumtechnisch ebenso effektiven Alternativen gesucht. Man ging dabei folgendermaßen vor:
- Als entscheidende Schutz-Barriere sollten – da keine anderen gleichwertigen Modelle bekannt sind – Zonen mit LF-Strömungen verwendet werden.
- Aufbauend auf einer gründlichen Analyse des Reinen Fertigungsprozesses wurden die Abmessungen der Reinen Zonen minimiert, die Bedienungsor-

gane soweit möglich an unkritische Stellen verlagert und die notwendigen Vorrichtungen und Maschinen bzw. deren Anordnung strömungsgerecht umgestaltet usw.

- Kritische und unvermeidbare Kontaminationsquellen wurden aus der kritischsten Zone entfernt (z. B. Personal).
- Andere unvermeidbare Störquellen (z. B. Stellen mit Abrieb oder offene Flammen, etwa bei der Ampullen- Zuschmelzstation) wurden durch besondere Maßnahmen wie Absaugungen o. ä. ausgeschaltet.
- So ergaben sich wesentlich kleinere Zonen mit höchster Reinheit, eine drastische Reduzierung der erforderlichen Luftmengen und eine entsprechende Verkleinerung der notwendigen Förderleistungen und damit Kühllast.
- Durch eine ausgeklügelte lufttechnische Schaltung wurden kurze Kreisläufe mit kleineren Druckdifferenzen erreicht und damit eine weitere Reduzierung von Antriebsleistung und Kühllast.
- Gleichzeitig wurde auf eine feste Umhausung der hochreinen Bezirke verzichtet – die Abgrenzung zur benachbarten keimarmen Zone übernahmen durchsichtige Plastikvorhänge.
- Hieraus resultieren insgesamt kleinere Bauvolumina, die zusammen mit den oben schon genannten niedrigeren Energiekosten zu einer deutlichen Reduzierung der laufenden Kosten führen.
- Die Belüftung dieser kleineren Reinst-Zonen verlangte geradezu nach der Bereitstellung kleiner typisierter LF-Bausteine, die selbst Vorfilter, Ventilatoren und HOSCH-Filter enthalten und aus denen praktisch maßgeschneiderte lokale Arbeitszonen zusammengesetzt werden können.

Im ersten Schritt verwendete man nun die „Konventionellen Sterilräume" als keimarme Zone, innerhalb derer man für die kritischsten Prozessschritte LF-Bausteine in Form von Baldachinen aufstellte (Abb.1.6).

Diese saugten ihre Luft über Vorfilter aus dem Raume an und drückten sie durch die HOSCH-Filter als LF-Strom durch die Reine Zone und entließen sie danach wieder in den umgebenden Raum. Nimmt man die Partikelkonzen-

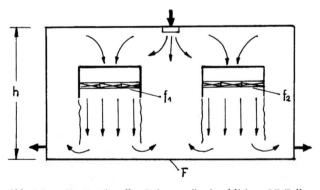

Abb. 1.6   „Konventioneller Reinraum" mit additiven LF-Zellen

tration als Maßzahl des noch vorhandenen Kontaminationsrisikos, so werden innerhalb dieses Baldachins kaum noch statistisch auswertbare Zahlen ermittelt – zur Erinnerung: im klassischen „Konventionellen Sterilraum" sind um 1000 Teilchen/l Luft zu erwarten! Das bedeutet, dass dieses lokale LF-Element eine Barriere von mehreren Zehnerpotenzen darstellt! Im Dauerbetrieb sinken aber auch die Teilchenkonzentrationen im umgebenden Mischlüftungsbereich trotz gleicher Personalbelegung ab, je nachdem wie groß das Verhältnis von interner Umwälzung über die LF-Einheiten zur von außen her durchgesetzten Luftmenge ist. Das ist dann zwar nur ein Verdünnungseffekt, aber da die über die LF-Einheiten bewirkte zusätzliche Luftwechselrate sehr hoch sein kann (ohne Zugerscheinungen!), ist der Einfluss nicht zu vernachlässigen!

Bei gleichen Fertigungseinrichtungen und gleicher Personalbelegung ergaben sich im praktischen Betrieb für diese „Additive Schaltung" mindestens die gleichen Reinheiten an den kritischen Stellen wie bei Ausführung desselben Prozesses in einem ungleich teureren Gesamt-LF-Raum.

Diese Beobachtung lässt sich leicht erklären. Bei dieser Strömung handelt es sich um eine Verdrängungsströmung, in der sich als Strömungshindernis die Prozesseinrichtung befindet. Lokale LF-Zelle und Gesamt-LF-Raum zeichnen sich durch verschiedene Verhältnisse der Querschnittsflächen von Hindernis zum Strömungskanal aus – und im großen Raum hat die Luft bessere Möglichkeiten auszuweichen, während sie in der kleineren LF-Zelle das Hindernis „Arbeitsplatz" intensiver durchströmen und damit spülen muss. Die Unterschiede liegen jedoch nur im graduellen Bereich.

Fassen wir das bisher Gesagte in einigen kurzen Feststellungen zusammen, so kommen wir zu folgender Lösung, mit der sich sehr viele Aufgabenstellungen wirtschaftlich, effektiv und sicher erfüllen lassen:

- Die Belüftung und Reinhaltung reinster Arbeitszonen erfolgt sehr günstig mittels möglichst kleiner, standardisierter LF-Bausteine, die selbst Vorfilter, Ventilator und HOSCH-Filter enthalten.
- In den meisten Fällen lässt sich der Produktionsprozess – z. B. im Bereich der pharmazeutischen Fertigung (etwa das Waschen, Trocknen, Sterilisieren, Kühlen, Füllen und Zuschmelzen von Ampullen) – als Maschinen-Kette in Linienform darstellen.
- Wie die Erfahrungen mit den verschiedenen Reinraumsystemen der Vergangenheit zeigen, ist das LF-System – nimmt man wiederum die Partikelkonzentration als Maßstab – das mit Abstand leistungsfähigste System.
- Die Abluft aus den lokalen LF-Bausteinen hat praktisch die Beladung Null, insbesondere wenn das Personal außerhalb angeordnet wird. So kann diese Luft ohne weiteres als Belüftung für den umgebenden Raum benutzt werden.

Damit ergibt sich als logische Folge die *Integration der Laminar-Flow-Technik in die Raumbelüftung.* Lokal einzusetzende LF-Geräte werden optimal auf den Prozess zugeschnitten, wobei aber auch die verwendeten Gerätschaften und Maschinen in strömungstechnischer Hinsicht angepasst werden [1.5]. In Abb. 1.7 sind die heute anzutreffenden Reinraumsysteme schematisch dargestellt und

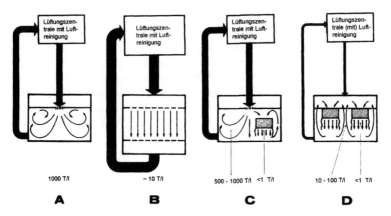

Abb. 1.7 Schematische Darstellung typischer heute üblichen Reinraumkonzepte mit Richtwerten für praktisch erreichbare Teilchenkonzentrationen in Teilchen > 0,3 µm/l Luft

der oben beschriebene Schritt zum lokalen LF-Element wird mit dem Modell „C" vollzogen – gemeinhin als „Additive Schaltung" bezeichnet.

In einem an sich „Konventionellen" Reinraum oder Sterilraum wurden einfach zusätzlich LF-Zellen installiert. Die mit solchen Anlagen gesammelten Erfahrungen waren sehr gut. Dieses Konzept hatte ferner den Vorteil, da bestehende Produktionen i.d.R. nachträglich umgerüstet und damit um Zehnerpotenzen – was die Reinheit anlangt – verbessert wurden. An den kritischen Arbeitsplätzen kam man ohne weiteres unter Werte von 1 Teilchen/l Luft (d.h. Teilchen < 0,3 µm) und in der Umgebung wurden die vorher vorhandenen Faustwerte von 1000 Teilchen/l Luft ebenfalls deutlich unterschritten [1.6]. Für derartige Vorteile waren allerdings zusätzliche Investitionen erforderlich.

Die Erfahrung mit derart ausgerüsteten Betrieben lehrte, dass der „Reinigungs-Effekt" mittels der lokalen LF-Einheiten wesentlich stärker war als derjenige, der über die zentrale Belüftung mit Reinstluft erzeugt werden konnte.

1.3 Integrales Belüftungskonzept

Es war nun eigentlich nur eine logische Folgerung, die Aufgabe der Erhaltung der Reinheit und des kontrollierten Abtransports von bei der Arbeit freigesetzten Verunreinigungen ganz auf die Reinraumgeräte zu verlagern und die Aufgabe der zentralen Lüftungsanlage auf die Einhaltung von Frischluft-, Feuchtigkeits- und Wärmebilanz zu reduzieren. So entstand eine integrierte Schaltung von Belüftungs- und Reinraumgeräten, die sowohl vom Standpunkt der Reinheit als auch der Wirtschaftlichkeit für Linienproduktionen – wie oben beschrieben – nach heutigem Wissen das Optimum darstellen dürfte.

Diese „Integrierte Schaltung" ist im Prinzip in Abb. 1.7 als Modell D vereinfacht dargestellt. Die LF-Geräte sind an einer Zwischendecke aufgehängt und saugen aus dem Bereich oberhalb dieser Zwischendeck an. Die aus diesen Geräten austretende Reinstluft passiert nun die darunter befindlichen reinsten Arbeitsplätze in Form eines LF-Feldes und tritt anschließend in den umgebenden Reinraum aus. Sie verlässt diesen Raum durch spezielle Rückströmöffnungen nach oben in den Zwischendeckenbereich und wird von den LF-Einheiten wieder angesaugt. Im Zwischendeckenbereich mischt sie sich vorher mit der von der Lüftungszentrale kommenden Zuluft.

Diese Zuluft müsste theoretisch im Dauerbetrieb nicht HOSCH-filtriert sein, denn sie gelangt erst nach Passage der LF-Zellen in den Reinen Arbeitsbereich. Im Interesse einer sauberen „Grenzziehung" wird aber jeder Betreiber einer solchen Reinen Fertigung einer Aufbereitung der Zuluft über HOSCH-Filter den Vorzug geben, zumal sich ja insgesamt die im System abzuscheidende Masse nicht ändert. Sie wird nur auf etwas mehr Filterfläche verteilt und damit werden die Standzeiten verlängert. Bei der Bemessung der Volumenleistung der Lüftungszentrale gewinnt man mehr Freiheit, denn die früher zur Induktion der Mischvorgänge nötigen hohen Luftmengen kann man durchaus reduzieren, wenn nur die oben schon genannten Feuchtigkeits- und Wärmebilanzen ausgeglichen werden. Es sind dabei größere Temperaturdifferenzen zwischen Vor- und Rücklauf möglich, die zu kleineren Luftmengen und kleineren Kanalquerschnitten mit allen entsprechenden Vorteilen führen. Die Installation des Raums und der zugehörigen Lüftungs-Zentrale nebst Kanälen wird i.d.R. etwas günstiger sein als beim „Konventionellen Reinraum"(Modell A in Abb.1.7); dafür kommen jedoch die in ihren Abmessungen minimierten LF-Geräte hinzu, wobei man aber ganz deutlich unterhalb der Kosten für den „Gesamt-LF-Raum"(Modell B) bleibt und mit den erreichten Reinheiten gleich oder besser dasteht.

Da die rauminterne Umwälzung mittels LF-Geräten einen großen Strom sehr sauberer Luft darstellt, bietet es sich natürlich an, einen Teilstrom zu entnehmen und für die geordnete *Belüftung angrenzender Nebenräume* wie Schleusen, Garderoben, Vorbereitungszonen usw. zu verwenden (Abb.1.8). Dieser Teilstrom kann dann von hier aus wieder in den oben bereits erwähnten Zwischendeckenbereich gefahren werden oder auch zur Zentrale zurückgeschickt werden.

Derartige Zwischendeckenräume sind meist keine zusätzlichen Einrichtungen, zur Unterbringung von Versorgungseinrichtungen und -leitungen werden sie heute sowieso meist vorgesehen. Sie waren häufig Sorgenkinder des Betriebs, da in ihrer Dichtheit nur aufwendig zu kontrollieren usw.

Sie sind nun in den kontrollierten Umlauf sehr sauberer Luft definiert einbezogen und das besagte Abdichtungsproblem ist durch die darüber liegende feste Decke leichter zu beherrschen.

Durch Einbeziehen des Zwischengeschossraums oberhalb des Reinraums zum Sammeln und Mischen der Rückströme sind damit lückenlos alle Räume in der Umgebung des Reinen Prozesses sowohl von der Reinheit als auch vom Druck her eingebunden, wobei geringste *Druckdifferenzen* ausreichen.

Der ursprüngliche Gedanke, der zur Vorgabe höherer Drücke in der reineren Zone führte, ist die Garantie, dass in den praktisch nie zu vermeidenden

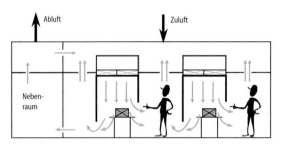

Abb. 1.8   Reinraum für höchste Anforderungen mit „Integrierter Schaltung" von lokalen LF-Zellen

Undichtigkeiten, z. B. bei Türen oder Durchführungen, dennoch sichergestellt ist, dass nie Luft aus der unreineren in die reinere Zone gelangen kann. Sinn ist also die Sicherstellung einer bestimmten Luftströmungsrichtung. Bei dieser integrierten Schaltung erfolgt die Kapselung nicht durch ein statisches Konzept, sondern auf dynamischem Wege. Die Luft passiert die verschiedenen Zonen in einer konsequenten Reihenschaltung, welche die gewünschte Stufung garantiert, soweit nur Luft bewegt wird.

Je nach Standort der Anlage und jeweils gültigen Vorschriften muss man an dieser Stelle gelegentlich auf Diskussionen vorbereitet sein.

Verfolgt man den Weg der von der Klimazentrale kommenden Luft bis zu ihrer Rückströmung, so stellt man fest, dass die Luft mehrfach hintereinander im reinraumtechnischen Sinne Arbeit geleistet hat, ohne dabei irgendwo besonders stark mit Verunreinigungen beladen worden zu sein. Das ist ein wesentlicher Vorteil dieses Konzepts, die Luft wird auf kurzem Wege im sehr reinen Zustand im Kreis gefahren, von der geringen Beladung befreit und muss nicht gleich verworfen, d.h. zur Zentrale zurückgefahren werden.

Sicherheitsüberlegungen im Hinblick auf den evtl. Ausfall einer LF-Einheit haben ergeben, dass die betreffende Station dann zwar auf die Reinheit des umgebenden Reinraums abfällt, aber immer noch deutlich besser ist als ein gut laufender „Konventioneller Reinraum". Die Zeit bis zum Eingreifen ist also unter einem begrenzten Kontaminationsrisiko zu sehen und die gesamte übrige Anlage bleibt in Qualität und Sicherheit vollkommen unberührt.

Dieses Konzept hat sich inzwischen in der Praxis hervorragend bewährt, sowohl von der Wirtschaftlichkeit als auch von den erreichten Reinheiten im praktischen Betrieb her [1.6–1.8]. Bereits bei der Planung eines über 600 m² großen Reinraums mit 6 Produktionslinien in der pharmazeutischen Fertigung zeigte sich ein weiterer Vorteil. Durch die Wahl der örtlichen Anordnung der Rückström-Öffnungen in der Zwischendecke und die relativ großen Volumenströme über die LF-Zonen – bei dennoch kleinen Luftgeschwindigkeiten – kann das *Temperaturprofil im Raume* geglättet und die durch die Maschinenanordnung vorgegebene Verteilung der Wärmelast kompensiert werden. Hierzu wird der Raum in eine Anzahl von Kontrollbezirken eingeteilt, wärmetechnisch bilanziert und so iterativ ein Optimum ermittelt.

Auch in Bezug auf die erwarteten *Reinheiten* lassen sich recht sichere Voraussagen bzw. *überschlägige Berechnungen* machen.

Für die reinsten Operationen in den LF-Zellen können bei LF-gerechter Gestaltung Werte unter 1 Teilchen > 0,3 µm/l Luft erwartet werden; im genannten Beispiel wurden nach ausgedehnten Messreihen gegenüber dem Durchschnittswert eines ordentlichen „Konventionellen Sterilraums" Verbesserungen um den Faktor 10^5 erzielt!

Im übrigen Reinraum – also außerhalb der LF-Zellen –, in dem das Personal angeordnet ist, kann man die mittleren Teilchenzahlen näherungsweise recht gut abschätzen. Dazu betrachtet man diesen Bereich als durchmischt, setzt die dort tätigen Personen mit den eingangs dieses Abschnitts (Abb.1.3) angegebenen Quellstärken ein und bilanziert mit der durch diesen Raumbereich gefahrenen Luftmenge. Zu den so gewonnenen Richtwerten kann man dann noch Zuschläge für Emissionen der Apparaturen vorsehen.

Da die planerische Gestaltung solcher Räume ein iterativer Vorgang ist und im Verlaufe des Planungsvorganges immer wieder Änderungen aufzunehmen sind, wurde ein *Nomogramm* zur überschlägigen Ermittlung der zu erwartenden Teilchenzahlen entwickelt (Abb.1.9).

Berücksichtigt sind dabei die zwei heute bedeutsamen Schaltungsvarianten – Modell C und Modell D in Abb.1.7 – die „Additive Schaltung", wie sie beim nachträglichen Aufstellen von LF-Einheiten in vorhandenen „Konventionellen Reinräumen" entsteht, sowie die „Integrierte Schaltung", wie oben beschrieben, mit Zwischendecke und rauminterner Umwälzung mittels der LF-Elemente. Die Berücksichtigung erfolgt in der rechten Diagrammhälfte in

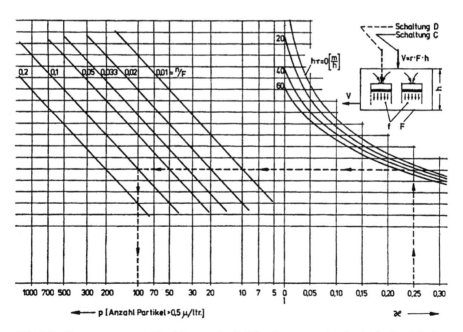

Abb. 1.9 Nomogramm zur Abschätzung der Teilchenkonzentration im Außenbereich der lokalen LF-Zellen bei „Integrierter Schaltung"

der Kurvenschar mit dem Parameter aus dem Produkt Raumhöhe h in Metern × äußere stündlich Luftwechselrate r. Im Falle der „Integrierten Schaltung" ist die Größe h × r gleich Null, da keine von der Zentrale kommende Luft direkt in den Reinraumbereich einströmt, sondern dem als Mischraum dienenden Zwischendeckenbereich zugeführt wird. Die rechte Abszissenachse berücksichtigt den Anteil κ der durch die LF-Geräte belegten Fläche im Verhältnis zur Gesamtgrundfläche des Reinen Bereichs, die linke Diagrammhälfte erfasst den Einfluss der personellen Belegungsdichte in der Parameterschar Anzahl n Personen je m² Bodenfläche F. Die Abschätzung der Teilchenzahlen erfolgt entsprechend dem eingezeichneten Linienzug. Auf dem linken Teil der Abszissenachse kann man dann den zu erwartenden Richtwert der Teilchenzahl in Teilchen > 0,3 μm/l Luft ablesen.

Eine immer wieder aufgeworfene Frage ist die Problematik des *Nacht- und Feiertagsbetriebs*. Da die Reinheit auch in diesen Zeiten aufrechterhalten werden muss, im Inneren aber keine Freisetzung von Verunreinigungen erfolgt, so ist das System dennoch derartig weiter zu betreiben, dass keine Kontamination von außen her – z. B. durch Undichtigkeiten – eindringen kann. Da auch geschlossene Türen i. d. R. nicht als reinraumtechnische Barriere angesehen werden können, ließ man die Reinraumbelüftung mitsamt Klimazentrale einfach weiterlaufen, was natürlich erhebliche Betriebskosten bedeutet. Das ist insbesondere in vielen Betrieben der pharmazeutischen Fertigung von Bedeutung, da hier häufig nicht rund um die Uhr gearbeitet wird.

Es wurde daher untersucht, ob in *Zeiten der Produktionsruhe* ein kostengünstigerer Teilbetrieb der Lüftungsanlage bei gleichzeitiger Aufrechterhaltung der Reinheit im Reinraum möglich ist. Dabei ergab sich folgende Lösung:

Notwendig ist lediglich eine Abschottung gegenüber der unreinen Außenumgebung, da innerhalb ja keine Kontamination erzeugt wird. Dazu muss im Inneren des Reinen Bereiches ständig die Luft in der richtigen Richtung, d. h. von „rein" nach „weniger rein", bewegt werden. Diese Luftbewegung kann ohne weiteres folgendermaßen sichergestellt werden:

– Die Zu- und Abluftleitungen zur Lüftungszentrale werden durch entsprechende Armaturen verschlossen.
– Die Lüftungszentrale wird abgeschaltet.
– Die weiterlaufenden LF-Geräte (es genügt ein kleiner Teil, s. u.) wälzen die Luft wie bisher um (nach wie vor auch einen Teilstrom über die Nebenräume) und halten die Reinheit aufrecht.

Eingehende Untersuchungen zeigten, dass nur ein kleiner Teil der LF-Geräte im Dauerbetrieb weiterbetrieben werden muss, da ja keine Reinigungsarbeit zu leisten ist. Die Erfahrung zeigt, dass ein Anteil von 20% der installierten Kapazitäten im vorliegenden Fall ausreichte. Evtl. Undichtigkeiten im Baukörper werden von diesem System sozusagen selbstregelnd verkraftet.

Im Zusammenhang mit der Anwendung dieser Schaltung ergibt auch die Untersuchung des Übergangsverhaltens vom „Tag-" in den „Nachtbetrieb" sehr interessante Aspekte.

Als letztes Personal verlässt i. d. R. die Reinigungsmannschaft den Raum. Die Erfahrung zeigt, dass die Reinheit der Luft im Reinraum gerade durch die

Reinigungsoperationen besonders leidet – Anstiege der Partikelzahlen im durchmischt belüfteten Bereich um eine Zehnerpotenz kann man als Regel annehmen. Würde man nun sofort auf den oben geschilderten „Nachtbetrieb" umschalten, so würden die kritischsten Arbeitsplätze unter den abgeschalteten LF-Geräten zumindest für eine gewisse Zeit auf ein deutlich schlechteres Niveau absinken.

Lässt man dagegen die LF-Geräte in voller Anzahl nach dem Abzug des Reinigungspersonals noch eine Zeit weiter laufen, so ist der gesamte Reinraumbereich nach kurzer Zeit praktisch auf Teilchenzahlen außerhalb der Nachweisgrenze, nämlich unter 1 Teilchen >0,3 μm/l. heruntergefahren und kann ab nun mit Hilfe des beschriebenen „Nachtbetriebs" auf diesem Niveau gehalten werden.

Die erforderliche Nachlaufzeit (Abb. 1.10) lässt sich durch einfache Bilanzrechnungen abschätzen, wobei für das in der zitierten Literatur [1.7, 1.8] veröffentlichte Beispiel gute Übereinstimmung zwischen Rechnung und Messung erzielt wurde. Die Nachlaufzeiten liegen in der Größenordnung von einer Viertelstunde.

Ebenso wurde der Übergang vom „Nachtbetrieb" auf „Tagbetrieb" studiert und Vorlaufzeiten – zur Einstellung von Temperaturen, Feuchtigkeit u. ä. – von $^1/_4$ bis $^1/_2$ h ermittelt. Diese Umschaltvorgänge lässt man am besten automatisch ablaufen und stellt durch eine Verriegelung sicher, dass im Zustand „Nachtbetrieb" niemand den Reinen Bereich betreten kann.

Abschließend ist festzustellen, dass ein derart optimiertes System, wie das hier unter dem Begriff „Integrierte Schaltung" vorgestellte, eine ausgespro-

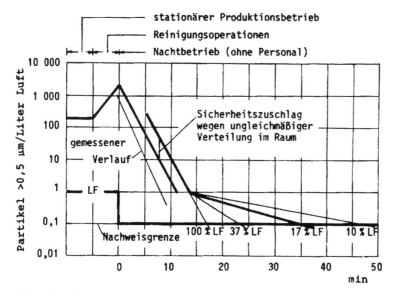

Abb. 1.10 Übergangskurven für den Wechsel vom Normalbetriebszustand zum reduzierten Nacht- bzw. Feiertagsbetrieb

chen maßgeschneiderte Lösung darstellt, die einen definierten Prozess, wenn möglich in Linienanordnung, sowie Gestaltungsmöglichkeiten an den verwendeten Maschinen voraussetzt. Überall da, wo der Prozess mehr flächig als in Linie strukturiert ist, sollte man auch den Lösungsansatz über den „Gesamt-LF-Raum" betrachten und ihm ggfs.den Vorzug geben. Die Entscheidung über das letztlich einzusetzende Reinraumkonzept folgt ganz allein aus der Prozessanalyse.

Literatur

[1.1] Hortig, H.-P.; Hohmann, A.: „Kontaminationsprobleme bei der Antibiotika-Fertigung und deren Lösung durch Anwendung des LF-Prinzips", Pharm.Ind., 31, S.872–877, 1969

[1.2] Hortig, H.-P.: „VDI-Berichte Nr. 147", 63-61, 1970

[1.3] Hortig, H.-P.: „Überblick über den derzeitigen Entwicklungsstand auf dem Gebiet der Reinraumtechnik in der pharmazeutischen Fertigung", Acta Pharmaceutica Technologica, APV-Informationsdienst, Supplement 3/1977; S.171 ff.; Dtsch. Apoth. Verlag, Stuttgart

[1.4] Austin/Timmermann: „Design and Operation of Clean Rooms", Business News Publ. Comp., Detroit, 1965/Revised Edition, P.R.Austin, gleicherTitel, gleicher Verlag, Birmingham/Michigan, ca.1970

[1.5] Pavloff, L.G.; Hortig, H.-P.: „Drug and Cosmetic Industry", USA, Nov. 1974

[1.6] Gail, L.; Hortig, H.-P.: „Die Integration der Laminar-Flow-Technik in die Raumbelüftung", Pharm. Ind., 39, S.265-268, 1977

[1.7] Hortig, H.-P.; Gail, L.: „Praktische Ergebnisse mit einem integrierten System von Reinraum- u. Lüftungstechnik in einer Produktionsanlage für sterile Pharmazeutika", Vortrag 4. ICCCS-Symposium, 1978, Washington, USA, Proceedings, Institute of Environmental Science

[1.8] Weiler, H.; Hortig, H.-P.: „Das integrierte System von Reinraum- und Lüftungstechnik bei der Herstellung steriler Präparate für die Humandiagnostik – Konzept und praktische Erfahrungen", Pharm. Ind., 41, S.579-607, 1979

2 Integrales Reinheitssystem

2.1 Einleitung – Anwendungsbereiche

Reinheitsbezogene Qualitätsanforderungen sind oftmals die Triebkraft für Neuplanungen von „Reinen" Fertigungen oder für Optimierungsvorhaben und -maßnahmen. Ständig steigende Qualitätsanforderungen sowie zunehmende Miniaturisierungen bei Komponenten und Produkten erfordern in unterschiedlichsten Branchen (s. Abb. 2.1) eine „Reine" Fertigungsumgebung [2.1–2. 9].

Ergänzend zu diesem Punkt benötigen immer mehr technische Fertigungsabläufe und -verfahren Anlagenbereiche mit hochreinen Bedingungen, da bereits geringste Verunreinigungen zu einem Verlust an Funktionalität, Zuverlässigkeit, medizinischer Verträglichkeit oder sonstiger essentieller Qualitätsfaktoren der Produkte führen.

Die hier vorgestellte Betrachtungsweise und Vorgehensweise zur Entwicklung eines Systems für die Erzeugung und Aufrechterhaltung des Qualitätsmerkmals „Reinheit", liefert Ansätze zur Verbesserung beliebiger kontaminationskritischer Fertigungen. Aus unterschiedlichen Blickwinkeln werden hierbei die prinzipiellen Verknüpfungen und Abhängigkeiten reinheitsrele-

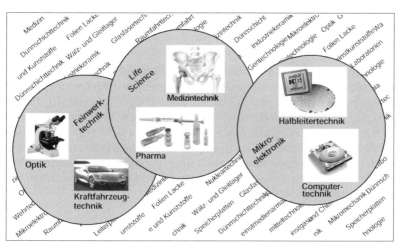

Abb. 2.1 Beispiele für Branchen „Reiner" Fertigungen

vanter Maßnahmen aufgezeigt und der Gedanke gesamtheitlicher und angepasster Reinheit, des „integralen Reinheitssystems" vermittelt. Das Hauptaugenmerk liegt dabei im Miteinander der Reinheitsfaktoren, wobei ggf. die technischen Aspekte sowie Elemente des Qualitätsmanagements kurz umrissen werden.

An eine stabile und rentable Reinstfertigung wird dabei niemand neugestalterisch Hand anlegen. Der Produktions- bzw. Wertschöpfungsprozess ist jedoch in vielen Fällen in einen dynamischen Markt eingebettet, und vielerlei – oft rasante – Veränderungen sind entweder durch die Produktentwicklung selbst oder den Markt aufgeprägt, so dass der kontinuierliche Verbesserungsprozess unter qualitativen und wirtschaftlichen Gesichtspunkten zur festen Tagesordnung und Unternehmensphilosophie zählt – ein Prozess, in dem vor allem das Personal eine wichtige und entscheidende Rolle spielt [2.6–2.8].

2.2 Definition

2.2.1 Integrales Reinheitssystem

Als Integrales Reinheitssystem [2.9] wird das abgestimmte Zusammenführen aller reinheitsrelevanten Komponenten und deren Schnittstellen zu einer Systemeinheit für einen geschlossenen, kontaminationskontrollierten Bereich (Fertigungsschritt oder Fertigungsbereich) bezeichnet.

Das Integrale Reinheitssystem stellt die prozess- und produktspezifischen Reinheitsanforderungen in der Produktumgebung her und gewährleistet die Einhaltung der geforderten reinheitsrelevanten Spezifikationen. Unter einem Integralen Reinheitssystem ist somit das Zusammenwirken aller notwendigen Komponenten zu verstehen, mit denen die Herstellung von kontaminationskritischen Produkten ermöglicht wird.

2.2.2 Produktumgebung

Als Produktumgebung [2.9] wird das Volumen in der direkten Produktnähe bezeichnet, innerhalb dessen keine Maßnahmen zur Aufreinigung produktberührender Einrichtungen und Medien mehr erfolgen können. In diesem Bereich ist das Produkt unweigerlich allen wirksamen Kontaminationsmechanismen wie Kontakt oder Diffusion ausgesetzt. Der Gesamtbereich dieser Produktumgebung während des Fertigungsablaufs umschließt kontinuierlich – entlang des Produktwegs – diese örtlich unterschiedlich ausgedehnten Volumina in den Bereichen Prozess, Transport, Pufferung oder Lagerung. Die häufigsten Produktumgebungen sind:
- atmosphärisch trocken
- gasförmig heiß
- atmosphärisch nass
- Vakuum.

2.3 Reinheit in der Produktumgebung

Die Verunreinigung durch luftgetragene Partikel ist für den Betrieb „Reiner" Fertigungen von zentraler Bedeutung.

Die Sicherung der Fertigungsqualität setzt dabei eine aus der Sicht des Produkts oder Prozessschritts durchzuführende reinheitsgerechte Optimierung der Umgebungsbedingungen in unmittelbarer Produktnähe je Fertigungsschritt voraus [2.10]. Dabei genügt es nicht, die Reinraumtechnik (im Speziellen die Reinlufttechnik) als Qualitätselement hinsichtlich der Produktreinheit separat zu betrachten. Wie Abb. 2.2 zeigt, ist sie vielmehr Bestandteil eines komplexen Reinheitssystems und teilt sich diese Aufgabe mit anderen reinheitsrelevanten Komponenten bzw. Qualitätsfaktoren, wie Fertigungsgeräten, Medienversorgung und -entsorgung, Material- und Personallogistik [2.5, 2.10]. Die Erfordernisse der Qualitätssicherung müssen ebenfalls berücksichtigt werden.

Aufbauend auf den für die Qualität des Produkts kritischen Verunreinigungsgrößen sowie Größen weiterer Kontaminationsarten, muss eine angepasste „Reine" Produktumgebung geschaffen werden, die allerdings nicht für jede Anwendung als vollständige Reinraumumgebung ausgebildet sein muss.

Eine Patentlösung für den Einsatz der Reinraumtechnik für die unterschiedlichen Belange in kontaminationskritischen Fertigungen gibt es nicht. In vielen Fällen kommt man zum Ziel, wenn für die geforderte „Reine" Produktumgebung Reinräume, lokal begrenzte Reinheitszonen oder Mini-Environments (lokale Reinräume) eingesetzt werden. Es müssen immer Individuallösungen erarbeitet und im Einzelfall auch die Notwendigkeit des Einsatzes

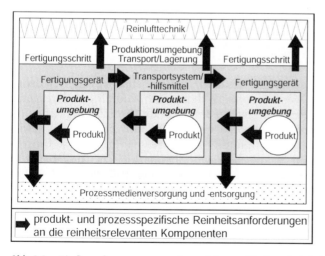

Abb. 2.2 Einfluss der prozess- und produktspezifischen Reinheitsanforderungen auf die reinheitsrelevanten Komponenten im Integralen Reinheitssystem

aufwendiger Technik hinterfragt werden. Ziel sollte es sein, ein flexibles, an die Produktspezifikationen angepasstes Integrales Reinheitssystem zu installieren, das auch zukünftigen Anforderungen gewachsen ist.

2.4 Ursachen, Anforderungen und Ziele

Gründe, Motive und Ziele für den Einsatz von Integralen Reinheitssystemen bei Veränderungsvorhaben können sein:
- Ausschuss mit seinen vielen Begleitaspekten und Darstellungsformen, wie Nacharbeit, Zufälligkeit und Feldausfälle
- Produktivitätssteigerung/Kapazitätserweiterung
- steigende (auferlegte) oder ungewisse Reinheitsanforderungen
- Einführung neuer Produktgenerationen
- Markterschließung, bevorstehende Auditierung
- Standortbestimmung – liegt (überhaupt) ein Reinheitsproblem vor?
- kontinuierlicher Verbesserungsprozess
- Image
- und schließlich: „Zufriedene Kunden".

Im Vordergrund steht die Qualität des Produktionsprozesses. Das Ziel des Integralen Reinheitssystems, die prozess- und produktspezifischen Reinheitsanforderungen in der Produktumgebung umzusetzen, teilt sich in unterschiedlichste Aufgabenstellungen. Voraussetzung dafür ist, die Qualitätsfaktoren als Netzwerk zu betrachten und damit die Produktgefährdung durch die beteiligten reinheitskritischen Komponenten, sowohl einzeln als auch in ihrem Zusammenwirken, auf ein Minimum zu reduzieren. Dabei ist es unerheblich, ob die Optimierung lediglich Teilbereiche einer bestehenden Fertigungslinie oder die Gestaltung einer kompletten Produktionsstätte mit neuer Technologie zum Inhalt hat. Wie in Abb. 2.3 dargestellt, beeinflussen sich diese Faktoren gegenseitig und bilden eine Vielzahl zu definierender Schnittstellen bzw. Knotenpunkte.

Die Kontaminationsquellen und -ursachen im Reinheitssystem dürfen dabei nicht statisch betrachtet werden, sondern dynamisch, komplex und vernetzt (z. B. reinheitsgerechtes Fertigungsgerätedesign). Zur Minimierung der Kontamination gilt es, Anforderungsprofile aufzustellen und zu bewerten sowie mögliche Maßnahmen zu bündeln und in Pakete zu schnüren. Diese Umsetzungspakete können dann technische sowie organisatorische Aufgabenstellungen beschreiben. In Tabelle 2.1 ist ein Beispiel einer Anforderungsliste für reinheitsrelevante Komponenten dargestellt.

Häufig müssen die nachfolgenden Problemstellungen für die Definition der Schnittstellen zwischen den Komponenten gelöst werden.

Erstluftzuführung in die Produktumgebung (technische Aufgabenstellung). Mit der heutigen Reinraumtechnik bzw. Reinlufttechnik ist die Bereitstellung von hochwertigen Reinheitsklassen in der Erstluft technisch machbar und

Abb. 2.3 Netzwerk der reinheitsrelevanten Komponenten bzw. Qualitätsfaktoren

Tabelle 2.1 Anforderungsbeispiele an die Komponenten eines Integralen Reinheitssystems

Komponente	Kriterium	Forderung	Wunsch
Reinlufttechnik	Reinheitsoptimierte Strömungsform	+	
	Minimale Betriebskosten	+	
	Begrenztes Reinheitsvolumen	+	
	Flexible Luftverteilung	+	
	Minimaler Platzbedarf		+
	Lokal einstellbare Reinraum-betriebsparameter	+	
	Modulare Reinlufttechnik		+
	Flexible Fertigungslayoutgestaltung		+
Fertigungsgeräte	Angepasste Fertigungsgeräte-einhausung	+	
	Reinheitsoptimierte Ausbildung der Produktübergabe	+	
	Minimale prozessspezifische Einflüsse	+	
	Reinraumtaugliche Handhabungssysteme	+	
Logistik	Reproduzierbarer Produktionsablauf	+	
	Integrierbare Produktübergabe		+
	Ergonomie		+

etabliert. Aufgabe des Integralen Reinheitssystems ist es nun, diese „Reine" Erstluft ohne äußere Einflüsse, d.h. Aufnahme von Verunreinigungen durch Kontaminationsquellen in der Fertigungsumgebung, über eine Entfernung von einigen Metern direkt bis in die Produktumgebung strömen zu lassen, um dort reproduzierbare Reinheitsverhältnisse zu erzeugen.

Fertigungsgeräte und Arbeitsplatzgestaltung (technische Aufgabenstellung). Weitere Schnittstellendefinitionen hinsichtlich Verunreinigungen in der Produktumgebung sind das strömungstechnische und kontaminationsvermeidende Design von Fertigungsgeräten und Arbeitsplätzen sowie deren Aufstellungslayout in der Fertigungsumgebung. In der Konzeption von Fertigungsgeräten und Arbeitsplätzen muss somit innerhalb des Geräts eine optimale Durchströmung der Produktumgebung in Abhängigkeit der herrschenden Erstluftströmung erreicht werden. Gleichzeitig dürfen durch das Fertigungsgerät selbst weder Verunreinigungen erzeugt, noch gesammelt, noch in die Produktumgebung abgegeben werden.

Infrastruktur (technische Aufgabenstellung). Bei der Umsetzung am Beispiel der lufttechnischen Aufgabenstellungen sollte man nach kostengünstigen, dem jeweiligen Bedarf angepassten Lösungen mit entsprechender Reinlufttechnik suchen, um sowohl Investitionskosten, als auch laufende Betriebskosten zu reduzieren. So können zwischen den beiden Basisprinzipien zur Aufrechterhaltung der Luftreinheit, der turbulenzarmen „laminaren" Verdrängungsströmung und der turbulenten Mischströmung in der Praxis alle möglichen Kombinationen umgesetzt werden [2.1–2.5]. Neben den konventionellen Großreinräumen kommt für höchste Reinheitsanforderungen hauptsächlich die Tunnelausführung mit abgestufter Luftreinheit zwischen Arbeits- und Bewegungsflächen von bis zu zwei Reinheitsklassen in Betracht. Eine stärkere Abstufung von bis zu sechs Reinheitsklassen ist mit dem Konzept der Mini-Environments oder Isolatoren erreichbar, in denen das kostenintensive Reinraumvolumen in unmittelbarer Produktumgebung auf ein Minimum beschränkt wird. Generell sollte ein flexibles, an die Produktspezifikationen angepasstes Reinraumsystem angestrebt werden, das auch zukünftigen, evtl. noch höheren Anforderungen, bei gleichzeitig drastisch zu reduzierenden Produktionskosten gewachsen ist.

Logistik und Personal (organisatorische und technische Aufgabenstellung). Neben der Bedienung der Fertigungsgeräte sind als häufigste Aufgaben des Personals der Transport der Produkte und Fertigungshilfsmittel sowie die Produktübergabe in die Fertigungsgeräte zu nennen. Diese Punkte sind somit unmittelbar mit der Material- und Handhabungslogistik sowie dem Personaleinsatz verbunden. Eine optimale Abstimmung und Anordnung der Abläufe und notwendigen Einrichtungen (z.B. die Produktübergabestationen) ist ausschlaggebend, um die geforderte Reinheit des Produkts zu erzielen. Für das Personal mit deren hohen Qualitätsrelevanz ist es erforderlich, bei unterschiedlichsten Aufgabenstellungen eine sorgfältige Integration durchzuführen, welche eine Fülle von umgreifenden Maßnahmen erfordert. Diese müssen unter dem Gesichtspunkt der Reinheitsanforderungen durch entsprechende

Arbeitsanordnungen bzw. SOPs (standard operating procedure), Art der notwendigen Reinraumbekleidung, Verbrauchsgüter (Wischtücher, Handschuhe etc.) sowie die Benutzung von reinheitstauglichen Werkzeugen erfolgen.

2.5 Beispiele ausgeführter Integraler Reinheitssysteme

Die in Abb. 2.4 dargestellten Beispiele zeigen, wie mit unterschiedlichen Komponenten, die in Abb. 2.5 gezeigt werden, Reinheitssysteme integriert werden können.

Abb. 2.4   Beispiele ausgeführter Integraler Reinheitssysteme

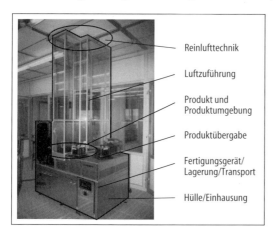

Abb. 2.5   Technische Komponenten des Integralen Reinheitssystems

2.6 Vorgehensweise zur Auslegung und Realisierung

Basis für die Vorgehensweise bildet die Kenntnis der prozess- und produktspezifischen Reinheitsanforderungen an die Produktumgebung. Sind die qua-
litätsstörenden Kontaminanten je Fertigungsschritt nicht bekannt, müssen
diese anhand von Festlegungen oder entsprechenden Analysen ermittelt und
definiert werden. Wird eine Vielfalt von Kontaminationsquellen ermittelt,
sollten diese im Vorfeld durch geeignete Einzelmaßnahmen beseitigt oder auf
ein Minimum reduziert werden. Abbildung 2.6 stellt die weitere Vorgehensweise zur Auslegung von Integralen Reinheitssystemen dar. Dieser allgemeingültige Ablaufplan kann für die Modifikation bzw. Optimierung von bestehenden „Reinen Fertigungen" sowie bei einer anstehenden Neuplanung
angewendet werden.

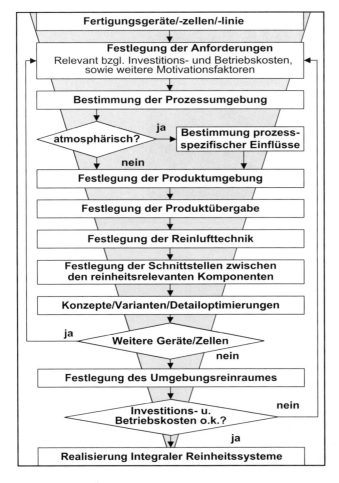

Abb. 2.6　Ablaufplan zur Auslegung und Realisierung von Integralen Reinheitssystemen

Wichtige Abschnitte bei der Auslegung sind dabei die Festlegung der auf vielfältige Motivationsfaktoren zurückzuführenden Anforderungen sowie die Phase der Konzepte- bzw. Variantenbildung (s. Abb. 2.7). Abhängig von der unterschiedlichen Anzahl an Anwendungen in dem zu betrachtenden „Reinen" Fertigungsbereich, wird für jedes einzelne Fertigungsgerät, für Fertigungszellen oder eine ganze Fertigungslinie der Ablauf wiederholt und die am besten geeignete Lösungsvariante beschrieben.

Als Hindernisse für die Lösungsansätze kostenoptimierter Integraler Reinheitssysteme kommen in Betracht:

– extrem teure, gerätespezifische Adaptierungsmaßnahmen
– Fertigungsgeräte mit unterschiedlichen Anforderungen an die Reinlufttechnik
– nicht kompatible Automatisierungskomponenten
– unflexible, klimatechnische Grundinstallationen in bestehenden Reinräumen sowie
– nicht ganzheitliche Betrachtungsweise der Integrations- und Schnittstellenproblematik.

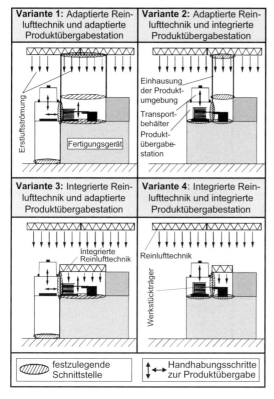

Abb. 2.7 Gegenüberstellung der Lösungsvarianten von Integralen Reinheitssystemen mit den festzulegenden, reinheitstechnischen Schnittstellen zwischen den Komponenten

Ausgehend von der Analyse und Festlegung der Anforderungen werden die einzusetzenden reinheitsrelevanten Komponenten und reinheitstechnische Schnittstellen festgelegt. Hierbei entstehen für mögliche Lösungsvarianten des Reinheitssystems unterschiedliche Investitions- und Betriebskosten, die anhand von zu vergebenden Prioritäten (oder Cost-of-Ownership-Analysen) bewertet werden müssen. Zur finanziellen Bewertung Integraler Reinheitssysteme müssen neben den internen Abhängigkeiten auch die Restriktionen des übergeordneten Systems detailliert unter den Gesichtspunkten der Flexibilität, der Kostenentstehung und -entwicklung und ihrer Wechselwirkung betrachtet werden.

Für den notwendigen rekursiven Abgleich der Konzepte von prozess-, fertigungs- und qualitätsrespektiven Reinheitssystemen empfiehlt sich in vielen Fällen eine Cost-of-Ownership-Analyse. Eine solche Analyse soll neben der Kompatibilität der Ergebnisse vor allem Aussagen zur relativen und absoluten Wirtschaftlichkeit alternativer Konzepte und zur frühen Bewertung bei noch unvollständiger Kostenzusammenstellung liefern [2.11].

2.7 Beispiele durchgeführter Anpassungen

2.7.1 Strömungstechnische Anpassung (Abb. 2.8)

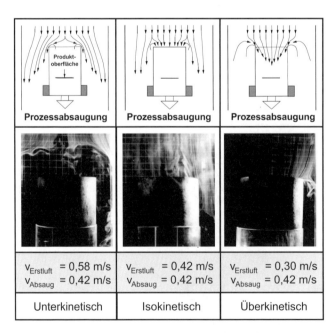

Abb. 2.8 Strömungsverhältnisse in der Produktumgebung bei konstantem Volumenstrom der Prozessabsaugung in Abhängigkeit von unterschiedlichen Geschwindigkeiten der Erstluft [2.12]

Problem: Bildung von Aufstaugebieten in der Erstluft oberhalb der Produktebene, keine optimale Umströmung des Produktes mit Erstluft, vgl. auch ISO 14644–4, Anhang 4.

Aufgabenstellung: Schnittstellenabstimmung zwischen Reinlufttechnik und Fertigungsgerät.

Lösung: Anpassung der Geschwindigkeit der Erstluftströmung an die herrschenden Strömungsverhältnisse im Eintrittsquerschnitt der Prozessabsaugung, oder, wenn es der Prozess zulässt, Reduzierung der Absaugleistung der Prozessabsaugung.

2.7.2 Thermische Anpassung (Abb. 2.9)

Problem: Bildung von thermischen Ablösungen in der Erstluft sowie Luftströmung entgegen der Erstluftrichtung oberhalb der Prozesskammer, Bildung von Aufstaugebieten.

Aufgabenstellung: Schnittstellenabstimmung zwischen Reinlufttechnik und Fertigungsgerät.

Lösung: Besteht bei hohen Temperaturdifferenzen keine Möglichkeit zur Isolierung oder Entfernung der Wärmequelle, muss die erzwungene Konvektion durch die Einstellung einer sehr hohen Strömungsgeschwindigkeit der Erstluft erfolgen, bis sich keine thermischen Ablösungen mehr ausbilden und das Aufstaugebiet entsprechend minimal ist.

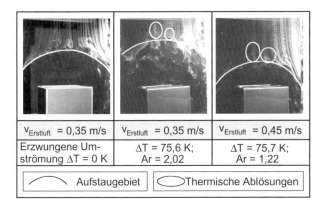

Abb. 2.9 Strömungsverhältnisse bei unterschiedlichen Temperaturdifferenzen ΔT zwischen der Oberflächentemperatur T_O und der Erstlufttemperatur ($T_{Erstluft} = 20\ °C$) einer Heizkammer bei Erstluftgeschwindigkeiten von 0,35 m/s und 0,45 m/s [2.9]

2.7.3 Anpassung der Produktübergabe (Abb. 2.10)

Problem: Eine Erweiterung der Fertigungskapazität erfordert die Optimierung des Fertigungsprozesses und des Anlagenlayouts.

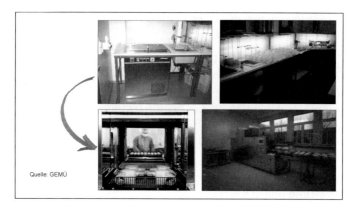

Abb. 2.10 Ausführung einer Reinigungsanlage als Produktübergabestelle zwischen Vormontage- und Endmontage-Reinstbereich

Aufgabenstellung: Anpassung der Produktübergabeschnittstelle und des Fertigungslayouts.

Lösung: Erweiterung des Fertigungsbereiches durch Abtrennung der Reinstfertigungsschritte und Integration der Produktübergabe (Schleuse) in die Reinigungsanlage.

2.7.4 Anpassung der Arbeitsplatzanordnung (Abb. 2.11 u. 2.12)

Problem: Durch den im Mittelgang (Abb. 2.11) überkreuzenden Materialfluss besteht die Gefahr der Querkontamination.

Aufgabenstellung: Schnittstellenanpassung zwischen Fertigungslayout und Arbeitsplatz.

Lösung: Reinheits- und materialflussgerechte Anpassung der Arbeitsplatzanordnung.

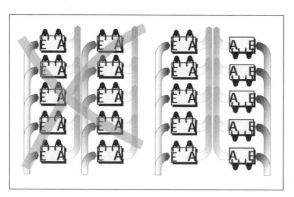

Abb. 2.11 Ausführung einer reinheits- und materialflussgerechten Arbeitsplatzanordnung durch Änderung der Sitzordnung

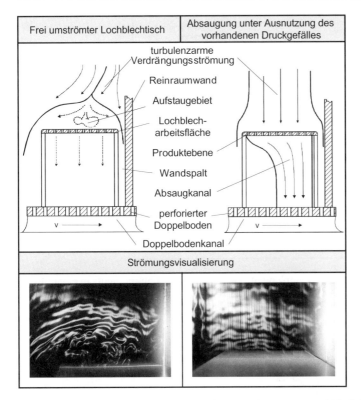

Abb. 2.12 Frei umströmter Lochblechtisch sowie abgesaugter Lochblechtisch, unter Ausnutzung des vorhandenen Druckgefälles, zwischen Reinraum und Doppelbodenkanal [2.13]

Problem: Selbst über freistehenden Lochblechtischen bildet sich ein – wenn auch flaches – Aufstaugebiet aus, innerhalb dessen ein Quertransport von Kontaminationen erfolgen kann.

Aufgabenstellung: Schnittstellenanpassung zwischen Reinlufttechnik und Arbeitsplatz

Lösung: Nach unten offene Einhausung der Tischunterseite und Ausnutzung des zwischen Reinraum und Doppelbodenkanal bestehenden Druckgefälles zur Absaugung der Arbeitsfläche.

2.7.5 Wirtschaftliche Anpassung (Abb. 2.13 u. 2.14)

Problem: Lokale Erhöhung der Luftreinheit in einem bestehenden Druckdecke/Doppelboden-Reinraum.

Aufgabenstellung: Wirtschaftliche Modifizierung des Belüftungssystems.

Lösung: Ausarbeitung alternativer Lösungen und Gegenüberstellung der Kosten und Wirtschaftlichkeit mittels Cost-of-Ownership-Analyse.

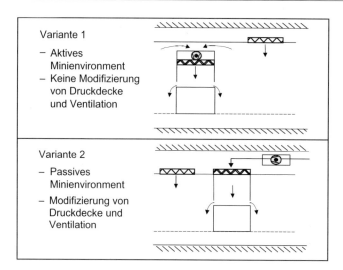

Abb. 2.13   Zwei Varianten der Implementierung eines Mini-Environments in einem Reinraum mit Druckdecke und Doppelboden (s. a. Kap. 1)

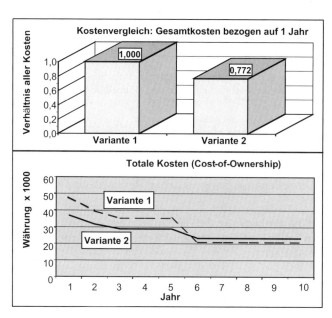

Abb. 2.14   Gegenüberstellung der Wirtschaftlichkeit der in Abb. 2.13 skizzierten Varianten mittels einer Cost-of-Ownership-Analyse

Fazit

Das Qualitätsmerkmal Reinheit zeichnet sich dadurch aus, dass es in der Relation zu anderen Qualitätsmerkmalen sehr kostenintensiv und, wie der Gedanke des Integralen Reinheitssystems vermitteln sollte, weitreichend und umfassend sein kann.

Das Integrale Reinheitssystem zeichnet sich durch das abgestimmte Zusammenwirken aller reinheitskritischer Komponenten zur Umsetzung der prozess- und produktspezifischen Reinheitsanforderungen aus. Basierend auf diesen Reinheitsanforderungen sowie die Betrachtung vom Produkt aus, ermöglicht es, mit der systematischen Vorgehensweise in Abb. 2.15 „Reine" Fertigungen zu planen und zu optimieren. Mit diesem Phasenmodell lassen sich Planungs- sowie Optimierungsanstrengungen auf die neuralgischen/kritischen Punkte fokussieren und damit Kosten und Aufwendungen insgesamt auf das Wesentliche und Entscheidende konzentrieren [2.14, 2.15].

Das bedeutet, die Installation einer Reinraumtechnik alleine genügt nicht, um die geforderten Reinheitsbedingungen in der Produktumgebung zu erreichen.

Die Augenmerke einer auf Dauer erfolgreichen „Reinen" Fertigung orientieren sich vielmehr an den Maximen:
- Prozess- und produktspezifische Reinheit ist nur im abgestimmten Zusammenwirken aller Faktoren erreichbar
- Voraussetzung angepasster Reinheit ist die Kenntnis einer konsequenten prozess- und produktspezifischen Reinheitsspezifikation und
- Aufrechterhalten der geforderten Reinheit ist ein stetiger Optimierungsprozess.

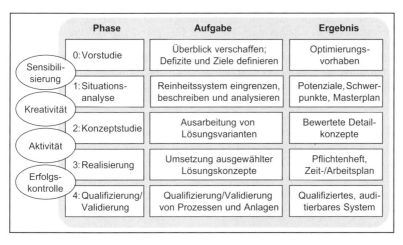

Abb. 2.15 Phasenmodell zur Planung oder Optimierung von Integralen Reinheitssystemen

Literatur

[2.1]   Zeiner, F.: „Modulare Reinraumtechnik in der Pharmaproduktion". In: VDI-Berichte Nr. 1238: Reine Technologien: Aktuelle Fragen der Reinraumtechnik; Stand der Technik; Anwendungen; Technische Regeln. Düsseldorf: VDI, 1996, S. 1–16

[2.2]   Müller, K. G.: 10. „Internationales Reinraumsymposium: Weltweiter Erfahrungsaustausch (Teil1)". In: Reinraumtechnik 5 (1991) Nr.1, S. 21–25

[2.3]   Ehle, J.: „Höchste Qualitätsansprüche an Glanz und Oberflächenglätte: Reinraumkonzept für Lackieranlagen der Automobilindustrie". In: Reinraumtechnik 6 (1992) Nr. 2, S. 30–35

[2.4]   Dorner, J.: „Anwendungen der Reinraumtechnik außerhalb der Halbleiterherstellung und der Pharmazie – Übersicht" In: VDI-Berichte Nr. 919: Reinraumtechnik: Ausgewählte Lösungen und Anwendungen. Düsseldorf: VDI, 1992, S. 223–231

[2.5]   Hauptmann, Günther u.a.: „Handbuch der Reinraum-Praxis Reinraumtechnologie und Human-Resourcen" Hauptmann, Hohmann (Hrsg.). Landsberg: ecomed, Grundwerk, 1. Auflage 1992

[2.6]   Töpfer, A.: „Total Quality Management – Der Schlüssel zum Erfolg". In: Personalwirtschaft, 19 Jg., 1992, Nr.8

[2.7]   Pernicky, R.: „Schneller werden". In: Artur D. Little (Hrsg.): Management der Hochleistungsorganisation", Wiesbaden 1990

[2.8]   Paul, H. J.: „Durch kontinuierliche Verbesserungsprozesse zur schlanken Fabrik". Gesellschaft für Management und Technologie, 1993

[2.9]   Schließer, J.: „Untersuchungen von Reinheitssystemen zur Herstellung von Halbleiterprodukten" Berlin u.a.: Springer 1998, (IPA-IAO Forschung und Praxis, Bd. 281) Zugl. Stuttgart, Univ., Diss., 1998

[2.10] Schließer, J.; Werner, D.; Ernst; C.; Gaugel, T.; Güth, A.: „Der sichere Weg zur Qualitätsverbesserung". In: GIT ReinRaumTechnik 1/99, Seite 16–19

[2.11] Werner, D.; Gommel, U.; Schließer, J.: „Konzepte intelligenter Reinheitssysteme". FuE-Fördervorhaben 01 M 2967 G, BMBF, 2000

[2.12] Schließer, J.; Klumpp, B.: „Design Methods and Recommended Practices for Developing Minienvironment Systems". In: International Symposium on Contamination Control ICCCS, Integrated Contamination Control, A necessity for knowledge transfer. Waddinxveen, Niederlande, 1996, S. 217–224

[2.13] Degenhart, E.: „Strömungstechnische Auslegung reinraumtauglicher Fertigungseinrichtungen". Berlin u.a.: Springer, 1992 (IPA-IAO Forschung und Praxis, Bd. 165). Zugl. Stuttgart, Univ., Diss., 1992

[2.14] Büchi, R.; Chrobok, R.: „GOM, Ganzheitliches Organisationsmodell, Methode und Techniken für die praktische Organisationsarbeit". Baden-Baden, 1994

[2.15] Daenzer, W. F.: „Systems Engineering". 9. Auflage. Zürich: 1997

3 Physikalische Grundlagen gasgetragener partikulärer Kontaminationen

3.1 Problemstellung

Viele der heutigen Produkte sind während ihrer Herstellung sehr empfindlich gegenüber Schad- bzw. Fremdstoffen in ihrer Umgebung. Diese Empfindlichkeit war und ist der Auslöser für die Entwicklung und die stetige Weiterentwicklung der sog. Reinen Technologien. Die Zielsetzung der Reinen Technologien ist es, die Schad- bzw. Fremdstoffe in der Reichweite der Produkte auf einen vorgegebenen Grenzwert zu reduzieren. Um diese Zielsetzung zu erreichen, sind die einzelnen Stoffströme im Reinraum zu betrachten.

Produkt- bzw. prozessspezifische Fremdstoffe können während der Herstellung mit den prozessbeteiligten Stoffströmen wie Prozessgasen, Kühl- oder Reinigungsflüssigkeiten zugeführt werden. Derartige Stoffströme sind beabsichtigte Ströme, während auch unbeabsichtigte Stoffströme aus der Prozessumgebung das Produkt schädigen können.

Ohne besondere Aufbereitung oder Maßnahmen enthalten die Stoffströme i. d. R. zu viele Schad- und Fremdstoffe für empfindliche Prozesse. Bei den beabsichtigten Stoffströmen ist daher für eine ausreichende Abscheidung der Schad- und Fremdstoffe zu sorgen, z. B. durch Filtration und Reinigung der verwendeten Medien und Materialien. Die unbeabsichtigten Stoffströme sind durch eine weitgehende Abgrenzung der Produkte gegenüber ihrer Umgebung zu reduzieren.

Welche Stoffe als Schad- und Fremdstoffe bzw. Kontaminanten gelten, hängt von dem jeweiligen Prozess bzw. von dessen Auswirkung auf bestimmte Prozessschritte oder Produkte ab. Die partikulären Kontaminanten stellen die häufigste Gefahrenquelle dar. Sie sind in erster Linie aufgrund ihrer räumlichen Ausdehnung, also rein physikalisch gesehen schädlich für das Produkt, in zweiter Linie erst aufgrund des Materials und dessen chemische Eigenschaften.

Um das Kontaminationspotential zu bestimmen bzw. um Maßnahmen zur Minimierung des Kontaminationspotentials abzuleiten, muss das Verhalten der Partikel im gasgetragenen Zustand untersucht werden, also bevor sie auf den Produkten deponieren. Dieses Zweistoffsystem Gas/Partikel wird Aerosol genannt.

In diesem Beitrag werden die Grundlagen der Physik der Aerosole, soweit sie Prozesse und Effekte in den Reinen Technologien betreffen, behandelt.

3.2 Partikelquellen

Kommt man auf die eingangs angesprochenen Stoffströme zurück, ist zu klären, aus welchen Quellen die Partikel stammen oder wie sie entstanden sind. Aus diesen Kenntnissen können Maßnahmen abgeleitet werden, die Partikel gar nicht erst zu redispergieren. Schon im System vorhandene Partikel können wieder dispergiert werden, bzw. können durch die Zerkleinerung vorhandener Materialien ebenfalls Partikel in die Gasphase kommen. Eine wesentliche Quelle, die Partikel redispergiert, ist das im Reinraum tätige Personal. Neben der Wiedereinbringung der Partikel in die Gasphase können Partikel auch innerhalb des Reinraums entstehen. Dabei ist als erstes die Gas/Partikelumwandlung (Nukleation) zu betrachten. Aufgrund von Wachstum können Partikel der kritischen Größe entstehen, wenn bestimmte Stoffe auf sehr kleinen Keimen kondensieren. Als ein Effekt der quasi Partikelentstehung, wird schließlich die Koagulation, eine Partikel/Partikelumwandlung behandelt.

3.2.1 Dispergierung

Unter der Dispergierung von Partikeln versteht man die Wiedereinbringung von Partikeln in den gasgetragenen Zustand. Dazu müssen die Kräfte überwunden werden, mit denen die Partikel auf Oberflächen haften.

Aerosolpartikel haften auf Oberflächen, sobald sie sie berühren. In diesem Punkt unterscheiden sie sich deutlich von den Gasmolekülen und von Teilchen im Millimeterbereich. Partikel haften auch aneinander, sobald sie Kontakt bekommen, und bilden Agglomerate. Die Haftungskräfte für Partikel im Mikrometer Bereich übersteigen alle anderen Kräfte i.d.R. um Größenordnungen. Die Filtrationstechnik macht sich dieses Verhalten für die Abscheidung der Partikel zunutze.

Die wesentlichen Kräfte, welche die Haftung der Partikel bestimmen, sind die Van-der-Waals-Kraft, die elektrostatische Kraft und die Kräfte, die von den Oberflächenspannungen von Flüssigkeitsfilmen stammen.

Diese Kräfte hängen alle vom Material, der Form, der Rauhigkeit der Partikel und der Oberflächen ab. Weiterhin ist die Haftung von der Temperatur, der relativen Feuchte und der Art des Zusammenstoßes beeinflusst.

Die Vielzahl der Parameter macht die Beschreibung der Partikelhaftung bzw. der Partikelablösung durch Scherkräfte zu einem komplexen Problem. Spezielle Einzelfälle sind in der Literatur behandelt [3.1, 3.2].

3.2.2 Zerkleinerung

Partikel entstehen durch Reibung und Stöße. Die Partikelgrößen hängen von den Reibpaarungen, dem Anpressdruck etc. ab. Der Gesamtprozess der mechanischen Generierung von Partikeln in der Reinraumtechnik muss als undefiniert angesehen werden.

3.2.3 Nukleation (Gasquellen, Gas/Partikelumwandlung)

Partikel können aus der reinen Gasphase entstehen. Dieser relativ komplizierte Prozess wird homogene Nukleation oder auch Selbst-Nukleation genannt.

Voraussetzung für die homogene Nukleation ist eine sehr hohe Übersättigung des Gases mit Dampf. Die Übersättigung ist das Verhältnis des aktuellen Dampfpartialdrucks zum Sättigungsdampfdruck. Der Sättigungsdruck ist im Normalfall als das Massengleichgewicht über einer ruhenden Flüssigkeit definiert. Das heißt, über der ebenen Fläche gibt es keine Kondensation oder Verdampfung. Partikel weisen aber im Vergleich zu der ebenen Fläche eine sehr starke Krümmung auf. Aus diesem Grund ist bei gleicher Temperatur ein höherer Partialdruck notwendig, um das Massengleichgewicht zu erreichen, als über einer ebenen Fläche. Dieser Effekt wird Kelvin-Effekt genannt. Für ein Partikel des Durchmessers D_P kann das Übersättigungsverhältnis bestimmt werden, bei dem weder Verdampfung noch Kondensation vorliegt. Die Kelvin-Gleichung lautet:

$$S = \exp\left(\frac{4\,\chi\,M}{\rho_P\,R\,T\,D_P}\right) \tag{3.1}$$

Darin ist χ die Oberflächenspannung der Flüssigkeit, M deren Molmasse und ρ ist die Dichte und D_P der Durchmesser des Partikels. Die allgemeine Gaskonstante ist R und T die absolute Temperatur.

Ist das Übersättigungsverhältnis S größer als mit der Kelvin-Gleichung bestimmt, dann kondensiert der Dampf auf dem Partikel und es wächst. Ist hingegen das Übersättigungsverhältnis kleiner, verdampft Material von dem Partikel, und es wird kleiner, natürlich unter der Voraussetzung, dass das Partikel aus dem gleichen Stoff wie der Dampf besteht.

Für ein gegebenes Übersättigungsverhältnis kann mit der Kelvin-Gleichung ein minimaler Partikeldurchmesser berechnet werden, bei dem die Kondensation einsetzt.

Liegt reiner Wasserdampf bei 20 °C vor, so beginnt die homogene Nukleation erst bei einem Übersättigungsverhältnis von 3,5. Für dieses Übersättigungsverhältnis ergibt sich ein Kelvin-Durchmesser von 1,7nm, d.h. es sind ungefähr 90 Wassermoleküle notwendig, um diesen Prozess zu starten.

Die genannten Bedingungen liegen in der normalen Umgebung eigentlich nie vor. Derart hohe Übersättigungen kommen nur in künstlichen Prozessen vor. Eine ausführliche Beschreibung der homogenen Nukleation ist in [3.3] gegeben.

3.2.4 Kondensation (Partikelwachstum)

Wenn sich ein Partikel in einer dampfübersättigten Umgebung befindet, die die Anforderungen der Kelvin-Gleichung erfüllt (s. Nukleation), dann wächst dieses Partikel durch Anlagerung von „Dampfmolekülen", bzw. der Dampf kondensiert auf dem Partikel. Die Wachstumsrate hängt grundsätzlich von der Partikelgröße D_P und dem Übersättigungsverhältnis S sowie von dem

Druck p ab. Setzt man reine Materialien voraus, d.h. der Dampf besteht nur aus einem Stoff, dann lässt sich die Wachstumsrate der Partikel mit

$$\frac{d(D_P)}{dt} = \frac{2\ (p - p_P)}{\rho_P \sqrt{\frac{2\pi R T}{M}}} \qquad \text{für}\ \ D_P < \lambda \tag{3.2}$$

beschreiben. Für Partikel, die größer als die mittlere freie Weglänge λ im Gas sind, gilt:

$$\frac{d(D_P)}{dt} = \frac{4\ D_D\ M\ (p - p_S)}{\rho_P\ D_P\ R\ T} \qquad \text{für}\ \ D_P > \lambda$$

D_D ist dabei der Diffusionskoeffizient für die Dampfmoleküle (ca. 0,24 cm^2/s für H_2O bei 20 °C). Die Zeit t für das Wachstum ist

$$t = \frac{\rho_P\ R\ T\ \left(D_{P,2}^2 - D_{P,1}^2\right)}{8\ D_D\ M\ (p - p_S)} \qquad \text{für}\ \ D_{P,1} > \lambda$$

Die Kondensation verläuft auf kleinen Partikeln wesentlich schneller als auf größeren Partikeln ab. Ein 0,5-µm-Partikel besitzt unter sonst gleichen Bedingungen eine 10fach größere Wachstumsrate als ein 5-µm-Partikel.

3.2.5 Koagulation (Partikel/Partikelumwandlung)

Koagulation ist ein Wachstumsprozess aufgrund von Zusammenstößen von Partikeln. Beruhen diese Zusammenstöße allein auf der Brown'schen Bewegung der Partikel, nennt man den Prozess Brown'sche Koagulation und im Fall der Einwirkung externer Kräfte kinematische Koagulation. Die Koagulation verursacht immer eine Abnahme der Partikelanzahlkonzentration. Um den Prozess zu verstehen, geht man von dem vereinfachten Modell der monodispersen Koagulation aus. Smoluchowski entwickelte 1917 dieses Modell unter den Annahmen, dass alle Partikel gleich groß (monodispers) sind, dass sich Partikel, die sich einmal berührt haben aneinander haften bleiben, und dass das Wachstum der Partikel relativ langsam ist. Die beiden letzten Annahmen sind in realen Aerosolen häufig gegeben. Die Koagulation wird in dem Modell durch die Änderung der Partikelanzahlkonzentration in Gas beschrieben:

$$\frac{dN}{dt} = -KC_N^2 \tag{3.3}$$

Dabei ist K der Koagulationskoeffizient für Partikel, die größer als die mittlere freie Weglänge sind. Deren Anzahlkonzentration ist C_N.

$$K = 4\ \pi\ D_P\ D \tag{3.4}$$

Die Diffusion der Partikel wird durch den Diffusionskoeffizienten D_P beschrieben.

Die zeitliche Änderung der Konzentration kann damit als das Verhältnis der Anfangskonzentration $C_{N,0}$ zur aktuellen Konzentration ausgedrückt werden

$$C_{N,0}(t) = \frac{C_{N,0}}{1 + C_{N,0} \, K \, t} \tag{3.5}$$

Typisch für die Koagulation ist, dass sie für hohe Partikelanzahlkonzentrationen sehr schnell und für niedrige Konzentrationen relativ langsam abläuft. Eine Partikelanzahlkonzentration von $10^{12} \, \mathrm{cm}^{-3}$ halbiert sich innerhalb von weniger als 5 ms, während es bei einer Anfangskonzentration von nur $10^4 \, \mathrm{cm}^{-3}$ mehr als 50 h dauern wird.

3.3 Partikeleigenschaften

Partikel unterscheiden sich nach Form und Größe, chemischer Zusammensetzung und ihren optischen und elektrischen Eigenschaften.

In den reinen Technologien wird vor allem die Abmessung der Partikel betrachtet. Partikel, deren Abmessungen von der gleichen Größenordnung sind wie kritische Strukturen des Produkts, werden innerhalb der Halbleiterfertigung als Killerpartikel bezeichnet. In der Halbleiterfertigung liegt diese Abmessung bei etwa 50 % der Breite der Leiterbahnen.

Für theoretische Überlegungen wird das regelmäßig geformte Partikel durch eine Kugel mit einem äquivalenten Durchmesser ersetzt. Die Äquivalenz bezieht sich auf andere Eigenschaften, z.B. gleiches Volumen oder auf gleiches Verhalten im elektrischen Feld.

Wegen der Bedeutung der Partikelgröße in den reinen Technologien und generell für das dynamische Verhalten von Partikeln wird die Partikelgröße im folgenden im Detail behandelt. Dabei ist zu beachten, dass die Partikel i.d.R. eine Größenverteilung aufweisen. Die Größenverteilung ist definiert als eine Häufigkeitsverteilung z.B. als Partikelanzahl in Abhängigkeit des Merkmals Partikeldurchmesser.

3.3.1 Partikelgröße und Form

Partikelgröße und Form sind die wichtigsten Parameter zur Beschreibung von Aerosolen. Ganz allgemein beschreiben sie das Verhalten der Partikel im Gas. Das Verhalten ist in den verschiedenen Größenbereichen der Partikel sehr unterschiedlich und wird daher durch unterschiedliche physikalische Gesetze beschrieben. Allein aus diesem Grund kommt man nicht mit einer einzigen Definition für Partikelgröße und Form aus. Man muss sich an der Messtechnik bzw. an den Anwendungen orientieren, für die die Parameter benötigt werden, um die notwendigen Definitionen für die Partikelgrößenparameter abzuleiten. Dabei ist man bemüht, die Anzahl der beschreibenden Parameter so gering wie möglich zu halten. Diesem Ziel kommt man dabei mit der idealisierten Vorstellung, dass die Partikel kugelförmig und homogen sind, am nächsten. Hier reicht die Angabe eines sog. Äquivalentdurchmessers zur vollständigen Beschreibung aus. Allgemein versteht man unter dem Äquivalentdurchmesser die Zuordnung des geometrischen Durchmessers des kugelförmigen Partikels, das die gleiche Eigenschaft besitzt oder dasselbe Verhalten in einem Prozess aufweist wie das zu charakterisierende nichtkugelförmige Partikel. Der Äquivalentdurchmesser ist ein Parameter, den man direkt messen kann. In der Regel wird die Einheit µm für die Angabe der Größenparameter verwendet, auch wenn dies keine SI Einheit ist. Als Formelzeichen wird in der Verfahrenstechnik das x und in der Aerosolmesstechnik eher das *Dp* verwendet. In Abb. 3.1 sind die Angaben der Größenparameter dargestellt.

Wenn der Äquivalentdurchmesser durch eine bestimmte Messtechnik definiert ist, entspricht der gemessene Wert des aktuellen Partikels dem Durchmesser eines kugelförmigen Partikels mit den gleichen physikalischen Eigenschaften. Die physikalischen Eigenschaften beziehen sich dabei auf das Messverfahren. Analog gilt dies für die Definitionen der Äquivalentdurchmesser für das Partikelverhalten. Der Zusatz „Äquivalent" wird bei der Angabe häufig vergessen.

– Ein Beispiel für einen Äquivalentdurchmesser ist der Streulichtdurchmesser, der über das Verfahren der Streulichtmessung (s. Kap. 4) definiert ist. Der ermittelte Wert für den Partikeldurchmesser hängt bei diesem Messverfahren u. a. von der Form und dem Material der Partikel ab. Der Äquiva-

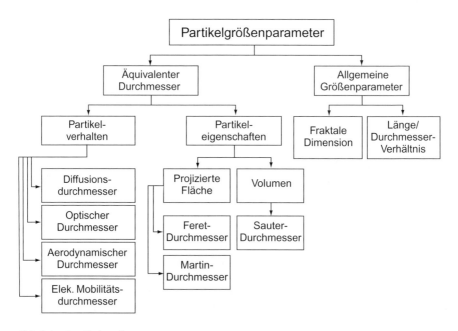

Abb. 3.1 Partikelgrößenparameter

lent- oder Streulichtdurchmesser bezieht sich demnach auf die Partikel, mit denen das Gerät kalibriert wurde. Bei kommerziellen Geräten verwendet man kugelförmige Partikel aus Polystyrollatex mit einem Brechungsindex von 1,59. Wird mit diesem Messgerät ein Wassertropfen (Brechungsindex 1,33) gemessen, dann besitzt ein ebenfalls kugelförmiger Tropfen mit einem geometrischem Durchmesser von 1,584 µm den gleichen Äquivalent- bzw. Streulichtdurchmesser wie ein Polystyrollatex Partikel mit einem geometrischen Durchmesser von 1,0 µm. Wäre das aktuelle Partikel aus SiO_2 (Brechungsindex 1,42) und ebenfalls kugelförmig, besitzt es bei einem geometrischen Durchmesser von 1,3 µm den gleichen Äquivalent- bzw. Streulichtdurchmesser wie das Latexpartikel mit 1,0 µm.

– Der äquivalente Diffusionsdurchmesser wird über den Diffusionskoeffizienten definiert. Nach Einstein besteht bei konstanter Temperatur eine direkte Proportionalität zwischen dem Diffusionskoeffizienten D und der mechanischen Mobilität B eines Partikels $D = k\,T\,B$. Die Proportionalität ist über die Boltzmannkonstante k gegeben. In diesem Sinne kann der äquivalente Diffusionsdurchmesser eines Partikels als der Durchmesser einer Kugel definiert werden, deren mechanische Mobilität B genauso groß ist, wie die des betrachteten Partikels.

– Der äquivalente Trägheitsdurchmesser bzw. aerodynamisch äquivalente Durchmesser ist definiert als der Durchmesser eines Partikels mit der durch Gravitation verursachten gleichen Sinkgeschwindigkeit eines kugelförmigen Partikels mit der Masse 1000 kg/m³.

– Der elektrische äquivalente Mobilitätsdurchmesser ist definiert als der Durchmesser eines Partikels mit der durch elektrische Kräfte verursachten gleichen Geschwindigkeit eines kugelförmigen Partikels mit einer Elementarladung.

Bei den mikroskopischen Messverfahren wird i.d.R. der Äquivalentdurchmesser aus der zweidimensionalen Projektion ermittelt (Abb.3.2). Bei nicht kugelförmigen Partikel verwendet man den Feret-Durchmesser und den Martin-Durchmesser.

Der Feret-Durchmesser ist der Abstand zweier Tangenten an der linken bzw. rechten Seite der Kontur des Partikels.

Diese Definition ist nur gültig bis zu einem Längen/Durchmesserverhältnis von 5.

Der Martin-Durchmesser ist die Länge einer Linie parallel zu eine festgelegten Referenzlinie. Die Linie teilt das Partikel in zwei Teilflächen gleicher Größe.

Neben diesen beiden Definitionen wird häufig ein äquivalenter Kreisdurchmesser angegeben, dessen Fläche identisch der Fläche der Projektion ist.

Besonders stark von der Kugelform abweichende Partikel müssen mit mehr als einem Größenparameter charakterisiert werden. Fasern können noch mit der Länge und dem Durchmesser ausreichend beschrieben werden. Bei Agglomeraten hingegen bedient man sich zur Beschreibung der fraktalen Dimension. In der Reinraumtechnik ist es i.d.R. jedoch nicht notwendig. Agglomerate so weitreichend zu beschreiben. Eine Beschreibung durch einen äquivalenten Trägheitsdurchmesser ist ausreichend.

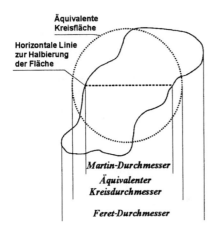

Abb. 3.2 Äquivalente Durchmesser aus der zweidimensionalen Projektion der Partikel

3.3.2 Verteilungen

Die Angabe der einzelnen Größenparameter beschreibt jeweils nur ein einzelnes Partikel, nicht aber die Gesamtheit aller Partikel im Aerosol. Diese kann bezüglich einer Eigenschaft, zum Beispiel des Streulichtdurchmessers in Form einer Verteilung, dargestellt werden. Dabei wird die Häufigkeit der betrachteten Eigenschaft dargestellt.

Die einzelnen Partikelgrößenparameter können nicht kontinuierlich gemessen werden, sondern nur in diskreten Fraktionen. Diese entsprechen dann den Klassen der äquivalenten Durchmesser. Zum Beispiel können die Klassen des äquivalenten Trägheitsdurchmessers mit einem Kaskadenimpaktor festgelegt werden. Entsprechend der Anzahl der Trennstufen des Impaktors werden bestimmte Fraktionen der Partikel gebildet. Für das Aerosol wird ein Satz an Klassen zur Beschreibung herangezogen. Abbildung 3.3 zeigt das Ergebnis einer Impaktormessung

Abbildung 3.3a zeigt das Ergebnis als Häufigkeitsverteilung, d.h. es wird die Anzahl des Merkmals, hier des äquivalenten Trägheitsdurchmessers im jeweiligen Intervall, aufgetragen. In Abb. 3.3b ist das Ergebnis kumulativ aufgetragen. Hier wird die Gesamtanzahl, die kleiner als das betreffende Merkmal ist, aufgetragen. Kumulative Darstellungen sind möglichst so zu skalieren, dass die Kurven eine Gerade bilden. Beispiele dafür sind die Grenzkurven bei der Definition der Reinheitsklassen.

Die direkte Darstellung der Häufigkeitsverteilung gibt ein verzerrtes Bild der Verteilung wieder, da die Höhe jedes Intervalls unmittelbar von der Wahl der Intervallbreite abhängt. Aus diesem Grund ist die Verteilung auf die Breite der Intervalle zu normieren, d.h., die Anzahl der Partikel pro Intervall wird durch die Breite des Intervalls dividiert.

Die Höhe der Rechtecke ist jetzt direkt vergleichbar. Die Fläche jedes Rechtecks entspricht der Anzahl oder Häufigkeit in dem Intervall. Bei mehreren Messungen muss die Verteilung noch auf die jeweilige Gesamtanzahl der Partikel normiert werden, um eine Vergleichbarkeit zu erreichen. Die Verteilung aus Abb. 3.4 ändert sich nicht, es wird nur die Skalierung der Ordinate geändert in

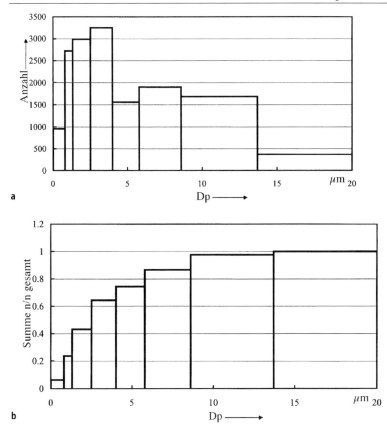

Abb. 3.3a, b   Häufigkeitsverteilung einer Impaktormessung

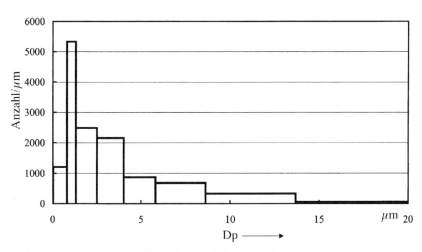

Abb. 3.4   Normierte Darstellung der Häufigkeitsverteilung

„Anteil der Gesamtanzahl der Partikel" pro Einheit der Intervallbreite. In vielen Fällen wird der Merkmalsbereich äquivalenter Durchmesser logarithmisch geteilt, dann erfolgt die Normierung ebenfalls auf eine logarithmische Intervallbreite.

Analog zu dem Bestreben, die Größeneigenschaften der Einzelpartikel mit möglichst wenigen Parametern zu beschreiben, ist man auch bemüht, Partikelkollektive mit wenigen Werten zu beschreiben. Die Lage der Verteilungen lassen sich durch den

– arithmetischen Durchmesser
– geometrischen Durchmesser
– Median-Durchmesser
– Modal-Durchmesser

beschreiben. Dabei ist immer der mittlere Durchmesser gemeint.

Der *mittlere arithmetische Durchmesser* der Verteilung ist die Summe aller Partikelgrößen dividiert durch die Gesamtanzahl. Wenn man von diskreten Klassen ausgeht, ist für jede Klasse ein mittlerer Durchmesser $D_{P,i}$ anzusetzen.

$$\overline{D}_P = \frac{\sum D_P}{N} = \frac{\sum n_i \, D_{P,i}}{\sum n_i} = \int\limits_0^\infty D_P \, f(D_P) \, dD_P \tag{3.6}$$

Der mittlere Durchmesser der Klasse $D_{P,i}$ kann der geometrische Mittelwert $D_{P,i} = \sqrt{D_{P,oben} * D_{P,unten}}$ oder der arithmetische Mittelwert $D_{P,i} = \frac{D_{P,oben} - D_{P,unten}}{2}$ sein. Bei Konzentrationsverteilungen ist in Gl. 3.6 stellvertretend für die Häufigkeit n_i die Anzahlkonzentration $C_{N,i}$ einzusetzen.

Der *Median-Durchmesser* ist definiert als der Durchmesser, bei dem die Summenhäufigkeit (kumulative Darstellung) den Wert 0,5 erreicht. Der Median-Durchmesser teilt die Fläche unter der Häufigkeitsverteilung hälftig.

Der *Modal-Durchmesser* ist der Durchmesser, bei dem die Häufigkeitsverteilung ihr Maximum hat. Es ist der Durchmesser, der am häufigsten in der Verteilung vorkommt.

Für symmetrische Verteilungen fallen der arithmetische Durchmesser, der Median- und der Modal-Durchmesser auf der Symmetrieachse der Verteilung zusammen. Für asymmetrische Verteilungen, wie sie i. d. R. bei Aerosolen vorliegen, sind die Durchmesser unterschiedlich, es gilt:

Modal < Median < arithmetische Durchmesser

Der mittlere geometrische Durchmesser ist definiert als die n-te Wurzel aus dem Produkt von n-Werten. Für Daten, die in n Intervallen zusammengefasst sind, gilt:

$$\overline{D}_{P,geo} = \sum_{i=1}^n {}^{n_i}\sqrt{\prod_{i=1}^n D_{P,i}^{n_i}}. \tag{3.7}$$

in logarithmischer Schreibweise vereinfacht sich die Gleichung zu

$$\ln \overline{D}_{P,geo} = \frac{\sum\limits_{i=1}^{n} n_i \ln D_{P,i}}{\sum\limits_{i=1}^{n} n_i} \tag{3.8}$$

In dieser Schreibweise kann der geometrische Durchmesser als der arithmetische Mittelwert des logarithmischen Partikeldurchmessers interpretiert werden. Weil die meisten Partikeleigenschaften als Funktion von D_P dargestellt werden, hat der geometrische Durchmesser eine große Bedeutung.

Verteilungen lassen sich durch ihre Momente, wie z.B. Mittelwert und Standardabweichung charakterisieren. Man kann die Momente für die diskreten Verteilungen direkt berechnen oder die gemessenen Verteilungen durch kontinuierliche Verteilungen anpassen und dann die Momente bestimmen.

Die bekannteste Verteilung ist die Normal- oder Gauß-Verteilung. Mit der glockenförmigen Verteilung lassen sich sehr viele Effekte beschreiben. Die Wahrscheinlichkeitsdichtefunktion lautet:

$$f(D_P) = \frac{1}{\sigma\sqrt{2\pi}} \exp\left[-\frac{\left(D_P - \overline{D}_P\right)^2}{2\sigma^2}\right] \tag{3.9}$$

$\overline{D}_P$ ist hier der arithmetische Durchmesser und σ die Standardabweichung von dem Mittelwert. Die Verteilung ist symmetrisch um $\overline{D}_P$. Aus diesem Grund ist diese Verteilung in der Aerosolmesstechnik nicht sehr häufig vertreten. Die Normalverteilung kann verwendet werden, um monodisperse Testaerosole, die nur sehr geringe Abweichungen vom Mittelwert aufweisen, zu beschreiben.

Die meisten Verteilungen in realen Aerosolen besitzen relativ große Standardabweichungen, bezogen auf den Mittelwert. Dies kann mit der Normalverteilung nicht beschrieben werden, da z.B. der Partikeldurchmesser für große Standardabweichungen negativ werden würde. Weiterhin sind reale Verteilungen nicht symmetrisch. Beide Gründe führen dazu, i.d.R. die Log-Normalverteilung anzuwenden. Die logarithmische Transformation wird durchgeführt, indem $\overline{D}_P$ durch $\ln \overline{D}_P$ und σ durch $\ln \sigma$ ersetzt wird. Es kann dabei wahlweise der natürliche oder der Zehnerlogarithmus verwendet werden. Der Logarithmus des arithmetischen Durchmessers ist oben schon in Gl. (3.8) als der mittlere geometrische Durchmesser definiert worden. Gleichzeitig ist der mittlere geometrische Durchmesser bei den log-normalverteilten Anzahlen gleich dem Median-Durchmesser und wird in der Literatur mit CMD (count median diameter) angegeben.

Die Wahrscheinlichkeitsdichtefunktion wird zur besseren Darstellung in Abhängigkeit von D_P anstatt von $\ln D_P$ angegeben:

$$f(D_P) = \frac{1}{D_P} \frac{1}{\ln \sigma \sqrt{2\pi}} \exp\left[-\frac{(\ln D_P - \ln CMD)^2}{2(\ln\sigma)^2}\right] \tag{3.10}$$

Alle Momente (Oberflächen- und Massenverteilung) der Log-Normalverteilung sind ebenfalls log-normalverteilt, mit der gleichen geometrischen Standardabweichung. Sie besitzen somit dieselbe Form und sind nur auf der Abszisse verschoben.

Zur Beschreibung seltener Ereignisse bei hoher Stichprobenanzahl eignet sich die Poisson-Verteilung. Dieser Fall liegt z. B. beim Messen von Partikeln in Reinräumen mit hoher Reinheit vor. Die kontinuierliche Messung mit einem optischen Partikelzähler entspricht der hohen Stichprobenanzahl, und das Auftreten der Partikel ist wegen der niedrigen Konzentration eher selten. Die Wahrscheinlichkeit $f(n)$, in einem Gasvolumen n Partikel zu zählen, ist nur abhängig vom arithmetischen Mittelwert $\bar{n}$ der Anzahl der Partikel pro Gasvolumen. Geht die Anzahl der Stichproben (ausreichend lange Messung) gegen unendlich, entspricht die Wahrscheinlichkeit, n Partikel zu zählen der relativen Häufigkeit. Die Wahrscheinlichkeitsdichtefunktion der Poisson-Verteilung ist gegeben durch:

$$f(n) = \frac{\bar{n}^n \exp(-\bar{n})}{n!} \qquad (3.11)$$

Die Poisson-Verteilung wird angewendet, um die statistische Sicherheit bei der Zählung von Partikeln zu ermitteln.

Die Exponentialverteilung ist ein Sonderfall der Poisson-Verteilung. Allgemein ist sie gegeben durch

$$f(D_P) = a \, D_P^b \qquad (3.12)$$

Der Exponent b ist < 0. Diese Verteilung wurde von Junge verwendet, um das atmosphärische Aerosol zu beschreiben. In der Reinraumtechnik wird dieser Verteilungstyp zur Definition der Reinheitsklassen für Gase und Oberflächen verwendet. Man lehnt sich dabei i. d. R. an die Definition des U.S. Fed. Std. 209 an. Die Kurven der Konzentrationsverteilung werden kumulativ aufgetragen und die Achsen beide logarithmisch skaliert. Damit ergeben sich Geraden mit einer Steigung von –2,17. In Abb. 3.5 sind diese Grenzkurven für den U.S. Fed. Std. 209 und die DIN EN ISO 14644-1 dargestellt.

Diese Geraden sind die Grenzkurven die, die Klassen definieren. Die betreffende Partikelgröße darf in ihrer Konzentration nur unterhalb der Geraden liegen, damit die Definition der Reinheitsklasse erfüllt ist.

Mit Hilfe der Äquivalentdurchmesser und der Darstellung in Verteilungen lassen sich Partikelgrößenparameter sehr gut darstellen. Diese Art der Beschreibung lässt sich auf die stoffliche Zusammensetzung der Partikel ausdehnen.

3.3.3 Bewegung von Partikeln in Gasen

In den reinen Technologien sind Partikel von Interesse, die in Gasen entstehen oder in Gasen transportiert werden. Nur die Partikel, die zur Produktoberfläche gelangen, können Schädigungen hervorrufen. Von entscheidender

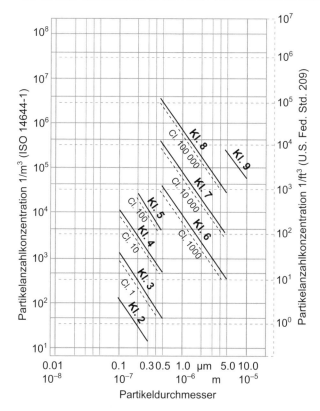

Abb. 3.5   Reinheitsklassen nach U.S. Fed. Std. 209 (---) und DIN EN ISO 14644-1 (—)

Bedeutung für die Beurteilung des Kontaminationsrisikos durch Partikel ist das Verständnis der Transportvorgänge zu den Produktoberflächen.

Komplexe Transportvorgänge von Partikeln lassen sich nur verstehen, wenn die grundlegenden Effekte für die Bewegung von Partikeln in Gasen bekannt sind. Die Bewegung der Partikel in Gasen beruht auf der Wechselwirkung der Partikel mit den Gasmolekülen und externen Kräften. Abbildung 3.6 gibt einen groben Überblick über die Einteilung

Makroskopisch gesehen wird der Partikeltransport in den reinen Technologien in erster Linie durch die Strömungsverhältnisse bestimmt. Die Partikel verhalten sich in erster Näherung wie die Gase. Die wesentlichen Kräfte sind dabei die Widerstandskraft und die Gravitationskraft für größere Partikel. Die Auftriebskraft kann i. d. R. vernachlässigt werden. Mit den Beschreibungen für diese Kräfte lassen sich die makroskopischen Strömungen in einem Reinraum rechnerisch simulieren.

Mikroskopisch, also im Nahbereich der Produktoberfläche treten weitere Kräfte auf, die entscheidend für den Transport in diesem Bereich sind. Je nach Partikelgröße können die im Prozess bestehenden elektrischen oder thermischen Felder darüber entscheiden, ob die Partikel auf den Oberflächen depo-

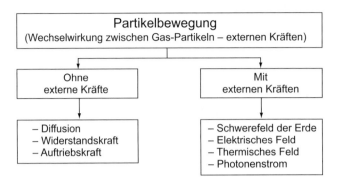

Abb. 3.6   Einteilung der Partikelbewegung

nieren oder nicht. Andere Felder, die auf die Partikel wirken, werden hier nicht betrachtet.

Wie schon bei der Definition der Äquivalent-Durchmesser sind auch hier die Wechselwirkungen und deren Beschreibung sehr stark von der Partikelgröße und der mittleren freien Weglänge abhängig. Die mittlere freie Weglänge ist die Strecke, die ein Gasmolekül zwischen zwei Stößen mit anderen Gasmolekülen zurücklegen kann. Diese Weglänge ist abhängig von der Gasart und dem thermodynamischen Zustand des Gases. Aus der kinetischen Gastheorie ergibt sich für ideale Gase die mittlere freie Weglänge zu:

$$\lambda = \frac{\eta \, R \, T}{0,499 \, p \, M} \sqrt{\frac{\pi \, M}{8 \, R \, T}} \qquad (3.13)$$

Die mittlere freie Weglänge von Luft ergibt sich damit bei einer Temperatur $T = 293$ K und einem Druck p = 1 bar zu $\lambda = 0,0662$ µm. Dabei wurde eine dynamische Viskosität η von 18,1 µPa s angenommen. Die freie Weglänge nimmt mit steigender Temperatur zu und verringert sich umgekehrt proportional zum Druck. Die Widerstandskraft auf die Partikel ist proportional zur freien Weglänge und umgekehrt proportional zur Querschnittsfläche das Partikel. Dieser Zusammenhang kann durch eine dimensionslose Kenngröße, die Knudsen-Zahl Kn ausgedrückt werden:

$$Kn = \frac{2 \, \lambda}{D_P} \qquad (3.14)$$

Mit Hilfe der Knudsen-Zahl kann man eine Einteilung in Bereiche vornehmen.

Kn > 10 freimolekularer Bereich

Für Knudsen-Zahlen um 10 sind die Partikel in Luft bei Normalbedingungen ca. < 20 nm und haben somit keinen Einfluss auf die molekulare Geschwindigkeitsverteilung der umgebenden Gasmoleküle. Die Transportvorgänge sind durch die Gesetze der kinetischen Gastheorie beschrieben.

Die Bewegung der Partikel wird in erster Linie durch die Diffusion und die Brown'sche Bewegung verursacht. Die Diffusion verläuft immer von Orten höherer Konzentration zu Orten niedriger Konzentration. Werden die Partikel auf einer Oberfläche abgeschieden, so ist die Konzentration in der Nähe der Oberfläche geringer als in einem größeren Abstand, die Diffusion verläuft also zur Oberfläche hin. Der Fluss J in Richtung abnehmender Konzentration ist durch den Gradienten der Konzentration gegeben:

$$\vec{J} = -D\ grad\ (C_N) \tag{3.15}$$

Der Diffusionskoeffizient D ist eine Proportionalitätskonstante. Für ein Gas mit der Molmasse M lässt sich der Diffusionskoeffizient angeben:

$$D = -\left(\frac{3\ \pi\sqrt{2}}{64\ C_N\ D_M}\right)\ \sqrt{\frac{R\ T}{M}} \tag{3.16}$$

Als Durchmesser für die Gasmoleküle D_M wird der Kollisionsdurchmesser der Moleküle eingesetzt. Für Luft bei einer Temperatur von 20 °C beträgt der Diffusionskoeffizient 0,18 cm²/s.

Kleine Partikel können fast wie die Gasmoleküle behandelt werden. Der Unterschied besteht in der Größe und Form der Partikel. Aufgrund der eigenen Trägheit und der höheren Auftreffwahrscheinlichkeit von Gasmolekülen auf der Oberfläche verläuft die Partikeldiffusion langsamer als die der Moleküle. Der Diffusionskoeffizient für Partikel ist:

$$D = \frac{k\ T\ C_C}{3\ \pi\ \eta\ D_P} = k\ T\ B \tag{3.17}$$

In Gl.(3.17) ist B die mechanische Mobilität, die ein Partikel besitzt und C_c die sog. Slip-Korrektur. Die mechanische Mobilität wird häufig in der Aerosolmesstechnik zur Beschreibung der Bewegung der Partikel im Gas verwendet. Die mechanische Mobilität ist ein Parameter, der Partikeleigenschaften sowie Gaseigenschaften gleichermaßen beinhaltet.

Kn 0,2–10 Übergangsbereich

Die Partikel sind so groß, dass sie die umgebenden Gasmoleküle beeinflussen. Der Effekt der Molekularstruktur des Mediums ist noch nicht ganz verschwunden. Die Beschreibung erfolgt noch in Anlehnung an den freimolekularen Bereich.

Kn 0,01– 0,2 Slip-Bereich

In diesem Bereich werden die Transportvorgänge durch die Kontinuitätsgleichungen, die Impulserhaltung und durch Energiegleichungen beschrieben.

Für große Knudsen-Zahlen (Kn >>1) können sich die Partikel um Hindernisse relativ frei bewegen, da sie nicht durch Gasmoleküle abgelenkt werden.

Bei einer Knudsen-Zahl von ungefähr 1 werden sie durch die Moleküle schon beeinflusst, sie rutschen mehr um die Hindernisse. Bei der Beschreibung der Bewegung geht man schon von der Vorstellung aus, die Partikel bewegen sich in einem Kontinuum des Gases. Um jedoch den Unterschied zu berücksichtigen, wird ein sog. Slip-Faktor oder auch Cunningham-Correction-Faktor eingeführt. Dieser Faktor ist ein empirischer Fit, der für Partikel in Luft [3.4] ermittelt wurde:

$$C_C = 1 + \text{Kn} \left[\alpha + \beta \exp \left(-\frac{\gamma}{\text{Kn}} \right) \right] \tag{3.18}$$

Die Konstanten α, β, γ wurden von verschiedenen Autoren unterschiedlich ermittelt. Es ist jedoch wichtig, immer die mittlere freie Weglänge zu verwenden, für die die Konstanten ermittelt wurden. Für Festkörperpartikel wurde [3.4] $\alpha = 1,142; \beta = 0,558; \gamma = 0,999$ bestimmt. Für Öltropfen sind die Faktoren $\alpha = 1,207; \beta = 0,440; \gamma = 0,596$. Die Slip-Korrektur gilt auch für andere Gase wie CO_2 und He. Für spezielle Gase und andere Drücke als Normaldruck sind die Faktoren der Literatur zu entnehmen. Die Slip-Korrektur nähert sich im Kontinuumsbereich, dem Wert 1, und wird immer größer für kleinere Partikel in dem Übergangsbereich.

Kn < 0,01 Kontinuumsbereich

In diesem Bereich ist die Bewegung der Partikel hydrodynamischer Natur, um das Partikel bildet sich eine Strömung aus. Ein Schlüssel zum Verständnis der hydrodynamischen Eigenschaften von Partikeln ist die Reynolds-Zahl. Diese dimensionslose Zahl charakterisiert die Strömung in einem Rohr oder um ein Hindernis. Ein solches Hindernis kann ein Partikel sein. Die Reynolds-Zahl ist in erster Linie ein Maß für die Art der Strömung. Aus ihrem Wert lässt sich ablesen, ob die Strömung eher laminar oder turbulent ist. Im Rahmen von ähnlichkeitstheoretischen Untersuchungen dient die Reynolds-Zahl zur strömungstechnischen Beschreibung von unterschiedlich großen Anordnungen. Bei der Übertragung von Parametern, z.B. aus einer Modellanlage, muss die Reynolds-Zahl im Original genauso groß sein wie im Modell. In dem Fall sind die Strömungsverhältnisse im Original und Modell gleich.

Die Reynolds-Zahl stellt das Verhältnis zwischen den inneren Kräften im Fluid zu den Reibungskräften des Fluids an der Oberfläche der Objekte dar und damit gibt sie an, welche der fluiddynamischen Gleichungen für den aktuellen Fall gültig sind. Aus diesem Verhältnis lässt sich für die Reynolds-Zahl Re der Ausdruck

$$\text{Re} = \frac{\rho_{Gas} \, v \, D_P}{\eta} \tag{3.19}$$

ableiten. Hier ist für die sog. charakteristische Länge des Objekts schon der äquivalente Partikeldurchmesser eingesetzt, v ist die Strömungsgeschwindigkeit. Für Normalbedingungen und Luft lässt sich der Ausdruck zu der zugeschnittenen Größengleichung

$$Re = 6,5 \, v \, D_P \tag{3.20}$$

vereinfachen. Damit ist die Reynolds-Zahl nur noch von der Geschwindigkeit des Gases v, hier in cm/s einzusetzen und vom Partikeldurchmesser abhängig. Der Partikeldurchmesser ist in cm einzusetzen.

Die Widerstandskraft F_W, die ein Partikel durch seine Bewegung durch ein Fluid erfährt, ist mit Hilfe der Reynolds-Zahl relativ einfach auszudrücken. Die Kraft ist proportional dem Staudruck und der Querschnittsfläche des Partikels.

$$F_W = \psi \, (Re) \, \frac{\rho_{Gas} \, v^2}{2} \, \frac{\pi \, D_P^2}{4} \tag{3.21}$$

Der ebenfalls dimensionslose Widerstandsbeiwert $\psi(Re)$ wurde unter bestimmten Voraussetzungen von Stokes experimentell

$$\psi = \frac{24}{Re} \tag{3.22}$$

ermittelt. Mit diesem Widerstandswert wird Gl. (3.21) in das sog. Stokes'sche Gesetz überführbar. Dabei müssen folgende Voraussetzungen eingehalten werden:

Die Reynolds-Zahl muss $< 0,1$ sein, es dürfen keine instationären Prozesse und Wandeinflüsse vorliegen und die Partikel müssen kugelförmig sein.

3.3.4 Partikelbewegung aufgrund der Gravitation

Die einfachste geradlinige Bewegung von Partikeln ist die Sedimentation, die Bewegung aufgrund der natürlichen Erdanziehung. Ohne weitere äußere Strömungen oder Kräfte ist das die Kraft, welche die Deposition von Partikeln auf Oberflächen bewirkt. Die Gravitationskraft ist proportional zur Masse m_p der Partikel und zu der Erdbeschleunigung g durch die Gravitation

$$F_{Grav} = m_P \, g \tag{3.23}$$

Für die meisten praktischen Anwendungen ist die Sedimentationsgeschwindigkeit eine geeignetere Größe. Sie gibt die Geschwindigkeit für das Gleichgewicht der Gravitationskraft und der Widerstandskraft an.

$$v_{Sedi} = \frac{\rho_P \, D_P^2 \, g \, C_c}{18 \, \eta} \tag{3.24}$$

Diese Gleichung gilt nur unter den o. g. Voraussetzungen von Stokes.

Diese einfache Partikelbewegung kann z. B. für eine erste Beurteilung einer Probenahme bei einer Partikelmessung herangezogen werden. Häufig sind Messstelle und Partikelzähler örtlich voneinander getrennt. Der Transport des Aerosols erfolgt durch Leitungen. In diesem Beispiel wird eine 5 m lange

Tabelle 3.1 Sedimentationsgeschwindigkeit und Transportweg
in einer Rohrleitung

D_P [µm]	v_{Sedi} [E, m/s]	l_{Depo} für $\dot{V}_1$ [m]	l_{Depo} für $\dot{V}_2$ [m]
0,2	1,129-05	328	3287
0,5	4,976-05	74,6	746
0,8	0,000115	32,2	322
1,0	0,000174	21,3	213
2,0	0,000647	5,7	57
3,0	0,00142	2,6	26
4,0	0,00249	1,48	14,8

horizontal verlaufende Leitung mit einem Innendurchmesser von 8 mm betrachtet. Der Volumenstrom beträgt 2,8 l/min bzw. 28 l/min und als Dichte für
die Partikel wird 5 g/cm³ angesetzt, ansonsten bestehen Normalbedingungen.
In Tabelle 3.1 ist die Sedimentationsgeschwindigkeit in Abhängigkeit des Partikeldurchmessers berechnet.

Der Transportweg l_{Depo} ergibt sich für ein Partikel, das im Mittelpunkt der
Leitung eintritt und nur aufgrund der Gravitationskraft zur unteren Rohr-
wandung transportiert wird. Man erkennt leicht, dass schon Partikel mit
einem Durchmesser ab ca. 2 µm nicht mehr ohne nennenswerte Verluste durch
eine horizontale Rohrleitung transportiert werden können.

3.3.5 Partikelbewegung im elektrischen Feld

Die elektrischen Kräfte sind besonders für Partikel im Sub-Mikron-Bereich
relevant, für die die Gravitationskraft eher schwach ist. Die elektrischen Kräfte können ausgenutzt werden, um Partikel aus der Gasphase abzuscheiden.
Dies ist in sog. Elektrofiltern und auch Elektretfiltern der Fall. Genauso werden aber auch die Partikel von Produktoberflächen angezogen, wenn ein elektrisches Feld E vorliegt. Voraussetzung für eine Kraftwirkung ist aber, dass die
Partikel elektrisch geladen sind. Die Aufladung der Partikel erfolgt i.d.R. durch
freie Ladungsträger wie Ionen und Elektronen im Gas oder auch bei bestimmten Materialien bei der Dispergierung.

Die Kraft ist proportional der Anzahl der elektrischen Elementarladungen e,
die das Partikel trägt, aber unabhängig von der Partikelgröße.

$$F_{Elek.} = n\, e\, E \tag{3.25}$$

Die Anzahl der maximal möglichen Ladungen auf einem Partikel wird
unter anderem vom Partikeldurchmesser bestimmt. Aufgrund der abstoßen-
den Kräfte begrenzt sich die Aufladung selbst. Partikel im Bereich von wenigen nm sind selbst bei gezielter Aufladung nur noch höchstens einfach zu
laden. Größere Partikel können aber sehr große Ladungen tragen. Werden
genügend Ladungsträger, z.B. durch eine Koronaentladung zur Verfügung
gestellt, sind Aufladungen bis zum Faktor 100 und mehr möglich.

Die maximale Aufladung für kugelförmige Partikel ist

$$n_{max} = \frac{D_P^2 \, E_P \, \pi \, \varepsilon_0}{e} \qquad (3.26)$$

Dabei ist E_P die Oberflächenfeldstärke, bei der spontane Elektronenemissionen stattfinden ($9{,}0 * 108$ V/m).

Auch in einem makroskopisch ungeladenen Aerosol können einige Partikel sowohl positive wie negative Ladungen tragen. In jedem m^3 Luft sind ca. 1000 Ionen mit sowohl positiver als auch negativer Ladung vorhanden. Aufgrund der Bewegung der Partikel kommt es zu Stößen untereinander und mit den Ionen. Ohne äußere Einwirkung stellt sich ein Gleichgewichtszustand ein, dessen Ladungsverteilung durch die sog. Boltzmann'sche Ladungsverteilung beschrieben werden kann. Für alle anderen Aufladungsmechanismen muss die Ladungsverteilung i. d. R. individuell experimentell ermittelt werden.

Analog zur Sedimentationsgeschwindigkeit lässt sich auch eine elektrische Geschwindigkeit definieren.

$$v_{elek} = \frac{n \, e \, E \, C_c}{3 \, \pi \, \eta \, D_P} \qquad (3.27)$$

Die elektrische Geschwindigkeit kann auch über die elektrische Mobilität Z der Partikel ausgedrückt werden.

$$v_{elek} = Z \, E \qquad (3.28)$$

In Tabelle 3.2 sind die Werte der elektrischen Geschwindigkeit und der Sedimentationsgeschwindigkeit für eine Feldstärke von 250 kV/m gegenübergestellt.

Die hohen elektrischen Felder sind als durchaus realistisch anzusehen. Es ist deutlich zu erkennen, dass für Partikel < 1 µm Kraftwirkung und Geschwindigkeit aufgrund des elektrischen Felds viel größer sind, als die des Gravitationsfelds. Dann dreht sich die Wirkung um.

Tabelle 3.2 Vergleich der Kräfte und Partikelgeschwindigkeiten für Gravitation und elektrisches Feld

D_P [µm]	v_{Sedi} [E, m/s]	F_{Gravi} [E, N]	v_{elek} [m/s]	F_{elek} [E, N]	$\dfrac{F_{elek}}{F_{Gravi}}$
0,2	1,129-05	2,05-16	0,021	7,21-13	3508
0,5	4,976-05	3,21-15	0,008	7,21-13	224
0,8	0,000115	1,31-14	0,005	7,21-13	55
1,0	0,000174	2,56-14	0,004	7,21-13	28
2,0	0,000647	2,05-13	0,0021	7,21-13	3,5
3,0	0,00142	6,93-13	0,0014	7,21-13	1,03
4,0	0,00249	1,64-12	0,0010	7,21-13	0,43

3.3.6 Partikelbewegung im thermischen Feld

Partikel, die sich in einem thermischen Gradienten befinden, werden auf der heißen Seite stärker mit Molekülen zusammenstoßen als auf der kalten Seite. Die Partikel erfahren somit eine Kraftwirkung von der Wärmequelle weg. Für Partikel, die kleiner als die mittlere freie Weglänge sind, berechnet sich die thermophoretische Kraft zu

$$F_{Th} = \frac{-p_{Gas} \, l \, D_P^2 \, \nabla T}{T} \tag{3.29}$$

Aus dieser Kraft lässt sich eine Geschwindigkeit ableiten mit der sich die Partikel von der Wärmequelle weg bewegen [3.5].

$$v_{Th} = \frac{-0,55 \, \eta \, \nabla T}{\rho_{Gas} \, T} \tag{3.30}$$

In einem konstanten Temperaturgradienten stellt sich eine thermophoretische Geschwindigkeit ein, die unabhängig von der Partikelgröße ist.

Für Partikel, die größer als die mittlere freie Weglänge sind, ist der Zusammenhang der thermophoretische Kraft wesentlich komplexer, da in diesem Fall der Temperaturgradient im Partikel mit berücksichtigt werden muss. Dieser Temperaturunterschied beeinflusst das Gas, welches das Partikel umgibt.

3.4 Anwendungen

Mit Hilfe von Kenntnissen über die Aerosoldynamik können Beiträge zur Lösung des Kontaminationsproblems durch Depositionsreduzierung geleistet werden. Aus den oben stehenden Ausführungen ist bekannt, dass der makroskopische Partikeltransport in erster Näherung identisch der Strömung ist. Aus diesem Grund sind die Strömungsverhältnisse so auszulegen, dass etwa vorhandene Partikel vom Produkt weg transportiert werden. Die turbulenzarme Verdrängungsströmung und individuelle Maßnahmen an den Produktionseinrichtungen sind die Konsequenz. Da es aber in vielen Fällen unvermeidlich ist, dass ein Produkt angeströmt wird, ist die Depositionsreduzierung im Nahbereich wichtiger. Für den Nahbereich spielen die unterschiedlichen Kraftwirkungen aufgrund verschiedener Felder die dominierende Rolle. Die Kraftwirkungen aufgrund des thermischen und des elektrischen Felds sind für die reinen Technologien von besondere Bedeutung. Durch die Bewegung der Partikel von der Wärmequelle weg kann eine „partikelfreie Zone" von < 1 mm oberhalb der Quelle entstehen. Das heißt, wird die Temperatur der Oberfläche eines Produkts leicht erwärmt, so dass sich ein Gradient einstellt, lässt sich die Deposition von Partikel bestimmter Größen völlig vermeiden. In Abb. 3.7 ist die Depositionsgeschwindigkeit auf eine senkrecht mit 30 cm/s angeströmte und erwärmte Oberfläche gezeigt.

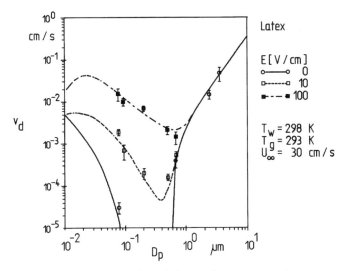

Abb. 3.7 Depositionsgeschwindigkeit auf einer senkrecht angeströmten, geladenen und erwärmten Ebene

Die Depositionsgeschwindigkeit wird in dem Bereich von 80–600 nm praktisch null. Partikel dieser Größe gelangen nicht mehr auf die Oberfläche. Der Größenbereich hängt weiterhin von dem elektrischen Feld und den mikroskopischen Strömungsverhältnissen ab. Er lässt sich durchaus ausdehnen auf 50 nm bis ca. 1 μm und damit auf die noch am häufigsten auftretenden Partikel im Reinraum. Aus Abb. 3.7 lässt sich aber weiterhin erkennen, dass schon kleine elektrische Felder den positiven Effekt der Thermophorese zunichte machen können. Es ist deshalb unbedingt darauf zu achten, dass sich erst keine Felder aufbauen und die Partikel nicht aufladen können.

Literatur

[3.1] Mittal, K. L. (1988): „Particles on Surfaces 1: Detection, Adhesion, and Removal" Plenum, New York 1988

[3.2] Mittal, K. L. (1990): „Particles on Surfaces 2: Detection, Adhesion, and Removal" Plenum, New York 1990

[3.3] Springer, G. S. (1978): „Homogeneous nucleation" Advances in Heat Transfer, 14, S. 281–346

[3.4] Waldmann, l. und Schmitt, K. H. (1966): „Thermophoresis and Diffusiophoresis of Aerosols" Aerosol Science, Davies, C. N. (Editor), Academic Press, London, 1966

[3.5] Allen, M. D. und Raabe, O. G. (1985): „Slip Correction Measurements of Spherical Solid Aerosol Particles in an Improved Millikan Apparatus". Aerosol Science and Technology, 4, S. 269–286

Weiterführende Literatur

Davies, C. N. (1966): „Aerosol Science" Academic Press, 1966, London

Davies, C. N. (1973); „Air Filtration" Academic Press, London 1973

Friedlander, S. K. (1977): „Smoke, dust, and haze" A Wiley – Interscience publication, 1977, New York

Fuchs, N. A. (1989): „The Mechanics of Aerosols" Wiley, New York, 1989

Hinds, W. C. (1998): „Aerosol technology: properties, behavior, and measurement of airborne particles" A Wiley – Interscience publication, 2 nd. Edition 1998, New York

Liu, B.Y.H.; Pui, D. Y. H. und Fissan, H. (1984): „Aerosols:Science, Technology and Industrial Applications of Airborne Particles" Elsevier, New York 1984

Reist, P. (1984) „Introduction to aerosol science" Macmillan Publishing Company, 1984, New York

Willeke, K. und Baron, P. A. (1992): „Aerosol measurement: principles, techniques, and applications" Van Nostrand Reinhold, 1992, New York

4 Partikelmesstechnik

4.1 Einleitung

Der Schutz von Produkten vor der Kontamination durch Partikel gilt als eine zentrale Aufgabe der Reinraumtechnik. Da es dabei um Kontaminationseffekte weit unterhalb der visuellen Wahrnehmbarkeit geht, braucht es leistungsfähige Verfahren, um die Messgröße „Partikelkontamination" über den gesamten Bereich, den Anwender fordern, präzise zu bestimmen. Neben der Partikelhäufigkeit ist dabei die Größe der Partikel, die sowohl das Transportverhalten wie auch die mögliche Wirkung auf das Produkt beeinflusst, von entscheidender Bedeutung. Ferner kann es für die Ermittlung von Kontaminationsquellen von Interesse sein, die Form und die chemische Natur der Partikel zu bestimmen (z. B. textile Fasern, Metallabrieb, flüssige Tröpfchen).

Die Partikelhäufigkeit wird üblicherweise als Konzentration, d. h. bezogen auf das analysierte Gasvolumen angegeben. Bei den in reinen Technologien üblichen niedrigen Konzentrationen dient als Häufigkeitsmaß die Partikelanzahlkonzentration, also die Partikelanzahl pro Volumeneinheit des Trägermediums. Die Partikelgröße ist nur bei kugelförmigen Partikeln (z. B. Tröpfchen) als geometrischer Durchmesser eindeutig angebbar. Bei unregelmäßig geformten Partikeln behilft man sich durch Angabe eines Äquivalentdurchmessers [4.1], der besagt, dass sich das untersuchte Partikel in einem bestimmten Experiment so verhält, wie ein kugelförmiges Partikel mit bestimmten Eigenschaften und diesem Durchmesser.

Die Aufgaben für die Partikelmesstechnik im Bereich reiner Technologien umspannen einen weiten Bereich. Bei der Fertigung von Hochleistungs-Schwebstoff-Filtern für Reinraumanlagen ist die Bestimmung des Filterabscheidegrades und die Überprüfung der Leckfreiheit jedes Filterelementes im Rahmen der Qualitätssicherung oft unumgänglich. Eine Prüfvorschrift für diese Filter auf der Basis der Partikelzählung ist in 1998 als europäische Norm erschienen [4.2] (s. a. Kap. 6). Bei der Abnahme von Reinräumen erfolgt ein weiterer Lecktest für die eingebauten Filterelemente. Die Ermittlung der Erholzeit von Reinräumen mit turbulenter Mischlüftung sowie die Bestimmung der Reinraumklasse basieren ebenfalls auf Partikelmessungen [4.3] (s. a. Kap. 14). Das Monitoring von Reinräumen und Fertigungseinrichtungen, sowie die Überwachung flüssiger und gasförmiger Prozessmedien sind weitere Aufgaben (s. a. Kap. 9). Im Bereich der pharmazeutischen Fertigung sowie in medizinischen Reinräumen stellt sich schließlich noch das Problem des Nachweises der Keimfreiheit durch besondere Formen der Partikelmesstechnik.

4.2 Übersicht über die verwendeten Partikelmessverfahren

Abbildung 4.1 gibt einen Überblick über die Vielzahl der heute zur Verfügung stehenden Partikelmessverfahren. Der den einzelnen Messverfahren zugeordnete Balken gibt auf der oben und unten angegebenen, logarithmisch geteilten Partikeldurchmesserachse den Messbereich der einzelnen Verfahren an.

Die für die Filterprüfung, für Abnahmemessungen und für ein automatisiertes Reinraummonitoring eingesetzten Verfahren beruhen fast ausnahmslos auf der Wechselwirkung der Partikel mit Licht (optische Partikelzähler [4.4]) und ermitteln einen sog. Streulicht-Äquivalentdurchmesser [4.1].

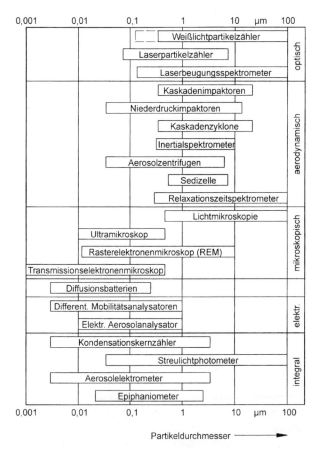

Abb. 4.1   Übersicht gebräuchlicher Partikelmessverfahren

Partikel, die für eine direkte optische Messung zu klein sind, können mit sog. Kondensationskernzählern, in denen sie durch Aufkondensieren einer Dampfsubstanz vergrößert werden, gezählt werden [4.5]. Dabei geht allerdings die Information über die ursprüngliche Partikelgröße verloren, so dass die Kondensationskernzähler nur einen integralen Wert für die Partikelanzahlkonzentration oberhalb ihrer unteren Nachweisgrenze (je nach Gerät zwischen 3 nm und 30 nm) liefern. Angesichts der für die Zukunft prognostizierten kritischen Dimensionen in der Halbleiterfertigung könnte die Messung solcher Nanopartikel an Bedeutung gewinnen.

Möchte man den aerodynamischen Durchmesser [4.1] der Partikel ermitteln, der für die Beschreibung des Transportverhaltens relevant ist, können Relaxationszeitspektrometer [4.6] eingesetzt werden. In diesen Geräten wird der „Schlupf" der Partikel in einer beschleunigten Gasströmung durch eine ebenfalls optische Messung erfasst und zur Bestimmung der Partikelgröße herangezogen.

In einigen Filterprüfnormen, sowie in den Vorschriften der FDA [4.7] wird zum Teil noch der Einsatz eines Streulichtphotometers vorgeschrieben. Abgesehen von der Tatsache, dass diese Geräte ebenfalls nur ein von Partikelkonzentration, -größe und -art abhängiges, integrales Signal liefern, ist die für diese Messungen benötigte Aerosolkonzentration auf der Anströmseite der Filter so hoch (bis zu 80 mg/m^3), dass man eine erhebliche Kontamination der Filter durch die Testaerosolsubstanz in Kauf nehmen muss.

Zur Ermittlung der Partikelform und -art muss normalerweise eine Probenahme mit nachfolgender Analytik (z. B. Mikroskopie) erfolgen. Zur Probenahme kann beispielsweise ein geeigneter „Objektträger" den Produktionsprozess durchlaufen („Witness-Wafer") oder aber eine Gasprobe über ein Membranfilter gezogen werden. Möchte man bereits bei der Probenahme die Partikel nach ihrer Größe selektieren, kann dies durch den Einsatz von Kaskadenimpaktoren [4.8, 4.9] geschehen.

In Reinräumen der pharmazeutischen Industrie sowie in medizinisch genutzten Reinräumen (z. B. Operationssälen) muss außerdem die Konzentration von Mikroorganismen in der Raumluft ermittelt werden. Dazu werden sammelnde Verfahren eingesetzt (s. Tabelle 4.1) [4.10]. Die einfachste Methode besteht im Auslegen von Petrischalen, die ein Nährmedium enthalten. Mikroorganismen werden nur durch die Wirkung der Schwerkraft (Sedimentation) auf diesem Nährmedium abgeschieden, so dass eine repräsentative Probenahme nicht gewährleistet ist. Impaktoren und Impinger scheiden die Mikroorganismen durch Trägheit ab. Dabei ist eine Beeinflussung der Überlebensfähigkeit durch die beim Abscheidevorgang wirkenden Kräfte nicht auszuschließen [4.11]. Beim Sammeln auf Membranfiltern können Gelatinemembranen verwendet werden, die sich im Nährmedium vollständig auflösen.

Zur Ermittlung der Zahl der gesammelten Mikroorganismen werden die Proben, sofern sie nicht bereits auf einem Nährmedium gesammelt wurden, anschließend ganz oder teilweise auf ein solches verbracht und die sich dort nach einiger Zeit bildenden Kolonien ausgezählt. Diese Verfahren sind äußerst zeitintensiv und z. T. mit großen Messfehlern behaftet. Austrocknung der Mikroorganismen während der Sammelphase oder Artefakte bei der Handhabung der Proben können das Messergebnis massiv beeinflussen.

Tabelle 4.1   Sammelverfahren für mikrobielle Luftverunreinigungen

Verfahren	Abscheidprinzip	Ausführungsform	Bemerkungen
Petrischale	Sedimentation		Keine repräsentative Probenahme
Impinger	Trägheits-abscheidung		Abscheidung in Flüssigkeit
Impaktor	Trägheits-abscheidung	„Slit-to-Agar"-Impaktor „Sieb"-Impaktor Kaskadenimpaktor Zentrifugalimpaktor	
Membranfilter	Filtration	Zellulose-Membranen Gelatine-Membranen	

An der Entwicklung automatisierter „Online"-Verfahren zur Zählung von Mikroorganismen wird daher intensiv gearbeitet. Ein Verfahren kombiniert die Technik des Relaxationszeitspektrometers mit einer Fluoreszenzanregung der Partikel. Das in einem bestimmten Wellenlängenbereich emittierte Licht ist dabei charakteristisch für lebende Organismen [4.12]. Ein anderes Verfahren verändert die Eiweißmoleküle der Mikroorganismen durch eine thermische Behandlung und schließt aus den Unterschieden einer Streulichtmessung vor und nach dieser Veränderung auf lebende „Partikel" [4.13]. Inwieweit diese Verfahren bei den reinraumspezifischen niedrigen Konzentrationen sinnvoll einsetzbar sein werden, bleibt abzuwarten.

Im Rahmen dieses Beitrags sollen im Wesentlichen optische Partikelzähler besprochen werden, wobei auch auf die Problematik von Probenahme, Transport und Verdünnung eingegangen wird.

4.3 Optische Partikelzähler

4.3.1 Physikalische Grundlagen

Partikel, die beleuchtet werden, lenken das Licht aus seiner ursprünglichen Ausbreitungsrichtung ab; sie streuen das Licht. Für Partikel, die sehr viel größer sind, als die Wellenlänge des Lichts lässt sich dieser Vorgang auf der Grundlage der geometrischen Optik durch die Überlagerung von Reflexion, Brechung und Beugung beschreiben. Der Lichtanteil, der dabei das Partikelmaterial durchdringt, kann darüber hinaus noch teilweise absorbiert werden. Die Intensität des gestreuten Lichts hängt bei gegebener Lichtwellenlänge von der Intensität des einfallenden Lichts, dem Streuwinkel, der Partikelgröße und -form sowie vom Brechungsindex des Partikelmaterials ab. Der Brechungsindex absorbierender Materialien ist eine komplexe Zahl der Form

$$\underline{m} = m_1 - j\, m_2$$

wobei der Realteil m_1 die Lichtbrechung und der Imaginärteil m_2 die Lichtabsorbtion charakterisiert. Alle leitfähigen Materialien (z.B. Metalle, Kohlenstoff) absorbieren Licht. Partikel, die sehr viel kleiner sind als die Lichtwellenlänge, streuen das Licht mit einer typischen Dipolcharakteristik, die als Rayleigh-Streuung bezeichnet wird.

Für kugelförmige Partikel lässt sich das Streuverhalten im gesamten Größenbereich auf der Basis der sog. Mie-Theorie [4.14] theoretisch berechnen. Abbildung 4.2 stellt als Ergebnis einer solchen Rechnung die relative Streuintensität als Funktion des Partikeldurchmessers dar [4.4, 4.15]. Die drei Kurven gelten für die angegebenen Brechungsindices des Partikelmaterials. Die Rechnung wurde für monochromatisches Licht mit einer Wellenlänge von λ = 0,436 μm, einen mittleren Streuwinkel von Θ = 45° sowie eine Empfängerapertur von δ = 14° durchgeführt.

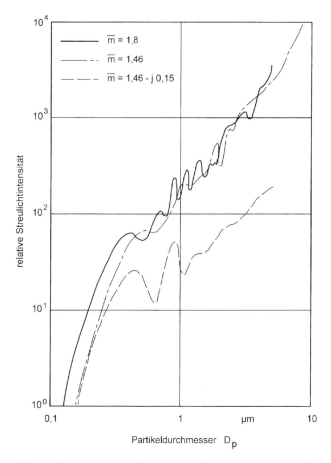

Abb. 4.2 Relative Streulichtintensität als Funktion des Partikeldurchmessers für monochromatisches Licht [4.15]. Mittlerer Streuwinkel Θ = 45°, Empfängerapertur δ = 14°, Lichtwellenlänge λ = 0,436 μm

Man erkennt, dass für Partikel, die wesentlich größer als die Lichtwellenlänge sind, die Streuintensität in erster Näherung quadratisch vom Partikeldurchmesser abhängt. Im Bereich zwischen etwa 0,4 und 2 μm weisen die Kurven starke Oszillationen auf, die eine eindeutige Zuordnung von Streulichtintensität und Partikeldurchmesser unmöglich machen. Für die messtechnische Anwendung lassen sich diese Oszillationen durch möglichst große Empfängeraperturen oder durch die Verwendung von weißem Licht glätten. Für Partikel, deren Durchmesser kleiner als die Lichtwellenlänge ist, nimmt die Intensität des gestreuten Lichts mit der 6. Potenz des Partikeldurchmessers ab (Rayleigh-Streuung). Eine Halbierung des Partikeldurchmessers bedeutet hier also eine Verringerung der Streulichtintensität um den Faktor 64. Dies begründet einerseits die untere Messgrenze optischer Partikelzähler und stellt zum anderen hohe Anforderungen an den Dynamikumfang der Signalverarbeitung.

Die Streulichtintensität für Partikel aus absorbierendem Material liegt bereits bei einem relativ geringen Imaginärteil des Brechungsindex von $m_2 = 0,15$ μm einen Faktor von nahezu 10 unter der nichtabsorbierender Partikel. Der Streulichtäquivalentdurchmesser dieser Partikel ist also sehr viel kleiner als ihr geometrischer Durchmesser. Dies macht den starken Einfluss des Partikelmaterials auf die Ergebnisse einer Streulichtmessung deutlich.

Bei der Streulichtmessung an Partikeln in Flüssigkeiten muss darüber hinaus berücksichtigt werden, dass die Lichtstreuung genau genommen vom Verhältnis der Brechungsindices des Partikelmaterials und des umgebenden Mediums abhängt. Dies führt einerseits bei gleicher Partikelgröße zu geringeren Streulichtintensitäten und andererseits dazu, dass Gasblasen, die sich im Brechungsindex vom umgebenden Medium ebenfalls deutlich unterscheiden, als Partikel fehlinterpretiert werden können.

4.3.2 Funktionsprinzip und Aufbau

Das Funktionsprinzip optischer Partikelzähler beruht darauf, dass die Partikel einzeln ein intensiv beleuchtetes Messvolumen passieren, und das gestreute Licht dabei messtechnisch erfasst wird. Dabei wird die Intensität des Streulichts als Maß für die Partikelgröße interpretiert und aus der Anzahl der gezählten Streulichtimpulse bei bekanntem Probevolumenstrom und definierter Messdauer auf die Partikelanzahlkonzentration geschlossen. Abbildung 4.3 zeigt den prinzipiellen Aufbau. Als Lichtquelle werden meist Laser-Dioden oder He-Ne-Laser eingesetzt. Das Streulicht wird durch eine Optik unter einem bestimmten Raumwinkel (Empfängerapertur) gesammelt und auf einen Detektor (Photomultiplier oder Photodiode) geleitet. In Abb. 4.4 ist beispielhaft der zeitliche Verlauf des verstärkten Detektorausgangssignals U dargestellt. Die Streulichtimpulse werden entsprechend ihrer Höhe klassiert und als Zählereignisse in entsprechenden Klassen aufsummiert. Das den Impulsen überlagerte Rauschen kann dazu führen, dass Partikel gleicher Größe in unterschiedlichen, benachbarten Klassen gezählt werden, was zu einem verringerten Auflösungsvermögen führt.

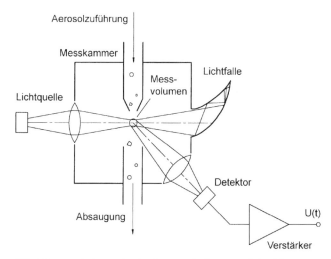

Abb. 4.3 Funktionsprinzip eines optischen Partikelzählers

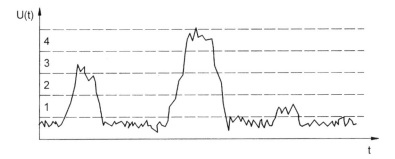

Abb. 4.4 Beispiel für den Signalverlauf am Verstärkerausgang eines optischen Partikelzählers

Voraussetzung für die Anwendung des Messprinzips ist, dass sich immer nur ein Partikel im Messvolumen befindet, und dass die Signalverarbeitung für dieses Partikel abgeschlossen ist, bevor der nächste Streulichtimpuls am Detektorausgang erscheint. Passieren mehrere Partikel gleichzeitig das Messvolumen, so werden sie als ein größeres Partikel erfasst. Dieser Effekt, der zur Ermittlung einer zu geringen Anzahlkonzentration und einer Partikelgrößenverteilung mit zu großem mittleren Durchmesser führt, wird als Koinzidenz bezeichnet. Es ist leicht einzusehen, dass die maximal messbare Konzentration mit kleiner werdendem Messvolumen zunimmt. Für die im Bereich reiner Technologien auftretenden, extrem niedrigen Partikelkonzentrationen kann das Messvolumen eines Partikelzählers daher recht groß gewählt werden. Dem steht allerdings entgegen, dass damit auch das Streulicht vieler Luftmoleküle zum Untergrundrauschen der Messung beiträgt. Rechnungen zeigen, dass die Moleküle in 1 mm^3 Luft soviel Licht streuen, wie ein Latexpartikel von 0,15 μm Durchmesser.

Zur Abgrenzung des Messvolumens werden zwei prinzipiell unterschiedliche Techniken eingesetzt. Zum einen wird der Aerosolstrahl – meist von einem Reinluftmantel umgeben – durch die Form der Ansaugdüse eingeschnürt (aerodynamische Fokussierung) und tritt als dünner Faden durch den ebenfalls fokussierten Lichtstrahl, der einen größeren Querschnitt aufweist (s. Abb. 4.5). Das Messvolumen ist in diesem Fall ein Zylinder, dessen Mantelfläche von der Grenzschicht zwischen Aerosolstrahl und Reinluftmantel gebildet wird. Der Vorteil dieser Methode ist, dass das gesamte angesaugte Aerosolvolumen durch das Messvolumen geführt und analysiert wird. Nachteile sind zum einen, dass mit dieser Technik keine beliebig kleinen Messvolumina realisiert werden können und dass zum anderen immer eine Teilstromentnahme aus dem Aerosol notwendig ist.

Die zweite Methode der Messvolumenabgrenzung arbeitet mit rein optischen Mitteln (s. Abb. 4.6). Die Abbildung einer Blende im Beleuchtungsstrahlengang begrenzt die Abmessungen des Lichtstrahls. Das Bild einer zweiten Blende im Beobachtungsstrahlengang begrenzt den Bereich, aus dem das Streulicht der Partikel empfangen wird. Der Querschnitt des Aerosolstrahls kann in diesem Fall deutlich größer als der Querschnitt des Messvolumens sein. Diese Methode ermöglicht die Realisierung sehr kleiner Messvolumina und die Messung ohne Probenahme (z. B. durch Einbau einer Messküvette in eine Rohrleitung). Sie wird daher im Reinraumbereich vor allem für die Überwachung von Druckgasen eingesetzt (Pipeline-Counter). Auch Partikelzähler zur Messung von Partikeln in hochreinen Flüssigkeiten verwenden dieses Prinzip. Der wesentliche Nachteil liegt darin, dass die Bestimmung des analy-

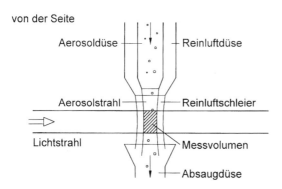

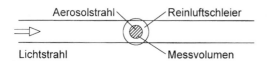

Abb. 4.5 Prinzip einer Messvolumenabgrenzung durch aerodynamische Fokussierung

von der Seite

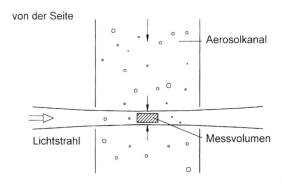

von oben

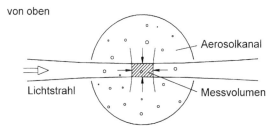

Abb. 4.6   Prinzip einer Messvolumenabgrenzung durch Abbildung von Blenden

sierten Volumenstromes die genaue Kenntnis des Messvolumenquerschnitts und der Strömungsgeschwindigkeit in diesem Querschnitt voraussetzt.

Abbildung 4.7 zeigt schematisch den optischen Aufbau eines modernen Laserpartikelzählers. Die Röhre des He-Ne-Lasers ist auf der linken Seite mit einem Spiegel und auf der rechten Seite mit einem sog. Brewster-Fenster abgeschlossen. Der zweite Laserspiegel ist erst hinter dem Messvolumen angeordnet. Mit dieser sog. „open cavity" wird erreicht, dass das Messvolumen von dem zwischen den beiden Spiegeln hin und her reflektierten Laserstrahl etwa einhundert mal intensiver ausgeleuchtet wird als bei einer herkömmlichen Laseranordnung, bei der nur ein Bruchteil der Energie über einen der Spiegel ausgekoppelt werden kann. Das Aerosol wird aerodynamisch fokussiert durch das Messvolumen geleitet. Das von den Partikeln gestreute Licht wird von einem parabolischen Spiegel unter einem sehr großen Raumwinkel erfasst, und über einen ebenen Spiegel und eine Sammellinse dem Detektor zugeführt. Um große Volumenströme bei niedrigem Hintergrundrauschpegel analysieren zu können, wird ein Halbleiter-Detektor-Array eingesetzt. Die optische Abbildung ist so gewählt, dass jedes Pixel dieses Arrays nur das Streulicht aus einem kleinen Luftvolumen empfängt. In ihrer Gesamtheit überwachen die einzelnen Pixel aber ein großes Messvolumen. Der Referenzdetektor hinter dem linken Laserspiegel dient zur Überwachung und Kompensation von Änderungen der Laserleistung.

In Abb. 4.8 ist das Aerosoltransportsystem des Zählers dargestellt. Die Pumpe saugt einen bestimmten Volumenstrom aus der luftdicht ausgeführten

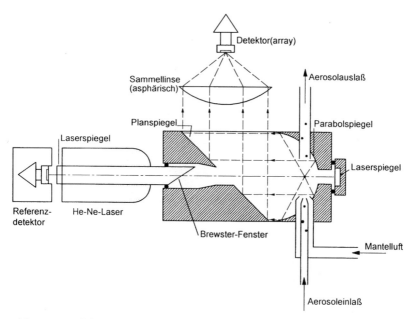

Abb. 4.7   Ausführungsbeispiel eines modernen Laser-Partikelzählers

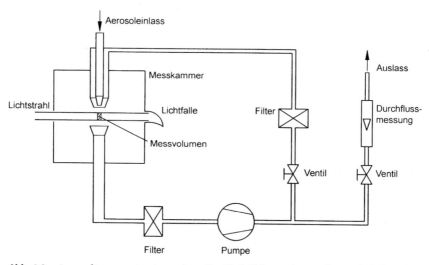

Abb. 4.8   Aerosoltransportsystem eines Partikelzählers mit aerodynamisch begrenztem Messvolumen

Messkammer ab. Das Filter vor der Pumpe entfernt alle Partikel aus diesem Luftstrom. Ein Teilstrom wird dann über ein Einstellventil zur Ansaugdüse zurückgeführt und bildet dort den Reinluftmantel für die aerodynamische Fokussierung des Aerosolstrahls. Das Filter in diesem Zweig eliminiert die möglicherweise von der Pumpe emittierten Partikel. Ein zweiter Teilstrom wird über eine weiteres Einstellventil und eine Durchflussmesseinrichtung nach außen abgegeben. Über den Aerosoleinlass wird dieser Teilstrom durch einen gleich großen Probevolumenstrom ersetzt. Da die Messung des analysierten Volumenstromes nicht direkt erfolgt, ist die Dichtigkeit des Gesamtsystems Voraussetzung für eine korrekte Messung.

4.3.3 Verfahrensmerkmale und Fehlerquellen

Der Messbereich eines optischen Partikelzählers muss sowohl hinsichtlich der Partikelgröße als auch hinsichtlich der Partikelkonzentration definiert werden.

Die messbare Partikelkonzentration ist nach oben durch die Größe des Messvolumens und die daraus resultierenden Koinzidenzeffekte begrenzt. Zur Angabe der maximal messbaren Konzentration gehört auch die Nennung des dabei auftretenden Koinzidenzfehlers (Verringerung der tatsächlichen Anzahlkonzentration durch Koinzidenz). In Abb. 4.9 ist die maximal messbare Konzentration für einen bestimmten Partikelzähler als Funktion des Koinzidenzfehlers dargestellt. Man erkennt die starke Abhängigkeit der Maximalkonzentration von dem noch zugelassenen Koinzidenzfehler. Für den meistens genannten Koinzidenzfehler von 10 % beträgt sie für den hier betrachteten Zähler etwa 350.000 ft^{-3}.

Die Maximalkonzentration ist eng mit der Größe des Probenvolumenstroms verknüpft. Für Reinraum-Partikelzähler beträgt der Probenvolumenstrom üblicherweise 1 ft^3/min entsprechend 28,3 l/min. Zähler dieser Art

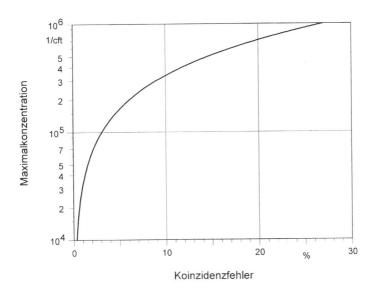

Abb. 4.9 Maximal messbare Konzentration für einen Partikelzähler als Funktion des zulässigen Koinzidenzfehlers

haben eine realistische obere Konzentrationsmessgrenze von 100.000 ft^{-3} bis 350.000 ft^{-3}. Neuere Modelle erreichen durch eine schnellere Signalverarbeitung auch Werte von 1.000.000 ft^{-3}. Bei kleineren Probevolumenströmen liegt die Messgrenze entsprechend höher.

Die minimal messbare Konzentration kann theoretisch durch Verlängerung der Messzeit beliebig niedrig angesetzt werden. Allerdings weist jeder Partikelzähler eine gewisse Nullzählrate auf, d. h. das Gerät registriert auch bei völlig partikelfreier Luft Zählereignisse. Ursache dafür können interne Partikelquellen (Ablagerungen), Undichtigkeiten, kosmische Höhenstrahlung sowie elektronische Störungen sein. Die Hersteller nennen für ihre Geräte meist Nullzählraten < 1 min^{-1}. Die Nullzählrate ist allerdings keine Gerätekonstante, sondern hängt von der Vorgeschichte eines Geräts (Verschmutzung durch Messung an hochkonzentrierten Aerosolen) sowie von seinem Wartungszustand ab. Reinraum-Partikelzähler, die durch Messung an normalem atmosphärischen Aerosol „verschmutzt" wurden, benötigen Spülzeiten mit Reinluft von bis zu 15 h, um wieder eine stabile, niedrige Nullzählrate zu erreichen.

Der Messbereich hinsichtlich der Partikelgröße wird durch den partikelgrößenabhängigen Zählwirkungsgrad [4.4], d. h. durch das Verhältnis von gezählten zu tatsächlich vorhandenen Partikeln, bestimmt. Die Untergrenze des Partikelgrößenmessbereichs hängt ganz wesentlich von der Konstruktion des Zählers ab. Für Bauformen, wie in Abb. 4.7 dargestellt liegt sie bei 0,1 μm und kann mit extrem optimierten Konstruktionen bis etwa 0,07 μm „gesteigert" werden. Wie in Abb. 4.10 dargestellt, endet der Messbereich nicht abrupt, sondern der Zählwirkungsgrad fällt mit kleiner werdendem Partikeldurchmesser mehr oder weniger steil ab. Üblicherweise wird als untere Messgrenze die Partikelgröße angegeben, bei der der Zählwirkungsgrad noch 0,5 beträgt.

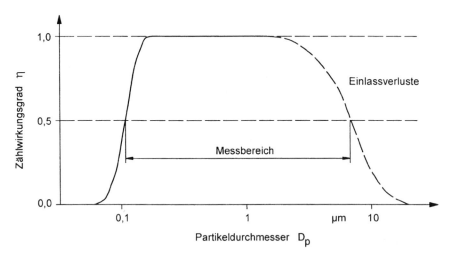

Abb. 4.10 Prinzipieller Verlauf des Zählwirkungsgrads eines Partikelzählers als Funktion des Partikeldurchmessers

Die obere Messgrenze ist geräteintern durch den Dynamikumfang der Signalverarbeitung vorgegeben. Kritischer ist jedoch meist die Probenahme, die bei Partikelgrößen oberhalb von 5 µm zu erheblichen Verlusten und damit ebenfalls zu einem Zählwirkungsgrad kleiner Eins führen kann (s. a. Abb. 4.10). Der Verlauf des Zählwirkungsgrades in diesem Bereich hängt stark von den Ansaugbedingungen bzw. der Art der Probenahme ab.

4.3.4 Funktionskontrolle und Kalibrierung

Eine Kontrolle der wichtigsten Funktionen eines Partikelzählers sollte in regelmäßigen Abständen erfolgen. Wichtigste Maßnahme ist die Überprüfung der Nullzählrate durch Vorschalten eines sog. „Absolutfilters", die zu Beginn jeder Messreihe erfolgen sollte. Die interne Volumenstrommessung des Zählers kann durch ein externes Messgerät, beispielsweise ein Schwebekörper-Durchflussmessgerät oder ein thermisches Durchfluss-Messgerät überprüft werden.

Die korrekte Partikelgrößenklassifizierung kann auch ohne regelrechte Kalibrierung durch Vergleichsmessungen an einem polydispersen Prüfaerosol mit reproduzierbaren Eigenschaften überprüft werden. Dazu eignet sich bspw. ein für die Filterlecktests eingesetzter Aerosolgenerator (s. a. Abschn. 4.5). Bei der Messung auf der Anströmseite eines Filters besteht wegen der dort vorhandenen hohen Partikelkonzentrationen die Gefahr unzulässig großer Koinzidenzfehler. Daher muss unbedingt auf eine ausreichende Verdünnung dieses Aerosols geachtet werden (s. Abschn. 4.4). Dem Messergebnis ist nicht ohne weiteres anzusehen, ob der Zähler bereits weit im unzulässigen Konzentrationsbereich betrieben wird. Die angezeigte Partikelkonzentration kann durchaus unter der maximal zulässigen liegen und bei einer weiteren Erhöhung der tatsächlichen Konzentration sogar weiter absinken. Beobachtet man im Vergleich zu früheren Messungen am gleichen Aerosol eine Verschiebung der Partikelgrößenverteilung zu größeren Partikeldurchmessern hin, so ist dies ein sicheres Zeichen für einen unzulässig großen Koinzidenzfehler. Ändert sich umgekehrt die Größenverteilung bei einer deutlichen Erhöhung des Verdünnungsfaktors (also bei einer weiteren Absenkung der Partikelkonzentration) in ihrer Lage und Form nicht, kann man davon ausgehen, dass man sich im zulässigen Messbereich bewegt.

Zur Kalibrierung optischer Partikelzähler werden üblicherweise monodisperse (gleichgroße), kugelförmige Latexpartikel verwendet. Diese Partikel sind als Suspension mit definierter Größe erhältlich und werden nach Verdünnung mit Reinstwasser zerstäubt [4.16, 4.17]. Der Feststoffanteil in diesen Suspensionen beträgt unabhängig von der Partikelgröße 10 %.

Tabelle 4.2 gibt für einige beispielhaft aufgeführte Partikelgrößen die daraus errechnete Anzahlkonzentration in der Suspension an. Vor dem Zerstäuben muss diese Konzentration durch Verdünnen mit hochreinem Wasser deutlich herabgesetzt werden, damit die einzelnen, bei dem Zerstäubungsvorgang erzeugten Wassertröpfchen möglichst keine Agglomerate aus mehreren Latexpartikeln enthalten. Dies heißt andererseits aber auch, dass sich dann in den weitaus meisten der erzeugten Tröpfchen keine Latexpartikel befinden.

Tabelle 4.2   Beispielhafte Kenndaten von Latexsuspensionen

Partikel-durchmesser [μm]	Anzahl-konzentration [cm³]	Notwendiger Verdünnungsfaktor
0,1	$1{,}91 \times 10^{14}$	1.910.000
0,3	$7{,}07 \times 10^{12}$	70.700
1	$1{,}91 \times 10^{11}$	1.910
3	$7{,}07 \times 10^{9}$	71

Die dafür notwendige maximale Konzentration in der gebrauchsfertigen Suspension liegt bei etwa $10^8\,\mathrm{cm^{-3}}$. Dies macht bspw. bei Partikeln von 0,1 μm Größe einen Verdünnungsfaktor von fast 2×10^6 notwendig, der sinnvollerweise in mehreren Stufen realisiert wird. Aus den nichtflüchtigen Bestandteilen der Tröpfchen ohne Latexpartikel entstehen nach dem Verdunsten des Wassers sog. Restteilchen, deren Konzentration weitaus höher als die der Latexpartikel ist. Wenn das für die Verdünnung verwendete Wasser aber hochrein ist, sind diese Restteilchen so klein, dass sie die Verteilung des Latexaerosols nicht störend überlagern.

Ein für die Erzeugung von Latex-Kalibrieraerosolen geeigneter Aerosolgenerator ist in Abb. 4.11 dargestellt. Die Suspension wird der Zweistoff-Zer-

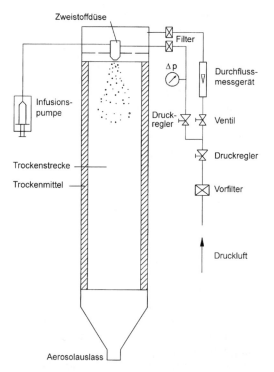

Abb. 4.11   Aufbau eines Aerosolgenerators zur Erzeugung von Latex-Kalibrieraerosolen

stäuberdüse über eine Infusionspumpe zugeführt. Dies stellt einen konstanten Volumenstrom sicher, der deutlich kleiner ist, als der, den die Düse frei ansaugen würde. Dadurch produziert die Düse kleinere Wassertröpfchen und damit auch kleinere Restteilchen. Die Düse sprüht senkrecht nach unten in ein Rohr, dessen Wände mit einem Trockenmittel (Silica Gel) ausgekleidet sind. Zusätzlich zur Druckluft für den Betrieb der Düse wird Mischluft zugegeben, die den Wasserdampf aufnehmen soll. Da den Latexpartikeln Reste einer hygroskopischen Stabilisatorsubstanz aus der Suspension anhaften, führt eine relative Luftfeuchtigkeit von mehr als 95 % dazu, dass das Wasser wieder auf den Partikeln kondensiert und sie dadurch größer werden. Die Feuchtigkeit der Luft im Aerosolauslass sollte daher kontrolliert und gegebenenfalls durch Erhöhung der Mischluftmenge gesenkt werden. Die Konzentration der Latexpartikel liegt bei etwa $100\,cm^{-3}$ und ist damit für viele Reinraumpartikelzähler bereits zu hoch. Daher empfiehlt sich der Einsatz einer zusätzlichen Verdünnungsstrecke.

Ein Beispiel für die Größenverteilung eines Latexaerosols ist in Abb. 4.12 dargestellt. Sie wurde mit einem Laser-Aerosolspektrometer (Partikelzähler hoher Auflösung) gemessen. Man erkennt einen sehr schmalen „Peak" der Latexpartikel bei etwa 0,51 µm sowie eine geringe Anzahl von Agglomeraten. Die Restteilchenverteilung beginnt erst unterhalb von 0,2 µm und liegt nur zu einem geringen Teil im abgedeckten Messbereich, was für eine Verdünnung mit absolut hochreinem Wasser spricht.

Die Kalibrierung mit Latexpartikeln erlaubt als Partikelgrößenstandard nur die Zuordnung zwischen Partikelgröße und Streulichtimpulshöhe. Eine Bestimmung des Zählwirkungsgrades ist nur durch Vergleich mit einem Partikelzähler mit niedrigerer unterer Messgrenze oder durch eine aufwendige elektrostatische Klassierung des Prüfaerosols möglich [4.18].

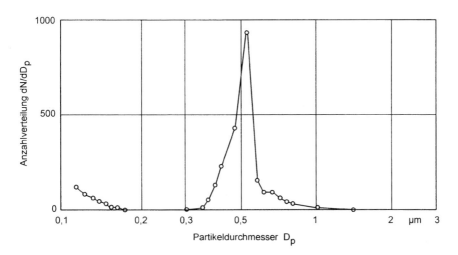

Abb. 4.12   Beispiel für die Größenverteilung eines Latex-Kalibrieraerosols

Da sowohl das Partikelmaterial (Brechungsindex) als auch die Partikelform Einflussgrößen sind, gilt die Kalibrierung streng nur für kugelförmige Latexpartikel. Gemessen wird letztlich nur ein auf die Eichsubstanz bezogener Streulicht-Äquivalentdurchmesser und nicht die geometrische Partikelgröße. Da die Wirkung dieser Einflussgrößen auch von der optischen Konstruktion des Partikelzählers abhängt, kann es bei der Messung mit verschiedenen Gerätetypen an einem realen Aerosol durchaus zu unterschiedlichen Ergebnissen kommen.

4.4 Probenahme, Transport und Verdünnung

Bei den weitaus meisten Messaufgaben muss dem Aerosol eine repräsentative Probe entnommen werden, die anschließend dem Messgerät zugeführt wird [4.19]. Gegebenenfalls muss das Aerosol dabei auch noch verdünnt werden, um seine Konzentration an den Messbereich des Partikelzählers anzupassen.

Bei der Probenahme handelt es sich meist um eine Teilstromentnahme aus einem strömenden Medium. Um eine repräsentative, partikelgrößenunabhängige Probenahme zu gewährleisten, sollte die Absaugung parallel zur Richtung der Anströmung und geschwindigkeitsgleich (isokinetisch) erfolgen. Letzteres bedeutet, dass die Strömungsgeschwindigkeit v innerhalb der Probenahmesonde gleich der Anströmgeschwindigkeit w ist. Abbildung 4.13 stellt zur Erläuterung die Verhältnisse für isokinetische Absaugung, zu langsame und zu schnelle Absaugung dar. Während im isokinetischen Fall (w = v) die Stromlinien geradlinig in die Sonde eindringen, werden sie im Falle einer zu langsamen Absaugung (w > v) nach außen gedrängt. Große und damit träge

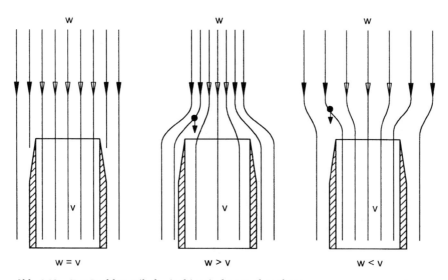

Abb. 4.13   Zur Problematik der isokinetischen Probenahme

Partikel können dieser Strömungsumlenkung u.U. nicht folgen und bewegen sich geradliniger weiter. Dabei können sie in die Sonde gelangen, obwohl die Stromlinie, auf der sie sich ursprünglich befanden, an der Sonde vorbeigeht. Dies bedeutet, dass große Partikel im Probevolumenstrom überrepräsentiert sind. Umgekehrt werden im Fall einer zu schnellen Absaugung (w < v) Stromlinien von außen in die Sonde hineingesaugt. Partikel, die dieser Umlenkung nicht folgen können, gelangen nicht in die Sonde, was zur Folge hat, dass sie im Probevolumenstrom unterrepräsentiert sind. Da es sich um einen Trägheitseffekt handelt, ist die Einhaltung isokinetischer Bedingungen umso wichtiger, je größer die Partikel und die Strömungsgeschwindigkeit sind.

Für eine Reihe typischer Reinraum-Messungen, wie z.B. den Lecktest einer Filterdecke liegen jedoch sowohl die Anströmgeschwindigkeit (v = 0,5 m/s) als auch die Partikelgröße (typischerweise etwa 0,2–0,4 μm) so niedrig, dass selbst bei erheblichen Abweichungen der Absaug- von der Anströmgeschwindigkeit nur sehr geringe Fehler auftreten. Abbildung 4.14 macht dies deutlich. Aufgetragen ist der Probenahmewirkungsgrad als Funktion des Geschwindigkeitsverhältnisses w/v für verschiedene Partikelgrößen. Ein Probenahmewirkungsgrad von 1 steht für eine repräsentative Probenahme. Man erkennt, dass für Partikel von 3 μm Größe selbst bei einer um den Faktor 10 zu hohen oder zu niedrigen Absauggeschwindigkeit praktisch kein Effekt feststellbar ist. Erst bei wesentlich größeren Partikeln treten merkliche Fehler auf. Wenn VDI 2083 Blatt 3 [4.3] für den Lecktest von Filtern dennoch eine isokinetische Probenahme vorschreibt, so geschieht dies nur, um für die Ermittlung eines Lecks vergleichbare Bedingungen zu schaffen.

Bei dem anschließenden Transport werden große Partikel vor allem in horizontal geführten Leitungen oder Schläuchen durch die Wirkung der Schwerkraft abgeschieden. In Abb. 4.15 ist der theoretisch ermittelte Durchdringungsgrad eines horizontal verlaufenden Rohres (oder Schlauchs) von

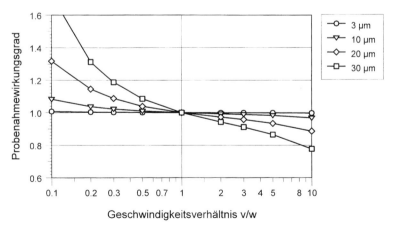

Abb. 4.14 Probenahmewirkungsgrad als Funktion des Geschwindigkeitsverhältnisses w/v für verschiedene Partikelgrößen; w = 0,5 m/s; V̇ = 28,3 l/min

1 cm Innendurchmesser bei einem Volumenstrom von 28,3 l/min (1 ft³/min) als Funktion der Rohrlänge für verschiedene Partikelgrößen dargestellt. Partikel von 1 µm Größe können selbst durch ein Rohr von 100 m Länge mit nur sehr geringen Verlusten transportiert werden. Die Verluste nehmen mit der Partikelgröße zu, so dass bspw. 20 % an Partikeln von 10 µm Durchmesser bereits in einem Rohr von 3 m Länge verloren gehen und nur 50 % ein 10 m langes Rohr durchdringen. Der zulässige Transportweg durch horizontal geführte Schläuche oder Rohre muss also angepasst an eine noch interessierende, obere Partikelgröße abgeschätzt werden.

Weist der Transportweg Krümmer auf, so kommt es zu einer zusätzlichen Abscheidung durch Trägheitskräfte. Abbildung 4.16 macht die Größe dieser Verluste anhand eines Beispiels deutlich. Dargestellt sind wieder die Ergebnisse einer theoretischen Rechnung für einen 90°-Krümmer mit einem Rohrinnendurchmesser von 1 cm, der von einem Volumenstrom von 28,3 l/min durchflossen wird. Für Partikelgrößen oberhalb von etwa 5 µm muss man bereits mit Verlusten von 20 % rechnen, die für Partikel von 10 µm Durchmesser auf fast 60 % ansteigen. Da sich der Durchdringungsgrad mehrerer Krümmer durch Multiplikation der einzelnen Durchdringungsgrade ergibt, sollte auf eine allzu „kurvenreiche" Verlegung von Probennahmeleitungen verzichtet werden.

Elektrostatische Effekte können die genannten Verlustmechanismen noch überlagern und vor allem im Partikelgrößenbereich zwischen 0,1 und 1 µm erheblich wirkungsvoller sein. Zur Vermeidung dieser Effekte empfiehlt sich die Verwendung leitfähiger Schläuche und Leitungen.

Setzt man Reinraum-Partikelzähler, die für die Messung geringster Partikelkonzentrationen optimiert wurden, z.B. im Rahmen von Lecktests zur Ermittlung der Konzentration auf der Anströmseite von Hochleistungs-Schwebstofffiltern ein, so muss man die Konzentration des Aerosols durch Verdünnung definiert um mehrere Zehnerpotenzen herabsetzen, um sie an

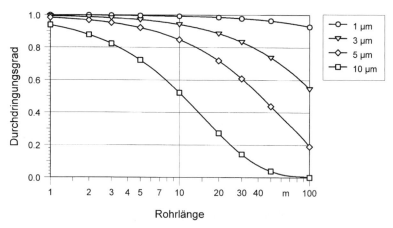

Abb. 4.15 Durchdringungsgrad eines horizontal angeordneten Rohres; Rohrinnendurchmesser: 1 cm; $\dot{V}$ = 28,3 l/min; ρ_p = 1000 kg/m³

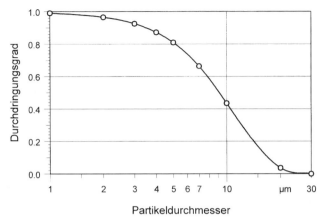

Abb. 4.16 Durchdringungsgrad eines 90°-Krümmers; Rohrinnendurchmesser: 1 cm; $\dot{V} = 28,3$ l/min; $\rho_p = 1000$ kg/m^3

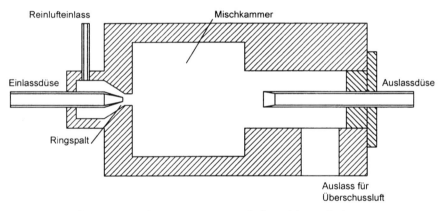

Abb. 4.17 Aufbau eines Verdünnungssystems nach dem Ejektorprinzip

den Messbereich des Zählers anzupassen. Dazu werden Verdünnungssysteme [4.20] eingesetzt, die nach unterschiedlichen Prinzipien arbeiten.

Abbildung 4.17 zeigt den Aufbau eines Geräts, das nach dem Ejektorprinzip arbeitet. Gefilterte, partikelfreie Luft wird durch einen, konzentrisch um die Aerosoleinlassdüse herum angeordneten Ringspalt geleitet, und erzeugt dort einen Unterdruck, der proportional dem Quadrat der Luftgeschwindigkeit im Ringspalt ist. Dieser Unterdruck saugt durch die Einlassdüse einen Aerosolvolumenstrom an, der im engsten Düsenquerschnitt die gleiche Geschwindigkeit wie der Reinluftstrom aufweist. Das Verhältnis der beiden Volumenströme hängt daher nur von den freien Querschnitten des Ringspalts und der inneren Düse ab.

Der Strömungsquerschnitt erweitert sich im Anschluss an die Düsenanordnung zu einer Mischkammer, in der die beiden Luftströme sich vermischen. Aus einem sich anschließenden, engeren Querschnitt erfolgt dann durch eine Auslassdüse eine isokinetische Teilstromentnahme des verdünnten Aerosols. Anstelle einer Auslassdüse kann auch die Einlassdüse eines weiteren Verdünnungssystems hier eingesteckt werden, so dass die Hintereinanderschaltung (Kaskadierung) mehrerer Stufen besonders einfach ist und zu einem kompakten Aufbau führt. Das überschüssige Aerosol strömt aus einer seitlichen Öffnung aus.

Die Funktion des Systems wurde messtechnisch für bis zu vier in Reihe geschaltete Einheiten nachgewiesen [4.21]. Abbildung 4.18 zeigt die Ergebnisse dieser Messungen. Aufgetragen ist der Verdünnungsfaktor für eine, zwei, drei und vier Verdünnungsstufen als Funktion des Partikeldurchmessers in dem für die Filterprüfung relevanten Bereich zwischen 0,1 und 1 µm.

Jede einzelne Stufe weist einen Verdünnungsfaktor von $k_V = 10$ auf, so dass sich bei der Kaskadierung von bis zu vier Stufen ein maximaler Verdünnungsfaktor von $k_V = 10^4$ ergibt. Die Messpunkte liegen für alle vier getesteten Vari-

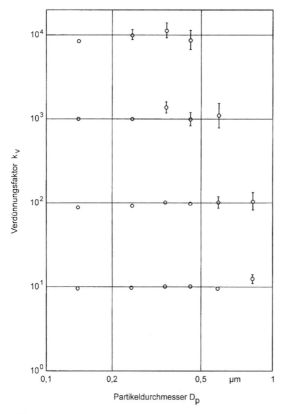

Abb. 4.18 Experimentell ermittelte Verdünnungsfaktoren für ein bis vier kaskadierte Verdünnungssysteme nach dem Ejektorprinzip

anten sehr gut bei den theoretisch zu erwartenden Werten von 10^1–10^4. Bei Messwerten ohne Streubalken lag die Streuung der Messwerte innerhalb der Ausdehnung der Kreise, die die Messpunkte darstellen. Die größer werdenden Streubalken für die höheren Verdünnungsverhältnisse sind auf die immer geringer werdende Partikelkonzentration hinter den Verdünnungsstufen zurückzuführen. Auch durch eine Verlängerung der Messzeit in vertretbaren Grenzen ließ sich für diese Messwerte keine höhere statistische Sicherheit erreichen. Dennoch lassen die Messwerte den eindeutigen Schluss zu, dass eine definierte Verdünnung bis hin zu einem Faktor von 10^4 mit diesen Systemen möglich ist.

Eine andere Variante sind Verdünnungssysteme mit Teilstromfiltration, deren Aufbau und Funktionsweise in Abb. 4.19 dargestellt ist. Diese Geräte benötigen keine externe Druckluftversorgung. Das Aerosol wird von dem an dem Aerosolauslass angeschlossenen Messgerät durch die Anordnung gesaugt. Das durch den Aerosoleinlass angesaugte, unverdünnte Aerosol wird in zwei Teilströme aufgeteilt. Der kleinere der beiden Teilströme wird über eine vertikal angeordnete Kapillare geradlinig in das Aerosolauslassrohr transportiert. Der zweite Teilstrom wird über einen Vorabscheider für große Partikel und dann über ein Absolutfilter geführt. Der danach praktisch partikelfreie Teilstrom wird im Aerosolauslassrohr wieder mit dem ungefilterten Teilstrom gemischt. Die Teilstromentnahme über die Kapillare erfolgt isokinetisch. Die Kapillare kann zur Realisierung unterschiedlicher Verdünnungsfaktoren ausgetauscht werden. Über ein Ventil im gefilterten Teilstrom kann der mit zunehmender Betriebsdauer zunehmende Druckabfall über den Filtern ausgeglichen werden. Zwei empfindliche Membranmanometer messen zum

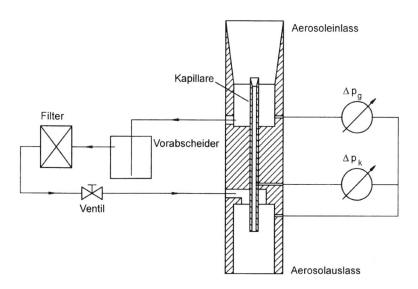

Abb. 4.19 Aufbau eines Verdünnungssystems mit Teilstromfiltration

einen den Druckabfall über einem Teil der Kapillare p_k und zum anderen die Druckdifferenz p_g zwischen Aerosoleinlass und Aerosolauslass. Der Druckabfall über der Kapillare dient als Maß für den ungefilterten Aerosolvolumenstrom. Die Messung der Druckdifferenz zwischen Einlass und Auslass dient der Kontrolle des Filters. Zur Erzielung höherer Verdünnungsfaktoren können zwei dieser Geräte hintereinander geschaltet werden, wobei sich dann ebenfalls ein maximaler Verdünnungsfaktor von $k_V = 10^4$ ergibt.

4.5 Erzeugung von Prüfaerosolen

Neben der bereits beschriebenen Erzeugung von Aerosolen zu Kalibrierzwecken benötigt man im Bereich der reinen Technologien weitere Prüfaerosole für die Überprüfung von Schwebstofffiltern im Rahmen der Qualitätskontrolle [4.22] (s. a. Kap. 6), sowie für den Lecktest und die Messung der Erholzeit im Rahmen der Reinraum-Abnahmemessungen [4.3] (s. a. Kap. 14).

Im Rahmen dieses Beitrags soll im wesentlichen auf die Erzeugung von Prüfaerosolen im Zusammenhang mit den Abnahmemessungen eingegangen werden. Diese Aerosole müssen vor Ort einfach zu erzeugen sein, wobei eine hohe Partikelanzahl bei gleichzeitig geringer Partikelmasse wünschenswert ist. Um unnötige Kontamination reiner Bereiche zu vermeiden, sollte die Partikelproduktionsrate des Aerosolgenerators an die jeweilige Aufgabenstellung anpassbar sein.

Üblicherweise werden diese Aerosole durch Zerstäuben einer geeigneten Flüssigkeit erzeugt [4.23]. Abbildung 4.20 zeigt den Aufbau eines dazu verwendbaren Aerosolgenerators, der die im vorigen Abschnitt genannten Anforderungen weitgehend erfüllt. Eine mit Druckluft betriebene Zweistoffdüse saugt die Aerosolsubstanz aus einem Vorratsgefäß und zerstäubt sie. Der entstehende Tröpfchennebel wird tangential in einen Zyklon eingeführt, der große Tröpfchen abscheidet, wobei das abgeschiedene Material entlang der Zyklonwände in das Vorratsgefäß zurückfließt. Das so modifizierte Aerosol wird durch das Tauchrohr aus dem Zyklon geführt. Die Zweistoffdüse ist mit einem Nadelventil in der Flüssigkeitszufuhr ausgestattet, mit dem sich der Massenstrom der angesaugten Flüssigkeit drosseln lässt. Zusammen mit dem einstellbaren Vordruck der Zerstäubungsluft erlaubt diese Einstellmöglichkeit eine Variation der Partikelproduktionsrate zwischen etwa $3 \times 10^8 \text{ s}^{-1}$ und $3 \times 10^{10} \text{ s}^{-1}$.

Abbildung 4.21 zeigt ein Beispiel für die Größenverteilung des erzeugten Aerosols. Dargestellt ist die Anzahlverteilung. Man erkennt, dass das Aerosol einen mittleren Partikeldurchmesser von etwa 0,2 µm aufweist und dass die Anzahl der Partikel oberhalb von etwa 0,4 µm, bedingt durch die Wirkung des Zyklons, stark abnimmt. Auf diese Weise werden große Partikelanzahlen in dem für einen Lecktest relevanten Partikelgrößenbereich erzeugt ohne gleichzeitig große Mengen der Aerosolsubstanz im Filter einzulagern. So entspricht die maximale Partikelproduktionsrate von $3 \times 10^{10} \text{ s}^{-1}$ einem Massenstrom von nur etwa 1,5 g/h. Die für einen Lecktest geforderten Anzahlkonzen-

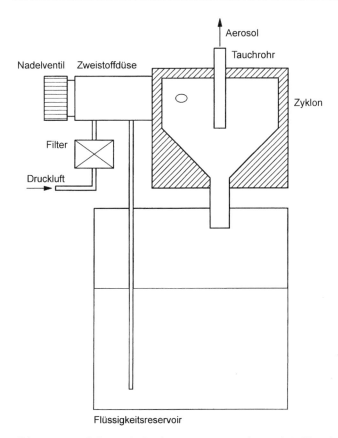

Abb. 4.20 Funktionsprinzip eines Düsenzerstäubers mit Zyklonabscheider

trationen auf der Rohgasseite eines Filters [4.3] lassen sich dadurch bei Massenkonzentrationen von wenigen µg/m^3 realisieren.

Tabelle 4.3 stellt eine Reihe von üblicherweise für diese Zwecke verwendeten Aerosolsubstanzen mit ihren wichtigsten Eigenschaften zusammen. Anforderungen an diese Substanzen sind einerseits ein niedriger Dampfdruck, um ein vorzeitiges Verdampfen der erzeugten Tröpfchen zu verhindern und zum anderen optische Eigenschaften, die nicht allzu sehr von denen der zur Kalibrierung verwendeten Latex-Partikel abweichen. Darüber hinaus sollten die Substanzen möglichst gesundheitlich unbedenklich sein.

Die Substanzen DOP und DEHS sind Weichmacher, die Kunststoffen wie z.B. PVC zugesetzt werden, um bestimmte mechanische Eigenschaften zu erreichen. DOP-Aerosole werden seit vielen Jahrzehnten zum Test von Filtern eingesetzt. Seit einigen Jahren wird allerdings die Verwendung von DEHS propagiert, weil es, im Gegensatz zu DOP, in medizinischen Inhalationsexperimenten keine akuten Reizungen der Atemwege hervorruft. Für DOP existiert ein MAK-Wert, der mit 10 mg/m^3 dem Wert für inerte Stäube entspricht und

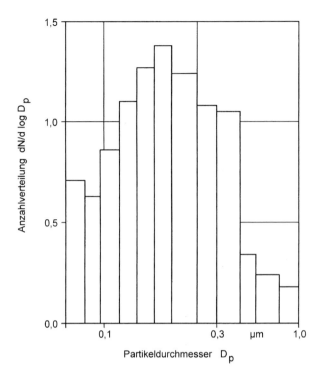

Abb. 4.21   Größenverteilung eines DEHS-Prüfaerosols

demzufolge keine besonderen toxischen Wirkungen erwarten lässt. Bei Paraffinöl handelt es sich um ein Gemisch von Paraffinen mit einer bestimmten Viskosität. PAO ist ein Schmieröl, das in den letzten Jahren vor allem in den USA als Testaerosolsubstanz propagiert wird.

Die Viskosität aller vier Substanzen ist ähnlich, so dass ein ähnliches Zerstäubungsverhalten erwartet werden kann. Der Dampfdruck bei normaler Raumtemperatur liegt zwischen 1,9 µPa für DEHS und 13.300 µPa für PAO. Dies lässt eine hinreichende Stabilität der erzeugten Tröpfchen in Bezug auf Verdampfung erwarten. Andererseits ist der Dampfdruck aber doch so groß, dass Partikel, die im Verlauf eines Lecktests in ein Filter eingelagert werden, in Zeiträumen von Stunden bis Tagen verdampfen und sich die im Test hervorgerufene Filterkontamination im Laufe der Zeit abbaut.

Tabelle 4.3 Stoffdaten gebräuchlicher Aerosolsubstanzen

	DEHS Diethylhexyl-sebacat	DOP Dioctyl-phthalat	Paraffinöl Paraffin, dünnflüssig	PAO Poly-alpha-olefin
Dichte [kg/m³]	912	985	843	819
Schmelzpunkt [K]	225	223	259	
Siedepunkt [K]	529	557		674
Flammpunkt [K]	>473	473	453	512
Dampfdruck bei 293 K [µPa]	1,9	13		$<1,33 \times 10^4$
Dynamische Viskosität [kg/ms]	0,022–0,024	0,077–0,082	0,026	0,041
Brechungsindex/ Wellenlänge [nm]	1,4520 / 600	1,4836 / 589		
MAK-Wert [mg/m³]		10		USA: 5–10
LD₅₀, oral, Ratte [g/kg]	12,8	30,6		>5
Technische Schutz-maßnahmen	keine besonderen Maßnahmen; Augenschutz	keine besonderen Maßnahmen; Augenschutz	Atemschutz beim Auftreten aerosolartiger Dämpfe	Atemschutz bei Über-schreitung der „MAK-Werte"; Augenschutz

Literatur

[4.1] VDI 3491 Messen von Partikeln, Blatt 1, Kennzeichnung von Partikeldispersionen in Gasen, Begriffe und Definitionen, September 1980

[4.2] DIN EN 1822-1, Schwebstofffilter (HEPA und ULPA), Teil 1: Klassifikation, Leistungs-prüfung, Kennzeichnung, Juli 1998

[4.3] VDI 2083, Blatt 3, Entwurf, Reinraumtechnik – Messtechnik in der Reinraumluft, Fe-bruar 1993

[4.4] VDI 3489 Messen von Partikeln, Methoden zur Charakterisierung und Überwachung von Prüfaerosolen, Blatt 3, Optischer Partikelzähler, März 1997

[4.5] VDI 3489 Messen von Partikeln, Methoden zur Charakterisierung und Überwachung von Prüfaerosolen, Blatt 2, Kondensationskernzähler mit kontinuierlichem Durch-fluss, Dezember 1995

[4.6] VDI 3489 Messen von Partikeln, Methoden zur Charakterisierung und Überwachung von Prüfaerosolen, Blatt 8, Relaxationszeitspektrometer, Dezember 1996

[4.7] FDA (1987) Guideline on Sterile Drug Products Produced by Aseptic Processing

[4.8] VDI 2066 Messen von Partikeln, Staubmessung in strömenden Gasen, Blatt 5, Ent-wurf, Fraktionierende Staubmessung nach dem Impaktionsverfahren – Kaskaden-impaktor, November 1987

[4.9]   Chiang, W.L. and R.L. Chuan (1989): Design and Practical Considerations in Using Cascade Impactors to Collect Particle Samples from Process Gases for Identification; in: Particles in Gases and Liquids 1, Detection, Characterization and Control, K.L. Mittal ed., Plenum Press, New York

[4.10] Pendleburg, D. E. und D. Pickard (1997): Examining Ways to Capture Airborne Microorganisms, Cleanrooms International, 1/2, 15–30

[4.11] Stewart, S., Grinshpun, S.A., Willeke, K., Terzieva, S., Ulevicius, V. and Donnelly, J. (1995): Effect of Impact Stress on Microbial Recovery when Sampling onto Agar, Appl. Environ. Microbiol. 61, 1232–1239

[4.12] Hairston, P.P., J. Ho and F.R. Quant (1997): Design of an Instrument for Real-time Detection of Bio-aerosols Using Simultaneous Measurement of Particle Aerodynamic Size and Intrinsic Fluorescence, J. Aerosol Sci. 28, 471–484

[4.13] Schüle, A., Kölblin, R., Grimme, R., und Trick, I. (1999): Bioaerosole – Monitoring mit einem neuartigen Partikelzähler, BIOforum 6, 346–348

[4.14] Mie, G. (1908): Beiträge zur Optik trüber Medien, speziell kolloidaler Metalllösungen, Annalen der Physik 25, IV, Folge Nr. 3, 377ff

[4.15] Broßmann, R. (1966): Die Lichtstreuung an kleinen Teilchen als Grundlage der Teilchengrößenbestimmung, Dissertation, Karlsruhe

[4.16] VDI 3491 Messen von Partikeln, Herstellungsverfahren für Prüfaerosole, Blatt 3, Herstellung von Latexaerosolen unter Verwendung von Düsenzerstäubern, November 1980

[4.17] Gebhard, J., J. Heyder, Ch. Roth und W. Stahlhofen (1980): Herstellung und Eigenschaften von Latexaerosolen, Staub-Reinh. Luft 40, 1–8

[4.18] Liu, B.Y.H. and D.Y.H. Pui (1974): A Submicron Aerosol Standard and the Primary Absolute Calibration of the Condensation Nuclei Counter, J. Colloid Interface Sci., 47, 155–171

[4.19] Helsper, C. (1995): Probleme der Staubprobenahme bei der Filterprüfung, Filtrieren und Separieren 1/95, 5–13.

[4.20] VDI 3491 Messen von Partikeln, Herstellungsverfahren für Prüfaerosole, Blatt 15, Entwurf, Verdünnungssysteme mit kontinuierlichem Durchfluss, Dezember 1995

[4.21] Helsper, C., Mölter, W. and Haller, P. (1990) Representative Dilution of Aerosols by a Factor of 10,000, J. Aerosol Sci. 21, pp. S637–S640

[4.22] DIN EN 1822-2 Schwebstofffilter (HEPA und ULPA) Teil 2: Aerosolerzeugung, Messgeräte, Partikelzählstatistik, Juli 1998

[4.23] VDI 3491 Messen von Partikeln, Herstellungsverfahren für Prüfaerosole, Blatt 5: Herstellen von Prüfaerosolen aus Farbstofflösungen mit Düsenzerstäubern, Dezember 1980

5 Reinraumtechnische Schutzkonzepte

5.1 Allgemeines

Maßnahmen zur Optimierung der Lüftungstechnik sind immer dann erforderlich, wenn Störungen oder Komplikationen durch luftgetragene Partikel oder Keime verursacht werden. Derartige Partikel können über das Zuluftsystem in den Raum eingetragen sein, können im Raum selbst generiert werden oder beim Produktionsprozess entstehen.

Wesentliche Aufgabe der Lufttechnik ist es nun, diese Partikel zu erfassen und abzuführen. Dabei hängt die Effektivität eines raumlufttechnischen Systems hinsichtlich der Verdrängung und Beseitigung von Verunreinigungen und unerwünschten Kontaminationen direkt von der Art und Ausführung des Konzepts der Luftzuführung ab.

Um gezielte Aussagen über den Ausbreitungsweg von Partikeln im Raum zu erhalten, ist es erforderlich, die sich abspielenden strömungstechnischen Prozesse näher zu betrachten.

Grundsätzlich unterscheidet man zwischen Räumen, bei denen die Luftzufuhr auf der Basis eines Mischlüftungssystems erfolgt und Räumen, die mit turbulenzarmer Verdrängungsströmung behandelt sind.

5.2 Partikelausbreitung bei Mischströmungen

Bei Mischströmungen, einsetzbar bis zur Reinraumklasse 4 nach VDI 2083, überwiegen die Partikelausbreitungen, die sich durch turbulente Austauschbewegungen ergeben. Alle anderen Mechanismen sind von nur untergeordneter Bedeutung.

Der wesentliche Vorteil der Mischströmung gegenüber der Verdrängungsströmung ergibt sich aus dem erheblich geringeren Zuluftstrom, der zur Partikelkontrolle genutzt wird. Der Partikelaustrag erfolgt dabei ausschl. durch Verdünnungseffekte.

Bei der Mischströmung wird die Zuluft über Luftdurchlässe in den Raum eingebracht. Die im Luftstrahl enthaltene Strömungsenergie wird dadurch abgebaut, dass Umgebungsluft aus dem Raum angesaugt und dem Luftstrahl beigemischt wird, d.h. der Luftstrahl nimmt auf seinem Wege durch den

Raum an transportiertem Luftvolumen zu und verliert dabei an Geschwindigkeit. Basis hierfür ist der Impulsaustausch am Strahlrand; durch überlagerte turbulente Bewegungen innerhalb des Strahles erfolgt eine intensive Vermischung von Zuluft und Raumluft. Der Induktionsanteil als sekundärbewegter Luftanteil ist um ein Vielfaches größer als der am Auslass eingebrachte Primärluftanteil und strömt aus anderen Raumbereichen nach, was zu einer Raumdurchströmung und damit verbundenen gleichförmigen Verteilung von Partikeln im Raum führt, die über die Zuluft eingetragen oder im Raum generiert sind. Dies betrifft insbesondere alle Teilchen, die als schwebfähig gekennzeichnet sind, d. h. alle Teilchen im Größenbereich $\leq 10\ \mu m$. Größere Teilchen unterliegen aufgrund ihrer Masse einer Eigenbewegung und können am Fußboden oder auf Oberflächen sedimentieren. Abbildung 5.1 veranschaulicht das Strömungsprinzip.

Schwebfähige Teilchen lagern sich dann auf Oberflächen ab, wenn sie mit diesen in Berührung kommen; dabei spielen Vorgänge wie Anströmgeschwindigkeit, Anströmrichtung, Turbulenzgrade in der Strömung, Thermophorese, Elektrostatik u. ä. eine maßgebliche Rolle.

Ein Vorteil der Mischlüftungssysteme besteht auch darin, dass bei Kenntnis der in den Raum eingetragenen und der im Raum generierten Partikel eine rechnerische Bestimmung des erforderlichen Luftstroms möglich ist, um die gewünschte Reinheit in der Raumluft sicherzustellen.

Diese Möglichkeit entbindet von der Unsicherheit beim Umgang mit Erfahrungswerten.

Die Berechnung beruht auf einem Massenmodell, das sich aus einer Massenbilanz ergibt.

$$\frac{dk_R}{dt} + \frac{\dot{V}_{Zu}}{V_R} \cdot k_R = \frac{\dot{V}_{Zu}}{V_R} \cdot k_{Zu} + \frac{\dot{E}}{V_R} \qquad (5.1)$$

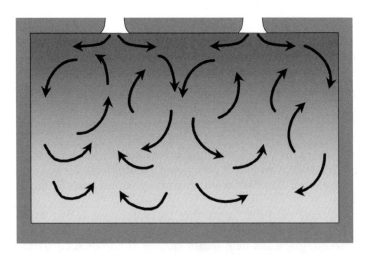

Abb. 5.1　Strömungsformen in Reinräumen (Mischströmung)

k_R Partikelkonzentration im Raum
k_{R0} Partikelkonzentration im Raum zum Zeitpunkt $t = 0$
k_{Zu} Partikelkonzentration in der Zuluft
t Zeit
$\dot{V}_{Zu}$ Zuluftvolumenstrom
V_R Raumluftvolumen
$\dot{E}$ pro Zeiteinheit emittierte Partikel

Diese in differenzieller Form angegebene Gleichung beschreibt die Änderung der Partikelkonzentration im Raum unter Berücksichtigung des eingetragenen Partikelstroms, des emittierten Partikelstroms und des aus dem Raum abgeführten Partikelstroms.

Die Gleichung lässt sich sowohl für stationäre Dimensionierungsbetrachtungen als auch für instationäre Berechnungen verwenden. Es ergeben sich folgende Berechnungsgleichungen:

Beharrungszustand (stationärer Betrieb), Dimensionierungsgröße

$$\frac{\dot{V}_{Zu}}{V_R} = \frac{\dot{E}}{V_R(k_R - k_{Zu})} \tag{5.2}$$

Instationärer Betrieb (Anfahrzustand)

$$k_R = \left(k_{Zu} + \frac{\dot{E}}{V_R \cdot LW} \right) \left(1 - e^{-LW \cdot t} + k_{Ro} \cdot e^{-LW \cdot t} \right) \tag{5.3}$$

$$LW = \frac{\dot{V}_{Zu}}{V_R} \tag{5.3a}$$

Wesentlich bei diesem Verfahren ist die Kenntnis der Partikelemissionen an den wichtigsten Partikelquellen.

Während über die Emission von Personen in Abhängigkeit ihrer Tätigkeit verschiedene Untersuchungen bekannt geworden sind (z. B. Abb. 5.2), sind Angaben über die Partikelfreisetzung an Maschinen oder sonstigen Produktionseinrichtungen vom Hersteller zu erfragen

5.3 Partikelausbreitung in turbulenzarmen Verdrängungsströmungen

Für hochwertige Reinräume ab Reinheitsklasse 4 nach VDI 2083 eignen sich Systeme der Verdrängungsströmung, bei denen eine über die Raumfläche sich erstreckende gleichmäßige Luftströmung aufgebaut wird, die den Raum kolbenartig durchströmt. Diese Strömung kann horizontal oder vertikal eingesetzt werden, wobei die Vorteile bei der Vertikalströmung überwiegen (z. B. stabile Strömungsform, Luftqualität unabhängig vom Betrachtungsort, Schwerkraftkomponente in Strömungsrichtung wirkend).

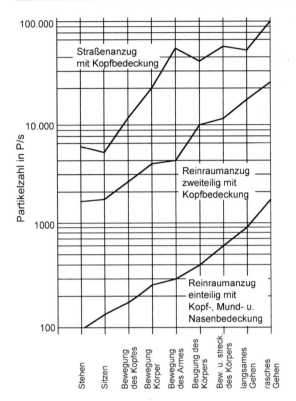

Abb. 5.2 Partikelemission von Menschen je s; Partikelgröße: $\geq 0,5$ µm bei unterschiedlicher Bekleidung

Dem Einsatz einer Verdrängungsströmung liegt die Überlegung zugrunde, dass bei dieser Art der Strömung im Raum freigesetzte Partikel von der Luftströmung unmittelbar erfasst und zur Abluftstelle, die i. Allg. ebenfalls über ganzflächige Öffnungsquerschnitte verfügen soll, transportiert werden. Die Abluftentnahme erfolgt in jedem Fall über Luftdurchlässe, die im unteren Raumbereich angeordnet sind, bzw. an der der Luftzuführung gegenüber liegenden Wandfläche. Häufig erfolgt die Abluftentnahme über perforierte Doppelbodensysteme, in unterhalb des Doppelbodens vorhandene Druckräume (Abb. 5.3).

Die Strömungsformen der Verdrängungsströmung sind jedoch auch dadurch gekennzeichnet, dass, um eine stabile Raumluftströmung aufrechtzuerhalten, sehr große Luftströme zu bewegen sind. Als Mindeststabilitätskriterium wurde schon von Linke die Archimedes-Zahl herangezogen, die als Ähnlichkeitskenngröße bekannt, im Wesentlichen durch den Quotienten von Auftriebskraft und Trägheitskraft gebildet wird.

Dieses Kriterium allein ist jedoch nicht ausreichend, um eine Dimensionierung der Luftströme in Reinräumen vorzunehmen. Daher werden bis heute

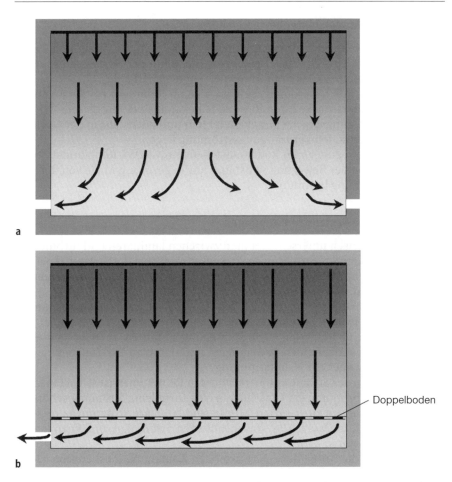

Abb. 5.3 Strömungsformen in Reinräumen (turbulenzarme Verdrängungsströmung horizontal [**a**] oder vertikal [**b**])

Erfahrungswerte für die flächenbezogenen Luftströme herangezogen, die im Bereich zwischen 1200 m³/m² h und 1800 m³/m² h liegen. Ein solches Vorgehen ist jedoch außerordentlich unbefriedigend, zumal hohe Luftströme auch hohe Investitions- und Betriebskosten hervorrufen.

Grundsätzlich sind für Transportmechanismen folgende Vorgänge maßgeblich:
- Wirbelschleppen hinter bewegten Körpern
- Turbulente Austauschbewegungen
- Umströmung luftundurchlässiger Störstellen
- Strömungsvorgänge an Raumumschließungsflächen
- Konvektionsströmungen an Wärmequellen
- Einflüsse der Abluftentnahme

5.3.1 Wirbelschleppen hinter bewegten Körpern

Hinter jedem weitgehend luftundurchlässigen Körper, der durch den Raum bewegt wird, bilden sich Wirbelschleppen, die, wenn der Körper selbst einen Partikelemittenten darstellt, mit Aerosolen angereichert sind.

Besonders deutlich werden diese Vorgänge im Reinraum bei Personen, da diese als besonders starke Emissionsquelle bekannt sind. Aus diesem Grunde sollten die Bewegungsgeschwindigkeiten klein und höchstens in der Größenordnung der vertikalen Verdrängungsströmung liegen.

Die durch Bewegungen im Raum entstehenden „CROSS-Kontaminationen" sind ausschl. von der Bewegung selbst und nur in geringem Maße von der Verdrängungsströmung bestimmt.

5.3.2 Turbulente Austauschbewegungen

Strömungstechnisch unterscheidet man zwischen laminaren und turbulenten Strömungen. Laminare Strömungen sind gekennzeichnet durch parallel nebeneinander gelegene Stromlinien, wobei Queraustauschvorgänge weitgehend auszuschließen sind.

Bei turbulenten Strömungen sind der Hauptbewegung Wirbelbewegungen überlagert, die, je nach Strömungsart, größere oder kleinere Dimensionen annehmen. Diese überlagerten Wirbelbewegungen führen zu quer zur Strömungsrichtung verlaufenden Bewegungen und damit zu Partikelübertragungen in Richtung quer zur Hauptströmung.

Bei der Größe des Strömungsquerschnitts in Reinräumen ist selbst bei laminarer Zulufteinbringung ein Umschlag in eine turbulente Strömung schon bei geringsten Störungen zu erwarten. Mithin sind laminare Strömungen in Reinräumen instabil, so dass i. Allg. von turbulenten Strömungsvorgängen ausgegangen werden muss.

Ein Maß für die Größe der zu erwartenden Kontaminationsbereiche ist der Turbulenzgrad der Verdrängungsströmung. Unter dem Turbulenzgrad Tu versteht man den Quotienten aus dem zeitlichen Mittelwert der Schwankungsgeschwindigkeiten in den drei Achsrichtungen und der mittleren Strömungsgeschwindigkeit.

In der Technischen Gebäudeausrüstung wird zur Bewertung der Strömung i. Allg. ein Turbulenzgrad Tu* verwendet, der das Verhältnis der Standardabweichung zur mittleren Geschwindigkeit an einem ortsfesten Raumpunkt in einer bestimmten Messzeit angibt. Diese Größe liefert dann eine hinreichende Aussage, wenn die verwendeten Messsonden weitgehend richtungsunabhängig arbeiten und ihre Zeitkonstanten entsprechend klein sind. Der Turbulenzgrad Tu* wird aus einer Vielzahl von Messwerten (mind. 200 Messwerte in der Messzeit) durch Berechnen der Standardabweichung und des Mittelwerts nach den Gesetzmäßigkeiten der Statistik bestimmt.

$$\mathrm{Tu}* = \frac{s}{\bar{u}} \qquad (5.4)$$

Analog zu den Gesetzmäßigkeiten von Luftfreistrahlen ist die Größe des Kontaminationsbereichs innerhalb der Strömung eine Funktion des Turbulenzgrads, sie ist jedoch nicht abhängig von der Geschwindigkeit der Hauptströmung. Abbildung 5.4 zeigt schematisch das Kontaminationsfeld stromabwärts von einer Emissionsquelle. Eine genauere Angabe über den Zusammenhang zwischen der Größe des Kontaminationsfelds und dem Turbulenzgrad Tu* zeigt Abb. 5.5. Als Parametergröße ist der Abstand von der Emissionsquelle angegeben. Auch für die Sedimentation von Partikeln auf Oberflächen lässt sich kein Zusammenhang zwischen der Luftgeschwindigkeit und dem Sedimentationsvorgang herstellen; vielmehr ist auch hier nur eine Korrelation zwischen Sedimentation und Turbulenzgrad zu finden. Nach [5.1] führt z.B. eine Erhöhung des Turbulenzgrades von 1% auf 20% zu einer Verdoppelung der Sedimentation auf einer Oberfläche.

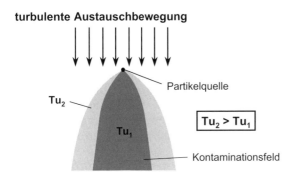

Abb. 5.4 Kontaminationsfeld stromabwärts einer Emissionsquelle

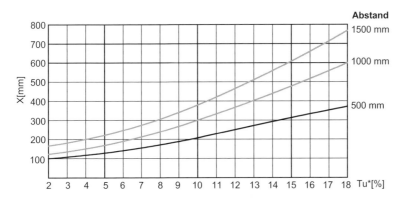

Abb. 5.5 Radius des Kontaminationsfelds in Abhängigkeit von Turbulenzgrad bei Messungen unter Filterkassetten

5.3.3 Strömungsvorgänge an luftundurchlässigen Störstellen

Bei der Umströmung luftundurchlässiger Störstellen sind drei wesentliche Strömungsbereiche zu beobachten, die auch die Ausbreitung im Nahfeld sowie in größerer Entfernung hinter der Störstelle beeinflussen (Abb. 5.6).

Trifft die Strömung auf ein Hindernis, so entsteht ein Aufstaugebiet, um das herum die ankommende Strömung abgelenkt wird. Hinter – und in gewissem Umfang neben – der Störstelle treten Rückströmgebiete auf, die dadurch gekennzeichnet sind, dass Rückströmungen bis an die Ablösestelle der Grenzschicht entstehen. Die Längserstreckung der Rückströmgebiete hinter der Störstelle ist abhängig von der Breite und beträgt im Mittel den drei- bis vierfachen Wert der Störstellenbreite. An dieses Rückströmgebiet schließt sich das Gebiet der Nachlaufströmung an, das gekennzeichnet ist durch den Impulsaustausch zwischen dem Windschattenbereich und der Außenströmung. Vergl. auch VDI 2083 Bl. 2 bzw. ISO 14644-4, Annex A.

Demzufolge sind auch die Transportvorgänge von Partikeln, die in dem Bereich der Störstelle freigesetzt werden, von den Strömungsverhältnissen geprägt. Befinden sich Emissionsquellen im Rückströmwirbelgebiet, können freigesetzte Stoffteilchen bis an die Ablösestelle der Grenzschicht entgegen der Strömungsrichtung zurück transportiert werden.

Ein besonderes Phänomen ergibt sich dabei auch dadurch, dass eine verstärkte Partikelausbreitung in Längsrichtung unterhalb der Störstelle entsteht, so dass punktförmige Emissionen unterschiedliche Auswirkungen in den zu betrachtenden Achsrichtungen hervorrufen. Abbildung 5.7 zeigt beispielhaft einen Kontaminationsbereich einer von einer punktförmigen Quelle ausgehenden Ausbreitung unterhalb einer Störstelle an (Anströmung senkrecht zur Bildebene).

Befindet sich die Emissionsquelle außerhalb der Rückströmzone, jedoch im Gebiet der Nachlaufströmung, wird die Partikelausbreitung durch Impulsaustauschvorgänge geprägt und lässt sich mit den Gesetzmäßigkeiten von Freistrahlen beschreiben. Sie kann dabei den doppelten bis dreifachen Wert derjenigen Ausbreitung erreichen, der durch die Grundturbulenz der Verdrängungsströmung bestimmt ist.

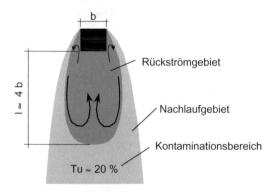

Abb. 5.6   Umströmung luftundurchlässiger Störstellen

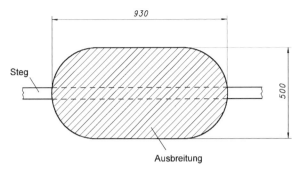

Abb. 5.7   Horizontale Ausbreitung unterhalb eines Stegs

Auch bei diesen Störmungsvorgängen ist keine Korrelation zwischen dem Kontaminationsfeld und der Geschwindigkeit der Verdrängungsströmung erkennbar. Vielmehr zeigt sich, dass die Größe des Gebiets der Kontamination unabhängig von der Anströmgeschwindigkeit bleibt.

5.3.4 Strömungsvorgänge an Raumumschließungsflächen

Einzelne Luftstrahlen zeigen die Tendenz, sich an eine in Strömungsrichtung verlaufende Wand anzulegen. Dies ist darauf zurückzuführen, dass die Reibung an der Wand geringer ist, als die sich am Strahlrand einstellende Reibungsgröße durch die turbulenten Impulsaustauschvorgänge. Dieser Effekt ist nach seinem Entdecker als „Coanda-Effekt" bekannt.

Bei ganzflächig verlaufenden Verdrängungsströmungen entfallen Impulsaustauschvorgänge an den Strahlbegrenzungen, so dass der Luftströmung durch Reibung an der Wand ein höherer Strömungswiderstand entgegengesetzt wird, was dazu führt, dass die Strömung dazu neigt, sich von der Begrenzungsfläche abzulösen. Tritt eine solche Ablösung auf, bildet sich zwischen der abwärtsgerichteten Hauptströmung und der Umfassungsfläche ein Rückströmwirbelfeld aus, das sich bis zur gesamten Raumhöhe erstrecken kann. Damit verbunden ist eine nach oben bis zum Luftaustritt gerichtete Luftbewegung, die bei Partikelgenerierung im wandnahen Bereich für eine Einspeisung in die Hauptluftbewegung und damit für eine erhöhte Kontaminationsgefahr sorgt Abb. 5.8.

Diesen Vorgängen kommt deshalb eine wesentliche Bedeutung zu, da aus ergonomischen und organisatorischen Gründen häufig Arbeitstische in unmittelbarer Wandnähe angeordnet sind. Partikelemissionen im Bereich der Rückströmwirbel werden großflächig über den Arbeitstisch verteilt.

Die Gefahr der Ausbildung von Rückströmwirbelfeldern in Wandnähe ist um so größer, je geringer der Turbulenzgrad am Luftaustritt ist und ist unvermeidlich, wenn zwischen der Umfassungswand und dem vertikalen Luftaustritt ein nicht mit Zuluft beaufschlagter Zwischenraum entsteht.

Weitere Auslöser von Rückströmfeldern können nach oben gerichtete Konvektionsströmungen an der Wand oder Wärmequellen auf Tischen sein, die in Wandnähe angeordnet sind.

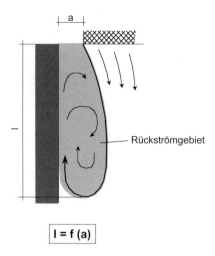

$$I = f(a)$$

Abb. 5.8   Wandströmung

Konvektionsströmungen an der Wand können dadurch verhindert werden, dass die Oberflächentemperaturen der Umfassungswände nicht über der Lufttemperatur im Reinraum liegen.

5.3.5 Einfluss der Abluftentnahme auf die Luftströmung

Im Gegensatz zu Mischströmungen kommt der Abluftentnahme bei Verdrängungsströmungen eine wesentliche Bedeutung zu. Wird die Abluft aus dem Raum an den Seitenwänden entnommen, werden die Stromlinien im unteren Raumbereich in Richtung zur Abnahmestelle umgelenkt und eine quer zur Hauptströmungsrichtung wirkende Geschwindigkeitskomponente aufgebaut, die CROSS-Kontaminationen verursachen kann (Abb. 5.3a).

Um die Vertikalbewegung der Luft im Reinraum mit turbulenzarmer Verdrängungsströmung gleichartig über die gesamte Raumhöhe aufrecht zu erhalten, werden bei hochwertigen Reinräumen zur Abluftentnahme häufig Hohlraumbodensysteme eingesetzt. Die Abluftentnahme erfolgt über homogen perforierte Bodenplatten mit darunter angeordnetem Hohlraum, aus dem die Abluft ein- oder zweiseitig abgesaugt wird.

Dieses Strömungsprinzip führt jedoch nur dann zu befriedigenden Ergebnissen, wenn sichergestellt ist, dass keine horizontal wirkenden Kraftfelder in der Strömung vorhanden sind, und dies wiederum ist bestimmt durch die geometrische Gestaltung des Hohlraumbodens.

Abbildung 5.9 zeigt einen Längsschnitt durch einen Reinraum, den geometrischen Aufbau und die Geschwindigkeitsverhältnisse im Doppelboden an einem Strömungsabschnitt.

Die Hohlraumbodenlänge ist L, die Hohlraumhöhe H und die Art der Perforation des Bodens wird durch den dimensionslosen Widerstandsbeiwert ζ_B beschrieben. Damit ist unterstellt, dass die Durchströmung des perforierten

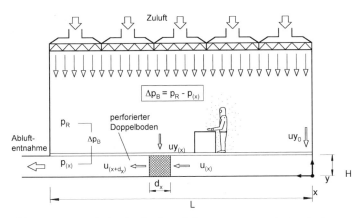

Abb. 5.9 Längsschnitt durch einen Reinraum; geometrischer Aufbau und Bezeichnungen

Bodens turbulent erfolgt, da der dimensionslose Widerstandsbeiwert nur für ausgebildete turbulente Strömungen definiert ist. Diese Annahme ist jedoch erlaubt, da die Durchströmung der Bodenplatten erfahrungsgemäß aufgrund der Strömungsabrisse an den Lochkanten im interessierenden Bereich turbulent erfolgt.

Die Anwendung der Kontinuitätsgleichung auf das im Hohlraum eingezeichnete differenzielle Volumenelement ergibt Gl. (5.5) mit B als Breite des Raums in senkrechter Richtung zur Zeichenebene.

$$u_y(x) \cdot B \cdot \mathrm{d}x + u(x) \cdot H \cdot B \;=\; u(x + \mathrm{d}x) \cdot H \cdot B \tag{5.5}$$

$$u(x + \mathrm{d}x) \;=\; u(x) + \frac{\mathrm{d}u}{\mathrm{d}x} \cdot \mathrm{d}x \tag{5.6}$$

Mit Gl. (5.6) folgt die differenzielle Beziehung Gl. (5.7).

$$\frac{\mathrm{d}u}{\mathrm{d}x} = \frac{u_y(x)}{H} \tag{5.7}$$

Mit Hilfe der Definitionsgleichung für den dimensionslosen Widerstandsbeiwert erhält man die Gleichung

$$u_y(x) = \sqrt{\frac{p_R - p(x)}{\frac{\rho}{2}\varphi_B}} \tag{5.8}$$

Durch Verknüpfung dieser Beziehung mit Gl. (5.7) erhält man die Beziehung

$$\frac{\mathrm{d}u}{\mathrm{d}x} = \frac{1}{H} \cdot \sqrt{\frac{p_R - p(x)}{\frac{\rho}{2}\varphi_B}} \tag{5.9}$$

Durch Einsetzung der Bernoulli-Gleichung für stationäre, reibungsfreie und inkompressible Strömung, durch Umformen der Gleichung unter Berücksichtigung der Randbedingungen sowie durch Integration der Differentialgleichung erhält man die Beziehung für das dimensionslose Verhältnis der Vertikalgeschwindigkeiten

$$\frac{u_y(x)}{u_{y0}} = \sqrt{1 + \left(\sin\ h \left(\frac{1}{\sqrt{\varphi_B}} \cdot \frac{L}{H} \cdot \frac{x}{L} \right) \right)^2} \qquad (5.10)$$

Eine ausführliche Ableitung findet sich in [5.2].

Die theoretische Betrachtung vernachlässigt Reibungseinflüsse und geht von der eindimensionalen Stromfadentheorie aus, d.h. der Gesamtdruck wird als konstant angenommen. Bei steigendem Geschwindigkeitsdruck wird dann der statische Druck abnehmen, was eine geänderte Druckdifferenz über den perforierten Boden zur Folge hat, wenn man den statischen Druck im Reinraum konstant annimmt. Diese Druckdifferenz in Verbindung mit dem Widerstandsbeiwert des Bodens ist das maßgebliche Kriterium für den durch die perforierte Platte durchströmenden Volumenstrom.

Gemäß Gl. (5.10) ergibt sich als Funktion der dimensionslosen Länge x/L ein geändertes Verhältnis der Vertikalgeschwindigkeiten u_y/u_{y0}. Als Parameter gehen der dimensionslose Druckwiderstandsbeiwert und das dimensionslose Verhältnis L/H ein. Abbildung 5.10 enthält die grafische Darstellung der Gl. (5.10), wenn der Widerstandsbeiwert des perforierten Bodens mit $\zeta_B = 20$ eingesetzt wird. Dies entspricht einer Fußbodenplatte mit einem freien Querschnitt zwischen 20 und 35 %.

Abbildung 5.10 zeigt deutlich, dass bei einem Verhältnis L/H von 6 nach der Berechnung in Nähe der Abluftentnahmestelle des Hohlraumbodens etwa die doppelte Vertikalgeschwindigkeit im Vergleich zum gegenüberliegenden Ende erreicht wird. Bei einem Verhältnis L/H von 10 – z.B. einer Hohlraumlänge von

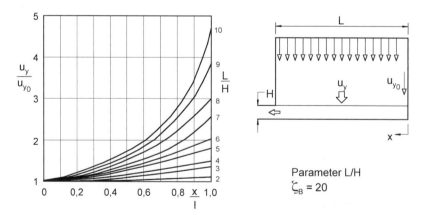

Abb. 5.10   Einfluss der Hohlraumgeometrie auf die vertikale Strömungsgeschwindigkeit

10 m, bei einer Höhe von 1 m – wird die fast fünffache Vertikalgeschwindigkeit in der Nähe der Abluftentnahmestelle erreicht.

Nach Gl. (5.10) geht die Quadratwurzel des Widerstandsbeiwerts über die Doppelbodenplatte in das Argument der Sinushyperbolikusfunktion ein. Dieser Einfluss ist in Abb. 5.11 dargestellt.

Das geometrische Verhältnis L/H ist dabei mit 6,7 angenommen, der Widerstandsbeiwert ist als Parameter dargestellt. Wird dieser auf über 50 oder sogar auf 100 angehoben, so liegt die Geschwindigkeitserhöhung in vertikaler Richtung unterhalb von 1,5. Bei anderen Hohlraumgeometrien ergeben sich andere Zahlenwerte, gegebenenfalls sind entsprechende Berechnungen durchzuführen.

Aus diesen Darstellungen wird deutlich, dass bei einer baulich vorgegebenen Absauglänge L die Doppelbodenhöhe nicht zu klein gewählt werden darf, um bei realistischen Widerstandsbeiwerten ein ausgeglichenes Strömungsfeld zu erreichen.

Aus der Funktion (5.10), in Abb. 5.11 beispielhaft als Diagramm dargestellt, wird jedoch auch deutlich, dass es im Hinblick auf die Strömungstechnik keinen Sinn macht, den Druckabfall über den Doppelboden besonders niedrig anzusetzen. Die Konsequenz wäre eine sehr große Doppelbodenhöhe, um ein zufriedenstellendes Strömungsfeld zu erreichen.

Neben der Ablenkung der Stromlinien und der damit verbundenen CROSS-Kontamination sind Ungleichförmigkeiten in der Absaugung dann besonders ungünstig zu bewerten, wenn im Reinraum Trennwände quer zur Strömungsrichtung im Doppelboden aufgebaut werden. Schon geringfügige Undichtigkeiten im Trennwandsystem oder Türöffnungen können dann zu Ausgleichsströmungen im Reinraum führen, die das vertikale Strömungsfeld vollständig zerstören können.

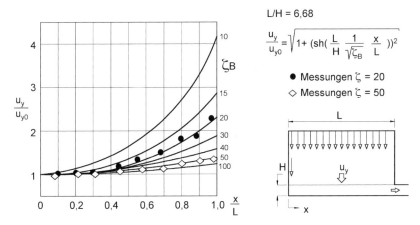

Abb. 5.11 Einfluss des Widerstandsbeiwerts auf die Absauggeschwindigkeit am Doppelboden

5.3.6 Konvektionsströmung an Wärmequellen

Durch die an Produktionseinrichtungen, Antriebsmotoren, Menschen etc. anfallende Wärme bilden sich vertikal nach oben gerichtete Konvektionsströmungen aus, die der Raumluftströmung entgegengerichtet sind. Hierdurch entsteht eine der Hauptbewegung entgegengerichtete Kraftkomponente, die in funktionalem Zusammenhang zur Wärmeübertragungsleistung und zur Oberflächentemperatur des wärmeabgebenden Körpers steht.

Durch die Anströmung beheizter Körper entgegen der Konvektionsströmung ergeben sich Überlagerungen von freier und erzwungener Konvektion, wobei je nach Anströmgeschwindigkeit auf den Körper die erzwungene oder die freie Konvektion überwiegt.

Um stabile Strömungsverhältnisse zu erreichen, ist es erforderlich, dass der Anteil der erzwungenen Konvektion höher ist. Hierdurch wird es möglich, Dimensionierungsunterlagen für Reinräume mit turbulenzarmer Verdrängungsströmung zu entwickeln.

Die Gesetzmäßigkeiten der Wärmeübertragung bei freier Konvektion sowie bei überlagerter, erzwungener Konvektion sind in den wenigsten Fällen direkt analytisch lösbar. Zur Überprüfung der Strömungsverhältnisse an beheizten Körpern in Reinräumen müssen daher Strömungsversuche oder numerische Simulationsberechnungen eingesetzt werden.

Die Strömungsverhältnisse werden dabei durch folgende Parameter beeinflusst:
- Luftgeschwindigkeit in der Verdrängungsströmung
- Temperaturabstand zwischen Oberfläche des Körpers und der Raumluft
- Lage der wärmeabgebenden Flächen zur Anströmrichtung
- Größe der wärmeabgebenden Fläche.

Im Rahmen einer Parameterstudie [5.3] wurde die Strömungssituation an einem quaderförmigen Körper mit den Kantenlängen $0,8 \times 0,8 \, \text{m}^2$ und einer Höhe von 1 m untersucht. Folgende Randbedingungen wurden betrachtet:
- Horizontale Deckfläche, beheizt
- Vertikale Wandfläche, beheizt
- Beheizung der horizontalen und vertikalen Wandflächen.

Variiert wurden die Oberflächentemperaturen der wärmeabgebenden Flächen bei festgehaltener Umgebungslufttemperatur und die Strömungsgeschwindigkeiten in der Verdrängungsströmung.

Bei der Beheizung vertikaler Wandflächen bilden sich entlang der Flächen Rückströmungen aus, die zu einem Rückströmwirbelfeld führen, wie in Abb. 5.12 gezeigt. Die Quererstreckung dieser Wirbelgebiete ist abhängig von der Anströmgeschwindigkeit auf den Körper.

Je geringer die Anströmgeschwindigkeit ist, um so breiter wird das Wirbelfeld. Wird die Anströmgeschwindigkeit bei gleichbleibender Oberflächentemperatur reduziert, überragt zunächst das Wirbelfeld die Gesamthöhe des beheizten Körpers, wie in Abb. 5.13 verdeutlicht.

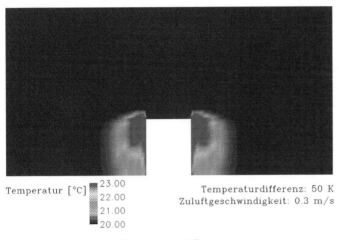

Temperatur [°C]   23.00   Temperaturdifferenz: 50 K
                  22.00   Zuluftgeschwindigkeit: 0.3 m/s
                  21.00
                  20.00

Temperaturverteilung

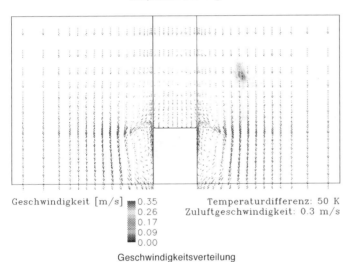

Geschwindigkeit [m/s]   0.35   Temperaturdifferenz: 50 K
                        0.26   Zuluftgeschwindigkeit: 0.3 m/s
                        0.17
                        0.09
                        0.00

Geschwindigkeitsverteilung

Abb. 5.12   Entwicklung eines Rückströmwirbelfelds

Bei einer weiteren Reduzierung beginnt das Strömungsfeld instabil zu werden, d.h. es bilden sich periodische Wirbelablösungen, die sehr weit in den Nachbarbereich hineingetragen werden können.

Die Abb. 5.14 und 5.15 verdeutlichen die Situation anhand eines Temperaturplots für eine Übertemperatur von 30K, bei einer Anströmgeschwindigkeit von 0,2 m/s und für eine Übertemperatur von 50 K bei der gleichen Anströmgeschwindigkeit.

Um zu erkennen, bei welchen Randbedingungen Instabilität auftritt, wurden bei gleichbleibender Geometrie weitere Parameterstudien durchgeführt, deren Ergebnis in Abb. 5.16 zusammengefasst ist.

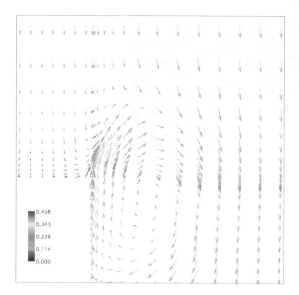

Abb. 5.13 Wirbelfeld eines beheizten Körpers

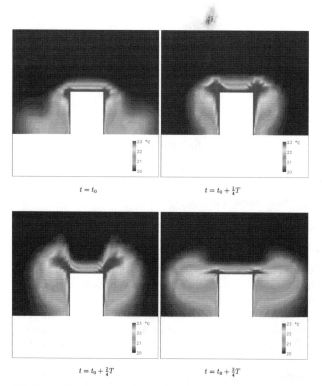

Abb. 5.14 Umströmung eines beheizten Körpers. Phasenschnitte des Temperaturfelds einer Schwingungsperiode T; $\Delta T = 30$ K und $v_{zu} = 0,2$ m/s

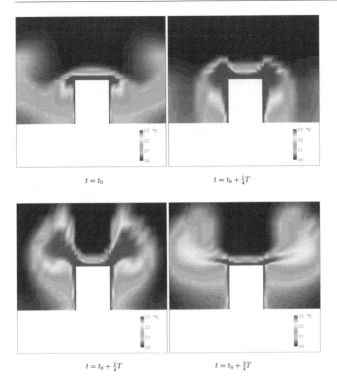

$t = t_0$

$t = t_0 + \frac{1}{4}T$

$t = t_0 + \frac{2}{4}T$

$t = t_0 + \frac{3}{4}T$

Abb. 5.15 Umströmung eines beheizten Körpers. Phasenschnitte des Temperaturfelds einer Schwingungsperiode T; $\Delta T = 50$ K und $v_{zu} = 0,2$ m/s

Instabilitäten werden dann beobachtet, wenn die Temperatur- und Anströmgeschwindigkeit im Bereich der dunkel unterlegten Felder liegen.

Instabilität entsteht insbesondere dann, wenn die Rückströmwirbel die Körperhöhe des wärmeabgebenden Körpers überragen.

Bei Einhaltung dieses Grenzkriteriums ergibt sich der in Abb. 5.17 gezeigte Zusammenhang zwischen der Oberflächentemperatur und der Anströmgeschwindigkeit.

Nahezu die gleichen Werte ergeben sich, wenn der Körper auch auf der Deckfläche mit gleichem Temperaturabstand zur Umgebungsluft beheizt wird.

Untersuchungen von beheizten Flächen, die quer zur Anströmrichtung angeordnet sind, wurden auch von Schließer [5.3] durchgeführt.

Durch die relativ niedrige Anströmgeschwindigkeit ergibt sich bei einer derartigen Strömungssituation eine turbulente Umströmung der ebenen Fläche, bei gleichzeitiger Ausbildung eines Aufstaugebiets in Richtung der Anströmung. Auch in diesem Fall ergibt sich die Überlagerung von Zwangskonvektion und freier Konvektion, wobei für die freie Konvektion ein kritieller Zusammenhang mit der Grashoff-Zahl Gr besteht, während bei Zwangskonvektion die Reynolds-Zahl Re funktionell von Einfluss ist.

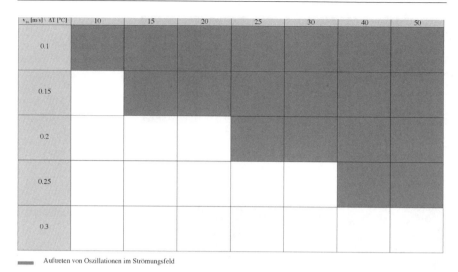

Auftreten von Oszillationen im Strömungsfeld

Abb. 5.16   Einsetzen von Oszillationen in Abhängigkeit von Temperaturdifferenz und Zuluftgeschwindigkeit

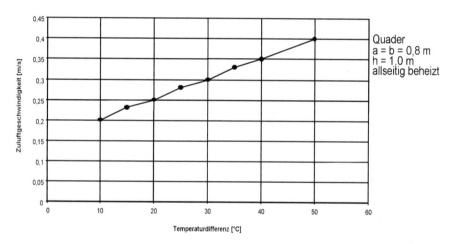

Abb. 5.17   Minimale Zuluftgeschwindigkeit in Abhängigkeit der Temperaturdifferenz

Literatur

[5.1] Scheer, F.; K. Fitzner: Sedimentation von Mikroorganismen in laminarer und turbulenter Strömung, Vortrag DKV-Jahrestagung 1998
[5.2] Loew, W.: Der Luftentnahmeraum beeinflusst das Strömungsbild, Reinraumtechnik Heft 5/88
[5.3] Diplomarbeit FH Gießen-Friedberg (unveröffentlicht)

6 Luftfiltration

6.1 Einleitung

Während die Luftfiltration im Bereich der Abgasreinigung dem Schutz der Umwelt dient, wird sie in der Reinraumtechnik zum Schutz des herzustellenden Produkts bzw. des Produktionspersonals angewendet. Die Luftfiltration ist der wichtigste verfahrenstechnische Vorgang innerhalb einer lüftungstechnischen Anlage in der Reinraumtechnik. Luftfilter in Form von Faserfiltern kommen heutzutage in verschiedenen Bereichen der Technik zum Einsatz. In Klimaanlagen werden sie als sog. Standardluftfilter zur Reinigung der Luft von Grob- und Feinstaub und damit gleichzeitig zum Schutz der nachfolgenden Geräte- bzw. Anlagenkomponenten eingesetzt. Im Bereich der Reinraumtechnik (z.B. Pharmazie, Medizin, Mikroelektronik etc.) werden zusätzlich Schwebstofffilter benötigt, welche die dort notwendigen hohen Luftreinheiten in den Reinräumen sicherstellen und als „Gleichrichter" für Laminar-Flow-Strömungen dienen.

Vor etwa zwei Jahrtausenden erkannten erstmals die Römer, dass Staubpartikel der Umgebungsluft mittels einfacher Tücher abgeschieden werden können. Berg- und Minenarbeiter trugen bereits zur damaligen Zeit baumwollene Tücher vor Mund und Nase, um die menschlichen Atemwege vor Luftverunreinigungen zu schützen. Im Jahre 1814 wurde von Brisé Fradin eine mit Baumwolle gefüllte Filterbox entwickelt, welche als Atemschutzgerät und zum Schutz des Golds vor Quecksilberrauch diente. Etwas später versuchte Louis Pasteur (1861) erstmals luftgetragene Mikroorganismen durch ein mit Baumwolle bestücktes Glasrohr abzuscheiden. Während des 1. Weltkriegs wurden zur Rückhaltung von Giftgasen und Giftaerosolen verschiedene Luftfilter mit sehr unterschiedlichen Fasermaterialien ausprobiert, jedoch noch ohne theoretisches Verständnis für die physikalischen Vorgänge in einem Faserfilter. Dabei wurde bereits erkannt, dass ein Faserfilter nicht wie ein Sieb funktioniert und Partikel mit einem Durchmesser von ca. $0,1-0,3\,\mu m$ viel stärker durchdringen lässt als kleinere und größere Partikel.

In diesem Kapitel wird nach einem kurzen Überblick über die gängigen Luftfilter-Systeme auf den generellen Aufbau von Faserfiltern sowie auf deren Einsatzfeld und Auswahlkriterien etwas näher eingegangen. Desweiteren werden die Filterklassifizierungen und Filterprüfverfahren diskutiert sowie filtertheoretische Zusammenhänge im Vergleich zum Experiment aufgezeigt. Das Verhalten von Luftfiltern im Betrieb wird ebenfalls kurz erläutert.

6.2 Luftfilter-Systeme

Zur Abscheidung von Feststoffteilchen oder Flüssigkeitströpfchen aus Luft-
strömen werden innerhalb der Verfahrenstechnik folgende Abscheidesysteme
eingesetzt:
- Zyklone
- Wäscher
- Elektrische Abscheider
- Filternde Abscheider.

Bei den filternden Abscheidesystemen wird zwischen Speicherfiltern, Abrei-
nigungsfiltern und Schüttschichtfiltern unterschieden. In Tabelle 6.1 werden
diese Filtersysteme ihren Filtrationsprinzipien und Filtermedien zugeordnet.

In der Klima- und Reinraumtechnik besitzen Speicherfilter wegen ihres
weiten Anwendungsspektrums, ihres geringen Druckabfalls und ihres hervor-
ragenden Abscheidevermögens eine herausragende Bedeutung. Speicherfilter
werden hinsichtlich des Filtrationsprinzips auch als Tiefenfilter oder hinsichtlich des Filtermediums auch als Faserfilter bezeichnet. Die Hauptaufgabe
der Faserfilter in der Klima- und Reinraumtechnik besteht darin, partikuläre
und mikrobiologische Verunreinigungen der Luft effizient zurückzuhalten.
Im Regelfall handelt es sich hierbei um geringe Partikelkonzentrationen
(wenige mg/m^3). Die als Filtermedium eingesetzten Faserschichten bzw.
Faservliese weisen sehr hohe Porositäten auf. Diese liegen oberhalb von etwa
90 %, oft sogar über 99 %, d.h. nur 1 bis etwa 10 % des Faserfiltervolumens
werden von Fasern eingenommen. In Abschn. 6.3.1 werden übliche Werte für
die korrespondierende Packungsdichte von Luftfiltern genannt. Die Abscheidung der Aerosolpartikel erfolgt innerhalb der hochporösen Faserschicht
durch verschiedene Effekte (s. Abschn. 6.6.1). Nach Erreichen eines vorgegebenen Druckverlustes, d.h. wenn die Faserschicht mit Staubpartikeln gesättigt
ist, werden Faserfilter i.d.R. ausgetauscht und können nicht regeneriert werden, wie etwa Schüttschicht- oder Abreinigungsfilter. In Anwendungsfällen,
bei denen neben Partikeln auch gasförmige Verunreinigungen eliminiert werden müssen, werden in der Klima- und Reinraumtechnik auch Adsorptions-
filter (Schüttschichtfilter) eingesetzt. Neuerdings sind auf dem Markt auch
Zweikomponentenfilter zur Gas- und Partikelfiltration erhältlich, bei welchen
in das Faserpaket eine Aktivkohleschicht integriert ist.

Bei den Luftfilterarten für die Partikelfiltration (Abb. 6.1) wird zwischen
Standardluftfiltern, welche zur Abscheidung von Grob- und Feinstaub einge-

Tabelle 6.1 Übersicht über filternde Abscheidesysteme sowie deren Filtermedien und Filtrationsprinzipien

Filterart	Filtrationsprinzip	Filtermedium
Speicherfilter	Tiefenfiltration	Faservliese (hochporös)
Schüttschichtfilter	Tiefenfiltration	Körnige Schichten
Abreinigungsfilter	Oberflächenfiltration	Faser- und Gewebeverbände

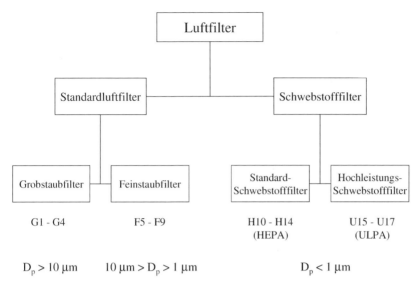

Abb. 6.1   Übersicht über die Luftfilterarten der Klima- und Reinraumtechnik

setzt werden, und Schwebstofffiltern unterschieden. Bei den Schwebstofffiltern, die feinste Stäube bzw. Aerosole aus der Luft zurückhalten, gibt es die Unterteilung in Standard-Schwebstofffilter (HEPA High Efficiency Particulate Air Filter) und Hochleistungs-Schwebstofffilter (ULPA Ultra Low Penetration Air Filter). Eine Übersicht über die verschiedenen Luftfilterarten, ihre abzuscheidenden Partikelgrößenbereiche und Filterklassenbezeichnungen wird in der nachstehenden Abbildung gegeben. Bezüglich der Filterklassifizierungen wird darüberhinaus auf Abschn. 6.5 verwiesen.

6.3 Aufbau von Faserfiltern

Im folgenden wird zunächst die Struktur des Faserfiltermediums und im Anschluss daran das gesamte Filterelement etwas näher charakterisiert.

6.3.1 Faserfiltermedien

Das Faserfiltermedium stellt die wichtigste Komponente des Filterelements dar, da dort die Abtrennung der Aerosolpartikel aus der Luft erfolgt. Das Filtermedium, welches aus Faserverbänden (Kunststoff- oder Glasfasern) mit einem großen Hohlraumanteil besteht, ist aus physikalischer Sicht als kompakt-disperses System zu bezeichnen. Die einzelnen Fasern werden als die eine Phase betrachtet und bilden ein zusammenhängendes Gerüst, das von der anderen Phase, der staubbeladenen Luft, durchströmt wird. In der Klimatechnik werden als Filtermedien meist Kunststoff-Fasern (Polyester, Polyethylen) mit nahezu einheitlichem Faserdurchmesser (sog. monodisperse Medien) und für höhere Filterklassen Glasfasermischungen mit breiter Streuung des Faserdurchmessers (sog. polydisperse Medien) eingesetzt. Die Rohfasern werden in speziellen Herstellungsverfahren zu Wirrfaservliesen verarbeitet, in denen die Fasern dreidimensional völlig unregelmäßig angeordnet sind (s. Abb. 6.2). Um ausreichend gute Gebrauchseigenschaften (z. B. Medienstabilität) zu erreichen, werden die Wirrfaservliese in einem zweiten Produktionsschritt mechanisch, chemisch oder thermisch verfestigt. Desweiteren besitzen Faservliese meistens ein Stützgewebe, welches beidseitig vernadelt ist. Die gebräuchlichen Vliesbildungsverfahren und Vliesverfestigungsverfahren sind in [6.1] näher beschrieben.

Der Aufbau und die Struktur der Faserfiltermedien werden in der Filtertechnik durch verschiedene Parameter charakterisiert. Diese können in mikroskopische und makroskopische Strukturparameter unterteilt werden (s. Tabelle 6.2).

Sind in einem Faserfiltermedium nahezu alle Strukturparameter über das gesamte Volumen des Mediums konstant, so spricht man von einem homogenen Faserfiltermedium. Dieses Idealmedium ist jedoch nur für die Filtertheorie von Interesse und in der Praxis nicht herstellbar, da die Produktionsprozesse von Filtermedien stochastischer Natur sind. Unvollständige

Tabelle 6.2 Die wichtigsten mikroskopischen und makroskopischen Strukturparameter des Faserfiltermediums

Mikroskopische Strukturparameter	Makroskopische Strukturparameter
Faserdurchmesser	Filterdicke
Faserorientierung bzw. -lage	Faserlänge
Faserkrümmung	Flächenmasse
	Packungsdichte

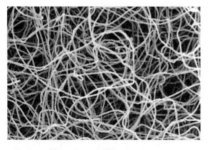 

$\alpha = 4{,}57\%$ $\alpha = 2{,}68\%$

Abb. 6.2 Mikroskopische Struktur von Faserfiltermedien mit unterschiedlichen Packungsdichten (REM-Aufnahme mit 40facher Vergrößerung, $D_f = 16{,}8$ µm; α = mittlere Packungsdichte des Faserfiltermediums, D_f = mittlerer Faserdurchmesser)

Tabelle 6.3 Übersicht über die wichtigsten Strukturparameter von Fasermedien für Standardluftfilter und für Schwebstofffilter

Strukturparameter	Standardluftfilter	Schwebstofffilter
Faserdurchmesser	5–30 µm	0,1–2 µm
Filterdicke	1–30 mm	0,1–1 mm
Packungsdichte	0,5–4 %	2–6 %
Faserlänge	10–80 mm	0,1–1 mm

Faserentmischungen oder Flockenbildungsvorgänge bei der Vliesproduktion können z. B. zu erheblichen Schwankungen der Lokalwerte für die flächenbezogene Masse, die Filterdicke und die Packungsdichte im Faserfiltermedium führen. Alle realen Faserfiltermedien sind demnach als inhomogene Faserfiltermedien zu bezeichnen, was auch durch Abb. 6.2 illustriert wird. Einige Fasermedien werden zudem progressiv aufgebaut, d. h. die Packungsdichte des Fasermediums ist zur Rohgasseite hin dichter. In Tabelle 6.3 werden übliche Werte für die wichtigsten Strukturparameter von Fasermedien für Standardluftfilter und für Schwebstofffilter genannt.

6.3.2 Filterelemente

Ein Faserfilter als lufttechnisches Bauelement besteht aus mehreren Einzelkomponenten. Hierzu gehören neben dem Faserfiltermedium der Filteraufnahmerahmen, die Vergussmasse, Separatoren etc. Die wesentlichen Arten bzw. Bauformen von Filterelementen sind nachstehend aufgelistet:

- Filtermatten für automatische Rollbandfilter, als Mattenzuschnitte, als Rahmenfilter für Zellenluftfilter und Rollenware
- Faltenfilter/Filterzellen
- Beutelfilter aus hochwertigen Chemiefaser- und Glasfaservliesen für Aufnahmerahmen in den marktüblichen Größen
- Plissee-Filter als Hochleistungsfilter zur Abscheidung von Feinstaub bis zu Schwebstoffen bzw. Aerosolen
- Schwebstofffilter-Zellen für Bereiche mit höchsten Anforderungen an die Luftreinheit und Hygiene
- Hochleistungsfilterplatten für die Reinraumtechnik.

Die Konfektionierungsformen unterscheiden sich im Aufbau und in den technologischen bzw. filtertechnischen Eigenschaften teilweise gravierend. Die einzelnen Filterbauformen erstrecken sich häufig über sehr große Filterklassen- und damit Abscheidebereiche. Unterschiedliche Leistungsfähigkeiten entsprechend den Filterklassen werden durch die Auswahl der Faserfiltermedien erreicht. Auf die verschiedenen Konfektionierungstechniken, die in Abhängigkeit von der Filterklasse und der Filterbauform angewendet werden und teilweise sehr unterschiedlich sind, soll in diesem Kapitel nicht näher eingegangen werden. In Abb. 6.3 werden unterschiedliche Filterelemente gezeigt.

Als *Standardluftfilter* zur Filtration von Grob- und Feinstaub werden je nach Anwendungsfall plane Filtermatten, Faltenfilter bzw. Filterzellen sowie Beutel- und Plisseefilter eingesetzt. Bezüglich ihrer Filterklasse sind Faltenfilter und Filterzellen bis zur Filterklasse F5 gemäß DIN EN 779 [6.2] (s. Abschn. 6.5.1) verfügbar. Durch entsprechende Plissierung des Filtermediums (Erweiterung der Filterfläche) kann bei gleicher Medium-Durchtrittsgeschwindigkeit der Nennvolumenstrom erhöht werden. Das gefaltete Filtermedium hat eine große wirksame Oberfläche und lässt die Staubluft tief in die Faltung eindringen, wodurch ein hohes Staubspeichervermögen bei geringem Luftwiderstand erreicht wird.

Beutelfilter stellen heute die bei weitem am häufigsten verwendete Konfektionisierungsform von Luftfiltern dar. Das Filtermaterial wird zu Filtertaschen verarbeitet, die bezogen auf einen bestimmten Frontquerschnitt mit unterschiedlichen Taschenzahlen bzw. Taschenlängen ausgerüstet werden können. Somit können die Anforderungen bis zur Filterklasse F9 gemäß DIN EN 779 erfüllt werden. Beutelfilter bestehen im Regelfall aus einem Kunststoff-Frontrahmen und den Filterbeuteln aus Kunststoff- bzw. Glasfaservliesen mit entsprechender Spinnvlieskaschierung.

Plisseefilter (Kompaktfilter) decken heute hinsichtlich ihrer Abscheideleistungen den bei weitem größten Bereich ab. Möglich wird dies durch den Einsatz unterschiedlicher Filtermedien, vor allem teilweise erheblich größere Filtermedienflächen sowie eine große Variabilität in den Abmessungen des konfektionierten Filters sowohl im Feinstaubfilter- als auch im Schwebstofffilterbereich. Plisseefilter werden eingesetzt als Vor- und Hauptfilter, bei denen große und/oder variable Volumenströme bei langen Filterstandzeiten gefordert werden. Typische Anwendungsbereiche umfassen Elektronik- und Computerräume, pharmazeutische Produktionsflächen, Forschungslaboratorien, Krankenhäuser, Industriebelüftungen und Vorfilterungen von Schwebstofffil-

Abb. 6.3 Fotografische Übersicht über diverse Filterelemente (Fa. Gebr. Trox)

tern. Sie können in den unterschiedlichsten Rahmenausführungen, Größen und Wirkungs- bzw. Abscheidegraden hergestellt werden. Im Feinstaubfilterbereich sind Plisseefilter bis zur Klasse F9 nach DIN EN 779 konfektionierbar. Plisseefilter zeichnen sich i. Allg. durch eine optimale Abstimmung von Filtergröße, Nennvolumenstrom, Druckdifferenz, Staubspeicherfähigkeit und Filterstandzeit aus.

Allen Bauformen ist gemeinsam, dass die Filtermedien in plissierter bzw. gefalteter Form mit dem Ziel eingesetzt werden, möglichst große Filtermedienflächen einzubauen. Plisseefeinstaubfilter weisen einen Plissiergrad von bis zu 18 auf, d. h. die effektive Filterfläche ist 18 mal höher als die Einbaufläche bzw. die Frontquerschnittsfläche.

Bei *Schwebstofffiltern* wird heutzutage grundsätzlich zwischen zwei unterschiedlichen Bauformen unterschieden.

1) *Schwebstofffilterzellen mit Abstandshaltern aus Aluminium, Kunststoff oder Papier.* Als Filtermedien werden hochwertige Glasfaserpapiere mit verschiedenen Abscheidegraden eingesetzt, die durch Aufbau und Zusammensetzung temperaturbeständig und feuchtigkeitsunempfindlich sind. Kennzeichnend für diese Ausführungsform ist, dass das Glasfaserpapier in engen Parallelfalten in den Filterrahmen eingelegt und durch profilierte Abstandshalter aus Aluminium, Kunststoff oder Papier gleichmäßig stabil fixiert wird. Je nach Einsatzgebiet und Anforderung der Filterzellen werden die Rahmen aus unterschiedlichen Materialien hergestellt: Faserholz, Stahl bzw. rostfreies Stahlblech oder Aluminium. Vorteil dieser Technologie ist, dass eine Faltung des Mediums über eine Tiefe von bis zu 270 mm erfolgen kann, wodurch die Ausnutzung der vollen Bautiefe möglich ist. Nachteilig ist, dass empfindliche Filterpapiere für z. B. Hochleistungsschwebstofffilter bei unsachgemäßer Handhabung der Filter beschädigt werden können.

2) *Plisseefilterplatten (Minipleat).* Plisseefilterplatten sind dadurch gekennzeichnet, dass das Glasfaserpapier in engen Parallelfalten in den Filterrahmen eingelegt wird. Abstandshalter aus einem thermoplastischen Schmelzkleber sorgen für einen gleichmäßigen Abstand der Falten zueinander. Im Gegensatz zu den Separatorfiltern werden hier maximale Faltungstiefen von bis zu 200 mm realisiert. Durch eine optimierte Auswahl von Falttiefe zu Faltabstand sind zwei Effekte zu erzielen:

- Bei gleicher Luftmenge können durch Erhöhung des Filterpakets deutliche Druckverlustreduzierungen, d. h. Energiekosteneinsparungen erzielt werden.
- Bei gleichem Druckverlust kann durch Erhöhung des Faltenpakets die Luftmenge deutlich erhöht werden, was letztlich zu einer Verkleinerung der Anlagengrößen führt.

Schwebstofffilter der Klasse H10–H13 weisen Plissiergrade von bis zu 40 auf. Bei Filtern der Klasse H14–U17 beträgt die effektive Filterfläche teilweise sogar mehr als das 40fache des Frontquerschnitts.

Plisseefilterplatten erfüllen höchste Ansprüche an die partikuläre und mikrobielle Luftreinheit in vielen Bereichen der modernen Reinraumtechnik.

Der Einbau erfolgt als Endstufe in Filterdecken, Filterwänden, reinen Werkbänken und in Filterdurchlässen, in denen neben höchster Reinheit auch eine kontrollierte, turbulenzarme Luftströmung gefordert wird. Sie zeichnen sich besonders aus durch
- optimale Faltengeometrie des Filtermediums
- geringe Anfangsdruckdifferenzen bei hoher Abscheideleistung
- turbulenzarme Strömung der Reinluft auf der Abströmseite.

Die Plisseefilterplatten sind je nach Erfordernis in unterschiedlichsten Ausführungen, mit oder ohne Griffschutz, wahlweise mit Endlosdichtung, Fluiddichtung oder Dichtschneide je nach Deckensystem bzw. Aufnahmerahmen lieferbar. Sie können heute bis zu Größen von 1200 × 1200 mm ohne Mittelstegverstärkung gefertigt werden. Im Regelfall werden die Filterrahmen aus eloxierten Aluminium-Strangpressprofilen unterschiedlichster Bautiefen gefertigt.

Zur Sicherstellung höchster Reinheitsanforderungen in Reinräumen sind grundsätzlich mehrere hintereinander geschaltete, unterschiedliche Filtersysteme erforderlich.

Hierzu gehören:
- Beutelfilter als Vorfilter in den Filterklassen F 5 und F 9
- Plissee-Feinstaubfilter in den Filterklassen F 6 und F 9
- Plissee-Schwebstofffilter-Einsätze in HEPA-Qualität
- Plissee-Schwebstofffilter-Platten in ULPA-Qualität.

In der Praxis hat sich gezeigt, dass HEPA-Filter z.Z. noch überwiegend als Filter mit Aluminiumabstandhaltern, d.h. in herkömmlicher Bauweise angeboten werden. Filterzellen in ULPA-Qualität werden heute überwiegend als Fadenpack-Filter mit Abstandshaltern, ausgebildet als Faden- oder Kunststoffstreifen, eingesetzt. Der Vorteil der Fadenpackausführung besteht darin, dass bei gleicher aktiver Filterfläche die Bauhöhe des kompletten Filters um 50% reduziert werden kann. Für den Bereich der ULPA-Filter wurden neuerdings Verarbeitungstechnologien entwickelt, die es möglich machen, variable Falthöhen und Faltabstände in Millimetersprüngen herzustellen. Hiermit können die technischen Kundenanforderungen hinsichtlich Abscheidevermögen, Luftmenge und Druckverlust erfüllt werden.

Bei der Gestaltung der Filtergesamtkonstruktion sind die in Tabelle 6.4 aufgelisteten Kriterien zu beachten.

Bei endständig angeordneten Schwebstofffiltern kommt der Dichtung zwischen dem Filterrahmen und der Reinraumdecke bzw. dem Luftauslasskasten eine besondere Bedeutung zu. Neben den üblichen Dichtungssystemen, d.h. Flachprofil-Dichtung aus Neoprene bzw. geschäumte Dichtungen mit mechanischen Anpressvorrichtungen gibt es als weitere Variante das sog. Fluid-Dichtungssystem. Hierbei gibt es verschiedene Systemvarianten. Zum einen taucht das Dichtschwert des Filterrahmens in ein u-förmiges Deckenprofil, das mit einem dauerelastischen Dichtgel gefüllt ist. Somit wird ohne zusätzliche Anpresselemente eine sehr gute Dichtung erzielt. Zum anderen sind auch Systemlösungen bekannt, bei welchen sich das Dichtgel im u-förmigen Filter-

Tabelle 6.4   Übersicht über die Kriterien zur Gestaltung der Filtergesamtkonstruktion

Rahmenabmessungen	Neben den Standard-Abmessungen sind alle Zwischen-abmessungen entsprechend dem Rastermaß der Reinraumdecke lieferbar.
Filterrahmenhöhe	Die Rahmenhöhe von 66, 79 bzw. 90 mm ist abgestimmt auf die Höhe des gefalteten Filterpakets.
Filterrahmenbreite	Hier gilt es, generell die Filterrahmen so schmal wie möglich zu gestalten, um die Geschwindigkeitsverteilung unterhalb kombinierter Filtereinheiten günstig zu beeinflussen. Der Rahmen muss jedoch so ausgebildet sein, dass sowohl rohluftseitig eine Filterhaube als auch wahlweise reinluft- oder rohluftseitig eine Dichtung angebracht werden kann.
Rahmenausführung	Festigkeit und Oberflächenschutz: Äußerst wichtig ist eine große Biege- und Torsionsfestigkeit. Der Oberflächen-schutz muss gewährleisten, dass auch nach vielen Jahren keine Partikel abgegeben werden. Hierfür wurden ver-windungsarme Aluminium-Strangpressprofile entwickelt, die diese Anforderungen in hervorragender Weise erfüllen.
Vergießtechnik	Das Rahmenprofil ist so ausgeführt, dass die Verguss-massen innerhalb des Aluminiumrahmen verbleiben und zu keinen Verwirbelungen bzw. unregelmäßigen Luftge-schwindigkeiten auf der An- und Abströmseite des Filters führen.

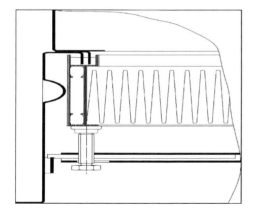

Abb. 6.4   Skizze eines Fluid-Dichtsystems (Fa. Gebr. Trox)

rahmen des Filterelements befindet und das Dichtschwert der Deckenkonstruktion oder des Luftauslasskastens in dieses Gelbett eintaucht. Hierbei ist jedoch eine mechanische Anpressvorrichtung erforderlich (s. z. B. Abb. 6.4).

6.4 Einsatz und Auswahl von Faserfiltern

Luftfilter in Form von Faserfiltern kommen in allen Bereichen der Technik zum Einsatz. Die wesentlichen Einsatzgebiete liegen in der allgemeinen Raumlufttechnik sowie in der Prozesslufttechnik. Im Folgenden werden einige typische Anwendungsfälle genannt:

- Klima-, Be- und Entlüftungsanlagen (Produktionsanlagen, Fabriken, öffentliche Gebäude, Büroräume, Wohnungen)
- Reinraumtechnische Anlagen (Pharmazie, Mikroelektronik, Medizin, Raumfahrt, Lebensmittelindustrie)
- Anlagen zur Emissionsminderung von radioaktiven Substanzen (Kernkrafttechnik).

Ein Filter ist eine Systemkomponente innerhalb einer Lüftungsanlage und hat generell folgende Aufgaben:

- Schutz des Belüftungssystems vor Verunreinigungen und Ablagerungen auf der Zuluft- und Abluftseite
- Aufrechterhaltung des Volumenstroms
- Luftverteilung und Vergleichmäßigung des Luftstroms
- Verringerung der Partikelkonzentraton (und Massenkonzentration)
- Abscheidung von Geruchsstoffen und Schadstoffen (bei adsorptiven Filtern)
- Sicherstellung der Hygieneanforderung bei Belüftung von Räumen
- Sicherstellung der Reinheitsklasse in Reinräumen.

Für den praktischen Einsatz von Luftfiltern sind bei gegebener Luftmenge
- der Abscheidegrad, bezogen auf den anfallenden Staub (max. Reinluftkonzentration)
- die Anfangsdruckdifferenz und der Druckdifferenzverlauf
- die Standzeiten bzw. die mögliche Einsatzdauer
wesentliche Bestimmungs- und Leistungsgrößen. Diese Größen sind eng miteinander verknüpft und beeinflussen sich gegenseitig, wobei sie sich erheblich durch das Filtermedium und die Filterkonstruktion verändern lassen. Zusätzliche Parameter wie effektive Filterfläche, Mediumgeschwindigkeit, Packungsdichte, Flächengewicht, Filterdicke und ähnliches sind erforderlich, um die Filterspezifikation zu beschreiben, sind jedoch keine Leistungsgrößen.

In einer lüftungstechnischen Anlage kommen Luftfilter in den verschiedensten Bauformen, Filtertypen- sowie Filterklassen (s. Abschn. 6.3 u. 6.5) zum Einsatz. Je nach Anwendungsfall wird die Außenluft, Zuluft, Umluft oder Abluft filtriert. Die Luftfilter werden hierbei entweder im Lüftungsgerät, im Kanalsystem oder in der Decke bzw. Wand des zu belüftenden Raums installiert. In der Reinraumtechnik werden Schwebstofffilter darüberhinaus in Laminar-Flow-Einheiten eingebaut, um für kritische Arbeitsvorgänge höchste Luftreinheiten und eine turbulenzarme Verdrängungsströmung zu garantieren.

Die Grundlage für die Auswahl bzw. Auslegung von Faserfiltern ist die Kenntnis des zu reinigenden Luftstromes, der zum einen vom Arbeitsprozess im Reinraum und zum anderen von den Gegebenheiten der Klima- und Lüftungstechnik bestimmt wird. Wichtige Einflussgrößen sind weiterhin die Lufttemperatur, die relative Luftfeuchte und die Eigenschaften der abzuscheidenden Partikel sowie deren Konzentration. Die wesentliche technische Kenngröße für Faserfilter ist neben der Filterdruckdifferenz die Filterklasse nach DIN EN 779 [6.2] oder DIN EN 1822 [6.3] (s. Abschn.6.5). Die zu wählende Filterklasse hängt entscheidend von der Anwendung und den zu erreichenden Partikelkonzentrationen im Reinraum ab. Die optimale Auswahl eines Luftfilters erfordert eine sorgfältige Berücksichtigung der folgenden Kriterien:
- Filterklasse/ Güteklasse/ Reinraumklasse
- Bauform
- Art der Einspannung
- Ausführung/Art der Dichtung
- Ausführung/Material des Rahmens
- Volumenstrom pro Filtereinheit
- Abmessungen
- Anfangsdruckverlust (Toleranz)
- Zulässiger Enddruckverlust
- Maximal möglicher Enddruckverlust
- Prüfvorschriften/Prüfprotokolle
- Temperaturbereich
- Feuchtebereich
- Umwelteinflüsse
- Art der Anströmung.

Die Projektierung eines Luftfilters, bei der je nach Einsatzfall verschiedene technische und nicht zuletzt auch wirtschaftliche Gesichtspunkte zu berücksichtigen sind, lässt sich – als Gewährleistung für einen optimalen Filterbetrieb – nur auf der Grundlage eindeutiger technischer Daten durchführen, wobei mit der Filterleistung, dem Druckverlust und der Staubspeicherfähigkeit bzw. Standzeit die wesentlichen Entscheidungskriterien gekennzeichnet sind. Derartige Aussagen resultieren aus den Ergebnissen geeigneter Prüfverfahren, die auf die in der Praxis auftretenden Gegebenheiten abgestimmt sein müssen.

6.5 Filterklassifizierung und Filterprüfverfahren

6.5.1 Grob- und Feinstaubfilter

In Deutschland und Europa ist die Filterklassifizierung nach der Norm DIN EN 779 *„Partikel-Luftfilter für die allgemeine Raumlufttechnik"* [6.2] das am häufigsten angewendete Auswahlkriterium für die in lüftungstechnischen Anlagen eingesetzten Grob- und Feinstaubfilter. Die in der DIN EN 779 beschriebenen Prüfmethoden liegen dem ASHRAE Standard 52-76 [6.4] und dem Dokument EUROVENT 4/5 [6.5] zugrunde. Nach der DIN EN 779 werden für Standardluftfilter die folgenden Filtercharakteristika und deren Prüfverfahren beschrieben:

- Abscheidegrad gegenüber synthetischem Staub
- Wirkungsgrad gegenüber atmosphärischem Staub
- Druckverlust
- Staubspeicherfähigkeit.

Grobstaubfilter werden nach deren mittleren Abscheidegraden gegenüber synthetischem Staub (A_m) und Feinstaubfilter nach deren mittleren Wirkungsgraden gegenüber atmosphärischem Staub (E_m) klassifiziert. Beide Prüfverfahren beziehen sich auf komplette Filterelemente der Standardgröße 610 mm × 610 mm, die in einem Prüfkanal eingebaut und mit einer Luftgeschwindigkeit von ca. 0,6–3,8 m/s angeströmt werden.

Bei der Wirkungsgradprüfung gegenüber atmosphärischem Staub wird der Filterprüfling mit Prüfluft durchströmt, die aus der Atmosphäre entnommen wird. Der Staubanteil der atmosphärischen Luft wird sowohl vor als auch nach dem Prüfling durch eine Trübungsmessung bestimmt. Die Trübung bzw. Verfärbung der in an- und abströmseitigen Entnahmesonden eingebauten Filterpapiere (HEPA-Qualität) stellt ein Maß für den mittleren Wirkungsgrad des untersuchten Filters gegenüber atmosphärischem Staub (E_m) dar. Der Trübungsgrad der Filterpapiere wird mit einem Photometer durch Messung der Lichtintensität ermittelt. Im ASHRAE-Standard 52–76 wird für diese Art der Filterbeurteilung der Begriff „*Atmospheric Dust Spot Efficiency*" verwendet.

Bei der Abscheidegradprüfung gegenüber synthetischem Staub wird als Prüfstaub ein synthetischer Staub, auch ASHRAE-Staub genannt, verwendet, der wie folgt zusammengesetzt ist: Air Cleaner Test Dust Fine (72 Massen-%), Molocco-Ruß (23 Massen-%), Baumwoll Linters (5 Massen-%). Der mittlere Abscheidegrad gegenüber synthetischem Staub (A_m) – im ASHRAE Standard 52–76 als „*Synthetic Dust Weight Arrestance*" bezeichnet – wird gravimetrisch bestimmt. Ein auf der Abströmseite des Filterprüflings eingebautes Endfilter wird vor und nach der Staubaufgabe verwogen. Die gemessene Massenzunahme wird mit der Aufgabemasse ins Verhältnis gesetzt und daraus der mittlere Abscheidegrad des Prüflings bestimmt.

Anhand der gemessenen Wirkungsgrade bzw. Abscheidegrade werden die geprüften Luftfilter einer F- bzw. G-Filterklasse zugeordnet. Die Klassengrenzen bei der Abscheidegrad- und Wirkungsgradprüfung wurden in der DIN EN 779 im Vergleich zur vormals gültigen DIN 24185, Teil 2 [6.6] nicht geändert (s. Tabelle 6.5).

Ein weiteres Kriterium für die Leistungsbeurteilung eines Luftfilters ist die Staubspeicherfähigkeit, die, insbesondere bei Filtereinheiten mit größerer Filterfläche als dem jeweiligen Einbauquerschnitt, nicht durch die Angabe der effektiven Filterfläche bemessen bzw. definiert werden kann. Die Staubspeicherfähigkeit wird grundsätzlich für das gesamte zu prüfende Filterelement ermittelt, so dass der Einfluss der Variationsmöglichkeiten hinsichtlich der Qualität und Quantität des eingesetzten Filtermediums berücksichtigt und

Tabelle 6.5   Klassifizierung der Standardluftfilter entsprechend der Filtrationsleistung nach DIN 24185, Teil 2 [6.6] und DIN EN 779 [6.2]; Enddruckdifferenzen für die Klassifizierung betragen bei Grobstaubfiltern 250 Pa, bei Feinstaubfiltern 450 Pa)

Charakteristikum			Mittlerer Abscheidegrad A_m [%]	Mittlerer Wirkungsgrad E_m [%]
Filtergruppe	*Filterklasse nach* DIN 24185/2	DIN EN 779	*Klassengrenzen*	
Grob (G)	EU 1	G 1	$A_m < 65$	–
	EU 2	G 2	$65 \leq A_m < 80$	–
	EU 3	G 3	$80 \leq A_m < 90$	–
	EU 4	G 4	$90 \leq A_m$	–
Fein (F)	EU 5	F 5	–	$40 \leq E_m < 60$
	EU 6	F 6	–	$60 \leq E_m < 80$
	EU 7	F 7	–	$80 \leq E_m < 90$
	EU 8	F 8	–	$90 \leq E_m < 95$
	EU 9	F 9	–	$95 \leq E_m$

als subjektives Kriterium für einen Vergleich eliminiert wird. So können für Luftfilter mit Filtermedien aus unterschiedlichen Materialien bzw. mit unterschiedlicher Struktur durchaus die gleichen Ergebnisse erreicht werden, während gleiche oder gleichartige Filtermedien bei verschiedener Anordnung bzw. Konfektionierung teilweise zu erheblich differierenden Werten führen. In der DIN EN 779 werden ebenso Prüfmethoden zur Bestimmung der Druckdifferenz und des Staubspeichervermögens von Standardluftfiltern beschrieben, auf die jedoch im Rahmen dieses Kapitels nicht näher eingegangen werden soll.

Trotz der allgemeinen Akzeptanz der DIN EN 779 weisen die oben kurz beschriebenen Prüfverfahren dieser Norm einige Schwächen auf. Der entscheidende Nachteil dieser Filterprüfmethoden ist darin zu sehen, dass sie keinerlei Aussagen über die Wirksamkeit eines Filters für konkrete Partikelgrößen zulassen. Die Kenntnis über das fraktionelle Abscheidevermögen eines Filters ist jedoch wichtig, da es Partikelfraktionen des zu filternden Staubes gibt, die das Filter fast ungehindert durchdringen. Aufgrund der Schwächen der in der DIN EN 779 beschriebenen Prüfverfahren, auf die in diesem Kapitel nicht näher eingegangen werden soll, und auch aufgrund des wachsenden Bewusstseins über die möglichen Ursachen des vieldiskutierten *Sick Building Syndroms* wird derzeit an einer neuen Filternorm gearbeitet, die die Bestimmung des Fraktionsabscheidegrades beinhalten soll. Die Basis für die vom Normenausschuss CEN/TC 195 angestrebte Norm bilden der amerikanische Normentwurf ASHRAE 52.2 P [6.7] und das Entwurfdokument EUROVENT 4/9 [6.8]. Trotz einiger Unterschiede zwischen den in Amerika und in Europa erarbeiteten Normentwürfen ist man hierbei im Zuge der internationalen Harmonisierung um eine einheitliche Normenfindung in beiden Kontinenten bemüht.

6.5.2 Schwebstofffilter

Das Deutsche Institut für Normung gab im Jahre 1974 die DIN 24184 Typprüfung von Schwebstoffiltern [6.9] heraus. In dieser Norm wird eine Abscheidegradprüfung für HEPA-Filter mit den Prüfaerosolen Paraffinöl, Quarzstaub und radioaktiv markiertes atmosphärisches Aerosol beschrieben. Die Filterklassen werden in dieser Norm mit Q, R, und S bezeichnet. Als Leckfreiheitsnachweis wird der visuelle Ölfadentest vorgeschlagen. Die Schwebstoffilterklassen Q, R und S werden auch in der DIN 24184, Teil 1 [6.10] (1990) beibehalten, jedoch beschränkt man sich hier auf nur ein Prüfverfahren mit dem Prüfaerosol Paraffinöl. Die früher angewendete flammenphotometrische Prüfung mit NaCl-Aerosol wurde in Deutschland ab 1990 nicht mehr bevorzugt, da die Filter bei diesem Prüfverfahren zu hoch mit NaCl-Salz beladen werden. Das im Filter gespeicherte Salz kann sich aus dem Filter herauslösen (z.B. durch Feuchtigkeit) und stellt innerhalb der Mikroelektronik ein absolutes Gift für die Produkte dar.

In den Jahren 1993 und 1994 wurde die DIN 24183, Teil 1–3 [6.11–6.13] als Entwurf erarbeitet. In Teil 1 dieses Normenentwurfs wurde erstmals eine Fraktionsabscheidegradprüfung für Schwebstoffilter mittels Partikelzählverfahren vorgeschlagen. Die Schwebstoffilterklassen wurden mit EU 10–17 bezeichnet (s. Tabelle 6.6). Zwei Jahre später wurde die DIN EN 1822, Teil 1–3 als Entwurf und im Jahre 1998 als endgültige Version herausgegeben [6.3, 6.14, 6.15]. Die in dieser Norm beschriebenen Prüfverfahren entsprechen denen in der DIN 24183 genormten Prüfverfahren. Die Fraktionsabscheidegradprüfung wird in drei Verfahrensschritten durchgeführt. Zuerst wird das plane Filtermedium mit den polydispersen Prüfaerosolen DEHS (Di-Ethyl-Hexyl-Sebacat), DOP (Di-Octyl-Phthalat) oder Paraffinöl bei Nenngeschwindigkeit beaufschlagt und die Fraktionsabscheidegradkurve mit dem optischen Partikelzähler oder mit dem Kondensationskernzähler bestimmt. Aus der Fraktionsabscheidegradkurve wird die Partikelgröße ermittelt, bei der das Filter sein Abscheidegradminimum bzw. seine maximale Penetration (MPPS) aufweist. In einem zweiten Verfahrensschritt wird das Filterelement mit einem Prüfaerosol beaufschlagt, dessen mittlere Partikelgröße dem vorher ermittelten MPPS entspricht, und auf Leckfreiheit geprüft (lokaler Abscheidegrad). Im dritten Verfahrensschritt wird das Filterelement mit dem gleichen Prüfaerosol wie bei der Leckprüfung beaufschlagt und der integrale Abscheidegrad des Filterelements bestimmt. Auf Basis der ermittelten Werte für den lokalen und integralen Abscheidegrad kann das Filter einer Filterklasse zugeordnet werden (s. Tabelle 6.6). Die Schwebstoffilterklassen werden nach der DIN EN 1822, Teil 1, mit H 10–H 14 (HEPA) und U 15–U 17 (ULPA) bezeichnet. In Teil 2 dieser Norm werden die Prüfaerosolerzeugung, die Messgeräte und die Partikelzählstatistik näher beschrieben. In Teil 3 wird die Prüfung des planen, ungefalteten Filtermediums ausführlich behandelt. Im Jahre 1996 wurde die DIN 24184, Teil 4 [6.16] entworfen. In dieser Norm wird die Leckprüfung für HEPA- und ULPA-Filter detailliert beschrieben. Sie dient der Überprüfung des Filterelements auf lokal unzulässig hohe Durchlassgrade. Die maximal erlaubten lokalen Durchlassgrade sind in der DIN EN 1822, Teil 1 fixiert (s.

Tabelle 6.6 Klassifizierung der HEPA- und ULPA-Filter entsprechend der Filtrationsleistung nach DIN 24183, Teil 2 [6.12] und DIN EN 1822, Teil 1 [6.3]

Filterklasse		Integralwert		Lokalwert	
DIN 24183	DIN EN 1822	Abscheidegrad	Durchlassgrad	Abscheidegrad	Durchlassgrad
EU 10	H 10	85	15	–	–
EU 11	H 11	95	5	–	–
EU 12	H 12	99,5	0,5	–	–
EU 13	H 13	99,95	0,05	99,75	0,25
EU 14	H 14	99,995	0,005	99,975	0,025
EU 15	U 15	99,9995	0,0005	99,9975	0,0025
EU 16	U 16	99,99995	0,00005	99,99975	0,00025
EU 17	U 17	99,999995	0,000005	99,9999	0,0001

Tabelle 6.6). Bei der Leckprüfung wird das Filter auf der Abströmseite mit einer Sonde flächig abgescannt. Die Partikelanzahlkonzentrationen werden mit einem optischen Partikelzähler bestimmt. Das vor dem Testfilter aufgegebene Prüfaerosol muss größenmäßig dem MPPS des Filters entsprechen. In der DIN 24184, Teil 4 wird neben der Durchführung der Leckprüfung (Scan-Geschwindigkeit, minimale Rohluftkonzentration) auch die Kennzeichnung der Leckstellen und die Auswertung näher erläutert.

Der Vorteil des neuen Prüfverfahrens besteht darin, als physikalisch und filtertheoretisch begründetes Prüfverfahren bis zu Abscheidegradwerten von 99,999995% eine eindeutige und objektive Beurteilung und Klassifizierung der Schwebstofffilter im kritischen Bereich des Abscheidegradminimums bei Nennvolumenstrom zu ermöglichen.

In der Reinraumtechnik werden Schwebstofffilter als letzte Filterstufe eingesetzt, um das Produkt auch vor kleinsten Verunreinigungen wie Schwebstaub, Bakterien und Viren zu schützen. Deshalb kommt der Qualitätssicherung und Prüfung der Schwebstofffilter beim Filterhersteller und im eingebauten Zustand eine besondere Bedeutung zu. Besondere Aufmerksamkeit ist dem Filtermedium als dem empfindlichsten Material zu widmen. Daher werden zunächst beim Filterhersteller umfangreiche Prüfungen am planen Filtermedium nach exakt vorgegebener Probennahme je Liefercharge durchgeführt und für den späteren Zugriff protokolliert. Zu dieser Qualitätssicherung, die einen erheblichen finanziellen und zeitlichen Aufwand für den Filterhersteller bedeutet, gehören die Prüfungen von:

– Flächengewicht
– Mediendicke
– Biegesteifigkeit
– Druckverlust
– Abscheidegrad.

Schwebstofffilter, die speziell für die Reinraumtechnik bestimmt sind, werden gegebenenfalls einem sog. Scanning-Lecktest beim Hersteller unter Verwendung von Partikelzählern unterzogen. Hierbei können evtl. Undichtigkeiten im Filtermedium selbst (Produktions- und Handlingfehler) sowie Leckagen im Vergussbereich, im Rahmensystem und in der Dichtung festgestellt werden. Dieser Lecktest muss die gesamte Filterfläche erfassen, da der Abscheidegrad nicht nur integral, d.h. bezogen auf die gesamte Filtereinheit, sondern auch punktuell an jeder Stelle des Filters gewährleistet sein muss.

Während die Lecktestprüfungen in der Vergangenheit manuell durchgeführt wurden, setzen Filterhersteller heutzutage automatische Scanning-Anlagen ein, deren Prüfablauf mit Messwerterfassung und Auswertung über ein PC-Prozesssystem gesteuert wird. Die Auflösung dieser Anlage ist so empfindlich, dass jede einzelne Falte in einem Filter untersucht werden kann. Die Scanning-Anlage arbeitet mit mehreren, parallel absaugenden Partikelzählern und bietet neben der exakten und erheblich schnelleren Lecklokalisierung den Vorteil, den Abscheidegrad für jede einzelne Scanspur zu bestimmen. Aus diesen gemessenen Einzel-Abscheidegraden lässt sich dann der Gesamt-Abscheidegrad für jedes geprüfte Filterelement berechnen.

Nach Durchführung der Scanning-Prüfung bei Nennvolumenstrom wird automatisch ein Computer-Protokoll mit folgenden Angaben ausgegeben:
- Anzahl und Lage evtl. Leckstellen
- Einzel-Abscheidegrade von jeder Scanspur
- Druckverlust bei Nennvolumenstrom

Nach der Reparatur von eventuell vorhandenen Leckstellen wird durch einen erneuten Scanvorgang ein Endprotokoll mit den endgültigen Messwerten und entsprechender Kennzeichnung für Filter und Verpackung erstellt. Die Durchführung der Scanning-Prüfung und die anschließende Verpackung der Filterelemente erfolgt in einem von der Produktion abgetrennten Bereich unter Reinraumbedingungen.

Im Rahmen der Qualitätssicherung bzw. der Qualifizierung im Bereich der Pharmazie müssen die Schwebstofffilter nach der Montage in das Lüftungssystem ebenfalls geprüft werden. Bezüglich dieser Vorortprüfverfahren (Dichtsitz- und Integritätsprüfung) wird auf Kap. 17 verwiesen.

6.6 Filtertheorie im Vergleich zum Experiment

Der Filtrationseffekt von Faserfiltern beruht i. Allg. darauf, dass die in der Luft befindlichen Aerosole (feste oder flüssige Partikel) beim Durchströmen des Filters an die Oberflächen der einzelnen Fasern des Faserfiltermediums transportiert und dort deponiert werden. Die mathematische und physikalische Beschreibung dieses Trennvorganges nennt man Faserfiltertheorie oder kurz Filtertheorie. Die Aufgabe der Filtertheorie besteht darin, das Fluid- und Partikelverhalten bei der kontinuierlichen Aerosoldurchströmung eines Faserfilters theoretisch zu beschreiben. Basierend auf der Analyse des Strömungsfelds im Faserfiltermedium wird das Ziel verfolgt, den Fraktionsabscheidegrad und den Druckverlust eines Faserfilters mittels Gleichungen quantitativ zu erfassen. Der Wert der Filtertheorie wird an der Genauigkeit gemessen, mit der die Wirklichkeit in Form von experimentellen Abscheidegraden und Druckverlustwerten von diesen Gleichungen beschrieben wird.

6.6.1 Mikroskopisches Filterverhalten

Aufgrund der dreidimensional völlig unregelmäßigen Anordnung der Fasern im Medium (s. Abb. 6.2) und der großen Komplexität der Filtrationsvorgänge in einem Faserfiltermedium ist es sinnvoll, die Partikelabscheidung und den Druckverlust eines Faserfilters ausgehend von der mikroskopischen Ebene zu analysieren. In neuerer Zeit haben sich hierfür vorwiegend *Zellmodelle* als Basis für die Berechnung des Druckverlusts und des Abscheidegrads bewährt. Bei den Zellmodellen wird das Fasermedium durch eine unendlich lange Faser kreisrunden Querschnitts repräsentiert, welche von der Luft orthogonal angeströmt wird. Der Einfluss der Faserstruktur wird dadurch berücksichtigt, dass um die betrachtete Filterfaser eine imaginäre Zelle entsprechend der Packungsdichte des Fasermediums aufgespannt wird. Ausgehend vom Studium des Widerstandsverhaltens und der verschiedenen Abscheidemechanismen an der Einzelfaser kann unter Einbeziehung der Filterparameter auf den Druckverlust und den Abscheidegrad des gesamten Faserfiltermediums hochgerechnet werden. An dieser Stelle seien die Zellmodelle von Frazer [6.17], Happel [6.18], Kuwabara [6.19] und Förster [6.20] genannt. Unter der Annahme einer zähen, trägheitsfreien Schleichströmung innerhalb der Modellzelle kann das Strömungsfeld um die betrachtete Filterfaser mittels verschiedener Annahmen analysiert werden. Da in den genannten Zellmodellen jeweils von unterschiedlichen Randbedingungen ausgegangen wurde, werden auch unterschiedliche Berechnungsgleichungen für die Einzelfaserabscheidegrade und den Faserwiderstand erhalten. In [6.20] wird eine Übersicht über alle existierenden Modellvorstellungen und die daraus resultierenden Gleichungszusammenhänge zur Beschreibung des Filtrationsverhaltens gegeben.

Gemäß dem Newton'schen Widerstandsgesetz erfährt die einzelne Filterfaser durch die Luftströmung folgende *Faserwiderstandskraft*:

$$F_{W,f} = c_W \frac{\rho_L}{2} (U)^2 A_f \tag{6.1}$$

ρ_L Stoffdichte der Luft
U Filteranströmgeschwindigkeit

Unter der für den Widerstand maßgeblichen Anströmfläche der Filterfaser wird eine gedachte Faserprojektionsfläche A_f verstanden, die sich durch das Produkt aus Faserlänge L_f und Faserdurchmesser D_f ergibt. Aufgrund der großen L_f / D_f-Verhältnisse der betrachteten Fasern spielen die Strömungseffekte an den Faserenden nur eine untergeordnete Rolle. Aus dem jeweils zugrundegelegten Zellmodell kann der Widerstandsbeiwert c_w wie folgt abgeleitet werden, wobei die Strömungsfeldkonstante C_3 für jedes Zellmodell einen anderen Wert annimmt:

$$c_W = \frac{8\pi\mu_L}{U D_f \rho_L} C_3 = \frac{8\pi}{Re_f} C_3 \qquad (6.2)$$

μ_L dynamische Viskosität der Luft
Re_f Reynolds-Zahl der Filterfaser

Für die klima- bzw. reinraumtechnisch relevanten Bereiche für die Partikelgröße und die Filteranströmgeschwindigkeit erfolgt die *Partikelabscheidung* vorwiegend durch die drei Transportmechanismen Diffusion, Sperreffekt und Trägheit. Diese sind in Abb. 6.5 schematisch dargestellt und sollen im Folgenden kurz erläutert werden.

6.6.1.1 Diffusion

Nachdem im Jahre 1828 der Botaniker Brown [6.21] die Bewegung der Diffusion anhand von Pollen in wässriger Lösung entdeckte, leitete Einstein [6.22] in den Anfängen des 19. Jh. als Erster mathematische Beziehungen für die Brownsche Bewegung ab, die später experimentell nachgewiesen wurden [6.23]. Der diffusive Teilchentransport in strömenden Fluiden (hier: Luft) wird allgemein als konvektive Diffusion bezeichnet und ist gekennzeichnet durch eine rein zufällige, unregelmäßige Partikelbahn (s. Abb. 6.5). Im Partikelgrößenbereich $D_p \leq 0{,}1\,\mu m$ werden die Partikel fast ausschließlich durch diesen Mechanismus an die Filterfaser transportiert und dort abgeschieden. Der Einzelfaserabscheidegrad infolge Diffusion kann aus der Lösung der Dif-

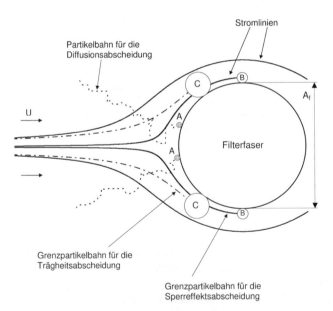

Abb. 6.5 Schematische Darstellung der Abscheidemechanismen infolge des Diffusionseffekts, des Sperreffekts und des Trägheitseffekts [6.20]; Berechnungsdaten für Sperreffekts- und Trägheitsabscheidung: $U = 0{,}03\,\text{m/s}$; $\alpha = 0{,}01$; $D_f = 20\,\mu m$; $D_p = 2\,\mu m$ (Partikel B) und $4\,\mu m$ (Partikel C)

fusionsgleichung berechnet werden und ist im wesentlichen eine Funktion des Partikeldiffusionskoeffizienten, der Filteranströmgeschwindigkeit, des Faserdurchmessers und der Packungsdichte des Fasermediums. Die Diffusionsabscheidung nimmt allgemein mit steigender Partikelgröße und zunehmender Faseranströmgeschwindigkeit ab.

6.6.1.2 Sperreffekt

Unter der Annahme einer trägheitsfreien Strömung und der Abwesenheit von äußeren Kräften (Gravitation, elektrostatische Kräfte) folgen die Partikel exakt den Stromlinien des Fluids (hier: Luft) und gelangen allein aufgrund ihrer geometrischen Ausdehnung an die Faser (siehe Partikel B in Abb. 6.6). Diese Art der Abscheidung wurde von Kaufmann [6.24] früher *Grundabscheidung* genannt und wird im heutigen Sprachgebrauch als Sperreffekt (*engl.: Interception*) bezeichnet. Der Sperreffekt dominiert die Abscheidung im Partikelgrößenbereich von ca. $0.5-1\,\mu m$. Bei sehr kleinen Faseranströmgeschwindigkeiten (z. B. bei der Schwebstofffiltration) werden auch größere Partikel vorwiegend durch den Sperreffekt an der Faser abgeschieden. Der Einzelfaserabscheidegrad infolge des Sperreffekts kann durch die Berechnung der Grenzpartikelbahnen (Stromlinien, deren getragene Partikel gerade die Faseroberfläche berühren, s. Abb. 6.5) theoretisch erfasst werden. Die Sperreffektsabscheidung ist geschwindigkeitsunabhängig und wird im wesentlichen durch die Partikel- und Fasergröße sowie die Packungsdichte des Fasermediums beeinflusst.

6.6.1.3 Trägheit

Für größere Teilchen ($D_p \geq$ ca. 1 μm) und höhere Faseranströmgeschwindigkeiten gewinnt die Partikelträgheit zunehmend an Bedeutung. Bedingt durch diesen Trägheitseinfluss folgen die Partikel bei der Umströmung der Faser ab einer bestimmten Nähe zur Faser nicht mehr den Stromlinien des Fluids und gelangen durch eine geradlinigere Bewegung an die Faseroberfläche (s. Partikel C in Abb. 6.5). Der Einzelfaserabscheidegrad infolge der Trägheit kann durch die Lösung der Stokes'schen Bewegungsgleichungen rechnerisch bestimmt werden, wobei der Sperreffekt als Randbedingung mit einbezogen wird. Hohe Werte für die Partikelgröße, die Partikeldichte und die Faseranströmgeschwindigkeit bedingen eine erhöhte Abscheidung durch den Trägheitseffekt.

Unter bestimmten Bedingungen können neben den drei beschriebenen Abscheidemechanismen Diffusion, Sperreffekt und Trägheit auch die Gravitation und die elektrische Kraftwirkung einen Beitrag zur Partikelabscheidung leisten. Die *Gravitation* stellt einen nicht zu vernachlässigenden Abscheidemechanismus dar, wenn die abzuscheidenden Partikel einen Durchmesser $> 5\,\mu m$ aufweisen und sehr kleine Strömungsgeschwindigkeiten vorliegen [6.25]. Da die Partikelsinkgeschwindigkeit im Bereich der Luftstaubfiltration im Regelfall sehr viel kleiner ist als die Strömungsgeschwindigkeit, ist die Gravitationsabscheidung meist von untergeordneter Bedeutung.

Tragen die Filterfasern und/oder die Partikel elektrische Ladungen, können die resultierenden *elektrischen Wechselwirkungen* zwischen Partikel und Fasern ebenso zur Partikelabscheidung beitragen. Bei den sog. Elektretfaserfiltern sind die Filterfasern elektrisch aufgeladen. Hauptsächlich aufgrund der undefinierten Ladungsabnahme über die Zeit findet diese Faserart als Filtermedium in der klima- bzw. reinraumtechnischen Luftfiltration kaum Verwendung. An dieser Stelle sei das Filterprüfverfahren mittels Aufgabe von monodispersem Latexaerosol genannt, bei welchem die Latexpartikel durch den Zerstäubungsprozess elektrostatisch hoch aufgeladen werden und entsprechend neutralisiert werden müssen, um nicht einen zu guten Partikelabscheidegrad des Filterprüflings vorzutäuschen. Bezüglich der Partikelabscheidung durch elektrische Kräfte wird auf die Arbeiten von Löffler [6.26], Muhr [6.25] und Baumgartner [6.27] verwiesen.

Beim Studium der Partikelabscheidung wird generell vorausgesetzt, dass die Partikel beim Erstkontakt mit der Filterfaser auf dieser haften bleiben und nicht mehr abgestossen werden. Diese Voraussetzung ist für die im Bereich der Klimatechnik eingesetzten Faserfilter bei entsprechender Auslegung auch gegeben. An dieser Stelle sei angemerkt, dass bei allen filtertheoretischen Betrachtungen ferner von geringen Staubkonzentrationen und von unbestaubten Faserfiltermedien (Primärfiltration) ausgegangen wird.

Auf die Darstellung der aus den Zellenmodellen von einer Vielzahl von Autoren abgeleiteten Berechnungsgleichungen für die Einzelfaserabscheidegrade infolge der verschiedenen Abscheidemechanismen wird an dieser Stelle verzichtet und z.B. auf Pich [6.28], Lee [6.29], Yeh [6.30], Fuchs et al. [6.31] und Förster [6.20] verwiesen.

Der Gesamt-Einzelfaserabscheidegrad, welcher aus der Summe der Einzelfaserabscheidegrade aller Abscheidemechanismen resultiert, kann allgemein wie folgt angegeben werden:

$$\eta\left(D_p\right) = \frac{\dot{N}_{ab}\left(D_p\right)}{\dot{N}_{A_f}\left(D_p\right)} \tag{6.3}$$

Der Gesamt-Einzelfaserabscheidegrad ist eine dimensionslose Größe, die als das Verhältnis des an der Faser tatsächlich abgeschiedenen Partikelanzahlstromes zu dem auf die Faserprojektionsfläche anströmenden Partikelanzahlstrom definiert ist. Die Anströmfläche der Filterfaser ($A_f = D_f \times L_f$) ist als Schattenfläche derjenigen zu verstehen.

6.6.2 Druckverlust des Faserfiltermediums

Zur Bestimmung des Druckverlusts eines Faserfiltermediums wird üblicherweise die *Widerstandstheorie* [6.32] angewendet. Bei der Widerstandstheorie wird davon ausgegangen, dass der Druckverlust eines Faserfiltermediums aus der Summe der Einzelwiderstände aller in diesem Filter enthaltenen Fasern resultiert. Mittels einer Bilanzierung über ein definiertes Filtervolumenelement [6.33] sowie unter Berücksichtigung der Gln. (6.1) und (6.2) ergibt sich der dimensionslose Druckverlust des Faserfiltermediums allgemein zu:

$$\Delta p^* = \frac{\Delta p \; \overline{D_f^2}}{\mu_L U L_F} = 16 \frac{\overline{\alpha}}{1 - \overline{\alpha}} \int\limits_0^\infty C_3 f_0 \left(D_f\right) \mathrm{d}D_f \qquad (6.4)$$

Δp gemessener Druckverlust
L_F Filterdicke
D_f Faserdurchmesser
$\overline{\alpha}$ mittlere Packungsdichte des Fasermediums
C_3 Strömungskonstante aus Zellenmodell
$f_0(D_f)$ Faserdurchmesserverteilung

In Abb. 6.6 werden gängige Druckverlusttheorien, welche sich nur in der Strömungskonstante C_3 aus dem jeweils zugrunde gelegten Zellenmodell unterscheiden, mit an Standardluftfiltermedien gemessenen Druckverlustwerten vergleichend gegenübergestellt. Es ist ersichtlich, dass nur der nachstehend genannte, semiempirische Gleichungszusammenhang von Förster [6.20] eine zufriedenstellende Übereinstimmung mit dem realen Druckverlustverhalten von Standardluftfiltermedien ermöglicht und somit für Berechnungen in der Praxis herangezogen werden kann:

$$\Delta p = 45\overline{\alpha}^{1,5} \frac{U\mu_L L_F}{D_f^2} \qquad (6.5)$$

bzw. dimensionslos

$$\Delta p^* = 45\overline{\alpha}^{1,5} \qquad (6.6)$$

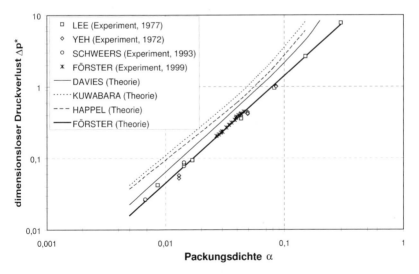

Abb. 6.6 Vergleich von experimentellen Druckverlustwerten [6.29, 6.34, 6.30] mit theoretischen Berechnungen [6.20, 6.18, 6.19, 6.35] für Standardluftfiltermedien

Alle weiteren Theorien überschätzen die gemessenen Druckverluste teilweise erheblich. Der Grund hierfür liegt in der Nichtberücksichtigung der inhomogenen Faserstruktur, welche in der Realität stets vorliegt.

Der Druckverlust von Faserfiltermedien nimmt generell mit der Filteranströmgeschwindigkeit und der Filterdicke linear zu und mit dem Faserdurchmesser quadratisch ab, s. Gl. (6.5).

Der Druckverlust eines in ein entsprechendes Gehäuse oder Lüftungsgerät eingebauten Luftfilterelements resultiert aus zwei Anteilen:

$$\Delta p \text{ (Filterelement)} = \Delta p \text{ (Medium)} + \Delta p \text{ (Einbaugeometrie)} \tag{6.7}$$

Während der Mediumdruckverlust aufgrund der laminaren Luftströmung durch das Medium direkt proportional zur Filteranströmgeschwindigkeit ist (linearer Zusammenhang), zeigt der Druckverlust aufgrund der Einbaugeometrie eine quadratische Abhängigkeit von der Filteranströmgeschwindigkeit (Einschnür- und Umlenkverluste). Für den Druckverlust des Filterelements ergibt sich somit eine Geschwindigkeitsabhängigkeit, welche zwischen linear und quadratisch liegt. Da der Mediumdruckverlust den maßgeblichen Anteil darstellt, liegen die Geschwindigkeitsexponenten für Feinstaubfilter bei entsprechender Filterauslegung nahe dem Wert 1. Für Grobstaubfilter, bei denen aufgrund der höher gewählten Anströmgeschwindigkeit keine laminare Mediendurchströmung vorliegt, können die Geschwindigkeitsexponenten annähernd den Wert 2 erreichen.

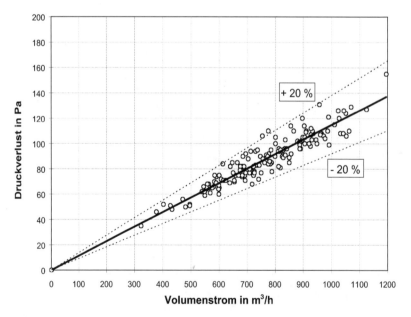

Abb. 6.7 Gemessene Anfangsdruckverluste für 160 Schwebstofffilter (Größe: 610 mm × 610 mm) bei unterschiedlichen Volumenströmen

In Abb. 6.7 sind die gemessenen Anfangsdruckverluste für 160 Schwebstofffilterelemente der Größe 610 mm × 610 mm gegenüber den verschieden eingestellten Volumenströmen aufgetragen. Die Schwebstofffilterelemente waren
hierbei in eine reinraumtechnische Lüftungsanlage installiert (endständiger
Einbau). Die lineare Abhängigkeit des Druckverlusts vom Volumenstrom ist
deutlich erkennbar. Die Einzelwerte schwanken im Bereich von etwa ±20%.

Der Druckverlust von Faserfiltern steigt infolge der Partikeleinlagerung im
Filtermedium mit der Zeit an. Dieses Phänomen ist erfahrungsgemäß bekannt, jedoch ist bis zum heutigen Wissensstand keine gesicherte Vorausbe-
rechnung des Druckverlustanstiegs infolge der Partikelbeladung in Faserfiltern möglich. Hierbei ist man demzufolge auf Experimente angewiesen. Die
wichtigsten Einflussparameter für den Druckverlustanstieg infolge der Partikeleinlagerung sind die Konzentration, die Art und die Größenverteilung der
abgeschiedenen Partikel.

6.6.3 Abscheidevermögen des Faserfiltermediums

Das Abscheidevermögen eines Faserfilters bzw. eines Faserfiltermediums wird
i. Allg. durch eine der nachstehend genannten Größen angegeben:
- Fraktionsabscheidegrad $E\left(D_p\right)$
- Fraktionelle Penetration $P\left(D_p\right)$

Der Fraktionsabscheidegrad (auch Trenngrad genannt) und die fraktionelle
Penetration (auch Durchlässigkeit genannt) sind durch das Verhältnis der
Partikelanzahlkonzentrationen vor und nach dem Filter wie folgt definiert:

$$E\left(D_p\right) = 1 - \frac{C_{N,\,\text{nach}}\left(D_p\right)}{C_{N,\,\text{vor}}\left(D_p\right)} = 1 - P\left(D_p\right) \tag{6.8}$$

Diese Definitionsgleichung bildet die messtechnische Grundlage für alle
Abscheidegradbestimmungen an Filtermedien und Filterelementen. Üblicherweise wird zur Beschreibung des Abscheidevermögens bei Grob- und Feinstaubfiltern der Fraktionsabscheidegrad und bei HEPA- und ULPA-Filtern die
fraktionelle Penetration bevorzugt.

Zur Berechnung des Fraktionsabscheidegrads des Faserfiltermediums
wird der auf mikroskopischer Ebene abgeleitete Einzelfaserabscheidegrad (s.
Abschn. 6.6.1) auf das gesamte Filtermedium übertragen. Dazu wird zunächst
von einem elementaren Schnittvolumen des Filtermediums ausgegangen. Das
makroskopische Abscheidevermögen in Form des Fraktionsabscheidegrades
kann aus einer Partikelstrombilanz an diesem elementaren Volumen des Filtermediums wie folgt abgeleitet werden:

$$E\left(D_p\right) = 1 - \exp\left[-\frac{4\overline{\alpha}L_F}{\pi\left(1-\overline{\alpha}\right)\overline{D_f^2}} \int_0^{D_f} \eta\left(D_p, U, \ldots\right) D_f f_0\left(D_f\right) \mathrm{d}D_f \right] \tag{6.9}$$

Aus dieser Filtergleichung sind die Einflüsse der Strukturparameter des
Faserfiltermediums auf die Abscheideeffizienz ersichtlich. Größere Packungs-

dichten und Filterdicken verbessern die Partikelabscheidung, während größere Faserdurchmesser zu einer Verminderung des Abscheidegrades führen. Die Abhängigkeit des Fraktionsabscheidegrades von der Partikelgröße und der Filteranströmgeschwindigkeit wird durch den Gesamt-Einzelfaserabscheidegrad η bestimmt, welcher alle wirkenden Abscheidemechanismen beinhaltet (s. Abschn. 6.6.1). Der Einfluss der Anströmgeschwindigkeit auf ein planes Faserfiltermedium wird durch Abb. 6.8 illustriert, in der Abscheidegradmessungen an einem ausgewählten Filtermedium der Klasse F7 für drei unterschiedliche Filteranströmgeschwindigkeiten (U = 0,055/0,3/0,7 m/s) dargestellt sind. Die in dieser Abbildung ebenfalls dargestellten Abscheidegradverläufe wurden nach [6.20] theoretisch berechnet und geben die Experimente sowohl tendenziell als auch quantitativ zufriedenstellend wieder. Der Einfluß der Filteranströmgeschwindigkeit wird hier deutlich erkennbar. Während die Diffusionsabscheidung im Partikelgrößenbereich $D_p \leq$ ca. 0,3 μm mit steigender Geschwindigkeit merklich abnimmt, wird die Partikelabscheidung im Sperreffekts-/Trägheitsbereich ($D_p \geq$ ca. 1,0 μm) erhöht. Der filtrationstechnisch kritische MPPS-Bereich (MPPS = Most Penetrating Particle Size) wird mit zunehmender Geschwindigkeit zu kleineren Partikelgrößen hin verschoben.

An dieser Stelle sei kurz auf die Angabe des Abscheidegrades bei Grob- und Feinstaubfiltern gemäß der Prüfnorm DIN EN 779 eingegangen. In der genannten Prüfnorm wird für ein Feinstaubfilter der Klasse F7 ein mittlerer Wirkungsgrad von 80–90% angegeben (s. Abschn. 6.5.1). Dieser Wirkungsgrad ist ausschließlich auf die Partikel- bzw. Staubmasse des polydispersen Teststaubes bezogen und beinhaltet keine Aussage über die partikelgrößenabhängige Abscheideleistung von Standardluftfiltern. In Abb. 6.8 ist ersichtlich, dass ein F7-Filter bei einer Anströmgeschwindigkeit von 0,3 m/s im Partikel-

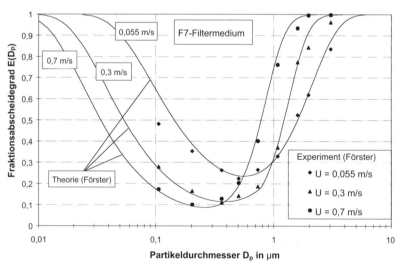

Abb. 6.8 Darstellung des Geschwindigkeitseinflusses auf den Fraktionsabscheidegrad eines F7-Filtermediums (Experiment und Theorie nach [6.20])

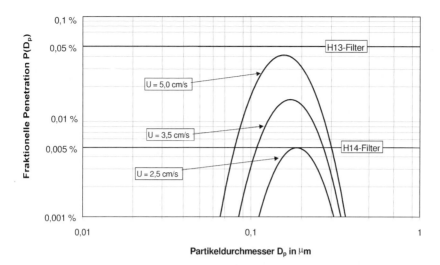

Abb. 6.9 Darstellung des Geschwindigkeitseinflusses auf die fraktionelle Penetration von Schwebstofffiltern (Theorie nach [6.23])

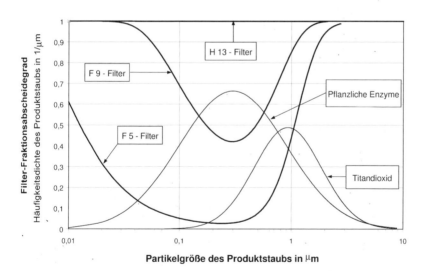

Abb. 6.10 Darstellung von Fraktionsabscheidegradverläufen von verschiedenen Filtertypen im Vergleich zu ausgewählten Produktstaubverteilungen (Theorie nach [6.20])

größenbereich von ca. $0,1-1\,\mu$m nur einen maximalen Abscheidegrad von ca. 30 % aufweist. Bei der Auswahl eines Standardluftfilters sollte daher stets der Aspekt des „fraktionellen Denkens" mit einfließen.

In Abb.6.9 wird der Einfluss der Filteranströmgeschwindigkeit auf die fraktionelle Penetration von Schwebstofffiltern gezeigt. Unter der Voraussetzung einer orthogonalen Faseranströmung ist festzuhalten, dass die Qualität eines Schwebstofffilters bei einer Verdopplung der Geschwindigkeit um eine Filterklasse schlechter wird bzw. das Filter eine nahezu 10fach höhere Penetration im MPPS-Bereich aufweist.

Der generelle Nutzen von filtertheoretischen Berechnungen wird durch Abb. 6.10 zum Ausdruck gebracht. Hier werden theoretisch berechnete Abscheidegradverläufe für Luftfilter verschiedener Filterklassen im Vergleich zu Häufigkeitsdichten von ausgewählten Produktstäuben (Beispiele aus der Pharmazie) gezeigt. Eine derartige Darstellung ermöglicht eine gezielte und produktspezifische Auswahl von Luftfiltern für den gewünschten Einsatzfall.

6.7 Betriebsverhalten von Luftfiltern

Die Filtercharakteristika Fraktionsabscheidegrad, Differenzdruck bzw. Differenzdruckverlauf, Staubspeichervermögen und Standzeit sind eng miteinander verknüpft und beeinflussen sich gegenseitig. Durch die Staubeinspeicherung im Fasermedium steigen die Differenzdrücke und im Regelfall auch die Abscheidegrade von Luftfiltern mit der Betriebszeit an. Der zeitliche Differenzdruckverlauf zeigt bei Grob- und Feinstaubfiltern eine nahezu quadratische und bei Schwebstofffiltern eine lineare Charakteristik. Unter der Voraussetzung des Filterbetriebs bei Nennvolumenstrom liegen die typischen Anfangsdruckverluste für die verschiedenen Filtertypen in den folgenden Bereichen:

- Grobstaubfilter   ca. 30–50 Pa
- Feinstaubfilter   ca. 50–150 Pa
- Schwebstofffilter   ca. 80–150 Pa.

Von den Filterherstellern werden im Regelfall filterspezifische Enddruckverluste empfohlen, die nicht überschritten werden sollten (z. B. für ein Feinstaubfilter ca. 450 Pa). Für Schwebstofffilter ist der Filterwechsel ab einem Differenzdruckwert von etwa 250 Pa ratsam. Der Filterwechsel sollte jedoch in erster Linie nach einer gewissen Standzeit und nicht bei Erreichen der Enddruckdifferenz erfolgen. Zur Kontrolle des Filterdifferenzdruckes werden im Regelfall entsprechende Vorortanzeigen installiert, welche in regelmäßigen Zeitabständen abgelesen werden sollten. Nach dem Austausch von Schwebstofffiltern sollten die neuinstallierten Filter wiederum einem Dichtsitz- und Integritätstest unterzogen werden (s. Kap. 17). Bezüglich Wartung und Betrieb von Luftfiltern wird an dieser Stelle auf die VDI 6022 *„Hygienische Anforderungen an Raumlufttechnische Anlagen"* [6.34] verwiesen.

Im Bereich der Pharmazie, wo die mikrobiologische Konzentration der Luft eine wesentliche Rolle spielt, ist einem möglichen Keimwachstum im Luftfilter besondere Aufmerksamkeit zu widmen. Zu lange Betriebszeiten, hohe relative Luftfeuchten und hohe Lufttemperaturen können zu einem mikrobiellen Durchwachsen des Luftfilters und damit zu einem Keimeintrag in den Produktionsreinraum führen.

Literatur

[6.1] Goldacker, R. et al.: Grundlagen textiler Herstellungsverfahren, Fachbuchverlag Leipzig, 1. Auflage, Leipzig, 1991

[6.2] DIN EN 779: Partikel-Luftfilter für die allgemeine Raumlufttechnik, Berlin, 1994

[6.3] DIN EN 1822, Teil 1: Schwebstoffilter (HEPA und ULPA), Klassifizierung, Leistungsprüfung, Kennzeichnung, 1998

[6.4] ASHRAE Standard 52–76: Method of Testing Air-Cleaning Devices Used in General Ventilation for Removing Particulate Matter, American Society of Heating, Refrigerating and Air-Conditioning Engineers, Inc., Atlanta, 1976

[6.5] EUROVENT 4/5: Prüfung von Luftfiltern für die Luft- und Klimatechnik, Europäisches Komitee der Hersteller von lufttechnischen und Trocknungsanlagen, Wien, 1980

[6.6] DIN 24185, Teil 2: Prüfung von Luftfiltern für die allgemeine Raumlufttechnik, Filterklasseneinteilung, Kennzeichnung, Prüfung, Berlin, 1980

[6.7] ASHRAE 52.2 P: Method of Testing General Ventilation Air-Cleaning Devices for Removal Efficiency by Particle Size, Proposed American National Standard, 1996

[6.8] EUROVENT 4/9: Prüfung von Luftfiltern für die allgemeine Raumlufttechnik, Bestimmung des Fraktionsabscheidegrades, Europäisches Komitee der Hersteller von lufttechnischen und Trocknungsanlagen, Wien, 1992

[6.9] DIN 24184: Typprüfung von Schwebstoffiltern, 1974

[6.10] DIN 24184, Teil 1: Typprüfung von Schwebstoffiltern, Prüfung mit Paraffinölnebel als Prüfaerosol, 1990

[6.11] DIN 24183, Teil 1, Entwurf: Bestimmung des Abscheidegrades von Schwebstoffiltern mit Partikelzählverfahren, Grundlagen, 1993

[6.12] DIN 24183, Teil 2, Entwurf: Bestimmung des Abscheidegrades von Schwebstoffiltern mit Partikelzählverfahren, Aerosolerzeugung, Messgeräte, Partikelzählstatistik, 1994

[6.13] DIN 24183, Teil 3, Entwurf: Bestimmung des Abscheidegrades von Schwebstoffiltern mit Partikelzählverfahren, Prüfung des planen Filtermediums, 1994

[6.14] DIN EN 1822, Teil 2: Schwebstoffilter (HEPA und ULPA), Aerosolerzeugung, Messgeräte, Partikelzählstatistik, 1998

[6.15] DIN EN 1822, Teil 3: Schwebstoffilter (HEPA und ULPA), Prüfung des planen Filtermediums, 1998

[6.16] DIN 24183, Teil 4, Entwurf: Bestimmung des Abscheidegrades von Schwebstoffiltern mit Partikelzählverfahren, Leckprüfung des Filterelements, 1996

[6.17] Frazer, R. A.: On the Motion of Circular Cylinders in a Viscous Fluid, Philosophical Transactions of the Royal Society of London, Vol. 225, Series A, 1926, pp. 93–130

[6.18] Happel, J.: Viscous Flow Relative to Arrays of Cylinders, Journal of the American Institute of Chemical Engineers, Vol. 5, No. 2, 1959, pp. 174–177

[6.19] Kuwabara, S.: The Forces experienced by Randomly Distributed Parallel Circular Cylinders or Spheres in a Viscous Flow at Small Reynolds Numbers, Journal of the Physical Society of Japan, Vol. 14, No. 4, 1959, pp. 527–532

[6.20] Förster, B.: Ein neues Zellenmodell zur Bestimmung von Abscheidegrad und Druckverlust der in der Klimatechnik verwendeten Filtermedien, Dissertation GHS Essen, 1999

[6.21] Brown, R.: Mikroskopische Beobachtungen über die im Pollen der Pflanzen enthaltenen Partikeln, und über das allgemeine Vorkommen activer Molecüle in organischen und unorganischen Körpern, Annalen der Physik und Chemie, Bd. 14, S. 294–313, 1828

[6.22] Einstein, A.: Über die von der molekularkinetischen Theorie der Wärme geforderte Bewegung von in ruhenden Flüssigkeiten suspendierten Teilchen, Annalen der Physik, 4. Folge, Bd. 17, S. 549–560, 1905

[6.23] Perrin, A. D.: Die Brownsche Bewegung und die wahre Existenz der Moleküle, Sonderausgabe der Kolloidchemischen Beihefte, Bd. I, 1910

[6.24] Kaufmann, A.: Die Faserstoffe für Atemschutzfilter – Wirkungsweise und Verbesserungsmöglichkeiten, VDI 80/20, S. 593–599, 1936

[6.25] Muhr, W.: Theoretische und Experimentelle Untersuchung der Partikelabscheidung in Faserfiltern durch Feld- und Trägheitskräfte, Dissertation TH Karlsruhe, 1976

[6.26] Löffler, F.: Staubabscheiden, Georg Thieme Verlag, Stuttgart, 1988

[6.27] Baumgartner, H.: Elektretfaserschichten für die Aerosolfiltration – Untersuchungen zum Faserladungszustand und zur Abscheidecharakteristik, Dissertation TH Karlsruhe, 1986

[6.28] Pich, J.: Die Filtrationstheorie hochdisperser Aerosole, Staub-Reinhaltung der Luft, 25, S. 186–192, 1965

[6.29] Lee, K. W.: Filtration of Submicron Aerosols by Fibrous Filters, Ph. D., University of Minnesota, Microfilm No. 78–2688, 1977

[6.30] Yeh, H.-C.: A Fundamental Study of Aerosol Filtration by Fibrous Filters, Ph. D., University of Minnesota, 1972

[6.31] Fuchs, N. A.; Kirsch, A. A.; Stechkina, I. B.: A Contribution on the Theory of Fibrous Filters, Faraday Symposia of the Chemical Society, No. 7 : Symposium on Fogs and Smokes, 28–30 March, 1973, pp. 143–156

[6.32] Iberall, A. S.: Permeability of Glass Wool and other Highly Porous Media, Journal of Research of the National Bureau of Standards, Vol. 45, No. 5, RP (Research Paper) 2150, 1950, pp. 398–406

[6.33] Ziemer, W.: Aerosolfiltration in mehrkomponenten Glasfaserfiltermedien, Dissertation TU Budapest, 1992

[6.34] VDI 6022, Teil 1 und 2: Hygienische Anforderungen an Raumlufttechnische Anlagen, 1998/1999

[6.35] Davies, C. N.: The Separation of Airborne Dust und Particles, Proc. Inst. Mech. Eng. (London), Sect. B, Vol. 1, 1952, pp. 185–198

Weiterführende Literatur

Cunningham, E.:On the Velocity of Steady Fall of Spherical Particles through Fluid Medium, Proc. of the Royal Society of London, Ser. A., Vol. 83, 1910, pp. 357–365

Prandtl, L. in Schlichting, H.: Grenzschicht – Theorie, 5. erweiterte und neubearbeitete Auflage, Verlag G. Braun, Karlsruhe, 1965

Schweers, E.: Einfluss der Filterstruktur auf das Filtrationsverhalten von Tiefenfiltern, Dissertation TH Karlsruhe, 1993

7 Reinraumanlagen für Mikroelektronik und Pharma

7.1 Einleitung

Zu den reinraumtechnischen Anlagen zählen insbesondere alle Systeme zur Luftaufbereitung und -förderung, wie
- Außenluftsysteme
- Umluftsysteme
- Fortluftsysteme

sowie alle Funktionselemente und Komponenten, die zur Abgrenzung des Reinen Bereichs von seiner Umgebung gehören, also Reinraumwände, -decken und -böden. Die Reinraumanlage hat die Aufgabe, ein optimales Umfeld für sensible Produktionsprozesse zu schaffen. Hierzu gehört primär die sichere Reinstluftversorgung. Mit zunehmender Komplexität der Produkte und Produktionsprozesse erhöht sich nicht nur die geforderte Reinheitsklasse der Luft, sondern es müssen darüber hinaus prozessspezifisch eine Reihe weiterer Einflussgrößen kontrolliert und begrenzt werden, die von wesentlicher Bedeutung für die Konzeption und Gestaltung der gesamten Anlage sein können (Abb. 7.1).

Abb. 7.1 Kontrolle der Prozessumgebung

Die komplexen Anforderungen können nur durch ein Gesamtkonzept optimal erfüllt werden, das von der frühen Planungsphase bis zur Inbetriebnahme alle beteiligten Partner (Betreiber, Planer, Architekt, Anlagenbauer, System- und Komponentenlieferanten) einbezieht. Insbesondere die Halbleiterfertigung verlangt eine klare Abstimmung des Gebäude- und Reinraumkonzepts, da die lüftungstechnischen Anlagen für Umluft, Außenluft und Fortluft einen hohen Flächenanteil beanspruchen und wesentliche Komponenten z.T. direkt ins Gebäude integriert werden.

Luftaufbereitung und -förderung können einen wesentlichen Anteil der gesamten Betriebskosten für die Herstellung mikroelektronischer und pharmazeutischer Produkte verursachen [7.1, 7.2]. Eine geeignete Anlagenkonzeption, die Auswahl effizienter Komponenten sowie die konsequente Nutzung von Abwärmepotentialen können einen erheblichen Anteil an Energie sparen und einen wertvollen ökologischen und ökonomischen Beitrag leisten.

7.2 Reinraumanlagen für die Halbleiterfertigung

7.2.1 Grundlagen

Die Halbleiterfertigung verlangt eine ganzjährige kontinuierliche Betriebsweise. Selbst kurzzeitige Unterbrechungen verursachen hohe Folgekosten. Alle reinraumtechnischen Anlagen und Komponenten müssen daher
- eine hohe Zuverlässigkeit und Betriebssicherheit gewährleisten
- wartungs- und bedienungsfreundlich ausgeführt sein
- für kritische Funktionen redundant ausgelegt werden.

Der Reinraum muss prozessabhängig Spezifikationen erfüllen, deren wichtigste beispielhaft für Strukturbreiten von 0,25 μm in Tabelle 7.1 zusammengefasst sind.

Die großen Laminar-Flow-Flächen beim Bay/Chase-Konzept benötigen beste Filterqualitäten bezüglich Abscheidegrad (U 16/17) und Gleichförmigkeit der Filteraustrittsgeschwindigkeit. Beim Minienvironment/Ballroom-Konzept werden die Wafer in geschlossenen Behältern transportiert, die Prozesse sind vom Reinraum gekapselt und haben meist eine eigene Luftversorgung mit einer weiteren Filterstufe. Dadurch genügen hier geringere Filterqualitäten (U 15), die Gleichförmigkeit der Filteraustrittsgeschwindigkeit ist von untergeordneter Bedeutung, da eine turbulente Raumströmung ausreichend ist.

Die Begrenzung der Schwingungen fordert zunächst eine entsprechende Architektur des Gebäudes mit konsequenter Trennung der sensiblen Prozessflächen vom restlichen Gebäude. Darüber hinaus sollten alle wesentlichen drehenden Teile in unmittelbarer Umgebung des Reinraums, wie z.B. große Ventilatoren für Umluft, Außen- und Fortluft mit der Güte (Q1) gewuchtet und schwingungsgedämpft eingebaut sein.

Zur Verhinderung elektrostatischer Aufladungen müssen die Oberflächen von Reinraumwänden und Doppelböden leitfähig beschichtet sein. Teilweise werden auch zusätzliche Ionisatoren an der Reinraumdecke oder innerhalb

Tabelle 7.1   Typische Spezifikationswerte für Strukturbreiten von 0,25 μm

Einheit		„As built"-Spezifikationen	
		Bay/Chase-Konzept	Ballroom-Konzept
Filter-Austrittsgeschwindigkeit	m/s	0,35–0,40 ± 15%	0,40–0,45
Parallelität	grad	< 14/10	entfällt
Reinheit der Reinraumluft	Part./m^3	< 35	< 3500
(Partikel-Referenzgröße = 0,5μm)		(Prozessbereiche)	
		< 3500	
		(Servicebereiche)	
Lufttemperatur			
Fotolithografie	°C	22,0 ± 0,2	22,0 ± 0,5
Prozessbereiche außer Fotolithografie	°C	22,0 ± 0,5	22,0 ± 1,5
Service-Bereiche	°C	22,0 ± 1,0	22,0 ± 1,5
Relative Luftfeuchte			
Fotolithografie	% r. F.	43 ± 2	43 ± 3
Prozessbereiche außer Fotolithografie	% r. F.	43 ± 3	43 ± 3
Service-Bereiche	% r. F.	45 ± 5	45 ± 5
Schalldruckpegel	dB (A)	< 63	< 63
Beleuchtungsstärke			
Fotolithografie	Lux	> 600 (Gelblicht)	> 600 (Gelblicht)
Prozessbereiche außer Fotolithografie	Lux	> 800	> 800
Service-Bereiche	Lux	> 500	> 500
Schwingungen			
Fotolithografie		Klasse E	Klasse E
Reinraumbereiche außer Fotolithografie		Klasse D (C, B, A)	Klasse D (C, B, A)
Erdung	Ohm	104–106	105–106
Wand-/Bodenwiderstand	Ohm	104–109	105–109

von Minienvironments angeordnet, die durch abwechselnde Erzeugung positiver und negativer Ionen eine Neutralisierung der Oberflächen bewirken.

Entsprechend der fortschreitenden Integrationsdichte ergeben sich bei bestimmten Prozessschritten, wie z.B. in der Lithografie, ständig steigende Forderungen an die Stabilität der Lufttemperatur und -feuchte sowie an die zulässige Kontamination mit gasförmigen Stoffen. So verlangt beispielsweise der Belackungsprozess eine thermische Stabilität $< \pm 0,1\,K$ und eine Feuchtekonstanz $< \pm 1\%$. Bei Strukturbreiten unter 0,25 μm benötigen Waferbelichtungsprozesse und Messgeräte für Masken konstante Temperaturen bei der Luftversorgung im Bereich von 1/100 K. Solche extremen Forderungen können nicht durch die Reinraumanlagen selbst gewährleistet werden, sondern nur durch getrennte Prozessluftversorgungseinheiten oder sog. Environmental Chambers, die den Prozess vom umgebenden Reinraum abschirmen und ihrerseits in der konstanten Umgebung des Reinraums betrieben werden.

Reinstluftversorgung

Die Reinstluftversorgung für Produktionsflächen in der Halbleiterfertigung erfolgt wegen der hohen Anforderungen grundsätzlich über endständige Schwebstofffilter im Deckenraster. Dabei können 3 Grundprinzipien (Abb. 7.2) unterschieden werden:
– Filterhaube mit Einzelanschluss an Lüftungskanäle
– Druckplenum
– Filter-Ventilator-Einheiten.

Filterhauben mit integriertem Schwebstofffilter, die über flexible Verbindungen an Lüftungskanäle angeschlossen sind, benötigen keine partikeldichte Ausführung der Rasterdecke. Der Reinraum befindet sich gegenüber dem Deckenhohlraum im Überdruck, Leckagen im Deckenbereich führen damit zu keiner Kontamination des Reinraums. Nachteilig ist jedoch der hohe Platzbedarf sowie die finanziellen Aufwendungen für Kanäle und flexible Verbindungen bis zur Filterhaube.

Bei der Druckdecke erfolgt die Luftversorgung der Schwebstofffilter über ein gemeinsames Plenum, das durch eine separate, über der Reinraumdecke abgehängte Blechkonstruktion, durch die Decke der darüberliegenden Gebäudeebene oder durch die Dachhaut selbst gebildet werden kann (Abb. 7.3). Das gesamte Plenum befindet sich gegenüber dem Reinraum entsprechend der Druckdifferenz des Schwebstofffilters im Überdruck, üblicherweise bei ca. 80–120 Pa. Daher müssen sämtliche Elemente der Rasterdecke (Aluminiumprofile,

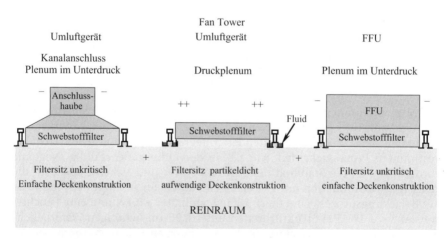

Abb. 7.2   Filterdeckenkonzepte

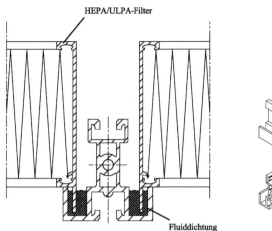
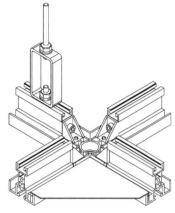

Abb. 7.3   Druckdecke mit Fluid

Kreuzstücke, Filterrahmen, Blindbleche) partikeldicht miteinander verbunden werden. Ebenso müssen sämtliche Durchführungen, z. B. für elektrische Leitungen und Sprinkler, partikeldicht ausgeführt werden. Für die Aufnahme der Filterelemente werden in der Regel Rasterelemente mit U-förmigen Ausbildungen verwendet, in denen eine gelartige Substanz das Profil des Filterrahmens partikeldicht umschließt. Als Dichtmedium wird häufig 2-Komponentenmaterial auf Basis von Silikon oder Polyurethan verwendet, das nach der Montage der Rasterdecke dünnflüssig eingefüllt werden kann und nach der Mischung dauerhaft gelartig aushärtet. Der Vorteil solcher Druckdecken ist, dass große Filterflächen kostengünstig an gemeinsame parallel wirkende Luftversorgungsgeräte angeschlossen werden können und der Raumbedarf oberhalb der Rasterdecke gering ist.

Die Filter-Ventilator-Einheit oder Filter Fan Unit (FFU) ist eine Kombination des Schwebstofffilters mit einem kleinen Ventilator in einem Gehäuse. Die Luft wird dabei aus dem Plenum frei angesaugt, das Plenum befindet sich damit gegenüber dem Reinraum immer im Unterdruck. Aufwendige partikeldichte Deckenkonstruktionen werden nicht benötigt, nachteilig ist jedoch der zusätzliche Aufwand für die Stromversorgung und die Überwachung der Vielzahl von Ventilatorantrieben.

7.2.2 Gebäude- und Reinraumkonzepte

In den Anfängen der Halbleiterfertigung waren die reinraumtechnischen Anlagen durch einfache Laminar-Flow-Einheiten gekennzeichnet. Die fortschreitende Miniaturisierung der Chip-Strukturen sowie die Massenfertigung in immer größeren Produktionsflächen führte zum sog. Tunnelkonzept (Abb. 7.4), bei dem die Fertigungsgeräte links und rechts eines Operatorgangs angeordnet sind. Die Reinstluft wird über eine Rasterdecke turbulenzarm meist

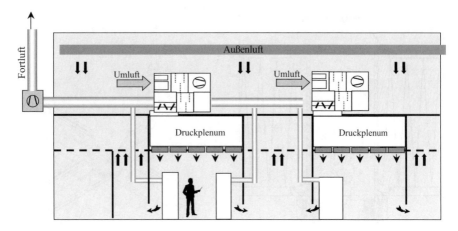

Abb. 7.4   Tunnelkonzept

über die gesamte Operatorfläche zugeführt und strömt seitlich über Durchführungen in den Trennwänden in den Servicebereich, in dem die gesamte Medienversorgung erfolgt und alle Zusatzeinrichtungen wie z. B. Vakuumpumpen untergebracht sind.

Der Übergang zur Submikrontechnologie, größere Waferdurchmesser (150→200 mm), komplexere Prozesstechnik und höhere Waferdurchsatzraten erforderten schließlich eine klare Trennung der Prozessflächen von der Medienversorgung und den Zusatzgeräten in 2 Ebenen (2-Level-Fab). Gleichzeitig wird in der Prozessebene der Operatorbereich mit den höchsten Anforderungen, in der Regel Cl. 1(Klasse 1 gem. Fed. St. 209E) vom Servicebereich (Cl. 1000) durch Wände getrennt. Durch abwechselnde Anordnung von Operator- und Serviceflächen (Bay/Chase-Konzept, Abb. 7.5), die in Längsrichtung des Gebäudes jeweils durch einen Verbindungsgang miteinander verbunden sind, werden Operatorflächen, in denen die Wafer bearbeitet und in offenen Kassetten transportiert werden, komplett von den Serviceflächen getrennt. Die Prozessgeräte sind dabei so angeordnet, dass möglichst nur der Teil, der der Waferübergabe und der -bearbeitung dient, vom Operatorbereich zugänglich ist, und alle Wartungsflächen im Servicebereich angeordnet sind. Operator- und Serviceflächen können damit in unterschiedlichen Reinheitsklassen ausgeführt werden, typischerweise Cl. 1 für Operator- und Cl. 1000 für Serviceflächen. Das Wartungspersonal hat über den Servicekorridor einen separaten Zugang und muss damit nicht die hohen Verhaltens- und Bekleidungsvorschriften der Operatoren erfüllen.

Die gesamte Prozessfläche befindet sich auf einer ca. 0,8–1 m starken Betondecke (sog. Waffle Slab), die mit rasterartig angeordneten Durchbrüchen für die Luftführung und die zahlreichen Durchführungen für die Versorgungssysteme (Chemikalien, Gase, Reinstwasser, Strom, Kühlwasser, Prozessfortluft, Abwasser) versehen ist. Dieser Waffle Slab ist komplett vom restlichen Gebäude entkoppelt, separat abgestützt und muss die hohen Schwingungsanforderungen, insbesondere im Lithografiebereich, erfüllen. Alternativ zur Beton-

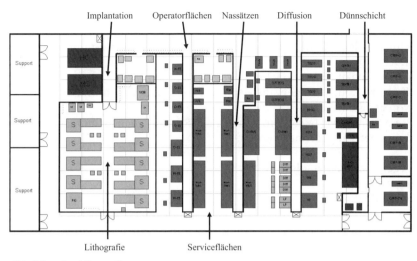

Abb. 7.5 Bay/Chase-Konzept

bauweise sind auch Stahlkonstruktionen bekannt, die Vorteile bzgl. der Bauzeit bieten können [7.3].

Die Luftversorgung erfolgt im Operatorbereich über eine vollflächige Filterbelegung der Rasterdecke mit turbulenzarmer Verdrängungsströmung (0,35–0,45 m/s), im Servicebereich genügt für die Gewährleistung der Reinheitsklasse 1000 und die Abfuhr der Kühllast eine 25%ige Filterbelegung (ca. 110- bis 150facher Luftwechsel) mit turbulenter Mischströmung. Die Reinstluft strömt durch den Doppelboden und den Waffle Slab vertikal in die Rückluftebene und von dort horizontal zu den beidseitig an den Längsseiten des Gebäudes angeordneten Rückströmschächten. Alle Hilfsgeräte sowie Medienversorgung und Prozessfortluft befinden sich damit in der Reinstluft des Umluftsystems.

Komplexere Chipstrukturen mit wachsender Anzahl an Maskenebenen und Prozessschritten sowie die Forderung, Hilfseinrichtungen und -geräte mit gasförmigem Kontaminationspotential (Ausgasungen, Betriebsstoffe) von der Reinstluftzone fernzuhalten, führten zu der Anordnung einer weiteren Ebene unterhalb der Rückströmebene (3-Level-Fab) [7.3]. Die Rückströmebene ist jetzt für die Medienversorgung sowie alle Hilfseinrichtungen vorgesehen, die eine reine Umgebung benötigen (z.B. Luftaufbereitungsgeräte für Lithografieprozessgeräte).

Die wesentlichen Vorteile einer 3-Level-Fab sind:
- Vakuumpumpen außerhalb des Reinraumumluftsystems
  - Eliminierung von Kontaminationsquellen (Partikel und gasförmige Substanzen)
  - Verminderung des Schallpegels im Reinraum
- Zusätzlicher Platz in kritischen Prozessflächen verfügbar
  - Direkter Verlauf und Anschluss von Hochvakuumleitungen

- Weitgehend identische Ausführung von Vakuumleitungen für gleiche Prozessgeräte
- Höhere Flexibilität für Versorgungseinrichtungen und Equipment in der Rückluftebene
- Kleinere Gebäudegrundfläche
- Kürzere Rohrleitungen, insbesondere für Chemikalien und Spezialgase von großem Vorteil
- Reinstwasserverteilsystem kann in der Rückluftebene näher an den Verbrauchern angeordnet werden.

Demgegenüber stehen folgende Nachteile:
- Längere Bauzeiten
- Höhere Baukosten
- Die gesamte Struktur des Waffle Slabs muss wegen der größeren Höhe insbesondere in horizontaler Richtung wesentlich steifer ausgeführt werden. Es können zusätzliche Versteifungswände zwischen den Pfeilern erforderlich werden.
- Zusätzliche Ver- und Entsorgungsleitungen notwendig
- Höhere Vordrücke für hochviskose Chemikalien notwendig (z. B. Phosphor- und Schwefelsäure)
- Abtrennungen und Durchführungen zwischen den Ebenen 1 und 2 müssen in der Regel Brandschutzauflagen erfüllen (in Abhängigkeit von den örtlichen Vorschriften).

Ferner sind Gebäudekonzepte bekannt, bei denen mehrere Reinraumflächen übereinander in einem Gebäude untergebracht sind. Jede Reinraumebene hat dabei ihre eigene Umluftversorgung mit zugehörigem Luftversorgungsplenum und Rückluftplenum [7.4]. Dabei werden schwingungsunempfindliche Prozesse in der oberen Reinraumebene untergebracht.

Das Handling der Wafer in offenen Kassetten verlangt höchste Reinheitsklassen, sorgfältige Handhabung durch das Personal und hochwertige Reinraumkleidung. Die Entwicklung von SMIF-Boxen (Standardized Mechanical Interface) führte 1988 zur ersten Umsetzung des Minienvironment-Prinzips in einer kompletten Halbleiterfabrik [7.5]. Hier werden die Wafer in geschlossenen Boxen zwischen den Prozessgeräten transportiert und automatisch an das vom Reinraum gekapselte Prozessgerät übergeben. Der Wafer ist damit während Transport, Lagerung und Bearbeitung vollständig vom Personal und der Reinraumumgebung getrennt. Gegenüber dem Handling in offenen Kassetten erlaubt das eine erhebliche Reduzierung der Reinstluftanforderungen. Die Trennwände zwischen Operator- und Servicebereich können entfallen (Abb. 7.6). Innerhalb der Minienvironments (Abb. 7.7) können höchste Anforderungen an die Reinraumklasse erfüllt werden (z. B. Cl. 0,1), während der Reinraum häufig mit lediglich 25%iger Filterbelegung oder weniger ausgeführt wird, womit im Betrieb erfahrungsgemäß eine mittlere Partikelzahl von 100 nicht überschritten wird. Der Reinraum wird daher häufig als „Cl. 100 Turbulent" (nicht normgerecht) spezifiziert. Die entsprechende Luftmenge reicht darüber hinaus zur Abfuhr der Kühllasten aus. Die Luftversorgung der

Implantation   Nassätzen   Diffusion   Dünnschicht

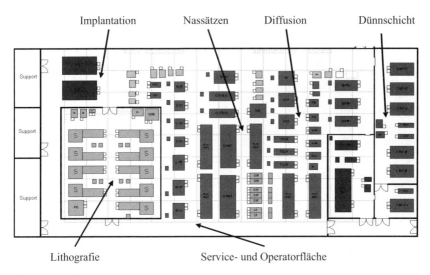

Lithografie   Service- und Operatorfläche

Abb. 7.6 Ballroom-Konzept

a   b

Abb. 7.7 Minienvironment-Ausführungen. **a** Mit Luftversorgung von der Reinraumdecke, **b** mit eigener Luftversorgung

Prozessflächen kann entweder durch abgehängte Minienvironments über die in der Rasterdecke angeordneten Filter erfolgen oder durch separate im Minienvironment angeordnete Filter-Ventilator-Einheiten (Selfpowered Minienvironment). In den letzten Jahren hat das Minienvironment-Prinzip ausgehend von ASIC-Fertigungen (**A**pplication **S**pecific **I**ntegrated **C**ircuit) in Taiwan eine immer weitere Verbreitung gefunden [7.6, 7.4, 7.3, 7.7]. Beim Übergang auf die 300 mm-Wafertechnologie wurde ein ähnliches Prinzip mit geschlossenen FOUP-Kassetten (Abb. 7.8) (**F**ront **O**pening **U**nified **P**od)

Abb. 7.8   Minienvironment

entwickelt, so dass auch hier mit ähnlichen Minienvironment-Reinraumkonzepten gerechnet werden kann [7.8].

7.2.3 Umluftsysteme

Die Aufgabe des Umluftsystems ist die Reinstluftaufbereitung sowie die Entfernung der Kühllast. Für die Förderung der erheblichen Umluftmengen einer Halbleiterfabrik finden im Wesentlichen 3 Grundprinzipien Anwendung:
– Umluftgeräte
– im Rückluftschacht angeordnete Axialventilatoren
– Filter-Ventilator-Einheiten (Filter Fan Unit, FFU).

Der Energiebedarf für die Umluftventilatoren kann einen erheblichen Anteil des gesamten elektrischen Energiebedarfs der gebäudetechnischen Anlagen erreichen. Die Wahl geeigneter Systeme und Komponenten sowie die Planung und Ausführung des gesamten Systems mit seiner Einbindung ins Gebäude ist damit von wesentlicher Bedeutung – nicht nur für die reinraumtechnische Funktion sondern auch für die späteren Betriebskosten.

7.2.3.1 Umluftgeräte

Traditionell werden Umluftgeräte zur Luftversorgung der Reinräume eingesetzt (Abb. 7.9). Wegen der großen Gesamtluftmengen und des damit verbundenen Raumbedarfs für Geräte und luftführende Kanäle erfolgt die Anordnung i. d. R. oberhalb der Reinraumebene, z.B. zwischen der Stahlkonstruktion des Gebäudedachs oder in einer weiteren vom Reinraum getrennten Ebene. Die Rückluft wird über seitlich angeordnete Rückluftschächte von den Geräten angesaugt. Druckseitig sind die Geräte über Zuluftkanäle und flexible Verbindungen mit Filterhauben verbunden oder die Luftversorgung der

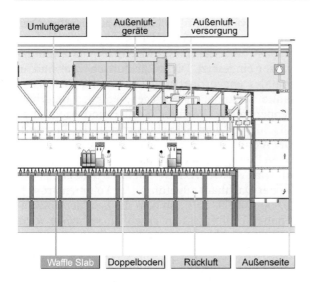

Abb. 7.9 Luftversorgung mit Umluftgeräten

Schwebstofffilter erfolgt über ein Druckplenum. Die Geräte bestehen aus den Komponenten Vorfilter, saugseitiger Schalldämpfer, Kühler, Ventilator, druckseitiger Schalldämpfer und Jalousieklappe. Zur Gewährleistung guter Wirkungsgrade kommen als Ventilatorbauarten rückwärtsgekrümmte Radialventilatoren mit Gehäuse oder auch als freilaufendes Rad oder Axialventilatoren in Frage, deren Volumenstrom i. d. r. über Frequenzumrichter oder verstellbare Schaufeln (Axialventilator) geregelt wird. Im Wartungsfall oder bei Ausfall eines Geräts kann durch Leistungsanpassung der übrigen Geräte die Reinstluftversorgung über das Plenum gewährleistet werden. Bei Kanalführung mit Filterhauben erfolgt der Ausgleich des Volumenstroms im Störfall über Verbindungskanäle zwischen den Geräten.

Die aufbereitete Außenluft wird der Umluft i. d. R. auf der Saugseite der Umluftgeräte beigemischt. Die typische Gerätegröße liegt bei ca. 60.000–80.000 m³/h, d. h. mit einem Umluftgerät können bis ca. 60 m² Filterfläche versorgt werden. Für die Versorgung einer Halbleiterfabrik sind insbesondere bei großen LF-Flächen (Bay/Chase-Konzept) zahlreiche Einheiten notwendig. Bei Anordnung der Geräte direkt oberhalb des Plenums ist auch die Kaltwasserverrohrung (Leckagerisiko) problematisch.

7.2.3.2 Rückluftschacht mit integriertem Axialventilator

Durch Integration der Komponenten in die ohnehin notwendigen Rückluftschächte, ohne Verwendung von zusätzlichen Gehäuseteilen, kann auf die in der Gebäudetechnik üblichen Umluftgeräte verzichtet werden. Damit lassen sich Umlufteinheiten mit wesentlich größeren Volumenströmen gestalten, die keinen zusätzlichen Raumbedarf oberhalb der Filterdecke benötigen und den Flächenbedarf des Reinraumbereichs und das Layout der Prozessfläche nur wenig beeinflussen. Für die Luftumwälzung mit solchen, im angelsächsischen Sprachgebrauch häufig als „Fan Tower" bezeichneten Anlagen, werden auf Grund der Druck- und Volumenstromverhältnisse zweckmäßig Axialventilatoren mit druckseitigem Diffusor eingesetzt. Diese Rückluftschächte sind an beiden Längsseiten des Gebäudes angeordnet und können im Bedarfsfall (große LF-Flächen) die gesamte Gebäudelänge belegen, lediglich unterbrochen durch notwendige Treppenhäuser. Vorfilter, Kühler und saugseitige Schalldämpfer können großflächig vor dem Schachteintritt in der Rückluftebene positioniert werden. Der Axialventilator mit Einlaufdüse und druckseitigem Diffusor sowie der druckseitige Schalldämpfer sind im vertikalen Schacht eingebaut. Die Umluft wird von den Axialventilatoren dem gemeinsamen Druckplenum unterhalb der Dachhaut zugeführt. Der Volumenstrom je Einheit liegt meist bei ca. 120.000–200.000 m³/h, so dass die Zahl der notwendigen Umlufteinheiten gegenüber Umluftgeräten erheblich reduziert wird. Ein weiterer Vorteil ist die einfachere Kühlwasserverrohrung in der Rückluftebene mit erheblich reduziertem Schadenspotential im Fall von Leckagen. Redundanzforderungen für die Luftversorgung (Wartung, Ausfall von Ventilatoren) können durch verschiedene Maßnahmen erreicht werden:

– mindestens ein Teil der Ventilatoren wird mit Volumenstromregelung ausgestattet (Frequenzumrichter, im Lauf verstellbare Schaufeln)
– redundante Kapazität in einem oder mehreren zusätzlichen Umluftschächten.

Im Vergleich zu Umluftgeräten ist der Systemdruckverlust auf Grund der großen Strömungsquerschnitte deutlich niedriger.

Eine zusätzliche Verbesserung lässt sich durch eine besondere Ausgestaltung der Schalldämmkulissen auf der Druck- und der Saugseite erzielen (Abb. 7.10) [7.9]. Die Kulissen sind dabei stufenförmig direkt in der rechtwinkligen Umlenkung am Ein- bzw. Austritt des Schachts angeordnet. Die Schalldämpfung über die verschieden langen Spalte wird durch geeignete Abstimmung der Kulissendicke und der Spaltbreite optimiert. Insgesamt wird eine, im Vergleich mit der herkömmlichen Kulissenanordnung, größere freie Querschnittsfläche mit geringerem Strömungswiderstand erzielt und zudem der Druckverlust durch die 90°-Umlenkungen reduziert. Ein weiterer Vorteil ist der geringere Platzbedarf vor dem Schachteintritt.

7.2.3.3 Filter-Ventilator-Einheiten

Bei Filter-Ventilator-Einheiten (FFU) ist der Umluftventilator in einem Gehäuse direkt oberhalb des Schwebstofffilters angeordnet, d.h. jedes Filter hat seine eigene Luftversorgung durch einen Kleinventilator. Wie beim Fan-Tower-Konzept strömt die Umluft über seitlich angeordnete Schächte von der Rückluftebene zurück zum Plenum. Umluftkühler können vertikal oder horizontal vor dem Schachteintritt oder am Schachtaustritt zum Plenum angeordnet werden. Zusätzliche Schalldämpfer im Umluftsystem sind i.d.R. nicht erforderlich (Abb. 7.11) [7.3].

Die FFUs bestehen aus einer Ventilatoreinheit, überwiegend mit rückwärtsgekrümmtem Laufrad, das in einem Gehäuse mit druckseitig angeord-

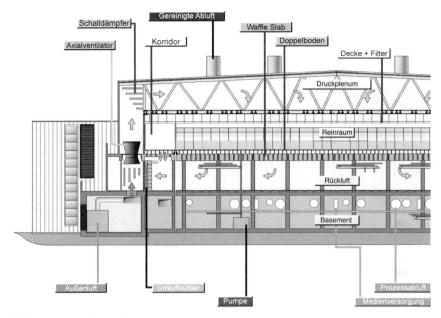

Abb. 7.10   Fan-Tower-Konzept

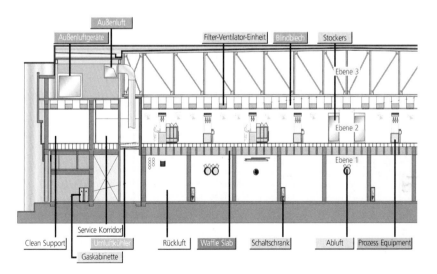

Abb. 7.11   FFU-Konzept

netem Schalldämpfer eingebaut ist. Das Schwebstofffilter kann je nach Bauart der FFU entweder fest in dieses Gehäuse eingebunden sein oder die beiden Komponenten werden erst bei der Montage in der Rasterdecke aufeinandergesetzt (Abb. 7.12). Die Konstruktion muss eine Reihe teilweise widersprüchlicher Forderungen erfüllen:

– geringer Energiebedarf
– niedriger Druckverlust
– hoher Wirkungsgrad für Ventilator und Motor
– geringes Gewicht (Montage, Deckenbelastung)
– geringe Bauhöhe
– wartungsfreier Betrieb mit langer Lebensdauer des Motors.

Der gesamte Umluftstrom ist auf eine Vielzahl von Kleinventilatoren verteilt. Ventilator-Motorkombination, interner Druckverlust und Lagerlebensdauer sind daher von wesentlicher Bedeutung für die späteren Betriebskosten durch Energiebedarf und Wartung der Anlage. Da die Betriebsbedingungen von den geforderten Anlagenparametern (LF-Geschwindigkeit, externe Druckdifferenz) abhängen, müssen die Einheiten drehzahlsteuerbar sein. Radialventilatoren mit Wechsel- oder Drehstromantrieben, in Europa überwiegend auf Basis von Außenläufermotoren, in Fernost oder USA häufig auch mit Innenläufermotoren ausgeführt, waren in der Vergangenheit das dominierende Antriebsprinzip. Zur Drehzahlsteuerung werden dabei eingesetzt

– Wicklungsanzapfung
– Stufentransformator
– Stelltransformator
– Frequenzumrichter
– Phasenanschnittsteuerung.

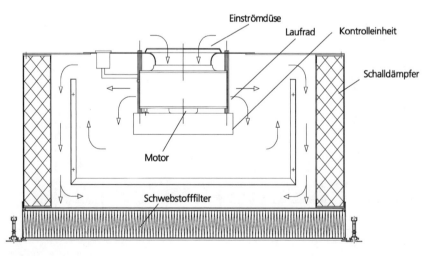

Abb. 7.12   FFU-Querschnitt [7.10]

Wicklungsanzapfung und Stufentrafo lassen nur Drehzahländerungen in Stufen zu. Von den stufenlosen Möglichkeiten hat sich aus Kostengründen vor allem die Phasenanschnittsteuerung durchgesetzt. Die Funktionsüberwachung dieser Einheiten kann über Thermokontakte oder Motorschutzschalter, die im Motor eingebaut sind, erfolgen. Zur Steuerung werden die FFUs häufig in Gruppen zusammengefasst und von einem Drehzahlsteller gemeinsam gesteuert, die Überwachung erfolgt ebenso gruppenweise, d. h. eine individuelle Steuerung und Überwachung jeder Einheit ist hier nicht möglich.

Diesen Nachteil beseitigt die dezentrale Anordnung der Steuereinheit in jeder einzelnen FFU in Kombination mit einem Datenbus. Über einen zentralen Rechner können nun die Sollwertvorgabe für die Drehzahl einzeln adressiert und auch Störmeldungen den einzelnen Einheiten zugeordnet werden.

Konventionelle Kleinmotoren auf Wechsel- oder Drehstrombasis haben begrenzte Wirkungsgrade, insbesondere wenn sie über Drehzahlsteller betrieben werden. Eine wesentliche Verbesserung hinsichtlich Energiebedarf, Regelung und Überwachung sowie Zuverlässigkeit und Lebensdauer lässt sich mit elektronisch kommutierten Gleichstrommotoren erzielen, die über einen weiten Drehzahlbereich sehr gute Wirkungsgrade aufweisen und unabhängig von der Netzfrequenz regelbar sind. In Kombination mit integrierter Steuerung und Überwachung und Anbindung über ein Bussystem wie z. B. LONworks können die FFUs auch bei komplexen Projekten mit mehreren tausend Einheiten individuell über einen PC gesteuert und überwacht werden (Abb. 7.13). Die Einbindung weiterer Überwachungsfunktionen, wie z. B. für Temperatur, Luftfeuchte oder ähnliches, ist leicht möglich. Die Sollwertvorgabe für Drehzahl und für die Grenzwerte der Fehlermeldung können vom PC oder bei kleineren Anlagen auch von einem Handterminal vorgegeben werden. Fehlermeldungen können sofort erkannt und der entsprechenden Einheit zugeordnet werden.

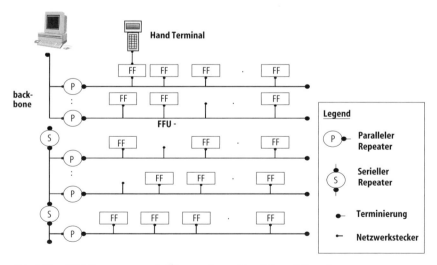

Abb. 7.13   FFU-Steuerung und -Überwachung über PC und Datenbus

7.2.3.4 Vergleich der Umluftsysteme

Das Umluftsystem hat einen wesentlichen Einfluss auf die Gesamtkonzeption des Gebäudes. Höhenentwicklung, Gebäudebreite, Anordnung der Rückluftschächte müssen bereits in der frühen Planungsphase berücksichtigt werden. Wesentliche Aspekte für den Betreiber sind
- Betriebssicherheit
- Flexibilität
- Umbauten, Layoutänderungen, Veränderung der Reinraumklasse etc.
- Wartungsfreundlichkeit
- Investitions- und Betriebskosten.

Die Betriebskosten des Umluftsystems können bei einer Halbleiterfertigung einen erheblichen Anteil der gesamten Kosten für die Stromversorgung ausmachen. Das Umluftsystem ist insbesondere bei hohen Flächenanteilen mit Laminar Flow, wie z. B. beim Bay/Chase-Konzept, häufig der größte Stromverbraucher nach dem Prozessequipment.

Der benötigte Umluftvolumenstrom wird nicht vom Umluftkonzept sondern von den Projektvorgaben (Reinraumkonzept, Filterfläche, LF-Geschwindigkeit etc.) bestimmt. Eine geeignete Bewertungsgröße für den energetischen Vergleich ist daher der spezifische Energiebedarf

$$e = \frac{N}{V} = \frac{\Delta p}{\eta}$$

wobei N die elektrische Leistung, V der Volumenstrom, Δp die Gesamtdruckdifferenz und η der Gesamtwirkungsgrad (Motor mit Ventilator) bedeutet. Der alleinige Vergleich der Wirkungsgrade genügt nicht, da die Druckdifferenz ebenfalls wesentlich vom System und der Auswahl und Anordnung der Komponenten abhängt.

Die typischen Betriebswerte der beschriebenen Umluftsysteme in Abb. 7.14 zeigen den Vorteil großer Rückluftquerschnitte bei Fan-Tower- und FFU-Konzepten gegenüber kanalgeführten Systemen mit Umluftgeräten. Die sehr günstigen FFU-Verbrauchswerte basieren auf Geräten mit geringem internem Druckverlust in Kombination mit Ventilatoren mit rückwärts gekrümmten Schaufeln und elektronisch kommutierten Gleichstrommotoren mit hohem Wirkungsgrad. Einfachere FFU-Konstruktionen weisen teilweise erheblich höhere Betriebswerte auf.

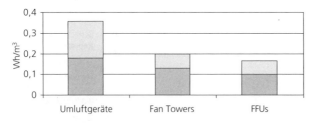

Abb. 7.14 Energetischer Vergleich der Umluftsysteme

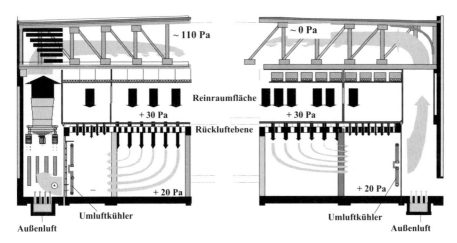

Abb. 7.15 Druckverteilung im Gebäude

Ein wesentlicher Unterschied beim Vergleich der Systeme besteht in der Druckverteilung im Gebäude. Typische Betriebswerte für Fan-Tower- und FFU-Konzept zeigt Abb. 7.15. Ausgehend von bspw. 30 Pa Überdruck im Reinraum gegenüber der Umgebung ergibt sich bei einer Druckdecke im Plenum ein Überdruck von ca. 110 Pa. Beim FFU-Konzept weist das Plenum dagegen das niedrigste Druckniveau im gesamten Umluftsystem auf. Etwa vorhandene Undichtigkeiten im Dachbereich wirken sich damit unterschiedlich aus:
– Beim Druckplenum strömt aufbereitete Reinstluft nach außen, die entsprechende Leckluftrate muss bei der Kapazität der Außenluftgeräte berücksichtigt werden und verursacht erhöhte Betriebskosten
– Beim FFU-Konzept kann je nach Windeinfluss im Zuluftplenum ein Unterdruck gegenüber der Umgebung entstehen und unbehandelte Außenluft einströmen. Insbesondere bei hohen Außenluftfeuchten kann dann diese zusätzliche Feuchtelast möglicherweise durch die Außenluftgeräte nicht mehr ausgeglichen werden, weil der erreichbare Taupunkt durch die Kaltwassertemperatur begrenzt ist.

Das Risiko unkontrollierter Umgebungsluftansaugung durch Unterdruck im Plenum lässt sich begrenzen oder vermeiden – durch Minimierung der Druckdifferenzen im Umluftsystem oder durch Anordnung einer weiteren Druckstufe zwischen Reinraum und Umgebung, z. B. durch eine Schleuse. Damit lässt sich das gesamte Druckniveau des Reinraumbereichs um ca. 20–30 Pa anheben.

7.2.4 Außenluftversorgung

Die Außenluftversorgung hat die Aufgabe, die Prozessfortluft zu ersetzen und den Überdruck der Reinraumbereiche gegenüber der Umgebung zu gewährleisten. Darüber hinaus übernehmen die Außenluftgeräte (Abb. 7.16) die

Feuchteregelung des gesamten Reinraumbereichs. Das Außenluftgerät hat damit die Funktionen

- Filtern
- Heizen
- Kühlen
- Befeuchtung
- Entfeuchtung
- Luftförderung

zu erfüllen und unterscheidet sich nicht grundsätzlich von Außenluftgeräten für übliche Anwendungen z. B. für Komfortanlagen. Einzelne Funktionen können dabei fallweise entfallen, z. B. die Funktionen Heizen und Befeuchtung an tropischen Standorten. Im Folgenden soll im Wesentlichen lediglich auf die anwendungsspezifischen Besonderheiten für die Halbleiterfertigung eingegangen werden.

7.2.4.1 Außenluftfilterung

Zweckmäßig ist ein Vorfilter der Güteklasse G 3 (Grobfilter) direkt am Geräteeintritt, das grobe Partikel von den nachfolgenden Geräteteilen fernhält. In gemäßigten Klimazonen, in denen mit Temperaturen um den Gefrierpunkt und gleichzeitiger Nebelbildung zu rechnen ist, empfiehlt sich der Einbau eines leicht zu reinigenden Glattrohrvorwärmers zum Schutz des Vorfilters vor Durchfeuchtung und Einfrieren. Nachgeschaltet folgen Feinfilter der Güteklasse F7–F9. Der Partikelgehalt der Umluft vor Eintritt in die Schwebstofffilter der Decke wird erheblich von der Reinheit der Außenluft beeinflusst (Abb. 7.17). Der Einbau eines Schwebstofffilters, z. B. der Klasse H11 am Ende des Außenluftgeräts vor Eintritt in die Verteilkanäle, kann die Belastung

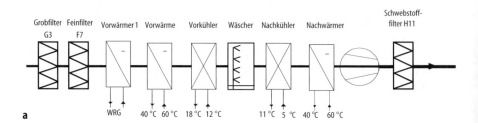

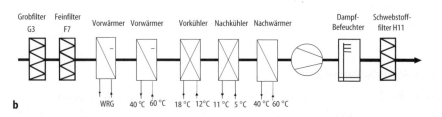

Abb. 7.16   Außenluftgerät. **a** Mit adiabater Befeuchtung, **b** mit Dampfbefeuchtung

der Deckenfilter erheblich reduzieren, besonders bei Reinräumen, in denen der Außenluftanteil am gesamten Umluftvolumenstrom hoch ist.

Über die Partikelfilterung hinaus verlangen bestimmte Prozesse in Verbindung mit der fortschreitenden Miniaturisierung der Strukturbreiten immer häufiger auch eine Begrenzung bestimmter gasförmiger Substanzen. Wird der Kontaminationsgrad im wesentlichen bereits durch die Außenluft bestimmt, z. B. durch SO_2, NO_X oder Kohlenwasserstoffe aus Industrie und Verkehr oder durch Ammoniak aus der Landwirtschaft, sollten diese Schadstoffe bereits durch Einbau chemisorptiver oder adsorptiver Filter im Außenluftsystem abgeschieden werden. Bei Filtern auf Aktivkohlebasis ist zu beachten, dass deren Effizienz durch die relative Luftfeuchtigkeit beeinträchtigt werden kann. Betriebswerte über ca. 70 % r. F. sollten vermieden werden, ein geeigneter Einbauort ist daher z. B. nach dem Nachwärmeübertrager am Ende des Außenluftgeräts.

7.2.4.2 Außenlufterwärmung

Die Halbleiterfertigung ist gekennzeichnet durch hohe interne Kühllasten für die Umluft. Es ist daher sinnvoll, die Außenluft zur Abdeckung der Kühllast mit heranzuziehen und auf eine Nachwärmung nach dem Entfeuchten bzw. Befeuchten weitgehend zu verzichten. In Sonderfällen, wie z. B. bei Reinraumbereichen ohne oder nur geringen Prozessequipmentlasten kann jedoch eine Nachwärmung erforderlich werden. Ebenso verlangen manche der Außenluftaufbereitung nachgeordnete Einbauten, wie z. B. Aktivkohlefilter, für eine optimale Wirkung die Begrenzung der relativen Feuchte und damit eine Anhebung der Lufttemperatur nach der Befeuchtung bzw. Entfeuchtung. Bei Einspeisung der Außenluft mit deutlicher Untertemperatur ist auf eine geeignete Mischung mit der Umluft zu achten, um Temperaturschwankungen im Reinraum zu vermeiden.

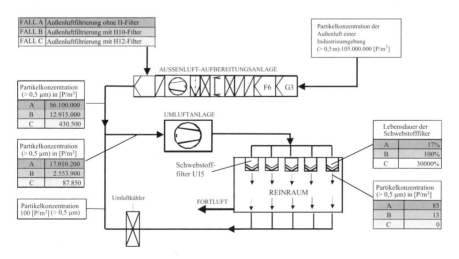

Abb. 7.17   Einfluss der Außenluftfilterung

Die Aufgabe des Vorwärmers ist die Gewährleistung einer Mindesttemperatur für den Lufteintritt ins Gebäude bzw. für die nachgeschaltete Befeuchtung. Durch Aufteilung des Vorwärmers in zwei getrennte Wärmeübertrager wird die Wärmerückgewinnung aus geeigneten Abwärmepotentialen, wie z. B. dem Kühlwasser der Kältemaschinen, erleichtert. Der nachgeschaltete Wärmeübertrager dient der sicheren Abdeckung des Gesamtwärmebedarfs und der Temperaturregelung.

7.2.4.3 Außenluftkühlung

Die wesentliche Aufgabe der Wärmeübertrager für die Kühlung ist die Feuchtebegrenzung des gesamten Reinraumbereiches durch Taupunktregelung. Für die üblichen Sollwerte im Reinraum (z. B. 22 °C, 43% r. F.) liegt der Taupunkt im Bereich von ca. 9–10 °C. Für den Kühler sind damit Kaltwassertemperaturen von 5–6 °C erforderlich. Bei hohen Außentemperaturen wird die gesamte Kühllast einer Halbleiterfertigung wesentlich von der Außenluft bestimmt. Alle anderen Verbraucher (Umluft, Prozesskühlwasser) benötigen Kaltwasser höherer Temperatur und werden direkt oder indirekt von einem separaten Kaltwassernetz mit ca. 11–13 °C Vorlauftemperatur versorgt. Eine Aufteilung in einen Vorkühler und einen Nachkühler mit getrennter Kaltwasserversorgung bewirkt eine erhebliche Verschiebung der Kühllast und damit der zu installierenden Kälteleistung vom z. B. 5°C-Netz zum 12°C-Netz. Durch die bessere Leistungszahl der Kältemaschinen bei höheren Kaltwassertemperaturen werden auch günstigere Betriebskosten erzielt.

7.2.4.4 Befeuchtung

Die Befeuchtung kann über Dampf oder Wasser erfolgen (z. B. Düsenbefeuchter, Kontaktbefeuchter). Befeuchtung mit Wasser verlangt enthärtetes Wasser, z. B. aus der Umkehrosmosestufe der Reinstwasseraufbereitungsanlage. In Komfortanlagen werden dem Umlaufwasser häufig chemische Substanzen zudosiert. Diese Methode ist für Anlagen in der Halbleiterfertigung ungeeignet, weil ein Kontaminationsrisiko durch mitgeführte geringe Anteile dieser Substanzen nicht ausgeschlossen werden kann. Zur Entkeimung werden daher UV-Strahler eingesetzt. Darüber hinaus ist eine regelmäßige Reinigung der Befeuchterkammer notwendig.

Dampfbefeuchter wurden bisher häufig eingesetzt, weil sie Vorteile hinsichtlich Wartungsaufwand und Platzbedarf bieten und kein Keimpotential bilden. Da die Befeuchtung bei Temperaturen oberhalb des Taupunkts erfolgen muss, um genügend Abstand zur Sättigungslinie zu haben, ist eine entsprechende Mindestvorwärmung der Luft (ca. 15 °C) erforderlich. Der mögliche Beitrag der Außenluft zur Kühllastabdeckung des Reinraums (s. Abschn. 7.2.4.2) wird damit eingeschränkt.

Adiabate Luftbefeuchter wie z. B. Sprüh- und Rieselbefeuchter benötigen eine Vorwärmung der Luft auf Temperaturen bis zu ca. 30 °C, da die entsprechende Verdampfungsenthalpie des Wassers der Luft entzogen wird. Der zur Befeuchtung notwendige Energiebedarf wird damit vom Warmwassernetz geliefert und kann bei konsequenter Nutzung von Abwärmepotentialen

(Abschn. 7.2.5.2) gegenüber der Dampfbefeuchtung erhebliche Kosteneinsparungen erzielen.

Über die Befeuchtung hinaus können Düsen- und Kontaktbefeuchter, die mit Umlaufwasser betrieben werden, einen wesentlichen Beitrag zur Abscheidung von gasförmigen Verunreinigungen leisten [7.11]. Insbesondere polare Substanzen wie Schwefeldioxid oder Ammoniak lassen sich mit hoher Effizienz (ca. 70% oder besser) abscheiden. Wird das Befeuchterbauteil direkt nach den Kühlern angeordnet, kann dieser Effekt während des Sommerbetriebs ohne unerwünschte Befeuchtung genutzt werden. Gleichzeitig kann durch die Entfeuchtung am Kühler entstehendes Kondensat dem Umlaufwasser zugeführt und damit ein kostengünstiger Betrieb des Luftwaschers erreicht werden.

7.2.4.5 Ventilatorbauteil

Hohe Druckdifferenzen bis ca. 2500 Pa, insbesondere bei Geräten in gemäßigten Klimazonen, die alle Funktionen einer Außenluftaufbereitung benötigen, zusammen mit hohen Luftmengen von bis zu 120.000 m³/h je Gerät, bestimmen die Anforderungen an den Ventilator.

Hierfür sind insbesondere Radialventilatoren mit rückwärtsgekrümmten Schaufeln geeignet, meist als Gehäuseventilatoren, ein- oder zweiseitig saugend, mit elektromotorischem Direktantrieb ausgeführt. Bei Volumenströmen bis ca. 60.000 m³/h können auch freilaufende Radialventilatoren mit Direktantrieb eingesetzt werden, die eine kürzere Baulänge des Ventilatorbauteils erlauben. Der geringere Wirkungsgrad freilaufender Räder gegenüber Gehäuseventilatoren wird im Klimagerät durch geringere Einbauverluste am Ein- und Austritt des Ventilators meist ausgeglichen oder sogar überkompensiert.

Häufig werden die Außenluftgeräte nahe der Reinraumebene angeordnet. Die Ventilatoren sollten deshalb zusammen mit den Antriebsmotoren bestmöglich gewuchtet werden, z. B. auf Wuchtgüte Q1. Alle wesentlichen Einbauteile wie Wärmeübertrager, Filter oder Luftbefeuchter sollten zweckmäßig saugseitig vom Ventilator angeordnet werden, weil sich damit eine gleichmäßigere Anströmung dieser Bauteile bei geringerem Strömungswiderstand ergibt. Die Volumenstromregelung erfolgt i. d. R. über Frequenzumrichter.

7.2.4.6 Einbindung ins Gebäude

Der gesamte Außenluftbedarf wird im Wesentlichen von der Prozessfortluft bestimmt, typische Werte liegen bei ca. 50–90 m³/h je m² Produktionsfläche. Der gesamte Außenluftbedarf des Reinraums erreicht dann ca. 300.000–600.000 m³/h und muss auf mehrere große Geräte verteilt werden, die häufig an den beiden Längsseiten des Gebäudes, z. B. in der Rückluftebene oder auch in Aufbauten auf dem Dach, angeordnet sind. Die Geräte versorgen parallel einen Sammelkanal, von dem die Außenluft im Umluftsystem verteilt wird. Die Versorgung mit Außenluft ist von elementarer Bedeutung für die Gewährleistung des Überdrucks im Reinraum. Aus Gründen der Versorgungssicherheit wird deshalb die gesamte Außenluftkapazität redundant ausgeführt und auf (n+1) Geräte verteilt, d. h. bei Ausfall eines Geräts durch Störung oder

Wartung können die restlichen Geräte den Bedarf immer noch abdecken. Die Überdruckregelung des Reinraums erfolgt durch Volumenstromregelung mindestens eines Außenluftgeräts, z. B. über Frequenzumrichter. Zweckmäßig werden jedoch sämtliche Geräte mit Frequenzumrichter ausgestattet und parallel angesteuert. Im Normalbetrieb laufen die Geräte damit im Teillastbereich mit erheblich geringeren Druckdifferenzen, so dass die Leistungsaufnahme und damit die Betriebskosten deutlich reduziert werden. Bei Gebäuden mit verschiedenen, von einander getrennten Reinraumbereichen, wird der Vordruck im Sammelkanal über die Frequenzumrichter auf einen konstanten Wert geregelt. Über nachgeschaltete Stellglieder, z. B. Klappen in den Überströmöffnungen vom Kanal zu den Reinraumbereichen, kann dann die individuelle Druckregelung dieser Bereiche erfolgen.

Aus energetischen Gründen sollte die Außenluft ohne wesentliche Nachwärmung im Außenluftgerät, also mit deutlich geringerer Temperatur gegenüber der Umluft beigemischt werden. Da die geforderten engen Temperaturtoleranzen des Reinraums eingehalten werden müssen, ist auf eine geeignete Beimischung der Außenluft sorgfältig zu achten. Sie erfolgt zweckmäßig im unteren Teil des Rückluftschachtes, um einen möglichst guten Temperaturausgleich durch lange Mischstrecken in der Rückluft zu erreichen. Eine Einführung hinter dem Umluftkühler reduziert gleichzeitig den Volumenstrom und damit den Druckverlust am Umluftkühler. Hin und wieder sind Anordnungen mit gleichmäßiger Verteilung der Außenluft im Plenum oberhalb der Filterdecke zu finden. Solche Konzepte sind für eine Beimischung kalter Außenluft gänzlich ungeeignet, weil Filter in der Nähe des Rückluftschachts zwangsläufig von einem wesentlich höheren Umluftanteil durchströmt werden als weiter entfernte Filter. Damit ergeben sich auch deutliche Unterschiede in der Zulufttemperatur.

7.2.5 Prozessfortluftsystem

Für die Halbleiterfertigung wird eine erhebliche Menge an unterschiedlichen Reinstchemikalien und Reinstgasen zur Durchführung von Prozessschritten benötigt. Ein großer Teil dieser Substanzen wird gasförmig emittiert und muss mit geeigneten Fortluftsystemen am Prozessgerät erfasst, abgeführt und gegebenenfalls behandelt werden, um eine Kontamination des Reinraums und eine unzulässige Emission in die Umgebung zu vermeiden (Abb. 7.18). Grundsätzlich werden dabei folgende Substanzgruppen unterschieden:
- saure Gase, z. B. Salzsäure, Flusssäure, Phosphorsäure, Salpetersäre aus Ätz- und Reinigungsprozessen
- basische Substanzen, z. B. Ammoniak aus Reinigungsprozessen
- Dotiergase, z. B. Silangase, Phophin, Arsin
- Lösemittel, z. B. Isopropanol, MEK aus Reinigungs- und Belackungsprozessen

Die unterschiedlichen chemischen und physikalischen Eigenschaften dieser Stoffgruppen verlangen eine entsprechende Gestaltung, Materialbeschaffenheit und Ausführung des gesamten Fortluftsystems unter Beachtung aller

Sicherheitsvorschriften und Forderungen nach Korrosionsbeständigkeit. Das Prozessfortluftsystem wird i. d. R. getrennt in die Fortluftgruppen
- allgemeine Fortluft
- säurehaltig (Nassbänke, Teilereinigung, Gaskabinette)
- alkalisch (Nassbänke, CMP)
- toxisch (CVD, LPCVD, Trockenätzen, Implantation, Diffusion)
- lösemittelhaltig (Lithografie, Nassbänke, Teilereinigung).

In der allgemeinen Fortluft werden alle Prozessfortluftströme zusammengefasst, von denen bei ordnungsgemäßem Betrieb des Prozessgeräts keine Gefährdung ausgeht und keine korrosiven Auswirkungen zu befürchten sind. Hierzu gehören
- Gehäuseabsaugungen von Prozessgeräten, in denen giftige Substanzen in geschlossenen Prozessen verwendet werden. Die Gehäuseabsaugung dient dazu, im Falle einer Leckage eine unmittelbare Gefährdung des Personals zu vermeiden
- Absaugung von Reinigungsbädern, deren Substanzen nur einen geringen Dampfdruck aufweisen und daher zu keiner signifikanten Konzentration in der Prozessfortluft führen (z. B. verdünnte Schwefelsäure)
- thermisch belastete Abluft z. B. von Diffusionsöfen und Prozessklimageräten in der Lithographie.

Bei lediglich thermisch belasteten Abluftströmen sollte im Einzelfall geprüft werden, ob nicht eine örtliche Rückkühlung und Rückführung der Abluft in die Umluft kostengünstiger ist als die Abführung über die Fortluft und die

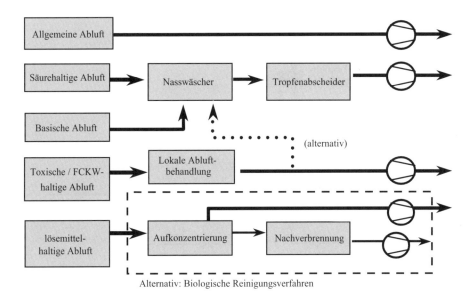

Abb. 7.18 Prozessfortluftsystem

Aufbereitung einer entsprechenden Menge Außenluft. Da in der allgemeinen Fortluft keine Stoffkonzentrationen zu erwarten sind, die stark korrosiv oder brennbar sind, kann das Kanalsystem außerhalb des Reinraums in üblichen Werkstoffen (verzinkte Kanäle und Rohre) ausgeführt werden. Diese Fortluft kann ohne weitere Nachbehandlung in die Umgebung abgeführt werden.

Unter säurehaltiger bzw. basischer Fortluft werden hauptsächlich Abluftmengen aus Nassprozessen erfasst, deren Konzentration eine korrosive Wirkung ausübt (Abb. 7.19). Dazu gehören insbesondere konzentrierte oder verdünnte Säuren und Laugen mit hohem Dampfdruck, wie z. B. Fluss- und Salzsäure oder ammoniakhaltige wässrige Lösungen. Abluft aus Gasschränken und Räumen, in denen Chemikalien gelagert sind, wird ebenfalls von diesen Fortluftsystemen erfasst. Mit toxischen Stoffen belastete Abluft wird nach der Reinigung in lokalen Anlagen häufig zur säurehaltigen Fortluft beigemischt. Säurehaltige und basische Fortluft wird mit getrennten Rohrleitungen erfasst, um unerwünschte Reaktionen und Ablagerungen zu vermeiden. Die Fortluftbehandlung erfolgt entweder getrennt in zentralen Wäschern oder beide Fortluftströme werden unmittelbar am Wäscher zusammengeführt.

Abluft mit toxischen oder selbstentzündlichen Substanzen, wie z.B. Arsin, Phosphin und Silangasen oder perfluorierten Kohlenwasserstoffen aus Prozesskammern oder Vakuumpumpen, wird lokal behandelt. Die lokale Abluftbehandlung
- schützt die Fortluftkanäle vor Brand durch Selbstentzündung oder unerwünschten Reaktionen
- verhindert Ablagerungen in Kanälen durch Reaktionen
- vermeidet Verdünnungseffekte mit anderen Abluftmengen und erhöht die Effizienz der Abluftbehandlung.

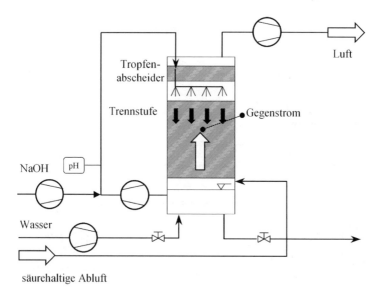

Abb. 7.19 Nasswäscher

Für die Reinigung dieser Abluftströme werden im Wesentlichen folgende Verfahren eingesetzt:
- thermisch
  - flammlose Oxidation
  - Brenner
- absorptiv
  - Trockenabsorber
- katalytisch
- Nasswäscher.

Die lokalen Abluftreinigungsanlagen verursachen sowohl bei der Anschaffung als auch während des Betriebs erhebliche Kosten. Die Wahl geeigneter Geräte und Verfahren hat zudem einen wesentlichen Einfluss auf den sicheren Betrieb der gesamten Fortluftanlage, da bei Fehlfunktionen z.b. selbstentzündliche Stoffe ins Fortluftsystem gelangen können und dort zu einem Brandrisiko führen.

Die Gesamtmenge an lösemittelbelasteter Fortluft erreicht im allgemeinen Werte von 5000–20.000 m^3/h, die Konzentration liegt dabei meist bei ca. 1–2 g/m^3.

Für die Behandlung dieser Luftmengen eignen sich generell oxidierende Verfahren wie z. B.
- thermische Nachverbrennung
- katalytische Nachverbrennung
- biologische Verfahren (Biowäscher, Biofilter, Biotropfkörper)
- Aufkonzentrierung mit anschließender Verbrennung

Häufig wird die Aufkonzentrierung kombiniert mit thermischer Nachverbrennung (Abb.7.20) gewählt, weil damit der Volumenstrom für die thermische Behandlung auf ca. 10% reduziert werden kann. Die lösemittelbeladene Abluft wird dabei in einem rotierenden Adsorber gereinigt und an die Umgebung abgeführt. Ein Segment des lösemittelbeladenen Adsorbers wird durch Heissluft desorbiert, wobei sich entsprechend dem Verhältnis der Volumenströme eine Reduktion der lösemittelbeladenen Luftmenge bzw. Erhöhung der Konzentration ergibt. Die aufkonzentrierte Luftmenge wird anschließend der thermischen Nachverbrennung zugeführt, deren Abwärme gleichzeitig zur Desorption genutzt wird. Als Adsorbentien für den Rotor haben sich Aktivkohle und hydrophobe Zeolithe bewährt.

Die Auswahl geeigneter Materialien für Rohrleitungen und Kanäle wird von den geforderten mechanischen, physikalischen und chemischen Eigenschaften (Stabilität, Korrosionsbeständigkeit) sowie von Sicherheitsaspekten (Brennbarkeit) bestimmt.

Im Wesentlichen werden folgende Materialien eingesetzt:
- *brennbare Gase.* Verzinkter oder rostfreier Stahl (korrosive Substanzen)
- *korrosive Chlor- oder Bromverbindungen, Säuren.* Hastelloy oder PTFE/E(C)TFE-beschichteter Stahl, glasfaserverstärkter Kunststoff
- *freie Halogene.* PTFE/E(C)TFE-beschichteter Stahl
- *basisch korrosive Substanzen.* Polypropylen.

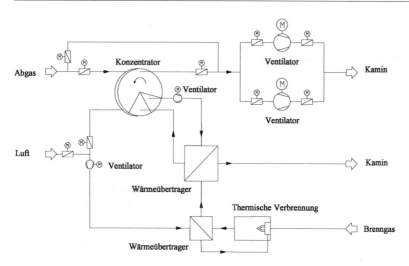

Abb. 7.20   Aufkonzentrierung mit thermischer Nachverbrennung

Lokale Sicherheitsvorschriften verlangen bei brennbaren Materialien häufig den Einbau von Sprinklern innerhalb der Rohrleitungen und Kanäle.

Von den Prozessgeräten wird die Fortluft über Sammelleitungen zu den Hauptkanälen geführt, die i. d. R. im Versorgungsgeschoss in Längsrichtung des Gebäudes verlaufen (Abb. 7.10, 7.11). Insbesondere bei Abluftströmen mit sauren oder basischen Substanzen kann es zu Kondensatbildung kommen. Solche Leitungen sollten deswegen mit Gefälle und Entwässerungsleitungen verlegt werden.

Die verschiedenen Fortluftarten können nach der Behandlung entweder getrennt oder über gemeinsame Fortluftkamine an die Umgebung abgegeben werden. In jedem Fall ist auf eine redundante Versorgung durch parallele Anordnung von Ventilatoren zu achten. Die Luftmengen können z. B. über Frequenzumrichter so geregelt werden, dass sich ein konstanter Saugdruck im Hauptkanal ergibt. Bei stark verzweigten Kanalnetzen sind ggf. weitere Druckstufen notwendig, um an den Absaugstellen stabile Verhältnisse zu gewährleisten. Die Anordnung der Fortluftkamine sollte so gewählt werden, dass sich bei der Hauptwindrichtung kein Kontaminationsrisiko für die Außenluftversorgung ergibt.

7.3 Reinraumanlagen für die Pharmaindustrie

7.3.1 Grundlagen

Während z. B. Produktionsbereiche für mikroelektronische Produkte von der Forderung geprägt sind, durch die Gewährleistung entsprechender Umgebungsbedingungen in der Prozessebene eine möglichst hohe Ausbeute und damit wirtschaftliche Herstellung funktionsfähiger Halbleiterelemente zu ermöglichen, ist die Grundforderung in der Pharmazie die Herstellung von Arzneimitteln, bei denen eine Gefährdung durch Kontamination mit gesundheitsschädlichen Substanzen oder Keimen sicher ausgeschlossen werden kann. Die Rahmenbedingungen für gebäudetechnische Anlagen, Reinraum und Prozessgeräte werden daher in wesentlich stärkerem Maße von nationalen und internationalen Richtlinien und Kontrollverfahren geprägt als in der Mikroelektronik.

Wichtig für die Anlagenkonzeption sind spezielle Anforderungen, die aus der Vielfältigkeit der Produkte und Arzneiformen resultieren. Im Wesentlichen werden folgende Produktgruppen unterschieden:
- Ausgangsstoffe
- feste Arzneiformen: Pulver, Puder, Granulate, Tabletten, Pastillen, Dragees, Kapseln
- halbfeste Arzneiformen: Salben, Gelees, Dispersionen
- flüssige Arzneiformen.

Innerhalb dieser Produktgruppen erfordert die Handhabung
- hochwirksamer Substanzen
- z. B. Penicilline, Zytostatika, Radioisotope, Steroidale Hormone, Cephalosporine
- von Vaccinen mit Lebendviren

über die Einhaltung der Reinheitsklasse hinaus besondere Maßnahmen für den Personenschutz und den Schutz der Umgebung, z. B. durch konsequente Trennung des Personals vom Produkt mit Isolatortechnik oder Vollschutz.

Bei der Herstellung von Arzneimitteln und Ausgangsstoffen ist insbesondere auf die Vermeidung von Kreuzkontamination zu achten. Das verlangt die konsequente Produkttrennung, teilweise sogar Chargentrennung, sowie die Prozesstrennung und Reinigung beim Wechsel des Produkts. Für die Reinraumanlage ist eine klare Raum- und Anlagentrennung mit kontrollierten Bereichen für kritische Prozessschritte gefordert.

Für Sonderprodukte mit hygroskopischen Eigenschaften wie z. B. Brausetabletten müssen teilweise zusätzliche Anforderungen zur Begrenzung der relativen Luftfeuchte erfüllt werden. Auch bei der Konzeption von Abluftsystemen sind die Anforderungen der Herstellverfahren und Produkte zu berücksichtigen. Staubhaltige Abluft kann beispielsweise Filter in der Abluftöffnung erfordern, um eine Kontamination der Kanäle zu vermeiden. Lösemittelhaltige Fortluft, z. B. durch Alkohole bei Granulierungsprozessen verursacht, kann besondere Maßnahmen hinsichtlich der Auswahl von Komponenten (Explosionsschutz) und der Fortluftbehandlung (Emissionsbegrenzung) erfordern.

Die wesentlichen Vorgaben für reinraumtechnische Anlagen werden vom EG-Leitfaden bzw. der FDA-Richtlinie bestimmt (Tabelle 7.2). Der EG-Leitfaden [7.12] teilt die Reinraumbereiche für die Herstellung steriler Produkte in die Klassen A, B, C und D ein, deren erlaubte Partikelzahl den Reinheitsklassen 100 (A und B) und 10.000 bzw. 100.000 für C und D des Fed.-Std.-209 entsprechen. Die Klassenzuordnung erfolgt dabei gemäß Anhang 1 des EG-Leitfadens wie folgt:

Tabelle 7.2 Vergleich EG-Leitfaden mit FDA-Richtlinien

GMP EU-Richtlinie

Rein-heits-klasse	Maximale zulässige Raumluftkonzentrationen C_n/m^3					Produktionsbereiche
	Ohne Produktion „at rest"[a]		Während der Produktion „in operation"			
	$\geq 0{,}5\,\mu m$	$\geq 5{,}0\,\mu m$	$\geq 0{,}5\,\mu m$	$\geq 5{,}0\,\mu m$	KBE[b]	
A[c]	3.500	0	3.500	0	< 1	Lokal abgegrenzte Reinraumbereiche für aseptische Zubereitung und Abfüllung steriler Produkte einschl. Primärverpackungen
B[d]	3.500	0	350.000	2.000	10	Umgebung von Klasse A
C[d]	350.000	2.000	3.500.000	20.000	100	Keimarme Reinraumbereiche für dieProduktion steriler Produkte: Zubereitung von Produkten und Materialien vor der Filtration bzw. Sterilisation oder in geschlossenen Systemen
D[d]	3.500.000	20.000	Nicht definiert[e]		200	Reinraumbereiche für die Vorbereitung von Produkten und Materialien unter kontaminationsminimierten Bedingungen, z.B. nach Waschprozessen

FDA-Richtlinie

Reinheitsbereich	Partikel Ma. Zul. N. U.S. Fed. Std [Part./M^3] D[d] $0{,}5\,\mu m$	Keime [KBE/m^3]	Produktionsbereiche
Critical Area	3.530[f]	≤ 3,5	Aseptische Zubereitung und Abfüllung steriler Produkte einschl. Primärverpackungen ohne Nachsterilfiltration.
— — nicht definiert			
Controlled Area	3.530.000[g]	≤ 88	Zubereitung von sterilfiltrierbaren Lösungen und sterilisierbaren Produkten einschl. Inprozessmaterialien wie Behälter und Verschlüsse für die aseptisch Abfüllung.

Die Einhaltung der FDA-Grenzwerte für Partikel und Keime ist während des „Arbeitsvorgangs" nachzuweisen, d.h. während der Produktion und bei Anwesenheit des Personals.

Endfilter: HEPA; Endfiltertest: DOP-Integritätstest; Überdruck: 0,05 inch WG (12,7 Pa)

a Die angegebenen max. Partikelzahlen im „At rest"-Status entsprechen annähernd den Angaben des U.S. Fed. Std. 209E und der ISO Klassifizierung wie folgt: Klasse A und B entspricht Klasse 100, M3.5, ISO 5 – Klasse C entspricht Klasse 10.000, M5.5, ISO 7 – Klasse D entspricht Klasse 100.000, M 6.5, ISO 8
b KBE: Koloniebildende Einheiten
c Turbulenzarme Verdrängungsströmung (Laminar Flow) 0,45 m/s ± 20%, HEPA-Filter
d Die Raumluftwechselzahl (h^{-1}) ist in Abstimmung auf Raumgröße, Produktionseinrichtungen und Personalfluss festzulegen; Kl B u. C: HEPA-Filter
e Die max. zul. Partikelkonzentrationen in diesen Reinraumbereichen sind jeweils produkt- und produktionsspezifisch festzulegen.
f „Laminar flow", 0,45m/s ± 20%
g Raumluftwechsel 20/h

Aseptische Zubereitung
- A Aseptische Zubereitung und Abfüllung
- B Hintergrundumgebung für eine Zone der Klasse A
- C Produktabfüllung (bei endsterilisierten Produkten)
- D Handhabung von Bestandteilen nach dem Waschen.

Die FDA-Richtlinie [7.13] unterscheidet dagegen lediglich in „critical areas" und „controlled areas" mit geforderten Reinheitsklassen von 100 bzw. 100.000.

7.3.2 Anlagenkonzepte

Die Reinstluftversorgung über die in der Reinraumdecke angeordneten Filter erfolgt bei Pharmaanlagen grundsätzlich mit gleichartigen Konzepten wie in der Mikroelektronik (Abb. 7.2). Bei geringen Reinheitsanforderungen wird teilweise auch auf endständige Filter in der Decke verzichtet und die Luft nach der Filterung im zentralen Luftaufbereitungsgerät über Kanäle und Luftauslässe dem Raum zugeführt.

Sind in der Mikroelektronik großflächige Reinräume mit großen Umluftmengen kennzeichnend, so dominieren in Pharmaanlagen viele, häufig auf verschiedene Gebäudeebenen verteilte, kleine Räume mit unterschiedlichen Anforderungen an die Reinheitsklasse. Laminar-Flow-Flächen der Klasse A werden i. d. R. nur für die Herstellung steriler Produkte benötigt und sind meist auf jeweils wenige Quadratmeter beschränkt. Der weit überwiegende Anteil an Reinräumen erfordert lediglich die Reinheitsklassen C oder D, wird also mit turbulenter Mischströmung versorgt. Die Luftversorgung dieser Reinräume erfolgt überwiegend über Filterhauben mit integrierten Drallauslässen, die über ein Kanalsystem an die lüftungstechnische Anlage angeschlossen sind.

7.3.2.1 Raumluftversorgung durch Außenluft

Der Reinraum wird bei diesem Konzept ganzjährig ausschließlich mit Außenluft versorgt. Das Umluftsystem entfällt, die Luft wird vollständig vom Fortluftsystem wieder nach außen abgeführt. Damit wird eine Kreuzkontamination sicher vermieden, evtl. im Produktionsraum anfallende Schadstoffe gelangen nicht in die Zuluft (Abb. 7.21). Diese Anlagenkonzeption empfiehlt sich vor allem für Anwendungen
- mit hohem Schadstoffanfall im Raum
- in Produktionsbereichen mit Verarbeitung oder Handhabung von pathogenen, hochgiftigen, radioaktiven oder lebenden viralen Produkten oder bakteriellen Substanzen. Hier ist die Anordnung von zusätzlichen Schwebstofffiltern in der Fortluft aus Gründen des Umgebungsschutzes zwingend erforderlich.
- mit gemeinsamer Versorgung mehrerer Produktionsbereiche mit unterschiedlichen Produkten.

Da Außenluftanlagen hohe Betriebskosten für die Luftaufbereitung (Erwärmung, Kühlung, Be- und Entfeuchtung) verursachen, sollte in jedem Fall eine

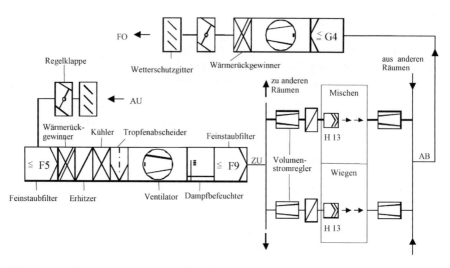

Abb. 7.21   Luftversorgung durch Außenluft

Wärmerückgewinnung über rekuperative Wärmeübertrager aus der Fortluft erfolgen.

7.3.2.2 Mischluftanlagen

Beim Mischluftkonzept (Abb. 7.22) wird die unbehandelte Außenluft der Umluftanlage vor Eintritt in das Gerät beigemischt, d. h. das Umluftgerät enthält alle für die Außenluftaufbereitung notwendigen Komponenten (Vorfilter, Wärmeübertrager für Lufterwärmung, Kühlung und Entfeuchtung, Dampfbefeuchter). Der Mindestaußenluftanteil richtet sich dabei nach
- dem Außenluftbedarf durch Personen
- dem Leckluftbedarf für die Druckhaltung
- der Prozessfortluftmenge
- der Begrenzung von Schadstoffen im Raum (MAK-Werte).

Der Außenluftanteil kann dabei konstant oder auch variabel bis zu 100 % zugemischt werden.

Der Vorteil dieses Konzepts ist der geringe regelungstechnische Aufwand. Nachteilig ist dagegen, dass ständig der gesamte Volumenstrom über sämtliche Luftaufbereitungsstufen geführt werden muss. Das verursacht vor allem für den Ventilator erhöhte Betriebskosten, aber auch im Entfeuchtungsfall, bei dem der gesamte Luftstrom auf den Taupunkt abgekühlt und wieder nachgewärmt werden muss.

Im Sonderfall mit variablem Außenluftanteil bis 100 % wird die Außenluftmenge entsprechend ihrem Zustand so geregelt, dass der Energiebedarf für Heizung, Kühlung und Befeuchtung möglichst minimiert wird.

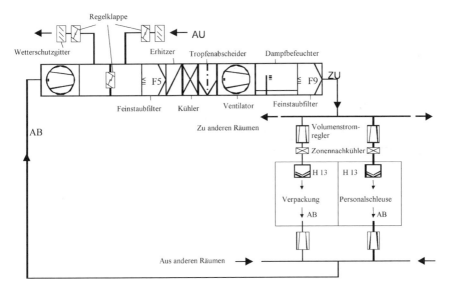

Abb. 7.22   Mischluftanlage

7.3.2.3 Umluftanlage mit getrennter Außenluftversorgung

Bei diesem Konzept erfolgen Außenluftbehandlung und Umluftversorgung in
getrennten Geräten (Abb. 7.23). Die Umluftgeräte sind den einzelnen Produktionsbereichen zugeordnet und bestehen i. d. R. nur aus den Komponenten
Kühler, Ventilator und Schwebstofffilter. Die Außenluft wird entsprechend
dem Bedarf den verschiedenen Umluftbereichen zugemischt. Eine Kreuzkontamination zwischen unterschiedlichen Produktionsbereichen ist damit
ausgeschlossen. Da die großen Umluftmengen nur noch über wenige Komponenten und nur die notwendige Außenluftmenge über alle Stufen der Luftbehandlung geführt werden muss, ergeben sich wesentlich günstigere Betriebskosten. Bei genügender Reserve in der Außenluftversorgung bietet dieses
Anlagenkonzept eine hohe Versorgungssicherheit und Flexibilität bei Veränderungen in der Produktion (Erweiterung, veränderte Prozessfortluftmen-
gen). Die Einbindung einer rekuperativen Wärmerückgewinnung zwischen
Fortluft und Außenluft ist wie bei den zuvor beschriebenen Anlagenkonzep-
ten möglich.

7.3.2.4 Filter-Ventilator-Einheiten

Insbesondere für LF-Bereiche der Klasse A stellt die Reinstluftversorgung mit
FFU's häufig eine kostengünstige Alternative zum Umluftgerät dar (Abb. 7.24).
Die Rückluft kann hier über Doppelwände, ggf. über sensible Kühler direkt zum
Plenum zurückgeführt werden, eine aufwendige Kanalführung mit separatem
Umluftgerät entfällt. Anwendungsbeispiele sind generell Bereiche, in denen das
Produkt offen gehandhabt wird, wie z. B.
– Poolungsbereiche
– Abfüllbereiche.

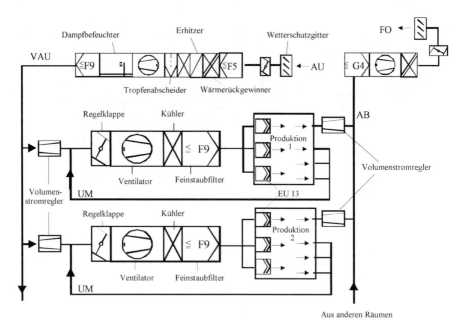

Abb. 7.23   Umluftanlagen mit zentraler Außenluftversorgung

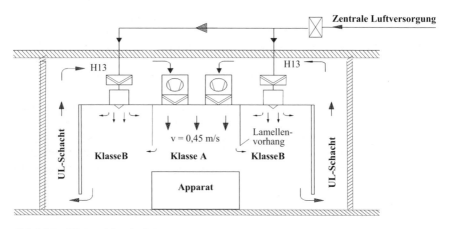

Abb. 7.24   LF-Bereich mit FFUs

Da die Kühllast hier i. d. R. gering ist, genügt es häufig, nur einen Teilstrom der Umluft zu kühlen oder diese Wärmemenge durch Zumischen entsprechend temperierter Außenluft oder Luft aus Nebenbereichen zu entziehen.

7.3.3 Druckhaltung

Neben der Reinstluftversorgung mit gesicherten Temperatur- und Feuchtebedingungen gehört eine zuverlässige Raumdruckhaltung zu den wesentlichen Aufgaben der gesamten Reinraumanlage. Es wird dabei unterschieden in Räume mit Über- oder Unterdruck.

Räume mit höheren Anforderungen (z. B. Liquida-Abfüllung, Reinheitsklasse A, B) werden dabei i. d. r. gegenüber Räumen mit geringeren Anforderungen (z. B. Personalschleuse, Reinheitsklasse C, D) unter Überdruck gehalten, so dass Leckagen in den raumumhüllenden Flächen nicht zu einer Kontamination des höherwertigen Raums führen können. Ein Raumüberdruck wird erreicht, indem mehr Zuluft zugeführt als Abluft abgeführt wird.

Räume mit Unterdruckhaltung sind aus reinraumtechnischer Sicht zu vermeiden. Bei der Verarbeitung bestimmter Substanzen müssen diese Bereiche jedoch im Unterdruck gehalten werden, um eine Gefährdung der Umgebung und des Personals zu vermeiden. Typische Beispiele für solche Produktionsflächen sind die Verarbeitung oder Herstellung von

- Hormonen
- Zytostatika
- Penicillinen
- biologischen Produkten mit lebenden Organismen oder genmanipuliertem Material.

Die Druckhaltung erfolgt durch Steuerung oder Regelung der Zu- und Abluftmenge des Raums, die mit folgenden Methoden realisiert werden kann:
- Einbau von Stellgliedern in Zu- und/oder Abluft
- Manuell oder motorisch verstellbare Klappen
- Konstant-Volumenstromregler, mit oder ohne Stellmotor
- Variable Volumenstromregler
- Volumenstromregelung am Ventilator, z. B. mit Frequenzumrichter, Phasenanschnitt, Stelltransformator.

Häufig genügt es, den gewünschten Differenzdruck mit einer dieser Methoden einzustellen und lediglich periodisch zu überprüfen. Bei sensiblen Produktionsbereichen ist es jedoch z. T. erforderlich, den Differenzdruck durch die raumlufttechnische Anlage zu regeln und zu überwachen.

Im Zu- und Abluftkanalsystem eingebaute Drosselklappen bieten eine einfache und mit geringstem regelungstechnischen Aufwand verbundene Möglichkeit zur raum- oder bereichsbezogenen Druckhaltung. Da die Luftmengen fixiert sind, dürfen keine wechselnden Luftbilanzen z. B. durch zu- und abschaltbare Prozessfortluft gegeben sein. Die Klappen sind so zu bemessen, dass auch bei reduziertem Anlagenbetrieb außerhalb der Produktionszeiten die Druckhaltung gesichert ist. Druckschwankungen, ausgelöst von der Anlage selbst oder von Nebenbereichen, können nicht kompensiert werden.

Konstant-Volumenstromregler halten unabhängig von Druckschwankungen der Anlage die Luftmenge konstant. Zweistufige Regler ermöglichen einen reduzierten Anlagenbetrieb außerhalb der Produktionszeiten mit entsprechen-

Tabelle 7.3   Gewährleistung von Luftwechsel und Druckhaltung

Reinstluftversorgung	Luftwechsel	Druckhaltung
Außenluftgerät		
Einzelraum	Ventilatorregelung Konstantdruckregelung im AL-Kanal mit Stellklappen in der Zuluft	Klappe Fortluft
Parallelversorgung	Konstant-Volumenstromregler	Klappe Fortluft mit Druckregelung im Fortluftsammelkanal
Umluftgerät		
Einzelraum	Ventilatorregelung Umluft	Ventilatorregelung Außenluft, Klappe Außenlufteinspeisung
Parallelversorgung	Konstant-Volumenstromregler	Variabler Volumenstromregler oder Klappe in der Rückluft

den Betriebskosteneinsparungen. Variable Zuluftmengen, z. B. in Abhängigkeit von wechselnden Kühllasten, sind nicht möglich. Ebenso können Druckschwankungen durch Einflüsse von Nebenbereichen nicht vermieden werden.

Mit variablen Volumenstromreglern kann der Volumenstrom in Abhängigkeit von Prozessbedingungen verändert werden, er wird aber unabhängig von Druckschwankungen im Anlagensystem konstant gehalten. Variable Volumenstromregler sind deutlich teurer als die vorstehend beschriebenen Komponenten.

Unabhängig von der Druckhaltung wird je nach Reinheitsklasse ein bestimmter Luftwechsel verlangt. Abhängig vom Luftversorgungskonzept gibt es eine Vielzahl von Kombinationsmöglichkeiten zur Gewährleistung der geforderten Werte für Luftwechsel und Druckhaltung, von denen einige beispielhaft in Tabelle 7.3 beschrieben sind. Bei paralleler Versorgung mehrerer Räume durch ein Lüftungsgerät empfiehlt es sich, im gemeinsamen Zuluftkanal bzw. im gemeinsamen Rückluftkanal jeweils konstante Drücke zu regeln, um ein gegenseitiges Aufschaukeln und Instabilitäten der gesamten Anlage im Falle von Störungen in einzelnen Räumen zu vermeiden. Der Vordruck im Zuluftkanal kann beispielsweise durch eine Klappenregelung in der Außenlufteinspeisung (Parallelversorgung mehrerer Umluftgeräte durch ein Außenluftgerät) oder durch Drehzahlregelung des Außenluftventilators, die Druckregelung im Rückluftkanal z. B. über Drehzahlregelung des Umluftventilators erfolgen. In einfachen Fällen mit weitgehend konstanten Betriebsverhältnissen können auch fest eingestellte Klappen in Zu- und Abluft zu befriedigenden Ergebnissen führen.

7.3.4 Reinraumkomponenten

Alle Reinraumkomponenten, wie z. B. Decke, Wände, Boden, müssen der Grundforderung nach leichter Reinigbarkeit genügen. Dazu gehören

- glatte Oberflächen, möglichst Rundungen statt Kanten
- gegen Desinfektionsmittel und Produkte resistente Oberflächen
- Materialien, die keinen Nährboden für Keime darstellen
- keine Partikelabgabe
- keine unkontrollierten Volumina
- glatte Übergänge zwischen Bauelementen (Fenster, Türen)
- möglichst wenig Stoßstellen und Fugen
- leitfähige Oberflächen bei explosionsgeschützen Räumen.

7.3.4.1 Decken

Decken für Pharma-Reinräume sollten folgenden Anforderungen genügen:
- möglichst deckenbündiger Einbau von HEPA-Filtern, Deckenauslässen, Blindblechen, Beleuchtung, Rückluftgittern, Rückluftfiltern
- Einbaumöglichkeit für Sprinkler und Rauchmelder
- möglichst wenig Fugen beim Anbau von Reinraumwänden
- partikeldichte Ausführung von Durchführungen für Kabel, Medien und Versorgungsleitungen.

Die Luftversorgung über ein Druckplenum oder Räume, die aus verfahrenstechnischen Gründen im Unterdruck zur Umgebung betrieben werden, verlangen eine partikeldichte Decke mit Abdichtung aller Einbauten mit einer Fluiddichtung. Bei drucklosen Decken mit Luftversorgung über Filterhauben oder FFU's befindet sich der Reinraum gegenüber dem Plenum im Überdruck. Hier genügt eine Versiegelung aller Fugen und Stossflächen.
Folgende konstruktiven Ausführungen finden praktische Anwendung
- Druckdecken
• mit Fluiddichtung an Filtern und Blindblechen
- Drucklose Decken mit Filterhauben oder FFUs
• Aluminium-Rasterdecken
• Metallkassettendecke
• Paneeldecke
• Gipskartondecke mit Versiegelung.

Rasterdecken aus Aluminium bestehen aus Profilstäben, die über Verbindungsknoten (Kreuzpunkte) oder durch direkte Schraubverbindungen zu einem Deckenraster zusammengefügt werden (Abb. 7.25). Bei Druckdecken werden die Einbauten (HEPA-Filter, Blindbleche) im Profil mit einer Fluiddichtung partikeldicht eingebunden. Geeignete Fluiddichtungen sind z.B. Zweikomponentenmischungen auf Silikon- oder PU-Basis, die nach der Aushärtung dauerhaft gel-artige Eigenschaften mit ausgeprägter Eigenklebrigkeit aufweisen und keinen Nährboden für Keime darstellen. Der Einsatz von Druckdecken ist i.d.R. auf kleine Flächen für Räume der Klasse A begrenzt.
Häufig wird eine Begehbarkeit der Decken gefordert, um den Zugang zu den dort eingebauten Komponenten oder den im Deckenhohlraum verlegten Medienversorgungsleitungen zu erleichtern. Rasterdecken sind für solche Anwendungen aus Festigkeitsgründen i.d.R. besser geeignet als andere Deckenkonstruktionen. Begehbare Flächen können hier z.B. durch zusätzli-

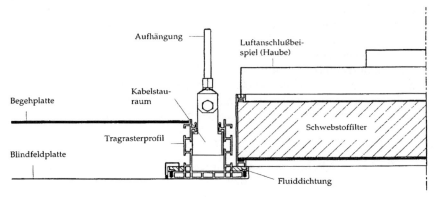

Abb. 7.25   Rasterdecke

che, auf der Oberseite der Rasterprofile angeordnete Platten, erzeugt werden, die von den Blindblechen entkoppelt sind, oder auch durch eine stabile Ausbildung der Blindflächen selbst, z. B. in Form von Sandwichpaneelen.

Kassettendecken werden ohne Tragraster direkt an der Rohdecke abgehängt. Vorteilhaft sind die geringeren Kosten und die erheblich reduzierte Anzahl von Fugen. Durch geeignete Blechstärken und Abhängungen können auch begehbare Deckenflächen gestaltet werden. Nachteilig ist die gegenüber Rasterdecken schwierigere Anbindung der Reinraumwände.

7.3.4.2 Wände

Bei der Abgrenzung reiner Zonen haben ortsfeste Wände in der Pharmazie nur einen geringen Anteil und beschränken sich i. d. R. auf Reinräume mit geringen Anforderungen. Bei Betonwänden kann im Einzelfall eine abriebfeste und leicht zu reinigende Oberflächenbeschichtung genügen, gemauerte Wände sollten mit Blechen aus beschichtetem Stahl oder Aluminium oder aus Edelstahl verkleidet werden.

Den überwiegenden Anteil bilden versetzbare Wandsysteme in Monoblock- oder Ständerbauweise, die gegenüber ortsfesten Wänden wesentliche Vorteile hinsichtlich Raumänderungen während oder auch nach der Installationsphase aufweisen, sowie die Installation von Medienleitungen erleichtern und mit geringeren Wandstärken (50–100 mm) ausgeführt werden können.

Wandsysteme in Monoblockbauweise bestehen aus vorgefertigten Panelen, die mit geringem Aufwand und Schmutzanfall montiert werden können. Demgegenüber steht der erhöhte Koordinationsaufwand während der Planungsphase, da spätere Änderungen meist nur aufwendig und zeitintensiv durchgeführt werden können. Als Wandoberfläche werden lackierte oder beschichtete Bleche aus Stahl oder Aluminium, eloxiertes Aluminium oder Edelstahl eingesetzt. Der Wandkern besteht meist aus Mineralwolleplatten oder PU-Schaum oder er ist als Wabenstruktur ausgebildet.

Bei der Ständerbauweise wird zunächst eine Ständerkonstruktion errichtet, die mit Wand- oder Fensterelementen versehen wird. Ein Vorteil dieser

Bauweise ist, dass Medieninstallationen ohne weiteres während der Montage im noch offenen Wandsystem ausgeführt werden können. Änderungen während der Installation sind mit geringem Aufwand möglich. Demgegenüber steht die erhöhte Montagezeit und der Schmutzanfall auf der Baustelle.

Zusätzlich zu den für die Monoblockbauweise erwähnten Materialien kommen für den Wandaufbau abriebfest beschichtete Gipskartonplatten und melaminharzbeschichtete Spanplatten zur Anwendung. Gipskartonplatten sind stoßempfindlich und neigen zur Rissbildung durch Setzungen. Spanplatten sind schwierig zu verfugen und müssen bei Beschädigung der Beschichtung ausgetauscht werden, da Reinigungs- und Desinfektionsmittel in die Platte eindringen können. Bei entsprechenden schall- oder wärmetechnischen Anforderungen kann der Wandhohlraum mit Mineralwolle ausgekleidet werden.

Fensterflächen und Türen sind flächenbündig in die Wandflächen einzusetzen. Schiebetüren sind wegen der unzugänglichen Befestigungskonstruktion nur schwer zu reinigen und sollten nur in Räumen der Klasse D eingesetzt werden. Zur sicheren Druckhaltung werden Materialschleusen mit wechselseitig verriegelten Doppeltüren ausgeführt, Maschinen- und Gerätedurchführungen sollten mit möglichst geringen freien Querschnitten ausgeführt werden. Bei Materialschleusen, in denen Desinfektionen vorgenommen werden, sind gasdichte Türen erforderlich. Alle Durchführungen für Medienleitungen sollten luftdicht ausgeführt werden, sämtliche Fugen sind dauerelastisch zu versiegeln, um Kontaminationsquellen zu vermeiden und die Reinigung zu erleichtern.

7.3.4.3 Böden

Je nach Anforderung kommen sehr unterschiedliche Bodenbelagsaufbauten zur Anwendung:
- Fliesenbelag für untergeordnete Anwendungen
- Bodenbelag auf PVC- oder Kautschukbasis
- Beschichtung der Bodenfläche mit Kunstharz
- Bodenaufbau mit Pharma-Terrazzo
- Rüttelboden mit keramischen Platten und planebenen Fugen.

Die meisten Beschichtungen werden aus kostengünstigem Zweikomponenten-Epoxidharz ausgeführt, die eine hohe Beständigkeit gegen chemische und thermische Einwirkungen aufweisen. Mit PVC- oder Kautschukbelägen können auch elektrisch leitfähige Oberflächen hergestellt werden. Pharma-Terrazzo ist äußerst druck- und abriebfest, jedoch erheblich teurer als die vorgenannten Beschichtungen. Hochwertige Rüttelböden mit keramischen Platten erfüllen höchste Anforderungen an die mechanische und chemische Beständigkeit und sind bei planebener Verfugung mit Kunstharz leicht zu reinigen.

Bevor der Endbelag aufgebracht wird, muss eine geeignete Beschaffenheit des Rohfußbodens sichergestellt werden. Hierzu gehören eine ausreichende Trocknungszeit des Betons, die Vorbehandlung der Oberfläche und die Beseitigung von Rissen und Fugen.

Erfolgt die Beschichtung vor Aufstellung der Reinraumwände, ergeben sich als Vorteile eine durchgehend dichte Oberfläche, gleichmäßige Struktur und

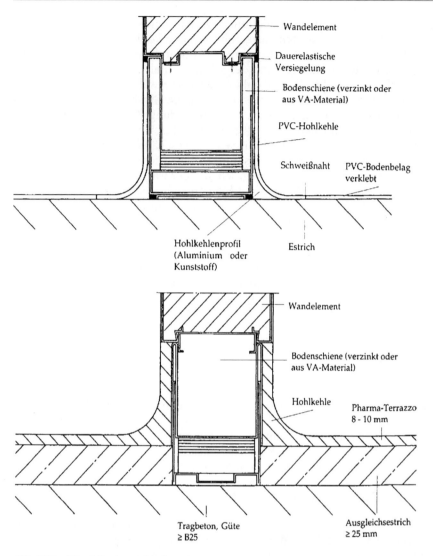

Abb. 7.26   Wand-Bodenverbindungen

Farbe und eine kostengünstige und schnelle Bearbeitung. Spätere Layoutänderungen sind leichter möglich. Während der Restmontage müssen die Fertigflächen jedoch geschützt werden, unterschiedliche Belagsarten (z. B. elektrische Leitfähigkeit, Farbe) sind nur mit zusätzlichem Aufwand zu realisieren.

Die Beschichtung nach erfolgter Aufstellung der Wände erleichtert die Ausführung von Hohlkehlen an den Wandanschlüssen, unterschiedliche Belagsarten können leicht realisiert werden. Spätere Layoutänderungen sind allerdings nur mit großem Aufwand möglich. Geeignete Ausführungen von Wand-Bodenverbindungen zeigt Abb. 7.26.

Literatur

[7.1] Williamson, M.C.: Energy Efficiency in Semiconductor Manufacturing: A Tool for Cost Savings and Pollution Prevention; Semiconductor Fabtech (8), ICG Publishing London 1996, S. 77–82

[7.2] Renz, M.; Honold A.: Saving Energy with Advanced Cleanroom Air Recirculation Systems; Semiconductor Fabtech (2), ICG Publishing London 1995, S. 89–93.

[7.3] Gräber, H.; Tegtmeyer, G.: Siemens´ NTS Facility: a World First; Future Fab International (3), Technology Publishing London 1997, S. 107–114

[7.4] McIntosh, S.: MOS4You – A Record Breaking Fab; Future Fab International (3), Technology Publishing London 1997, S. 123–128

[7.5] Shu, C.Y.; Tseng, F.C.; Tu, L.C.; Wieme, K.C.r: Advanced Integrated Circuit Manufacturing Plant Utilizing a Controlled Micro-Environment; Semicon Europa 91, Technical Conference 6.3.91, S. 178

[7.6] Gall H.; Eissler, W.: Minienvironments and SMIF Installation in a 4 Mbit DRAM Production Line; Semiconductor Fabtech (2), ICG Publishing London 1995, S. 69–72

[7.7] Ang, K.C.; Low, T.H.; Ong, D.; Abuzeid, S.: The Role of SMIF-Integrated Minienvironments in Next-Generation Fabs; Semiconductor Fabtech (2), ICG Publishing London 1995, S. 75–77

[7.8] Csatary, P., Nolan, D.; Wolf, P.; Honold, A.: 300 mm Fab Layout and Automation Concepts; Future Fab International (5), Technology Publishing London 1998, S. 37–41

[7.9] Patentschrift DE 43 28 995

[7.10] Patentschrift DE 195 111 58

[7.11] Renz, M.; Filipovic, A.; Kümmerle, K.: Advances in Cleanroom Air Management Systems; 1999 European Contamination Control Conference, München, 15.4.1999.

[7.12] GMP Volume 4, Annex 1 (1997)

[7.13] Guideline on Sterile Drug Products Produced by Aseptic Processing; FDA 1987

Weiterführende Literatur

Harper, N: SMIF and Minienvironment Technology – The Reality; Future Fab International (3), Technology Publishing London 1997, S. 99–104

Renz, M.: Cleanroom Concepts for the Semiconductor Industry; R³-symposium Kristiansand, 1998

Wells, T.; T. Brania: Siemens North Tyneside: „64 Mega Mods" Fast Track Development in a Dynamic Market; Future Fab International (7), Technology Publishing London 1999, S. 111–118

8 Isolatortechnik in der pharmazeutischen Industrie

8.1 Entwicklung der Isolatortechnik (1975–2000)

Die Isolatortechnik ist der konventionellen (offenen) Reinraumtechnik immer dann vorzuziehen, wenn stringente Anforderungen an den Arbeitsschutz bzw. an den Arbeitsschutz in Kombination mit absolutem Produktschutz vorliegen.

In den 50er Jahren wurde die Isolatortechnik erstmalig eingesetzt, und zwar in der Kerntechnik. Die Isolatortechnik galt hier vor allem dem Schutz des Menschen vor gefährlichen Produkten: Die Robotertechnik war extrem teuer und konnte außerdem nicht jedes komplexe Problem der Handhabung kritischer Produkte lösen. Neben der Handschuhtechnik (angelsächs.: glove technique) wurde daher in dieser Frühzeit der Isolatortechnik auch vielfach die Halbmanntechnik (half suit) und die Vollmanntechnik (diving suit) angewandt.

In den 70er Jahren wurden auch in der pharmazeutischen Industrie erste Versuche mit der Isolatortechnik durchgeführt, um Produkt- und Personenschutz z.B. bei der halbautomatischen Abfüllung für sterile Produkte zu gewährleisten. Dichte Andocksysteme, flexible Isolatorhüllen aus PVC und die Handschuhtechnik kennzeichneten diese Systeme; die Halbmanntechnik wurde in dieser Phase ebenfalls angewandt, und zwar für das Arbeiten mit weitem Aktionsradius, denn die damals verfügbare Maschinentechnik war für den Zweck des Arbeitens am Isolator noch nicht optimiert.

Ein nachhaltiger Durchbruch gelang der Isolatortechnik aber erst, als das patentierte Doppeldeckel-Andocksystem der Firma La Calhène (in Frankreich für die arbeitssichere Übergabe von Materialien zwischen zwei Isolatoren entwickelt) allgemein verfügbar wurde.

Abbildung 8.1 zeigt links das Doppeldeckelsystem im angedockten (geschlossenen) Zustand, rechts die Handhabung desselben.

Zunächst wurden biologische Sicherheitsbänke (s. Abb. 8.2), später auch aseptische Arbeitsbereiche, z.B. Abfüllmaschinen für sterile Antibiotika mit diesem System ausgestattet [8.1].

Auch das dritte Schutzziel, der Schutz der Umwelt vor schädlichen Einflüssen aus dem Produktionsbereich, konnte nun verwirklicht werden. Die schützende Maschinenhülle aber bestand dagegen immer noch aus einem PVC-Zelt, dem „Bubble", mit dem entscheidenden Nachteil einer aufwändigen und dadurch nicht immer reproduzierbaren Reinigung von Hand. Die Sterilität

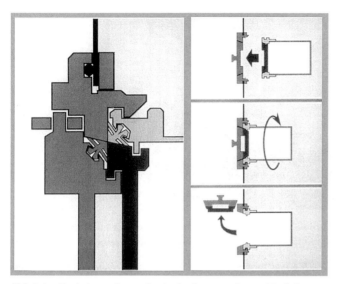

Abb. 8.1   Funktionsschema des Andockens per Doppeldeckelsystem mit Bajonettverschluss (Quelle: La Calhène)

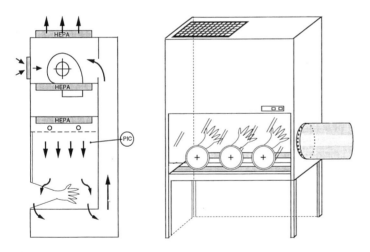

Abb. 8.2   Biologische Sicherheitswerkbank Klasse 3/schematisch

des Isolatorinneren wurde meist durch Begasen mit Peressigsäure oder Formaldehyd erreicht; Geruchsprobleme mit den Rückständen dieser Chemikalien waren an der Tagesordnung (s. Abb. 8.3).

Das – wegen der Flexibilität der Isolatorhülle – nicht exakt definierbare Druckgefälle zur Außenwelt und der Reinigungsaufwand wurden von vielen Interessenten an dieser Technik als GMP-Problem empfunden. Um die GMP-Forderungen nach definiertem Reinheitsniveau in der Prozesszone, nach

Abb. 8.3   Automatische Ampullenabfüllung im flexiblen PVC-Isolator mit Handschuh- und Halbmanntechnik (Quelle Abfüllmaschine: Bosch, Quelle Isolator: La Calhène)

reproduzierbarem Reinigungsstandard und nach beherrschbarer Druckdifferenz zur Isolatorumgebung realisieren zu können, wurden Ende der 80er Jahre für die aseptische Ampullenabfüllung Isolatoren mit starren Wänden gebaut, die eine turbulenzarme Reinluftumwälzung über HEPA-Filter aufwiesen. Einer dieser ersten Isolatoren war mit einem dampfsterilisierbaren, andockbaren Transfercontainer ausgestattet; außerdem besaß er ein definiertes und steuerbares Druckgefälle an den Spalten des kontinuierlichen Transportsystems für Leergebinde bzw. abgefüllte Vials/Ampullen.

Die Oberflächendekontamination der inneren Oberflächen des Isolators erfolgte hier noch durch Besprühen mit einem hochwirksamen Desinfektionsmittel für Reinräume. Eine solche Anlage (s. Abb. 8.4) wurde zum ersten Mal auf der Achema 1991 gezeigt und ist nach ihrer Zulassung durch EG-Inspektionsbehörden einige Zeit später in Betrieb genommen worden [8.2].

Eine Abfüllanlage mit H_2O_2-Sterilisation ungefüllter Fertigspritzen in einem Isolator ging 1992 in Betrieb [8.3].

Die Entwicklung einer Abfüllanlage für sterile Pulver in Isolatortechnik war dagegen 1987 wegen zu hoher Kosten für eine sichere aseptische Gummistopfen- und Produktzuführung wieder eingestellt worden. Als Ersatz hierfür wurde die sog. „Halbisolatortechnik" (s. Abb. 8.5) entwickelt, bei der das Einstellen und Justieren der Abfüllorgane und die Arbeiten an den Antriebsteilen der Abfüllanlage außerhalb des Reinraums, die Pulver- und Stopfenbeschickung dagegen im konventionellen Sterilbereich erfolgen.

Bei der Ampullen- und Vialabfüllung war zu dieser Zeit den Erfordernissen dieser speziellen Technik durch ein U-förmiges Maschinenlayout mit der Möglichkeit des Zugangs zu allen Antriebsteilen und zu den Einstell- und Justierorganen der Abfüll- und Verschließmaschine Rechnung getragen worden (s. Abb. 8.6).

Nachdem Anfang der 90er Jahre für die aseptische Stopfenzuführung mehrere Systeme entwickelt worden waren, die das bis dahin übliche Handhaben

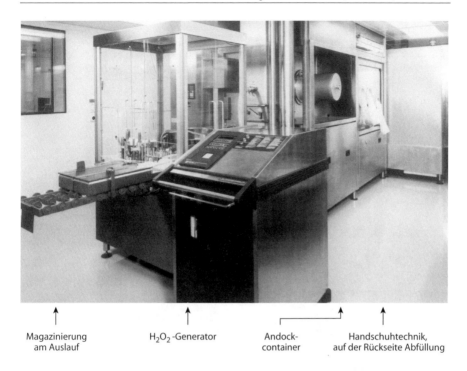

↑	↑	┌──────↑ ↑
Magazinierung am Auslauf	H$_2$O$_2$-Generator	Andock- Handschuhtechnik, container auf der Rückseite Abfüllung

Abb. 8.4 Festwandisolator für die vollautomatische Ampullenabfüllung (Quelle Linear arbeitende Abfüllmaschine und Isolator: Bosch)

von sterilen Gummiverschlüssen mittels Doppelbeutel ersetzten, fehlte für eine sichere Sterilabfüllung *im* Isolator noch ein einfaches, wirksames, schnelles und automatisierbares Oberflächendekontaminationsverfahren. Aus den etwa zehn möglichen Alternativen – Wasserstoffperoxidlösung, Wasserstoffperoxiddampf, Peressigsäure, Formaldehyd, Sattdampf, Heißluft und weitere – hat sich in den letzten Jahren das Verfahren mit verdampfter Wasserstoffperoxidlösung (VHS-Verfahren) wegen seiner Unselektivität und seiner einfachen Handhabung weitgehend durchgesetzt.

Bei der Abfüllung steriler Pulver mit Hilfe der Isolatortechnik werden für die Beschickung der Abfüllorgane üblicherweise Doppelbeutel-Systeme benutzt. Eine isolatorgerecht automatisierte und damit auch einfach validierbare Pulverbeschickung aus einer zu diesem Zweck ausgestatteten Produktkanne ging vor geraumer Zeit in Betrieb (s. a. Abschn. 8.2.1.2). Damit ist dann die letzte Lücke in der Isolatortechnik für die Technologie der aseptischen Fertigung geschlossen, und es steht seit dem Jahr 2000 eine komplette validierbare Isolatortechnik für alle Bereiche des aseptischen Arbeitens in Produktion und Mikrobiologie zur Verfügung. Der heute erreichte Stand der Isolatortechnik für die aseptische Herstellung und die derzeit absehbaren Weiterentwickungen werden in den Abschn. 8.2.1–8.2.8 detailliert beschrieben (s. a. [8.4]).

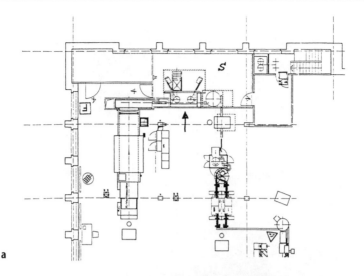

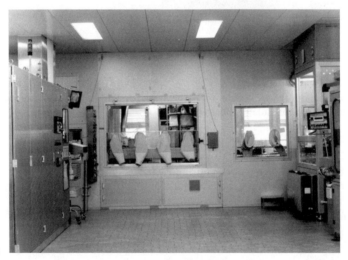

Abb. 8.5   Halbisolatortechnik für die sterile Pulverabfüllung. **a** Layout **b** Frontansicht Abfüllung – s. Pfeil im Layout (Quelle Isolator: Glatt, Quelle Abfüll- und Verschließmaschine: Bosch)

Die Isolatortechnik kennt in der Pharmazie neben der aseptischen Herstellung und der Mikrobiologie noch zwei weitere Anwendungsgebiete: die SPF-Tierhaltung (spezifisch pathogenfreie Tierhaltung) in der Arzneimittelforschung und die Handhabung hochwirksamer und toxischer Substanzen, und zwar dort, wo die konventionelle Reinraumtechnik nicht mehr greift. Hochwirksame und gefährliche Wirkstoffe (z. B. Radiopharmaka) werden in der pharmazeutischen Chemie oft wegen ihrer geringen Produktmengen in zunehmendem Maße in Isolatoren hergestellt; hier findet sich, in abgeschwächter Form, die Arbeitsschutzproblematik aus der Kerntechnik wieder, vgl. auch

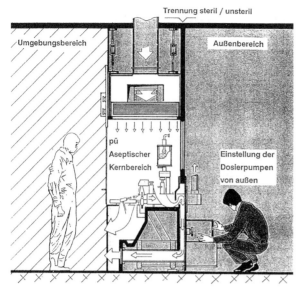

Abb. 8.6　Halbisolatortechnik bei der Ampullenabfüllung/Seitenansicht mit Operator und Handwerker (Quelle: Bosch)

Kap. 15. Ein wichtiges Merkmal der Anwendungen bei diesen Substanzen ist der Betrieb bei konstantem Unterdruck. Die Partikelkontamination spielt hier oft keine bzw. nur eine untergeordnete Rolle. Diese beiden letztgenannten Isolatoranwendungen werden in den Abschn. 8.3 und 8.4 abgehandelt.

Tabelle 8.1 gibt einen zusammenfassenden Überblick über die geschichtliche Entwicklung der Isolatortechnik in der Pharmazie seit 1975.

Tabelle 8.1　Geschichte der Isolatortechnik in Pharma (1975–2000)

< 1960	Kerntechnik	Handschuhtechnik (glove), Halbmanntechnik (half-suit), Vollmanntechnik (diving-suit)
1963	Kerntechnik	Doppeldeckelsystem (DPTE)[a] von La Calhène
~ 1980	Gentechnik Mikrobiologie	Biologische LF-Sicherheitswerkbank Klasse 3 mit DPTE, Glove-Technik
> 1985 (1988)	Aseptische Abfüllung	„Bubble"-Isolator (auch als „Halbisolator") mit DPTE, Glove-Technik, Oberflächendesinfektion
1990	Aseptische Abfüllung	Festwandisolator mit kontinuierlichen und diskontinuierlichen Transfersystemen
	Endstufe Chemie	Festwandisolator (pü) mit RTP[a] und Glove-Technik
> 1992 (1995)	Aseptische Abfüllung	Festwandisolator mit validierbarem Sterilisationsverfahren (H_2O_2)
2000	Asept. Abfüllung u. Formulierung u. Lyophilisation	Festwandisolator mit automatisiertem Transfer von Verschlüssen, Pulver etc.

[a] DPTE = RTP = Doppeldeckelsystem

8.2 Isolatoren für das aseptische Arbeiten in der Pharmafertigung und der Mikrobiologie

8.2.1 Anforderungen an die Komponenten

Eine betriebsfertige Isolatoranlage für das aseptische Fertigen bzw. für das Arbeiten in der produktionsbegleitenden Mikrobiologie besteht im Wesentlichen aus folgenden vier *Hauptkomponenten,* die der reinraumgerechten Prozesszone zugeordnet sind (Abb. 8.7):

- Isolatorhülle mit den Zugriffssystemen, ggf. in line reinigbar,
- logistische Schnittstellen (diskontinuierliche und kontinuierlicheTransfer-systeme) zum Isolatorumfeld,
- Reinraumanlage mit integriertem Kaltsterilisationsmodul und
- Monitoring- und Dokumentationssysteme für alle im Isolator herrschenden Betriebszustände und für alle in ihm ablaufenden Operationen.

Darüber hinaus gibt es Optionen für ergänzende Komponenten, wie
- automatische Abfallentsorgung aus der Prozesszone oder
- Robotertechniken etc.

Da von der Anwenderseite bis jetzt noch keine konkreten Forderungen existieren, wurden für diese Optionen – im Gegensatz zur Anwendung von Isolatoren in der chemischen Produktion – bis jetzt noch keine konkreten Konzepte entwickelt.

Die besonderen technischen *Anforderungen* an funktionierende Isolatoren für die aseptische Fertigung und die mikrobiologische Labortechnik lassen sich zusammengefasst wie folgt charakterisieren:

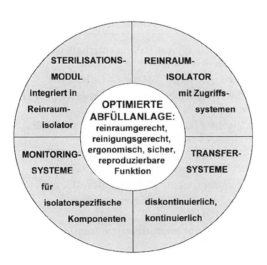

Abb. 8.7   Essentielle Komponenten einer Isolatoranlage für die aseptische Fertigung

- Sicheres und prüfbares Containment (definierte Druckhaltung je nach Arbeitsschutzanforderung mit und ohne Druckfalle) sowohl für den Prozess selbst als auch für die Transfersysteme in den Isolator hinein als auch aus dem Isolator heraus
- validierbare Transfervorgänge, insbesondere sichere Andocksysteme
- validierbare Reinigungs- und (Oberflächen-)Dekontaminationsverfahren für das Isolatorinnere
- reinraumgerechte Konstruktion
- optimale Beschickung der Prozesszone mit den dort benötigten Komponenten
- sicherer (praktisch störungsfreier) Betrieb der im Isolator ablaufenden Prozesse
- hohes Maß an Arbeitssicherheit, optimale Ergonomie
- hohe Verfügbarkeit der Anlage (geringe Rüst-, Reinigungs- und Umstellzeiten) und
- Kompatibilität mit relevanten Richtlinien und Behördenforderungen.

8.2.1.1 Die Isolatorhülle mit ihren Zugriffssystemen

Die Anforderungen an die *Isolatorhülle* lassen sich wie folgt beschreiben:
- Reinigungungsfreundliche und ggf. auch reinraumgerechte Konstruktion
- sicheres Containment für den Prozess im Isolator (fail-safe-Prinzip)
- Arbeitssicherheit auf hohem Niveau (redundante Systeme)
- ergonomische/anthropometrische Gestaltung.

Reinigungsgerechte Gestaltung heißt: glatte, leicht zugängliche Oberflächen, abgerundete Ecken, flächenbündig eingesetzte Fenster, durchkonstruierte Durchbrüche und Anschlüsse, totraumfreie Dichtungen.

Reinraumgerechte Gestaltung bedeutet: an den Prozess angepasste Lüftführung, gleichmäßige Durchströmung aller Bereiche (> 0,2 m/s), Vermeidung von Turbulenzen.

Die Anforderungen an das Containment lassen sich wie folgt definieren: Definierte Druckhaltung, nachweisbar durch eine validierte Prüfmethode (Rauchtest bei üblichen, Seifenblasenmethode bzw. Helium-Lecktest bei hohen Anforderungen), Werkstoffe mit definierter Lebensdauer, einfache und robuste Anschlüsse für die Transfersysteme, Dichtheit aller Durchführungen für Medien und Energien, gut dichtende Anschlüsse an Fenstern und an der Innenbeleuchtung.

Die Beachtung der einschlägigen EG-Richtlinien und Normen sowie die nationalen Regeln zur Arbeitssicherheit und zur Ergonomie und nicht zuletzt der Stand von Wissenschaft und Technik garantieren ein hohes Niveau beim Arbeitsschutz und bei der Bedienungsfreundlichkeit.

Die Grundauslegung der Isolatorhülle und ihrer Zugriffssysteme muss darüberhinaus noch folgende Kriterien berücksichtigen, wie sie unter anderem in der DIN 31000 festgelegt sind:
- körpergerechte Gestaltung der Arbeitsplätze und angemessene Arbeitshaltung
- Beschränkung der Beanspruchung durch die Arbeit auf ein zulässiges Maß

- Abbau bzw. die Vermeidung von Belastungen
- optimale Gestaltung der Arbeitsumgebung
- Verwendung bedienungsfreundlicher Werkzeuge und Betätigungen.

Oft müssen die Isolatorsysteme bestimmten Personen- bzw. Personengruppen angepasst werden: Relevante anthropometrische Maße hierfür sind die Reichweite, die Körperhöhe, die Augenhöhe, die Sitzhöhe, das Blickfeld und die Handmaße; hier muss immer ein bestmöglicher Kompromiss zwischen allen vorgesehenen Nutzern angestrebt werden.

Bei den *Zugriffssystemen zum Isolator* unterscheidet man zwischen der Handschuhtechnik und – bei Anlagen, deren Bedienung eine größere Reichweite erfordert – der Halbmanntechnik. Bei der Auswahl von Zugriffssystemen sind ergonomische und reinigungstechnische Kriterien, der benötigte Platz (Aktionsradius) und vor allem Arbeitssicherheits- und Akzeptanzgesichtspunkte zu berücksichtigen. Kernstück aller Zugriffssyteme sind die Handschuhsysteme. Ihre Befestigung muss gasdicht sein. Das Material der Handschuhe muss hautfreundlich, weitgehend abriebfest, griffsensibel, aber beständig gegen die übliche mechanische Beanspruchung und die vielfache Anwendung von Reinigungs- und Sterilisiermitteln sein. Das An- und Ausziehen darf nur kurze Zeit in Anspruch nehmen; außerdem müssen die Handschuhe einfach und schnell zu wechseln sein, ohne die Sterilbarriere zu gefährden. Der sichere Austausch alter gegen neue Handschuhe geschieht meist über speziell konstruierte Manschetten mit O-Ring-Dichtungen (Abb. 8.8).

Bewährte Werkstoffe für Handschuhe sind Polyethylenchlorosulfon oder polyethylenchlorosulfonbeschichtete andere Kunststoffe, wenn Wasserstoffperoxid oder andere starke Oxidantien zur Sterilisation verwandt werden; Polyvinylchlorid zum Beispiel absorbiert Wasserstoffperoxid in hohem Maße und verlängert so die Auslüftzeit.

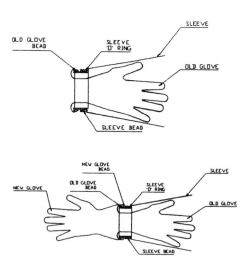

Abb. 8.8   Handschuhwechselsystem schematisch (aus ISO CD14644-7/Englisch)

Bei Handschuhsystemen, die oft und von mehreren Personen benutzt werden, empfiehlt sich der Einsatz von persönlichen Zweithandschuhen. Durch sie wird nicht nur die Akzeptanz verbessert, sondern es wird – falls diese Handschuhe vor dem Hineinschlüpfen in die eigentlichen Containment-Handschuhe durch Eintauchen in eine alkoholische Desinfektionslösung nass desinfiziert werden – eine zweite Sterilbarriere geschaffen.

Einige wenige Isolatoranlagen erfordern die Nutzung der Halbmanntechnik, die das Arbeiten in einem größeren Aktionsradius gestattet. Die übliche Anordnung solcher Halbmannanzüge ist ihre Befestigung in einem horizontalen oder leicht schräg gestellten, in die Unterseite des Isolators integrierten Flansch. Der Halbmannanzug bedeckt den Oberkörper der Bedienperson und hat neben den Armstulpen mit Handschuhen einen Helm mit Rundumgesichtsfeld. Die Flexibilität der für den Torso verwendeten Materialien muss eine 180°-Drehung und Vorwärtsbewegung von ca. 1 m in den Isolator hinein gestatten. Üblicherweise sind Halbmannanzüge zweischichtig aufgebaut, um aus dem umgebenden Raum angesaugte, filtrierte Luft in das Helminnere und damit zum Gesicht der Bedienungsperson zu führen. Für die Handschuhe bzw. die Armstulpen der Halbmannanzüge gilt das oben Gesagte. Wegen des hohen Preises dieser Halbmannanzüge, der verbleibenden Akzeptanz- und Arbeitsschutzproblematik und wegen der aufwändigen Dichtheitsprüfungen geht die Halbmanntechnik in der Pharmazie wieder zurück.

Die ersten Isolatoranlagen für aseptische Abfüllprozesse führten die Umluft durch den Maschinentisch hindurch; eine bessere Strömungsführung am kritischen Punkt wird aber durch die Rückluftführung in einer Doppelglasscheibe oberhalb des Maschinentisches erreicht; dieses System ist außerdem besser einsehbar und damit auch der notwendigen Reinigung besser zugänglich (s. Abb. 8.9).

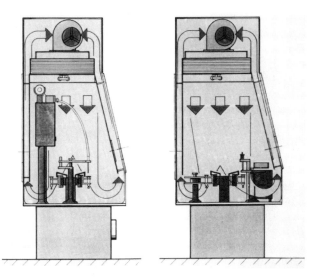

Abb. 8.9 Schnitt durch Isolator mit Doppelscheibe zur Rückluftführung (Quelle: Skan)

Die Reinraumgerechtigkeit des Isolators (niedrige Partikelzahlen im kritischen Bereich durch eine ordnungsgemäße turbulenzarme Verdrängungsströmung) wird in der Regel durch den Rauchtest nachgewiesen; letzterer wird mittlerweile auch von den neueren Ausgaben der Regelwerke von VDI und ISO gefordert.

8.2.1.2 Die logistischen Schnittstellen zum Isolatorumfeld

Die Grundanforderungen an die Transfersysteme für Materialien, Formatteile, Packmittel und Geräte in den Isolator hinein lauten: Kontaminationsfreie Übergabe der sterilen Güter sowie einfache, sichere und schnell zu handhabende Übergabe-/Andockvorrichtungen; sobald Arbeitsschutzbelange tangiert werden, sollten diese Systeme fehlersicher funktionieren.

Diese Systeme sollten daher eine robuste Konstruktion und verschleissfeste Dichtungen haben; letztere sollten einfach zu reinigen/zu dekontaminieren sein.

Die *diskontinuierliche* sterile Übergabe der oben zitierten Teile kann auf zwei grundsätzlich verschiedenen Wegen geschehen:
- Über einen sauberen Andockcontainer, in dem das zu transferierende Gut unmittelbar vor Übergabe einem validierten Sterilisations-/Oberflächendekontaminationsprozess unterworfen wird.
- über einen sterilen Andockcontainer, der die sterilen bzw. sterilisierten Güter über ein Doppeldeckelsystem (seitlich mit Bajonettverschluss) an einer sterilen Übergabe abholt und in den Isolator per Handschuhsysteme zu übergeben gestattet. Es gibt hier mehrere Fabrikate auf dem Markt, die sich im Dichtverhalten nicht, wohl aber in der Handhabung unterscheiden; ein Beispiel für einen sterilisierbaren Andockcontainer zeigt Abb. 8.10.

Abb. 8.10   Steriler bzw. sterilisierbarer Andockcontainer

Variante 1 ist sehr aufwändig und bringt, da auch hier ein dichtes Andock-system verwendet werden muss, keinen wesentlichen Gewinn an Sicherheit.

Eine Abwandlung dieses Verfahrens wurde in der Einführphase der Isola-tortechnik bei der aseptischen Abfüllung zur Übergabe kleiner Mengen steri-ler Gummistopfen angewandt: Doppelt in Folien verpackte sterilisierte Gum-mistopfen wurden per DPTE-System an den aseptischen Bereich angedockt, und vor dem Öffnen der Beutel wurde deren Oberfläche nochmals mit UV-Licht (Intensität: > 3000 Watt/cm^2) bestrahlt. Eine solche Stopfenübergabe per Halbmanntechnik zeigt Abb. 8.11.

Variante 2 ist heute die gängige Methode, nachdem das Handhaben des Doppeldeckels sowie die Transferbehälter selbst, weiterentwickelt wurden: Feste Scharniere für das Tor des Isolators ersparen z. B. das störende Ablegen desselben auf der sterilen Arbeitsfläche. Wenn man außerdem die aufeinan-der zu pressenden Lippendichtungen des Doppeldeckels unmittelbar vor ihrem Kontakt z. B. mit einer alkoholischen Desinfektionsmittellösung dekon-taminiert, kann ein eventuelles Sterilrisiko aus kontaminierten Dichtungsrän-dern sicher ausgeschlossen werden. Kleine Gummiverschlüsse können ande-rerseits mit einem sterilisierbaren tragbaren Polypropylenbehälter bequem transportiert und an den Isolator von Hand angedockt werden (Abb. 8.12).

Für den Transfer von Teilen, die im Isolator benötigt werden (z. B. Abfüll-schläuche und Füllnadeln) kann auch ein dampfsterilisierbarer Transfercon-tainer benutzt werden, der dann allerdings wegen seines Gewichts mit einem Hebezeug an die Andockung des Isolators gebracht werden muss. Der Vorteil einer solchen Vorgehensweise ist die Verwendung eines Standard-Dampf-sterilisators nach DIN 58950 (Abb.8.13).

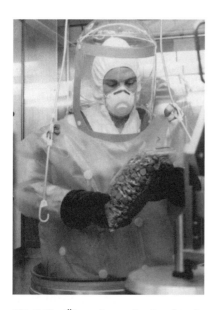

Abb. 8.11 Übergabe steriler Stopfen, doppelt verpackt, per Halbmann (Quelle: Interflow)

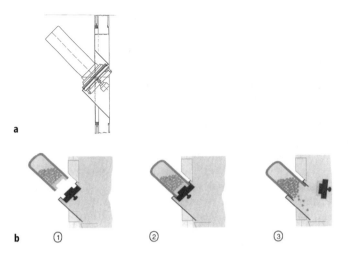

Abb. 8.12 Übergabe kleiner Gummiverschlüsse per sterilem PP-Behälter in die EMSE einer Verschließmaschine (Quelle: Bausch & Ströbel). **a** Querschnitt durch das Andocksystem, **b** Handhabung des PP-Containers, 1 Transferoperation 2 Containerandockung 3 Stopfen gleiten in die EMSE nach Öffnen des Doppeldeckels per Handschuhtechnik

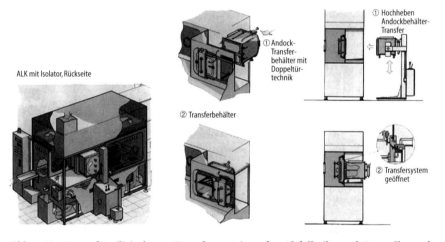

Abb. 8.13 Dampfsterilisierbarer Transfercontainer für Abfüllteile und Darstellung des Beschickungsvorgangs (Quelle: Bosch)

Für die dosierte Beschickung einer aseptischen Pulverabfüllmaschine mit sterilem hochwirksamen Bulkprodukt kann in weiterer Abwandlung der Variante 1 auch ein Doppelklappensystem verwandt werden. Dabei wird z. B. eine, mit einer Hälfte einer teilbaren Doppelklappe im Sterilraum nach dem Abfüllen des Bulks verschlossene Produktkanne, in einen oberhalb der Abfüllorgane befindlichen Transferisolator verbracht und zusammen mit dem ihm entgegenragenden Einlassstutzen für das abzufüllende Pulver lege artis sterilisiert; nach der Sterilisation wird die doppelt initiierbare Doppelklappe unter aseptischen Bedingungen zusammengefügt, um dann unter aseptischen Bedingungen geöffnet zu werden. Der Zugang zum Bulkprodukt ist während des gesamten Abfüllvorgangs (zum Beispiel auch bei der Beseitigung von Störungen) jederzeit ohne Unterbrechung der Sterilbarriere möglich (Abb. 8.14). Dieses System wurde von IMA SpA für die Abfüllung von pulverförmigen „potent hazard products" entwickelt und ging vor einiger Zeit in Betrieb.

Kontinuierliche Transfersysteme durchbrechen die Isolatorhülle betriebsmäßig und müssen daher so konzipiert werden, dass der Spalt am Ein- und Ausgang – wegen des Sterilitätsrisikos aus wirtschaftlichen Gründen – so klein wie möglich gewählt wird. Am Spalt muss, so lange er offen ist, eine definierte Druckdifferenz bzw. eine definierte unumkehrbare Strömung herrschen (im angelsächsischen Sprachgebrauch: breach velocity). Zum Zweck der Dekontamination des Isolatorinneren z. B. mit Wasserstoffperoxiddampf muss dieser Spalt hermetisch dicht gemacht werden können.

Der kontinuierliche Transport, z. B. von gereinigten, sterilisierten und depyrogenisierten Glasobjekten wie Ampullen, Vials und Flaschen, aus der Pufferzone eines Sterisiertunnels (üblicherweise ein Drahtgewebestauband oder ein Drehteller) in den Isolator hinein, erfolgt wie bei der konventionellen aseptischen Abfüllung meist über eine Transportschnecke. Diese Transportschnecke ist teilbar ausgeführt, um den entstehenden Spalt zum Zwecke der Sterilisation des Isolators hermetisch gasdicht machen zu können. Das Schott selbst sollte, falls es automatisch verschlossen werden kann, als stromlos geschlossenes Notfallschott ausgebildet sein.

Der diesem kontinuierlichen Transportsystem vorgeschaltete und zu ihm hin offene Sterisiertunnel wird in seiner Kühl- und Auslaufzone nach Filterwechsel unterhalb des HEPA-Filters üblicherweise durch Wischdesinfektion

Abb. 8.14 Sterile Pulverbeschickung durch einen Transferbehälter mit doppeltinitiierbarer Doppelklappe (Quelle: IMA)

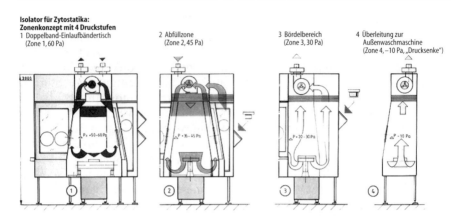

Isolator für Zytostatika:
Zonenkonzept mit 4 Druckstufen
1 Doppelband-Einlaufbändertisch
 (Zone 1, 60 Pa)

2 Abfüllzone
 (Zone 2, 45 Pa)

3 Bördelbereich
 (Zone 3, 30 Pa)

4 Überleitung zur
 Außenwaschmaschine
 (Zone 4, −10 Pa, „Drucksenke")

Abb. 8.15 Schema der Druckstufen im Isolatorsystem zur aseptischen Abfüllung von Zytostatika (Quelle: Bosch)

dekontaminiert oder durch Heißluftbeaufschlagung sterilisiert. Mittlerweile bietet ein Anlagenbauer auch einen Sterilisiertunnel an, dessen Kühlteil hermetisch abgedichtet und mit Wasserstoffperoxiddampf sterilisiert werden kann.

Das kontinuierliche Ausschleusen von Massengütern, wie abgefüllten Glasobjekten, geschieht meist per Transportband mit Schnecke, wie oben beim Einlauf beschrieben, manchmal aber auch durch einfachen Überschub der einzelnen Objekte auf Trays in einem kleinen Tunnel als Zwischenstation vor der Weiterbearbeitung.

Wichtig bei der Konzeption von kontinuierlichen Transportsystemen ist die konstante Druckhaltung im Isolator (volumenstromgeregelte Ventilatoren), ein konstantes Druckgefälle am Spalt und – wenn hochpotente Produkte verarbeitet werden – die Ausbildung einer „Druckfalle" durch das Dazwischenschalten einer Unterdruckzone zwischen dem letzten Überdruckbereich hinter dem Isolator und der Umgebung der Anlage (Abb. 8.15).

Die Notwendigkeit der Höhe der hier gezeigten Druckstufen ist sicher diskutierbar, da sowohl die Drucksteuerung als auch die erforderliche Messtechnik wesentlich engere Toleranzen zulassen.

8.2.1.3 Die Reinraumanlage mit integriertem Modul zur Kaltsterilisation

Passive Isolatoren, d.h. Isolatoren mit flexiblen Wänden und ohne definierte Druckdifferenz zur Außenwelt, gehören in der aseptischen Technik mittlerweile der Vergangenheit an. Wenn auch mikrobiologische Isolatoren heutzutage zum (großen) Teil noch ohne definierte Reinraumbedingungen betrieben werden, ist der aktive Reinraumisolator in der aseptischen Fertigung das Mittel der Wahl (vgl. auch die Forderungen der FDA-Guideline zur aseptischen Fertigung), gestattet er doch neben der Aufrechterhaltung eines konstanten Partikelniveaus während des Produktionsbetriebs auch eine schnelle und effektive Sterilisation der reinen Zone durch ein regelbares Umwälzen des Sterilisiermittels und ein gezieltes Entfernen desselben am Ende der Oberflächendekontamination. Diese Reinraumisolatoren müssen deshalb vollflächig über den gesamten Querschnitt durch die Reinraumanlage mit HEPA-filtrierter Luft beaufschlagt werden (s. a. die Forderung nach Reinraumgerechtigkeit in Abschn. 8.2.1.1). Zusätzlich wird gefordert, dass Leckverluste aus den Transfersystemen und aus Undichtigkeiten ausgeglichen werden und ein konstantes Druckniveau im Isolator aufgebaut und gehalten wird; ein turnusmäßiger Lecktest (Rauchtest, Helium-Lecktest, Druckhaltetest etc.) ist daher erforderlich. Die Anforderungen an eine Druckhaltung mit geringen Schwankungsbreiten in allen Betriebszuständen, an eine konstante Strömungsgeschwindigkeit und an die Leckfreiheit erfordern aber einen hohen apparativen und regelungstechnischen Aufwand.

In der Einführungsphase der Isolatortechnik wurde eine große Anzahl von Sterilisationsmethoden getestet, insbesondere
- die Sprühmethode mit Wasserstoffperoxidlösung
- die Verdampfung von Wasserstoffperoxid
- das Gemisch Sattdampf/Wasserstoffperoxid
- der strömende Sattdampf
- die Sprühmethode mit Peressigsäure
- das Verdampfen von Peressigsäure
- die Kombination Peressigsäure/Wasserstoffperoxid
- das Verdampfen von Formaldehyd
- die Verwendung von Ozon und weitere Kombinationen von Sterilisiermitteln.

Die Methoden unter Verwendung von Peressigsäure und Formaldehyd schieden sehr schnell wegen ihrer Arbeitsschutz-, Rückstands- und Geruchsproblematik aus, die „nassen" Methoden unter Verwendung von Wasserstoffperoxid und Wasserdampf erfordern eine lange und aufwändige Trocknung, so dass heute praktisch nur noch das Verfahren zur Verdampfung von Wasserstoffperoxid bei der Sterilisation von Isolatoren angewandt wird. Seine Vorteile lassen sich wie folgt beschreiben:
- Es ist nicht selektiv gegenüber bestimmten Mikroorganismen
- es hat akzeptable Zykluszeiten wegen der geringen Feuchtigkeitsmengen
- die Arbeitsschutzprobleme sind beherrschbar
- und es gibt keinerlei Rückstands- und Umweltschutzproblematik.

Peressigsäure und andere alternative Sterilisiermittel, wie Ozon oder Chlordioxid, werden daher heute nur noch selten verwendet.

Ein Standard-Dekontaminationszyklus mit dampfförmigem Wasserstoffperoxid sieht heute etwa wie folgt aus:
- Trocknung des Isolatorinnenraums auf eine relative Feuchte < 20 %: 10 min
- Aufbau der gewünschten Wasserstoffperoxidkonzentration im Isolator: 10 min
- Sterilisationszeit bei konstanter Konzentration (dosierte Menge: 1000 ppm; wegen der Bindung einer Teilmenge des dosierten Wasserstoffperoxids in Mikrotropfen auf Oberflächen ist der in der Gasphase gemessene Wert während der Sterilisationszeit immer deutlich unter dem dosierten Wert !) 50 min

– Abbau der Wasserstoffperoxidkonzentration auf < 5 ppm durch Spülen des Isolators mit Frischluft: 30 min. Somit ergibt sich eine Gesamtprozesszeit von ca. 100 min.

Die Auslüftzeit bis zu einer unbedenklichen Restkonzentration im Bereich des MAK-Werts ist abhängig von Größe/Oberfläche des Isolators, vom Absorptionsverhalten der verwendeten Werkstoffe, seiner Beladung und vom Luftdurchsatz. Einschließlich der notwendigen Auslüftzeit sind derzeit schon Gesamtzykluszeiten von 2,5–3 h möglich, um ein Niveau von 0,1 ppm Wasserstoffperoxid (ein Zehntel des MAK-Werts) zu erreichen. Die laufenden Optimierungsbemühungen beim Wasserstoffperoxid-Verfahren gehen in Richtung auf eine Verringerung der Sterilisiermittelkonzentration und eine Erhöhung der umgewälzten Gasmenge bei der Sterilisation und vor allem auf eine Beschleunigung des Abbaus der Restkonzentration an Wasserstoffperoxid.

Abbildung 8.16 zeigt das Verfahrensschema einer in den Isolator integrierten Wasserstoffperoxidsterilisation der Firma Skan AG. Die Erfassung des Sterilisiermittelverbrauchs erfolgt hier durch Wägung mit elektronischer Datenerfassung.

Isolatoren werden in erster Linie in der aseptischen Fertigung eingesetzt und sind so die technologische Alternative zur aseptischen Fertigung im konventionellen Reinraum.

Der Nachweis der pharmazeutischen Sicherheit eines Isolatorsystems erfolgt daher mit denselben Methoden, wie sie bei der aseptischen Fertigung im konventionellen Reinraum üblich sind: Keimfreiheit von Räumen und von Oberflächen nach entsprechenden Dekontaminationsmaßnahmen und entsprechendes routinemäßiges Monitoring im laufenden Betrieb, Partikelmessungen bei Installation, Inbetriebnahme und im Betrieb etc.

Die Sterilisationsmethoden für Isolatoren und für ihr versorgungstechnisches Umfeld können unter Nutzung folgender drei Testverfahren analog der klassi-

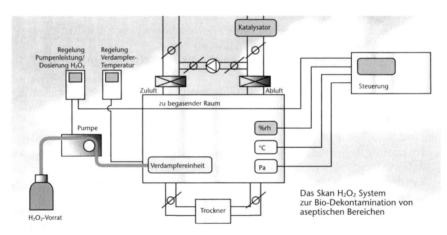

Abb. 8.16 Verfahrensschema einer Wasserstoffperoxidsterilisation (Quelle: Skan)

schen Dampfsterilisation entwickelt und validiert werden: Overkill, bioburden oder eine Kombination bioburden/biologischer Indikator. Der Sterilisationserfolg wird bei der Overkillmethode durch eine >10log-Reduktion eines resistenten Keims mit bekanntem D-Wert, bei den beiden anderen Methoden durch eine Überlebenswahrscheinlichkeit (angelsächs.: Sterility Assurance Level = SAL) von <1 : 10⁶ für einen Keim mit bekanntem D-Wert nachgewiesen [8.5].

8.2.1.4 Die Monitoring- und Dokumentationssysteme

Zur Steuerung und Überwachung der isolatorspezifischen Betriebsbedingungen wird in Regelwerken die Prüfung folgender Parameter verlangt: Druckdifferenzen, Reinraumbedingungen (Partikelzahlen, Strömungsgeschwindigkeit und -richtung), Sterilisationsbedingungen (Konzentration des Sterilisiermittels, Zeit- und Temperaturverlauf, relative Feuchte-Bedingungen), Dichtheit des Isolators und Sicherheit der Arbeitsschutzeinrichtungen.

Die Reinraumeinheit des Isolators, die während der Sterilisation auch das physiologisch aggressive Sterilisiermittel wirksam umwälzen und anschließend bis zur erforderlichen Restkonzentration entfernen muss, läuft im Umluftbetrieb und bekommt die Zuluft für den Überdruck gegenüber den Transfersystemen bzw. gegenüber dem umgebenden Raum aus einer eigenen volumenstromgeregelten Zulufteinheit. Im Isolator wird so ein konstant zu haltender Überdruck von z.B. 20 Pa aufgebaut und aufrechterhalten; zu den Transfersystemen baut sich der Druck stufenweise ab. Im Falle der Verarbeitung von toxischen Produkten muss durch ein separates Abluftsystem ein Unterdruck gegenüber der Umgebung in einer dem Ausgang der gesamten Fertigungseinheit am nächsten gelegenen Transfereinheit erzeugt werden, wie in Abb. 8.15 prinzipiell dargestellt. Die erforderlichen Drucküberwachungseinrichtungen bzw. die Überströmwächter müssen daher mit Grenzwerten für Alarm- und Stoppniveaus ausgestattet werden.

Ein konstantes und niedriges Partikelniveau ist eine weitere wichtige Voraussetzung für die Durchführung des aseptischen Verfahrens. Deshalb müssen an den reinraumseitigen HEPA-Filtern die Partikelzahlen kontinuierlich gemessen und dokumentiert werden. Darüberhinaus müssen diese HEPA-Filter nach Einbau und danach in regelmäßigen Zeitabständen (z. B. halbjährlich) leckgeprüft werden.

Das mikrobiologische Monitoring im aseptischen Isolator kann mit H_2O_2-sterilisierbaren Gelatine-Filtereinheiten durchgeführt werden, die zusammen mit den erforderlichen Verbindungsschläuchen über das Transfersystem in den Isolator eingebracht werden. Gebrauchsfertige γ-sterilisierte Gelatine-Filtereinheiten sind als Einzel-bis Dreifachpackung in verschweißten PE-Beuteln erhältlich. Lediglich die äußere Oberfläche dieser Beutel muss vor Übergabe in den Isolator dekontaminiert werden. Der eigentliche Luftsammler ist über eine PTFE-Filterpatrone mit dem aus dem Isolator ragenden Probenahmeschlauch verbunden [8.6].

Die Strömungsgeschwindigkeit der turbulenzarmen Verdrängungsströmung wird rasterförmig 30 cm unterhalb des HEPA-Filters und als „Erstluft" am reinen Arbeitsplatz nach Inbetriebnahme, nach reinraumrelevanten Eingriffen und danach in regelmäßigen Abständen gemessen. Die Leckprüfung der eingebauten Filtersysteme und der Rauchtest zur Visualisierung der Strömungsverhältnisse im Isolator gehören zur Requalifizierung.

Der Sterilisationsprozess mit dampfförmigem Wasserstoffperoxid erfordert die Steuerung und Dokumentation folgender Parameter: Taktzeiten der einzelnen Schritte, relative Feuchte im Isolator, Temperatur in den relevanten Bereichen, vor allem wegen der Vermeidung von Kondensatbildung während der Sterilisationszeit, verbrauchte Gasmenge insgesamt und Nachführrate für Wasserstoffperoxid während der eigentlichen Sterilisation, Gaskonzentration im Isolator während der Sterilisation und bei der Entlüftung, Gaskonzentration in der Isolatorumgebung, Alarme bei gesetzten Warngrenzen und Anlaufen von Notprogrammen bei Erreichen von vorher festgelegten Grenzwerten für Maschinenstopps.

Bei der routinemäßigen Isolator-Dichtheitsprüfung wird der für Sterilisationszwecke dicht abgeschlossene Isolator auf ein konstantes Druckniveau gebracht und an kritischen Stellen (Dichtungen, Durchführungen, Versieglungen etc.) z. B. mit Seifenlauge oder nach Injektion von Helium in den Isolator mit einem Helium-Lecksuchgerät auf Dichtigkeit geprüft.

Handschuhsysteme, d. h. die Armstulpen zusammmen mit den an ihnen befestigten Handschuhen, werden mindestens einmal täglich aufgeblasen und durch Eintauchen in Wasser auf Dichtigkeit geprüft oder, mit sterilem Druckgas beaufschlagt, einem Druckhaltetest mit definierter Leckrate unterzogen. Diese neuere Methode umgeht die Temperaturempfindlickeit eines einfachen Druckhaltetests folgendermaßen: Der mit einem Prüfdeckel versehene aufgeblasene Armstulpen mit Handschuh wird per Schlauch mit einer Druckkam-

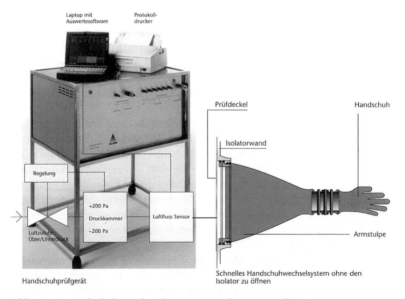

Abb. 8.17 Handschuh- und Stulpentesteinrichtung (Quelle: Skan)

mer konstanten Überdrucks verbunden; im Verbindungsschlauch zwischen Prüfling und Druckkammer wird der ein eventuelles Leck auffüllende Luftstrom gemessen und registriert.

Die mikrobiologisch noch zu akzeptierende Leckgröße, die Aufblasezeit, die Stabilisierungszeit, der Aufblasedruck (z.B. das 10fache des Betriebsdrucks im Isolator) und die Messzeit sind vorher zu vereinbaren; das Prüfgerät hat einen Grundwert für das „Rauschen", der bei der Auswertung berücksichtigt werden muss (s.a. [8.7] und Abb. 8.17).

Außerdem ist ein Dichtigkeitsprüfsystem für Handschuhe auf dem Markt, das auf dem Diffusionsprinzip beruht: Die Handschuhe werden dabei in einer Kammer, die mit Inertgas gefüllt ist, unter Vakuum gesetzt; der bei Undichtigkeit der Handschuhe in die Prüfkammer eintretende Luftsauerstoff wird durch einen Sauerstoffdetektor erfasst. Die Prüfzeit beträgt ca. 6 min.

Isolatorspezifische Arbeitsschutzeinrichtungen sind insbesondere die Überströmungs- bzw. die Differenzdrucküberwachung während des gesamten Betriebs, die Überwachung des Gehalts von Peroxid im Isolator vor dem Öffnen und in der Isolatorumgebung während des gesamten Betriebs und die fehlersichere Handschuhüberwachung per Lichtschranken.

8.2.2 Die isolatorgerechte aseptische Abfüllanlage

Eine zur Isolatortechnik passende aseptische Abfüllanlage muss außer den stringenten Reinraum- und Reinigungsanforderungen noch speziellen Anforderungen an die Aufrechterhaltung der Reinraumbarriere, an den Arbeitsschutz und die Ergonomie bzw. die Anthropometrie genügen. Die chemischen und physikalischen Wirkungen, vor allem bei der Sterilisation, erfordern darüberhinaus ganz spezielle Werkstoffe mit definierter Haltbarkeit.

Die relative Enge in der Abfüllanlage und der eingeschränkte Zugriff zu den einzelnen Aggregaten erfordern ein ganz spezielles Augenmerk auf die *reinraumgerechte* und *reinigungsfreundliche* Konstruktion: Niedrigstmöglicher Turbulenzgrad in der Erstluft (< 5 %), Absaugungen an kritischen Stellen, offene Bauweise derselben, Vermeidung von nicht durchströmten Bereichen und strömungstechnischen Totzonen, z.B. durch gezielten Einsatz von Lochblechen. Reinigungsfreundlich ist ein Isolator, der erst einmal so wenig Oberflächen wie möglich hat. Zu fordern sind darüberhinaus eine sauber ausgebildete Wanne mit definiertem Gefälle unter den Prozesseinheiten, abgerundete Ecken, durchkonstruierte Durchbrüche und Anschlüsse, die den Anforderungen an die Dichtheit entsprechen. Mechanische Teile sind so weit möglich zu vermeiden oder, wie die Beleuchtung und Anzeigegeräte, nach draußen zu verlagern. Alle Oberflächen müssen glatt und für die Reinigung leicht zugänglich sein. Abbildung 8.18 zeigt das reinigungsgerechte und reinraumgerechte Innere einer Abfüllmaschine für Flüssigkeiten: ein gut konstruiertes Unterteil der Abfüll- und Verschließmechanik und eine sauber ausgebildete glatte „Wanne" darunter, damit auch beste Zugänglichkeit für alle Aktionen des Maschinenpersonals.

Für griffgenaue Wiederholoperationen am laufenden Prozess, wie z.B. das Wiederaufstellen von umgefallenen Objekten, können kleine Manipulatoren,

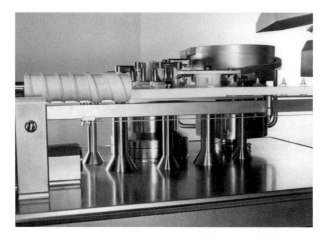

Abb. 8.18   Maschinenunterteil einer Vialfüllung (Quelle: Groninger)

Abb. 8.19   Reinigung des Isolatorinneren mit Hilfe eines Vakuumsaugers
(Quelle: Bausch & Ströbel)

für das Beseitigen von Bruch oder von heruntergefallenen Teilen, wie Gummiverschlüssen, können Vakuumsauger installiert werden, wie Abb. 8.19 zeigt.

Solche Systeme haben außerdem den Vorteil, dass sie die Handschuhe schonen und so auch das Risiko des Durchbrechens der Sterilbarriere reduzieren.

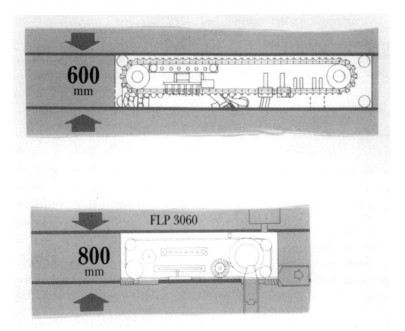

Abb. 8.20   Grundrisse zweier ergonomisch optimierter Abfüllanlagen (Quelle: Bosch)

Die ergonomischen und anthropometrischen Anforderungen wurden bereits in Abschn. 8.2.1.1 (Isolator) ausführlich beschrieben, so dass hier nur noch an zwei weiteren Beispielen die Voraussetzung für optimale Ergonomie demonstriert werden soll: Einem ergonomisch optimalen Arbeiten kommen vor allem längs laufende Abfüllmaschinen entgegen, die schmal gebaut (600–800 mm) und beidseitig zugänglich sind (s. die beiden Grundrisse in Abb. 8.20), und die außerdem eine einfache und störungsarme Mechanik haben. So wird heute für den Transport der Füllobjekte vielfach ein umlaufendes Kunststoffkettensystem mit von außen stufenlos verstellbarem, d. h. formatlosem Objektträger eingesetzt.

8.2.3 Werkstoffe im Isolator

Bereits konventionelle Parenteraliaanlagen müssen aus mikrobiologischen Gründen gegen handelsübliche Reinigungsmittel und gegen alkoholische bzw. aldehydische Desinfektionsmittel im %- bzw. im ‰-Bereich beständig sein. Im Falle von CIP-fähiger Anlagentechnik ist darüberhinaus auch Beständigkeit gegen hoch oberflächenaktive CIP-Reinigungsmittel, gegen vollentsalztes Heißwasser und Sattdampf gefragt.

Die Anwendung von Wasserstoffperoxid bringt eine weitere Einschränkung in der Verwendung von Werkstoffen, so dass eine Auswahl brauchbarer Werkstoffe für parenterale Fertigungsanlagen in der Isolatortechnik aussieht, wie in Tabelle 8.2 aufgeführt.

Tabelle 8.2 Isolatorkompatible Materialien (Stand 2000)

Metallische Werkstoffe (geschliffen und poliert)	Cr-Ni-Stahl Werkstoff 1.4435, 1.4571, eloxiertes Aluminium, Hastelloy-C, Titan
Anorganische nichtmetallische Werkstoffe	Keramik, Glas, Quarz, porenfreies Email
Kunststoffe	PTFE, PVDF, PP, PC und (PE, PVC)[a]
Elastomere Dichtmaterialien	Viton, und (Silikonkautschuk, EPDM)[a]
Handschuhe	Polyethylenchlorosulfon

[a] eingeschränkt verwendbare Werkstoffe

Bei allen Kunststoffen und Elastomeren, insbesondere bei Polyethylen, Polyvinylchlorid, Silikonkautschuk, EPDM, muss das Absorptionsverhalten jedes zu verwendenden Compounds gegenüber Wasserstoffperoxid in allen vorkommmenden Konzentrationsbereichen durch garantierte Stoffdaten belegt bzw. durch Tests unter relevanten Bedingungen belegt werden. Weil praktisch alle Kunststoffe und Elastomere immer noch geringe Mengen Wasserstoffperoxid (z. B. < 25 ppm) absorbieren, muss der Einsatz solcher Werkstoffe auch im Interesse einer kurzen Auslüftzeit minimiert werden. Betriebsmaßnahmen gegen Restmengen von Wasserstoffperoxid in diesen Materialien sind Heizen und Dämpfen. Für sterile Abfüllschläuche empfiehlt sich daher – auch um Diskussionen zur Wirkung von Wasserstoffperoxid auf das abzufüllende Produkt zu vermeiden – die Dampfsterilisation außerhalb des Isolators und das sterile Einbringen über einen Transferisolator. Schon geringe Mengen von Buntmetallen wirken katalytisch auf den Zerfall von Wasserstoffperoxid und sind daher unbedingt zu vermeiden.

8.2.4 Isolatortechnik für die aseptische und biotechnische Fertigung/Beispiele

Die Isolatortechnik in der Ampullenabfüllung kann heute als ausgereift gelten: Das kontinuierliche Einschleusen der sterilen Leerampullen aus der Pufferzone des Sterilisiertunnels und das Ausschleusen der gefüllten und verschlossenen Ampullen in Richtung der Beringungsmaschine wurde von der konventionellen Ampullenfüllmaschine übernommen; die beiden Öffnungen des Isolators für den betriebsgemäßen kontinuierlichen Transfer der Glasbehältnisse haben eine Überwachung der Überströmung und können zum Zweck der Sterilisation hermetisch geschlossen werden. Die Zufuhr des Produkts geschieht in der Regel über endständige Sterilfilter und in-line-reinig- und sterilisierbare Schläuche wie bei der konventionellen Aseptik. Formatteile für den Transport der Ampullen, Füllnadeln und Schläuche werden über einen sterilisierbaren Andockcontainer an die Abfüllmaschine gebracht. Die Abfüllung geschieht entweder über CIP/SIP-bare Kolbenpumpen oder über Zeit-/Druck-Systeme (Minimierung mechanischer und zu sterilisierender Teile im Isolator!). Eine Optimierung der Verschließtechnik ist seit Ende 1999 in der Erprobung: die Lasertechnik. Diese wird die Partikelerzeugung beim Verschließvorgang weiter reduzieren [8.8].

Die halbautomatische Abfüllung mit ihren geringen Durchsatzmengen und dem dadurch möglichen absatzweisen An- und Abtransport von Abfüllgebinden war neben dem Isolator für die Mikrobiologie (s. Abschn. 8.2.5) das erste größere Experimentierfeld für die Isolatortechnik beim aseptischen Arbeiten. Abbildung 8.21 zeigt einen solchen Isolator für die aseptische Abfüllung von Beuteln in Handschuhtechnik.

Einen der ersten Festwandisolatoren für die vollautomatische Ampullenabfüllung, bei dem die Dekontamination des Isolatorinneren noch mit hochwirksamen flüssigen Desinfektionsmitteln, die Sterilisation der im Isolator benötigten Kleinteile und Formatteile aber schon per sterilisierbarem Transferisolator vorgenommen wurde, zeigt Abb. 8.4 in Abschn. 8.1.

Abbildung 8.22 stellt eine Hochleistungs-Ampullenfüll- und -verschließmaschine dar, die mit der isolatorfreundlichen Zeit-/Druckabfülltechnik ausgerüstet ist. Die Gesamtbauhöhe von 2500 mm gestattet die Aufstellung dieser Anlage auch in niedrigen Produktionsräumen.

Die Abb. 8.23 und 8.24 zeigen zwei Beispiele aus der klassischen aseptischen Technik, und zwar zwei Abfüllanlagen für Fertigspritzen.

Nach diesen beiden Lösungen für klassische aseptische Abfüllaufgaben zeigen die Abb. 8.25–8.27 drei Abfüllanlagen für Fläschchen und Ampullen in Isolatortechnik.

Die Anwendung der Isolatortechnik beim aseptischen Lösungsansatz ist in Abb. 8.28 zu sehen: Der angedockte Transferbehälter für Einsatzstoffe besteht aus Polypropylen.

Auch in der biotechnischen Produktion findet die Isolatortechnik mittlerweile eine breite Anwendung. Die nächsten beiden Abbildungen zeigen Beispiele hierfür: Abb. 8.29 zeigt das Innere eines Isolators für die Aufzucht von

Abb. 8.21 Festwandisolator für eine halbautomatische Beutel-Abfüllmaschine mit angeflanschten Transfereinheiten für leere und abgefüllte Beutel (Quelle Isolator: Metall+Plastic)

Abb. 8.22   Lineare Ampullenabfüllmaschine in Isolatortechnik, ausgestattet mit dem Zeit-/ Druck-Füllsystem/niedrige Bauweise (Quelle: Bosch)

Abb. 8.23   Hochleistungsabfüllanlage für Carpulen (Quelle: Bausch & Ströbel; Quelle Isolator: Metall+Plastic)

Biokulturen und Abb. 8.30 die Anwendung der Halbmanntechnik an den Zentrifugenkammern einer biotechnischen Fertigung.

Neuere Entwicklungen bei der Transfertechnik wurden bereits in Abschnitt 8.2.1.2 abgehandelt.

Abb. 8.24   Hochleistungsabfüllanlage für Insulinspritzen (Quelle: Bosch)

Abb. 8.25   Vialabfüllmaschine in Isolatortechnik (Quelle: Bosch; Quelle Isolator: Skan)

8.2.5 Beispiele für Isolatoren in der Mikrobiologie

Die Mikrobiologen sind die eigentlichen Vorreiter in der Anwendung der Isolatortechnik in der Pharmazie, da bereits 1978 von der DFG für das Arbeiten
mit rekombinierten Nukleinsäuren biologische Sicherheitsbänke der Klasse 3
– das sind geschlossene Reine Werkbänke mit Handschuhtechnik und einem
Andocksystem für den Transfer kritischer Materialien – gefordert wurden.
Daneben werden seit Jahrzehnten schon Querstromwerkbänke und Reine
Werkbänke im Umluftbetrieb und mit Absaugungen auf der Arbeitsfläche
ausgerüstet, die eine nach innen gerichtete konstante Strömung von der

Abb. 8.26   Vialabfüllung in Isolatortechnik (Quelle: IMA; Quelle Isolator: La Calhène)

Abb. 8.27   Geöffneter Isolator einer Ampullenfüllmaschine (Quelle: Bosch). Links oben sind die Produktzufuhr und die CIP/SIP- Anschlüsse, links unten ist der Andockcontainer für Abfüllteile zu sehen

Bedienungsperson weg (sog. biologische Sicherheitsbänke der Klasse 2) erzeugen.

Bereits in der Einführungsphase der Isolatortechnik in der aseptischen Herstellung von pharmazeutischen Zubereitungen haben auch die Mikrobiologen ihre Arbeitstechnik auf die Arbeit in Isolatoren umgestellt.

Abb. 8.28   Isolatortechnik für den aseptischen Lösungsansatz (Quelle: Skan)

Abb. 8.29   Isolatortechnik beim mikrobiologischen Scale up (Quelle: Metall+Plastic)

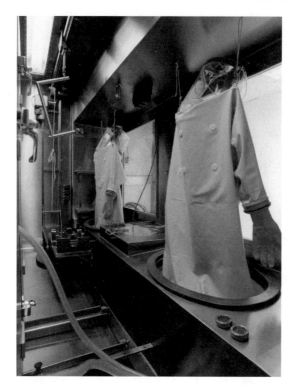

Abb. 8.30 Halbmanntechnik für das Bedienen von Zentrifugen in der biotechnischen Produktion (Quelle: Metall+Plastic)

Abb. 8.31 Softwallisolator für Steriltests (Quelle: La Calhène)

Die Abb. 8.31–8.34 zeigen eine der ersten in einem pharmazeutischen Unternehmen aufgestellten mikrobiologischen Werkbänke in Isolatortechnik aus dem Jahr 1982 (Abb. 8.31), eine mikrobiologische Werkbank mit Halbmanntechnik aus dem Jahr 1995 (Abb. 8.32) und zwei weitere Geräte mit Handschuhtechnik (Abb. 8.33 und 8.34).

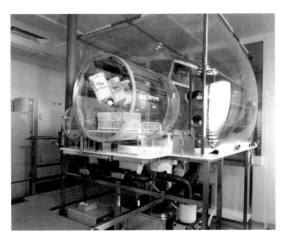

Abb. 8.32   Mikrobiologischer Isolator mit Halbmanntechnik (Quelle: Skan)

Abb. 8.33   Mikrobiologischer Isolator mit Handschuhtechnik (Quelle: TPC Microflow)

Abb. 8.34   Steriltestisolator in Chrom-Nickel-Stahl mit Handschuhtechnik (Quelle: Metall+
Plastic)

An einigen der dargestellten Geräte wurden vor einigen Jahren mögliche
alternative Oberflächendekontaminationsverfahren zum Wasserstoffperoxid-
verfahren (s. Abschn. 8.2.1.3) auf Brauchbarkeit getestet.

8.2.6 Gründe für die Einführung der Isolatortechnik

Der wesentliche Vorteil der Isolatortechnik gegenüber der konventionellen
Reinraumtechnik ist das mit anderen Methoden nicht erreichbare Sicherheitsniveau beim Arbeitsschutz und beim Schutz des bearbeiteten Produkts. Bei
mehr als einer Abfüllanlage wirkt sich die Reduzierung des Reinraumauf-
wands für den Reinen Prozess bei der aseptischen Abfüllung (Investitionskosten, Personalkosten, Kosten für Reinraumkleidung, Energiekosten) hinsichtlich Stückkosten in der Fertigung reduzierend aus; dies wurde erst vor kurzem
wieder durch Jung, Große-Piening [8.9] nachgewiesen. Der apparative Mehraufwand für die Installation und das Betreiben der Isolatoranlage wird dann überkompensiert. Das verminderte Sterilitätsrisiko der Isolatortechnik gegenüber
der konventionellen Reinraumtechnik ist ein weiterer wichtiger Pluspunkt für
die Isolatortechnik.

Bei den älteren Betriebskostenvergleichen zwischen konventioneller Rein-
raumfertigung und Fertigung in Isolatortechnik findet man in der Literatur
m.E. manche euphorische Aussage (bis zu 35% Kostenersparnis pro Jahr), wobei per se schon einmal berücksichtigt werden sollte, dass der aseptische
Bereich einer Parenteraliafertigung nur ein Teil der gesamten Parenteraliafertigung ist.

Auch nach den bisherigen Erfahrungen von Betreibern liegen die wesentlichen Einsparungen bei den Betriebskosten [8.10], d.h. insbesondere in der
höheren Personalverfügbarkeit (mehrmaliges Ein- und Ausschleusen pro Tag
entfällt, Springerfunktionen können wahrgenommen werden) und im stark

reduzierten Aufwand für die Kleidung (Entfallen der teuren Reinraumklei-dung/Beschaffungs- und Bewirtschaftungekosten) und natürlich auch im Entfallen der Reinraumbelüftung der Fertigungsumgebung und in der Reduzierung des Reinraummonitoring.

Die Investitionskostenersparnisse (Einsparung von Roh- und Ausbaukosten für die Reinraumschleusen, Entfallen der Lüftungstechnik für den Reinraum um die sterile Fertigungsanlage/wesentlich niedrigerer Umluftanteil) werden derzeit noch durch die zusätzlichen Anschaffungskosten der Isolatortechnik mehr als ausgeglichen.

Der apparative Mehraufwand für die Isolatortechnik begründet sich vor allem aus dem Aufwand für das Containment, für seine Transfer- und Zugriffssysteme und für die Oberflächendekontamination. Da es sich auch heute noch vielfach um Prototypen handelt, sind insbesondere bei neu auftretenden Anbietern nicht unbeträchtliche Entwicklungskosten zu veranschlagen; mit zunehmender Einführung der Isolatortechnik wird der „break even" immer früher erreicht werden.

Wegen der Einführungsphase der Isolatortechnik gibt es für die Qualifizierung noch nicht viele Vorbilder so dass hier der Aufwand auch wegen der Unsicherheit der Beteiligten beträchtlich ist (s. a. Abschn. 8.2.8).

Dennoch kann es keinen Zweifel geben, dass der Isolatortechnik zumindest auf dem Gebiet der aseptischen Abfüllung die Zukunft gehört [8.11].

8.2.7 Behördenforderungen

Zu diesem Thema gibt es neben den Festlegungen des „Sterile Annex" des GMP-Leitfadens der EG [8.12] insbesondere noch die Richtlinie der FDA aus 1987 mit dem Titel „Guideline on Sterile Drug Products Produced by Aseptic Processing" [8.13], den Entwurf der PIC-Richtlinie „Draft Recommendations on The Inspection of Isolator Technology" von 1998 [8.14] und die in einem Hearing der PDA im Oktober 1998 geäußerte offiziöse FDA-Meinung.

Zusammenfassend kann gesagt werden, dass die Arzneimittelbehörden der Isolatortechnik abwartend, aber nicht feindlich gegenüberstehen.

Der „Sterile Annex" zum EG-Leitfaden vom 1.1.97 – die *einzige gültige* Richtlinie, in der die Isolatortechnik Erwähnung findet – verlangt die Validierung der Oberflächendekontamination des Isolatorinneren, der Transferprozesse, der Isolatorintegrität und der Luftqualität im und um den Isolator. In der Europäischen Union und in der Schweiz sind den Arzneiüberwachungsbehörden in den letzten Jahren eine größere Anzahl von Isolator-Anlagen für die aseptische Fertigung vorgestellt worden und in Betrieb gegangen. Einige dieser Anlagen haben, weil auf ihnen Arzneimittel für den Export in die USA gefertigt werden, mittlerweile auch das „FDA Approval" erhalten.

Der PIC-Richtlinienentwurf „Draft Recommendations on the Inspection of Isolator Technology" (1/98) wurde in 1999 vom PDA (Parenteral Drug Association = US-Verband der Hersteller steriler Arzneimittel) mit dem Argument kritisiert, er werfe Isolatoren für die klinische Forschung in einen Topf mit den in Mikrobiologie und pharmazeutischer Produktion gebräuchlichen Isolatoren; daher sei das Dokument so nicht brauchbar.

In den USA ist nach einem verheißungsvollem Start – die FDA beteiligte sich in der sog. LUMS Group (LUMS für Lilly, Upjohn, Merck SD und Squipp) sogar an der Diskussion um Konzepte für vollautomatische Isolatoranlagen für die aseptische Abfüllung – die Einführung der Isolatortechnik etwas ins Stocken geraten; lediglich mehrere, mit halbautomatischen Abfülleinheiten bestückte Isolatoren, sind in Betrieb gegangen.

Für die FDA gilt offiziell immer noch die über 12 Jahre alte Richtlinie zur aseptischen Herstellung als Richtschnur; in ihr stehen u. a. folgende Forderungen:
- Luftgeschwindigkeit im aseptischen Kernbereich = 0,45 m/s +/− 20 %
- Luftwechsel in der „controlled area" = 20fach pro Stunde
- Druckdifferenz nach draußen = ≥ 12,5 Pa
- HEPA-Filter sind zweimal pro Jahr leckzuprüfen.

Solche nicht-zielorientierten Forderungen sind dem technischen Fortschritt nicht förderlich, und so hat die FDA in mehreren Anhörungen zum Thema Isolatortechnik zugesagt, die „Aseptic-Guideline" zu überarbeiten, nachdem bereits die neuen Ausgaben der US Pharmakopöe die „Isolator Barrier Technology" in ihre Methodensammlung aufgenommen haben; ein erster Entwurf ist im Jahr 2000 erschienen.

In einem Hearing, das die ISPE (International Society of Pharmaceutical Engineers) im letzten Quartal 1998 mit der FDA veranstaltete, wurden folgende Diskussionsergebnisse erzielt: Die FDA zielt bei der Inspektion von Isolatoranlagen auf die Leckdichtheit von Isolatoren, auf die Überwachung der Dichtheit von Handschuhen und auf die Zuverlässigkeit des Transfers von Sterilgütern.

Die PDA hat andererseits im Frühjahr 1999 den Entwurf eines Diskussionspapiers zum Thema „Design und Validierung" von Isolatoren herausgegeben, der viele brauchbare Ansätze enthält, andererseits aber auch unnötig scharfe Anforderungen an den Partikelstandard enthält. Hier ist also die weitere Entwicklung abzuwarten.

8.2.8 Validierung der aseptischen Fertigung

Eine ordnungsgemäße Validierung erfordert unbedingt einen Validierungsmasterplan (VMP), denn er alleine gibt einen kompletten Überblick über das gesamte Validierungsprocedere mit der Zielsetzung, dem Zeitplan, den Verantwortlichkeiten für die Durchführung und mit den Akzeptanzkriterien für die einzelnen Stufen der Validierung. Darüber hinaus gestattet der VMP eine Budgetierung des Aufwands für die Validierung in einer frühen Projektphase; er wird üblicherweise bereits bei der Verabschiedung der Bestellspezifikation erstellt und durch den Leiter der Validierung bzw. den Projektleiter gepflegt. Der VMP besteht aus der Design-Qualifizierung (DQ), der Installationsqualifizierung (IQ), die auch die Kalibrierung einschließt, der Funktionsqualifizierung (FQ) – im alten Sprachgebrauch auch als „operational qualification" (OQ) bezeichnet – und der Performance-Qualifizierung (PQ), dem betriebsspezifischen Abnahmelauf am Aufstellort.

Leistungsfähige Anlagenbauer bieten mittlerweile im Rahmen einer erweiterten technischen Dokumentation ein Komplettpaket an, bestehend aus IQ, OQ und den notwendigen Anleitungen für Bedienung und Instandhaltung.

Design-Qualifizierung (Planungsqualifizierung). Die Design-Qualifizierung der Gesamtanlage zur aseptischen Fertigung enthält eine kurze Beschreibung der vor der Auftragsvergabe betrachteten Alternativen mit Bewertung und Entscheidungsgründen für die gewählte Ausführung. Das gesamte Fertigungsverfahren, einschließlich der Sterilisation und die Leistung (Performance) der Anlage werden in Abhängigkeit von Randbedingungen wie z.b. der Qualität der Packmittel beschrieben, desgleichen die bauseits zu stellenden Medienqualitäten. Da insbesondere der Isolatorteil fast immer Prototypcharakter hat, ist bei der Beschreibung des konstruktiven Aufbaus des Isolators streng auf die Umsetzung der im Rahmen des betrieblichen Lastenhefts definierten Anforderungen zu achten.

Ein weiterer wichtiger Punkt ist die Beschreibung der die Gesamtanlage umgebenden raumlufttechnischen Anlage und der von ihr zu liefernden Klima- und Reinraumbedingungen. Das Layout der Gesamtanlage am Aufstellort wird mit detaillierten Zeichnungen belegt. Die Kalibrierverfahren, die Testverfahren und Protokolle, die zur späteren Revalidierung/Requalifizierung verwendet werden können, sind ebenfalls Bestandteil des DQ-Pakets.

Die *übrige technische Dokumentation* der Lieferanten enthält die detaillierte Spezifikation der maschinellen Einrichtungen, die mechanischen Stücklisten, die Beschreibung der elektrischen/elektronischen Bauteile, eine Empfehlung zu den am Aufstellort bereitzuhaltenden Ersatz- und Verschleißteilen, die Beschreibung prozessrelevanter Materialien und Geräte, den Sensor-/Aktorplan bzw. das RI-Schema, den Aufbau der elektrischen Einrichtungen, die SPS-, MC- und PC-Softwareprogramme und die Wartungs- und Instandhaltepläne, sowie ggf. noch weitere zu vereinbarende Unterlagen, wie z.B. Funktionspläne zur Programmerstellung nach DIN 40719 und IEC.

Die *Installationsqualifizierung* (IQ) ist eine Abnahme auf Vollständigkeit und Fertigungsgüte. Die Vollständigkeitsprüfung beinhaltet insbesondere den Abgleich zwischen Bestellung und Spezifikation bei den formatunabhängigen Bauteilen der Fertigungsanlage und des Isolators, bei den Format- und Wechselteilen, bei der Medienversorgung, bei den prozessrelevanten elektrischen Komponenten im Schaltschrank, bei der Computerhardware und bei der gesamten Mess- und Regeltechnik: Bei der Prüfung auf Fertigungsgüte werden allgemeine und in der Bestellspezifikation detailliert aufgeführte Qualitäten, wie sie z.B. in den Abschn. 8.2.1.1–8.2.1.4. beschrieben und dargestellt wurden, geprüft; darüberhinaus werden Zertifikate und Gutachten insbesondere zu den Werkstoffqualitäten, soweit bei der DQ noch nicht geschehen, eingesehen und abgenommen. Ein weiterer Augenmerk gilt der technischen Dokumentation; isolatorspezifisch sind hierbei die Prüfvorschriften zur Kalibrierung der MAK-Wert-Anzeige (MAK-Wert = behördlich vorgegebene „maximale Arbeitsplatz-Konzentration") für Wasserstoffperoxid, zur Dichtheit des Isolators und zur Dichtheit der Handschuhsysteme, außerdem die Bedienungsanleitungen für die Transfersysteme und für den Handschuhwechsel.

Vor dem Start der eigentlichen *Funktionsqualifizierung* (FQ) erfolgt nochmals eine Vollständigkeits- und Funktionsprüfung aller Einrichtungen zur Bediensicherheit der Gesamtanlage und eine Überprüfung des Kalibrierstatus. Außerdem wird die Funktion der Verknüpfungen aller Einzelanlagen untereinander überprüft, um die anschließende Funktionsprüfung der Gesamtanlage nicht unnötig mit Eingriffen zur Beseitigung von Störungen zu belasten.

Neben der Reinigungsmaschine (wichtigste Funktionsprüfungen: Kontroll- und Alarmeinrichtungen, Ultraschallbad), neben dem Sterilisiertunnel (wichtigste Funktionsprüfungen: Temperaturprofil über Länge und Breite, Differenzdrücke im Tunnel, ggf. Sterilisierbarkeit des Kühlteils, Luftgeschwindigkeiten, Lecktest HEPA-Filter, Verifizierung der geforderten Reinraumklasse in allen Betriebszuständen) und neben der Abfüll- und Verschließmaschine (wichtigste Funktionsprüfungen: Dosiergenauigkeit, ggf. Schutzbegasung, ggf. CIP/SIP-Funktionen, ggf. Inprozesskontrollfunktionen wie Dosiergenauigkeit u. a.) wird der Isolator selbst folgenden detaillierten Funktionsprüfungen unterzogen:

– Helium-Lecktest: Der Isolator wird bei dichten Schotten am Ein- und Auslauf mit Druckluft auf den zweifachen Betriebsdruck gebracht und anschließend mit Heliumgas beaufschlagt; Forderung: kein Ansprechen des Heliumlecksuchgeräts außerhalb des Isolators
– Überprüfung der Temperaturverteilung im Isolator: Hierdurch sollen Kaltstellen gefunden werden, die evtl. ein übermäßiges Kondensieren des Wasserstoffperoxid-/Wasserdampfgemisches bewirken können
– Reinraumbedingungen im Betriebszustand: Partikelzahlen, Druckhaltung (Differenzdruck bzw. Überströmung nach draußen), Luftgeschwindigkeiten in den vorher definierten kritischen Prozessbereichen und turbulenzarme Verdrängungsströmung im Isolator insgesamt, letztere per Rauchtest (Videoaufnahmen)
– Lecktests aller HEPA-Filter nach VDI 2083, Bl. 3
– Nachweis der unumkehrbaren Überströmung nach draußen an den Spaltöffnungen für den kontinuierlichen Materialtransport bei allen betriebsmäßig möglichen Drücken und Strömungsgeschwindigkeiten im Isolator und bei allen möglichen „Füllgraden" der Spalte mit Packmitteln (z.B. am installierten Flügelradanemometer)
– Nachweis aller vereinbarten Druckdifferenzen zwischen den Untersystemen der Gesamtanlage mit der Funktion der Steuer- und Warneinrichtungen
– Funktion des MAK-Wert-Prüfgeräts für Wasserstoffperoxid
– Funktion/Sicherheit der diskontinuierlichen Transfersysteme: Anhand einer Risikobetrachtung sind die kritischen Punkte, z. B. die Zuverlässigkeit von Andocksystemen zu prüfen; alle Aktionen beim Transfer von Gütern sind mit detaillierten Anweisungen – „SOPs" (Standard Operation Procedures) – zu belegen
– Funktion der Handschuhprüfeinrichtungen: SOP unter Berücksichtigung der Vorgaben aus dem betrieblichen Lastenheft
– Funktion der Handschuhwechseleinrichtungen (SOP).

Funktionsqualifizierung Sterilisationseinrichtungen. Diese Qualifizierung ist identisch mit der Validierung des Sterilisationsverfahrens und besteht mindestens aus den folgenden Kriterien/Parametern:
- Taktzeiten für die einzelnen Schritte
- Verlauf der relativen Feuchte im Isolator
- Temperatur in relevanten Bereichen (Kaltpunkte = Orte möglicher Kondensation)
- verbrauchte Gasmenge insgesamt
- Nachführrate für Wasserstoffperoxid während des eigentlichen Sterilisationsschritts
- Gaskonzentrationen im Isolator während dieses Sterilisationsschritts und während der Entlüftungsphase
- Alarme beim Erreichen von gesetzten Warngrenzen und Notprogramme beim Erreichen von vorher gesetzten Stoppgrenzen.

Die mikrobiologischen Prüfungen werden mit Testkeimen von Bacillus stearothermophilus vorgenommen.

Die *Performancequalifizierung* ist ein betrieblicher Leistungsnachweis, bei dem die Funktionen der FQ mit Placebo- oder Echtprodukt unter Einschluss einer betriebsspezifischen Reinigungsvalidierung nochmals überprüft werden. Hierzu wird von den Richtlinien und Behörden auch die Abfüllung von Nährmedien bei anwesendem Betriebspersonal verlangt. Da in diese Qualifizierung viele Produkt- und Betriebsspezifika eingehen, soll sie in dieser Darstellung nicht näher behandelt werden.

Außer den hier beschriebenen stufenweisen Prüfungen zum Validierungsmasterplan ist es bei Prototypen manchmal üblich, der Planungsqualifizierung noch eine Konzeptqualifizierung (in der Entwicklungs-/Anfragephase) vorzuschalten und während des Baus der Anlage im Herstellerwerk Vorprüfungen an bestimmten kritischen Bauteilen oder an der versandbereiten Anlage (letztere US-amerikanisch: FAT, Factory Acceptance Test) durchzuführen. Alle diese Prüfungen dienen in erster Linie der beiderseitigen Risikominimierung; ihre Ergebnisse müssen nicht im VMP dokumentiert werden.

8.3 Isolatoren in der SPF-Tierhaltung

Eine eigene und relativ alte Anwendung von Isolatoren ist deren Nutzung in der SPF-(spezifisch **p**athogen**f**reien) Tierhaltung der Arzneimittel-Forschung. Derartige Isolatoren können sowohl flexible, meist aus PVC-Folien bestehende Hüllen, aber auch – wegen der Gefahr des Verbisses – starre Kunststoffwände haben. Die Belüftung des Inneren erfolgt meist durch HEPA-Kerzenfilter der Klasse H 13 nach DIN EN 1822 per Druckluft oder per kleinen Einzelventilatoren. Die Abluft wird über ein weiteres HEPA-Filter entweder direkt der Raumluft oder mittelbar einem zentralen Abluftsystem zugeführt. Die Bedienung dieser Isolatoren geschieht je nach Größe des Isolators über Halbmänner oder über Handschuhtechnik. Der Materialtransport in den Isolator hinein und aus dem Isolator heraus erfolgt diskontinuierlich über Transfercontainer, die mit Doppeldeckelsystemen per Bajonettverschluss angedockt werden. Die Abb. 8.35 bis 8.37 zeigen solche SPF-Isolatoren.

Abb. 8.35   Isolator für kleine Versuchstiere, Fahrweise im Unterdruck (Quelle: Metall+ Plastic)

Abb. 8.36   SPF-Isolatoren mit flexibler PVC-Hülle und Halbmanntechnik (Quelle: Skan)

Abb. 8.37 SPF-Isolator mit festen Kunststoffwänden und Handschuhtechnik (Quelle: Skan)

8.4 Isolatortechnik in der Produktion kleiner Mengen hochwirksamer Arzneistoffe und der Handhabung gefährlicher Substanzen

8.4.1 Spezielle Anforderungen an Isolatoren

Die Gründe für den Einsatz von Isolatoren für die Endstufen der Produktion von Kleinmengen pharmakologisch hochwirksamer, sensibilisierender und toxischer (z.B. zytostatischer) Arzneistoffe sind der Arbeitsschutz, der Schutz der unmittelbaren Umgebung der Produktion und daneben auch GMP-Gründe wie Vermeidung von Produktverunreinigungen (auch aus der Umgebung der Produktionsapparate) und von Kreuzkontamination, vgl. auch Kap. 15; klassische, mittels Partikelzahlen definierte Reinraumbedingungen und keimarme Umgebung, wie beim Einsatz von Isolatoren in der aseptischen Fertigung, spielen hier eine weniger wichtige Rolle.

Der notwendige Arbeitsschutz wird i. d. R. durch Festlegung von TRK-Grenzwerten für die im unmittelbaren Arbeitsbereich des Isolators auftretenden Aerosole (TRK Technische Richtkonzentration in ng/m[3]) definiert. Soweit noch keine gesicherten Grenzwerte vorliegen, werden Grenzwerte verwandter Substanzen herangezogen und ggf. noch ein weiterer Abschlag als zusätzliche Vorsichtsnahme vorgenommen. In der Literatur ([8.15] und [8.16]) finden sich je nach Giftigkeit der gehandhabten Stoffe TRK-Werte zwischen 1 und 2000 ng/m^3, die durch eine gut spezifizierte Isolatortechnik aber erreichbar sind; Vergleichswerte aus der Kerntechnik sind: 1 ng Tritium/m^3 und 0,1 ng Plutonium/m^3.

Die hohen Arbeitsschutzanforderungen gehen meist einher mit hohen Auflagen zum Umweltschutz, so dass ein definiertes *Containmentniveau* – ausgedrückt als Fahrweise unter ständigem innerem Unterdruck mit prüfbarer Leckrate – zu den wichtigsten Anforderungen dieser Isolatoren gehört. Weitere übliche Anforderungen sind:

- kontinuierliche, fehlersichere Überwachung des Containments
- gute Reinigbarkeit auf ein definiertes Niveau – wenn möglich, als Cleaning-in-Place-System, aber oft auch als manuelles Reinigungssystem mit in den Apparat eingebauten Hilfsgeräten
- bestmögliche Auswahl und Konstruktion von Dichtungen, Durchführungen und Versiegelungen mit definierter Beständigkeit
- vorab getestete Werkstoffe mit definierter Lebensdauer
- leckprüfbare, den besonderen wechselnden Betriebsbedingungen angepasste Zugriffssysteme
- Transfersysteme mit fehlersicherer Andockung
- den Betriebsbedingungen angepasste Abfallentsorgungssysteme,
- mikrofiltrierte Medienzufuhr, ggf. auch
- eine überwachte Inertisierung dieser Isolatoren.

Der Entwurf solcher Isolatoren wird üblicherweise mit einer Designqualifizierung abgeschlossen, die eine Risikoanalyse beispielsweise nach dem PAAG-(HAZOP)-Verfahren [8.17] beinhaltet und die erforderlichen Prüfverfahren beschreibt. Isolatoren in der oben beschriebenen Form werden insbesondere für folgende verfahrenstechnische Grundoperationen eingesetzt:

- Gebindeentleerung in einen Reaktor
- Entleerung eines Reaktors
- Abfüllung mit und ohne Dosierung
- Beschickung eines Trockenschranks
- Probenahme
- Wägeschritte
- Compoundieren etc.

8.4.2 Ausführungsbeispiele für Isolatoren zur Handhabung hochwirksamer und toxischer Substanzen

Isolatoranlagen für die oben beschriebenen chemischen Zwecke und für das Handhaben toxischer Substanzen werden üblicherweise nach folgenden Spezifikationen gebaut:

- Isolatorgehäuse, Filtergehäuse, Gehäuse der Glove-Box und Transfersysteme in Werkstoff 1.4571 geschliffen oder 1.4404 poliert
- Sichtscheiben in Sicherheitsglas, Isolierglas oder Acrylglas, je nach chemischer Beanspruchung
- Dichtungen aus EPDM, Silikon, Viton, PTFE, je nach chemischer Beanspruchung
- Ventile als Kugelhähne, Kegelhähne, Membran- oder Scheibenventile, abhängig vom geforderten Reinheitsgrad nach der Reinigung bzw. von der Verwendung des Isolators als Monoprodukt- oder Multipurposeanlage

- Reinigungsvorrichtung: Schlauch mit Spritzpistole und/oder CIP-Anlage gemäß gesonderter Spezifikation
- Medienfilter: Vorfilter F6 nach DIN EN 779, Hauptfilter H 14 nach DIN EN 1822, Filterwechsel kontaminationsfrei mit Wartungssack oder vergleichbarer Technik
- Handschuhtechnik/-werkstoffe: Stulpen in PVC, Handschuhe aus Butylkautschuk, Neopren, EPDM-Butyl, Polyethylenchlorosulfon, je nach chemischer Beanspruchung; kontaminationsfreie Wechseltechnik, z.B. durch Einsatz der Durchschiebetechnik
- Druckhaltesystem (Belüftung, Abluft) gemäß gesonderter Spezifikation, wobei in der Regel Fail-safe-Installationen (Fahren in den arbeitssicheren Zustand z.B. bei Stromausfall) eingebaut werden
- definierte Dichtheit: Bei einem bekannten Hersteller wird z.B. ein für eine Unterdruckfahrweise von –500 Pa bestimmter Isolator auf einen Prüfdruck von +700 Pa gebracht; der maximal zulässige Druckabfall darf nach 24 h ≤ 50 Pa betragen
- Monitoring- und Überwachungssysteme gemäß gesonderter Spezifikation (abhängig von den speziellen Prozess- und Arbeitsschutzanforderungen).

Beispiele für *Zusatzeinrichtungen* solcher Isolatoren sind:
- Transferschleusen und Andocksysteme, Transfercontainer und
- weitere auf den Gebrauch im Isolator zugeschnittene Gerätschaften wie
- Wägeeinrichtungen und Dosiergeräte, meist in Ex-Ausrüstung, Schweißeinrichtungen für Säcke, Fassdreh- und Fasskippeinrichtungen
- Hebehilfen
- Probenahmeeinrichtungen etc.

Abbildung 8.38 zeigt das Schema eines Festwandisolators für die Chemie und Abb. 8.39 das Foto eines „chemischen" Isolators der Firma Waldner für das

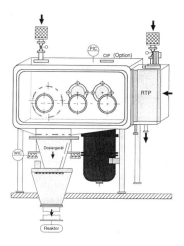

Abb. 8.38 Schema eines im betriebsmäßigen Unterdruck gefahrenen Isolators (Quelle: Waldner)

dosierte Beschicken eines Reaktors über einen Wägetrichter (links unten); die hierzu zu entleerenden Säcke werden von links über eine Schleuse in den Isolator gebracht.

Ein Beispiel für das Handhaben toxischer Substanzen ist das Formulieren radioaktiv markierter Pharmaka. Abbildung 8.40 zeigt ein Unterdruckisolatorsystem für solche Aktivitäten.

Abb. 8.39 Unterdruckisolator für Sackentleerung und dosierte Reaktorbeschickung (Quelle: Waldner)

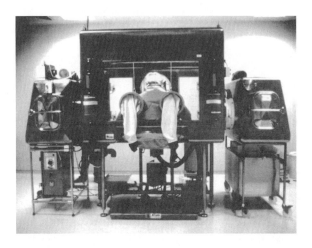

Abb. 8.40 Unterdruckisolator für das arbeitssichere Handhaben von Radiopharmaka (Quelle: La Calhène)

8.5 Normung

8.5.1 Isolatortechnik als Alternative zur konventionellen Reinraumtechnik in bestehenden Regelwerken

Die Isolatortechnik wird als Alternative zur konventionellen, d. h. „offenen" Reinraumtechnik bereits in folgenden bestehenden Regelwerken erwähnt:

- VDI–Richtlinienwerk: VDI 2083 Blatt 2: Reinraumtechnik; Bau, Betrieb und Instandhaltung/Ausgabe 1996. Bild 8 rechts der Richtlinie zeigt die Darstellung einer Reinen Werkbank für Produkt- und Personenschutz mit Vertikalstrom, innerer Luftumwälzung, Unterdruck im Arbeitsraum und Fortluftfiltrierung; es existiert kein direkter Anschluss an eine raumlufttechnische Anlage. Die isolatorspezifischen Zusatzaggregate, wie Transfer- und Zugriffssysteme werden nicht erwähnt; auch zur routinemäßigen Dekontamination werden keine Aussagen gemacht. Es wird lediglich der reinraumtechnische Lösungsansatz beschrieben.

- Britische Richtlinie „Isolators for Pharmaceutical Applications; Practical Guidelines on the Design and Use of Isolators for the Aseptic Processing of Pharmaceuticals"/Herausgeber HMSO Publication Center [8.18]. In dieser von der „UK Pharmaceutical Isolator Group" in 1994 herausgegebenen Richtlinie werden zwei Typen von Isolatoren beschrieben:
  - Typ 1 für den Produktschutz (Überdruckbetrieb, Handschuhtechnik bzw. vergleichbares Zugriffssystem – entsprechend etwa der biologischen Sicherheitswerkbank Klasse 1) und
  - Typ 2 für Produkt-und Personenschutz bei der Verarbeitung gefährlicher Substanzen (Unterdruckbetrieb, Zugriffssysteme wie Typ 1 – in etwa entsprechend der biologischen Sicherheitswerkbank Klasse 2).

Neben den Konstruktionsprinzipien für die Typen 1 und 2 werden die Umgebungsbedingungen, die Häufigkeit des mikrobiologischen Monitorings und die Anforderungen an die Zugriffssysteme beschrieben.

In den sieben Anhängen dieser Richtlinie werden Transfereinrichtungen, diemikrobiologischen Prüfmethoden, die physikalischen Prüfmethoden (Alarme, Lecktests am Isolator und an den HEPA-Filtern, Partikeltests, Überströmbedingungen im Falle von Fehlern im System), die Integritätstests für die Zugriffssysteme, die Abluftbehandlung, Oberflächendesinfektionsmethoden und die Methoden der Gassterilisation des Isolators (Sterilisiermittelalternativen: Ethylenoxid, Formaldehyd, Peressigsäure und Wasserstoffperoxid) dargestellt.

Diese britische Richtlinie diente sowohl der Neufassung des „Annex 1" zum GMP-Leitfaden der EG als auch dem ISO TC 209 Working Group/Separative Enclosures als Arbeitsvorlage, vgl. Abschn. 8.5.2.

8.5.2 Neue ISO-Norm 14644-7/Reinraummodule

Die neue ISO-Norm 14644-7: Separative Enclosures (Einrichtungen zur Trennung von Reinraumbereichen), die als Normentwurf erschienen ist, vgl.

Tabelle 8.3   Normung Isolatortechnik im ISO TC 209 → ISO 14644-7 in 2001: Klassifizierung der Separative Enclosures (Reinraummodule)

Klasse	Charakteristische Beschreibung einer Nutzung in Pharma
1	Abströmung aus HEPA-Filtereinheit ohne seitliche Begrenzung
2	Abströmung aus HEPA-Filtereinheit mit Begrenzung durch Vorhänge
3	Reine Werkbank
4	Reine Werkbank im Umluftbetrieb (pu gegenüber Arbeitsbereich) → Biobench class 2
5	Isolatoren mit Δp-kontrollierten Schlitzen für kontinuierlichen Materialtransfer: z.b. automatische aseptische Abfüllung
6	Isolatoren dto. mit geschlossenen Schlitzen (fertig zur Sterilisation) und biologische Sicherheitswerkbänke (Biobench class 3); SPF-Isolatoren: → qualitative Dichtheitsprüfung
7	Isolator unter betriebsmäßigem Unterdruck (für chemische Prozesse, für die Herstellung von Radiopharmaka und Zytostatika) → Lecktest mit definierter Leckrate
8	dto. mit höchsten Dichtheitsanforderungen

Kap. 18, charakterisiert diese Module als Reinraumeinheiten, die *physikalische Mittel* zur Abtrennung einer Kernzone, in der der reine Prozess abläuft, gegenüber dem Bedienungsbereich benutzen. Unter „physikalischen Mitteln" versteht die ISO 14644-7 sowohl Strömungsmaßnahmen als auch Vorhänge und feste Begrenzungen und Barrieren, d. h. feste und flexible Abtrennmaßnahmen mit definierter Druckdifferenz (positiv bzw. negativ) zum umgebenden Raum.

Die Tabelle 8.3 gibt einen Überblick über die Anwendungsbreite dieser neuen ISO-Norm. In ihr werden, abhängig vom Grad der Abtrennung, acht Klassen von Reinraummodulen definiert; die Spannweite der Klassifizierung reicht von der einfachen HEPA-/ULPA-Filtereinheit ohne Strömungsbegrenzung bis zum Unterdruckisolator mit höchsten Leckageanforderungen für kerntechnische Anwendungen; die in dieser Abhandlung beschriebenen Isolatoren entsprechen den Klassen 5–8 des Normentwurfs.

8.6 Definition pharmazeutischer Isolatoren

Pharmazeutische Isolatoren sind Reinraummodule, die physikalische Mittel benutzen, um ein räumlich definiertes Prozess- bzw. Arbeitsvolumen unter definierter Druckdifferenz gegenüber dem Bediener abzugrenzen.

Anmerkung 1: Die Isolatorhülle ist im Normalfall fest (definiertes Druckregime).

Anmerkung 2: Die Strömungsverhältnisse im Isolator sind je nach Erfordernis turbulenzarm oder turbulent.

Anmerkung 3: Der Materialtransfer zum und vom Isolator kann sowohl kontinuierlich als auch diskontinierlich erfolgen. Im Falle des kontinuierlichen Materialtransports müssen die Transportöffnungen zum Zwecke der Sterilisation (Oberflächendekontamination) hermetisch dicht gemacht werden können.

Literatur

[8.1]   Cavatorta, L.: The technique of leaktight isolation chambers, applied to pharmaceutical production: Chemische Rundschau 1986

[8.2]   Mathôt, J.H.A.: LAF Isolator Concept for Aseptic Filling: 1993

[8.3]   Farquharson, G.J.: Aseptic Filling in a Network of Rigid Isolators: 3rd PDA International Congress 1994

[8.4]   Sirch, E.C.: Anforderungen an Sicherheit, Funktion und Leistung von Isolatoren in der aseptischen Parenteralia-Herstellung: Pharm. Ind. 58 (1996) Nr.1, S.67–77 und Sirch, E.C.: User Requirements and Design Specifications of Isolator Containment for Pharmaceutical Production: Proceedings of the ICCCS 14th International Symposium of Contamination Control 1998 p. 340–343

[8.5]   Design and Validation of Isolator Systems for the Manufacturing and Testing of Health Care Products/Draft: Diskussionspapier der PDA vom 25.März 1999

[8.6]   Herbig, E.: Cleanroom Technology Autumn 1996

[8.7]   Huber, T.: Dichtigkeitsprüfung von Isolatoren und Handschuhen in der Pharmaindustrie: Swiss Pharma, 18 (1996) Nr.12 S. 5–6

[8.8]   Prospekt der Firma Bausch & Ströbel D 74540 Ilshofen (1999)

[8.9]   Jung, R., Grosse Piening, B.: Gegenüberstellung einer konventionellen Parenteralia-Herstellung und einer Parenteralia-Herstellung in Isolatortechnik unter Einbeziehung wirtschaftlicher Aspekte am Beispiel einer Viallinie: Diplomarbeit an der Fachhochschule Albstadt-Sigmaringen (Januar 1998)

[8.10] Ruffieux P.: Isolatortechnologie/Erfahrungsbericht: Symposium „Moderne Konzepte zur Sterilherstellung" 9./10.6.99 in CH Egerkingen; Concept D 6912, Heidelberg

[8.11] Dollinger H.: Crailsheimer Pharmatag 1999 der Firma Bosch Verpackungs-Maschinen D 74544 Crailsheim

[8.12] European Commission: Revision of the Annex I to the EEC Guide to Good Manufacturing Practice: Manufacture of sterile medicinal products (1.1.1997)

[8.13] FDA: Guideline on Sterile Drug Products Produced by Aseptic Processing (1987)

[8.14] PIC: Draft Recommendations on the Inspection of Isolator Technology (1/98)

[8.15] Firkin, S.J.: Containment-lessons from the nuclear industry: ICCCS 11th International Symposium of Contamination Control 1992 in London

[8.16] Callan, B.T.: Cytotoxic Drug Containment: ISPE Seminars Amsterdam, May 16–17, 1994

[8.17] A Guide to Hazard and Operability Studies (HAZOP), Publications Department, Chemical Industry Safety and Health Council of the Chemical Industries Association, London (1977); Der Störfall im chemischen Betrieb; PAAG-Verfahren, BG Chemie, Heidelberg (1990)

[8.18] Lee, G., Midcalf B. (Herausgeber): Isolators for Pharmaceutical Applications: Practical guidelines on the design and use of Isolators for the Aseptic Processing of Pharmaceuticals: Her Majesty´s Stationery Office (HMSO) 1993, London

9 Ver- und Entsorgung von Reinstmedien

9.1 Einleitung

Die Reinstmedientechnik als Teilgebiet der Reinraumtechnik beschäftigt sich mit der Ver- und Entsorgung von Prozessgeräten mit Prozessmedien hoher und höchster Reinheit, einschl. des Recyclings und anderweitiger Wiedernutzbarmachung von Ressourcen (Abb. 9.1).

Die zu versorgenden Prozessgeräte befinden sich üblicherweise in Reinräumen. Ziel ist es, Reinstmedien in der erforderlichen Qualität und Menge für die durchzuführenden Prozesse zur Verfügung zu stellen. Daneben sollen die Erzeugungsanlagen und Reinstmedienverteilsysteme:

- leicht zu warten und ökonomisch zu betreiben sein
- einen weitgehend kontinuierlichen Betrieb der Prozessgeräte unterstützen (möglichst keine Stillstandszeiten verursachen)
- Änderungen und Erweiterungen unter möglichst geringer Beeinflussung der laufenden Produktion erlauben
- kompatibel mit der Reinraumklasse der Räume sein, in der sich die zu versorgenden Prozessgeräte befinden
- ökologisch verträglich sein (minimaler Chemie- und Wasserverbrauch, leichte Entsorgung von entstehenden Abprodukten, geringes Risiko einer Umwelt- oder Personengefährdung usw.)

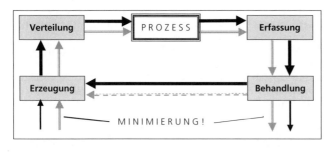

Abb. 9.1 Prozessver- und -entsorgung

- den höchsten sicherheitstechnischen Ansprüchen genügen (Brandschutz, Arbeitsschutz, Gewährleistung der erforderlichen Schwingungsfreiheit, Good Manufacturing Practice (GMP), ggf. Erdbebensicherheit usw.), s. a. [9.1, 9.2].

Durch die fortschreitende Miniaturisierung und Komplexität der Produkte steigen dabei die Anforderungen an die Reinheit der Prozessmedien in der Halbleiterindustrie, aber auch bei der Herstellung von Flachbildschirmen oder anderen peripheren Elektronikprodukten, wie Sensoren, Mikrokomponenten oder Festplattenlaufwerken.

In der Pharmaindustrie wird die Sicherheit der Produktion durch neue Richtlinien und die Anpassung der Anlagen an den Stand der Technik immer weiter verbessert. Durch die Biotechnologie kommen ständig neue Anforderungen an die Prozessmedien hinzu. So können bestimmte Mikroorganismen auf Spurenverunreinigungen empfindlich reagieren.

Zur Gewährleistung der geforderten Reinheit sind ganzheitliche Ansätze für die Planung, den Bau, die Inbetrieb- und Abnahme sowie den Betrieb dieser Anlagen notwendig (Abb. 9.2).

Qualität kann nicht „hineingeprüft", sondern, wenn überhaupt, allenfalls mit hohem Aufwand „hineingespült" werden. Die wichtigen Problemstellungen können nur gemeinsam durch alle beteiligten Partner (Nutzer, Betreiber, Planer, System- und Komponentenhersteller, Hersteller/Vertreiber und Entsorger von Prozessgasen, Prozesschemikalien und Reinstwasser, Lieferanten von anderen Dienstleistungen, z. B. Laboratorien usw.) gelöst werden.

Weitere wichtige Trends in der Reinstmedientechnik sind:
- Die weitgehende Integration der Ver- und Entsorgungssysteme unter Einbeziehung von Recycling- und Reclaimverfahren. Unter Recycling soll hier die Wiederverwendung von Medien im eigentlichen Prozess und unter Reclaim die für andere geringwertigere Anwendungen verstanden werden [9.3].
- Die Dynamik der Marktprozesse der meisten Anwenderindustrien erfordert es, Neuinstallationen und Erweiterungen sehr schnell und ohne Verzug durchzuführen. Für die ersten Planungsphasen stehen oft nur sehr

Abb. 9.2 Integrierte Planungs- und Ausführungskonzepte

wenige zuverlässige Informationen über die zu versorgenden Prozesse und Prozessgeräte zur Verfügung, da sich der Prozessfluss sehr schnell ändern kann und ändern muss, um auf die Dynamik des Markts zu reagieren.

In den folgenden Abschnitten sollen Reinstmediensysteme in den beiden wichtigsten Anwendungsindustrien, der Halbleiterindustrie und der pharmazeutischen Industrie betrachtet werden.

Dabei gibt es zwischen diesen Industrien Gemeinsamkeiten:
- Geringste Verunreinigungen können bis zum Totalverlust der Produktion führen
- Analytik bewegt sich nahezu immer im Grenzbereich des Machbaren
- Sicherheitsmarge wird oft sehr groß gewählt, da es sehr schwierig ist, Erfahrungswerte über die notwendige „Sicherheit" zu sammeln.

aber auch Unterschiede:
- In der Halbleiterindustrie spielen chemische, physikalische und biologische Verunreinigungen eine Rolle, letztere jedoch nur indirekt. In der pharmazeutischen Industrie sind die biologischen Verunreinigungen bestimmend
- In der Halbleiterindustrie steigen die Anforderungen stetig, in der Pharmaindustrie nur in Sprüngen (neue Regularien, neue Produkte, wie z. B. biotechnologisch hergestellte Wirkstoffe).

9.2 Reinstmedien in der Halbleiterindustrie

9.2.1 Reinstwasser

9.2.1.1 Anwendung und Grundlagen

Reinstwasser wird vorwiegend zu Reinigungs- und Spülzwecken eingesetzt, aber auch zum Verdünnen von Chemikalien. Das Wasser sollte dabei frei von Verunreinigungen sein, die das Produkt oder die Qualität der hergestellten Chemikalien beeinträchtigen können. Es werden dabei unterschieden:
- Partikelförmige und kolloidale Verunreinigungen
- Ionische Verunreinigungen
- Organische Verunreinigungen
- Gelöste gasförmige Verunreinigungen.

Bakterien und andere lebende Mikroorganismen können besonders gefährlich sein, da sie zum einen als Partikel sowie als organische und ionische Verunreinigungen Schäden verursachen, wie z. B. durch Eisenanreicherung, und zum anderen, weil sie sich in Toträumen festsetzen und vermehren können. Theoretisch kann auch die radioaktive Strahlung von Wasserinhaltsstoffen, wie z. B. Radon, Produkte schädigen. Praktisch sind die Konzentrationen jedoch so gering, dass dies bisher nicht beobachtet wurde.

Partikel können Schädigungen, z. B. durch Kurzschlüsse zwischen Leiterbahnen, aber auch durch Kratzer auf Schichten verursachen. Ionische Verunreinigungen können entweder als Dotierstoffe wirken, wie z. B. Bor oder die elektrischen Eigenschaften von Schichten oder Schichtübergängen beeinflussen, wie z. B. Fe, Ca, Cu, Na.

Auf der Waferoberfläche befindliche organische Verunreinigungen können u.a. die Haftung von Schichten beeinträchtigen, z. B. als Folge das Undercutting von schlecht anhaftenden Lackschichten bei Trockenätzprozessen.

Tabelle 9.1 Gasförmige Verunreinigungen im Reinstwasser

Gas	Auswirkungen	Ref.	Kontaminationsquelle	Typische Konzentration im Rohwasser	Bemerkungen	Typische Konzentration im Reinstwasser	Bemerkungen
Alle	Blasenbildung verringert Reinigungswirkung		Applikationen, die z.b. Stickstoff durch das Wasser pressen	ppm		ppb bis ppm	
O_2	Bildung von Oxiden auf dem Silizium Korrosion von Metallschichten	[9.4] [9.5]	Rohwasser, Kontakt mit Luft	8…15 ppm	Abhängig von Temperatur und Wasserquelle	1 ppb… Sättigungskonzentration	Wachsende Bedeutung für Strukturbreiten unter 0,25 μm
Ozon	Oxidation von Schichten		UV, Dosierung von Ozon	ppb		< 10 ppb	
N_2	Keine chemische Reaktion beobachtet		Rohwasser, Kontakt mit Luft	8…15 ppm	Abhängig von Temperatur und Wasserquelle	ppm-Bereich (Sättigung)	Abhängig von Temperatur und ob Vakuum angelegt wurde
CO_2	Korrosion von Metallschichten	[9.5]	Rohwasser, Kontakt mit Luft	Bis zu 50 ppm für Brunnenwasser [9.5]	Abhängig vom pH-Wert	ppt bis ppb	
H_2	Kann reduzierend wirken, keine Probleme bekannt		Katalytische Sauerstoffentfernung	Sehr niedrig		Bis zu 10 ppb	Tritt nur bei Einsatz einer katalytischen Sauerstoffentfernung auf
H_2S	Wirkt stark korrodierend, giftig		Rohwasser	Bis zu 70 ppm in einigen Brunnen, normalerweise < 10 ppm [9.5]		Nicht nachweisbar	
CH_4	Sicherheitsrisiko für Entgaser		Rohwasser	Kann z.B. in Sumpfgegenden auftreten [9.5]		Nicht nachweisbar	
Rn	Radioaktive Strahlung		Rohwasser	< 300 Ci/l	Nur in spezifischen Gebieten	Nicht nachweisbar	
Cl_2	Korrosion von Metallschichten		Rohwasserdesinfektion	< 0,1 ppm		Nicht nachweisbar	

Weniger Beachtung haben bis in die jüngste Vergangenheit gasförmige Verunreinigungen gefunden. Tabelle 9.1 gibt einen Überblick über Wirkungen und typische Konzentrationen von gelösten Gasen im Roh- und Reinstwasser. Kann gelöster Sauerstoff zu Produktschädigungen führen, so ist darauf zu achten, dass eine niedrige Sauerstoffkonzentration im Prozess erhalten bleibt. So wird die Gleichgewichtskonzentration z. B. in einem offenen Bad schon nach ca. 30 min. wieder erreicht (im ppm Bereich). Ein Stickstoffpolster kann in einem solchen Fall ein Lösen des Luftsauerstoffs im Bad verhindern.

Zum einen ist zu unterscheiden, wann die Spezifikation zu erreichen ist, d. h. zwischen Abnahmespezifikationen der neuen oder umgebauten Reinstwasseranlage und -verteilung, sowie Alarm- und Grenzwerten für den Betrieb der Anlage – zum anderen ist festzulegen, an welcher Stelle und in welcher Zeit die Spezifikation zu erreichen ist, wie z. B. am Ausgang der Anlage oder im eigentlichen Prozessgerät, auch oft als Point of use bezeichnet. Eine genauere Definition wird z. B. in [9.6] gegeben. Letztere ist heute nur noch für wenige Parameter wichtig, wie z. B. Fluorid in heißem Reinstwasser, da mit den modernen Werkstoffen das Problem der Auslaugung von Rohrleitungskomponenten im wesentlichen unter Kontrolle ist [9.7–9.10].

Tabelle 9.2 Reinstwasserspezifikation für Sub-0,25 μm-Technologie

Parameter	Einheit	Typische Spezifikation	Messgerät/Messmethode (ausführlichere Information in [9.1])	Bestimmungs-grenzen	Bemer-kungen
Spezifischer Widerstand bei 25 °C	MOhm cm	> 18,2	Widerstandsmessgerät, temperaturkompensiert	18,24	Theoretischer Grenzwert
Partikel > = 0,05 μm	#/Liter	500	Optischer Laserpartikelzähler	500	Fehlzählrate optischer Partikelzähler
Gesamtkohlenstoff engl. Total Organic Carbon (TOC)	ppb	0,5...2	UV/Chem. Umsetzung/ Verbrennung und Leitfähigkeit/ CO_2-Messung	0,05	
Gelöstes Silikat	ppb	0,05...0,5	Molybdänblau-Methode/ Ionenchromatographie	0,5/0,05	
Gesamtes Silikat	ppb	0,1...1	GF-AAS	0,1	
Koloniebildende Einheiten	KBE/ Liter	< 1...< 10	Filtration/Agar/Inkubation/ Auszählen o.a. Methoden	1	
Gelöster Sauerstoff	ppb	1...10	Potentiometrisch	0,1	
Gesamtrückstand	ppb	0,1...0,5	Verdampfung und Partikelzählung	0,01	
Na, K, Ca, Mg	ppb	0,005...0,05	Ionenchromatographie, ICP-MS oder GF-AAS	0,001	
Cl, NO_3, Br	ppb	0,005...0,05	Ionenchromatographie	0,001	
Cr, Zn, Fe, Ni, Mn, Ti, Cu	ppb	0,005...0,05	Ionenchromatographie, ICP-MS oder GF-AAS	0,001	
NH_4, SO_4, F	ppb	0,01...0,1	Ionenchromatographie	0,01	
B, PO_4	ppb	0,02...0,2	Ionenchromatographie oder ICP-MS	0,02	

Ein Bereich für typische Spezifikationen, die eine Reinstwasseranlage einzuhalten hat, ist in Tabelle 9.2 aufgeführt. Teilweise werden Grenzwerte für weitere Ionen spezifiziert. Detaillierte Informationen über verschiedene Technologieniveaus sind [9.3, 9.11] oder [9.12] zu entnehmen.

9.2.1.2 Erzeugung

Um Reinstwasser herzustellen, müssen aus dem Rohwasser die oben genannten Verunreinigungen entfernt werden.

Ferner sind die Prozesse und Apparate selbst zu schützen, z. B. die Ionenaustauscherharze und Polyamid-Umkehrosmosemembranen vor freiem Chlor oder alle Arten von Umkehrosmosemembranen vor Scalingbildnern, wie z. B. Härtebildnern, Eisen und Mangan.

Tabelle 9.3 gibt eine Zusammenfassung der wichtigsten Grundprozesse. Diese sind in der Literatur ausführlich erklärt [9.13–9.17].

Reinstwasseranlagen bestehen heute meist aus 3–5 Teilanlagen, s. a. Abb. 9.3:
- Rohwasservorbehandlung und Umkehrosmose
- Wasseraufbereitung
- Feinreinigung
- Erzeugung von heißem Reinstwasser (optional, auch dezentral möglich)
- Recycling oder Reclaim von Reinstwasser (optional).

Rohwasservorbehandlung und Umkehrosmose

Die Umkehrosmose dient als Hauptbarriere gegen ionische Verunreinigungen (Abscheidegrade über 99 %), aber auch als Schutz gegen Bakterien und bestimmte organische Verunreinigungen. Die Vorreinigung dient dazu, eine Wasserqualität zu erzeugen, die für die Umkehrosmose geeignet ist, also nicht zu einem Verblocken der Membran führt. Typische Grundprozesse der Vorreinigung sind die Filtration mit Mehrschichtfiltern, Aktivkohleadsorption und Kerzenfilter.

Abhängig vom Eisen- und Mangangehalt des Rohwassers muss gegebenenfalls eine Enteisenung und Entmanganung vorgesehen werden. Eine Alternative zur Verwendung von Mehrschichtfiltern ist z. B. die Einführung einer Querstrommikrofiltration oder einer Anschwemmfiltration. Wird in der Wasseraufbereitung eine kontinuierliche Elektrodeionisation eingesetzt, ist eine Enthärtung notwendig. Bei hohen Härtegraden des Rohwassers und kleinen Reinstwasseranlagen kann so auch der Eigenwasserbedarf der Anlage verringert werden. Nachteilig ist, dass eine Aufsalzung des Wassers erfolgt.

Eine effektivere Möglichkeit, den Eigenwasserbedarf der Reinstwasseranlage zu verringern, kann der Einsatz von Kationen- und Anionenaustauschern mit oder ohne Rieselentgasung vor der Umkehrosmose sein, da hier das Umkehrosmose-Konzentrat wieder in den Rohwassertank geleitet werden kann. Als Alternative zur Rieselentgasung ist auch die Membranentgasung geeignet. Bei dieser Anlagenschaltung erhöht sich zwar der Chemikalienbedarf beträchtlich, jedoch meist ohne die Investitions- und Betriebskosten negativ zu beeinflussen.

Eine zweistufige permeatgestufte Umkehrosmose stellt eine Möglichkeit dar, den Chemikalienbedarf zu senken. Mit einer Laugendosierung zwischen

Tabelle 9.3/1 Übersicht über typische Grundprozesse der Reinstwasseraufbereitung

Grundprozess	Partikel und Kolloide	Organische Verunreinigungen	Ionische Verunreinigungen	Bakterien	Gelöste Gase	Bemerkungen
Mehrschichtenfilter	Reduziert Trübung			Bakterienwachstum muss kontrolliert werden		
Mehrschichtenfilter mit Flockung	Reduziert Trübung und Partikelkonzentration		Eintrag von ionischen Flockungsmitteln, wie $FeCl_3$ oder PAC möglich	Bakterienwachstum muss kontrolliert werden		Flockungsmitteldosierung muss kontrolliert werden, kann sonst RO verblocken
Aktivkohleadsorber	Kaum Einfluss	Entfernt adsorbierbare Organika		Bakterienwachstum muss kontrolliert werden		
Querstrom-Mikrofiltration	Reduziert Trübung und Partikelkonzentration	Teilweise wirksam	Eisen und Mangan können zu Verblockungen führen	Werden effektiv reduziert		Kann auch als Deadend-Filtration betrieben werden
Anschwemmfiltration	Reduziert Trübung und Partikelkonzentration			Bakterien können Schichtintegrität beeinträchtigen		Druckhaltung muß an unterbrechungsfreie Stromversorgung angeschlossen werden
Ozonisierung		Reduziert organische Verbindungen durch Oxidation		Sehr wirksam ohne Bildung von Trihalomethanen (THM) und anderen Desinfektionsnebenprodukten	Beim Ozonabbau entsteht Sauerstoff	
Kationenaustauscher und Anionenaustauscher	Reduziert Trübung und Partikelkonzentration	Anionenaustauscherharze adsorbieren organische Substanzen	Effektive Reduktion	Kurze Zykluszeiten sind anzustreben, um Bakterienwachstum zu hemmen		Heute nur noch vor der Umkehrosmose eingesetzt, um Wasserverbrauch zu reduzieren
Enthärtung mit Kationenaustauscher in Na-Form			Effektive Entfernung von Härtebildnern, aber es erfolgt eine Aufsalzung			Nur für kleinere Anlagen angewendet

Tabelle 9.3/2 Übersicht über typische Grundprozesse der Reinstwasseraufbereitung

Grundprozess	Partikel und Kolloide	Organische Verunreinigungen	Ionische Verunreinigungen	Bakterien	Gelöste Gase	Bemerkungen
Rieselentgaser		Reduziert auch leichtflüchtige organische Verunreinigungen, wie THM		Bakterienwachstum muss kontrolliert werden	Entfernt CO_2, um den Chemikalienverbrauch der Ionenaustauscher zu reduzieren	
Dosierung von Natriumbisulfit oder SO_2			Werden in geringen Mengen eingetragen		Entfernt freies Chlor	
Kerzenfilter	Reduziert Partikelkonzentration			Bakterienwachstum muss kontrolliert werden		
Umkehrosmose	Reduziert Partikelkonzentration, aber Membranen sind nicht leckfrei	Entfernung mit unterschiedlichen Wirkungsgraden, z. B. Isopropanol im Vergleich zu Acetone	Wirksamkeit ist vom pH-Wert und der Ionenladung abhängig; Fe, Mn oder CaF_2 können zur Verblockung führen	Reduktion, aber Membranen sind nicht leckfrei		
Vakuumentgaser		Reduziert auch leichtflüchtige organische Verunreinigungen			Entfernt O_2, aber auch andere Gase	
Katalytische Sauerstoffentfernung	Kann Partikelkonzentration reduzieren			Bakterienwachstum ist schlecht zu kontrollieren, da keine Regeneration erfolgt	Entfernt O_2, aber Überdosierung von H_2	
Membranentgasung		Wirksamkeit für leichtflüchtige, organische Verunreinigungen wird noch untersucht			Entfernt O_2, aber auch andere Gase, bei Anlegen eines Vakuums	
UV 254 nm	Trübung kann Wirksamkeit stark einschränken			Gute Wirksamkeit aber kein sicherer Schutz, baut O_3 ab.	Beim O_3 Abbau entsteht O_2	
UV 185 nm	Trübung kann Wirksamkeit stark einschränken	Starke Reduktion, normalerweise zwischen 50% und 95%	Generiert Ionen und CO_2 als Zerfallsprodukte		Können CO_2 und O_2 freisetzen	

Tabelle 9.3/3   Übersicht über typische Grundprozesse der Reinstwasseraufbereitung

Grundprozess	Partikel und Kolloide	Organische Verunreinigungen	Ionische Verunreinigungen	Bakterien	Gelöste Gase	Bemerkungen
Mischbett-ionen-austauscher	Reduziert Partikelkonzentration, Partikel können aber auch bei der Regeneration erzeugt werden	Anionen-austauscher-harze reduzieren organische Substanzen, osmotischer Schock verursacht TOC-Freigabe	Ionen werden bis auf 0,1 ppb… 10 ppb reduziert, Ammonium und Sulfat können abgegeben werden. Bestimmte Ionen wie Bor und Silikat können durchbrechen [9.18]	Ist Bakterienkonzentration nicht reduziert, sind kurze Zykluszeiten anzustreben, um Bakterienwachstum zu hemmen	Empfindlich gegen O_3	
Ionenaustauscher mit Borspezifischen Harzen	Kann Partikelkonzentration reduzieren		Sehr effizient gegenüber Bor, können regeneriert werden	Bakterienwachstum ist schlecht zu kontrollieren, da Regenerationsintervall sehr lang ist	Empfindlich gegen O_3	
Kontinuierliche Elektrodeionisierung	Kann Partikelkonzentration reduzieren	Anionen-austauscher-harze reduzieren organische Substanzen	Ionen werden bis auf das ppt/ppb Niveau reduziert, Ammonium und Sulfat können abgegeben werden. Wirksamkeit für Bor ist gut	Gute Kontrolle des Bakterienwachstums	Empfindlich gegen O_3	
Nichtregenerierbarer Mischbettpolischerionenaustauscher	Reduziert Partikelkonzentration		Ionen werden bis auf das ppt-Niveau reduziert, Ammonium und Sulfat können abgegeben werden. Bestimmte Ionen wie Bor und Silikat können durchbrechen [9.18]		Empfindlich gegen O_3	
Mikrofiltration	Entfernt Partikel nahezu vollständig, Kolloide nur bis zum Ladungsausgleich bei modifizierten Filtern mit positivem Zeta-Potential			Bakterien können durchwachsen, Filter muß deshalb regelmäßig gewechselt werden	Empfindlich gegen O_3, abhängig vom Filtermaterial	Filterwechsel kann die Integrität des Systems beeinträchtigen

Tabelle 9.3/4   Übersicht über typische Grundprozesse der Reinstwasseraufbereitung

Grundprozess	Partikel und Kolloide	Organische Verunrei- nigungen	Ionische Verunrei- nigungen	Bakterien	Gelöste Gase	Bemerkungen
Ultra- filtration	Entfernt Partikel und Kolloide nahezu vollständig			Bakterien- durchbruch wurde bisher noch nicht beobachtet	Empfind- lich gegen O_3	
Destillation	Abhängig von der Tropfen- abscheidung	Abhängig von der Tropfen- abscheidung	Abhängig von der Tropfen- abscheidung	Sicherer Schutz, langjährige Betriebs- erfahrung	Unwirk- sam	Nur in der Pharma- industrie eingesetzt

den beiden Stufen kann der Abscheidegrad gegenüber organischen Stoffen, Silikat und Bor verbessert werden [9.19]. Ein spezieller Prozess, der ähnliche Ziele verfolgt, ist in [9.20] beschrieben.

Wasseraufbereitung

Durch die Wasseraufbereitung erfolgt eine weitere Reduzierung der ionischen, organischen und gasförmigen Verunreinigungen auf eine Qualität, die nahezu der Reinstwasserqualität entspricht. Typische Grundprozesse der Wasseraufbereitung sind:

- UV-Oxidation von organischen Verunreinigungen, manchmal gekoppelt mit einer Ozondosierung und -entfernung. Dazu werden UV Wellenlängen unter 254 nm verwendet (typisches Strahlermaximum bei 185 nm), die organische Wasserinhaltsstoffe oxidieren können. Nachfolgende Ionenaustauscher entfernen dann das entstehende Kohlendioxid und die ionisierten organischen Bestandteile. Bei der Planung der Anlage ist zu berücksichtigen, dass bestimmte organische Stoffe, wie z. B. Chloroform oder Trichlorethylen nicht oder nahezu nicht oxidiert werden können.
- Vakuum- oder Membranentgasung, teilweise wird auch eine katalytische Sauerstoffentfernung eingesetzt, die allerdings den Nachteil hat, dass leichtflüchtige organische Verunreinigungen nicht entfernt werden können und Wasserstoff im Überschuss dosiert werden muss.
  Mischbettionenaustauscher (intern oder extern regeneriert) bzw. kontinuierliche Elektrodeionisationsmodule optional in Verbindung mit nichtregenerierbaren Mischbetten.

Andere Prozesse, die allerdings nur selten eingesetzt werden, sind die katalytische Filtration, Borspezifische Ionenaustauscher, gegenstromregenerierte Anionenaustauscher zur Bor- und Silikatentfernung und die Polishing-Umkehrosmose.

Endreinigung

Mit der Endreinigung wird, neben einer weiteren Qualitätsverbesserung in Bezug auf organische und ionische Verunreinigungen sowie Partikel, vornehmlich eine Stabilisierung der Reinstwasserqualität erreicht. Der Loopvolumenstrom in der Endreinigungsstufe ist dabei normalerweise deutlich größer als der Reinstwasserverbrauch. Der sogenannte Loopfaktor (Verhältnis vom Loopvolumenstrom zum Reinstwasserverbrauch) kann im Bereich zwischen 120 % und 200 % liegen. Hier müssen auch Verunreinigungen, die über den Rücklauf kommen, entfernt werden. Dabei kann es sich z. B. um Auslaugungen aus dem Rohrleitungssystem handeln.

Typische Grundprozesse der Endreinigung sind:
- UV-Oxidation von organischen Verunreinigungen, s. a. Wasseraufbereitung
- Wärmeaustauscher zur Regelung der Reinstwassertemperatur
- Polisherionenaustauscher, typischerweise nicht regenerierbar
- Mikrofiltration
- Ultrafiltration mit Polysulfonmembranen.

Anlagenintegration bei der Reinstwassererzeugung

Welche Grundprozesse in der Rohwasservorbehandlung notwendig sind, hängt sehr stark von der Rohwasserqualität ab. Zum einen ist dabei zwischen Oberflächenwasser und Grundwasser zu unterscheiden, oder ob es sich um bereits aufbereitetes Wasser handelt. Zum anderen ist eine genaue Kenntnis der Rohwasserqualität und speziell der jahreszeitlichen Schwankungen notwendig.

Die Abb. 9.3 zeigt drei typische Anlagenschaltungen. Abbildung 9.3a zeigt ein System das vielfach in Europa, Amerika aber auch in Asien realisiert worden ist. Abbildung 9.3b zeigt ein System, das nahezu ohne Chemikalieneinsatz betrieben werden kann. Bis jetzt liegen Einsatzerfahrungen allerdings nur bei kleinen und mittleren Anlagen bis 50 m^3/h und in einem Fall bis 200 m^3/h Kapazität vor, da eine Gesamthärte von weniger als 1 ppm als CaCO$_3$ selbst mit einer zweistufigen Umkehrosmose für die üblichen Rohwasserqualitäten nur mit einer Enthärtung zu erreichen ist und diese für Großanlagen oft problematisch ist. Abbildung 9.3c zeigt ein System, das in Asien bevorzugt wird, da der Eigenwasserbedarf am geringsten ist. Wie jedoch schon oben erwähnt, ist hier der Chemikalienverbrauch deutlich höher als bei den anderen Systemen.

Für kleinere Anlagen und für Anwendungen mit geringeren Anforderungen können diese Grundsysteme entsprechend modifiziert werden. Welches Grundsystem zu bevorzugen ist und welche Änderungen erforderlich sind, ist von Fall zu Fall zu entscheiden und hängt von einer Reihe von Faktoren ab, wie Rohwasserkosten, Verfügbarkeit von Rohwasser, Kosten und Verfügbarkeit von Regenerationschemikalien, Gesamtinvestitionskosten und Betriebskosten usw. Für die Kostenbetrachtung haben sich integrierte Modelle basierend auf der Gesamtwasserbilanz des Standorts bewährt. Bei der Anlagenkonzeption sind eine Reihe weiterer Gesichtspunkte zu beachten
- Die Prozesse, speziell die Umkehrosmose und die Ionenaustauscher, sind sehr empfindlich und sollten nicht „abgestellt werden". Es ist eine Kreislaufführung des Wassers in den einzelnen Anlagenteilen, wie in Abb. 9.3 dargestellt, zu bevorzugen. Kontinuierliche Grundprozesse sind gegenüber Chargenprozessen langfristig günstiger.
- Ist ein Abstellen der Umkehrosmose unvermeidlich, müssen entsprechende Spülvorgänge vorgenommen werden. Diese Spülvorgänge können einen großen Einfluss auf den Eigenwasserbedarf der Anlage haben.

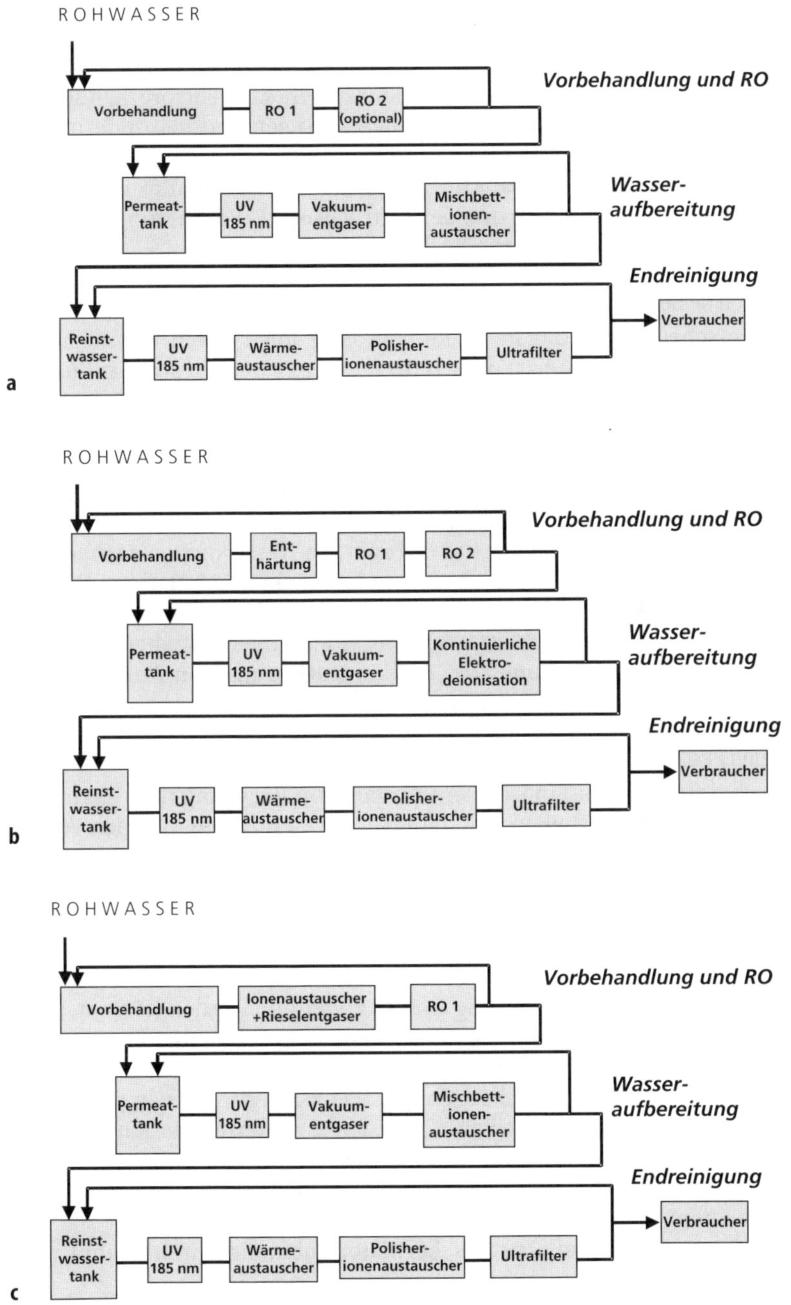

ROHWASSER

Abb. 9.3 Aufbau einer Reinstwasseranlage. **a** Anlage mit Umkehrosmose und Arbeitsmischbettenionenaustauscher, **b** Anlage mit Umkehrosmose und kontinuierlicher Deionisation, **c** Anlage mit Kationen- und Anionenaustauscher vor der Umkehrosmose

- Am Anfang wird meist nicht die gesamte Anlagenkapazität benötigt. Die Anlage sollte soweit wie möglich modular aufgebaut sein. Überkapazitäten haben oft einen negativen Einfluss auf die Betriebskosten. Der modulare Aufbau erhöht andererseits die Investitionskosten. Eine entsprechende Optimierung muss während der Planungsphase erfolgen und bei Änderung der Annahmen überprüft werden.
- Die Anlage soll gegen Schwankungen der Rohwasserqualität unempfindlich und nur mit einer Änderung der Fahrweise, z. B. Verkürzung der Rückspül- oder Regenerationsintervalle, kontrollierbar sein.

Erzeugung von heißem Reinstwasser

Es ist zu entscheiden, ob das heiße Reinstwasser lokal durch Wärmeaustauscher (meist elektrisch beheizt) oder zentral erzeugt werden soll. Einflussfaktoren sind dabei die Anzahl und Verbrauchsmengen der Prozessgeräte, die Verfügbarkeit von elektrischer Leistung in der Fertigung, die Investitions- und Betriebskosten. Bei vielen Fertigungen macht der Verbrauch von heißem Reinstwasser heute schon 10–20 % des gesamten Reinstwasserverbrauchs aus. Bei den zentralen Systemen ist zu unterscheiden zwischen einem unabhängigen System (Abb. 9.4a), wobei nur die verbrauchte Wassermenge nachgespeist wird und dem System (Abb. 9.4b), bei dem der Rücklauf über einen Wärmetauscher wieder in den Reinstwassertank des Hauptsystems zurückgeführt wird. Das unabhängige System ist energetisch günstiger, hat aber den Nachteil, dass bei geringer Abnahme eine Aufkonzentrierung von Auslaugungen, speziell des TOC und von Fluoridionen, auftritt.

Recycling und Reclaim

Eine Entscheidung, ob und in welchem Umfang ein Recycling oder Reclaim in das Anlagenkonzept einfließen soll, hängt im wesentlichen von der Verfügbarkeit von Rohwasser, gesetzlichen Richtlinien und ökonomischen Betrachtungen ab. Daneben ist das Risiko der Rückkontaminationen aus der Produktion zu betrachten.

Erfahrungswerte zeigen, dass zwischen 30 und 50 % des Reinstwassers aus der Produktion dem Rohwassertank nach einer Qualitätskontrolle auf TOC und Leitfähigkeit ohne Aufbereitung wieder zugeführt werden können.

Soll ein höherer Prozentsatz (50–90 %) dem Recycling zugeführt werden, sind auch organisch belastete Spülwässer einzubeziehen. Diese organischen Verunreinigungen sind zu entfernen, bevor das Wasser wieder in der Reinstwasseranlage verwendet werden kann. Typische Grundprozesse sind dabei:

- Biopolishing-Systeme, wobei die organischen Verunreinigungen durch Bakterien abgebaut werden. Hier sind Festbett- und Wirbelschichtsysteme zu unterscheiden
- Adsorption an speziellen Austauschermaterialien, die durch Dampf regenerierbar sind
- Oxidation durch Wasserstoffperoxid oder Ozon unter oxidierender UV-Bestrahlung
- Umkehrosmose (nur für wenige Anwendungen mit Recyclingraten > 50% geeignet).

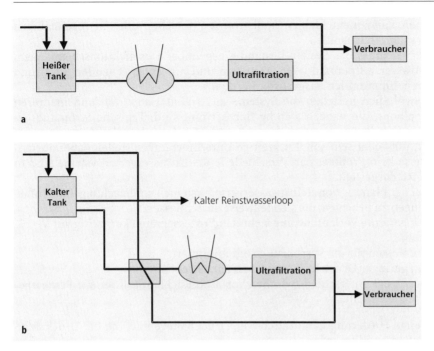

Abb. 9.4   Erzeugung von heißem Reinstwasser. **a** Anlage mit Heißlagerung von Reinstwasser, **b** Anlage ohne Heißlagerung von Reinstwasser

Beim Einsatz von Recylingsystemen ist weiterhin zu beachten, dass im Spülwasser H_2O_2 oder Ozon (kann Ionenaustauscherharze oder Umkehrosmosemembranen schädigen) und Fluorid (kann mit dem Calcium des Rohwassers zu CaF_2 Scaling auf den Umkehrosmosemembran führen), oder auch Bakterien enthalten sein können.

Bei der Entscheidungsfindung haben sich auch hier Kostenmodelle auf der Basis der Gesamtwasserbilanz bewährt.

9.2.1.3 Verteilung

Reinstwasserverteilsysteme dürfen die Reinstwasserqualität möglichst nicht beeinflussen, d.h. es sollen
- die verwendeten Bauteile möglichst keine Partikel, organische oder ionische Verunreinigungen abgeben
- die Rohrleitungsmaterialien eine ausreichend geringe Gaspermeabilität aufweisen
- ungünstige Bedingungen für das Wachstum von Mikroorganismen gegeben sein, d.h. die Wände müssen möglichst glatt sein und das System soll wenig Toträume aufweisen.

Spezifikationen für Komponenten sind in den SEMI-Richtlinien [9.31, 9.22] standardisiert. Um die Toträume zu verringern, werden bei Systemen mit hohen Anforderungen sog. T-Ventile als Anschlüsse eingesetzt, die nahezu totraumfrei sind. Andernfalls sind Toträume, die nicht vermieden werden können, mit einem kleinen Spülstrom zu versehen oder in regelmäßigen Intervallen freizuspülen.

Ferner muss das System beständig gegenüber Desinfektionschemikalien, wie Wasserstoffperoxid oder Ozon sein und mit entsprechenden Spül- und Probenahmeventilen ausgerüstet werden.

Gewöhnlich bestehen die Systeme aus einem Hauptloop und mehreren Nebenloops, die nahezu ständig durchströmt sind. Typische Strömungsgeschwindigkeiten liegen zwischen 0,5 und 2,5 m/s, wobei die Strömung möglichst turbulent sein soll. Kurzzeitige Unterbrechungen stellen dabei normalerweise kein Problem dar. Verschiedene Reinstwasserverteilsysteme sind in Abb. 9.5 dargestellt.

Bei der Planung von Reinstwasserverteilsystemen sind nachfolgende Anforderungen zu beachten, die sich teilweise ausschliessen:
– Die gesamte Vorlaufleistung steht den Prozessgeräten kurzzeitig zur Verfügung.
– Die Kosten für die Verrohrung sind minimiert.
– Ein geringer Druck im Rücklauf ist anzustreben.
– Der Druckunterschied zwischen Vor- und Rücklauf soll für alle Prozessgeräte gleich sein.

Die erste Forderung kann durch sog. Druckhalteventile, die bei Druckabfall schließen, erfüllt werden.

Abbildung 9.5a stellt ein System dar, das mit den geringsten Investitionskosten im Vergleich zu den anderen hier dargestellten Systemen realisiert werden kann. Das System mit Minimalrücklauf von Abb. 9.5b kann geringe Druckverluste im Return erreichen, wenn die Dimensionierung entsprechend vorgenommen wurde. Ein druckloser Rücklauf kann für Reinstwasser nicht erreicht werden, weil aus der Luft Verunreinigungen eingetragen würden. Die Forderung nach gleichem Druckgefälle zwischen Vorlauf und Rücklauf kann durch das System in Abb. 9.5c erfüllt werden. Es gibt dabei Varianten, bei denen diese Forderung nur für die Nebenloops erfüllt wird. Reinstwasserverteilsysteme für heißes Reinstwasser sind zu isolieren. Bei der Auswahl von Isolationsmaterialien ist auf deren Reinraumtauglichkeit, d.h. deren Partikelabgabe, zu achten.

9.2.1.4 Qualifizierung und Überwachung von Reinstwasseranlagen

Bei der Qualifizierung bzw. Abnahme von Reinstwassersystemen soll die Gesamtanlage über einen ausreichenden Zeitraum sehr genau überwacht werden. Während der Abnahmeperiode ist auch der Einfluss von Spül- und Regenerationsvorgängen kritischer Komponenten auf die Reinstwasserqualität zu untersuchen.

Es ist ein Qualifizierungsplan aufzustellen, der die nachzuweisenden Parameter, die Probenahmesequenz, den Probenahmeort und die zu verwendenden Messgeräte spezifiziert. Dieser ist möglichst schon vor Vertragsvergabe an den Anlagenbauer zu vereinbaren.

Ein Beispiel für einen Ausschnitt aus einem Qualifizierungsplan ist in Tabelle 9.4 gegeben.

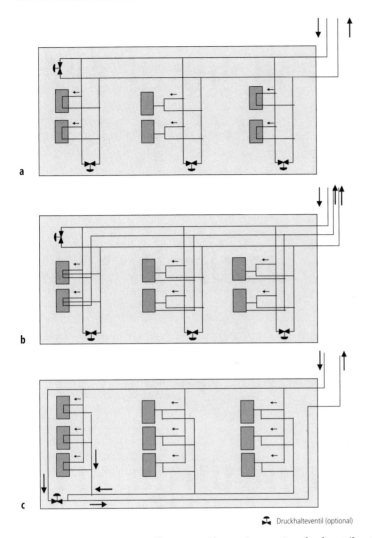

⚖ Druckhalteventil (optional)

Abb. 9.5 Reinstwasserverteilsystem – Alternativen. **a** Standardverteilsystem, **b** Verteilsystem mit Minimumrücklauf, **c** Verteilsystem mit umgekehrtem Rücklauf

Die Überwachung der Garantiewerte beginnt während der Qualifizierung. Die Intervalle zwischen den Messungen können dann während der Routineüberwachung verlängert werden. Es empfiehlt sich, eine statistische Prozesskontrolle für die wichtigsten Parameter einzuführen. Dies sollte auch Schlüsselparameter in der Anlage einschließen und nicht nur Werte am Anlagenausgang, um kritische Anlagenzustände so zeitig wie möglich erkennen zu können.

Der Betrieb der Umkehrosmose kann oft durch eine Normalisierung sehr wirksam überwacht werden, wie in [9.16] beschrieben.

Tabelle 9.4/1 Qualifizierungsplan (Ausschnitt)

Aktivität/Parameter	Akzeptanzkriterium	Probenahmestelle	Probengröße und Probenahmeintervall	Messgerät	Genauigkeit, Detektionsgrenze	Bemerkungen
Visuelle Inspektion						
Konformität zur Planung	s. Zeichnungen	Gesamtes System	Nicht anwendbar	Nicht anwendbar	Nicht anwendbar	
Qualität der Ausführung	s. Spezifikationen	Gesamtes System	Nicht anwendbar	Nicht anwendbar	Nicht anwendbar	
Bezeichnung	s. Spezifikationen	Gesamtes System	Nicht anwendbar	Nicht anwendbar	Nicht anwendbar	
Punkt 0: Rohwasser						
Leitfähigkeit	< 200 µS/cm bei 25 °C	Punkt 0	1 × pro Tag	s. Tabelle 2	+- 0,5% des Messber.	Zielwert
Rohwasseranalyse	Siehe Datenblatt	Punkt 0	1 × pro 2 Wochen	s. Datenblatt	s. Datenblatt	Zielwert
Punkt 1: Wasserqualität vor der Umkehrosmose						
Kolloidindex KI15	< 1	Punkt 1	1 × pro Tag	s. Tabelle 2	n.a.	Zielwert
Freies Chlor	< 0,05 ppm	Punkt 1	kontinuierlich	s. Tabelle 2	0,01 mg/l	Zielwert
Eisen	< 0,1 ppm	Punkt 1	1 × pro Tag	s. Tabelle 2	n.a.	Zielwert
Punkt 2: Wasserqualität nach der Umkehrosmose						
TOC	< 200 ppb	Punkt 2	1 × pro Tag	s. Tabelle 2	0,3 ppb	Zielwert
Gelöstes Silikat	< 600 ppb	Punkt 2	1 × pro Tag	s. Tabelle 2	0,5 ppb	Zielwert
Leitfähigkeit	< 20 µS/cm at 25 °C	Punkt 2	kontinuierlich	s. Tabelle 2	+- 0,5% der Anzeige	Zielwert mit CO_2
Keimbildende Einheiten	< 1 CFU/100 ml	Punkt 2	1 × pro Tag	s. Tabelle 2	n.a.	Zielwert
Punkt 4: Wasserqualität nach dem Mischbettionenaustauscher						
Spezifischer Widerstand	> 18,2 Mohm cm at 25 °C	Punkt 4	kontinuierlich	s. Tabelle 2	+- 0,5% der Anzeige	Online
Gelöstes Silikat	< 3 ppb	Punkt 4	1 × pro Tag	s. Tabelle 2	0,5 ppb	Zielwert
KeimbildendeEinheiten	< 1 CFU / 100 ml	Punkt 4	1 × pro Tag	s. Tabelle 2	n.a.	Zielwert
Punkt 8: Wasserqualität am Ausgang der Anlage						
Spezifischer Widerstand	> 18,2 Mohm cm at 25 °C	Punkt 8	Kontinuierlich	s. Tabelle 2	+- 0,5% der Anzeige	Online, Garantiewert
TOC	< 1 ppb	Punkt 8	Kontinuierlich	s. Tabelle 2	0,3 ppb	Online, Garantiewert
Gelöster Sauerstoff	< 2 ppb	Punkt 8	Kontinuierlich	s. Tabelle 2	2 ppb	Online, Garantiewert
Temperatur	22 +- 1 °C	Punkt 8	Kontinuierlich	s. Tabelle 2	+- 0,1%	Online, Garantiewert

Tabelle 9.4/2 Qualifizierungsplan (Ausschnitt)

Aktivität/Parameter	Akzeptanzkriterium	Probenahmestelle	Probengröße und Probenahmeintervall	Messgerät	Genauigkeit, Detektionsgrenze	Bemerkungen
Punkt 8: Wasserqualität am Ausgang der Anlage (Fortsetzung)						
Druck	5,5 +- 0,5 bar	Punkt 8	Kontinuierlich	s. Tabelle 2	+- 0,1%	Online, Garantiewert
Keimbildende Einheiten	< 1 KBE/Liter	Punkt 8	2 × 1 Liter	s. Tabelle 2	n.a.	Garantiewert
Partikel ≥ 0,05 μm	< 3000 /Liter	Punkt 8	40 ml	s. Tabelle 2	≤ 0,05 μm (50%)	Online, Garantiewert
Partikel ≥ 0,1 μm	< 500/Liter	Punkt 8	40 ml	s. Tabelle 2		Online, Garantiewert
Gelöstes Silikat	< 1 ppb	Punkt 8	Kontinuierlich	s. Tabelle 2	0,5 ppb	Online, Garantiewert
Ionen: Fe, K, Na, Zn, Cl, Ca, Cu, Ni, Mg, Au	< 0,05 ppb	Punkt 8	min. 400 ml	s. Tabelle 2	< 0,05 ppb	Garantiewert
Punkt 10: Wasserqualität am Return						
Spezifischer Widerstand	> 18,2 Mohm cm at 25 °C	Punkt 10	Kontinuierlich	s. Tabelle 2	+- 0,5 % der Anzeige	Online, Zielwert
TOC	< 1 ppb	Punkt 10	Kontinuierlich	s. Tabelle 2	0,3 ppb	Zielwert
Keimbildende Einheiten	< 1 KBE/Liter	Punkt 10	2 x 1 Liter	s. Tabelle 2	n.a.	Zielwert

Verwendete Messgeräte

Die *Partikelmessung* erfolgt mit Laserstreulichtpartikelzählern. Um die statistische Sicherheit der Ergebnisse zu erhöhen, werden Geräte mit größerem gemessenem Probevolumenstrom bevorzugt. Eine wichtige, die praktische Einsatzfähigkeit bestimmende Eigenschaft der Partikelzähler ist die sog. Fehlzählrate, d. h. die Zählung von Störimpulsen als Partikel. Die durch die Ultrafiltration erreichbaren Partikelkonzentrationen liegen dabei heute im Bereich der Fehlzählrate der verfügbaren Partikelzähler. Die Fehlzählrate sollte vor Ort überprüft werden, um einen Vergleich für die Messwerte zu haben.

Die *Messung des TOC-Werts* kann mit verschiedenen Messprinzipien erfolgen. Es wird dabei meist zwischen einem Aufschlussschritt, d. h. der Umwandlung in eine messbare Substanz/Größe, und einem Messschritt unterschieden. Der Aufschluss kann mit UV-Strahlung, einer chemischen Reaktion oder einer thermischen Umwandlung der Kohlenwasserstoffe in CO_2 erfolgen. Gemessen wird dann entweder die Leitfähigkeit oder das entstehende CO_2. Neuere Geräte erlauben eine Mehrpunktkalibrierung vor Ort.

Die Bestimmung der *gelöste Gase*, wie z. B. *Sauerstoff,* erfolgt meist online mit Membranzellen.

Mikroorganismen werden auf eine Membran auffiltriert und nach Zugabe von Nährmedien eine bestimmte Zeit bebrütet, nach der die gebildeten Kolonien gezählt werden. Andere Messmethoden, wie die Epifluoreszenzmethode werden weniger oft angewandt.

Ionische Verunreinigungen werden entweder online oder offline durch Ionenchromatographie oder offline durch andere Spurenanalysatoren, wie z. B. GF-AAS (Graphitrohr-Atomadsorptionsspektroskopie) oder ICP-MS – Ion Coupled Plasma Mass Spectrometer (engl.) bestimmt. Ionenselektive Messmethoden finden meist für die Konzentrationsbestimmung von Silikat (Molybdänblau-Methode) und von Natrium Anwendung.

Der *spezifische Widerstand* wird mit temperaturkompensierten Elektrodenanordnungen gemessen.

9.2.2 Prozesschemikalien

9.2.2.1 Anwendung und Grundlagen

Prozesschemikalien werden zum Reinigen von Wafern und Bauteilen, zum Entfernen (Strippen) von Lackresten, zum Ätzen von Strukturen oder Schichten auf dem Wafer, z. B. Flusssäure (HF) für Oxidschichten, Phosphorsäure (H_3PO_4) für Nitridschichten sowie zum Polieren von Schichten verwendet. Der am häufigsten eingesetzte Reinigungsprozess besteht aus mehreren Schritten, wie in Tabelle 9.5 dargestellt.

Einen Überblick über einzelne Prozesse und die dabei eingesetzten Chemikalien gibt Tabelle 9.6.

Die Anforderungen an die Reinheit der Prozesschemikalien können sehr unterschiedlich sein. Die höchsten Anforderungen werden an HF, HCl, NH_4OH und H_2O_2 als Reinigungschemikalien gestellt. Weniger hohe Reinheitsanforderungen gibt es für andere Ätzchemikalien oder Chemikalien die bei der Herstellung von Flüssigkristallbildschirmen verwendet werden. Erreichbare Partikelspezifikationen sind in Tabelle 9.7 gegeben. Beim chemisch-mechanischen Polieren (CMP) werden Chemikalien, sog. Slurries, eingesetzt, die aus einer meist oxidativ wirkenden Chemikalie und mechanisch-abrasiv wirkenden Partikeln bestehen.

Tabelle 9.5   Verfahrensschritte einer Waferreinigung und beabsichtigte Wirkung

Verfahrensschritt	Grund
SPM: $H_2SO_4+H_2O_2$ oder SOM: $H_2SO_4+O_3$	Entfernung von organischen Filmen
Reinstwasserspülung	
verdünnte Flusssäure	Entfernung der SiO_2 Schicht
Reinstwasserspülung	
APM: $NH_4OH+H_2O_2+H_2O$	Entfernung von Partikeln und anderen organischen Substanzen
Spülung mit heißem Reinstwasser	Vollständige Entfernung des NH_4OH, da sich mit HCl Partikel bilden können
Reinstwasserspülung	
HPM: $HCl+H_2O_2+H_2O$	Entfernung von Metallionen
Spülung mit heißem Reinstwasser	
Reinstwasserspülung	
Spülung mit verdünnter Flusssäure	Entfernung der SiO_2 Schicht
Reinstwasserspülung	

Tabelle 9.6   Nasschemische Prozesse (Überblick)

Anwendung	Zusammensetzung
Ätzung von Oxidschichten	BOE oder DHF/IPA
Ätzung von Nitridschichten	$DHF/H_3PO_4/NH_4OH + H_2O_2/IPA$
Lackentfernung von Schichten (außer von Metallschichten)	$H_2SO4+H_2O_2/IPA$
Lackentfernung von Metallschichten	NMP (N-methylpyrrolidone) oder andere Stripper
Ätzung von Polysiliziumschichten	$HF+HNO_3+Essigsäure/IPA$
Ätzung von Chromschichten auf Photomasken oder LCD's	Cerammoniumnitrate mit Essigsäure
Pre-Diffusion (RCA) Reinigung	$H2SO_4+H_2O_2$ oder $H_2SO_4 +O_3/DHF/$ $NH_4OH+H_2O_2/$ $HCl+H_2O2_2$ HF/IPA
Lithography-Beschichtung	HMDS/BARC/Photolack/EBR
Chemisch Mechanisches Polieren (CMP) von Oxidschichten	SiO_2 Partikel in 2% NH_4OH
Chemisch Mechanisches Polieren (CMP) von Metallschichten	$Al2O_3$ oder Ceroxid Partikel in H_2O_2 oder Eisennitratlösung

Tabelle 9.7   Partikelspezifikation für verschiedene Prozesschemikalien

Partikel-größe	Typ 1 (Partikel pro l)	Typ 2 (Partikel pro l)	Typ 3 (Partikel pro l)
≥ 0,1 μm	1000	5000	10.000
≥ 0,2 μm	300	500	3000
≥ 0,3 μm	200	200	250
Chemikalien	Salzsäure	Ammoniumfluorid	Schwefelsäure
	Flusssäure	Ammoniumhydroxid	N-methyl -2-pyrrolidon (NMP) und andere Stripper
	Wasserstoffprooxid	Gepufferte Flusssäure	EBR
	Isopropanol	PGMEA	Stripper
		Entwickler	Azeton
			Salpetersäure
			Phosphorsäure

9.2.2.2 Versorgung

Da Chemikalien, z. B. HCl und HNO_3, sehr stark selbst Polymermaterialien auslaugen können, ist die Materialauswahl für Prozesschemikalienversorgung wichtiger als selbst für Reinstwasser. Dabei ist es notwendig, die gesamte Logistikkette, von der Herstellung, über die Reinigung, die Lagerung, den Transport, die Umfüllung in kleinere Transportgebinde, den Anschluss an die zentrale oder dezentrale Versorgung bis hin zur Prozesskammer zu kontrollieren und zu beherrschen.

Derzeit werden nur wenige Chemikalien speziell für die Halbleiterindustrie, wie z.B. TEOS hergestellt. Die meisten werden gereinigt aus Chemikalienqualitäten, die auch in anderen Industrien genutzt werden.

Der Transport erfolgt entweder in Bulkcontainern bis 20 m³, Containern bis 1,5 m³, Fässern typischerweise 200 l oder anderen Behältern und Flaschen. Die Fässer für Säuren und Laugen werden gewöhnlich aus Polyethylen gefertigt, die Fässer für Lösungsmittel aus Edelstahl. In der Logistikkette ist zu beachten, dass die meisten Chemikalien nur eine begrenzte Lagerfähigkeit haben.

In jüngster Vergangenheit wurden die ersten Systeme in Betrieb genommen, die Chemikalien vor Ort erzeugen, z.B. NH_4OH, beziehungsweise benutzte Chemikalien zur Wiederverwendung im Prozess (Recycling) oder für andere Anwendungen (Reclaim), z.B. für Isopropanol oder NMP, aufbereiten.

In Abb. 9.6 sind drei verschiedene Systeme der zentralen Chemikalienversorgung in einer Halbleiterfabrik dargestellt. Bei der Versorgung mit Trucks oder ISO-Containern kommt dem Verbindungsmodul eine wichtige Rolle zu. Es muss ausreichend dimensioniert sein und die Spülung mit Reinstwasser und Stickstoff erlauben. Das zweite in Abb. 9.6 dargestellte System ist eine Zwischenlösung, da nicht alle Chemikalien überall in Bulkcontainern lieferbar sind. Hier werden die Chemikalien aus den Kleincontainern oder Fasspa-

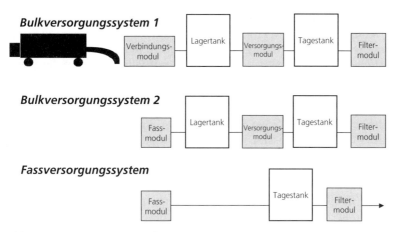

Abb. 9.6   Versorgungssystemalternativen

letten in den Lagertank gepumpt. Der Inhalt des Lagertanks wird i. Allg. rezir-
kuliert.

Vom Tagestank werden die Chemikalien über ein Filtermodul in die Produktion gefördert. Auch hier ist eine Rezirkulation möglich und notwendig.
In Asien werden häufig Systeme mit zwei gleich großen Tagestanks eingesetzt,
die unter Druck gesetzt werden können und die ohne weitere Pumpe auskommen. In Europa und Amerika sind diese Systeme aus verschiedenen Gründen
nicht üblich, unter anderem wegen der umfangreichen Auflagen, die die
Druckbehälterverordnungen für solche Systeme vorgeben.

Als Transportmaschinen haben sich Druckluftmembranpumpen mit Pulsationsdämpfern bewährt, aber auch Kombinationen aus Membranpumpen
mit ein oder zwei kleineren Druckbehältern, die die Chemikalien mit Stickstoff in die Produktion fördern. Der Druck in diesen Behältern wird bei einigen Systemen durch Mikroprozessoren gesteuert. Weiterhin gibt es Systeme
mit Druckbehältern, die sowohl unter Vakuum als auch unter Druck gesetzt
werden können und deshalb ohne Pumpe auskommen. Ziel ist es zum einen
die Druckpulsationen der Membranpumpen zu reduzieren und zum anderen
die Zuverlässigkeit des Systems zu erhöhen. Die Membran der Pumpen ist ein
Verschleißteil und muss nach einigen Millionen Zyklen ausgetauscht werden.

Bei der Planung und der Konstruktion von Chemikalienversorgungssystemen ist unbedingt auf die Wartungsfreundlichkeit zu achten, da ein Verschleiß nicht vollkommen ausgeschlossen werden kann und auch die Filter in
Intervallen gewechselt werden müssen.

Neben der Zuverlässigkeit ausgedrückt als Verfügbarkeit (Uptime) oder dem
Intervall zwischen Reparaturen (MTBF Mean Time between Failures/MTBR
Mean Time between Repairs) und Bedienungen/Wartung (MTBA/MTBS Mean
Time between Assists/Service) ist die Zeit in der Reparaturen und Wartungen
ausgeführt werden können (MTTR Mean time to Repair) ein sehr wichtiger
Parameter. Eine genaue Definition dieser Begriffe ist in [9.14] gegeben.

Garantiewerte für die Verfügbarkeit liegen z. Z. bei 99 %, typische Werte bei > 99,9 %, Garantiewerte für MTBF bei ≥ 2500 h und für MTTR bei ≤ 120 min.

Für kleinere Chemikalienmengen und geringere Reinheitsanforderungen gibt es Systeme mit zwei Fässern und Pumpen mit Pulsationsdämpfern, von denen sich jeweils ein Fass/Pumpen-System in Bereitschaft und Rezirkulation befindet und das andere System in die Produktion fördert.

Die erreichte Partikelkonzentration wird durch das Design des Verteilsystems (Rezirkulationsraten, Größe der Tanks usw.), aber maßgeblich durch die Auswahl des Filters beeinflusst. Die Materialauswahl, ob hydrophobe, hydrophile oder vorbenetzte Filter verwendet werden sollen, ist abhängig von der Art der zu filtrierenden Chemikalie zu treffen. Besonders schwierig ist die Filterauswahl für die Slurries. Hier ist es wichtig, die in der Chemikalie enthaltenen Partikel (Größe zwischen 0,05 und 0,2 μm) nicht abzuscheiden, aber trotzdem alle Makropartikel zu entfernen, da diese Kratzer auf der Waferoberfläche verursachen können. Dies ist zur Zeit eines der Hauptprozessprobleme beim chemisch-mechanischen Polieren (CMP).

Da einige Chemikalien (H_3PO_4, H_2SO_4) sehr hohe Viskositäten aufweisen und durch die begrenzte Druckbelastbarkeit der Ventile, Schläuche usw. ist die Dimensionierung des Systems sehr wichtig. Die Verbraucher (Nassbänke) haben zwar meist Zwischentanks, so dass die Spitzenverbrauchsvolumenströme zurückgegangen sind, aber es gibt auch Verbraucher, die eine Direktbefüllung des Bades verlangen. Diese Systeme sind dann entsprechend auszulegen.

Als Materialien für die Verteilsysteme haben sich PFA (Perfluoralkoxy)-Kunststoffe für alle Säuren, Laugen und auch für die korrosiven Lösungsmittel durchgesetzt. Andere Lösungsmittel werden in elektropolierten Edelstahlleitungen 316L gefördert, wobei auch erste Erfahrungen mit PFA gemacht wurden. Erste Erfahrungen gibt es derzeit über den Einsatz alternativer Rohrleitungsmaterialien beispielsweise für Entwickler.

In einigen Richtlinien, z. B. [9.23], wird verlangt, dass ein Kontainment aus einem nicht brennbaren Material, z. B. Edelstahl, vorzusehen ist, wenn Lösungsmittel in PFA oder anderen polymeren Materialien gefördert werden.

Für Säuren und Laugen wird ebenfalls ein Kontainment verlangt. Für dieses wird aber meist transparentes PVC verwendet, da dadurch eventuelle Leckstellen leichter identifiziert werden können.

Das Systemdesign muss weiteren Anforderungen genügen:
- Jeder Tiefpunkt im Kontainment ist mit einem Lecksensor auszurüsten.
- Jede lösbare Verbindung, bzw. jedes Ventil wird in einer Box untergebracht, die einen Lecksensor hat und an das Abluftsystem anzuschließen ist.
- Zweckmäßigerweise wird das System so geplant, dass sich die Boxen jeweils an den Tiefpunkten befinden.
- Das Kontainment ist für ausgasende Chemikalien an das Abluftsystem anzuschließen. Dazu reichen die Verbindungen an den Boxen, dem Filtrationsmodul und an den Prozessgeräten.
- Das System sollte nur unter Druck stehen, wenn Chemikalien von den Prozessgeräten angefordert werden [9.23]. Das ist jedoch bei Ringleitungssystemen nicht realisierbar.

– Die Systeme müssen im Falle eines Feuers oder eines Erdbebens in einen sicheren Betriebszustand (drucklos) herunterfahren. Dieser Zustand muss durch das Bedienpersonal auch in jedem anderen Havariezustand herbeigeführt werden können

An die Räume, in denen die Chemikalienversorgungssysteme untergebracht sind, werden verschiedene Anforderungen gestellt. So soll u. a.:
die Beschichtung beständig gegenüber den eingesetzten Chemikalien sein
– der Raum an sich ein Kontainment bilden.
– die Größe des Kontainment im Falle einer Besprinklerung die Löschwasserrückhaltung berücksichtigen.
– der Raum unter einem Unterdruck gegenüber anderen Räumen stehen, in denen sich Personen aufhalten.
– der Raum nur qualifizierten und trainierten Personen zugänglich sein.
– die Materialsicherheitsdatenblätter und das entsprechende persönlich Schutzequipment sofort zugänglich sein.
– der Raum mit Not- und Augenduschen ausgerüstet sein.

Es ist zu empfehlen, dass Räume in denen Lösungsmittel gelagert und gehandhabt werden, in Gebäuden separat zur Hauptfertigung untergebracht werden. In jedem Fall sind diese Räume als separater Brandabschnitt zu behandeln. Nicht zu vergessen ist der Fotolack, der gekühlt untergebracht werden muss, aber ebenfalls als Lösungsmittel anzusehen ist.
In jeder Fertigungsstätte muss ein Notteam gebildet und trainiert werden, das einsatzbereit ist, bevor die ersten Chemikalien vor Ort eintreffen. Es ist außerdem empfehlenswert, dass feste Kontakte zu Krankenhäusern, der Feuerwehr, der Polizei und anderen Behörden etabliert werden, so dass in einem Notfall auch von deren Seite qualifiziert und effizient reagiert werden kann. So ist z. B. zu klären, ob die örtlichen Krankenhäuser für einen Unfall mit Flusssäure vorbereitet sind.

9.2.2.3 Qualifizierung und Überwachung von Prozesschemikalienversorgungssystemen

Abbildung 9.7 zeigt eine typische Prozedur für die Qualifizierung von Chemikalienversorgungssystemen. In manchen Fällen wird anstelle der Prozesschemikalie zum Auslaugen eine Reinigungschemikalie verwendet, die danach ausgespült wird.
Es ist ein Qualifizierungsplan aufzustellen, der die nachzuweisenden Parameter, die Probenahmesequenz, den Probenahmeort und die zu verwendenden Messgeräte spezifiziert. Dieser ist möglichst schon vor Vertragsvergabe an den Anlagenbauer zu vereinbaren.
Schwerpunkt der Messungen vor Ort ist die Partikelmessung. In Tabelle 9.7 ist ein Überblick über erreichbare Partikelkonzentrationen gegeben. Bei der Partikelmessung ist darauf zu achten, dass bei ausgasenden Chemikalien, wie NH_4OH, keine Blasen entstehen, die die Ergebnisse verfälschen können.
Die ionische Reinheit der Chemikalien wird durch Probenahme überwacht. Die Proben werden in einem Spurenanalyselabor untersucht.

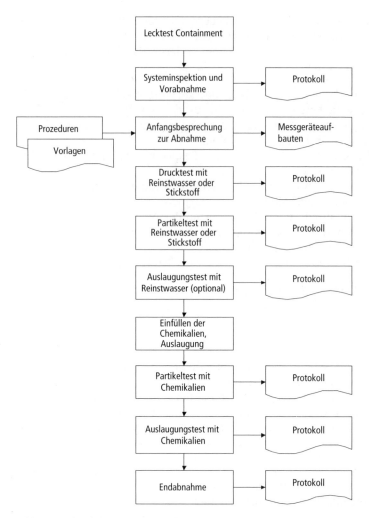

Abb. 9.7 Abnahmeprozedur

Detailliertere Hinweise zur Abnahme von Prozesschemikalienversorgungs-systemen werden in [9.24] gegeben. Als Online-Messgeräte werden zur Zeit nur Partikelzähler eingesetzt.

9.2.3 Prozessgase

9.2.3.1 Anwendung und Grundlagen

Bei den in der Halbleiterindustrie benutzten Gasen wird zwischen den im eigentlichen Prozess eingesetzten und den Nichtprozessgasen unterschieden, die zum großen Teil auch zentral versorgt werden, wie in Tabelle 9.8 aufge-führt.

Tabelle 9.8 Bulkgasanwendungen in der Halbleiterindustrie (Auswahl)

Prozessgase	Anwendung	Bemerkungen
Stickstoff	In nahezu allen Prozessen	
Argon	CVD, Diffusion, Ionenimplanter, Oxidation, Epitaxie, Metallisierung	
Sauerstoff	Oxidation, Plasmaätzen, CVD, Diffusion	
Wasserstoff	In nahezu allen Prozessen	
Helium	Plasmaätzen, CVD, Ionenimplanter	

Nichtprozessgase		
Stickstoff (N_2)	Spülen von Transferkammern und Schleusen	Zum Teil aufgeteilt auf mehr als ein Nichtprozess-N_2-System
	Ballaststickstoff für Vakuumpumpen	
	Stickstoffpolster und zum Transport von Chemikalien	
	Venturistickstoff für Gaskabinette	
	Spülstickstoff für Gaskabinette	
Argon (Ar)	Schweißargon - zum Orbitalschweißen von Edelstahlleitungen	Wird oft auch aus Flüssigreservoirs versorgt
Sauerstoff (O_2)	Als Oxidationsmittel in lokalen Abluftbehandlungssystemen	
Wasserstoff (H_2)	Als Brenngas in lokalen Abluftbehandlungssystemen	Notwendig für die Behandlung von FCKW (perfluorierten Kohlenwasserstoffen)
Erdgas	Als Brenngas in lokalen Abluftbehandlungssystemen	

Tabelle 9.9 gibt eine Liste der am häufigsten eingesetzten Prozessgase und deren Anwendung. Speziell beim Trockenätzen werden ständig neue Gase getestet, um Treibhausgase und Gase mit Ozonschichtgefährdungspotential zu ersetzen. Der Übergang zu kürzeren Wellenlängen in der Lithographie erfordert den Einsatz von Excimer-Lasern, die ebenfalls Spezialgase benötigen.

Die höchsten Anforderungen an die Reinheit haben Gase, die bei Dünnschichtprozessen eingesetzt werden, wie z.B. bei der Epitaxie und der chemischen Abscheidung von Schichten aus der Gasphase (CVD). Hier können schon Spuren von Feuchte oder Sauerstoff zur Bildung von Oxidschichten führen, die die Leitfähigkeit beeinflussen oder auch die Schichtqualität von Nitridschichten beeinträchtigen. Ungewollte Einlagerungen von Stickstoffatomen führen dagegen zur Bildung von Elektronendonatoren oder durch Kristallisationsdefekten zu Leckströmen. Kohlenstoffeinlagerungen, verursacht durch CO, CO_2 und Kohlenwasserstoffverunreinigungen, können ebenfalls die Ursache von Leckströmen sein, aber auch die Leitfähigkeit beeinflussen und die Adhäsionsfähigkeit von Schichten beeinträchtigen [9.26].

Weniger hohe Anforderungen bestehen z.B. für Ätzgase. Hier können allerdings auch schon geringe Feuchtespuren zu Korrosionserscheinungen führen.

Tabelle 9.9 Übersicht über typische Prozessgase und deren Anwendung

Gas	Formel	Trockenätzer	CVD	Diffusion	Ionenimplanter	Lithographie	Nassbänke	Oxidation	Epitaxie	Metallisierung
Ammoniak	NH_3	x	x							
Arsin	AsH_3	x	x	x					x	
Bortrichlorid	BCl_3	x		x	x					
Bortrifluorid	BF_3				x					
Bromwasserstoff	HBr	x	x							
Chlor	Cl_2	x	x					x		
Chlorwasserstoff	HCl	x	x					x	x	
Diboran	B_2H_6	x	x						x	
Dichlorsilan	$SiCl_2H_2$		x						x	
Distickstoffmonoxid	N_2O	x	x					x		
Formiergas	H_2/N_2		x							
German	GeH_4								SiGe-Prozess	
Helium/Sauerstoff	He/30% O_2					x				
Hexafluorethylen	C_2F_6	x								
Kohlendioxid	CO_2		x				x			
Kohlenmonoxid	CO	x								
Phosphin/Wasserstoff	PH_3/H_2	x	x	x					x	
Phosphintrichlorid	$POCl_3$		x							
Schwefelhexafluorid	SF_6	x								
Silan	SiH_4		x						x	x
Siliziumtetrachlorid	$SiCl_4$	x	x						x	
Stickstoffmonoxid	NO		x							
Stickstofftrifluorid	NF_3	x						x		
Tetrafluormethan	CF_4	x								
Trichlorsilan	$SiHCl_3$		x							
Trifluormethan	CHF_3	x								
Wolframhexafluorid	WF_6		x							x

Tabelle 9.10 gibt weitere Beispiele für typische Auswirkungen, die Verunreinigungen von Gasen haben können.

Typische Spezifikationen von Bulkgasen sind in Tabelle 9.11 zusammengefasst.

Tabelle 9.10   Auswirkung von Verunreinigungen in Bulkgasen

Prozessgas	Verunreinigung	Prozess	Effekt
Sauerstoff	Kohlenwasserstoffe, Schwermetalle	Feldoxid-Bildung	Leckstrom des Transistors zu hoch
Sauerstoff	Kohlenwasserstoffe, Schwermetalle	Gateoxid-Bildung	Durchbruchsspannung zu niedrig
Sauerstoff	H_2O	Oxidbildung	Unkontrollierte Dicke und Dichte der Schicht
Argon	O_2, CO, H_2O	Aluminium-Sputtering	Reduktion der Leitfähigkeit
Argon	CH_4, N_2	PVD	Defekte durch Elektromigration
Wasserstoff	O_2, CO_2, H_2O, Kohlenwasserstoffe	durch Epitaxie hergestellte Si-Schichten	Lecks an Schnittstellen
Wasserstoff	O_2, H_2O	W/WSi$_2$-Abscheidung durch CVD	Interferenz mit der selektiven Deposition
Wasserstoff	H_2O, O_2, CO_2, CH_4	durch Epitaxie hergestellte Si-Schichten	Reduzierung des Schichtwiderstandes, Fehler bei der Stackbildung und Auftreten von Schnittstellenlecks
Wasserstoff	Kohlenwasserstoffe, Schwermetalle	Feldoxid-Bildung	Leckstrom des Transistors zu hoch

9.2.3.2 Versorgung

Spezifikationen für Komponenten sind in den SEMI-Richtlinien [9.21, 9.22] standardisiert. In Bezug auf die Versorgungskonzepte werden Bulkgase, Spezialgase und Bulkspezialgase unterschieden.

Bulkgase

Als Bulkgase werden Stickstoff, Sauerstoff, Wasserstoff, Argon und Helium bezeichnet. Unter Umständen wird ein Erdgas- oder Stadtgassystem installiert. Es werden gewöhnlich zwei bis drei Stickstoffqualitäten unterschieden. Die lokalen Abluftbehandlungssysteme für FCKW benötigen zum Teil Sauerstoff und Wasserstoff, wobei technische Gasqualitäten ausreichend sind. Ein zentrales Schweißargonsystem kann die Installationsarbeiten bei der Installation von Prozessgeräten vereinfachen. Es können so bis zu 11 Bulkgassysteme notwendig sein, s. a. Tabelle 9.8.

Erzeugung und Anlieferung

Stickstoff wird durch kryogene Luftzerlegung gewonnen. Die Rentabilitätsgrenze für eine Luftzerlegungsanlage auf dem Gelände des Halbleiterherstellers wird nahezu immer erreicht. In Ballungszentren gibt es auch Pipelines, die Flüssigstickstoff hoher Qualität liefern. Moderne Luftzerlegungsanlagen können Qualitäten bis 1 ppb ohne nachgeschaltete Gasreiniger liefern. Gase mit technischen Qualitäten werden flüssig angeliefert. Diese werden dann auch als Backup für die Luftzerlegungsanlage verwendet.

Tabelle 9.11 Spezifikation für Bulkgase für Sub-0,25 μm-Technologie

Parameter	Einheit	0,25 μm	0,18 μm	0,13 μm	0,10 μm	Bemerkungen
Stickstoff						
Feuchte	ppbv	< 2	< 1 (0,1)	< 1 (0,1)	< 1 (0,1)	In Klammern Werte der SIA Roadmap [9.25]
CO_2/CO	ppbv	< 1/< 1	< 0,1/<0,1	< 0,1/<0,1	< 0,1/< 0,1	
Sauerstoff	ppbv	< 1	< 0,1	< 0,1	< 0,1	
Wasserstoff	ppbv	< 1 (2)	< 0,5 (2)	< 0,5 (2)	< 0,5 (2)	In Klammern Werte verursacht durch anfängliches Ausgasen
Kohlenwasserstoffe	ppbv	< 1	0,1	0,1	0,1	
Partikel ≥ 0,1 μm	#/ft3	< 1	< 1	< 1	< 1	Hintergrundrauschen des Messgerätes
Partikel ≥ 0,02 μm	#/ft3	< 5	< 1	< 1	< 1	
Argon, Helium						
Feuchte	ppbv	< 2	< 1 (0,1)	< 1 (0,1)	< 1 (0,1)	In Klammern Werte der SIA Roadmap [9.25]
Sauerstoff	ppbv	< 1	< 0,1/< 0,1	< 0,1/< 0,1	< 0,1/< 0,1	
CO_2/CO	ppbv	< 1/< 1	< 0,1	< 0,1	< 0,1	
Stickstoff	ppbv	< 1	< 0,1	< 0,1	< 0,1	In Klammern Werte verursacht durch anfängliches Ausgasen
Wasserstoff	ppbv	< 2	< 0,5 (2)	< 0,5 (2)	< 0,5 (2)	
Kohlenwasserstoffe	ppbv	< 1	< 0,1	< 0,1	< 0,1	
Partikel ≥ 0,1 μm	#/ft3	< 1	< 1	< 1	< 1	Hintergrundrauschen des Messgerätes
Partikel ≥ 0,02 μm	#/ft3	< 5	< 1	< 1	< 1	
Wasserstoff						
Feuchte	ppbv	< 2	< 1 (0,1)	< 1 (0,1)	<1 (0,1)	In Klammern Werte der SIA Roadmap [9.25]
Sauerstoff	ppbv	< 1	< 0,1/< 0,1	< 0,1/< 0,1	< 0,1/< 0,1	
CO_2/CO	ppbv	< 1/< 1	< 0,1	<0,1	< 0,1	
Stickstoff	ppbv	< 10	< 1	< 1	< 1	In Klammern Werte verursacht durch anfängliches Ausgasen
Argon	ppbv	< 5	1–5	1–5	1–5	
Kohlenwasserstoffe	ppbv	< 1 (2)	< 0,1 (2)	< 0,1 (2)	< 0,1 (2)	Hintergrundrauschen des Messgeräts
Partikel ≥ 0,1 μm	#/ft3	< 1	< 1	< 1	< 1	
Partikel ≥ 0,02 μm	#/ft3	< 5	< 1	< 1	< 1	

Zunehmend werden die Luftzerlegungsanlagen mit einer weiteren Säule zur *Sauerstoff*reinigung ausgerüstet, weil nur so die Forderung der Prozesstechnik nach einem stickstofffreien Sauerstoff erfüllt werden kann. Dabei kommt es jedoch ständig zu einer Überproduktion von hochreinem Sauerstoff, da der Bedarf im Verhältnis zum Stickstoffbedarf zu niedrig ist. Existiert keine Sauerstoffsäule, erfolgt eine Flüssiganlieferung.

Argon wird ebenfalls flüssig angeliefert. Erzeugt wird es in großen Luftzerlegungsanlagen mit separaten Kolonnen.

Helium wird flüssig oder gasförmig angeliefert. Bei der Flüssiganlieferung ist zu beachten, dass die Eigenverdampfungsrate des Tanks nicht den Heliumbedarf übersteigt. Für die meisten Fabriken wird es deswegen in einem Trailor oder in Flaschenbündeln als Gas geliefert.

Wasserstoff wird ebenfalls flüssig oder gasförmig angeliefert. Es wird aus der Elektrolyse oder aus petrochemischen Prozessen gewonnen. In manchen Ländern werden Onsite-Anlagen installiert, die entweder elektrolytisch Wasserstoff erzeugen oder einen Methanolprozess mit integrierter Gasreinigung nutzen. Obwohl der Flüssigwasserstoff den Vorteil bietet, dass alle gasförmigen Verunreinigungen partikulär vorliegen und deswegen ein einfacher Filter die aufwendige Gasreinigung zum Teil ersetzen bzw. deren Standzeit verlängern kann, bestehen doch oft sicherheitstechnische Auflagen, die sehr umfangreich sein können. Außerdem ist auch hier die Eigenverdampfungsrate zu beachten.

Lagerung und Gasreinigung

Stickstoff wird in Flüssigtanks gelagert. Die Lagermenge sollte ein Backup für 3–4 Tage nicht unterschreiten, um eine Wartung der Luftzerlegungsanlage abzudecken. Bei Pipeline-Versorgung kann diese Menge geringer sein. Es werden vor allem katalytische Gasreiniger eingesetzt. Hier werden Verunreinigungen in einem geheizten Katalysatorbett zu H_2O und CO_2 umgewandelt, die dann in einem Molsieb in Pendelschaltung abgeschieden werden. Alle anderen Gaslager werden typischerweise auf ein Versorgungsintervall von 7–30 Tagen ausgelegt.

Für die Reinigung von Edelgasen, wie *Argon* und *Helium,* werden typischerweise für höchste Ansprüche Getter eingesetzt, die auch Stickstoff abscheiden können.

Für *Sauerstoff* werden vor allem katalytische Gasreiniger verwendet, die allerdings den Stickstoff nicht entfernen können. Eine Alternative dazu sind Rektifikationsgasreiniger, ähnlich wie die Sauerstoffkolonnen in den Luftzerlegungsanlagen.

Für *Wasserstoff* werden meist Gasreiniger verwendet, die eine Kombination aus einer katalytische Stufe mit einer Getter-Stufe bilden. Die Diffusion durch erhitzte Palladiummembranen wird heute nur noch bei der Wasserstofferzeugung eingesetzt, da die erzeugbaren Drücke sehr niedrig sind. Alternativ können kryogene Gasreiniger verwendet werden.

Für die Gasreinigung an Prozessgeräten werden entweder Getter oder reaktive z. B. lithiumorganische Verbindungen eingesetzt. Letztere sind in Modifikationen auch für die Reinigung von reaktiven Spezialgasen einsetzbar, entfernt werden im Wesentlichen jedoch nur Feuchte, Sauerstoff und teilweise CO und CO_2.

Als zentrale Filter für Bulkgassysteme werden Teflon- oder Edelstahlfilter eingesetzt. Am POU haben sich aus verschiedenen Gründen Metallfilter aus Edelstahl, Hastelloy oder Nickel durchgesetzt.

Verteilsystem. Es werden im wesentlichen zwei Arten von Verteilsystemen für Bulkgase unterschieden, die in Abb. 9.8 dargestellt sind. Traditionell werden die meisten Bulkgasversorgungssysteme in Form eines „Christbaums" installiert (auch als „Fischgräte" bezeichnet). Dieses System ist das kostengünstigste, weist aber den Nachteil auf, dass sich die Nebenleitungen als Toträume während des Hochfahrens der Produktion erweisen können.

Ein System, das sich zunehmender Beliebtheit erfreut, ist das Loop-System. Vorteile sind, dass es ständig überall durchströmt wird, sobald nur ein Verbraucher Gas abnimmt, und die Flexibilität der Anordnung der Verbraucher. Das Gas kann aus beiden Richtungen zu einem Spitzenverbraucher fließen.

Für Wasserstoff und Sauerstoff sind außerhalb des Gebäudes pneumatische Absperrventile zu installieren, die im Falle eines Feuers oder eines Erdbebens den Gasfluss unterbrechen. Für Prozessgase werden heute Verteilsysteme aus Edelstahl SS 316L elektropoliert verwendet. Für Nichtprozessgase werden verschiedene chemisch gereinigte Materialien eingesetzt, wie z. B. Kupfer oder Edelstahl SS 304L bzw. SS 316L. Für Prozessgase werden ausschließlich Membranventile, vorzugsweise totraumfrei, für Nichtprozessgase i. Allg. Kugelhähne verwendet. Weitere Komponentenspezifikationen sind in [9.27, 9.28] gegeben.

Recycling und Wiederaufbereitung

Solche Systeme sind für Argon und Helium derzeit noch in der Erprobungsphase [9.29, 9.30].

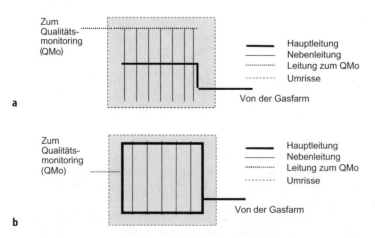

Abb. 9.8 **a** „Christbaum"-System, **b** Loop-System

Spezialgase

Als Spezialgase werden alle anderen in der Halbleiterfertigung eingesetzten Gase bezeichnet, die meist in Gasflaschen angeliefert werden:

- Toxische Gase, wie PH_3, AsH_3, NF_3, CO
- Korrosivgase, wie WF_6, BCl_3, HCl, HBr, Cl_2
- Brennbare und entflammbare Gase, wie SiH_4
- Inerte Gase, wie SF_6, CF_4, C_2F_6, CO_2, N_2O

Eine detaillierte Klassifizierung ist in [9.31] gegeben. Verschiedene Gase können in mehrere Klassifizierungen eingeordnet werden, wie z. B. NH_3.

Erzeugung und Anlieferung

Spezialgase werden meist durch spezielle Firmen oder in Chemiefirmen hergestellt und dann durch verschiedene Verfahren gereinigt. Transportiert und gelagert werden sie in Gaszylindern unterschiedlicher Größe. Für die Flaschenanschlüsse gibt es mehrere Standards.

Lagerung und Gasreinigung

In der Halbleiterfabrik werden die gefährlichen Gase in Gasschränken angeschlossen. Für die inerten Gase werden meist nur Gaspanele verwendet. Beim Flaschenwechsel ist das Volumen zwischen Flaschenanschluss und dem Spülventil zu spülen. Das wird durch wiederholten Wechsel zwischen Anlegen eines Vakuums und eines Spülstickstoffs erreicht. Das zu spülende Volumen kann abhängig vom Design des Spülanschlusses zwischen wenigen cm^3 bis zu $30 cm^3$ betragen. Das Vakuum wird entweder durch eine Venturidüse oder in Einzelfällen durch eine Vakuumpumpe erzeugt. Der Spülstickstoff ist zu reinigen, da es durch Feuchte oder Sauerstoff zur Partikelgeneration oder Korrosionserscheinungen bei einigen Gasen kommen kann. Neben der Spülung sind eine Reihe von weiteren Funktionen durch das Gaspanel bzw. den Gasschrank zu erfüllen:

- Vorfiltration durch Grobfilter
- Einstellung des Versorgungsdrucks, außer bei Gasen mit niedrigem Dampfdruck
- Gewährleistung der Sicherheit gegen Überdruck
- Gasreinigung (optional) und Feinfiltration
- Überwachung des Füllungsgrades der Gasflasche und optional eine automatische Umschaltung bei einem eingestellten Niveau
- Abschalten des Gasschrankes bei unzulässig hohen Volumenströmen, die auf ein Leck hindeuten [9.32]
- Kühlung/Beheizung von Gasen mit niedrigem Dampfdruck, um den Druck auf einem ausreichenden Niveau zu halten und eine Rückkondensation zu verhindern (optional)
- Kontainment von gefährlichen Gasen durch Absaugung des Gasschranks und eine Gasüberwachung

Weitere Hinweise kann man in [9.33, 9.31, 9.34, 9.35] finden.

Die Notwendigkeit einer Gasreinigung kann sich aus verschiedenen Gesichtspunkten ergeben:

- Die Gasqualität wird stabiler und hängt weniger vom Füllungsgrad der Gasflasche ab.
- Bei Hydriden, wie z. B. SiH_4, kann es durch Reaktion mit Feuchte zur Partikelbildung kommen.
- Bei Korrosivgasen kann es durch Feuchte zu Korrosionserscheinungen kommen. Hier ist besonders der Druckminderer gefährdet.

Es ist deswegen in letzterem Fall anzustreben, den Gasreiniger soweit wie möglich an die Gasflasche heranzubringen, um Korrosion von Komponenten oder die Partikelgeneration von Anfang an auszuschliessen.

Die Durchflusssicherung vor dem Druckminderer anzuordnen, hat teilweise zu Problemen mit schwankenden Durchflüssen geführt.

Als Material wird vorwiegend Edelstahl SS 316L elektropliert verwendet, abgesehen von Membranen und Dichtungen, die entsprechend ihrer Materialverträglichkeit ausgewählt werden. Hinsichtlich der Korrosionsbeständigkeit wurde eine Verbesserung durch den Einsatz von vakuumer- und umgeschmolzenen Materialien (VIM/VAR) erreicht [9.36]. Alternativen sind Hastelloy oder Nickel speziell wegen ihrer guten Beständigkeit gegen fluorhaltige Gase. Für Excimerlasergase und Wolframhexafluorid wurden auch schon Erfahrungen mit Fluorpassivierungen von Edelstahl gemacht.

Verteilsystem

Vom Gasschrank erfolgt die Verteilung zu Ventilpanelen oder Ventilschränken. Abhängig von der Gasart ist dabei eine Rohrheizung oder für gefährliche Gase ein Doppelrohrsystem vorzusehen. Wird ein Doppelrohrsystem verwendet [9.37], ist im Zwischenraum entweder ein Vakuum oder ein Stickstoffpolster einzusetzen. In beiden Fällen muss eine Drucküberwachung erfolgen. Daneben gibt es die Möglichkeit, das Doppelrohrsystem nach beiden Seiten offen zu halten und das Überwachungssystem für toxische Gase zum Monitoring zu verwenden.

Am Ventilpanel oder -schrank erfolgt der Anschluss der Prozessgeräte oder auch einzelner Prozesskammern. Hier oder direkt im Equipment können zusätzliche Komponenten, wie Druckminderer, Drucktransmitter, Filter, Gasreiniger und Lecksicherungen installiert sein.

Recycling und Wiederaufbereitung

Recycling und Reclaim von Spezialgasen ist derzeit noch nicht üblich. Es gibt Erprobungen von Systemen, die FCKW-haltige Gase erfassen und dann einer On-site- oder Off-site-Wiederaufbereitung zuführen.

Überwachungssystem für toxische Gase

Toxische und andere gefährliche Gase müssen ständig überwacht werden. Die Sensoren sind in der Abluft der Gasschränke, der Ventilschränke und der Prozessgeräte zu installieren.

Es gibt unterschiedliche Systeme. Neben chemisch imprägnierten Papierbändern, die bei Reaktion einen Farbumschlag anzeigen, werden vor allem elektrochemische Sensoren eingesetzt.

Bulk-Spezialgase

Bestimmte Spezialgase werden heute, verstärkt noch durch den Übergang zur Produktion mit 300 mm Wafern, in solch großen Mengen benötigt, dass die traditionellen Konzepte nicht in allen Fällen den Ansprüchen genügen. Der Flaschenwechsel stellt dabei neben logistischen Problemen immer ein Risiko für die Systemintegrität, aber auch für die Sicherheit der Umgebung, dar. Bei den Gasen, die als Bulkspezialgase versorgt werden, handelt es sich z. b. um SiH_4, C_2F_6, SF_6, N_2O, NF_3, CF_4, HCl, NH_3, Trichlorsilan, letztere drei vor allem bei Epitaxieprozessen bei der Waferherstellung.

Anlieferung von Bulkspezialgasen

Angeliefert werden Bulkspezialgase in verschiedenen Gebinden, wie z. b. auf einer Palette montierten Großflaschen, Gasflaschenbündeln oder auf einem Anhänger montierten Druckrohren.

Lagerung und Gasreinigung

Speziell Silangroßcontainer werden in separaten Bereichen untergebracht. Die anderen Container werden zum großen Teil in den Gasräumen gelagert. Dabei ist auf Zugänglichkeit durch Flurfördergeräte, wie Gabelstapler zu achten.

Verteilsystem

Es werden zum großen Teil, die gleichen Systeme, wie bei der traditionellen Flaschenversorgung eingesetzt. Es sind natürlich Risikobetrachtungen anzustellen, da bei einem Defekt, die gesamte Produktion ausfallen kann. Es wurden deshalb auch schon alternative redundante Versorgungssysteme eingesetzt, die jedoch einen höheren Verrohrungsaufwand erfordern.

9.2.3.3 Qualifizierung und Überwachung von Prozessgasversorgungssystemen

In Abb. 9.9 ist eine typische Vorgehensweise bei der Inbetriebnahme und Qualifikation von Gasversorgungssystemen dargestellt.

Es ist ein Qualifizierungsplan aufzustellen, der die nachzuweisenden Parameter, die Probenahmesequenz, den Probenahmeort und die zu verwendenden Messgeräte spezifiziert. Dieser ist möglichst schon vor Vertragsvergabe an den Anlagenbauer zu vereinbaren.

Der Lecktest ist in [9.38] genauer spezifiziert.

Die Überwachung für Bulkgassysteme erfolgt normalerweise am Eingang des Systems. Es ist aber zu empfehlen, auch eine Messstelle am entferntesten Punkt des Systems zu installieren. Das kann z. B. in einem Labor sein.

Es hat sich bewährt, während der Planung des Überwachungssystems eine Fehlermöglichkeits- und -einflussanalyse (FMEA) durchzuführen. Als Teil dieser Analyse soll für jeden Gasreiniger abhängig von der Eingangskonzentration, eine Schlüsselverunreinigung bestimmt werden, d. h. diejenige, die als erste durchbrechen würde. Diese Schlüsselverunreinigung muss vom Überwachungssystem mit erfasst werden.

Bei der Online-Überwachung von Spezialgassystemen werden die ersten Schritte unternommen. Nur wenige Messgeräte sind für solche Anwendungen geeignet. Die Überwachung erfolgt deshalb oft indirekt, indem Schlüsselpara-

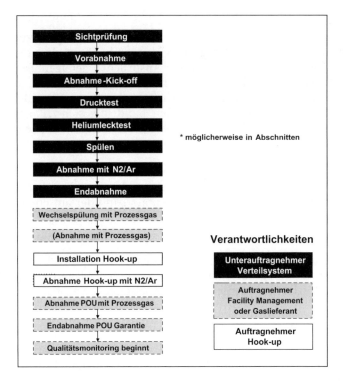

Abb. 9.9   Inbetriebnahme und Qualifizierung einer Prozessgasversorgung

meter im Prozess überwacht werden und bei Abweichungen das System still-
gelegt und mit Inertgasen überprüft wird.

9.2.4 Andere Prozessmedien

9.2.4.1 Druckluft

Anforderungen

Das Druckluftsystem für die Prozessversorgung wird gewöhnlich getrennt
von der Druckluft, die für die Anlagen der technischen Infrastruktur benötigt
wird.

Die Druckluft für den Lithographiebereich wird teilweise mit einem unabhängigen System versorgt, da die Prozessgeräte der neuesten Generationen
schon auf geringste Druckschwankungen empfindlich reagieren. Durch die
sog. Step- und Scan-Geräte sind auch die Anforderungen an den Volumenstrom und den Betriebsdruck gestiegen.

Die zulässige Partikelkonzentration der ölfreien Druckluft sollte der Reinraumklasse entsprechen, da die pneumatischen Ventile bei Entlastung die
Druckluft oft an den Reinraum abgeben. Der atmosphärische Taupunkt wird
i. Allg. zwischen –40 °C und –70°C spezifiziert.

Erzeugung und Verteilung

Die Erzeugung erfolgt durch ölfreie Kompressoren. Dabei werden u.a. meist Schrauben-, Kolben- oder für größere Volumenströme auch Turbokompressoren eingesetzt. Die Entscheidung, ob wasser- oder luftgekühlte Kompressoren eingesetzt werden, hängt im wesentlichen von der Verfügbarkeit von Kühlwasser und der Klimazone ab. Es kann vorteilhaft sein, die Erzeugung der Druckluft mit der Luftzerlegungsanlage zu koppeln, da Turbokompressoren einen höheren Wirkungsgrad haben. In einem solchen Fall ist eine Lösung für das Backup zu finden.

Die Verteilung erfolgt mit ähnlichen Systemen, wie bei den Nichtprozessbulkgasen, s. oben.

9.2.4.2 Prozesskühlwasser

Anforderungen

Prozesskühlwasser wird benötigt, um Prozesskammern und Nebengeräte, wie RF-Generatoren, zu kühlen. Damit es speziell bei diesen nicht zu Interferenzen kommt, wird eine maximale Leitfähigkeit des Wassers spezifiziert. In der Praxis wird deshalb Reinstwasser in das System eingefüllt und bei Erreichung des Leitfähigkeitsgrenzwerts ersetzt.

Die Vor- und Rücklauftemperatur wird von Fall zu Fall unterschiedlich festgelegt, z.B. 17 °C/23 °C. Dabei wird die Vorlauftemperatur meist so gewählt, dass die Reinraumluft nicht kondensiert. Die Temperaturspreizung wird zwar auf 5–6 K festgelegt, aber in der Praxis oft nicht ausgenutzt.

Erzeugung und Verteilung

Es ist zwischen offenen und geschlossenen Systemen zu unterscheiden. Geschlossene Systeme arbeiten mit einem Pumpensatz, der aus einem Tank Wasser fördert. In dem System ist ein Ausgleichsbehälter vorhanden, der Temperaturschwankungen über eine Membran ausgleicht.

Beim offenen System erfolgt der Rücklauf über eine unter Atmosphärendruck stehende Entwässerungsleitung. Das offene System hat den Vorteil, dass es keinen Gegendruck über die Rückleitung für das Prozessgerät erzeugt. Von einigen Prozessgeräteherstellern wird das so verlangt, hat aber den Nachteil der höheren Installationskosten für die Entwässerungsleitung und des Eintrages von Verunreinigungen. Der Wasseraustausch mit Reinstwasser muss hier häufiger erfolgen. Beim Einsatz von Edelstahl empfiehlt sich neben der Leitfähigkeits- und pH-Überwachung eine regelmäßige Überprüfung des Korrosionsverhaltens des Wassers.

Als Materialien für das Verteilsystem haben sich polymere Rohrleitungswerkstoffe und Edelstahl bewährt. Oft wird der Hauptloop mit Edelstahl ausgeführt, um das Risiko eines Gesamtsystemausfalls zu reduzieren, und die Nebenloops aus Kostengründen mit Kunststoffen, wie z.B. PVC. Beim offenen System wird für die Rückleitung i.d.R. PP oder PE verwendet.

9.2.4.3 Prozesswasser und Trinkwasser

Anforderungen

Prozesswasser wird bspw. für Venturidüsen in Nassbänken und zum Spülen von nicht produktberührten Teilen in CMP-Prozessgeräten benötigt.

In manchen Fertigungen wird das Prozesswasser als Backup für das Prozesskühlwasser bei bestimmten kritischen Öfen verwendet. *Trinkwasser*anschlüsse im Reinraum und der Subfab sind für die Not- und Augenduschen, Händereinigung und teilweise für Trinkwasserspender vorzusehen.

Erzeugung und Verteilung

Das Prozesswasserverteilsystem wird in PP oder PVC installiert. Für die Trinkwasserinstallation sind in den gesetzlichen Richtlinien, z. B. [9.39], Materialien vorgegeben.

9.2.4.4 Vakuum

Anforderungen

Es werden drei Arten von Vakuumsystemen unterschieden:
- Hochvakuum für die Prozesskammern,
- Prozessvakuum für das Handling der Wafer sowohl für Pinzetten als auch im Prozessgerät selbst,
- Vakuum zum Reinigen des Reinraum, auch als zentrale Staubsaugeranlage bezeichnet.

Erzeugung und Verteilung

Das *Hochvakuum* wird zum großen Teil von Turbomolekularpumpen in der Subfab oder hinter den Prozessgeräten erzeugt. Andere Typen, wie Flüssigkeitsringpumpen oder Getterpumpen, kommen ebenfalls zum Einsatz. Diese Pumpen sind einem Prozessgerät zugeordnet und werden oft mit diesem geliefert. Die Abluft dieser Pumpen wird den lokalen Abluftbehandlungssystemen zugeführt. Die Verbindungsleitungen zwischen den Prozessgeräten eines Typs sollten eine ähnliche Geometrie aufweisen, um die Reproduzierbarkeit der Prozessführung in den Vakuumkammern zu verbessern. So wird z. B. häufig vorgegeben, dass nur ein 90°- und zwei 45°-Bögen verwendet werden dürfen. Auch die anderen Parameter sollten möglichst gleich sein. Als Material wird Edelstahl verwendet.

Das *Prozessvakuum* wird zentral von Vakuumpumpen erzeugt. Dabei werden Flüssigkeitsringpumpen oder Schraubenkompressoren eingesetzt. Die Verteilsysteme werden meist in PVC installiert.

Das Vakuum der *zentralen Staubsauganlage* wird zentral von Vakuumpumpen erzeugt. Dabei werden ebenfalls Flüssigkeitsringpumpen oder Schraubenkompressoren eingesetzt. Die Verteilsysteme werden in PVC oder PP ausgeführt. Der Staub wird in Abscheidern entfernt. Wird mit dem System auch toxischer Staub, wie z. B. Arsenstaub aus Ionenimplantern abgesaugt, sind Schwebstofffilter zu installieren. Oft wird eine separate Anlage für diese Bereiche vorgesehen. Die Staubsauganlage sollte in der Lage sein, Flüssigkeiten wie Reinstwasser abzusaugen, ohne zu verblocken.

9.2.5 Entsorgung und Behandlung von Abwasser und Prozesschemikalien

Anwendung

In der Produktion fallen sowohl Konzentrate von Chemikalien als auch ver-
unreinigtes Abwasser an. Erstere werden so weit wie möglich unabhängig
voneinander erfasst und extern oder intern einer Wiederaufbereitung zugeführt bzw. entsorgt.

Behandlung

Recycling wird zur Zeit meist nur für Lösungsmittel durchgeführt. Während
Isopropanol (IPA) überwiegend einer On-site- oder Off-site-Wiederaufbereitung zugeführt wird, gibt es auch erfolgreiche Versuche mit NMP und bestimmten Strippern. Säuren und Laugen sind weit schwieriger einer Wiederverwendung zuzuführen. Die Schwefelsäure fällt heute als Ergebnis der
Chemikalieneinsparungsprogramme nur mit Konzentrationen weit unter
80 %, der Wirtschaftlichkeitsgrenze für eine Destillation, an. HF Recycling
wird in Pilotanlagen erprobt.

Separat werden behandelt:
- Abwasser der CMP Prozesse: Recycling oder FlockungAbscheidung
- Abwasser der Kupferprozesse: Recycling in Pilotanlagen oder Konzentra-
  tion/Elektrolyse/Selektive Ionenaustauscher/Fällung/Flockung/Abscheidung
- Fluorid- und phosphathaltige Abwässer: Fällung/ Flockung/Abscheidung
- Nitrat- und ammoniumhaltige Abwässer (falls notwendig): biologische Be-
  handlung bzw. Fällung/ Flockung/Abscheidung.

Abhängig von den Chemikalien und der Anzahl der vorhergehenden Spülungen kann das Wasser in mindestens drei Kategorien aufgeteilt werden:
- Wasser, das nach Qualitätskontrolle der Reinstwasseranlage zugeführt werden kann,
- Wasser, das vor Wiederverwendung behandelt werden muss,
- Wasser, das nicht wiederverwendet werden kann und in die Neutralisation
  geleitet wird.

Erfassung

Die Abwässer werden in Entwässungsleitungen erfasst und fließen unter
Schwerkraft zur Behandlung. Teilweise sind Zwischenpumpstationen not-
wendig. Die Materialauswahl muss die Kompatibilität zu den zu entsorgenden
Chemikalien und die Temperatur berücksichtigen. Übliche Materialien sind
PP, PE, PVC, CPVC, Edelstahl, Teflon- oder Halarbeschichteter Stahl.

Die Leitungen müssen entlüftet und so geplant werden, dass es nicht zu
hydraulischen Verblockungen kommt.

9.2.6 Entsorgung und Behandlung von Abluft

Anwendung und Behandlung

Es wird zwischen drei bis vier zentralen Abluftsystemen und einer Vielzahl
von lokalen Systemen unterschieden (Abb. 9.10); ein guter Überblick wird in

[9.40] gegeben. In einigen Ländern, wie z.B. in Japan, werden durch den Gesetzgeber weitere Spezialsysteme verlangt.

Die lokalen Systeme erfassen toxische Abgase der Prozesskammern und Vakuumpumpen und entfernen die gefährlichen Bestandteile. Je nach Art der Kontaminationen kommen verschiedene Wirkprinzipien zum Einsatz:
- Wäscher mit Verbrennungsstufen
- Trockenadsorber
- Reaktive Kolonnen
- Brenner, bspw. für Silan
- Plasmareaktoren (in Erprobung).

Die säurehaltige und basische Abluft wird mit zentralen Wäschern behandelt. Die beiden Arten von Abluft sind getrennt zu erfassen und den Wäschern zuzuführen, da es sonst zu chemischen Reaktionen und Ablagerungen kommen kann.

Für die Behandlung der säurehaltigen Abluft werden ebenfalls verschiedene Wirkprinzipien genutzt, wie die regenerative Adsorption mit anschließender Verbrennung der konzentrierten Abluft oder die Behandlung in Biowäschern.

Erfassung

Für die Erfassungsleitungen kommen verschiedene Materialien zum Einsatz, wie Polypropylen (PP) (mit Sprinklerung), glasfaserverstärkter Kunststoff (GFK), Edelstahl, verzinkte Kanäle und Teflon- oder Halarbeschichtete Edel-

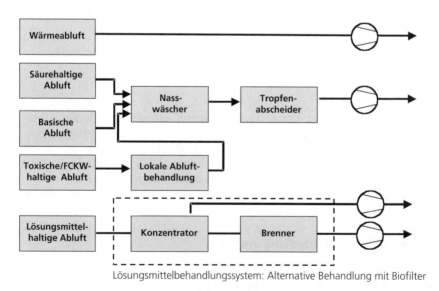

Lösungsmittelbehandlungssystem: Alternative Behandlung mit Biofilter

Abb. 9.10   Abluftsysteme einer Halbleiterfabrik

stahlkanäle. Bei der Planung ist zu beachten, dass es in den Abluftkanälen zu Kondensationen kommen kann und deswegen entsprechende Entwässerungsleitungen vorzusehen sind.

9.2.7 Space Management

Mit Ausnahme von Forschungsinstituten und kleinen Fertigungen werden heute Fabrikationsstätten mit ein oder zwei Versorgungsgeschossen gebaut, die unter der Fertigung liegen. In diesen Versorgungsgeschossen können u.a. Nebenequipment und lokale Abluftbehandlungssysteme untergebracht werden, um die Raumausnutzung im eigentlichen Reinraum zu erhöhen. In Abb. 9.11 ist ein Querschnitt gezeigt. Die Versorgung für die meisten Systeme erfolgt von unten. Im Versorgungsgeschoss werden die Systeme in verschiedenen Hierarchieebenen angeordnet, um ein Abgangsventil für alle Prozessmedien in einem bestimmten Raster, z. B. 9,6 m × 1,2 m oder 7,2 m × 0,8 m zu haben. Eine freie Höhe von ca. 2,2 m steht für die Supportgeräte zur Verfügung. Darüber befindet sich die erste Hierarchieebene, in der sich alle Hauptleitungen befinden. Dann folgt die zweite Hierarchieebene für alle Nebenleitungen und die dritte Ebene für die Leitungen zu den Equipmentanschlüssen.

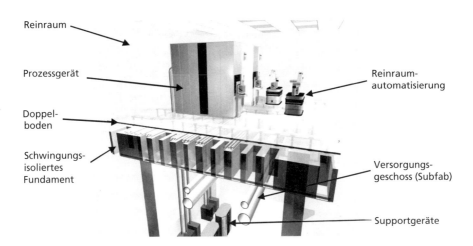

Reinraum

Prozessgerät

Reinraum-automatisierung

Doppel-boden

Schwingungs-isoliertes Fundament

Versorgungs-geschoss (Subfab)

Supportgeräte

Abb. 9.11   Querschnitt eines Reinraums der Halbleiterindustrie

9.2.8 Qualitätsmanagement bei der Installation von Reinstmediensystemen

Qualitätssicherung und Qualitätskontrolle spielen bei der Installation von Reinstmediensytemen eine sehr wichtige Rolle. Abbildung 9.12 gibt einen Überblick über die wichtigsten begleitenden QM-Maßnahmen.

SEMI-Standards, wie z. B. [9.41–9.43] geben weitere Richtlinien vor.

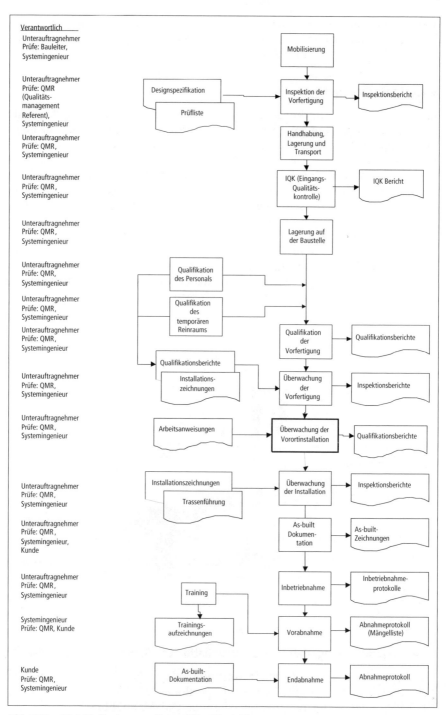

Abb. 9.12   QM-Maßnahmen während der Abwicklung

9.3 Reinstmedien in der pharmazeutischen Industrie

9.3.1 Pharmawasser

Wasser ist ein wichtiger Ausgangs- und Hilfsstoff bei der Herstellung von pharmazeutischen Produkten und Wirkstoffen. Nicht nur als Bestandteil vieler Produkte, sondern auch als Spül- und Reinigungsmittel von Anlagen, Geräten und Apparaten, werden an das Wasser hohe Reinheitsansprüche gestellt. Es wird unterschieden:
- zwischen Wasserqualitäten nach Arzneibuch-Anforderungen (Wasser für Injektionszwecke (WFI) und gereinigtes Wasser)
- nach dem letzten Aufbereitungsschritt, wie z. B. RO-Wasser (Permeat der Umkehrosmose), DI/VE-Wasser (vollentsalztes Wasser nach Ionenaustauscher), enthärtetes Wasser, Trinkwasser, UF-Wasser (Permeat der Ultrafiltration), Destillat.

9.3.1.1 Anwendung und Grundlagen

In Abhängigkeit von der Anwendung der Arzneimittel und der Anwendungsart muss das Wasser eine bestimmte mikrobiologische und chemische Reinheit aufweisen. In manchen Fällen ist die Wasserqualität durch das Arzneibuch vorgeschrieben, wie z. B. bei der Verwendung von WFI als Bestandteil parenteraler Produkte, in anderen Fällen wiederum ist sie vom Betreiber der Anlage selbst zu bestimmen. Auch wenn die Qualität vom Arzneimittelbuch vorgeschrieben ist, ist vom Hersteller zu prüfen, ob diese für den Anwendungszweck ausreichend ist. Er trägt in jedem Fall die Verantwortung für die Eignung des Wassers.

9.3.1.2 Wasser für Injektionszwecke (Aqua ad iniectabilia, WFI)

WFI ist im Europäischen Arzneibuch [9.44] definiert als: „Wasser, das zur Herstellung von Arzneimitteln zur parenteralen Anwendung bestimmt ist, deren Lösungsmittel Wasser ist oder das zum Verdünnen oder Lösen von Arzneimitteln zur parenteralen Anwendung unmittelbar vor dem Gebrauch dient (sterilisiertes Wasser für Injektionszwecke)"

Diese Wasserqualität ist dabei nach dem Europäischen Arzneibuch [9.44] aus Trinkwasser oder gereinigtem Wasser (Aqua Purificata) durch Destillation zu erzeugen. In anderen Arzneimittelbüchern sind neben der Destillation andere Endreinigungsstufen, wie in den USA die Umkehrosmose und in Japan die Umkehrosmose und die Ultrafiltration zugelassen.

Weiterhin wird im Europäischen Arzneibuch [9.44] verlangt, dass das Destillat unter Bedingungen aufgefangen und gelagert wird, die jegliche Kontamination, insbesondere mit Mikroorganismen, ausschließen. WFI ist dabei beschrieben als „eine klare, farblose, geruchslose, pyrogenfreie Flüssigkeit ohne Geschmack" [9.44]. Wasser für Injektionszwecke muss außerdem der „Prüfung auf Reinheit" der Monographie „Gereinigtes Wasser (Aqua Purificata)" entsprechen.

Neben Infusions- und Injektionslösungen sind auch einige Ophthalmika und einige Inhalationsprodukte mit WFI herzustellen. Tabelle 9.12 stellt die

Tabelle 9.12 Anforderungen nach USP und nach dem Europäischen Arzneibuch für gereinigtes Wasser und Wasser für Injektionszwecke

Parameter	Europäisches Arzneibuch Ph.Eur. 1997	Europäisches Arzneibuch Supplement 2000	United States Pharmacopeia USP XXIII	United States Pharmacopeia USP XXIV
Organoleptischer Parameter				
Aussehen/Trübung	klar	klar	klar	klar
Farbe	farblos	farblos	farblos	farblos
Geruch, Geschmack	ohne	ohne	ohne	ohne
Physikalische Parameter				
pH-Wert	5,0–7,0	5,0–7,0	5,0–7,0	5,0–7,0
Leitfähigkeit µS/cm (20°C) [a]	4,3	4,3	1,3 bei 25°C	1,3 bei 25°C
Leitfähigkeit µS/cm (20°C) für WFI [b]	1,1	1,1	1,3 bei 25°C	1,3 bei 25°C
Trockenrückstand mg/l	10	NE	10	10
Chemische Parameter				
Aluminium µg/l	10	10		
Kohlendioxid CO_2 (frei)			NN	NN
Calcium+Magnesium Ca+Mg	AE	NE	2	NE
Ammonium NH_4	AE	NE	0,2	NE
Chlorid Cl	AE	NE	0,1	NE
Nitrat NO_3	AE	AE	0,2	NE
Sulfat SO_4	AE	NE	1	NE
Schwermetalle	AE	AE	0,1	NE
Organische Parameter				
Qxidierbare Substanzen	AE	AE	AE	AE
TOC-Gehalt mg/l	0,5	0,5	0,5	0,5
Mikrobiologische Parameter				
Aerobe Keime in 1 ml	100	100	100	100
E.coli in 100m	NN	NN	NN	NN
Enterokokken in 100 ml	NN	NN	NN	NN
Pseudomonas aeroginosa in 100 ml	NN	NN	NN	NN
Pseudomonas cepacia in 100 ml	NN	NN	NN	NN
Ergänzend für WFI bzw. alternativ				
Aerobe Keime in 100 ml	10	10	10	10
Endotoxine EU/ml	0,25	0,25	0,25	0,25

NN: Nicht nachweisbar
AE: Anforderungen erfüllen, die Tests sind in der jeweiligen Monographie beschrieben
ND: Nicht definiert
NE: Im Vergleich zu früheren Revisionen nicht mehr enthalten
a)　Nur in Verbindung mit Dialyse-Lösungen
b)　Die Abhängigkeit der Leitfähigkeit von der Temperatur s. Tabelle 9.5

Spezifikationen für gereinigtes Wasser und WFI nach der United States Pharmacopeia (USP) [9.45] und dem Europäischen Arzneibuch [9.44] gegenüber.

9.3.1.3 Gereinigtes Wasser (Aqua Purificata, AP)

Gemäß Europäischem Arzneibuch [9.44] „wird gereinigtes Wasser aus Trinkwasser durch Destillation, unter Verwendung von Ionenaustauschern oder nach einer anderen geeigneten Methode hergestellt".

Die Anforderungen der USP [9.45] für Purified Water sind ähnlich bzw. gleich.

In der neuen Revision der Monographien des Europäischen Arzneibuches wird im Vergleich zu bisherigen Regelungen zwischen Qualitäten „in Großgebinden" und „in Behältnissen" unterschieden.

9.3.1.4 Aufbereitetes Wasser

Für bestimmte Prozessschritte wird Wasser verwendet, das nicht nach Arzneibuch definiert ist, gegenüber der Trinkwasserqualität jedoch einer weiteren Aufbereitung bedarf, z.B. Wasser für die Herstellung von biotechnologischen Produkten. Diese Anforderungen sind zum Teil strenger als die der Arzneibücher.

9.3.1.5 Trinkwasser

Nach Trinkwasserverordnung (TrinkwV) [9.39] ist Trinkwasser „ein für den menschlichen Gebrauch geeignetes Wasser, dass eine in Gesetzen und anderen Rechtsformen festgelegte Güteeigenschaft erfüllen muss". Die Grundforderungen an einwandfreies Trinkwasser sind:
- keimarm und frei von Krankheitserregern
- keine gesundheitsschädigenden Eigenschaften
- appetitlich, geruchlos und geschmacklich einwandfrei
- farblos und kühl
- geringer Gehalt an gelösten Stoffen.

An die Qualität des Trinkwassers werden international äquivalente Anforderungen gestellt. Tabelle 9.13 kann die Trinkwasserqualität nach der deutschen Trinkwasserverordnung [9.39] entnommen werden.

9.3.1.6 Verunreinigungen und Kontaminationen

Je nach Anwendung des gereinigten Wassers werden mit Hilfe der entsprechenden verfahrenstechnischen Anlagen eine oder mehrere Verunreinigungen entfernt (s. Tabelle 9.3).

Bezüglich der mikrobiologischen Qualität des Wassers gelten im wesentlichen die Vorschriften der Trinkwasserverordnung. Besonders wichtig für den Betreiber einer Wasserversorgungsanlage ist die Berücksichtigung der Anpassungs- und exponentiellen Vermehrungsfähigkeit der Mikroorganismen. Ihre Zerfalls- und Stoffwechselprodukte können außerdem als pyrogene Verunreinigungen vorliegen, d.h. Fieber erzeugen.

Andere gelöste organische und anorganische Verunreinigungen können zu unerwünschten Ablagerungen führen oder auch in biotechnologischen, wie z.B. enzymatischen Prozessen toxisch und/oder wachstumshemmend wirken.

9.3.2 Wasseraufbereitung

In Abb. 9.13 sind Schemata für typische Anlagen zur Erzeugung von gereinigtem Wasser dargestellt. Weitere Varianten kann man in [9.3] finden.

Tabelle 9.13 Die wichtigsten Kenngrößen von Trinkwasser nach Trinkwasserverordnung (TrinkwV) 1990 [9.39]

Organoleptischer Parameter		Kennwert
Aussehen/Trübung		Klar
Farbe		ohne
Geruch, Geschmack		ohne
Physikalisch-Chemische Kenngrößen		**Grenzwerte**
Temperatur [°C]		25
pH-Wert [--]		6,5–9,5
Leitfähigkeit [μs/cm]		2000
Oxidierbarkeit KMnO4 als O2 [mg/l]		5
Chemische Stoffe		**mg/l**
Aluminium	Al	0,2
Ammonium	NH_4	0,5
Arsen	As	0,01
Blei	Pb	0,04
Cadmium	Cd	0,005
Calcium	Ca	400
Chlorid	Cl	250
Chlor (freies)	Cl_2	0,3
Chrom	Cr	0,05
Cyanid	CN	0,05
Fluorid	F	1,5
Kupfer	Cu	3 nach 12 h Stagnation
Natrium	Na	150
Nickel	Ni	0,05
Nitrat	NO_3	50
Nitrit	NO_2	0,1
Phosphor	PO_4	6,7
Phosphat	P_2OOEB	5
Quecksilber	Hg	0,001
Selen	Se	0,008
Silber	Ag	0,01
Silikat	SiO_2	40
Sulfat	SO_4	240
Zink	Zn	5 nach 12 h Stagnation
Polycyclische aromatische Kohlenwasserstoffe		0,0002
Organische Chlorverbindungen		0,01
Pestizide, einzelne Substanz		0,0001
Pestizide, insgesamt		0,0005
Mikrobiologische Parameter		**Anzahl**
Aerobe Keime in 1 ml		100
E.coli und Coliforme in 100ml		Diese Keime dürfen nicht nachweisbar sein

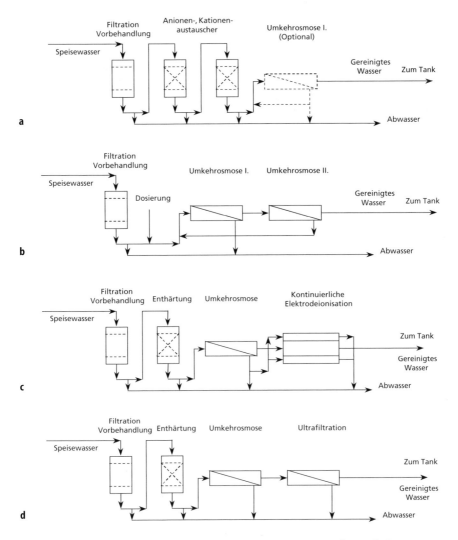

Abb. 9.13 Anlagen zur Erzeugung von gereinigtem Wasser. **a** Anlage mit Ionenaustauschern (alt), **b** Anlage mit zweistufiger Umkehrosmose, **c** Anlage mit Umkehrosmose und kontinuierlicher Elektrodeionisation, **d** Anlage mit Umkehrosmose und Ultrafiltration

9.3.2.1 Vorbehandlung

Die Aufgabe der Vorbehandlung besteht darin, die für die Endaufbereitungsstufe notwendige Eingangswasserqualität bereitzustellen.

So sind Verunreinigungen zu entfernen, die in der Endaufbereitungsstufe:
- nicht oder nicht ausreichend entfernt werden können, wie z. B. freies Chlor oder Ammoniak, die durch Destillation nicht entfernt werden können
- zu Ablagerungen oder Korrosionserscheinungen führen können, wie z. B. freies Chlor und Chlorid in einer Destillationsanlage

- Calcium und andere Härtebildner, die durch Aufkonzentrierung die Sätti-
  gungsgrenze überschreiten und ausfallen
- zu Ablagerungen in einer Umkehrosmose führen, wie z. B. Eisen oder Mangan, die nach Oxidation auf der Membranfläche ausfallen und diese verblocken können
- Organische Substanzen und Mikroorganismen, die ebenfalls zu einer Ver-
  blockung der Membran durch sog. Biofouling führen können
- Partikelförmige und kolloidale Verunreinigungen, charakterisiert durch
  den Kolloidindex, die ebenfalls die Membran verblocken können,
- die Betriebskosten der Endreinigungsstufe unverhältnismäßig erhöhen,
  z. B. einen häufigeren Ersatz bzw. Reinigung der RO-Module oder einen erhöhten Eigenwasserbedarf zur Folge haben.

Die Vorbehandlung soll je nach Qualität des Speisewassers nach den Investi-
tions- und Betriebskosten unter Berücksichtigung anderer Parameter, wie
z. B.
- der gewünschten Wasserqualität
- der Zuverlässigkeit des Verfahrens
- der verfügbaren Wassermenge
- des Chemikalienbedarfs der Anlage
ausgewählt werden.
   Sehr wichtig für die Auslegung ist, dass eine Rohwasseranalyse zugrunde
gelegt wird, die auch die jahreszeitlichen Schwankungen, berücksichtigt.

9.3.2.2 Wichtige Aufbereitungsverfahren

Ionenaustauscher (Kationen- und Anionenaustauscher)

Mit diesem Verfahren können ionische Verunreinigungen entfernt und die
Partikelkonzentration sowie die organische Beladung reduziert werden. Vorteile dieses Verfahrens liegen in den relativ geringen Investitionskosten, der
einfachen Handhabung und dem hohen Wirkungsgrad.
   Nachteile sind:
- das Risiko des Keimwachstums durch die guten Wachstumsbedingungen,
  welche die Ionenaustauscherharze den Mikroorganismen bieten. Aus diesem Grund sollte die Verweilzeit des Wassers bzw. die Stillstandzeiten und
  Regenerationszyklen möglichst kurz gehalten werden
- hohe Regenerationskosten durch Einsatz von Chemikalien
- Platzbedarf für die Chemikalienlagerung und im Bedarfsfall für eine Neu-
  tralisationsanlage.

Umkehrosmose

Dieses Verfahren erlaubt eine Entfernung von Partikeln, organischen Verunreinigungen, Bakterien und Ionen mit einem Abscheidegrad von 90–99 %, für
Endotoxine kann dieser bei 90–99,9 % liegen. Fast alle Umkehrosmosemembranen sind gegen starke Oxidationsmittel nicht beständigt. Chlor muss z. B.
vorher durch Aktivkohleadsorber oder Dosierung von Natriumbisulfit entfernt werden. Umkehrosmosemembranen können nur bedingt heiß gereinigt

werden und sind deshalb mit Chemikalien zu desinfizieren. Mit geeigneten Vorbehandlungsmethoden kann die Effizienz einer Umkehrosmoseanlage und die Lebensdauer der Module merklich erhöht werden. Durch die Vorteile der umweltfreundlichen Betriebsweise ohne Regenerierchemikalien und der guten mikrobiologischen Ergebnisse sind die Umkehrosmose-Anlagen in der Pharmaindustrie fast zu einem Standard geworden. In den USA ist die Herstellung von WFI mittels Umkehrosmose erlaubt. Nachteilig sind der hohe Wasser- und Energieverbrauch. Der hohe Wasserverbrauch dieser Anlagen kann durch die Verwendung des Konzentrats als Kühlwasser oder Rückspülwasser reduziert werden.

Häufig werden in der pharmazeutischen Industrie zwei Umkehrosmosestufen hintereinandergeschaltet, um den durch die United States Pharmacopeia [9.45] geforderten Leitfähigkeitsgrenzwert zu erreichen.

Kontinuierliche Elekro-Deionisation

Dieses Verfahren basiert auf einem Ionenaustauschverfahren mit dem Vorteil der chemikalienfreien und kontinuierlichen Regeneration durch Anlegen einer Spannung und Verwendung von semipermeablen Membranen. Der spezifische elektrische Energieverbrauch ist geringer als bei einer Osmoseanlage. Auf Grund der Verblockungsgefahr der semipermeablen Membranen durch Härtebildner muss in den meisten Fällen eine Enthärtung vorgeschaltet werden. Die kontinuierliche Elektrodeionisation wird nicht allein eingesetzt, sondern üblicherweise einer einstufigen Umkehrosmose-Anlage nachgeschaltet.

Ultrafiltration

Die Ultrafiltration (UF) kommt als letzte Aufbereitungsstufe zum Einsatz. Es werden Partikel, Kolloide, organische Substanzen, Bakterien und Endotoxine mit hoher Effizienz zurückgehalten. Abscheidegrade bis zu 99,99 % können ohne weiteres erreicht werden. Ionische Verunreinigungen können von einer UF-Membran nicht zurückgehalten werden. Über die Validierbarkeit der Integrität der UF-Membran gibt es derzeit unterschiedliche Auffassungen.

Neben oder in Kombination mit der Umkehrosmose ist die Ultrafiltration ein effizientes Verfahren zur Erzeugung von Wasser mit WFI-Qualität. Auf dem Markt werden neben Polysulfonmodulen, die ausdämpfbar sind und bei erhöhten Temperaturen betrieben werden können, UF-Membranen aus Keramik angeboten, die zusätzlich ozonisiert werden können.

Destillation

Zu den ältesten Verfahren zur Herstellung von Wasser für Injektionszwecke und gereinigtem Wasser gehört das Prinzip der Destillation durch Verdampfung und Kondensation. Für die industriellen Anwendungen wurden verschiedene Bauarten entwickelt. Dabei wird hauptsächlich zwischen der Destillation durch Thermokompression und den Druckkolonnen unterschieden. Druckkolonnenanlagen können sich unterscheiden durch:

- die Konstruktion und Anordnung des Heizkörpers
- die Bauart, wie z. B. Naturumlauf-, Selbstumlauf-, Fallfilm-, Dünnschichtverdampfer usw.

Als Rohwasser kann zwar nach den gültigen Richtlinien Trinkwasser verwendet werden, aber aus den oben genannten Gründen ist eine Vorbehandlung unabdingbar. Da gereinigtes Wasser i. Allg. zur Verfügung steht, kommt dieses meistens zur Verwendung. Der Abscheidegrad für die Entfernung von Endotoxinen in Destillationsanlagen liegt üblicherweise bei 99,9 %–99,99 %. Die Investitions- und Betriebskosten sind höher als bei den anderen Aufbereitungsverfahren, so dass die Destillation heute meist nur noch dort eingesetzt wird, wo sie vom Gesetzgeber verlangt wird.

Nachfolgende Verfahren haben sich auf dem Markt durchgesetzt:

- *Einstufige Verdampfung.* Der hohe Energieverbrauch bei solchen Anlagen beschränkt deren Anwendung jedoch auf die Erzeugung kleinerer Mengen (< 100 l/h), wie z. B. in Kleinbetrieben und Laboratorien. Die Möglichkeit der Energieeinsparung beschränkt sich in diesem Fall auf die Vorwärmung des Speisewassers mit dem erzeugten Destillat.

- *Mehrstufige Verdampfung.* Die effektivere Maßnahme, den Dampfverbrauch zu reduzieren, ist der Einsatz von mehrstufigen Verdampfungsanlagen. Sie werden so miteinander verschaltet, dass der erzeugte Dampf einer Stufe als Heizdampf der nächsten Stufe verwendet wird. Dabei kondensiert der Dampf zu Destillat und wird mit dem der anderen Kolonnen dem Speichertank eines Wärmeaustauschers (Kühler) zugeführt. Die Vorwärmung des Speisewassers erfolgt im Gegenstrom in dem Kühler und in den Überlaufwärmeaustauschern der einzelnen Kolonnen. Die Kondensation der letzten Stufe erfolgt mit Kühlwasser in einem zweiten Wärmeaustauscher (Kondensator). Der Verbrauch an Kühlwasser ist deutlich niedriger als bei der einstufigen Anlage, da nur die Kondensation der letzten Stufe erforderlich ist. Die Anzahl der Stufen ist nicht nur durch die Druck- und Temperaturstufung eingeschränkt, sondern durch die Investitionskosten, die annähernd linear mit der Anzahl der Stufen wachsen. Die Anzahl der Stufen wird daher, abhängig von der Heizdampftemperatur und unter Berücksichtigung der geforderten Siedetemperatur in der letzten Stufe, so festgelegt, dass ein Optimum an Investitions- und Betriebskosten erreicht wird. Solche Anlagen können ebenfalls als Kombianlagen realisiert werden, bei denen eine gleichzeitige Dampfentnahme möglich ist.

- *Thermokompression.* Neben den mehrstufigen Verdampfungsverfahren ist dieses Verfahren am weitesten verbreitet. Das Verfahren beruht darauf, dass der entstehende Dampf durch Kompression auf einen höheren Druck verdichtet und demselben Verdampfer wieder zugeführt wird. Im Verdampfer gibt er durch Kondensation seine Wärme ab und wird als Kondensat abgeführt. Die Verdichtung kann entweder thermisch durch Dampfstrahlverdichter oder mechanisch durch Kompressoren erfolgen. Der Energieverbrauch dieses Verfahrens hängt von der gewünschten Temperatur des Destillats ab. Je niedriger diese ist, desto geringer ist der Energieverbrauch [9.46]. Dieser Anlagentyp wird vorwiegend dort eingesetzt, wo das Kondensat kalt gelagert und verwendet wird [9.47].

Für die Herstellung von Wasser für Injektionszwecke eignen sich alle oben genannten Verdampfungsverfahren, wichtig ist jedoch eine wirkungsvolle Abscheidung aller mitgerissenen Tröpfchen während des Verdampfungsvorganges, da sich in diesen Bakterien und Endotoxine befinden können.

9.3.2.3 Verteilsysteme

Das Verteilsystem bringt das Wasser in der geforderten Menge und Qualität zu den Verbrauchern und ist so zu dimensionieren, dass dabei auch der Spitzenbedarf abgedeckt wird. Beispiele für mögliche Systeme sind in [9.3] zu finden. Bestimmte Auslegungskriterien, Betriebsbedingungen und andere Merkmale, wie z.B. konstante Zirkulationsgeschwindigkeit bei Reynolds-Zahlen >10.000, polierte und passivierte Rohrleitungen (Ra < 0,8 µm), aseptische bzw. sterile Verbindungen, Verwendung von Membranventilen anstelle von Kugelhähnen und Klappen, Einsatz von Orbital-Schweißverfahren für die Installation, regelmäßige Desinfektionen usw. haben sich mehr und mehr durchgesetzt.

Abhängig von der Betriebsweise, wie z.B. bei Heißlagerung und -verteilung oder bei ozonisierten Systemen, können die oben aufgeführten Auslegungskriterien und Betriebsbedingungen modifiziert werden.

Es ist empfehlenswert, die Verteilung und Lagerung gemäß Betreiberanforderung unter Berücksichtigung der Anzahl und Lage der Einzelverbraucher für Kalt- und/oder Heißwasser zu planen. Das kann die Installation von parallelen und geteilten Ringleitungen einschließen. Anschauliche Beispiele sind dazu in [9.47] aufgeführt.

Die Wasseraufbereitungsanlage und der Speichertank sind dabei als eine Einheit zu betrachten und kontinuierlich zu betreiben. Der Speichertank und die Pumpen sind so zu dimensionieren, dass der Tankinhalt mindestens ein- bis fünfmal pro Stunde ausgetauscht wird. In einzelnen Fällen kann davon abgewichen werden, wie z.B. bei Heißlagerung oder auch bei ozonisierten Systemen. Bei geringem Verbrauch und ständiger Zirkulation kann sich das Ringleitungssystem erwärmen und somit ein erhöhtes Risiko für das Keimwachstum verursachen. Ein Wärmeaustauscher am Ende der Ringleitung kann zwar Abhilfe schaffen, führt aber zu einem erhöhten Energieverbrauch.

Der Rücklauf des Ringleitungssystems soll eine Geschwindigkeit von ca. 1 m/s haben. Im allgemeinen gewährleistet dies eine turbulente Strömung. Geringere Geschwindigkeiten für kurze Zeiten oder auch für Systeme, die heiß (> 65 °C) bzw. kalt (4–10 °C) betrieben oder ozonisiert werden, sind normalerweise unproblematisch. Auch in einem solchen Fall ist ein Überdruck zur Umgebung zu gewährleisten.

Das Lager- und Verteilsystem ist so planen und zu installieren, dass die Rohrleitung so wenig Tiefpunkte wie möglich, keine längeren Stützen und andere Toträume sowie keine toten Enden aufweist. Wärmeaustauscher zur Heiß- und Kaltentnahme sind möglichst im Bypass zu betreiben. Ausführliche Beispiele über die Handhabung der Wärmeaustauscher sind in [9.47] zu finden.

Die Totraumdefinition „6D" wurde ursprünglich in [9.47] aus dem Jahre 1976 festgelegt und wird von der Mitte des Rohrs gemessen. Es ist jedoch zu empfehlen, die Definition „3D", die von der Außenkante des Rohres gemessen wird, zu verwenden (Abb. 9.15). Insbesondere Systeme, die dampfsterilisiert werden sollen, müssen völlig entleerbar sein.

Im Zusammenhang mit der Destillaterzeugung, Heißlagerung und -verteilung ist die Problematik des sog. Rouging zu erwähnen. Rouging ist letztendlich ein nicht geklärtes Phänomen, welches in unterschiedlichen Farben von Rostbraun bis Dunkelviolett auftritt und sich von den Kolonnen über den Lagertank bis in das Verteilsystem auffinden lässt. Nachteile in der Wasserqualität sind auf Grund des Rouging nicht festgestellt worden.

In der Pharmatechnik werden für mediumberührte Komponenten im allgemeinen die austenitischen Stähle wegen ihrer guten Korrosionsbeständigkeit eingesetzt [9.8]. Neben den bisher eingesetzten Stählen 1.4571 und 1.4401 etablierten sich die Stähle 1.4404 und 1.4435 mit reduziertem Kohlenstoffanteil. Die Korrosionsbeständigkeit dieser Stähle beruht auf dem Mechanismus der Bildung einer Passivschicht aus Chromoxid.

Daneben wird im Bereich der Anlagentechnik, insbesondere bei Wasseraufbereitungs- und deren Verteilsystemen, auch der Werkstoff PVDF eingesetzt. Das mikrobiologische Verhalten von PVDF ist ähnlich gut wie bei den Edelstählen [9.48].

Die Vorteile von PVDF sind neben der einfachen Handhabung:
– Desinfizierbarkeit und Ozonbeständigkeit bis 5 ppm [9.48]
– Sterilisierbarkeit und Temperaturbeständigkeit bis 140 °C
– Hohe Oberflächengüte Ra 0,15–0,25 µm
– Geringe Extraktionswerte
– Geringe Wärmeleitfähigkeit 0,19 W/Km, bei Stahl 56 W/km
– Keine Passivierung erforderlich.

Die Nachteile sind:
– Längenausdehnung
– Bruch bei mechanischer Beanspruchung.

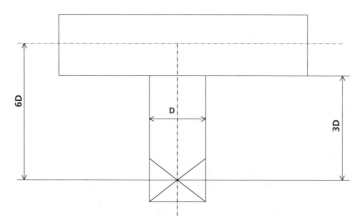

Abb. 9.15   Definition der Toträume

Er gibt keine Vorbehalte seitens der Behörden, wie z. B. der FDA, gegen den Werkstoff PVDF. Der Einsatz dieses Werkstoffs soll unter Berücksichtigung der Betreiberanforderung und der Kosten-Nutzen-Analyse beurteilt werden. Dabei sind Aspekte der einfachen Montage, Dokumentation der Schweißnähte und das Entfallen der Passivierung zu beachten.

Um das Risiko einer Kontamination durch die Umgebungsluft zu vermeiden, soll der Speichertank mit einem sterilen Beatmungsfilter (0,2 µm) ausgerüstet werden. Das Problem der Kondensation und eine mögliche Verkeimung kann mit einem hydrophoben Filter und/oder mit dem Beheizen des Filtergehäuses verhindert werden. Bei der Beatmung des Tankes kann es zu einem erhöhten Auflösen von Kohlendioxid im Wasser kommen, was eine Erhöhung der Leitfähigkeit zur Folge hat. Hier kann eine Überlagerung mit Stickstoff Abhilfe leisten. Dabei ist zu beachten, dass das verwendete Gas mit einer entsprechenden Qualität eingesetzt wird, um einen Eintrag von organischen oder biologischen Verunreinigungen zu verhindern. Wird keine Überlagerung mit Stickstoff eingesetzt, muss die Erhöhung der Leitfähigkeit bei der Planung der Anlage berücksichtigt werden.

Der Rücklaufstutzen soll mit einer Sprühkugel ausgerüstet sein, um auch den oberen Teil des Behälters zu benetzen, damit dieser die gleiche Temperatur (bei Heißlagerung) hat wie andere Teile des Speichertanks und um zu verhindern, dass es am Phasenübergang zu Korrosion kommt oder Keimwachstum begünstigt wird. Um Schattenbereiche der Behälterausrüstung zu erfassen, sind unter Umständen mehrere Sprühkugeln einzusetzen.

Probeentnahmestellen müssen so gewählt werden, dass eine eventuelle Verunreinigungsquelle lokalisiert werden kann. Am Ende der Ringleitung soll ein qualitätsgesteuertes Verwurfsventil den Speichertank vor einer möglichen Verunreinigung durch den Rücklauf schützen.

Da ein Verkeimen des Verteilsystems durchaus möglich ist, muss das System desinfiziert werden können. Nach EG GMP Leitfaden [9.49] sollten Wasserleitungen nach schriftlich festgelegten Verfahren, die genaue Angaben über die akzeptable mikrobiologische Verunreinigung und die bei der Überschreitung der Grenzwerte zu treffenden Maßnahmen enthalten, desinfiziert werden.

Dabei ist zu beachten, dass das gesamte System erfasst werden muss. In der Tabelle 9.14 sind die üblichen Methoden gegenübergestellt.

Die ständige Ozonisierung des Wassers wird in Kombination mit UV-Strahlern zur Ozonentfernung an den Abnahmepunkten zunehmend angewandt. Dabei ist zu beachten, dass:
– eine minimale Konzentration an jedem Punkt eingehalten werden muss
– die Werkstoffe, beispielsweise bei Dichtungen, ozonkompatibel sind.

9.3.2.4 Monitoring und Qualitätskontrolle

Eine regelmäßige chemische und mikrobiologische Analyse, neben einer Online-Messung der Leitfähigkeit als Summenparameter für die ionische Belastung und des TOC als Summenparameter für organische Kontaminationen des aufbereiteten Wassers, soll nicht nur die Einhaltung der geforderten Limits, sondern auch die Leistung der Anlage und des Verteilsystems gemäß Spezifi-

Tabelle 9.14   Vergleich verschiedener Desinfektionsmethoden

Verfahren	Installations-aufwand	Betriebs-kosten	Arbeits-aufwand	Betriebs-unter-brechung notwendig	Kontinuier-licher System-schutz gewähr-leistet	Effizienz
Dampfsterilisation[a]	Hoch	Hoch	Sehr hoch	Ja	Nein	Hoch
Heißlagerung [b]	Hoch bis sehr hoch	Sehr Hoch	Gering	Nein	Ja	Hoch
Periodische Aufheizung auf 98 °C	Hoch	Hoch	Gering	Ja	Nein	Mittel
Sterilfiltration[c], [d]	Gering	Hoch	Hoch	Nein	Nein	Gering
Desinfektion mit Chemikalien[e]	Mittel	Sehr hoch	Sehr hoch	Ja	Nein	Mittel
UV-Bestrahlung+(Sterilfilter)[f]	Hoch	Gering	Gering	Nein	Nein	Gering
Ozonisierung+ UV-Strahler	Hoch	Gering	Gering	Nein	Ja	Hoch

a) Verfügbarkeit von Sterildämpfen, Kondensatanfall, Schaffung von zusätzlichen Schnittstellen
b) Kühlung am POU erforderlich
c) Durchbruchsgefahr
d) Öffnen des Systems
e) Resistenzaufbau
f) Nur lokale Wirkung

kation überprüfen. Durch Trendermittlung kann dann rechtzeitig mit entsprechenden Maßnahmen zur Fehlerbeseitigung reagiert bzw. das System kontinuierlich verbessert werden.

In der neuen Revision des Europäischen Arzneibuchs [9.44] werden einzuhaltende Grenzwerte für Keimzahl und Endotoxine vorgegeben und bei deren Überschreitung Maßnahmen gefordert. Als Aktionslimits werden folgende Werte vorgeschlagen :
- Keimzahl für WFI: 10 KBE/100ml
- Keimzahl für Gereinigtes Wasser: 100 KBE/ml

Bei der Überschreitung eines Limits soll ein Alarm ausgelöst werden. Der Fehler soll behoben werden und das System in seinen ursprünglichen Zustand gebracht werden [9.44, 9.45].

Die Aktionslimits haben neben den oben genannten Maßnahmen weitere Konsequenzen, wie z. B. die Quarantäne bestimmter Produkte. Alle diese Maßnahmen müssen entsprechend vorher festgelegten Anweisungen eingeleitet werden. Als kritische Parameter werden jedoch nicht nur Qualitätsspezifikationen betrachtet, sondern auch Anlagenparameter von kritischen Prozessschritten, wie
- die Temperatur während des Desinfektionszyklus
- die Ozonkonzentration bei der Ozonisierung
- die Ozonkonzentration und die UV-Intensität bei der Ozonentfernung.

Aufzeichnungen über die Ergebnisse dieser Kontrollen und über jede durchgeführte Maßnahme sind aufzubewahren.

Da nicht anders gefordert, werden die in der Anlage 1 der Trinkwasserverordnung [9.39] gelisteten mikrobiologischen Kenngrößen neben der Keimzahl ebenfalls zur mikrobiologischen Überprüfung des gereinigten Wassers herangezogen:

- E.coli und koliforme Keime: Diese Keime dürfen in 100 ml Wasser nicht enthalten sein
- Fäkalstreptokokken: Diese Keime dürfen in 100 ml Wasser nicht enthalten sein.

Die Verwendung von E.coli und der sog. koliformen Keime ist mehr auf die Indikatorfunktion für die Kontamination des Wassers mit Fäkalkeimen bzw. Krankheitserregern zurückzuführen als auf deren spezielle pathogene Wirkung.

Die Abwesenheit bestimmter Organismen ist je nach der Art der hergestellten Produkte den entsprechenden mikrobiologischen Anforderungen festzulegen.

Mit der Einführung der Online-Messung der Leitfähigkeit als Summenparameter der ionischen Belastung und des TOC sind die Möglichkeiten der lückenlosen Überwachung der Anlagen stark verbessert worden.

Die Abnahme der Anlage erfolgt in mehreren Schritten. Alle geplanten Aktivitäten der Validierung sind in einem Validierungsmasterplan zu dokumentieren. Bevor eine Validierungs- und Qualitätskontrollaktivität ausgeführt wird, sind entsprechende Protokolle und Checklisten zu erarbeiten und die Akzeptanzkriterien festzulegen.

Während der Planungsphase soll ein formaler Schritt der Planungsverifizierung erfolgen (Designqualifizierung), bei dem alle beteiligten Partner inklusive dem zukünftigen Betreiber beteiligt sein sollen.

Die nächsten Schritte der Qualitätskontrolle sind die Vorabnahmen beim Hersteller und die Überwachung der Installationsarbeiten, speziell der Schweißarbeiten, z.B. durch Inspektion und Dokumentation mit dem Boroskop und Röntgenprüfungen. Nach der Installation erfolgt die Passivierung und Reinigung.

Ist diese abgeschlossen, erfolgt die sog. Installationsqualifizierung mit der As-built-Dokumentation und die Inbetriebnahme, inklusive dem Training der Mitarbeiter des zukünftigen Betreibers der Anlage, das während der Inbetriebnahme abzuschließen ist.

Die erste Phase der Validierung sollte etwa zwei bis vier Wochen dauern. In dieser Phase sind

- die Arbeitsanweisungen zu implementieren und weiterzuentwickeln
- die Qualitätsüberwachung durchzuführen, um zu überprüfen, ob die Arbeitsanweisungen korrekt sind und
- wie sich das System unter verschiedenen Betriebsbedingungen verhält.

Die Qualitätsüberwachung sollte während dieser Phase täglich nach jedem Behandlungsschritt und an jedem Abnahmepunkt erfolgen [9.50].

In der zweiten Phase soll nachgewiesen werden, wie sich das System über eine Zeit von 2–4 Wochen verhält, wenn es entsprechend den Arbeitsanweisungen betrieben wird.

In der dritten Phase soll das System über einen längeren Zeitraum betrieben und beobachtet werden. Die Probenahmehäufigkeit kann reduziert werden. Die Validierung kann als abgeschlossen betrachtet werden, wenn Daten für eine Betriebsdauer von einem Jahr vorliegen [9.50]. Weitere Hinweise in [9.47, 9.50].

9.3.3 Dampf

Bezüglich der Dampfqualität wird zwischen Reinstdampf und Hausdampf, auch Schwarzdampf genannt, unterschieden. Letzterer wird durch handelsübliche feuerbeheizte Dampferzeuger bereitgestellt. Der Hausdampf enthält im allgemeinen verschiedene Verunreinigungen, wie z.B. chemische Zusätze, wie Hydrazin, und Zusätze die den pH-Wert auf etwa 9,5–10,5 anheben [9.47], um Korrosionserscheinungen zu verhindern, aber im Reinstdampf nicht enthalten sein dürfen. Außerdem darf Reinstdampf nicht überhitzt sein. Für den Reinstdampf werden in der Industrie verschiedene Termini verwendet. Teilweise wird zwischen endotoxinkontrolliertem und nicht-endotoxinkontrolliertem Dampf unterschieden.

Die Dampfqualität muss dabei der jeweiligen Anwendung entsprechen. Sind z. B. WFI-Leitungen oder Behältnisse für parenterale Produkte zu sterilisieren, muss das Dampfkondensat der WFI-Qualität entsprechen. Ist dagegen eine Leitung für gereinigtes Wasser zu sterilisieren, muss das Kondensat auch nur dieser Spezifikation entsprechen, solange die Anlage jeweils damit validiert ist und keine anderen Probleme aufgetreten sind. In [9.47] werden weitere Hinweise in Bezug auf die Auswahl der geeigneten Dampfqualität gegeben.

Der Reinstdampf kann sowohl in speziellen Reinstdampferzeugern generiert oder auch in der WFI-Destillationsanlage erzeugt werden.

Die Materialqualität ist so zu gewährleisten, dass die Wasserqualität nicht beeinträchtigt wird. Bei der Verlegung ist insbesondere auf die Wärmeausdehnung und den Kondensatanfall zu achten.

9.3.4 Andere Prozessmedien in der pharmazeutischen Industrie

Ein Überblick über weitere Prozessmedien und ihre Betrachtung in Bezug auf die GMP-Relevanz wird in [9.51] gegeben.

Für die gasförmigen Medien, die mit dem Produkt in Berührung kommen, haben sich mehr und mehr ähnliche Planungsrichtlinien und Betriebsweisen durchgesetzt, wie für das Pharmawasser, einschl. der Notwendigkeit einer Validierung der Systeme für Druckluft, Stickstoff und aller anderen Gase.

Spezielle Probleme können auch bei der Entsorgung von biologisch aktiven Prozessmedien auftreten, wie die Notwendigkeit einer thermischen Inaktivierung.

9.4 Ausblick und Trends

Bedingt durch die dynamischen Änderungen in den zu versorgenden Prozessen, dem sich ständig verändernden regulatorischen Umfeld und dem ständig wachsenden Kostendruck wird sich die Prozessversorgungstechnik weiter verändern. Aus den gegenwärtigen Entwicklungen lassen sich eine Reihe von Trends bestimmen:

- Die Halbleiterindustrie wird weiterhin die höchsten Anforderungen an die Prozessmedienreinheit stellen.
- Die Pharmaindustrie vollzieht eine Reihe von Veränderungen, wie z.b. die On-line-Überwachung der Qualität des Reinstwassers durch TOC- und Leitfähigkeitsmessgeräte und den verstärkten Einsatz neuer Grundprozesse wie der kontinuierlichen Deionisation und der Ultrafiltration.
- Erzeugungssysteme werden soweit wie möglich modular aufgebaut. Kontinuierliche Prozesse werden vorgezogen, um eine erhöhte Stabilität des Betriebes zu erreichen. Dies gilt auch für Überwachungs- und Regelungssysteme.
- Modellierung und Simulation dienen dazu, Überdimensionierungen zu vermeiden.
- Es werden umfangreiche Überwachungssysteme eingesetzt. Daten sollen dabei nicht nur erfasst, sondern auch ausgewertet und für die Verbesserung der Prozesse verwendet werden.
- Die kritische Betrachtung des Kosten-/Nutzenverhältnisses und der ökologischen Verträglichkeit von Systemlösungen nimmt zu.
- Die Sicherheit und die Ergonomie der Systeme ist ein wichtiger Bestandteil des Designs.

Literatur

[9.1] SEMI S2-00: Safety guidelines for semiconductor manufacturing equipment, SEMI, Mountain View, 2000
[9.2] SEMI S8-95: Safety guidelines for ergonomics human factors engineering of semiconductor, manufacturing equipment, SEMI, Mountain View, 1995
[9.3] Qualität, Erzeugung und Verteilung von Reinstwasser, VDI 2083, Blatt 9 (in Bearbeitung), VDI Verlag, Berlin
[9.4] Kawakami, M.; Ohwada, M.; Yagi, Y.; Ohmi, T.: Suppression of Native Oxide, from Ohmi, Tadahiro (ed): Ultraclean Technology Handbook, Volume 1, Marcel Dekker, Inc., New York, 1993
[9.5] Harfst, W.F.: Dissolved Gases Pose Challenges to High-Purity Water Systems, Ultrapure Water Journal. 10/1993/November
[9.6] Reinstmedienversorgungssysteme, VDI 2083, Blatt 10 (in Bearbeitung): VDI Verlag, Berlin
[9.7] Stanitis, G.; Husted, G.R.: Surface properties of ECTFE, Ultrapure Water Journal, December 1996
[9.8] Evans, R.W.; Coleman, D.C.: Pharmaceuticals: Corrosion Products found in Sanitary Water Systems – Part 1 and 2, Ultrapure Water Journal, 1999, October, December

[9.9]   Henley, M.: PVDF Remains Favorite for Piping in Semiconductor Plants, Ultrapure Water Journal, Volume 14, 1997

[9.10] Rianda, K.: Design and Component Selection Considerations for Hot High Purity Water Delivery Systems, Ultrapure Water Journal, Volume 12, 1995

[9.11] Semi suggested guidelines for pure water for semiconductor processing, Semi, Mountain View, 1995

[9.12] ASTM D5127-99: Standard Guide for Ultra Pure Water in the Electronics and Semiconductor Industry, 1999

[9.13] WABAG (Herausgeber): Handbuch Wasser, Vulkan-Verlag Essen, 1996

[9.14] Ohmi, Tadahiro (ed): Ultraclean Technology Handbook, Volume 1, Marcel Dekker, Inc., New York, 1993

[9.15] Meltzer, T. H.: High-Purity Water Preparation for the Semiconductor, Pharmaceutical, and Power Industries, Tall Oaks Publishing Inc., Littleton, 1993

[9.16] Byrne, W.: Reverse Osmosis – A Practical Guide for Industrial Users, Tall Oaks Publishing, Littleton, 1995

[9.17] Owens, D.L.: Ion Exchange, Practical Principles of Ion Exchange Water Treatment, Tall Oaks Publishing Inc., Littleton, 1995

[9.18] Malhotra, S.; Chan, O.; Chu, T.; Fuckso, A: Correlation of Boron Breakthrough Versus Resistivity and Dissolved Silica in RO/DI System, Ultrapure Water Journal, Volume 13, 1996

[9.19] US-Patent 4,574,049

[9.20] McBride, D.; Mukhopadhyay, D.: Higher Water Recovery and Solute Rejection through a New RO Process, Ultrapure Water Journal, Volume 14, 1997

[9.21] SEMI E49.3-0298: Guide for ultrahigh purity deionized water and chemical distribution systems in semiconductor manufacturing equipment, SEMI, Mountain View, 1998

[9.22] SEMI E49.2-0298: Guide for high purity deionized water and chemical distribution systems in semiconductor manufacturing equipment, SEMI, Mountain View, 1998

[9.23] NFPA 318, Protection of Cleanroom, NFPA, Quincy

[9.24] SEMI F41-0699: Guide for qualification of a bulk chemical distribution system used in semiconductor processing, SEMI, Mountain View, 1999

[9.25] International Technology Roadmap for Semiconductors, 1999 Edition, International Sematech, Austin, 1999

[9.26] Weber, D.K.: Gas contamination in semiconductor processes, 3rd European SAES Pure gas workshop, Munich, 1992

[9.27] SEMI E49.9-0298: Guide for ultrahigh purity gas distribution systems in semiconductor manufacturing equipment, SEMI, Mountain View, 1998

[9.28] SEMI E49.8-0298: Guide for high purity gas distribution systems in semiconductor manufacturing equipment, SEMI, Mountain View, 1998

[9.29] Nakajima, D.; Tamura, M.; Hishinuma, K.: Argon Gas Recovery and Purification Technology, Ultraclean Technology Journal / UCT Vol. 11 No. 3, 1999

[9.30] Murakami, Y.: Industrial Gas Recovery and Recycling System in Semiconductor Industry, Ultraclean Technology Journal / UCT Vol. 11 No. 5, 1999

[9.31] SEMI F14-93: Guide for the design of gas source control equipment enclosures, SEMI, Mountain View, 1993

[9.32] SEMI S5-93: Safety guidelines for flow limiting devices, SEMI, Mountain View, 1993

[9.33] SEMI F13-93: Guide for gas source control equipment, SEMI, Mountain View, 1993

[9.34] SEMI S4-92: Safety guidelines for the segregation/separation of gas cylinders contained in cabinets, SEMI, Mountain View, 1992

[9.35] Toxic Gas Ordinance, Santa Clara, 1991

[9.36] Saleem, M.; Phuong, E.; Krishnan, S.: Improved Contamination Control Through Use of Passivated Surfaces for Gas And Liquid Delivery for Semiconductor Processing, Symposium on Contamination-Free Manufacturing (CFM) for Semiconductor Processing, Semicon West, San Francisco, 1999

[9.37] SEMI F6-92: Guide for secondary containment of hazardous gas piping systems SEMI, Mountain View, 1992

[9.38] SEMI F1-96: Specification for leak integrity of high-purity gas piping systems and componentsSEMI, Mountain View, 1996

[9.39] Dilly, P.: Trinkwasserverordnung, Leitfaden zur Verordnung über Trinkwasser und über Wasser für Lebensmittelbetriebe, Wiss.Verl.-Ges., Stuttgart, 1992,

[9.40] SEMI F5-90: Guide for gaseous effluent handling, SEMI, Mountain View, 1990

[9.41] SEMI E49.6-95: Guide for subsystem assembly and testing procedures – stainless steel systems,SEMI, Mountain View, 1995

[9.42] SEMI E49.7-95: Guide for subsystem assembly and testing procedures – polymer systems,SEMI, Mountain View, 1995

[9.43] SEMI F3-94: Guide for welding stainless steel tubing for semiconductor manufacturing applicationsSEMI, Mountain View, 1994

[9.44] Europäisches Arzneibuch, Council of Europe, Strasbourg, 1997

[9.45] The United States Pharmacopeia: USP 24; United States Pharmacopeia Convention, Rockville, 1999

[9.46] Billet, R.: Verdampfung und ihre technischen Anwendungen, Verlag Chemie, Weinheim, 1981

[9.47] ISPE: Baseline-Pharmaceutical Engineering Guide, Volume 4: Water and Steam guide, 1997

[9.48] Marty, B.: Suitability of PVDF Piping in Pharmaceutical Ultrapure Water Application, PDA Journal of Pharmaceutical Science & Technology, July-August 1996, Vol. 50, No. 4

[9.49] EG-Leitfaden einer Guten Herstellungspraxis für Arzneimittel, III/2244/87, Rev. 3, 1989

[9.50] FDA: Guide to inspections of high Purity water system, Rockville, 1999

[9.51] ISPE: Baseline-Pharmaceutical Engineering Guide, Volume 3: Sterile Manufacturing Facilities, 1999

Weiterführende Literatur

SEMI E10-96: Standard for Definition and Measurement of Equipment Reliability, Availability and Maintainability (RAM), SEMI, Mountain View, 1996

United States Patent, Patent Number 5,065,794, Nov. 19, 1991

SEMI E49.5-0298: Guide for ultrahigh purity solvent distribution systems in semiconductor manufacturing equipment, SEMI, Mountain View, 1998

SEMI E49.4-0298: Guide for high purity solvent distribution systems in semiconductor manufacturing equipment, SEMI, Mountain View, 1998

10 Luftgetragene Molekulare Verunreinigungen (Airborne Molecular Contamination – AMC)

10.1 Motivation, Definitionen

Traditionell wird Reinraumtechnik als Filter- und Kontrolltechnik für Partikel verstanden und gehandhabt. Sowohl in der Mikroelektronik-Produktion als auch in der Fertigung von Festplatten ist jedoch in den letzten fünf Jahren ein Trend zu beobachten, auch molekulare Verunreinigungen der Reinraumluft stärker als in der Vergangenheit zu kontrollieren und mit Spezifikationen zu belegen. Damit folgt die Spezifikation der Reinraumluft einem Trend, der bei Prozesschemikalien und Reinstwasser schon lange besteht, nämlich immer detaillierter chemische Spurenverunreinigungen zu erfassen und zu charakterisieren und eine für den jeweiligen Verwendungszweck charakteristische Spezifikation zu erstellen. Die Schädigungen durch molekulare Verunreinigungen sind an sich nicht neu, sie sind in den letzten Jahren nur in den Vordergrund gerückt; ein Trend, der sich vermutlich auch in den anderen Anwendungen der Reinraumtechnik, etwa derFlachbildschirmherstellung oder der Pharmafertigung, zeigen wird.

Die Abgrenzung zur traditionell als „Kontamination" beschriebenen Kontamination durch Partikel ist nicht ganz scharf: natürlich sind gasförmige Stoffe nicht durch Partikelfilter zurückzuhalten und insofern signifikant von Partikeln zu unterscheiden. Wenn diese Gase dann durch chemische Reaktion direkt das Substrat verändern, liegt ein deutlich anderer Wirkmechanismus vor als im Falle der klassischen Partikel-Kontamination, der auch andere Kontrollmaßnahmen erfordert. Andererseits kann ein Gas durch Reaktion auf der Oberfläche des produzierten Substrats zum Feststoff, und damit zum Partikel, werden und wie jedes andere Partikel, quasi rein mechanisch, den Produktionsprozess stören. Zuletzt kann eine chemisch potente Kontamination auch als Partikel eingetragen werden, während der Schädigungsprozess überwiegend chemisch-reaktiv ist, wie etwa bei einer Metallkontamination, die ins Innere des Substrates diffundiert. Alle diese Verunreinigungen sind im weitesten Sinne „AMC". Der erste Typ der Schädigung ist luftgetragene molekulare Kontamination im engen Sinn. Der zweite wird in der angelsächsischen Literatur und in der täglichen Praxis der Produktion i.d.R. als „Haze" bezeichnet. Generell bezeichnet „Haze" eine visuell (eventuell unter dem Mikroskop) sichtbare, oder aber nach einer Vorbehandlung sichtbar zu machende, räumlich strukturierte Veränderung, die i.d.R. mit einer Schädigung des Substrates verknüpft ist oder aber mindestens assoziiert wird. Der dritte Typ des Wirkmechanismus wird i.d.R. als normale Partikelkontamination aufgefasst, vor allem, weil hier die Standard-Kontrollmaßnahmen zur Partikelkontrolle greifen. Für die beiden anderen Typen der Verunreinigung, die durch zunächst gasförmige Kontaminanten ausgelöst wird, sind jedoch andere Kontrollmaßnahmen erforderlich. Leider gibt es jedoch sowohl bei Schädigungs- als auch bei Kontrollmechanismen empfindliche Wissenslücken. Dabei sind Erkenntnisse über die Schädigung durch Dämpfe und Gase nicht neu; sie hatten lediglich in der Vergangenheit nie die Bedeutung der Schädigung durch Partikel erreicht. Dieser Abstand wird durch die empfindlicher werdenden Prozesse jetzt kleiner und erfordert den Versuch einer zusammenhängenden Darstellung.

Den Schwerpunkt werden wir im Folgenden auf die potentiellen Schädigungen der Produktionsprozesse durch gasförmige Verbindungen legen, wobei wir die bereits primär als Partikel auftretenden chemischen Kontaminationen zwar nicht ignorieren, aber doch mit geringerem Gewicht versehen, da für ihre Kontrolle die traditionellen Filtertechniken, richtig angewendet, ausreichend sind.

Für die gasförmigen Kontaminationen gibt es eine international verwendete Klassifizierung nach SEMI F 21-95 [10.1]. Sie unterscheidet vier Klassen chemischer Kontamination:
- Säuren
- Basen
- Kondensierbare Stoffe und
- Dotierstoffe.

Damit werden gleichzeitig vier chemisch verschiedene Wirkprinzipien angesprochen. Säuren führen i.d. R. zu Korrosion, und zwar nicht nur an metallischen Installationen des Reinraums, sondern auch an den metallischen Strukturen, etwa Leiterbahnen und Kontakten, auf der Substratoberfläche. Basen wirken durch Neutralisation und damit Strukturveränderung Säuregruppen enthaltender Fotolacke der neuesten Generation, der sog. „chemisch verstärkten" Fotolacke, die für Lithografie im Bereich um 0,2 µm verwendet werden. Basen können mit Säuren, wenn sie gleichzeitig auftreten, zu nichtflüchtigen Salzen reagieren, die sich als Partikelspur auf der Substratoberfläche niederschlagen. Kondensierbare Stoffe wirken durch adsorptive Belegung der Oberfläche: Schichtwachstum wird entweder – unregelmäßig – verlangsamt, oder der adsorbierte Stoff zersetzt sich zu nichtflüchtigen Partikeln, die wiederum rein mechanisch schädigend wirken, oder er bildet chemische Verbindungen mit der Substratoberfläche. Dotierstoffe wiederum verändern bereits in kleinsten Konzentrationen die elektrischen Charakteristika der in Halbleiterbauteilen vorhandenen Schichten, und bedürfen daher besonderer Beachtung.

Die SEMI-Klassifikation ist zunächst einmal auf die Halbleiterproduktion ausgerichtet; dafür ist sie erstellt und von ihren Autoren intendiert. Für die Festplattenherstellung etwa macht die Unterscheidung der Dotierstoffe von anderen Arten der Luftkontamination wenig Sinn, da sie im Herstellungsprozess der Festplatte nicht schädigen, sondern entweder wie normale kondensierbare Stoffe, oder aber überhaupt nicht wirken. Noch stärker trifft dies im Vergleich zu Pharmafertigungen zu, da hier aufgrund der anderen Produkteigenschaften andere Schädigungsmechanismen wirken. Aber auch innerhalb des Gültigkeitsbereichs der SEMI-Klassifikation gibt es zwei Inkonsistenzen. Erstens sind bestimmte Stoffe keiner Klasse zugeordnet, obwohl sie schädigend wirken können: oxidierende Stoffe etwa, wie Ozon oder Chlor (Cl_2), sind ebensowenig einer Klasse zuzuordnen wie leichtflüchtige Lösemittel, etwa Aceton oder Isopropanol. Während letztere kein bemerkenswertes Schädigungspotential für die Halbleiterproduktion besitzen, sind Schäden, die durch Chlor und Ozon hervorgerufen werden, bekannt [10.2]. Man darf schließen, dass diese Stoffe in der Klassifikation einfach fehlen. Die zweite Inkonsistenz betrifft die Kohärenz der definierten Gruppen selbst. Nicht alle Vertreter einer Klasse schädigen die Produktion mit gleicher Intensität: die beliebte – und auch hier weiter unten dargestellte – Angabe von Luftgrenzwerten pro Klasse und Prozessbereich muss relativiert bzw. differenziert werden, wenn beispielsweise zwei gleiche „Säuren" in sehr unterschiedlichen Konzentrationen vorkommen dürfen, bevor sie schädigend wirken, zwei kondensierbare Stoffe aufgrund ihrer Adsorptionseigenschaften die Oberfläche sehr unterschiedlich belegen, usw. Trotz dieser Einschränkungen ist die Klassifikation nach SEMI nicht nur der am weitesten verbreitete Versuch, die Vielfalt der chemischen Einwirkungen auf den Halbleiterproduktionsprozess zu ordnen, sie ist auch in der täglichen Arbeit eine brauchbare Arbeitsgrundlage, wenn die im Einzelfall erforderlichen Ergänzungen bzw. Korrekturen geprüft und mitberücksichtigt werden.

10.2 Typische Konzentrationen, Spezifikationen und Grenzwerte

Die akzeptierbaren Grenzwerte für Luftkontamination in den einzelnen Kategorien sind stark vom betrachteten Prozessbereich der Halbleiterfabrik sowie sehr stark auch von der dort installierten Technologie – im Wesentlichen definiert vom Produkt – abhängig. Die unterschiedlichen Produkte, die unterschiedliche Prozesstechnologien bedingen, sind: Speicherbausteine, Logikschaltkreise und Prozessoren, wobei es in diesen Gruppen wiederum Unterklassen gibt. Bis heute gibt es keine allgemeinen Übersichten über das Feld dieser Abhängigkeiten.

Aus dem Jahr 1995 datieren die Werte in Tabelle 10.1 für einen 0,25 µm-Logik-Prozess [10.3] :

Vier besonders als kritisch angesehene Prozessschritte (aus einer Sequenz von 300 bis 400 Einzelschritten) sind hier angeführt. Neben der erlaubten Luftkonzentration in pptM (molare „parts per trillion" = 10^{-12} Molanteile) ist die für den Prozess typische Verweilzeit, die das Substrat der Reinraumluft ausgesetzt ist, angegeben. Die Spannweite der erlaubten Werte reicht über sechs Größenordnungen von 0,1–100.000 pptM. Eine Zuordnung der schädlichen Substanzklassen zum Prozessschritt zeigt, dass Säuren überwiegend

Tabelle 10.1   Kontaminationsgrenzwerte für 0,25 μm-Logik-Prozess

Prozessschritt	AMC Grenzwerte (pptM)				
	Max. Verweildauer (h)	Säuren	Basen	Kondensierbare Stoffe	Dotierstoffe
Wartezeit vor Gate-Oxid	4	13.000	13.000	1.000	0,1
Salicidation	1	180	13.000	35.000	1.000
Kontakt Herstellung	24	5	13.000	2.000	100.000
DUV Photolithographie	2	10.000	1.000	100.000	10.000

im Bereich der Verdrahtung schädigen, durch ihre korrosive Wirkung, Basen in der DUV Fotolithografie ausgeschlossen werden müssen, ein Mechanismus, der bereits oben angesprochen war. Kondensierbare Stoffe und Dotierstoffe dagegen wirken während der Lagerung, die nach der Pre-Gate-Reinigung bis zur Gate-Oxidation stattfindet und müssen minimiert werden. Dies liegt daran, dass die Gate-Oxide die dünnsten Oxidschichten des Bauteils sind, die unter besonders sauberen Bedingungen hergestellt werden müssen, um ihre elektrische Integrität zu bewahren. Insofern ist das Muster, nach dem die jeweils schärfsten Spezifikationswerte in der Tabelle verteilt sind, nicht überraschend und auch physikalisch-chemisch erklärbar.

In Teilen parallel sind die Aussagen aus der SIA Roadmap. Die Semiconductor Industry Association (SIA) gibt eine sog. „International Technology Roadmap for Semiconductors (ITRS)" heraus, die jährlich aktualisiert wird und in der die technologischen Spezifikationen und Trends umfassend beschrieben werden, die in den nächsten Jahren in der Halbleiterindustrie herrschen werden [10.4]. Sie basiert auf Umfragen unter anerkannten Fachleuten, auf Literaturwerten und Schätzungen der Autoren. Diese sehr umfang-

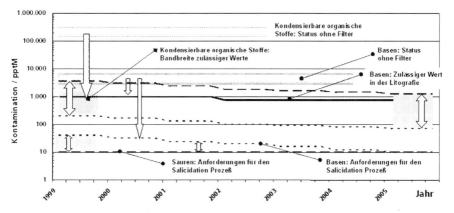

Abb. 10.1   Vergleich zulässiger und ohne Filter erreichbarer Luftkonzentrationen (Beispiele)

reiche Dokumentation enthält auch Aussagen zu Kontaminationswerten in der Luft von Reinräumen. Ein Auszug aus der aktuellen Ausgabe ist in Abb. 10.1 dargestellt.

Die zulässigen Werte sind dabei aus der SIA-Roadmap [10.4], die aktuellen Status-Werte sind [10.2] entnommen. Eingetragen sind zulässige Kontaminationswerte für organische Stoffe, Säuren und Basen in der Einheit molare ppt (parts per trillion, 10–12 Molanteile). Die Bandbreite der organischen Stoffe (Doppelpfeil) wird bestimmt durch die Anforderungen des „Gate" Prozesses (untere Grenze) und allgemeine Anforderungen (obere Grenze). Für die Lithografie sind die zulässigen Basenkonzentrationen, für den „Salicidation"-Prozess sind die zulässigen Basen- und Säurekonzentrationen angegeben.

Die einfachen, nach unten gerichteten Pfeile weisen auf einen Unterschied zwischen zulässigen und ohne Filter z. Z. erreichten Werten hin und bedeuten somit einen Reduktionsbedarf der Reinraumkontamination. Die Größe des Reduktionsbedarfs entspricht der Länge des Pfeils. Der einzige in der Praxis regelmäßig realisierte Filtrationsvorgang ist allerdings die Filtration von Basen in der Lithografie, der kleinste der im Diagramm eingetragenen Pfeile, während in anderen, noch kritischeren Prozessen die Atmosphäre über dem Produkt oft aus Reinstgasen hergestellt wird, so dass sich eine weitere chemische Filtration erübrigt. Die Aufbereitung von Reinraumluft zu einer derartigen Reinheit wäre im übrigen auch nicht einfach, berücksichtigt man neben der zu erzielenden Reinigungsleistung die anderen Randparameter, wie den zulässigen Druckverlust unter Betriebsbedingungen oder das zur Verfügung stehende Einbauvolumen. In der allgemeinen Reinraumluft werden organische Stoffe und Säuren i. d. R. nicht unter ihren aktuellen Wert reduziert, und die betreffenden Produktionen sind so mit zufriedenstellender Produktqualität etabliert.

Es gibt allerdings eine gewisse Unsicherheit bezüglich einer genauen Definition zulässiger Werte und es gibt die Tendenz, im Zweifelsfall lieber eine schärfere Spezifikation anzugeben. Alle Werte gelten zunächst auch nur für den unmittelbaren Umgebungsbereich des Produkts, und sind daher a priori keine Spezifikation für die Reinraumluft. Zur Herstellung der zulässigen Umgebungsbedingungen hat man daher prinzipiell die Wahl, aufbereitete Raumluft, einen speziell aufbereiteten Gasstrom – etwa über Aktivkohle filtrierte Druckluft – oder ein Reinstgas, das die Spezifikation schon aufgrund seiner eigenen Reinheit erfüllt, zu benutzen. Mit der Diskussion dieser Möglichkeiten wird die Grenze zwischen Reinraumtechnik und Prozesstechnik überschritten, weil die letzten beiden Möglichkeiten i. d. R. vom Lieferanten der Prozessgeräte bereits in diese integriert sind, während für die Aufbereitung von Reinraumluft lokale Lösungen – sog. Minienvironments – entweder Teil des Lieferumfangs des Prozessgeräts oder aber separat beigestellte Einheiten sind, zentrale Lösungen, etwa Filterstufen in den Außenluft- oder Umluftgeräten, aber zur Gebäude- bzw. Reinraumtechnik gehören.

Die angesprochene Unsicherheit führt auch zur Existenz verschiedener, länderspezifischer Standards. In Japan gehört eine – u. U. dreistufige – chemische Filtration der Außenluft durchaus zum Standard, der ggf. auch auf außerjapanische Fabriken japanischer Firmen übertragen wird, während in den USA, und noch weniger in Europa, solche Filtrationen populär sind.

Der am besten abgesicherte Wert zulässiger Konzentrationen ist die Basen-spezifikation von 1000 pptM im DUV Fotolithografiebereich. [10.5–10.12]. Hier sind ausnahmslos chemische Zusatzfilter entweder im Prozessgerät selbst oder im Luftsystem der Fabrik bereits Standard, weil der Prozess ohne die zusätzliche chemische Filtration nicht durchgeführt werden kann. Die erforderlichen Grenzwerte sind, abhängig von den verwendeten Fotolacksys-temen und Strukturbreiten, bekannt und abgesichert. Allerdings ist die in der Roadmap [10.4] ausgewiesene Tendenz nach unten, d.h. zu schärferen Spezifi-kationen hin, nicht unumstritten: die Entwicklungsabteilungen der Fotolac-khersteller arbeiten daran, weniger basenempfindliche Fotolacke herzustel-len, die trotzdem die geforderten kleinen Strukturbreiten abbilden können. Im Fall eines Erfolgs dieser Entwicklung würden die Anforderungen an die Filtration von Basen schwächer werden statt schärfer.

Stärkere Zweifel bestehen bei der Festlegung einer zulässigen Dotierstoff-konzentration von 0,1 pptM (Angabe der SEMATECH-Tabelle). Als Dotier-stoffe wirken alle Verbindungen, die Bor, Phosphor, Arsen und auch Antimon enthalten. Für bspw. eine Organophosphatverbindung mit einer molaren Masse von 300 g/mol, die breit als Flammschutzmittel und Weichmacher in Kunststoffmaterialien verwendet wird und deshalb – in Spuren – in Reinräu-men überhaupt nicht eliminiert werden kann, entspräche 0,1 pptM einer Volumenkonzentration in Luft von 1,3 ng/m^3. Dies unterschreitet nicht nur die Nachweisgrenze üblicher Analysenverfahren, auch die übliche Restkon-zentration an Organophosphaten in Reinräumen liegt deutlich höher, und zwar bis in Bereichen von µg/m^3 [10.19]. Es ist bei mind. 100fach höheren Konzentrationen (0,1 µg/m^3) nachweislich möglich, Produktionen fortschritt-licherer Technologien als der Tabelle entspricht, störungsfrei zu etablieren [10.2]. Die Filtration von Dotierstoffen, obwohl einzelne Produktionszusam-menbrüche berichtet worden sind, gehört deshalb außerhalb Japans nicht zum Standard in der Ausrüstung von Prozessgeräten oder Reinräumen.

Auch bei den kondensierbaren Stoffen gibt es Erklärungsbedarf. Üblicher-weise ohne Zusatzfiltration erreichbare Konzentrationen liegen im Bereich von 100–500 µg/m^3 Gesamt-C [10.13, 10.2]. Die schärfste in der SEMATECH-Tabelle gezeigte Spezifikation von 1000 pptM entspräche jedoch – bei einer mittleren molaren Masse von 200 g/mol – einer Volumenkonzentration von 8,9 µg/m^3, eine Spezifikation von 200 pptM, wie am unteren Ende des aus der Roadmap entnommenen Bandes, die für den „Gate"-Bereich gelten soll, so-gar 1,8 µg/m^3. Auch in dem aus SIA-Angaben erstellten Diagramm erkennt man den bereits den für die SEMATECH-Tabelle beschriebenen Unterschied zwischen aktueller und zulässiger Konzentration organischer Stoffe. Die angegebenen „Kondensierbaren organischen Stoffe" stellen nur einen kleinen Teil der tatsächlichen Belastung mit organischen Stoffen dar, weil flüchtige Lösemittel wie Aceton und Isopropanol, die nicht zu den „Kondensierbaren" gehören, i. d. R. der Hauptteil der organischen Kontamination der Reinraum-luft sind. Die Differenzen sind also noch größer als im Diagramm dargestellt. Die spezifizierte Konzentration um 10 µg/m^3 wird, selbst wenn die Fabrik in einem Reinluftgebiet steht, i. d. R. nur durch das Ausgasen der im Reinraum installierten Kunststoffteile bereits weit überschritten. Kommt dann noch eine Außenluftbelastung dazu, addieren sich die Konzentrationen. Auch hier ist die Konsequenz, dass weltweit alle Reinräume bezüglich ihrer Innenluft oberhalb der angegebenen Spezifikation arbeiten. Die Filtration kondensierbarer Verbindungen gehört deshalb nicht zum Standard in der Ausrüstung von Prozessgeräten oder Reinräumen, vielmehr wird an den wirklich kritischen Stellen eine Versorgung mit speziell aufbereiteten Gasströmen installiert.

Weniger genaue, aktuelle Daten liegen über die Einwirkung von Säuren vor [10.5, 10.7, 10.14]. Angesichts der Tatsache, dass manche Reinräume Korrosionsprobleme an metallischen Teilen im Reinraum haben, ohne dass ein Zusammenbruch der Produktion wie etwa bei den Dotierstoffen eintritt, liegt auch hier die Vermutung nahe, dass der spezifizierte Wert nicht allgemein für den Gesamtreinraum gelten kann. Ebenso gehören Filter zur Abscheidung von Säuren auch nicht zur Standardausrüstung von Prozessgeräten oder Reinräumen.

Das Vorhandensein gewisser Unterschiede zwischen den prognostizierten Spezifikationen und dem aktuellen Ist-Zustand der Mehrzahl produzierender Halbleiter-Reinräume darf nicht über den Wert der Roadmap hinwegtäuschen: die Zusammenstellung der sehr umfangreichen Daten aller relevanten Bereiche der Halbleiterproduktion, wovon die molekulare Kontamination natürlich nur ein kleiner Teil ist, ermöglicht die koordinierte Bewegung einer gesamten Branche.

Insgesamt muss die gesamte vorgestellte Diskussion über zulässige Werte von Kontaminationen als exemplarisch und zentriert auf die Bedürfnisse der Chip-Produktion angesehen werden, da die zum Teil abweichenden Bedürfnisse der Waferherstellung, der Festplattenherstellung, die Bedürfnisse von Laborbereichen zur Spurenanalyse in solchen Produktionen sowie die Bedürfnisse der Apparatetechnik von Geräten, die hochenergetisches Licht verwenden, in den Roadmaps nicht separat ausgewiesen sind. Das Wissen um die in solchen Bereichen zulässigen Werte wird vom Produzenten bzw. Gerätehersteller mit seinen Lieferanten in direktem Kontakt verhandelt, und ist Teil einer nicht selten vertraulichen Lieferspezifikation.

Insgesamt sind alle angegebenen Werte deutlich niedriger als die normalerweise zulässigen Arbeitsplatz- oder gar Abluftkonzentrationen. Dieser Umstand führt zu halbleiterspezifischen Techniken der Materialauswahl und Filtrations- sowie Analysentechnik, auf die unten ausführlicher eingegangen wird.

Unter Vernachlässigung der Unterschiede einzelner Prozesstechnologien und -bereiche sowie unter Zugrundelegung einer Wafergröße von 200 mm und Strukturbreiten von 0,25 oder 0,18 μm, d. h. moderner, aber nicht modernster Technologien, kann man eine Gesamtübersicht (Abb. 10.2) erstellen, in der neun Größenordnungen von Luftkonzentrationen abgeschritten werden.

Auf die Tatsache, dass sowohl die spezifizierten, als auch die analytisch gefundenen oder aber als schädlich erkannten Konzentrationen jeweils unter den „maximalen Arbeitsplatzkonzentrationen" (MAK-Werten) liegen, wurde bereits eingegangen. In der Regel liegen sie auch unterhalb der Geruchsschwelle. Natürlich gibt es in jeder Gruppe der SEMI-Klassifikation einige

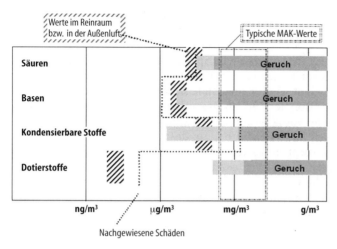

Abb. 10.2   Typische AMC Konzentrationsbereiche

Komponenten, die so niedrige Geruchsschwellen aufweisen, dass ein Kontaminationsproblem mit der Nase detektierbar wäre: dies ist in Abb. 10.2 mit dem hellgrauen Ende des Balkens („Geruch") dargestellt. Die in der Halbleiterproduktion relevanten Kontaminationen sind jedoch meist nicht so empfindlich mit der Nase auffindbar und bleiben unterhalb der Geruchsschwelle im dunkelgrauen Balkens „Geruch". Außen- und Innenluftkonzentration zeigen keine auffallenden Differenzen, weil im Reinraum selbst keine potenten Quellen von Kontamination angesiedelt sind, bzw. sein sollten.

An erster Stelle in der Außenluft steht die Konzentration der kondensierbaren Verbindungen, dann folgen die Säuren, kurz dahinter die Basen, und mit großem Abstand die Dotierstoffe. Außer bei den kondensierbaren Stoffen folgen die Spezifikationen auch diesem Muster: für kondensierbare Stoffe dagegen sind die Spezifikationen, die nicht immer, sondern nur in bestimmten Projekten erstellt werden, schärfer als was die Außenluft erfüllen kann. Trotzdem wird nur in einer kleinen Zahl von Fabriken eine entsprechende Außenoder Umluftfiltration vorgesehen. Auch der Verlauf der Grenze, bei der eine nachprüfbare, glaubhafte und genau beschriebene Schädigung des Produkts eintritt, nimmt in etwa den gleichen Verlauf wie die Spezifikation und die aktuelle Luftkonzentrationen, wieder mit Ausnahme der kondensierbaren Stoffe. Hier werden Schädigungen zwar oft vermutet, sind aber nur bei extrem hohen Konzentrationen nachprüfbar darstellbar.

Offensichtlich gibt es Klärungsbedarf im Feld der kondensierbaren Verbindungen, und es ist damit zu rechnen, dass die weiter fortschreitende Entwicklung in den nächsten Jahren das Bild konsistenter erscheinen lassen wird.

Die bislang diskutierten Luftkonzentrationen sind eindeutig definiert und normalerweise mit Standardmethoden auch durch Analytik-Service-Labors messbar, es sei denn, sehr niedrige Nachweisgrenzen seien gefordert. Manche Betreiber ziehen es allerdings vor, blanke Siliziumscheiben oder Scheiben mit anderen definierten Oberflächen, sog. „Witness Wafer" auszulegen. Dadurch wird die Luftkonzentration indirekt gemessen, überlagert von den Adsorptionseigenschaften der Scheibenoberfläche. Das kompliziert die Situation dadurch, dass nicht nur für verschiedene Spezies verschiedene Oberflächeneigenschaften zu berücksichtigen sind, sondern auch dadurch, dass die Annäherung ans Gleichgewicht, die für reversible Adsorptionen durchlaufen wird, eine nichtlineare Funktion der Zeit ist. Des weiteren sind die Geschwindigkeiten des Stofftransportes vom Gas auf die Scheibe unterschiedlich je nach Strömungsgeschwindigkeit und -Richtung, so dass es Unterschiede zwischen senkrecht und waagerecht aufgestellten Scheiben gibt [10.15], auch ist die Haftwahrscheinlichkeit („sticking coefficient") für unterschiedliche Paare Gasmolekül/Oberfläche unterschiedlich [10.16], und zuletzt sind die Analysen nicht mehr von jedem Labor durchführbar, sondern erfordern auf Halbleiterbelange spezialisierte Labors. Wären die Transferprozesse vom Gas auf die Scheibe verstanden, könnten Messungen der Gasphasenkonzentration die komplizierten Messungen auf Scheiben voll ersetzen. Das ist jedoch noch nicht der Fall: in der Literatur werden Gleichgewichtsmodelle [10.17] ebenso wie rein kinetische Berechnungen der bloßen Adsorption ohne Berücksichtigung der Desorption diskutiert [10.3]. Letztere haben auch Eingang in Roadmap-Berechnungen gefunden. Zuverlässig genug, um auf die oben angesprochenen Scheibenmessungen verzichten zu können, sind sie aber noch nicht.

10.3 Quellen molekularer Kontamination

Es gibt eine Fülle von Quellen molekularer Kontamination. Eine erste Einteilung unterscheidet Quellen außerhalb des Gebäudes, durch die die Kontamination mit der Außenluft eingesaugt wird, von Quellen innerhalb des Gebäudes, die die Kontamination in die Umluft abgeben.

10.3.1 Äußere Quellen

10.3.1.1 Außenluft

Die Außenluft enthält zunächst verschiedene Spurengase, die standortbedingt unterschiedliche Konzentrationen annehmen. Saure Gase werden durch NO_x (NO/NO_2) und SO_x (SO_2/SO_3) repräsentiert, unter den alkalischen Gase überwiegt NH_3, Ozon repräsentiert einen oxidierenden Bestandteil der Außenluft, und auch organische flüchtige Spurenverbindungen sind in der Außenluft enthalten. Da der Beitrag zu den einzelnen Kategorien der Außenluft-Spurengase sowohl natürlich als auch durch traditionelle menschliche Aktivitäten (Heizung, Landwirtschaft) und industrielle Aktivitäten (technische Feuerung, Verkehr) erfolgt, zeigt die Außenluftzusammensetzung charakteristische Unterschiede in den Zonen „Innenstadt", „Ballungsraum", „ländliche Gebiete" und „Reinluftgebiete".

NH_3 wird überwiegend durch landwirtschaftliche Aktivitäten freigesetzt, in der Viehzucht und im Folge der Ackerdüngung. Charakteristische Belas-

Tabelle 10.2   Typische Außenluft-Konzentrationen einiger AMCs; alle Angaben in µg/m³

	SO₂		NO₂		O₃		(NM)-VOC
	D-West	D-Ost	D-West	D-Ost	D-West	D-Ost	
Gebirge					> 70		
Reinluftgebiete	5	10	5	5	30	30	20
Ländliche Gebiete	10	50	30	20	50	40	50
Ballungsräume	40	100	70	30	30	30	100
Innenstadtbereich	25	80	50	25	40	40	500

tungen ohne direkt benachbarte Landwirtschaft sind 20 µg/m³, mit Landwirtschaft 80 µg/m³ [10.2].

Ozon, NO_x und SO_x werden (neben Staub, der hier nicht interessiert), weil umwelt- bzw. gesundheitsrelevant, an öffentlich eingerichteten Messstationen permanent online erfasst. Diese Informationen sind auch im Internet zugänglich (http://umweltbundesamt.de). Flüchtige organische Verbindungen (VOC, volatile organic compounds) sind als Ozonvorläufer von Bedeutung. Sie werden allerdings nicht online erfasst, da sie selbst – in normalen Umweltkonzentrationen – nicht gesundheitsrelevant sind, allerdings werden Quellen und Frachten bestimmt, um in Zukunft die troposphärische (bodennahe) Ozonbildung unter Kontrolle zu bekommen. Zur Reduktion von VOC-Emissionen gibt es deshalb auch Selbstverpflichtungen der Industriestaaten.

In Tabelle 10.2 werden die typischen Außenluftkonzentrationen von VOC, Ozon, SO_2 und NO_2 gezeigt.

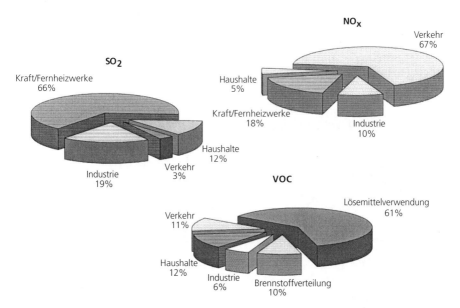

Abb. 10.3   Beiträge an der Luftverunreinigung relevanter Kontaminationen

Mit dieser Information ist bereits eine erste Orientierung bezüglich der Außenluftsituation möglich. Falls spezifische Emissionsquellen für Luftverunreinigungen in der Nachbarschaft des betrachteten Gebäudes vorhanden sind, kann man sich an der Darstellung der Hauptbeitrager zur jeweiligen Luftverunreinigung orientieren (Abb. 10.3).

Das bodennahe Ozon kann nicht in gleicher Weise einem direkten „Erzeuger" zugeordnet werden: es entsteht in einer Reaktionssequenz aus VOC, wenn diese unter Einfluss von Sonnenlicht oxidiert werden. Da die gleichen VOC, die Ozonbildner sind, auch wieder – ebenso wie NO_x – Ozonverbraucher sind, treten die höchsten Ozonkonzentrationen nicht am selben Ort und auch nicht zur gleichen Zeit auf wie die sie hervorrufenden VOC-Konzentrationen. Dies ist auch in der Konzentrationsübersicht zu sehen, die die höchsten Konzentrationen im Gebirge ausweist. Dieses Ozon ist aus Vorläufern in Ballungsgebieten und Städten entstanden und kann sich wegen der saubereren Umgebung im Gebirge dort zu höheren Konzentrationen aufbauen.

10.3.1.2 Fabrikabluft

Eine andere relevante Quelle für die Kontamination der Außenluft ist die Abluftanlage der Fabrik selbst, sowie natürlich die Abluftanlagen umliegender Fabriken. Diese sehr produktspezifischen Emissionen können natürlich mit einer allgemeinen Information wie in Abschn. 10.3.1.1 nicht erfasst werden. Abgas aus Fabrikationen enthält Luftverunreinigungen im Bereich von mg/m^3, während hier relevante Kontaminationen der Zuluft im Bereich von $\mu g/m^3$ diskutiert werden. Von daher ist es von Bedeutung, die Emmissionssituation auch im Hinblick auf die Hauptwindrichtung am Standort, die Geometrie von Abluftkamin und Zuluftansaugung zu optimieren und dabei relevante benachbarte Emittenten zu kennen und zu berücksichtigen.

Die typische Abwindfahne einer Halbleiterfabrik sieht – durch Computersimulation (Computational Fluid Dynamics, CFD) errechnet – wie in Abb. 10.4 dargestellt – aus: Auf hellgrauem Boden stehend sind hier verschiedene Fabrikgebäude dargestellt, sowie die Abwindfahnen aus den Schornsteinen

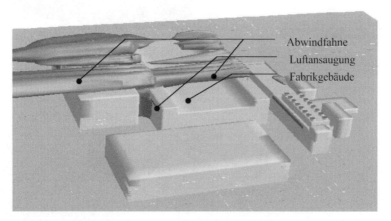

Abb. 10.4   Strömungsbild der Abwindfahne einer Halbleiterfabrik

der fabrikeigenen Abgasreinigung. Es handelt sich hier um verschiedene Abgase aus den Produktionsbereichen der Fabrik, nicht um Kraftwerksabgase. Die gezeigte Kontur der Abwindfahne ist die 1%-Einhüllende, d. h. hier ist die ursprüngliche, typischerweise im unteren mg/m³-Bereich liegende Konzentration auf 1% ihres Wertes an der Schornsteinmündung abgefallen. Mit 10 m/s Windgeschwindigkeit handelt es sich um einen Starkwindfall, was zu einer flachen, in Querrichtung wenig ausgedehnten Abgasfahne führt. Der gezeigte Effekt findet sich aber bei allen Windgeschwindigkeiten in unterschiedlichem Ausmaß. Die an der Gebäudekante immer vorhandenen Leewirbel sorgen dafür, dass in der Schlucht zwischen den Gebäuden erhöhte Konzentrationen sind, die sich im gezeigten Fall just vor der Luftansaugöffnung der Fabrik aufbauen.

Solche Simulationen werden benutzt, um die relative Lage von Abluftkamin und Luftansaugung bestmöglich festzulegen, den Einfluss von Gebäudeform und Schluchtenbildung zwischen Gebäuden zu untersuchen und den Resteinfluss der Fabrikabluft zu bestimmen bzw. zu minimieren.

Es gibt auch stets eine Windrichtung, bei der ein gewisser Kurzschluss zwischen Abluft und Zuluft eintritt. Kritische Schlüsselkomponenten sollten daher bereits in der Abluft so weit entfernt werden, dass bei Eintreten dieses Kurzschlusses keine Beeinträchtigung der Produktion zu erwarten ist, auch wenn keine behördliche Verpflichtung dazu besteht.

10.3.2 Quellen im Gebäude

Bau- und Ausrüstungsmaterialien, die zur Kontamination der Innenluft führen können, sind zahlreich [10.18]. Zunächst einmal können in Kunststoffmaterialien folgende Stoffe mit endlichem Dampfdruck vorhanden sein:
- Antioxidantien
- Monomere oder Nebenprodukte aus der Herstellung
- Katalysatoren oder Initiatoren aus der Herstellung
- Oberflächenmodifikatoren
- Weichmacher
- Stabilisatoren gegen Hitze oder UV-Licht
- Flammschutzmittel.

Die ebenfalls oft vorhandenen Füllstoffe haben meist keinen Dampfdruck, so dass sie sich nicht über die Reinraumluft verbreiten. Zusätze bzw. Reststoffe sind einerseits herstellungsbedingt, andererseits erleichtern sie die Verarbeitung oder verbessern die Anwendbarkeit des fertigen Kunststoffteils. Insofern besteht oft eine technische Notwendigkeit bzw. eine chemische Zwangsläufigkeit für das Vorhandensein eines Zusatzes.
- Kunststoffmaterialien finden Verwendung als
- Anstriche für Betonwände, -teile und Metallteile,
- Fußbodenbeschichtung
- Zusätze und Ausrüstung sowie Dichtmassen in Filtern
- Dichtung zwischen Filter und Decke
- Elektrokabelummantelung

- Material der Reinraumwände
- Andere Dichtmassen.

Außer Baumaterialien können natürlich auch Leckagen von Leitungen oder Ausdünstungen aus Prozessbädern, ebenso wie offene Reinigungsoperationen mit Lösemitteln zu Kontaminationen führen.

Da man weder – aus technischen Gründen – die Möglichkeit hat, ausgasende Materialien vollkommen auszuschließen, noch – aus Preisgründen – ein Sortiment gering ausgasender Kunststoffe für alle denkbaren Anstrich-, Dicht- und Konstruktionsaufgaben durchzusetzen, ist die Prioritätensetzung bei der Definition der Spezifikationen für Ausgasung besonders wichtig: wird in einem unbedeutenden Gewerk oder für eine ungefährliche Ausgasung eine überzogene Spezifikation etabliert, kann dies zu immensen Kostensteigerungen ohne Gegenwert führen.

Wichtig für die Qualitätssicherung in den als relevant erkannten Bereichen ist eine geschlossene Kette der Information und Verantwortlichkeit für die Kontaminationskontrolle vom Rohmaterialhersteller bis zum Verarbeiter auf der Baustelle. Vorfälle, in denen die Abwesenheit eines Organophosphates vom Lieferanten zugesichert, die betreffende Verbindung im angelieferten Material aber nachgewiesen wurde, sind berichtet [10.11]. Hier eine aktive Betrugsabsicht zu unterstellen, ist wahrscheinlich irrig: es sind eher Zeichen der Überforderung von Lieferanten durch eine Branche mit sehr speziellen Bedürfnissen.

Ein bestimmender Parameter für die Intensität der Ausgasung, d.h. die resultierende, im Reinraum erreichte Luftkonzentration, ist das spezifische Flächenverhältnis einzelner Installationen im Reinraum. Es ist definiert als der Quotient aus A_i, der für die Installation spezifischen Kontaktoberfläche Luft/Installation und A_o, der Nettoreinraumfläche.

Mit Abstand die größte Kontaktfläche mit der Reinraumluft haben die Endfilter, die die Staubfreiheit garantieren (Abb. 10.5). Dadurch, dass sie vielfach gefaltet sind, ist die Fläche noch deutlich größer als der reinen Fläche

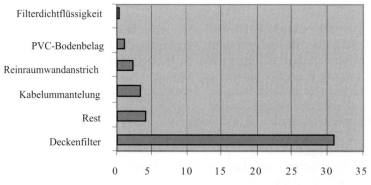

Abb. 10.5   Surface ratio (A_i/A_o)

(etwa 1200×1200 mm), die der Filter selbst einnimmt, entspricht. Letztere kann die Größe von A_0 ja nicht übersteigen. Ebenfalls größer als 1 sind die Quotienten der Wandanstriche, aber auch der Verkabelung der Prozessgeräte. Der Quotient für die Beschichtung des Reinraumbodens ist etwa 1, während das Dichtungsfluid für die Dichtung zwischen Filter und Deckenraster in diesem Diagramm mit linearer Skala überhaupt nicht mehr als von Null verschieden dargestellt werden kann.

Mit diesem Flächenverhältnis muss die substanzspezifische (oberflächenbezogene) Ausgasung gewichtet werden. Unter Vorgriff auf die verschiedenen Testmethoden seien die relative Kontamination für verschiedene typische Materialien gezeigt (Abb. 10.6):

Hier überragt der PVC-Boden des Reinraums alle anderen Beiträge. Der Kontaminationswert der Dichtflüssigkeit zwischen Deckenraster und Filtern ist ebenfalls bemerkenswert. Beim Material der Kabelummantelung muss man berücksichtigen, dass es oft auch aus PVC ist und sich durch die elektrische Verlustleistung erwärmt. Dies ist im Diagramm, das auf „Kontaminationswerten" (s. u.) basiert, die nach Standardmethoden ermittelt worden sind, jedoch nicht mit berücksichtigt.

Durch Multiplikation von Oberflächenverhältnis und Kontaminationswert erhält man die relativen Beiträge der jeweiligen Installationen (Abb. 10.7).

Bilder dieses Typs sind sowohl für die rein physikalisch bestimmte „Ausgaskonstante" erhältlich, als auch nach dem SEMI-Test E46-95. Die um Größenordnungen größere Gefahr durch Dotierstoffe, verglichen mit der Schädigung durch Adsorption von ausgegasten Kunststoffbestandteilen, wird dadurch allerdings nicht abgebildet.

Da noch keine universelle und allgemein akzeptierte Skala der Gefährlichkeiten existiert, sei erlaubt, in Abschn. 10.3.3 eine eher pragmatische Aufzählung wichtiger Kontaminationsquellen, innen und außen, anzufügen. Dem Stand der heutigen Kenntnis entsprechend, kann dies detailliert nur für Halbleiterfertigungen geschehen.

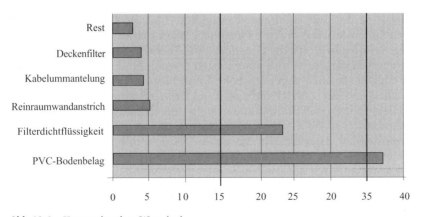

Abb. 10.6 Kontamination-Wert (cv)

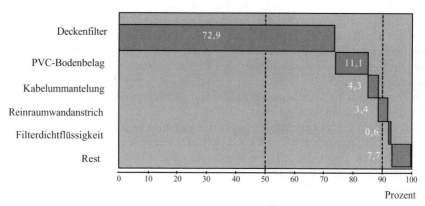

Abb. 10.7

10.3.3 Zusammenfassende Beurteilung von Kontaminationsquellen für die Halbleiterproduktion

Dotierstoffe sind mit Abstand die für die Produktion gefährlichsten molekularen Kontaminationen. Alle Verbindungen, die die Elemente Phosphor, Arsen, Antimon und Bor enthalten, gehören dazu. Arsenverbindungen, die als Prozessgase verwendet werden, sind aufgrund ihrer Toxizität gut unter Kontrolle und werden in Bau- und Ausrüstungsstoffen nicht verwendet. Antimon kann als Flammschutzmittelzusatz (sog. „Synergist") in Kunststoffteilen [10.19], sowie im sog. „Back-End" der Fabrik an Lötstationen vorkommen, und zwar als Oxid im anfallenden Staub [10.2]. Antimon als Synergist ist immobilisiert, und Antimonoxid wird wegen seiner Toxizität i. d. R. kontrolliert, sodass eine Verbreitung über die Fabrik nicht zu befürchten ist. Bor kann ebenfalls als Synergist in Flammschutzmitteln vorhanden sein, und die gesamte Filterdecke des Reinraums besteht zu erheblichen Teilen aus Boroxiden, wenn Standard-Glasfilter eingesetzt werden. Diese bleiben normalerweise lange intakt, werden aber in Bereichen mit exzessiver (über $10\,\mu g/m^3$) HF-Belastung der Luft auf Dauer beschädigt [10.2, 10.20]. Mit Abstand am wahrscheinlichsten aber ist eine Phosphorkontamination. Einerseits sind die flüchtigen Phosphate Triethylphosphat und Trimethylphosphat in Produktionsprozessen eingesetzt und können sich sowohl durch Leckagen von Prozessflüssigkeit als auch durch zu hohe Konzentrationen in der Abluft (und Kurzschluss mit der Zuluft) verbreiten; andererseits sind Organophosphate eine beliebte Klasse von Brandschutzmitteln und vielfältig in Kunststoffteilen vertreten [10.21, 10.19]. Gewisse Restkonzentrationen im $\mu g/m^3$-Bereich sind so unvermeidbar. Hier besteht im Sektor Dotierstoffe der ausgeprägteste Bedarf an deutlichen Spezifikationen, die auch kontrolliert werden müssen.

Die Gefahren durch adsorbierbare organische Verbindungen sind erst bei wesentlich höheren Konzentrationen derselben nachweisbar [10.22, 10.23]. Hier sind vor allem Weichmacher und Antioxidantien als prominente Quellen innerhalb des Reinraums zu nennen. Es handelt sich häufig um Silikone,

Phthalsäuredialkylester oder um BHT und Abkömmlinge [10.24]. Quellen in der Außenluft sind der Straßenverkehr, der alkylierte Aromaten beiträgt und Nadelgehölze, die Stoffe vom Pinentyp emittieren. Solche Stoffe sind eine reale Gefahr für Optiken mit energiereichem Licht, das zur Photolyse der organischen Luftinhaltsstoffe mit Polymerbildung auf den optischen Oberflächen führt, was langfristig deren Unbrauchbarkeit verursacht. Deshalb werden diese Optiken i. d. R. mit speziell gereinigter Druckluft gespült. In Konzentrationen über 500 µg/m^3 führen adsorbierbare Kontaminationen auch zu visuell sichtbarer Schlierenbildung auf blanken Oberflächen, was bei optischen Prozessen zu Problemen führen kann. Leichter flüchtige Lösemittel sind seltener die Ursache einer Produktionsstörung. Zwar wurde über die Ablösung von Lackschichten berichtet, doch hier lag die Konzentration bereits im Bereich nachweisbaren Geruchs. Andererseits waren Konzentrationen von Aceton oder Isopropanol im Bereich einiger mg/m^3 nicht schädlich [10.2].

Basen wie Ammoniak, Methylamine oder NMP stellen ein Problem im Bereich moderner Fotolithografie dar. Hier gibt es jedoch etablierte Filtrationssysteme für verschiedene Stellen des Einsatzes. Typische und ernstzunehmende Spezifikation ist 1 µg/m^3 [10.12] (s.o.).

Säuren führen selbst im µg/m^3-Bereich zu Korrosion an metallischen Teilen, und wirken ebenso an den metallischen Strukturen des Chips, solange diese offen liegen. In der Regel ist für diese Bereiche bzw. Prozesse eine Atmosphäre aus Reinstgas realisiert. Aus der Reaktion von flüchtigen Säuren mit dem in der Luft immer vorhandenen Ammoniak können sich feste Reaktionsprodukte bilden, die sich als Partikel auf Produktoberflächen niederschlagen können. Dies kann an jeder Stelle des Reinraums störend in Erscheinung treten und erfordert dann eine Verminderung sowohl der Säure- als auch der Ammoniakspuren in der Luft.

Eine ausführlichere Darstellung des heutzutage erreichbaren Kontaminationsniveaus findet sich bei Englmüller [10.15].

10.3.4 Berechnung der stationären Kontaminationskonzentration im Reinraum

Ist die gesamte pro Zeiteinheit ausgasende Menge β (mg/h) einer chemischen Verbindung i bekannt, etwa über Masse, Art und Oberflächenverhältnis einer installierten Komponente, sowie die Konzentration $c_{i,o}$ (mg/m^3) der in der Außenluft vorhandenen Verbindung i, so ergibt sich für die stationäre Konzentration im Reinraum $c_{i,R}$ (mg/m^3):

$$c_{i,R} = c_{i,o} + \beta/V_e$$

V_e ist dabei die Abluftmenge des Reinraums (m3/h). Diese Formel gilt stets, wenn eine intensive Vermischung der Reinraumluft vorausgesetzt werden kann [10.25].

10.4 Testmethoden zur Bestimmung der Ausgasung von Materialien

10.4.1 Methodenübersicht

Zur Bestimmung der molekularen Ausgasung eines Materials stehen verschiedene Methoden zur Verfügung. Tabelle 10.3 gibt einen Überblick über verschiedene Methoden.

Tabelle 10.3   Methoden zur Bestimmung der Ausgasung

Methode	Ergebnis
ASTM E-595-93 [10.27] ASTM F1227-89 (1994)	TML (Total Mass Loss), CVCM (Collected Volatile Condensable Materials), WVR (Water Vapor Regained)
SEMI E46-95 [10.28]	cv_+, cv_-
GC/FID	Ausgaskonstante $[Pa \times m \times s^{-1}]$
GC/MS	Identifizierung einzelner Substanzen

10.4.2 Bestimmung der Ausgasung von Materialien auf relevanten produktspezifischen Oberflächen

Für die Halbleiterindustrie mit ihren sehr hohen Anforderungen an Reinheit und Qualität ist der Standard SEMI E 46-95, „Specification for Determination of Organic Contamination from Minienvironments" einer der wichtigsten (Abb.10.8). Der Standard wurde 1994 in seiner jetzigen Fassung beschlossen und beschreibt die Bestimmung der Ausgasung mit Hilfe der IMS-Messtechnik (Ionenmobilitätsspektrometrie, [10.26]). Dazu werden gereinigte Waferstückchen zusammen mit dem zu untersuchenden Material in einer definierten Umgebung gelagert. Anschließend werden die Waferstückchen erhitzt, um die organischen Substanzen zu desorbieren und diese dann mit der IMS-Technik zu messen [10.28].

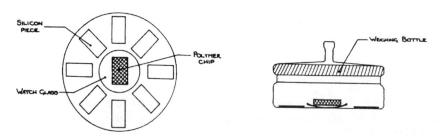

Abb. 10.8   Versuchsaufbau zur Bestimmung der Ausgasung nach dem SEMI-Test E 46-95 [10.28]

Das Resultat bezieht sich nicht auf einzelne Substanzen, sondern auf einen sog. Kontaminationswert (cv_+, cv_-) der mit Hilfe von Referenzsubstanzen ermittelt wird. Zur Ermittlung des positiven Kontaminationswertes wird als Referenzsubstanz HPB (Hexaphenylbenzol) zur Bestimmung des negativen Werts DOP (Bis[2-ethylhexylphthalat]) verwendet.

10.4.3 Bestimmung der Ausgasung unter Vakuumbedingungen

Der ASTM E-595-93 wurde schon vor 1994 verwendet, weshalb diese Testmethode, insbesondere in den USA immer noch sehr stark etabliert ist [10.27]. Zur Bestimmung der Ausgasung wird das Material im Unterdruck (0,05 mbar) auf 125 °C erhitzt. Der erhaltene Massenverlust stellt den TML (Gesamtmassenverlust, Total Mass Loss) dar. Der CVCM (Gesammelte flüchtige kondensierbare Stoffe, collected volatile condensable material) wird mit Hilfe einer gekühlten Oberfläche ermittelt. Da einzelne Materialien bei 125 °C nicht mehr stabil sind wurde dieser Standard durch den F1227-89 ergänzt. Beide Standards liefern ein Ergebnis, mit dem das Ausgasverhalten nur eingeschränkt beschrieben werden kann. Die Einschränkungen beziehen sich vor allem auf die Anwendung von Vakuum, sowie einer Temperatur, die eine für die Praxis irrelevante Zersetzung der Materialien herbeiführen kann. Des Weiteren ist auch der relative Vergleich des Massenverlustes durch Ausgasen dadurch eingeschränkt, dass die von unterschiedlichen Materialien abgegebenen Verbindungen den Produktionsprozess sehr unterschiedlich schädigen können, wird demzufolge die reine abgegebene Masse zur Beurteilung nicht ausreicht.

In Tabelle 10.4 sind verschiedene Kabelummantelungen mit dem dazugehörigen Ausgaswert gemäss ASTM E 595-93 aufgelistet.

Tabelle 10.4   Ausgaswerte verschiedener Kabelummantelungen

Teflon-Kabelummantelung	< 0,01 % TML
PTFE-Kabelummantelung	< 0,01 % TML
PVC-Kabelummantelung	15,5 % TML
Silikon-Kabelummantelung	1,4 % TML

10.4.4 Bestimmung der Ausgasung unter atmosphärischen Bedingungen

Eine weitere Möglichkeit, das Ausgasverhalten genauer zu charakterisieren, ist die statische bzw. dynamische Headspace-Gaschromatographie (GC). Beide Verfahren wurden bereits in Veröffentlichungen beschrieben [10.29, 10.30]. Es handelt sich um die Spurenanalyse des Gasraums über einer Probe unter Umgebungsdruck, aber meist bei erhöhter Temperatur. Sie bestimmt sowohl Art als auch Menge der in die Gasphase übergegangenen verdampfbaren Verbindungen.

Zur vollständigen Charakterisierung eines Materials reicht eine Messmethode allein nicht aus. Es müssen vielmehr, abhängig von der Aufgabenstellung, verschiedene Methoden kombiniert werden (Tabelle 10.5). In der Praxis

Tabelle 10.5   Hauptbestandteile verschiedener Kabelummantelungen, gemessen mit dynamischer Headspace Gaschromatographie (GC)

Teflon-Kabelummantelung	Leicht flüchtige Fluorsäuren, perfluorierte Etherverbindungen
Halogenfreie Kabelummantelung	Isopropenylacetophenon, Diazetlybenzol
PVC-Kabelummantelung	Diethylphtalat, BHT, Alkylbenzoat

hat sich herausgestellt, dass die Ergebnisse aus dem SEMI E 46-95 zusammen mit den Ergebnissen der dynamischen Headspace GC ein Material in Bezug auf die gasförmige molekulare Ausgasung sehr gut charakterisieren.

Beide ASTM-Standards sollten nur für eine qualitative Beurteilung bzw. zur Orientierung herangezogen werden.

10.5 Filtrationssysteme für AMC

Zur Verringerung der Luftkonzentration muss die gasförmige Kontamination in einem Filter- oder Abscheidesystem gebunden werden. Etablierte Verfahren sind die Abscheidung in Filtern oder die Absorption in Flüssigkeiten. Sie unterscheiden sich nicht prinzipiell von gängigen Verfahren zur Luftreinhaltung. Die zu erreichenden, teilweise sehr niedrigen Konzentrationen und die gleichzeitig hohen Luftvolumina stellen jedoch eine Herausforderung an das Abscheideverfahren an sich und an die Messtechnik dar, vor allem, wenn berücksichtigt wird, dass neben dem Abscheidegrad auch andere Parameter, wie Druckverlust und Einbauvolumen, sowie natürlich Kosten, eine Rolle spielen.

Mögliche Einbauorte sind Außen- oder Umluftgeräte, sowie Zuleitungen zu Prozessbereichen, Filter-Fan-Units in Decken oder Minienvironments. Darüber hinaus ist für bekannt sensible Prozesse eine entsprechende Filtration oft schon ein Teil des Prozessgeräts, im Gehäuse integriert oder als Nebenaggregat realisiert. Natürlich kann nicht jeder Abscheidertyp an jeder Stelle vorteilhaft verwendet werden, sondern die Zuordnung von Filtrationssystemen zu Einbauorten muss im Rahmen eines Gesamtkonzeptes zur AMC-Kontrolle erfolgen. Die Entscheidung beispielsweise, ob eine einzelne Filterstufe oder eine mehrstufige Filtration zum Erreichen der Spezifikation verwendet wird, sollte sehr genau geprüft werden, da hiermit signifikante Investitions- aber auch Betriebskosten verbunden sein können.

10.5.1 Abscheideverfahren auf Filterbasis

Prinzipiell können drei grundlegende Abscheidemechanismen unterschieden werden.
- Physikalische Adsorption (Physisorption)
- Chemische Ad- oder Absorption (Chemisorption)
- Katalyse.

Bei der Physisorption handelt es sich um einen reversiblen Vorgang. Dieser Zusammenhang ist wegen der auftretenden Adsorptions- bzw. Desorptionseffekte wichtig, wenn bestimmte Grenzwerte der abzuscheidenden Stoffe eingehalten werden müssen. Bei Erhöhung bspw. der relativen Feuchte kann reversibel gebundenes Gas wieder desorbiert werden. Dies ist der Typ Adsorption, der beispielsweise mit nicht imprägnierter Aktivkohle realisiert wird. Im Gegensatz zur Physisorption ist die chemisorptive Bindung fester und ähnelt von Struktur und Bindungsstärke der chemischen Bindung. Diese Bindung kann an der Substratoberfläche erfolgen (Adsorption, Chemisorption im engeren Sinne) oder im Inneren des Filtermaterials (Absorption, Reaktivabsorption). Der Transport von der Oberfläche des Substrates ins Innere erfolgt in der kondensierten Phase durch Diffusion. Die Übergänge zwischen beiden Typen sind fließend. Beispielsweise wird Ammoniak an sauer imprägnierter Kohle abgeschieden. Dabei entsteht als Reaktionsprodukt ein Salz, das sich auf der Kohle abscheidet. Dieser Neutralisationsprozess kann auch über einen Ionenaustauscher realisiert werden. Beim Ionenaustauschprozess handelt es sich um einen Vorgang, bei dem Gase durch eine basische bzw. saure Austauschergruppe aus dem Luftstrom entfernt werden.

Beispiel für einen sauren Ionenaustauscher $R\text{-}SO_3H$

$$R\text{-}SO_3H \; (s) + NH_3 \; (g) \longrightarrow R\text{-}SO_3NH^4 \; (s)$$

Der Einsatz katalytisch wirkender Systeme zum Abscheiden gasförmiger molekularer Stoffe ist bereits aus Anwendungen in anderen Bereichen bekannt. Dazu gehören z.B. Katalysatoren in der Kfz-Technik, die NO_x aus dem Abgas nahezu vollständig entfernen.

Filtersysteme zur Abscheidung gasförmiger molekularer Stoffe, basierend auf den o.g. Mechanismen, sind durch folgende Kernparameter charakterisiert: Zielverbindungen, Wirkungsgrad, Standzeit, Nennvolumenstrom, umbautes Volumen und Druckverlust.

Zielverbindung: gibt an, welche Stoffe mit dem Filter aus der Luft entfernt werden können. Aufgrund des Wirkmechanismus gibt es Filter, die spezifisch für bestimmte Stoffgruppen, etwa Säuren, organische Hochsieder usw. sind.

Wirkungsgrad: Wird bei einer Eingangskonzentration c_o eine Austrittskonzentration c_e am Filter erreicht, so ist der Wirkungsgrad A des Filters definiert als:

$$A = 1 - (c_e/c_o).$$

Der Wirkungsgrad gibt an, wie viel Prozent des abzuscheidenden Stoffs am Filter zurückgehalten wird. Er ist abhängig unter anderem von der Art des Filters, der Verweilzeit im Filtermedium, der Temperatur und bisweilen der Feuchte.

Standzeit: Ein wichtiges Maß für die Beurteilung eines Filters ist die Standzeit. Sie ist durch das Überschreiten einer bestimmten, festgelegten Konzentration nach dem Filter bei definierter Eingangskonzentration bestimmt (Abb. 10.9).

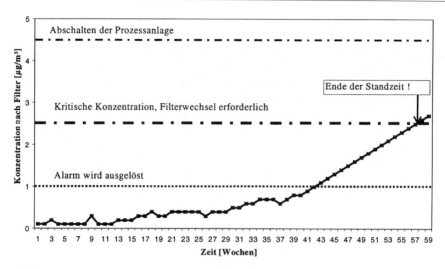

Abb. 10.9   Definition der Standzeit eines Filtersystems (schematisch)

Nennvolumenstrom: ist das Volumen Luft, das unter den vorgesehenen Betriebsbedingungen mit dem Filter gereinigt werden kann oder soll. Die Angabe erfolgt üblicherweise in Normkubikmetern pro Stunde (Nm^3/h).

Umbautes Volumen (Einbauvolumen): Es mag erstaunen, auch diesen Parameter hier zu besprechen bzw. in den Rang eines Kriteriums zu erheben. Da jedoch einer der wichtigen Parameter zur Festlegung des Wirkungsgrades die Verweilzeit des Gases im Filter ist, andererseits in der Raumlufttechnik der Reinräume erhebliche Nennvolumina zu berücksichtigen sind, typischerweise in der Größenordnung von 100.000 Nm^3/h, wird oft das zur Verfügung stehende Volumen zu einem wichtigen Kriterium, und zwar nicht nur für Nachrüstungen in bestehenden Anlagen. Umgekehrt liegen die in der Praxis realisierbaren Verweilzeiten im Filter in der Größenordnung einiger Zehntelsekunden.

Druckverlust: Der Druckverlust stellt ebenfalls einen wichtigen Parameter dar, der, auf einen bestimmten Volumenstrom bezogen wird. Ein hoher Druckverlust eines Filters bedeutet höhere Betriebskosten der Raumlufttechnischen Anlage, bedingt durch eine größere Leistungsaufnahme des Ventilators, um den Druckverlust zu überwinden, i. d. R. auch durch höhere Investitionen, weil leistungsfähigere Ventilatoren vorgesehen werden müssen.

Bauformen solcher Filter können Schüttungen aus gekörntem Material, einige 10 bis 100 kg pro Bett, oder imprägnierte Vliese, typischerweise im Bereich wenige kg pro Filtereinheit, sein. Mit körnigen Adsorptionsmitteln lassen sich zwar beliebige Betttiefen und damit Wirkungsgrade realisieren, sie sind jedoch durch den zulässigen Druckverlust der Filterstufe begrenzt. Gleichzeitig steigt mit steigender Betttiefe als weiterem Vorteil auch die Standzeit des Filters, da die Gesamtmasse des Adsorbens zunimmt. Für den tatsächlichen Einbau einer solchen Filterstufe in eine reinraumtechnische Anlage müssen allerdings statische und, wenn das Filter auf Kohlebasis realisiert ist, ebenfalls brandschutztechnische Belange berücksichtigt sein. Hauptsächlich jedoch wegen des Druckverlustes sind Betttiefen über 50 mm in der AMC-Kontrolle selten; je größer die Betttiefe, desto niedriger die Volumenströme, für die dieses Bett eingesetzt wird. Vliese werden überwiegend in Bereichen mit niedrigen Druckverlustforderungen eingesetzt, haben aber aufgrund ihrer geringen Masse begrenzte Standzeiten.

Jedes Filtermaterial ist im übrigen auch wieder eine Quelle von Kontamination: auch wenn kräftig durchlüftete Filter massiv Substanz abgeben müssen, bevor sich relevante Konzentrationen aufbauen, kann es doch in Einzelfällen zu Störungen kommen. Soll sich beispielsweise nach einem mit 1000 Nm^3/h durchströmten AMC-Filter eine Luftkonzentration von 500 ng/m^3 einstellen, verliert das Filter in jeder Stunde 0,5 mg Masse bzw. in einem Jahr 4 g. Dies erscheint ohne weiteres möglich. Um jedoch eine Konzentration von 50 $\mu g/m^3$ aufrechtzuerhalten, müssten im Jahr 400 g Substanz aus dem Filter verdampfen, was einen großen Teil der Filtermasse selbst eines solchen Filters darstellt. Man darf daraus schließen, dass im mittleren und oberen Mikrogramm-Bereich Filter nur eine temporäre Quelle von Ausgasungen sein können, während sie im mittleren Nanogramm-Bereich permanente Störquellen darstellen können.

Beim Quervergleich mit der oben gezeigten Skala der Einflussbereiche verschiedener Substanzen für die Chipherstellung erkennt man, dass insbesondere Dotierstoffe als Inhaltsstoffe des Filters beachtet werden müssen; Organophosphate etwa können in Klebern, Dichtungen, aber auch als Imprägnierung (Flammschutzmittel) im Filtervlies oder Schalldämmmaterial selbst vorhanden sein [10.2].

10.5.2 Abscheideverfahren auf Wäscherbasis

Abscheideverfahren dieses Typs haben in der chemischen Technik die höchsten Volumenabscheideraten. Daher eignen sich im Vergleich zu den Filtersystemen für höhere Volumenströme, etwa in Außenluftanlagen. Neben unterschiedlichen Ausführungen des Wäschers wie z. B. mit oder ohne Füllkörper kann als Waschflüssigkeit Wasser oder mit Säure bzw. Lauge versetztes Wasser verwendet werden. Vom Prinzip her unterscheiden sich diese Systeme nicht von analogen Systemen zur Abluftreinigung [10.31], mit dem Unterschied, dass der Chemikalienverbrauch geringer ist und der Druckverlust auch niedriger sein sollte, um eine energiesparende Integration ins Luftsystem der Fabrik zu ermöglichen. Wird nur Wasser verwendet, so handelt es sich beim Abscheidemechanismus um eine reversible Absorption. Werden Chemikalien mitverwendet, kann eine irreversible Absorption realisiert werden. Der Abscheidegrad ist u.a. abhängig von der Temperatur, der Kontaktfläche des Waschmediums (Tropfengröße), der Verweilzeit des Waschmediums im Luftstrom sowie der Flüssigkeitsausschleusung. Die Tropfengröße kann durch unterschiedliche, auf dem Markt erhältliche Düsentypen, wie z. B. Hohlkegeldüse oder Vollkegeldüse, sowie den Druck bzw. die in der Düse dissipierte Energie des Waschmediums bestimmt werden.

Üblicherweise werden in den Luftaufbereitungsanlagen der Reinraumtechnik und hier insbesondere im Bereich der Zuluft, Befeuchtungssysteme ohne Chemikalienzusatz verwendet. Die „adiabaten Luftbefeuchter" können bei Bedarf durch Änderung der Betriebsparameter zu einem Außenluftwäscher aufgerüstet werden, bei Dampfbefeuchtern ist das nicht möglich (Kap. 5).

Wie für Filter, sind für Wäscher die Parameter Zielverbindung(en), Wirkungsgrad, Nennvolumen, umbautes Volumen und Druckverlust von Bedeutung, während „Standzeit" wegen des kontinuierlichen Betriebs eines solchen Wäschers kein Kriterium ist. Da die Auslegung solcher Systeme zum Standard gehört [10.3, 10.32] wird hier nicht weiter darauf eingegangen.

Eine Übersicht einiger AMCs und der dazugehörigen Abscheidemechanismen zeigt Tabelle 10.6.

Mit Tabelle 10.6 soll der Überblick über die Kontrolle molekularer luftgetragener Kontamination in Reinräumen beendet werden. In der Reinraumtechnik sind je nach Industriezweig unterschiedliche gasförmige molekulare Stoffe von Interesse. Neben der Halbleiterindustrie mit sehr anspruchsvollen Grenzwerten beeinträchtigen AMCs einzelne Herstellungsschritte in der Festplattenfertigung und der Flachbildschirmherstellung. In der Pharmazie gehören AMC-Spezifikationen noch nicht zur Beschreibung der verwendeten Reinräume. In der gleichen geschilderten Reihenfolge nimmt auch die Zahl literaturbekannter Schadensereignisse durch AMC ab, und damit auch die Kenntnisse über den Zusammenhang zwischen Luftkonzentration und Schadensereignis. Eine ähnlich ausführliche Bewertung wie für die Chipindustrie kann für die anderen Industriezweige heute zwar noch nicht gegeben werden, ein genereller Trend zu höheren Ansprüchen bei der Luftreinigung, auch im Hinblick auf chemische Kontamination, deutet sich jedoch an.

Die zur Verfügung stehenden bzw. zum Einsatz kommenden Abscheide- und Analyseverfahren sind der gängigen Technik zur Luftreinhaltung aus industrieller und umwelttechnischer Anwendung entlehnt, ggf. an die speziel-

Tabelle 10.6   AMCs und Abscheidemechanismen nach dem Stand der Technik

	Stand der Technik	Andere Technologien
Ozon	Aktivkohle (Reaktivabsorption)	Katalysator UV Licht
Ammoniak	Wäscher Imprägnierte Aktivkohle Ionenaustauscher	Katalysator
Schwefeldioxid	Wäscher Imprägnierte Aktivkohle Ionenaustauscher	Katalysator
Stickoxide	Wäscher Imprägnierte Aktivkohle Ionenaustauscher	Katalysator
Kondensierbare Stoffe	Aktivkohle	Zeolithe
Dotierstoffe	Aktivkohle	

len Erfordernisse des Einsatzes angepasst. Wesentlich ist dabei die Erkenntnis, dass eine „Universalreinigung der Reinraumluft" technisch nicht durchführbar und wirtschaftlich nicht vertretbar ist, sondern dass prozessbezogen die Erfordernisse analysiert und die auf den jeweiligen Fall zweckmäßige chemische Filtration installiert werden sollte.

Literatur

[10.1]   Classification of airborne molecular contaminant levels in clean environments, SEMI F 21-95. S. a.: http://www.semi.org.

[10.2]   M+W Zander AMC-Datenbank, 2000.

[10.3]   Kinkead, D.; Joffe, M.; Highley, J.; Kishkovich, O: Forecast of Airborne Molecular Contamination Limits for the 0.25 Micron High Performance Logic Process, SEMATECH Technology transfer # 95052812A-TR, 31. May 1995. S. a. http://www.sematech.org

[10.4]   Semiconductor Industry Association (Hrsg.) The National Technology Roadmap for Semiconductors, Stand 1998 mit update 1999.

[10.5]   Budde, K.J.: Electrochemical Society Proceedings of the ESSDERC 1995, 30, (1995), 281.

[10.6]   Kinkead, D.; JHigley, J.: MICROCONTAMINATION 1993, S. 37.

[10.7]   Muller, A.J.; Psota-Kelty, L.A.; Krautter, H.W.; Sinclair, J.D.: Solid State Technology 1994, 61.

[10.8]   Tamaoki, M.; Nishiki, K.; Shimazaki, A.; Sasaki, Y.; Yanagi, S.: IEEE/SEMI Advanced Semiconductor Manufacturing Conference 1995, 322.

[10.9]   Camenzind, M.: Semiconductor Pure Water and Chemicals Conference, 1996, 352.

[10.10] Kishkovich, O.P.; Joffe, M.A.: MICRO, 1996, 83.

[10.11] Gutowski, T.; Oikawa, H.; Kobayashi, S.: Proceedings of the 1997 Semiconductor Pure Water and Chemicals Conference, 143.

[10.12] Park, J.; Bae, E.; Park, Ch.; Han, W.; Koh, Y.; Lee, M.; Lee, J.: Jpn. J. Appl. Phys 34 (1995) 6770.

[10.13] Muller, A.J.; Psota-Kelty, L.A.; Krautter, H.W.; Sinclair, J.D.: Solid State Technology (9) 1994, 61.

[10.14] Vepa, K.; Dowdy, J.D.; Mori, E.J.; Shive, L.W.: Contamination Control and Defect Reduction in Semiconductor Manufacturing II. Proceedings of the Electrochemical Society Spring Meeting 1993, 169.

[10.15] Englmüller, E.; Ishiwari, S.; Kiyota, S.: Productronica 97 Proceedings (H. Ryssel, L. Pfitzner, R. Trunk Hrsg.), HLF Workshop, Fraunhofer IRB Verlag, Stuttgart 1998.

[10.16] Takeda, T. Nonaka, Y. Sakamoto, T. Taira, K. Hirono, T. Fujimoto, N. Suwa und K. Otsuka, 14th ICCCS International Symposium on Contamination Control, 1998 Proceedings, p.556.

[10.17] Zhu, S.-B.: Journal of the IEST 41, Nr. 5 (September/Oktober) 1998, 36.

[10.18] Plast/ J. Murphy, The additives for plastics handbook, Elsevier, Oxford 1996.

[10.19] Walz, R.: Moderne Flammschutzmittel für Kunststoffe, Haus der Technik, Essen 1998.

[10.20] Marelli, C.: Proceedings of the Cleantech 98, Mailand 1998, S. 35.

[10.21] Shanley, A.: Chemical Engineering, Mai 1998, S. 61.

[10.22] Yoshida, T.; Imafuku, D.; Miyazaki, S.; Hirose, M.: Proceedings of the 3rd Int. Symp. on ultra clean processing of silicon surfaces, UCPSS (M. Heyns, M. Meuris und P. Mertens, Hrsg), Leuven (B) 1996, S. 305.

[10.23] Saga, K.; Hattori, T.: Journal of Electrochemical Society, 144, (1997).

[10.24] Saga, K.; Hattori, T.: Proceedings of the 3rd Int. Symp. on ultra clean processing of silicon surfaces, UCPSS (M. Heyns, M. Meuris und P. Mertens, Hrsg), Leuven (B) 1996, S. 299.

[10.25] Levenspiel, O.: Reaction Engineering, 2. Auflage, New York 1972, S. 101 ff.

[10.26] Bacon, A.T.; Getz, R.; Reategui, J.: Chemical Engineering Progress, Juni 1991.

[10.27] American Society for Testing and Materials (ASTM), Standard Test Method for Total Mass Loss and Collected Volatile Condensable Materials from Outgassing in a Vacuum Environment, E595-93, Ausgabe 15. Juni 1993. http://www.astm.org

[10.28] Budde, K.; Holzapfel, W.: Productronica 97 Proceedings (L. Pfitzner, J. Frickinger Hrsg.), Organic Contamination Workshop, Fraunhofer IRB Verlag, Stuttgart 1998.

[10.29] Fabry, L.; Wieser, M.; Berman, R.: Comparison of Static and Dynamic HS-GCMS Results on Plastics, Productronica 97 Proceedings (L. Pfitzner, J. Frickinger Hrsg.), Organic Contamination Workshop, Fraunhofer IRB Verlag, Stuttgart 1998.

[10.30] Camenzind, M.; Kumar, A.: 1997 Proceedings of the 43rd annual meeting on Integrated Product development, Los Angeles, 1997, Seite 211.

[10.31] Grassmann, P.; Widmer, H.: Einführung in die thermische Verfahrenstechnik, 2. Auflage, Berlin 1974, S. 133 ff.

[10.32] Schultes, M.: Chemie Ingenieur Technik 70, (3), 254 (1998).

11 Hygiene und Schulung

Die naturwissenschaftlichen Grundlagen der „Hygiene" als einer Disziplin der Medizin wurden im 19. und 20. Jh. durch Arbeiten von Pasteur, Koch, Konrich, Flügge u.a. geschaffen (Abb. 11.1).

Sie ist im Sinne der Präventivmedizin darauf gerichtet, Krankheiten zu verhüten, d.h. den Patienten vor einer Schädigung durch infektiöse Keime zu schützen. Der Schwerpunkt liegt dabei auf den Eigenschaften der Infektiösität, Pathogenität und Virulenz der auszuschaltenden Keime.

Die „Hygiene" als ein Teilgebiet der Pharmazie entwickelte sich in den 60er Jahren unseres Jahrhunderts durch Erkenntnisse über die mögliche mikro-

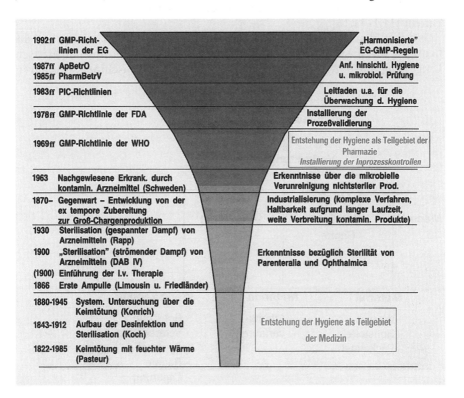

Abb. 11.1 Entwicklung der Hygiene und Mikrobiologie im pharmazeutischen Arbeitsbereich

bielle Verunreinigung von Arzneimitteln. Während bei der Krankenhaushygiene im Mittelpunkt aller Bemühungen die Ausschaltung der infektiösen Keime
steht, konzentriert sich die Hygiene in dem biologisch kontrollierten Arbeitsbereich der Pharmazie je nach gefordertem Reinheitsgrad auf alle mikrobiellen Kontaminationen, gleich ob es sich um pathogene oder apathogene Keime
handelt. Denken wir nur an mikrobielle Formen wie Pilze und Hefen, die zu
einer Verschimmelung oder Bakterien, die zu einer Vergärung von flüssigen
Oralprodukten führen können. Bei parenteralen Produkten tritt neben die Verhütung einer Übertragung lebender Keime noch das Problem der pyrogenen
Wirkung von abgetöteten Keimen bzw. deren Zerfallsprodukten.

Trotz dieser differenzierten Betrachtungsweise ändert sich an der gemeinsamen Zielsetzung, die sich der Hygiene im medizinischen und pharmazeutischen Bereich stellt, damit nichts:

Die Erfassung und Verhütung aller Möglichkeiten, die zu einer Schädigung
des Menschen direkt (Medizinischer Bereich) oder indirekt (über das Arznei-
mittel/Pharmabereich) führen können.

Dieses Ziel setzt genaue Kenntnisse über die Ursache von Kontaminationen
(auch „Infektionsquelle" genannt) und ihre Verbreitung (auch „Infektionsweg" genannt) voraus (Abb. 11.2).

Im Krankenhausbereich gilt nach Grün, Gundermann, Kanz u. a. als Haupt-
infektionsquelle der Mensch, d. h. das dort beschäftigte Personal und der
Patient [11.1–11.13].

Für den Pharma- einschließlich Reinraumbereich kann man aufgrund des
heutigen Wissensstands eindeutig sagen, dass die Infektionsquellen Mensch,
Umgebung (also Arbeitsräume, Luftbedingungen), Maschinen, Verfahren,

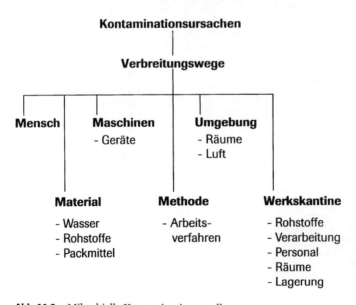

Abb. 11.2 Mikrobielle Kontaminationsquellen

Ausgangsstoffe und Arzneibehälter je nach Arbeitsprozess, Art der Produkte und der individuellen Umstände eine gleichgeordnete Bedeutung haben können.

Eine Parallele zum Krankenhausbereich läßt sich allerdings in der Weise ziehen, als die Erkennung, Kontrolle und Verhütung der „Infektionsquelle Mensch" schwierig und problematisch ist, da der Mensch zum einen die Lebensbedingungen für eine verwirrende Vielfalt von Mikroorganismen bietet und eine Sanierung dieses in Betracht zu ziehenden Keimträgers von vornherein auszuschließen ist.

Zum anderen ist der Mensch in seinen Handlungen unberechenbar. Denken wir in jüngster Zeit an die Amokläufer, das Anlegen von Waldbränden, die Vergiftung von Lebensmitteln, die Verfälschung von Arzneimitteln und die vielen unbeabsichtigten menschlichen Versagensfälle im Straßen- und Eisenbahnverkehr.

Davon ausgenommen sind natürlich auch nicht der medizinische und pharmazeutische Bereich. Durch menschliches Versagen, unbewusstes oder bewusstes Fehlverhalten und Organisationsverschulden sind immerhin Fälle schwerer Gesundheitsstörungen und sogar Todesfälle verursacht worden.
- Übertragung von HIV durch Blutprodukte
- Untermischung von Arzneiformen oder primären Packmitteln durch nicht sachgemäßes Reinigen der Verpackungslinien oder Entsorgung von Placebos bzw. Maschinenmuster
- Unterlassung der gesetzlich vorgeschriebenen Eingangskontrolle von Wirk- und Hilfsstoffen
- Unterlassene Prüfung der Filtrationseinrichtungen, wobei keim- bzw. pyrogenhaltige Lösungen nicht durch das Filter sondern am Rande vorbei zur Abfüllung gelangten
- die nicht sachgerechte Wartung von Klimaanlagen und Lüftungseinrichtungen.

Bei einer Diskussion mit Experten von Behörde, Industrie und Fachkreisen in Frankfurt über einen im Jahr 1999 bekannt gewordenen Arzneimittelzwischenfall mit tödlichem Ausgang waren sich alle Teilnehmer einig, dass trotz
- gesetzlicher Vorgaben von Seiten der Zulassungs- und Überwachungsbehörden und deren Überwachung
- umfassender Qualitätssicherungsmaßnahmen von Seiten der Hersteller und
- erhöhter Aufmerksamkeit im Umgang mit Arzneimitteln von Seiten der Fachkreise,
mit Arzneimittelzwischenfällen zu rechnen ist, da der Faktor Mensch nicht auszuschließen ist.

Die modernen Verfahren der Reinraumtechnik und des Qualitätswesens (s. Kap. 2 u. 16) ermöglichen zwar, einzelne Kontaminationsfaktoren um Größenordnungen wirkungsvoller zu beherrschen – der Faktor Mensch bleibt ungeachtet dessen, wo immer er in den Prozess eingreift, ein besonderes Risiko.

Eine Ausweitung der Gesetze könne daher auch keine Lösung für mehr Arzneimittelsicherheit sein, würde vielmehr die Gefahr mit sich bringen, dass die am Herstellungsprozess Beteiligten das Gefühl für die eigene Verantwortung verlieren („wozu denken, wenn doch alles geregelt ist"). Wichtiger als neue Gesetze zu erlassen sei es, die „Compliance"-Definition, z. B. „Übereinstimmung mit Herstellungsvorschriften und behördlichen Anforderungen" für die bereits vorhandenen zu verbessern und Mängel in der Organisation zu beseitigen.

Damit sind wir bei zwei Schwerpunkten einer sachgerechten Hygiene und Schulung in Reinen Räumen:
– Vermittlung der erforderlichen „Compliance"
– Aufstellung klarer Regeln für die Hygiene und das Personalverhalten in Reinen Räumen.

Zur Verbesserung der diesbezügl. „Compliance", d. h. der Bereitschaft aller Beschäftigten zur aktiven Mitarbeit an hygienebezogenen Maßnahmen in Reinen Räumen gibt es für die verantwortlichen Führungskräfte zunächst ein greifbares, in der Praxis umsetzbares Verhaltensmuster:
– Wandel der Reinraumtechnik mitgestalten, nicht einen Mangel verwalten
– Personal integrieren statt dividieren
– Gestaltungschancen bieten
– Augenmaß bewahren und Überregulierung verhindern
– glaubwürdig informieren und Verlässlichkeit beweisen
– komplexe Themen erklären oder durch Dritte erklären lassen
– offen sein gegenüber allen Aus- und Weiterbildungsmaßnahmen und -wünschen des Personals
– sich selbst allen Regeln unterwerfen, die für die Mitarbeiter gelten.

Schwieriger dagegen ist das Bewirken eines langfristigen Bewusstseinswandels beim Personal. Wenn wir ehrlich sind, verdrängen die Ansätze zum professionellen Qualitätsmanagement immer mehr die Berufsethik. Die Idee der Zertifizierung korrekter Abläufe (und nicht des Ergebnisses) bspw. nach der ISO-9000-Familie hat auf den ersten Blick etwas Bestechendes, da das Gefühl besteht, auf diesem Wege schnell und weitflächig etwas für die Qualität, in unserem Fall, die Hygiene und das Personalverhalten tun zu können. Nach ersten Jahren der Euphorie ist jetzt Nüchternheit sowohl im Krankenhaus- als auch im Pharmabereich eingetreten.

Der Einfluss auf die „Compliance" von Ärzten und Schwestern wird im Standardwerk für das Gesundheitswesen *Das Public-Health-Buch* wie folgt beschrieben [11.14]:

> *„Aus vielen Qualitätsmanagement-Ansätzen ergibt sich die große Gefahr, dass das Augenmaß auf die Datensammlung und nicht auf die anzustrebenden Verhaltensänderungen, deren Durchsetzbarkeit und dauerhafte Sicherung gelegt wird."*

Für den Pharmabereich können wir im In- und Ausland das Gleiche testieren. „Compliance" kann nicht durch Regelwerke geschaffen werden, sie muss im Sinne einer Berufsethik bereits in der Ausbildungsphase angelegt und später bei der Berufsausbildung vorgelebt und vertieft werden. Die nachfolgend genannten Gesichtspunkte sind von großer Wichtigkeit:

Humanitärer Gesichtspunkt. Qualitätsverantwortung kann nur einer übernehmen, der weiß, welche ethische Aufgabe die Arzneimittelherstellung und -prüfung ist.

Verantwortungsbewusstsein. Qualitätsbewusst kann nur jemand sein, der weiß, dass die Qualitätspolitik kunden-(patienten-)orientiert und nicht herstellerorientiert ist.

Produktinformation. Motiviert kann nur einer sein, der weiß, in welche Produkte seine Arbeit eingeht und welche Folgen Fehler in hergestellten Teilen für das Gesamterzeugnis verursachen können.

Bewusstseinswandel. Einen Übergang von Fremd- zu Selbstkontrolle vollzieht nur einer, der weiß, dass er Vertrauen genießt.

Damit ist aber der Wert von Regelwerken wie die Pharmazeutische Betriebs-VO und der EG-GMP-Leitfaden, die klare Vorgaben zur Hygiene und zum Personalverhalten enthalten, keinesfalls in Frage gestellt [11.15, 11.16]. Sie geben den Stand von Wissenschaft und Technik wieder und sind als Zielvorgabe des Gesetzgebers zu werten. Als Beispiele seien genannt:

PharmBetrVO
- **§2 Abs. 1:** (Das Personal) darf nur entsprechend seiner Ausbildung und seinen Kenntnissen beschäftigt werden und ist über die beim Umgang mit Arnzeimitteln und Ausgangsstoffen gebotene Sorgfalt regelmäßig zu unterweisen.
- **§4 Abs. 2:** Soweit zur ordnungsgemäßen Herstellung und Prüfung der Arzneimittel erforderlich, müssen schriftliche Hygieneprogramme mit Anweisungen zum hygienischen Verhalten und zur Schutzkleidung des Personals erstellt und befolgt werden.

EG-GMP-Leitfaden
- **Personalhygiene Position 2.14:** Es sollten Vorkehrungen getroffen werden, die, soweit es praktisch möglich ist, sicherstellen, dass in der Arzneimittelherstellung niemand beschäftigt wird, der an einer ansteckenden Krankheit leidet oder offene Verletzungen an unbedeckten Körperstellen aufweist.
- **Personalhygiene Position 2.15:** Jeder Mitarbeiter sollte bei der Einstellung ärztlich untersucht werden. Der Hersteller muss das Personal anweisen, ihm Änderungen des Gesundheitszustandes, die von Bedeutung sein könnten, zu melden. Nach der Einstellungsuntersuchung sollten, wenn aus betrieblichen oder persönlichen Gründen nötig, Folgeuntersuchungen durchgeführt werden.
- **Personalhygiene Position 2.17:** Essen, Trinken, Kauen oder Rauchen sowie die Aufbewahrung von Speisen, Getränken, Tabakerzeugnissen oder Medikamenten für den persönlichen Gebrauch sollten in den Produktions- und Lagerbereichen verboten sein. Allgemein sollte jedes unhygienisches Verhalten innerhalb der Herstellungsbereiche oder in jedem anderen Bereich, in dem das Produkte beeinträchtigt werden könnte, verboten sein.

- **Personalhygiene Position 2.18:** Der direkte Kontakt zwischen Händen eines Beschäftigten und dem offenen Produkt sollte ebenso vermieden werden wie der direkte Kontakt mit irgendeinem Ausrüstungsteil, das mit den Produkten in Berührung kommt.
- **Ergänz. Leitlinie „Herst. Steriler Arzneimittel" Personal Position 14:** Das gesamte in reinen Bereichen beschäftigte Personal (einschließlich des Reinigungs- und Wartungspersonals) sollte in den für die sachgemäße Herstellung steriler Produkte wichtigen Disziplinen regelmäßig geschult werden. Die Schulung sollte auch Hygiene und die Grundlagen der Mikrobiologie umfassen. Wenn nicht entsprechend geschulte betriebsfremde Personen (z.B. solche, die mit Bau- oder Wartungsarbeiten beauftragt sind) reine Bereiche betreten müssen, sollten sie sehr sorgfältig beaufsichtigt werden.

Begleitend zu den gesetzlichen Vorgaben in der **VDI-Richtlinie 2083, Blatt 6** wurden bspw. die richtige Verhaltensweise des Personals am Reinen Arbeitsplatz stärker herausgearbeitet [11.17].
- Alles Personal am Reinen Arbeitsplatz muss wiederholt geschult werden.
- Am Reinen Arbeitsplatz soll sich nur ein Minimum an Personal aufhalten.
- So weit möglich sind Kontrolltätigkeiten von außen vorzunehmen.
- Für Kontrollpersonal, Serviceleute, Besucher gelten dieselben Verhaltensregeln wie für die ständigen Mitarbeiter.
- Der Personalverkehr zwischen Reinem Arbeitsplatz und Umgebung ist auf ein Minimum zu beschränken.
- Keine Mitnahme von persönlichen Gegenständen an den Reinen Arbeitsplatz. Arbeitspapiere sind nicht in unmittelbarer Nähe des Produktionsplatzes zu lagern.
- Außer den direkt benötigten dürfen keine Materialien im Bereich des Reinen Arbeitsplatzes gelagert werden.
- Das Personal muss sich am Reinen Arbeitsplatz kontrolliert und überlegt bewegen.
- Das Betreten des Reinen Raumes erfolgt über eine Personalschleuse mit Reinraumgarderobe. Die vorgeschriebene Arbeitskleidung muss im Reinen Raum zu jeder Zeit korrekt getragen werden.
- Für Handschuhe und Mundschutz sind Vorschriten bzgl. Benutzungsnotwendigkeit, An- und Ausziehen, Benutzungsdauer zu erstellen.
- Um die Handschuhe nicht zu kontaminieren darf nichts außer den entsprechenden Geräten etc. am Arbeitsplatz berührt werden (ansonsten desinfizieren).
- Im Sterilbereich sind Handschuhe und Mundschutz bei jedem Neueintritt in den Reinen Arbeitsplatz zu wechseln, ansonsten periodisch. Während der Arbeit müssen die Handschuhe periodisch desinfiziert werden.
- Die Kommunikation nach außen hat über eine berührungsfreie Gegensprechanlage zu erfolgen.
- Naseputzen nur im nicht kritischen Arbeitsbereich mit Einwegtüchern.
- Sprechen, Husten und Niesen dürfen nie in Richtung des kritischen Arbeitsbereichs erfolgen.

Zusätzliche Regeln für das Verhalten in der turbulenzarmen Verdrängungs-strömung

– Bei turbulenzarmer Verdrängungsströmung müssen die benötigten Geräte und Materialien so aufgestellt werden, dass das Strömungsprofil möglichst wenig gestört wird.
– Bei turbulenzarmer Verdrängungsströmung darf sich das Personal nie zwischen dem HEPA-Filter und dem zu schützenden Objekt aufhalten.
– Eingriffe in den kritischen Arbeitsbereich haben möglichst so zu erfolgen, dass sich die Hände oder Arme des Personals nicht zwischen HEPA-Filter und zu schützenden Objekt befinden.
– Muss in den kritischen Arbeitsbereich eingegriffen werden, so sollen bei dieser Tätigkeit nur die Hände und Unterarme in unmittelbarer Nähe des zu schützenden Objekts gebracht werden. Zudem ist nach Möglichkeit ein direkter Kontakt der behandschuhten Hand mit dem Objekt zu vermeiden (Werkzeug verwenden). Im Sterilbereich sollte das Eingreifen – wenn immer möglich – nur mit sterilisierten Werkzeugen, Pinzetten etc. erfolgen.

Wir stellen nun den Lerninhalt eines Einführungs- und Weiterbildungskurses sowie Anregungen zu einem „Train-the-Trainer"-Programm" vor (Abb. 11.3):
Lerninhalte eines Einführungskurses
– Beschreibung des Arbeitsprozesses
– Funktion und Nutzen der Reinraumtechnik im Arbeitsprozess
– Begriffe, Definition und Grundlagen der Reinraumtechnik
– Von Mensch, Material, Maschinen, Methoden, Umgebung ausgehende Kontaminationsursachen

Rahmen	**Raum, Sitzanordnung, Tageszeit, Dauer**
Teilnehmerkreis	**Hierarchie, Vorwissen**
Darstellung des Lehrstoffs	**Film, Tonbildschau, programmierte Unterweisung, Fallstudien Praxisdemonstrationen**
Lehrstoffinhalt	**potentielle Gefahr mikrobiell verunreinigter Arzneimittel, Ursache und Verhütung von Infektionen, wichtige Rolle jedes Beschäftigten**
Vermittlung des Lehrstoffs	**Motivierung, Aufmerksamkeit, Spannung, aktive Beteiligung, Abwechslung**
Erfolgskontrolle	**Theorie, Praxis**

Abb. 11.3 Lerninhalt des Programms „Train the Trainer"

- Nachweis und Beurteilung nachgewiesener Kontaminationsursachen
- Verhinderung und/oder Ausschaltung der Kontaminationsursache Mensch
- Geeignete Kleidung
- Richtiges Verhalten
- Geeignete Materialien
- Reinraumgerechte Maschinen
- Reinraumgerechte Arbeitsdurchführung
- Zoneneinteilung inkl. Anforderungen
- Betrieb, Wartung, Überwachung von LF-Anlagen
- Reinigung und Desinfektion
- Verhalten bei Störungen

Lerninhalte eines Weiterbildungskurses
- Gesetzliche Grundlagen und Empfehlungen auf dem Gebiet der Reinraumtechnik unter Bezug auf das betreffende Arbeitsgebiet
- Grundlagen der Hygiene und Mikrobiologie
- Partikelüberwachung
- Übungen zur partikelarmen und aseptischen Arbeitsweise
- Anleitung zur Erfassung, Auswertung und Dokumentation technischer und mikrobiologischer Daten
- Problembezogene Ausbildung am Arbeitsplatz z. B. durch erfahrene Mitarbeiter

Ziel eines solchen „Train-the-Trainer"-Programms ist es, Mitarbeiter, die über ein Basis-Know-how bei der Durchführung von Schulungen verfügen, höher zu qualifizieren und ihnen Wege zum Umgang mit schwierigen Situationen und wenig motivierten Mitarbeitern aufzuzeigen. Da die Aufmerksamkeit von Firmenteilnehmern bei Schulungen im Laufe der Zeit bekanntlich nachlässt, muß neben der reinen Vermittlung von praxisnahem Wissensstoff viel Aufmerksamkeit dem Trainerverhalten hinsichtlich Didaktik, Rhetorik, Körpersprache und Moderationsvermögen geschenkt werden. Da der Mensch ein „Augentier" ist, müssen den Schulungsbeauftragten die Vorteile entsprechender Seminar-Designs, wie Folien, Dias, Filme, Praxismaterialien erläutert und zur Verfügung gestellt werden.
Bei der Schulung von Mitarbeitern in „Reinen Räumen" bilden Themen der Hygiene und Mikrobiologie wichtige Schwerpunkte. Dies sind:
- Erstellung eines Ausbildungsprogramms in Fragen der Gesundheitspflege und Hygiene
  • Programmierte Unterweisung für jeden Neueingestellten
  • Filme oder Tonbildschauen in verschiedenen Zeitabständen für einzelne Gruppen
  • Demonstrationsmaterial.
- Programminhalte
  • Die potentielle Gefahr von mikrobiell verunreinigten Arzneimittel
  • Genaue Hinweise über Ursache und Verhütung von Kontaminationen
  • Die wichtige Rolle, die jedem Beschäftigten hinsichtlich der Hygiene zukommt

- Intensivierung
  • Diskussion im Anschluss an die Tonbildschau
  • Aufzeigen von Praxisfällen bei Begehung.

Hier muss die überragende Bedeutung der Reinraumtechnik im Katalog der heutigen Möglichkeiten zur Verhinderung und Beseitigung von Kontaminationen herausgearbeitet werden (Tabelle 11.1).

Offen ist noch die spannende Frage, ob die geschilderten Hygienemaßnahmen und insbesondere das entsprechende Verhalten des Personals im Reinraum überhaupt nachprüfbar ist.

Nach wissenschaftlichen Maßstäben gelten nur solche prophylaktischen, präventiven Maßnahmen, wie die der Hygiene, als anerkannt und gerechtfertigt, deren Wirksamkeit durch Erfolgskontrollen belegt werden können.

Hygiene gilt heute als Synonym für Sauberkeit schlechthin. Persil, modern eingerichtete Küchen- u. Badezimmer, weiße Oberflächen, metallglitzernde Destillationsanlagen, Kessel-, Leitungs-, Filtrations- und Abfüllanlagen, Sterilisationsanlagen, modernste Arbeitskleidung-, mundschutz- und handschuhtragendes Personal sprechen nach außen hin für sich. Wir alle wissen, dass dem aber häufig nicht so ist. Die Hygiene hat nicht zuletzt durch die eingangs erwähnten großen Persönlichkeiten, wie Lister, Pettenkofer, Robert Koch u. seine Schule, eine wesentliche Bereicherung in dem Augenblick erfahren und wurde zu einer echten Wissenschaft, als bewiesen wurde, daß ein bestimmter lebender Erreger eine bestimmte Krankheit hervorruft. Von da an ließ sich

Tabelle 11.1   Methoden und Maßnahmen zur Beseitigung oder Verhinderung von mikrobiellen Kontaminationen

Prinzip	Art
Fernhalten	Präventivmaßnahmen im Rahmen der Produktions- bzw. Krankenhaushygiene: – Personal – Räume – Klimatechnik, u.a. Einsatz der LF-Technik – Einrichtung – Verfahren – Ausgangsstoffe inkl. Wasser – Verpackung
Beseitigen	Filtration – Ausgangsstoffe inkl. Wasser – Produkte – Luft, u.a. Einsatz der LF-Technik
Inaktivieren	Physikalische und chemische Verfahren – Hitze, u.a. Wärmeübertragung mittels LF-Technik – Strahlen – Gase – chemische Stoffe

der Erfolg von Hygienemaßnahmen, z. B.
- die Anwendung der hygienischen (u. chirurgischen) Händedesinfektion
- der Einsatz chemischer Stoffe, die wir heute als Desinfektions- bzw. Konservierungsmittel einsetzen
- die Verwendung von feuchter und trockener Hitze
- der Einsatz der Filtration
- die Strahlenbehandlung von Medizinprodukten

mit den Methoden der Bakteriologie experimentell exakt beweisen. Der Einsatz der Reinraumtechnik, als präventiver Methode zur Beherrschung jeder Art von Mikrokontamination, erforderte in den letzten 3 Jahrzehnten neben den bakteriologischen Detektionsverfahren, zunehmend solche physikalischer und chemischer Art. Unter Anwendung all dieser Mittel entwickelte man Strategien, die um unsere Jahrtausendwende einen Kulminationspunkt

Tabelle 11.2 Strategie 1: Fernhalten von mikrobiellen Kontaminationen durch kontrollierbare aseptische Methoden

Methoden	Biologische und/oder chemische Erfolgskontrollen
Einsatz der LF-Technik per se	Methoden zur Luftkeimzahlbestimmung
	Streulichtteilchenzähler zur Bestimmung einzelner Teilchen und deren Größe
	HEPA-Filterintegritätstests mittels Testaerosol
Aseptische Arbeitsweise	Ermittlung der Kontamination von Personen (Hände, Sterilkleidung) und Oberflächen (Raum, Geräte, Maschinen) mittels bakteriologischer Abklatsch-, Wisch-, oder Spültests
	Generelle Überwachung der Hygienedisziplin durch Nährbodenabfüllung unter Betriebsbedingungen (Personal, Produktions-Abfüllvorgang, Umgebung, LF, Reinigungs-, Desinfektionsvorgänge)
Einsatz der Konservierung als Adjuvanz	Challengetest und Konservierungsbelastungstests

Tabelle 11.3 Beseitigen von mikrobiellen Kontaminationen durch kontrollierbare Filtrationsmethoden

Methoden	Biologische und/oder chemische Erfolgskontrollen
Entkeimungsfiltration mittels Oberflächen(membran)filter	Bakterienrückhaltetest (u.a. Ps. Diminuta) Druckhaltetest (Funktionstüchtigkeit des Systems) mit anschl. Bubble-Point-Test (Deklarationsprüfung des Filtermaterials)
Entkeimung- und Entpyrogenisierungsfiltration mittels Tiefenfilter	Bakterien und Pyrogen-(Endotoxin-)rückhaltetest Prüfung des Produktrests nach der Filtration auf Sterilität

Tabelle 11.4   Inaktivieren von mikrobiellen Kontaminationen durch kontrollierbare Sterilisationsmethoden

Methoden	Biologische und/oder chemische Erfolgskontrollen
Sterilisation durch Dampf, trockene Hitze, Strahlen, Gase	Mikrobiologische Kontrolle durch Bioindikatoren und/oder Endotoxin mit entsprechender Widerstandsfähigkeit gegenüber den verschiedenen Verfahren
	Festgelegte Behandlung für alle Ladungen
	Aufzeichnung des Sterilisationsprozesses je nach
	Verfahren, Zeit, Temperatur, Druck, Luftzirkulation, Strahlendosis, Gaskonzentration
	Reproduzierbare Letalitätsrate (SAL-Wert $\leq 10^{-6}$)

Tabelle 11.5   Produktkontrollen zum Ausschluss kritischer Keim- und Endotoxinwerte bzw. Nachweis der Sterilität

Methoden
Prüfung auf Sterilität
Prüfung auf mikrobielle Verunreinigung Nachweis bestimmter Keime
Prüfung auf Pyrogene
Prüfung auf Bakterien – Endotoxine
Gehalt an wirksamen Konservierungsmittel nach Lagerung

erreicht zu haben scheinen (Tabellen 11.2–11.5) – falls nicht neue Agenzien, wie bspw. das pathologische Prionprotein (TSE/BSE) – andere Handlungsweisen erfordern.

Dieses Buchkapitel läßt erkennen, daß Hygiene und Mikrobiologie eng miteinander verzahnt sind und einer ganzheitlichen Betrachtung bedürfen. Dies gilt für die Medizin, Pharmazie und die damit eng verbundene Reinraumtechnik, die mit ihren Wirkungsmechanismen Fernhalten, Beseitigen und Inaktivieren von Mikroorganismen (z.B. LF-Tunnel) das aseptische Verfahren schlechthin darstellt.

Reinraumtechnik anwenden heißt Hygiene anwenden.

Literatur

[11.1] Grün, L., Entwicklung und Stand der Infektionen im Krankenhaus, Arch. Hyg. 154, 181 (1970)

[11.2] Grün, L., Desinfektion medizinischer Spezialgeräte, Zbl. Bakt. Hyg. I Ab. Orig. 156, 129 (1972)

[11.3] Grün, L., Krankenhaushygiene, Öffentl. Gesundheitswesen 35, 54 (1973)

[11.4] Grün, L., Pseudomonaden-Hospitalismus, 3. Düsseldorfer Hygienetage 25./26.4.1974

[11.5]   Grün, L., Pitz N., Infektionsgefahren durch das Wasser der Wäschekammern von Klimaanlagen und ihre Beherrschung durch Tego-Diocto, Goldschmidt informiert 1, 26 (1974)

[11.6]   Gundermann, K.O., Hygiene im modernen Krankenhaus, Med. Welt 22, 1441 (1971)

[11.7]   Gundermann, K.O., Deisnfektionsprobleme bei Anlagen zur künstlichen Belüftung aseptischer Räume, Goldschmidt informiert 1, 13 (1974)

[11.8]   Kanz, E., Hospitalismus-Fibel, W. Kohlhammer Verlag Stuttgart, 2. Aufl. 1966

[11.9]   Kanz, E., Die Infektionsverhütung im OP-Saal beginnt auf der Station, Gesundheitswesen und Desinfektion 61, 177 (1969)

[11.10] Kanz, E., Bekämpfungsmaßnahmen für Infektionen im OP-Bereich und auch der Intensivpflegestation, Arch.Hyg. 154, 188 (1970)

[11.11] Kanz, E., Biokontamination im Forschungslabor und Krankenhaus, Eurocontamination, Stuttgart 1970

[11.12] Kanz, E., Aseptik in der Chirurgie, Urban und Schwarzenberg, München 1971

[11.13] Kanz, E., Probleme der Betriebshygiene in Pharmabetrieben, Vortrag München 1972

[11.14] Schwartz, F.W., Das Public Health Buch Gesundheit und Gesundheitswesen, Urban u. Schwarzenberg, München-Wien-Baltimore 1998

[11.15] Feiden, K., Betriebsverordnung für pharmazeutische Unternehmer, 5. Aufl., Stand August 1998, Dt. Apotheker Verl. Stuttgart 1998

[11.16] Auterhoff, G., EG-Leitfaden einer guten Herstellpraxis für Arzneimittel, 5. überarb. u. erw. Aufl., ECV – Editio-Cantor-Verlag, 1998

[11.17] VDI 2083, Blatt 6, Personal am Reinen Arbeitsplatz, Nov. 1996

12 Textile Reinraumbekleidung

12.1 Einleitung und Problemstellung

Die klassische Berufsbekleidung diente bisher hauptsächlich zum Schutz des Menschen vor Gefahren aus seiner Umwelt oder von seinem Arbeitsplatz (z.B. feuerfeste Kleidung) sowie zum Hinweis auf die Zugehörigkeit zu einer Berufsgruppe, zu einer Firma oder einer bestimmten Abteilung (Uniform). Die Reinraumbekleidung hat dagegen die Aufgabe, den Reinraum bzw. die darin gefertigten Produkte vor Kontamination durch den Menschen zu schützen. Ein Grund hierfür sind die ständig steigenden Hygieneanforderungen in der Pharmazie, Kosmetik und in der Lebensmittelindustrie. Außerdem sind die immer kleiner werdenden Strukturen in der Halbleiterfertigung und in den angrenzenden Bereiche als Ursachen für dieses neue Anforderungsprofil an die Berufsbekleidung zu nennen.

In kontrollierten Arbeitsbereichen, in denen u.a. Partikel- und Keimzahlen überwacht werden, ist der Mensch eine der größten Kontaminationsquellen [12.1–12.5]. Die von einem Menschen ausgehende Kontamination der Reinraumluft durch Partikel und Mikroorganismen erstreckt sich laut einschlägigen Publikationen über eine sehr große Bandbreite [12.6–12.8]. Sehr oft werden die Angaben Austins zitiert, mit Kontaminationswerten ausgehend vom Menschen mit 10^8 Partikel $\geq = 0{,}3\,\mu m/ft^3$ [12.5] (Abb. 12.1). Ohne eine abriebfeste Reinraumbekleidung stammt die überwiegende Anzahl dieser luftgetragenen Partikel von der gewöhnlichen Kleidung [12.9]. Mikroorganismen werden meist durch Partikel, die sie als „Träger" benutzen, transportiert [12.10]. Cown und Kethley haben durchschnittlich 8000 luftgetragene, von einem Menschen abgegebene Bakterien pro Minute ermittelt [12.11]. Guang-Bei und Shaofan haben einen direkten Zusammenhang zwischen der Filtereffizienz gegenüber luftgetragenen Partikeln ($> 5{,}0\,\mu m$) und der Filtereffizienz gegenüber luftgetragenen Bakterien nachgewiesen [12.12]. In einer anderen Arbeit werden die menschlichen Bakterienemissionen bei gewöhnlicher Straßenbekleidung, typischer Operationsbekleidung und Reinraumbekleidung verglichen. Die Bakterienemissionszahlen mit Reinraumbekleidung sind mit Abstand am geringsten [12.13]. Ljungqvist und Reinmüller zeigen ebenfalls in zwei weiteren Studien den Zusammenhang zwischen luftgetragenen Bakterien und luftgetragenen Partikeln auf [12.14, 12.15].

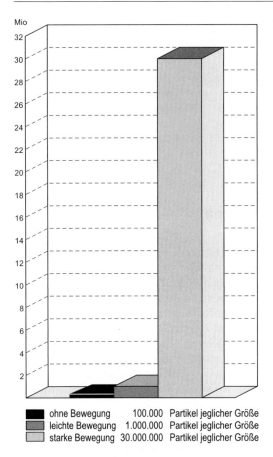

ohne Bewegung   100.000   Partikel jeglicher Größe
leichte Bewegung   1.000.000   Partikel jeglicher Größe
starke Bewegung   30.000.000   Partikel jeglicher Größe

Abb. 12.1   Partikelfreisetzung je Person und Minute

Individuelle Faktoren wie Größe der Köperoberfläche, Hauttyp (z. B. sehr trockene Haut), Art der Bekleidung, Physis der Person oder aber Bewegungsart und -geschwindigkeit einer Person beeinflussen maßgeblich die Kontaminationszahlen, die durch den Menschen verursacht werden [12.16]. Hierbei ist auch zu berücksichtigen, dass sich die gesamte menschliche Hautoberfläche innerhalb von fünf Tagen durch Abschuppung [12.17] erneuert. Mit diesen Hautpartikeln werden gleichzeitig auch große Mengen von Mikroorganismen abgegeben [12.18].

Insbesondere schnelle Bewegungen und Bewegungsabläufe, die der Körper als ganzes ausführt, können die Partikelemissionen ausgehend von einer Person deutlich erhöhen [12.19–12.21] (vgl. Abb. 12.2). Mehrere japanische Autoren verweisen in Ihren Vorträgen und Artikeln ebenfalls auf den erheblichen Einfluss von Bewegungsabläufen auf die menschlichen Kontaminationszahlen [12.22–12.24]. Dabei wurden u. a. unterschiedliche Basismaterialien für Reinraumbekleidung in Relation zu den untersuchten Bewegungsabläufen

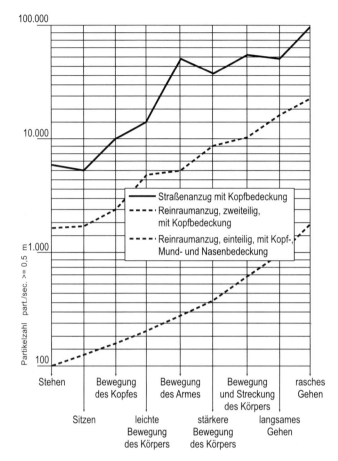

Abb. 12.2 Kontamination ausgehend von einer Person bei verschiedenen Bewegungen, in Abhängigkeit von der Oberbekleidung [12.21]

verglichen. Bei diesen Untersuchungen schnitt Baumwollkleidung am schlechtesten ab, gefolgt von „Non-woven"-Bekleidung (klassische Einwegbekleidung). Die bei weitem besten Ergebnisse wurden mit Bekleidung aus 100% Polyester erzielt [12.22].

Durch kontinuierliches Partikelmonitoring wird der Kontaminationsfaktor Mensch eindeutig erfasst, denn die in einem kontrollierten Bereich nachgewiesenen Kontaminationen steigen während und nach den üblichen Ein- und Ausschleuseprozeduren, z.B. zu den Pausenzeiten (Frühstückspause, Mittagspause, Schichtwechsel etc.), sprunghaft an [12.25, 12.26].

Trotz dieses Wissens wird die Wichtigkeit der Reinraumbekleidung als letztem und entscheidendem Filter zwischen Mensch und Produkt oftmals unterschätzt. Die Reinraumbekleidung wird als einfaches Verbrauchsgut angesehen und mit einer normalen Arbeits- und Berufsbekleidung gleichgesetzt. Merkmale wie Farbe, Schnitt und Trageempfinden werden bei der Auswahl in den

Vordergrund gestellt. Kriterien wie Partikelrückhaltevermögen, elektrostatisches Verhalten, Restkontamination werden dagegen oftmals vernachlässigt.

Bisher ist es jedoch äußerst schwierig, verlässliche Angaben zu den maßgeblichen Kriterien eines Reinraumgewebes zu erhalten, zumal den Unternehmen in der Regel die hierzu notwendigen Prüfapparaturen fehlen. Im Folgenden sollen daher wichtige Kriterien zur Auswahl eines Reinraumgewebes näher betrachtet werden.

12.2 Kriterien zur Auswahl eines Reinraumgewebes

12.2.1 Partikelrückhaltevermögen gegenüber luftgetragenen Partikeln

Basierend auf der Erkenntnis, dass der Mensch zu den größten Kontaminationsquellen in einem Reinraum zählt, kommt dem Partikelrückhaltevermögen eines Reinraumgewebes herausragende Bedeutung zu. Das Rückhaltevermögen eines nicht beschichteten Gewebes hängt vor allem von der Porosität des Gewebes ab, wobei eine Mindestporosität bei nicht belüfteter Reinraumbekleidung unerlässlich ist, um bekleidungsphysiologisch akzeptable Eigenschaften der Kleidung sicher zu stellen [12.27]. Die Porosität wird in der textilen Messtechnik üblicherweise durch zwei indirekte Kenngrößen, Luftdurchlässigkeit und Porenvolumen, beschrieben [12.28]. Untersuchungen von Hirakawas und Tsumotos, die Materialien verschiedenster Konstruktionen und somit auch mit verschiedener Porosiät miteinander verglichen haben, zeigen ebenfalls, wie die Porosität das Partikelrückhaltevermögen von Reinraumtextilien beeinflusst [12.29].

Aufgrund der Wichtigkeit dieses Merkmals sind Daten zum Partikelrückhaltevermögen unerlässlich. Bei der Beurteilung dieser Daten sollte jedoch berücksichtigt werden, dass die Filtrationstests an einem Reinraumtextil durch verschiedene Parameter beeinflusst werden können. Einflussgrößen bei Filtrationstests sind unter anderem:
- Art und Größenverteilung der verwendeten Testpartikel
- Art, Strömungsgeschwindigkeit und Temperatur des verwendeten Gases
- Probengröße und Probenseite des geprüften Stoffs
- Prüfdauer und klimatische Bedingungen [12.28].

Um verschiedene Reinraumgewebe miteinander vergleichen zu können, ist es demnach unabdingbar, dass sie unter gleichen Bedingungen getestet werden. Diese Aussage ist auch für alle anderen Kriterien eines Reinraumtextils gültig. Um eine Beeinflussung der Messungen durch einen Hersteller auszuschließen, ist es sinnvoll, derartige Tests in entsprechend ausgerüsteten, neutralen Forschungsinstituten durchführen zu lassen, die, wenn möglich, bereits über Erfahrungen mit derartigen Untersuchungen verfügen. Neben dem im deutschsprachigen Raum in diesem Fachgebiet führenden Institut „ITV-Denkendorf" (Institut für Textil- und Verfahrenstechnik Denkendorf) verfügt in Europa auch das in England ansässige Institut „B.T.T.G." (British Textile Technology Group) über die Möglichkeiten und Erfahrungen, derartige Tests durchzuführen.

12.2.2 Partikelmigrationsverhalten

Zwischen der textilen Reinraumoberbekleidung und der in der Regel bekleideten Körperoberfläche des Trägers gibt es mehrere Bereiche ohne einen dazwischenliegenden Luftraum, beispielsweise den Achsel-Schulter-Bereich und den Hüft-Gesäßbereich. An diesen Stellen besteht unmittelbarer Kontakt zwischen dem Reinraumtextil und der Unterbekleidung oder der Haut. Partikel und Fasern können an diesen Stellen mechanisch durch das Reinraumtextil migrieren [12.30]. Insbesondere bei den An- und Auskleideprozeduren, bei denen die Reinraumoberbekleidung über die darunterliegenden Flächen (Haut oder Textil) gezogen wird, tritt dieser Mechanismus verstärkt auf. Ein Reinraumtextil dient in diesem Falle als Puffer/Speicher, der durch rechtzeitiges, fachgerechtes Dekontaminieren „entleert" werden muss. Bereits aus diesem Grund kommt der Zwischenbekleidung, der Bekleidung unter der Reinraumoberbekleidung, eine besondere Rolle zu. Sie soll verhindern, dass der Puffer Reinraumoberbekleidung zu schnell mit Partikeln und Fasern gefüllt wird.

Für das Partikelmigrationsverhalten bei Reinraumtextilien gibt es bislang erst sehr wenige geeignete Testverfahren. Vermutlich ist dies auch der Grund dafür, dass bei Diskussionen über die Eignung bestimmter Reinraumgewebe dieses Kriterium vernachlässigt wird. Am ITV-Denkendorf wurde für diesen Zweck ein Prüfverfahren entwickelt, eine Modifikation des Martindale-Scheuerprüfgerätes, das eine möglichst realitätsnahe Beanspruchung simulieren soll. Das Verfahren ist ausführlich in [12.31] beschrieben. Die Untersuchungen am ITV-Denkendorf zeigten eine Abhängigkeit zwischen Luftdurchlässigkeit und Partikelmigrationsverhalten. Je höher die Luftdurchlässigkeit bei einem Reinraumgewebe war, desto mehr Partikel wanderten durch das Gewebe [12.27].

12.2.3 Abriebfestigkeit/Aufraueigung

Die Abriebfestigkeit und Aufraueigung sind weitere wichtige Eigenschaften eines Reinraumgewebes. Bei zu niedriger Abriebfestigkeit würde der Reinraum bereits nach wenigen Tragezyklen durch Abrieb vom Textil belastet. Gewebe aus rein synthetischen Fasern, wie bspw. Polyester oder Polyamid/Nylon, erfüllen diese Anforderungen besser als Gewebe aus natürlichen Fasern wie z.B. Baumwollfasern oder Gewebe aus Mischmaterialien, wie bspw. Baumwoll-Polyester-Textilien. Die hohe Abriebfestigkeit und somit die geringe Aufraueigung zählen sicherlich zu den Hauptgründen für den Erfolg von Polyester als Basismaterial für textile Reinraumbekleidung. In der Regel werden nur glatte Multifilamentgarne zur Herstellung von Reinraumgeweben verwendet [12.32]. In Reinräumen mit niedrigeren Anforderungen, wie bspw. ISO-Klassen 7/8 nach DIN EN ISO 14644-1, kommen aber auch Polyestergewebe zum Einsatz, in denen texturierte Garne eingesetzt werden, um den Tragekomfort und somit die Akzeptanz durch die Mitarbeiter zu fördern.

Neben der niedrigeren Abriebfestigkeit, d. h. der höheren Eigenpartikelabgabe des Materials, zeigten Untersuchungen Dahlstroms, dass Baumwoll-Polyester-Gemische auch aufgrund des wesentlich geringeren Partikelrückhaltevermögens für Reinraumanwendungen als ungeeignet einzustufen sind. Die durchschnittlich gemessenen Werte, bei Partikeln bis zu einer Größe von 7,0 μm, waren bis zu 60-mal höher als bei reiner Polyesterkleidung [12.33].

Mit dem Merkmal Abriebfestigkeit/Aufrauneigung sind darüber hinaus auch die Gebrauchsbeanspruchung und die pflegebedingte Materialalterung bestimmbar. Hoenig und Daniel dokumentierten bei ihren Versuchen eine deutlich höhere Partikelzahl bei Reinraumkleidung, die mehrfach gereinigt wurde im direkten Vergleich zu einem neuwertigen Bekleidungsstück und führten dies auf zunehmenden Faserbruch zurück [12.34]. Unterschiede in der Garn- und Flächengebildekonstruktion können diese Kriterien beeinflussen [12.35].

Die fortgeschrittene Aufrauung und damit auch die fortgeschrittene Alterung eines Reinraumgewebes wird heute hauptsächlich mittels Elektronenmikroskopie nachgewiesen. Alterungserscheinungen lassen sich auch durch die Überprüfung der „Weiterreißkraft" aufzeigen. Ferner kann bei zunehmender Alterung eines Reinraumgewebes eine steigende Luftdurchlässigkeit und gleichzeitig ein sinkendes Partikelrückhaltevermögen festgestellt werden.

12.2.4 Elektrostatisches Verhalten

Aufgrund der Materialzusammensetzung klassischer Reinraumgewebe (i. d. R. hauptsächlich Polyester), neigen diese Textilien ohne entsprechende Ausrüstung dazu, sich aufzuladen. Die Reibung von Stoff an Stoff bei normalen Bewegungsabläufen kann bereits zu hohen, elektrostatischen Aufladungen führen. Diese Aufladungen können bestimmte Produktionsvorgänge beeinflussen und sogar Produkte beschädigen oder zerstören [12.36]. Zudem fungiert der Träger eines elektrostatisch aufgeladenen Bekleidungsstücks als Magnet und zieht auf diese Weise Partikel in seine Richtung, die auf dem Weg zum aufgeladenen Bekleidungsstück durch weitere Mechanismen, wie bspw. durch den Laminarflow in einem Reinraum, auf bzw. in das zu schützende Produkt gelangen können. Partikel, die sich an ein Bekleidungsstück angeheftet haben, können u. U. wieder abgelöst werden, z. B. durch eine Entladung der Bekleidung, durch einfaches Losklopfen oder Abscheuern, und gefährden so erneut das Produkt.

Normen, wie z. B. DIN EN 100 015 oder DIN EN 1149-1, mit Beurteilungskriterien wie Oberflächen- bzw. Durchgangswiderstand, reichen heute u. U. nicht mehr aus, um ein Reinraumgewebe bezüglich des elektrostatischen Verhaltens eindeutig zu charakterisieren. Zur Charakterisierung der elektrostatischen Eigenschaften eines Reinraumtextils sollten an Stelle dessen die Kriterien Aufladeneigung und Entladegeschwindigkeit herangezogen werden. Das vom ITV-Denkendorf entwickelte „TEV-Verfahren" gilt mittlerweile als anerkanntes Prüfverfahren für diesen Zweck [12.37, 12.38].

Insbesondere bei der Beurteilung des elektrostatischen Verhaltens müssen Alterungs- und/oder Pflegeprozesse berücksichtigt werden. Oftmals sind Gewebe bei der Anlieferung durch spezielle Faserbegleitstoffe, die jedoch nach einigen Dekontaminationszyklen herausgewaschen werden, antistatisch ausgerüstet [12.39]. Weiterhin können die eingewebten antistatischen Fasern schneller als das restliche Gewebe durch die gewöhnliche Trage- und Pflegebeanspruchung zerstört werden.

In Reinraumgewebe der ersten Generation auf synthetischer Basis wurde eine leitfähige Faser mit einem Polyesterkern und einem Mantel aus Carbon (vgl. Abb. 12.3, erste Spalte) verwendet. Der wesentliche Nachteil dieser Konstruktion besteht darin, dass der ungeschützte Carbon-Mantel durch Scheuerbewegungen der einzelnen Fasern abgerieben werden kann [12.40]. Die leitenden Bahnen werden unterbrochen, Ladungen können nicht mehr abtransportiert werden und im Bekleidungsstück können sich die reibungsinduzierten Aufladungen addieren. Im schlimmsten Fall werden die elektrostatischen Ladungen über den Prozessbereich abgebaut, so dass Produkte gefährdet sind.

Die Konstruktion der z. Z. am häufigsten verwendeten Faser in modernen Reinraumgeweben ist vergleichbar mit einem „Sandwich" (vgl. Abb. 12.3, dritte Spalte). Das diagonal in die Polyesterfaser eingebettete Carbon kann aufgrund dieser Konstruktion nur sehr schwer zerstört werden. Gleichzeitig bietet diese besondere Konstruktion außenliegende Berührungspunkte, um Ladungen aufzunehmen und weiter transportieren zu können. Die sogenannte Karo- bzw. Gitter-Struktur der antistatischen Fasern in einem Reinraumgewebe ist heute bei hochwertigen Reinraumtextilien ebenfalls Standard [12.41]. Durch diese Konstruktion können Ladungen in beide Richtungen, horizontal und vertikal, abgebaut werden. Aufgrund des deutlich höheren prozentualen Anteils an antistatischen Fasern in Reinraumgeweben mit dieser Gitterstruktur, neigen diese grundsätzlich zu geringeren, reibungsinduzierten Aufladungen, als Gewebe, in denen die antistatischen Fasern nur in einer Richtung eingebracht sind. In weniger hochwertigen Reinraumtextilien werden jedoch die leitfähigen Fasern oftmals nur in einer Richtung eingesetzt

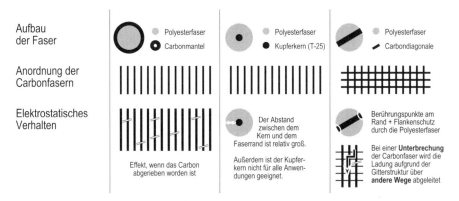

Abb. 12.3   Typische antistatische Fasern in Reinraumgeweben

oder es werden die oben beschriebenen antistatischen Fasern mit Carbon-Mantel verwendet.

Ein weiterer maßgeblicher Einflussfaktor auf das elektrostatische Verhalten von Reinraumgeweben ist das eingesetzte Waschmittel. Über Untersuchungsergebnisse hierzu berichten Ehrler/Schmeer-Lioe [12.42].

12.2.5 Tragephysiologische Eigenschaften

Der physiologische Tragekomfort lässt sich in drei Gesichtspunkte untergliedern:
- hautsensorischer Tragekomfort
- thermophysiologischer Tragekomfort
- ergonomischer Tragekomfort, wie z. B. Schnitt, Passform etc.

Für die Anwender bzw. Träger von Reinraumbekleidung stehen in Europa die tragephysiologischen Eigenschaften im Vordergrund, während in den USA und in Asien der Schwerpunkt auf dem Partikelrückhaltevermögen liegt. Abschnitt 12.4 zeigt, dass ein zu dichtes Gewebe sogar kontraproduktiv sein kann. Bei der Beurteilung der tragephysiologischen Eigenschaften spielen die subjektiven Empfindungen der Träger eine wesentliche Rolle. Hautsensorische Merkmale [12.43, 12.44] beeinflussen diese Empfindungen, wie z. B.:
- Klebeneigung eines Stoffs auf feuchter Haut
- Kratzen des Stoffs auf der Haut aufgrund zu großer Rauigkeit
- lokaler Druck, verursacht durch eine zu große Biegefestigkeit des Stoffs. Oftmals wird dieses Merkmal auch als „Griff" oder „Weichheit" bezeichnet. Den „Griff" als wichtigen Einflussfaktor für die Beurteilung der tragephysiologischen Eigenschaften betont Piller [12.45]. Die Konstruktion des Gewebes, d.h. die Bindungsart, spielt hierbei eine große Rolle. Zur Zeit erfreuen sich deshalb vor allem Gewebe mit einer 2/3 Köperbindung (2/3 Twill) besonderer Akzeptanz. Neben der Gewebekonstruktion beeinflussen abschließende Arbeitsschritte bei der Gewebeherstellung, wie z. B. das Kalandrieren, diesen Faktor.

Mögliche Labormessverfahren zu den hautsensorischen Merkmalen werden u. a. in zwei Forschungsberichten des Bekleidungsphysiologischen Institutes Hohenstein e.V. beschrieben [12.46, 12.47]. In einem späteren Forschungsvorhaben wurden dann verschiedene Reinraumgewebe mit diesen Labormessverfahren näher untersucht [12.43]. In einer weiteren Forschungsarbeit des Instituts werden die tragephysiologischen Eigenschaften partikeldichter Textilien für Schutzbekleidung betrachtet. In dieser Arbeit findet man auch den Hinweis, dass die Ausrüstung eines Textils den Tragekomfort erheblich beeinflussen kann. Diese Beeinflussung kann sowohl positiv als auch negativ ausfallen und betrifft neben den hautsensorischen auch die thermophysiologischen Merkmale [12.48].

Auf diese thermophysiologischen Merkmale konzentrieren sich bisher die meisten Prüfmethoden. Untersucht werden hierbei das Wärmetransport- und das Wasserdampftransportverhalten. Umbach bezeichnet die Parameter Wärme- und Feuchtedurchgangswiderstand auch als die thermophysiologischen Kenndaten der Bekleidung [12.49]. Eine hohe Wasserdampfdurchlässigkeit als Charakteristikum für eine gute Tragekomfortbewertung wird für jegliche Art von Bekleidung gewünscht, bis hin zur Regenschutzbekleidung [12.50].

Ausführliche Untersuchungen bezüglich der thermophysiologischen Eigenschaften verschiedener Reinraumtextilien wurden im Rahmen des bereits oben aufgeführten Forschungsvorhabens des Bekleidungsphysiologischen Institutes Hohenstein e. V. durchgeführt [12.43]. Ein wichtiger Bestandteil dieser Untersuchungen waren die Messungen mit dem Thermoregulationsmodell des Menschen (Gliederpuppe „Charlie"). Der Verwendungsbereich der mit diesem Modell untersuchten Reinraumtextilien ließ sich nun mit Hilfe einer bekleidungsphysiologischen Modellrechnung ermitteln [12.43].

Der Verwendungsbereich eines Bekleidungssystems ist in diesem Fall mit dem Temperaturbereich gleichzusetzen, in dem dieses getragen werden kann, ohne unzumutbar den Komfort bzw. die Leistungen bei bestimmter körperlicher Arbeit und des damit verbundenen, definierten Leistungsumsatz des Trägers einzuschränken. Der Leistungsumsatz eines Menschen ist gleichzusetzen mit dem Grundumsatz plus Arbeitsumsatz oder errechnet sich aus der Summe aus Wärmeproduktion und mechanischer Leistung und hängt von seiner jeweiligen Tätigkeit ab. Beim Tragen von Reinraumbekleidung in entsprechender Reinraumumgebung, mit einer typischen Raumtemperatur zwischen 20–24 °C, einer relativen Luftfeuchtigkeit zwischen 30–45 % und einer Luftströmungsgeschwindigkeit zwischen 0,3–0,45 m/s, liegt der niedrigste Leistungsumsatz bei ca. 125 W (eine stehende oder sitzende Tätigkeit, bei nur leichter manueller Arbeit) und der höchste Leistungsumsatz, über einen längeren Zeitraum, bei ca. 200 W (leichte körperliche Arbeit bei Körperbewegung) [12.51, 12.52]. An dieser Stelle ist anzumerken, dass es sich bei den obigen Angaben zum Leistungsumsatz eines Menschen in Reinraumbekleidung um Erfahrungswerte aus der Halbleiterindustrie handelt. In Reinräumen der Pharmafertigung können schwerere körperliche Arbeiten anfallen.

Der mit den obigen Verfahren ermittelte Temperaturbereich des Bekleidungssystems (Verwendungsbereich) beinhaltet eine Minimaltemperatur, bei welcher der Träger bei niedrigstem Leistungsumsatz noch nicht friert und einer Maximaltemperatur, bei welcher der Träger bei höchstem Leistungsumsatz noch nicht so stark schwitzt, dass es für ihn unerträglich wird [12.53, 12.54]. Die Reinraumbekleidung und die Rahmenbedingungen im Reinraum müssen folglich auf die jeweiligen Tätigkeiten im Reinraum abgestimmt werden. Zur Beurteilung des Tragekomforts gehören neben den Gewebeaspekten auch Einflussgrößen wie z. B.:

– Die Unter- und Zwischenbekleidung [12.43], die jedoch noch nicht die gleiche Beachtung findet wie die Reinraumoberbekleidung;
– die jeweiligen Arbeitsplatzbedingungen vor Ort. Vergleicht man bspw. einen Mikroskop-Arbeitsplatz mit einem Arbeitsplatz in unmittelbarer Nähe einer Wärmequelle wie z. B. eines Brennofens, so kann die gleiche Raumbekleidung völlig unterschiedlich beurteilt werden;
– Komponenten der Reinraumbekleidung, wie z. B. Mundschutz, Handschuhe etc. Den besonderen Einfluss des Mundschutzes auf das „Wohlempfin-

den" der Träger von Reinraumbekleidung zeigt Kajii, Minamino und Fujie 1990 auf [12.55]. Unterschiedliche Formen und Ausführungen wurden bezüglich ihres thermophysiologischen Komforts getestet und beurteilt.

– Schnitt, Passform, Verarbeitung:
Ein weiter Schnitt, eine bequeme Passform und wenn möglich Ventilationsauslässe wären aus tragephysiologischer Sicht wünschenswert, würden jedoch der wichtigsten Aufgabe der Reinraumbekleidung, das Produkt vor Kontamination ausgehend vom Menschen zu schützen, grundlegend widersprechen. Das Design der Reinraumbekleidung kann maßgeblich die vom Menschen ausgehende Kontamination beeinflussen. Dies zeigten Untersuchungen von Conti und Piriou an zwei unterschiedlichen Bekleidungskonzepten (Kittel und Haube) in der Halbleiterindustrie. Sie fanden bei einer der beiden Varianten annähernd doppelt so viele Partikel auf den überprüften Wafern [12.56]. Bei Schnitt, Passform und Verarbeitung sind Funktionalität sowie tragephysiologische Wünsche und Forderungen abzuwägen, denn das beste Bekleidungssystem kann in Frage gestellt werden, sollten Schnitt und Passform von den Trägern aufgrund nachvollziehbarer Argumente abgelehnt werden [12.57].

Bei dem schwierigen Thema des Tragekomforts von Reinraumbekleidung und den oftmals emotional geführten Diskussionen in den Betrieben gilt es letztendlich einen Kompromiss zu finden, um einerseits den notwendigen Schutz des Produktes vor Keimen und Partikeln sicherzustellen und andererseits einen möglichst hohen Tragekomfort zu erzielen [12.58]. Unzumutbare Trageeigenschaften führen möglicherweise dazu, dass die Produktivität sinkt und/oder die Anzahl von Fehlern und Unfällen steigt [12.59].

Mit der Thematik „Thermische Behaglichkeit" befasst sich die VDI-Richtlinie 2083, Blatt 5, mit speziellem Bezug auf die Reinraumtechnik. Aber auch die allgemeiner gefasste Norm EN ISO 7730 befasst sich mit dieser Materie. Eine Verknüpfung zwischen den Bedingungen in einem Reinraum, der Reinraumkleidung und den Anforderungen an die Thermische Behaglichkeit gemäß EN ISO 7730 wird von Fanger 1985 vorgestellt [12.59].

12.2.6 Dekontaminierbarkeit

Bereits in Abschn. 12.2.2 wurde darauf hingewiesen, dass die textile Reinraumbekleidung unter anderem wie ein Puffer/Speicher fungiert, der nach vorbestimmten Zyklen wieder „entleert" werden muss. Zudem müssen auf der Oberfläche anhaftende Partikel, die u. a. auch vom Arbeitsprozess stammen können, entfernt werden. Hinzu kommen hygienische Gründe, wie das Beseitigen von Schweiß.

Aus diesen Gründen ergibt sich zwangsläufig die Forderung nach wirksamer Dekontamination eines Reinraumgewebes. Die Erfahrungen haben gezeigt, dass Stoffe mit sehr hoher Porosität einfacher zu dekontaminieren sind als sehr dichte Stoffe. Die Art der Konfektion, also die Verarbeitung des Kleidungsstücks, beeinflusst aber ebenfalls die Dekontaminierbarkeit. Stark gekräuselte Nähte oder Zusätze wie Taschen etc. verschlechtern diesen Faktor.

Als dritter Punkt ist auch der Alterungsprozess eines Gewebes zu nennen. Je älter das Gewebe ist, desto mehr Fasern sind gebrochen und um so schwieriger ist die Dekontamination.

Zur Bestimmung der Restkontamination, die der Anzahl Partikel und Fasern nach der Reinigung der Reinraumbekleidung entspricht, sind in erster Linie die Prüfverfahren „ASTM F 51" und „Helmke Drum Test" zu nennen. Abschnitt 12.8 behandelt die Dekontamination (Reinigung) von Reinraumbekleidung und die obigen Prüfverfahren.

12.2.7 Sterilisierbarkeit

Diese Anforderung an die Reinraumbekleidung betrifft zur Zeit noch ausschließlich Anwender, die unter sterilen Bedingungen fertigen oder verpacken. Die möglichen Risiken für das Produkt aufgrund mikrobieller Kontaminationen werden aber auch in anderen Bereichen immer öfter diskutiert, wie z. B. in der Halbleiter-/Siliziumfertigung. Die Sterilität der Reinraumbekleidung wird hauptsächlich durch Autoklavieren oder durch Gamma-Bestrahlung erreicht. Beide Verfahren greifen die Struktur des Textils an und sind daher als nicht materialschonend einzustufen [12.60]. Komponenten, wie z. B. Reißverschlüsse, Druckknöpfe, Schnallen etc. müssen daher für eine derartige Behandlung entsprechend ausgelegt sein (vgl. auch „Supplement" to IES-CC-003.2). Sterilisierte Reinraumbekleidung sollte nach ca. 50–60 Zyklen ausgewechselt werden.

Ein materialschonenderes Verfahren wäre ein desinfizierendes Waschen oder Reinigen. Die Haltbarkeit der Kleidung würde zwar deutlich steigen, aber die Dokumentation der gleichbleibenden Qualität des desinfizierenden Waschverfahrens ist sehr aufwendig und der Betreiber/Anwender läuft Gefahr, dass dieses Verfahren durch Institutionen wie z. B. die FDA (Food and Drug Administration) nicht oder nur unter besonderen Auflagen akzeptiert wird. In Anwendungsbereichen, in denen Keimzahlen überwacht, jedoch keine Sterilität der Reinraumbekleidung gefordert wird, ist ein entsprechend validiertes, desinfizierendes Waschverfahren zu empfehlen. Über Entkeimungsverfahren für Schutzbekleidung ist von Heinzel berichtet worden [12.61]. Hirasawa und Kollegen haben in einer Studie verschiedene Reinigungsverfahren für Reinraumbekleidung verglichen und die Effizienz des Reinigens mit Sterilwasser (1,5 %) mit Hilfe von Abklatschtests nachgewiesen [12.62].

12.3 Konfektionstechnische Merkmale einer Reinraumbekleidung

Neben den verschiedensten Anforderungen an das Gewebe zur Herstellung der Reinraumbekleidung, müssen alle anderen Komponenten, wie z. B. Bündchen, Verschlussorgane, Nähfaden etc., die bei der Konfektion von Reinraumbekleidung zum Einsatz kommen, genauer betrachtet und spezifiziert werden [12.63]. Dies gilt auch für die Konfektionierung, also für Nähte, Passform und Schnitt [12.64].

12.3.1 Passform/Schnitt

Passform und Schnitt der Reinraumbekleidung sind nicht zu vernachlässigende Kriterien zur Tauglichkeitsbeurteilung eines Bekleidungssystems [12.65]. Aus Behaglichkeitsgründen ist ein weiter Schnitt anzustreben, aus Reinraumgesichtspunkten muss dies jedoch abgelehnt werden. Ein zu weit geschnittenes Bekleidungsstück (z.B. Overall oder Kittel) wirkt bei Bewegungen des Trägers wie eine Membranpumpe (vgl. Abschn. 12.4) und belastet so den Reinraum durch die Öffnungen im Hals/Kopf-Bereich oder durch die Arm- und Beinabschlüsse mit Partikeln und Keimen. Das Design, welches den Tragekomfort begünstigt, kann folglich die Effektivität eines Reinraumbekleidungsstücks insgesamt negativ beeinflussen [12.66]. Alle Öffnungen des Kleidungsstücks sowie Reißverschlussleisten und Druckknopfleisten sind deshalb ausreichend abzudichten. Reinraumoveralls sollten bspw. mit einer doppelten Reißverschlussleiste gefertigt werden, um so innen und außen die „Schwachstelle" Reißverschluss durch Reinraumgewebe abzuschirmen.

12.3.2 Nähte

Um ein „Ausfransen" offenliegender Stoffränder zu verhindern, müssen die Nähte so ausgeführt sein, dass jede offene Stoffkante durch Reinraumgewebe oder durch ein synthetisches Nahtband abgedeckt wird (vgl. Abb. 12.4). Er-

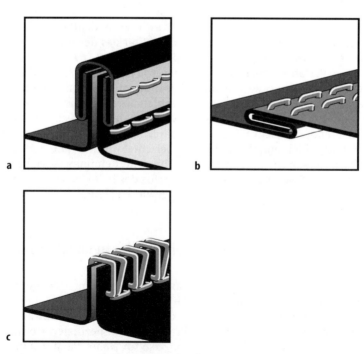

Abb. 12.4   **a** Tunnelnaht, **b** Kappnaht, **c** Überwendlichnaht

reicht wird dies entweder durch eine „Tunnelnaht" (Abb. 12.4a) oder durch eine „Kappnaht" (Abb. 12.4b). Eine „Überwendlichnaht" (Abb. 12.4c) ist dagegen für Reinraumbekleidung aus Multifilamentgarngeweben ohne versiegelte Schnittkanten ungeeignet. Eine Nahtkräuselung sollte weitestgehend vermieden werden, da sich an solchen Stellen leicht Partikel sammeln können. Bei einer anschließenden Reinigung/Dekontamination ist nicht gewährleistet, dass diese Partikel entfernt werden, da das Waschmedium nicht ungehindert über diese Stellen („toter Winkel") fließen kann.

12.3.3 Konfektionstechnische Hilfsmittel

Neben den Reinraumgeweben müssen alle Hilfs- und Zusatzmittel, wie z. B. Bündchen, Nähfäden, Reißverschlüsse und sonstige Verschlussmittel reinraumgerecht ausgelegt sein, d.h. sie müssen in erster Linie eine hohe Abriebfestigkeit aufweisen. Besonders reißfeste Multifilamentgarne sind als Nähfäden unabdingbar. Außerdem sollten die Fäden möglichst das gleiche Schrumpfverhalten erkennen lassen wie das verwendete Reinraumgewebe, um Nahtkräuselungen zu verhindern. Die Bündchen dürfen trotz verstärkter Beanspruchung weder aufrauen noch zu schnell „ausleiern". Die Verschlussmittel müssen so ausgewählt sein, dass sie das Reinraumgewebe nicht beschädigen. Offene Klettverschlüsse bspw. zerstören das Reinraumgewebe bei der Pflege vorzeitig durch Reibung.

12.3.4 Sonderausstattungen

Manche Personen neigen dazu, viele Gegenstände wie z. B. Stifte, Werkzeuge, Notizblöcke etc. ständig mit sich herum zu tragen. Sie fordern deshalb Taschen, Stiftlaschen etc. Da es sich bei solchen Zusatzausstattungen jedoch um wahre „Partikelfallen" handelt, die sich nur sehr schlecht oder teilweise gar nicht dekontaminieren lassen, sollte der Anwender, wenn möglich auf diese verzichten.

12.4 Das System Reinraumbekleidung inklusive der Reinraumzwischenbekleidung

Bei den Entscheidungsprozessen zur Auswahl einer geeigneten Reinraumbekleidung ist es äußerst wichtig, neben der Analyse der Reinraumtextilien und der konfektionstechnischen Merkmale die Reinraumbekleidung als System zu betrachten. Vorab sind deshalb auch die Anwender/Entscheidungsträger aufgefordert, eine Bedarfsanalyse durchzuführen, in deren Verlauf Faktoren wie angestrebte Reinraumklasse, Besonderheiten bei Arbeitsabläufen und/oder besondere Gegebenheiten im Reinraum sowie die Schutzfunktion gegenüber dem Produkt zu spezifizieren sind.

In der Einleitung wurde bereits darauf hingewiesen, welche Kontaminationsquelle der Mensch in einem Reinraum darstellt. Aus tragephysiologischen Gründen kann die Reinraumbekleidung keine 100 %ige Barrierefunktion ausüben und so entweicht die vom Menschen hochgradig kontaminierte Luft aufgrund von 3 Mechanismen aus der Reinraumbekleidung [12.4, 12.67, 12.68]:

- Thermik in der Kleidung (verursacht unter anderem durch die Körperwärme)
- Bewegungsbedingter Aufbau eines Überdrucks im Inneren der Reinraumbekleidung (Pumpeffekt)
- Diffusions- und Migrationsvorgänge durch das Reinraumgewebe.

Neben der Diffusion durch das Reinraumgewebe entweicht kontaminierte Luft durch folgende, unvermeidliche Kleideröffnungen [12.69, 12.70]:

- Arm- und Beinabschlüsse
- Hals-/Gesichtsabschlüsse
- Verschlüsse (Reißverschlüsse, Knopfleisten, Klettverschlüsse)
- Überlappungen (z. B. Hauben zu Overall/Mantel)
- Nähte.

Von Hottner [12.71] werden diese Partikel-Emissionen grafisch dargestellt, vgl. Abb. 12.5. Mögliche Partikel-Flugbahnen und -Reichweiten (Linien unterschiedlicher Länge), mögliche Partikel-Konzentrationen (Anzahl der Punkte) und die maximal zu erwartende Partikelgröße (Größe der Partikel) sind qualitativ und quantitativ skizziert.

Offensichtlich treten die meisten und größten Partikel am Hals-/Kopfbereich sowie an den Armabschlüssen aus. Für die besonders kritische Stelle am Armabschluss (die Hand befindet sich häufig in unmittelbarer Nähe des Prozessbereichs) existieren mittlerweile gute Lösungsvorschläge. Ein patentierter Lösungsvorschlag [12.72], der dieses Leck annähernd 100%ig schließt, ohne dabei den Tragekomfort maßgeblich negativ zu beeinflussen, wird in der Arbeit Hottners ebenfalls behandelt [12.71]. Moore fordert aufgrund von Schlierenuntersuchungen, dass gerade die Armabschlüsse möglichst gut „abzudichten" sind [12.67].

Ito und Sugita (1990) verweisen ebenfalls auf den Pumpeffekt und führen einige konfektionstechnische Lösungsvorschläge auf, mit deren Hilfe die durch diesen Effekt verursachten Verunreinigungen verringert werden könnten [12.73]. In einer weiteren japanischen Arbeit wird der Druckunterschied zwischen der Innen- und Außenseite der Reinraumbekleidung ebenfalls betont und als Lösungsvorschlag zur Reduzierung des daraus resultierenden Kontaminationsrisikos ein geschlossenes und belüftetes Bekleidungssystem untersucht [12.3].

Nach Hottner ist der Schluss naheliegend, dass es für die meisten Reinraumanwendungen nicht der oben aufgeführten, sehr aufwendigen konfektionstechnischen Lösungsvorschläge bedarf, um die Gefahren des Pumpeffektes zu verringern. Er folgert, dass das Risiko der direkten Produktkontamination aufgrund des Pumpeffekts durch den Abbau des Überdrucks über die Gesamtfläche der Reinraumoberbekleidung reduziert werden kann und fordert deshalb eine Mindestluftdurchlässigkeit für Reinraumtextilien von 20 l/(dm^2 × min), gemessen bei $\Delta P = 200$ Pa [12.71].

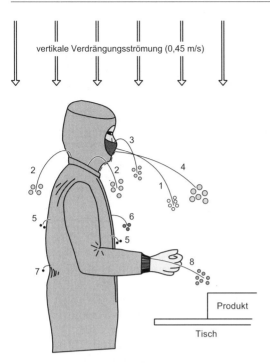

Abb. 12.5 Qualitative Darstellung der lokalen Partikelemissionen einer Person mit konventioneller Reinraumbekleidung [12.7]. *1* Atemluft, durch den Mundschutz vorgefiltert, *2* Strahlthermik (Halsausschnitt/ Kragen), *3* Strahlthermik, verstärkt durch Pumpeffekt (bei Bewegung), *4* beim Ausatmen umgelenkte Strahlthermik aus dem Kragenbereich, *5* Flächenthermik, durch das Gewebe vorgefiltert, *6* Emission durch den Reißverschluss (ohne Abdeckleiste), *7* Emission durch die Naht, *8* Emission durch den Armabschluss (nur pumpinduziert)

Zur bisherigen Annahme, dass in Reinräumen mit sehr hohen Anforderungen (Klasse 100 und besser nach US Fed. Std. 209E, bzw. ISO-Klasse 5 und besser nach DIN EN ISO 14644-1) nur sehr dichte Reinraumtextilien eingesetzt werden dürfen, also Stoffe mit besonders geringer Luftdurchlässigkeit (< 10 l/(dm^2 × min) steht dies im Widerspruch. Es widerspricht ebenso Tendenzen bei den meisten Gewebeherstellern, die teilweise durch besondere Arbeitsschritte versuchen, die Luftdurchlässigkeit so gering wie möglich zu halten. Der Überdruck bei einem sehr dichten, wenig luftdurchlässigen Material, kann folglich nur noch über die unvermeidlichen Kleideröffnungen abgebaut werden. Durch diese Öffnungen werden parallel zu diesem „Druckausgleich" vom Menschen und seiner Unterbekleidung kontaminierte Luftströme meistens direkt in Richtung des Produktes konzentriert abgegeben.

Eine erhöhte Luftdurchlässigkeit des Materials, die andererseits auch nicht wesentlich über 30 l/(dm^2 × min) liegen sollte, da ansonsten die Gefahr der Produktkontamination aufgrund der erhöhten Partikeldiffusion durch das Gewebe zu sehr steigt, hat den Vorteil, dass der Überdruck in der Reinraumbekleidung gleichmäßig über die gesamte Fläche des Bekleidungsstücks abgebaut werden kann. Der konstante Luftwechsel im Reinraum sorgt im Übrigen dafür, dass die ausgetretene kontaminierte Luft abgeführt wird. Ausgehend von einer Minderung des Pumpeffekts ist es möglich, das höhere Risiko einer direkten Produktkontamination durch „gebündelte", kontaminierte Luftströme (aus Armabschlüssen und/oder Hals-/Kopfbereich) somit zu reduzieren.

Im System Reinraumbekleidung wird in sehr vielen Fällen der Unter- bzw. Zwischenbekleidung (oftmals gewöhnliche Straßenbekleidung) kaum oder gar keine Bedeutung beigemessen, obwohl nachweislich ein großer Teil der vom Menschen produzierten Kontamination von dieser stammt. Auf die mögliche Partikelquelle „Unterbekleidung" verweist auch Hecker in einer Arbeit zum Thema „Anforderungen des EG-Leitfadens für GMP an die Reinraumbekleidung" [12.74]. Mit Hilfe einer definierten, reinraumgerechten Zwischenbekleidung, die wie die Reinraumoberbekleidung aus synthetischen Filamentgarnen gefertigt werden sollte [12.45], ist es relativ einfach möglich, Partikel und Keimzahlen am System Kleidung zu reduzieren. Untersuchungen am ITV Denkendorf [12.75, 12.76] und von Fukumoto et al. [12.77] belegen diese Aussage (Abb. 12.6).

Durch das Tragen einer definierten reinraumtauglichen Zwischenbekleidung konnte bei Untersuchungen am ITV Denkendorf die Anzahl von Partikeln ≥ 0,5 μm und ≥ 5 μm um mehr als 50 % reduziert werden. Der Effekt wurde an der Oberfläche des jeweiligen Overalls gemessen und war unabhängig vom Typ der verwendeten Reinraumoberbekleidung (vgl. Abb. 12.6).

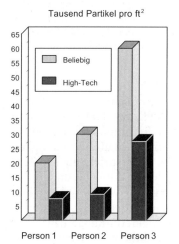
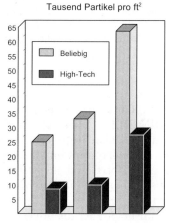

Abb. 12.6 Der Einfluss der Zwischenbekleidung auf die Kontaminierung der Reinraumoberbekleidung

Durch die Verwendung reinraumtauglicher Zwischenbekleidung wird die Freisetzung von Partikeln und Fasern unterhalb der Reinraumoberbekleidung deutlich reduziert und somit treten erheblich weniger Partikel aus den Kleidungsöffnungen wie z.B. Hals-/Kopfbereich aus. Aufwendige konfektionstechnische Konstruktionen, die den Träger zusätzlich belasten würden, sind in diesem Falle überflüssig. Zur Förderung der Akzeptanz durch die Mitarbeiter sollte eine solche Zwischenbekleidung den Tragekomfort des ganzen Systems Reinraumbekleidung nicht zusätzlich belasten, sondern wenn möglich weiter verbessern.

In einer weiteren, japanischen Studie wurde 1988 ebenfalls der Einfluss einer definierten Kleidung unter der äußeren Reinraumbekleidung untersucht. Bei diesen Arbeiten wurde jedoch nicht eine Zwischenbekleidung unter der Reinraumoberbekleidung angezogen, wie bei den Untersuchungen am ITV Denkendorf, sondern es wurden zwei Lagen Reinraumoberbekleidung übereinander getragen. Die gemessenen Partikelkonzentrationen wurden bis auf 1/20 im Vergleich zur einlagigen Reinraumbekleidung reduziert [12.78]. Die Tragekomfortwerte eines solchen Systems dürften jedoch wesentlich schlechter ausfallen, als bei dem oben beschriebenen System mit einer reinraumtauglichen Zwischenbekleidung aus einem Polyestergestrick.

Zum System Reinraumbekleidung gehören noch weitere Komponenten, wie z.B. Handschuhe, Mundschutz, Kopfbedeckungen etc., die bzgl. des Tragekomforts und ihrer Schutzfunktion gegenüber dem Produktionsbereich keinesfalls unterschätzt werden dürfen [12.79]. Insbesondere bei Handschuhen, die meistens in unmittelbarer Produktnähe zum Einsatz kommen, gilt es ähnlich, wie bei der Reinraumbekleidung, Schutzfunktion, Tragekomfort und somit Akzeptanz in Einklang zu bringen.

12.5 Einweg- oder Mehrweg-Reinraumbekleidung?

In Europa lässt sich diese Frage eindeutig beantworten, da hierzulande die Mehrweg-Bekleidungssysteme dominieren. Das stärker ausgeprägte Umweltbewusstsein ist sicherlich ein wesentlicher Grund, der gegen die Nutzung von Einwegsystemen spricht. Neben dem Umweltgedanken gibt es jedoch noch eine Vielzahl weiterer Argumente, die eine Entscheidung für Mehrweg-Reinraumbekleidung rechtfertigen: Kostengründe, Tragekomfortaspekte und Qualitätsgesichtspunkte sind hier in erster Linie zu nennen [12.80].

Das höhere Partikelrückhaltevermögen im Vergleich zur Mehrweg-Reinraumbekleidung liegt an der Konstruktion der Materialien, aus denen Einwegbekleidung für Reinräume üblicherweise gefertigt wird [12.81, 12.82]. In der Regel handelt es sich um sogenannte „Spunbonded Vliesstoffe". Der Hauptverwendungszweck dieser Einwegbekleidung ist es, die Träger vor möglichen Gefahren aus der Umwelt, wie z.B. bei der Asbestentsorgung, bestmöglich zu schützen. Die Materialien müssen folglich sehr dicht sein, so dass Tragekomfortaspekte eher eine untergeordnete Rolle spielen. Der in Abschn. 12.4 ausführlich besprochene Pumpeffekt bei sehr dichten Materialien, mit dem erhöhten Risiko einer direkten Produktkontamination, tritt folglich bei dieser Art von Einwegbekleidung verstärkt auf.

Während der Fertigung einfacher Einwegbekleidung wird auf Merkmale wie Schnitt und Passform oder auf die Nahtverarbeitung aus Kostengründen weniger Wert gelegt [12.83]. Spezielle Einwegbekleidung mit abgedichteten Nähten (verschweißt oder verklebt) kommt aufgrund der deutlich höheren Beschaffungskosten nur sehr selten in Reinräumen zum Einsatz.

Ferner ist bemerkenswert, dass die Betreiber von Reinräumen der Restkontamination bei Reinraummehrwegbekleidung zum Teil eine große Bedeutung zumessen, bei der Einwegbekleidung i. d. R. jedoch keinerlei Anforderungen dieser Art stellen. Wie oben bereits erläutert, liegen die Haupteinsatzgebiete der Einwegbekleidung nicht in den Reinraumanwendungen und schon deshalb wird aus Kostengründen auf eine Dekontamination dieser Einwegartikel nach deren Fertigung verzichtet [12.76]. Dabei ist die Annahme sicherlich unrealistisch, dass die Produktion von Einwegbekleidung kontaminationsfrei abläuft. Einwegbekleidung, die den Erfordernissen von Reinräumen entsprechend vorgereinigt und verpackt ist, wird zu wesentlich höheren Kosten als im Falle nicht-vorgereinigter Kleidung angeboten.

Bei Reinraumanwendungen mit toxischen Stoffen, bei denen die Träger der Kleidung oder aber das Personal, das die Kleidung nach dem Tragen wieder aufbereitet, gefährdet werden können, ist der Einsatz von reinraumgerechter Einwegbekleidung zu empfehlen. Für Monteure, welche die Bekleidung stark verschmutzen und schneller beschädigen sowie für Besucher, die den Reinraum nur für eine kurze Zeit betreten, kann der Einsatz von reinraumgerechter Einwegbekleidung ebenfalls sinnvoll sein.

12.6 Reinraumbekleidung aus laminierten oder beschichteten Materialien

Ähnlich wie bei den sehr dichten Einwegmaterialien weisen auch laminierte Textilien (mit Membranen, vergleichbar der Goretex®-Membrane) oder beschichtete Materialien im Vergleich zu den meisten Geweben aus synthetischen Fasern ein höheres Partikelrückhaltevermögen auf [12.29, 12.84]. Gleichzeitig steigt bei Reinraumbekleidung aus diesen Materialien aber auch das Risiko der direkten Produktkontamination aufgrund des verstärkten Pumpeffekts, vgl. Abschn. 12.4.

Ein wesentlicher Nachteil im Vergleich zur Reinraumbekleidung aus konventionellen Geweben ist die deutlich geringere Nutzbarkeit, mit der Folge, dass Reinraumbekleidung aus laminierten oder beschichteten Materialien, die bereits bei der Beschaffung teurer ist, früher ersetzt werden muss und so die Kosten für dieses Bekleidungssystem zusätzlich in die Höhe treibt [12.76]. Hinzu kommt, dass laminierte oder beschichtete Reinraummaterialien nur bedingt über mehrere Zyklen hin sterilisierbar sind.

12.7 Spezielle Ausrüstungen für Reinraumgewebe

Aufgrund der immer spezifischeren Anforderungen der Anwender/Entscheidungsträger an die Reinraumbekleidung sind Hersteller von Reinraumtextilien dazu übergegangen, Gewebe mit spezifischen Ausrüstungen anzubieten. Folgende Ausrüstungen sind heute verfügbar:
- antimikrobielle Ausrüstung
- wasserabsorbierende oder wasserabstossende Ausrüstung
- PTFE-Ausrüstung zum Schutz vor starken Verschmutzungen.

Eine antimikrobielle Ausrüstung, die ein Wachstum von Mikroorganismen auf/im Gewebe verlangsamt oder gar blockiert, ist für diejenigen Anwender interessant, die die Bekleidung nicht nach jedem Betreten/Verlassen des Reinraums wechseln, wie z. B. Anwender in der Lebensmittelindustrie oder in C-/D-Bereichen in der Pharmafertigung. Für Benutzer in sogenannten Sterilbereichen, die vor jedem Betreten des Reinraums frisch dekontaminierte und sterilisierte Bekleidung anziehen, erscheint dieser Mehraufwand (zusätzliche Kosten) ohne gesicherten Mehrnutzen nicht angemessen.

Eine wasserabsorbierende Ausrüstung für Materialien zur Herstellung von Reinraumzwischenbekleidung erscheint sinnvoll, ebenso wie eine wasserabstossende Ausrüstung für Reinraumoberbekleidung, die in Bereichen getragen wird, in denen der Träger vor bestimmten Flüssigkeiten wie Blut oder Chemikalien geschützt werden soll. Eine wasserabstossende Ausrüstung, i.d.R. PTFE, vermindert die Tragekomforteigenschaften, da der Transport von Wärme und Wasserdampf durch das Gewebe hindurch erheblich behindert wird.

In Anwendungsbereichen, in denen die Bekleidung Gefahr läuft, besonders stark verschmutzt zu werden, besteht die Möglichkeit, Textilien mit einer PTFE-Ausrüstung zu versehen. Das Reinigen einer derart ausgerüsteten Bekleidung, das heißt in diesem Falle ein „Abspülen der Oberfläche", wird durch diese Art der Ausrüstung vereinfacht. Wie oben bereits beschrieben, leidet hierunter jedoch der Tragekomfort.

Für besonders ausgerüstete Materialien ist in jedem Falle die Waschbeständigkeit dieser Ausrüstung zu prüfen. Ferner sollte sicher gestellt sein, dass die Ausrüstung nach einer eventuellen Zerstörung oder Reduzierung der gewünschten Wirkung, problemlos wieder auf- bzw. eingebracht werden kann.

12.8 Reinigung und Reparatur textiler Reinraumbekleidung

Nach der Definition und Auswahl der für die jeweilige Anwendung geeigneten Materialien, Modelle und Ausführungen, ist die Pflege und Wartung, d.h. die Dekontamination, Reparatur etc., von den Anwendern/Entscheidungsträgern genau zu spezifizieren und entsprechend auszuwählen. Sollten diese Dienstleistungen nicht im eigenen Unternehmen durchgeführt werden – und das ist der Regelfall – so muss gewährleistet sein, dass das damit beauftragte Unternehmen den vorher festgelegten Qualitätsstandards entspricht.

Folgende Punkte sollten zumindest bezüglich Dekontamination und Reparatur im Detail spezifiziert werden:
- Dekontamination
  - Die eigentlichen Reinigungseinrichtungen, die eingesetzten Materialien und Mittel sowie das verwendete Waschverfahren
  - Kontrollanforderungen und Dokumentationen
  - Verpackung, Versandverfahren, Frequenzen.
- Reparaturen
  - Eingesetzte Materialien
  - Verfahren
  - Dokumentationen.

12.8.1 Dekontamination

Bei der Dekontamination von Reinraumbekleidung ist der von einem Waschmittelhersteller her bekannte Begriff „porentief rein" wörtlich zu nehmen. Unter anderem wird auch in der VDI-Richtlinie 2083, Blatt 4 darauf hingewiesen, dass sich mögliche Verunreinigungen auch innerhalb der porösen Struktur des Textils ablagern können. In den Abschn. 12.2.2 und 12.2.6 wurde darauf hingewiesen, dass ein Reinraumtextil als Puffer fungiert, der regelmäßig „geleert" werden muss. Es reicht also nicht, nur die Oberfläche der Reinraumbekleidung zu reinigen, sondern auch die Partikel im Gewebe, also innerhalb der Poren des Gewebes, sind durch ein geeignetes Dekontaminationsverfahren zu entfernen.

Der wesentliche Gegensatz zur herkömmlichen Wäsche besteht darin, dass Verunreinigungen, d. h. Partikel auf/in der Reinraumbekleidung vorwiegend durch Spülung und durch die Mechanik der Trommeldrehung entfernt werden und weniger durch Mechanik der Reibung [12.85].

Bei einer gewöhnlichen Wäsche/Reinigung, vergleichbar mit einer handelsüblichen Haushaltswaschmaschine, fließt die Waschflotte am Schluss des letzten Waschvorganges nach unten ab. Wenn die gereinigte Reinraumbekleidung dort liegt, fängt sie die abgelösten Partikel und Fasern im kontaminierten Wasser wie ein Fusselsieb auf. Die Kleidung wird auf diese Weise erneut kontaminiert. Bei einer entsprechend ausgerüsteten Reinraumwäscherei wird dieser Effekt durch folgende Maßnahmen verhindert:
- Die permanente Zugabe von großen Mengen an vorgereinigtem Frischwasser
- Die Zugabe von Wasser, das über ein Kreislaufsystem, mittels leistungsfähiger Filter gereinigt ist

Um möglichst gute Dekontaminationsergebnisse zu erzielen, empfiehlt sich grundsätzlich eine deutliche Unterbeladung der Maschinen gegenüber der eigentlichen Füllmenge sowie ein möglichst hohes Flottenverhältnis, das Verhältnis partikelarmen Wassers zum Trockengewicht der Reinraumbekleidung.

12.8.2 Reinigungseinrichtungen

Sämtliche Verarbeitungsschritte der textilen Reinraumbekleidung, wie Waschen oder Trockenreinigen, Trocknen, Prüfen, Zusammenlegen und Verpacken, sollten in einem definierten, permanent überwachten Reinraum durchgeführt werden. Dieser Reinraum sollte zumindest die gleiche [12.86], oder wenn möglich, eine bessere Qualität haben, wie die Reinräume, in denen später die Kleidung eingesetzt werden soll. Sämtliche Einrichtungsgegenstände und eingesetzten Materialien/Mittel sollten der geforderten Reinraumklasse entsprechen.

Gewöhnlich arbeiten entsprechend eingerichtete Reinraumwäschereien mit sogenannten Durchreich-Waschmaschinen, die auf der „unsauberen" Seite beladen und auf der „sauberen" (Reinraumseite) entladen werden. Be- und Entladen auf ein und derselben Seite birgt das Risiko einer „Cross-Contamination". Gemäß der VDI-Richtlinie 2083, Blatt 4, sollte die Trommel keine scharfen Kanten und rauhen Flächen aufweisen und muss ausreichend groß dimensioniert sein, um bei möglichst geringer Beladung ein großes Flottenverhältnis zu erreichen.

12.8.3 Reinigungsverfahren

Reinraumbekleidung kann entweder durch Waschen mit Wasser, durch eine sogenannte Trockenreinigung oder durch eine Kombination aus beiden Verfahren dekontaminiert werden. Da das Waschen mit wässrigen Medien das mit Abstand am häufigsten verwendete Verfahren ist, wird im Folgenden nur dieses näher betrachtet. Die vom Anwender/Entscheidungsträger geforderte Reinheit an die Reinraumbekleidung ist mit dem jeweiligen Dienstleister zu spezifizieren und zu vereinbaren. Je nach Anforderung kann dann der Dienstleister entsprechende Verfahren aus seinem Programm auswählen.

12.8.4 Waschprozess

Sollte keine spezielle Vorbehandlung oder Ausrüstung der Reinraumbekleidung vorgeschrieben sein, so wird die Durchreich-Waschmaschine auf der unreinen Seite beladen. Spezielle Vorbehandlungen sind bspw. Vorwäschen, wenn es sich um besonders verschmutzte Bekleidungsstücke handelt, oder wenn Bekleidung möglicherweise mit schädlichen Substanzen in Berührung gekommen ist und so eine Gefahr für die Mitarbeiter in der Wäscherei darstellen könnte. Besondere Anforderungen an die Bekleidung, wie z.B. eine wasserabweisende Wirkung, führen ggf. dazu, dass die Bekleidungsstücke vorab entsprechend „ausgerüstet" werden müssen.

Die Lademenge der Maschine sollte entweder über das Gewicht oder über die Anzahl der Teile kontrolliert werden. Die Maschinen werden normalerweise zwischen 50 % und 80 % der definierten Innenkapazität beladen, um eine bestmögliche Reinigungswirksamkeit zu erreichen.

Ein normaler Waschzyklus besteht aus einem Seifenbad, gefolgt von einer vorher bestimmten Anzahl von Spülungen, i.d.R. bis zu 8 Spülungen. Die

Dauer des Bades und der Spülungen wird durch die zu reinigenden Teile, die Maschineneigenschaften sowie durch die geforderte Reinheit bestimmt.

Das beim Seifenbad verwendete Wasser sollte möglichst weich sein, muss ggf. entsprechend vorbehandelt werden und sollte zumindest auf 2,0 Mikron vorgefiltert sein. Das zum Spülen verwendete Wasser sollte extrem sauber, möglichst bis auf 0,2 Mikron vorgefiltert, sein. Auch DI-Wasser, deionisiertes Wasser mit einem spezifischen Widerstand von mindestens 16 MΩ, kann hierfür eingesetzt werden. Durch diese Maßnahmen sollen die vom Wasser stammenden Rückstände auf der Reinraumbekleidung reduziert werden. Das Integrieren einer „in-line-UV-Sterilisation" in das Wassersystem reduziert das Wachstum von Mikroorganismen.

Die während des Seifenbads eingesetzten Waschchemikalien sollten ebenfalls bis zu 0,5 Mikron vorgefiltert sein. Die Menge des verwendeten Waschmittels wird durch die zu reinigenden Bekleidungsstücke und durch die Maschineneigenschaften bestimmt. Weiterführende Anforderungen an die Qualität der eingesetzten Waschchemikalien sind in der VDI-Richtlinie 2083, Blatt 4, aufgeführt sowie bei Ehrler [12.87].

Die Reinraumbekleidung wird nach dem Waschen auf der sauberen Seite in einer entsprechenden Reinraumumgebung entladen und in einen Trockner gegeben. Es kommen Trommeltrockner, sog. Tumbler, oder Tunneltrockner zur Anwendung. Die in den Trocknern verwendete Luft sollte über HEPA-Filter geführt werden. Das Be- und Entladen eines Trockners erfolgt innerhalb der definierten Reinraumumgebung. Die Bekleidung wird bei gemäßigten Temperaturen getrocknet.

Das Aufhängen der Bekleidungsstücke in einem Tunneltrockner ist sicherlich das schonendere Verfahren, da Scheuerbewegungen wie in einem Tumbler vermieden werden. Auf die deutlich größere Materialbeanspruchnug beim Trocknen mit einem Tumbler verweist Hoenig 1988 [12.57]. Befürworter von Tumbler-Geräten verweisen jedoch darauf, dass bei einem Tumbler, bei dem die Trocknerluft permanent reinraumgerecht aufbereitet, d. h. gefiltert wird, die Kleidung zusätzlich von Partikeln befreit werden kann, da durch die Rotation Teilchen „losgeschlagen" werden können. Untersuchungen am ITV-Denkendorf zur Restkontamination nach dem Trocknen zeigten jedoch nur tendenziell geringe Unterschiede zwischen den beiden Verfahren [12.64].

Nach dem Trocknen werden die Bekleidungsstücke so gefaltet und verpackt, dass alle Codierungen noch erkennbar und lesbar sind.

12.8.5 Vorsortierung/Vorkontrolle der Reinraumwäsche im Serviceunternehmen

Bevor die einzelnen Bekleidungsstücke in den Waschzyklus eingeschleust werden, müssen sie vorsortiert bzw. vorab einer Erstkontrolle unterzogen werden. Während der Erstkontrolle sind die Bekleidungsstücke auf mögliche Beschädigungen und/oder besondere Verschmutzungen hin zu überprüfen. Außerdem sollte darauf geachtet werden, ob die maximale Verwendbarkeit des Bekleidungsstücks überschritten worden ist. Diese Kontrollschritte dienen der Aufrechterhaltung der Qualität eines Reinraumbekleidungssystems.

Beim Sortieren der Schmutzwäsche wird die Reinraumbekleidung zunächst in die einzelnen Modelle wie z. B. Overalls, Vollschutzhaube, Überziehstiefel etc. aufgeteilt, um sie dann später „sortenreinen" Waschprogrammen zuzuführen. Beschädigte Bekleidung wird vor dem Reinigen zunächst instand gesetzt.

Nach der Sortierung ist jedes Bekleidungsstück mittels eines Identifikationsmerkmals zu erfassen, um zum einen sicherzustellen, dass dieses Bekleidungsstück dem entsprechenden Kunden zugeordnet wird und zum anderen, um die Rückverfolgbarkeit jedes einzelnen Bekleidungsstücks zu gewährleisten. Die Bekleidungsstücke besitzen deshalb i. d. R. ein Registriersystem, wie z. B. einen Barcode, einen Identifikationschip oder einen Identifikationstransponder. Die Erfassung der einzelnen Bekleidungsstücke erfolgt dann gewöhnlich automatisch. Ist ein solches Identifikationsmerkmal nicht mehr lesbar, so muss es vor dem Reinigungsprozess ausgetauscht werden.

Nach dem Sortieren wird jedes Bekleidungsstück in eine der folgenden Kategorien eingeteilt:
- Bearbeitungsfähiges Produkt
  → geht zur Dekontamination
- Nicht mehr zu reparieren
  → muss ersetzt werden
- Reparaturbedürftig
  → Produkt wird zunächst repariert und geht dann zur Dekontamination
- Spezialbehandlung notwendig, aufgrund besonderer Verschmutzungen
  → Zunächst Vorbehandlung (Fleckenentfernung) danach zur Dekontamination
- Nicht bearbeitungsfähiges Kleidungsstück, welches dem Kunden gehört
  → Wird an den Kunden mit einem entsprechenden Report zurückgeleitet

12.8.6 Reparatur von Reinraumbekleidung

Alle Reparaturen an einem Reinraumbekleidungsstück sind mit dem Anwender/Entscheidungsträger abzusprechen, bzw. diesem zu melden. Die zur Reparatur notwendigen Materialien (Reißverschlüsse, Nähgarn, Label-Materialien etc.) müssen selbstverständlich reinraumgerecht sein. Vorzugsweise sollten die gleichen Materialien wie bei der Originalbekleidung verwendet werden. Empfehlenswert ist weiterhin, nur eine begrenzte Anzahl von Reparaturen pro Bekleidungsstück, sowie eine begrenzte Fläche, die maximal repariert werden darf, zuzulassen. Anwender/Entscheidungsträger und Dienstleister sollten ebenfalls Regularien festschreiben, zu welchem Zeitpunkt ein Bekleidungsstück automatisch ausgetauscht werden muss.

Jedes Bekleidungsstück hat typische Bereiche, an denen es zu verstärkten Abnutzungen kommen kann. Overalls zeigen z. B. oftmals starke Abnutzungen im Bauch- und Sitzbereich, sowie an den Ellenbogen, an den Unterarmen und an den Knien. Bei den Eingangskontrollen in den Wäschereien sind diese kritischen Stellen gezielt zu überprüfen.

12.8.7 Verpacken von Reinraumbekleidung/Versand

Weder der Verpackungsprozess noch die damit in Verbindung stehenden Materialien dürfen die dekontaminierte Reinraumbekleidung erneut kontaminieren. Die jeweils genutzten Verpackungsmaterialien sollten, wenn möglich, auf ihre Reinraumtauglichkeit hin zertifiziert worden sein. Jedes Bekleidungsstück oder Bekleidungsset sollte einzeln in einem luftdicht verschweißten Beutel verpackt werden. Vakuum kann verwendet werden, um das Volumen der Verpackung zu minimieren, ist aber nicht zwingend notwendig. Eine zweite Umverpackung pro Stück/Set ist empfehlenswert, um das Einschleusen der Bekleidung beim Anwender zu vereinfachen.

Für den Versand der verpackten Reinraumbekleidung sind schützende, widerstandsfähige Container zu empfehlen. Die jeweiligen Container sollten klar und lesbar beschriftet sein und mindestens den Namen und die Abteilung des Anwenders, sowie den Inhalt pro Container aufführen. Soweit erforderlich müssen diese Container sterilisierbar und verschließbar sein.

Container, die für den Hin- und Rücktransport von Kleidung verwendet werden, sind regelmäßig zu reinigen.

12.8.8 Aufbewahrung von Reinraumbekleidung

Für den Fall, dass die Reinraumbekleidung, wie im Regelfall, öfter als nur für das einmalige Betreten des Reinraums benötigt wird, müssen Einrichtungen bereit gestellt werden, in denen die Kleidung aufbewahrt werden kann. Vorzugsweise sollte die Reinraumbekleidung unter HEPA-Filtern aufgehängt werden, wie unter anderem nach IEST-RP-CC027.1 gefordert. Die über HEPA-Filter gefilterte Luft reinigt zwar nicht die darunter befindliche Reinraumbekleidung, sie verhindert aber, dass diese Bekleidung durch die Umgebung verunreinigt wird. Ist eine Aufbewahrung der Kleidung unter HEPA-Filtern nicht möglich, müssen andere Schutzmaßnahmen getroffen werden, um eine zusätzliche Kontamination während der Aufbewahrungsphase zu vermeiden.

Selbstverständlich müssen alle Elemente der Aufbewahrungseinrichtungen (z. B. Bügel, Haken, Kleiderstangen) reinraumgerecht ausgelegt sein. Sollten Kleiderbügel verwendet werden, so sollten diese vorzugsweise abnehmbar sein, um ein einfaches Aufhängen und Herausholen der Bekleidung zu ermöglichen.

Die Fußbekleidung (Schuhe, Überziehschuhe und Überziehstiefel) muss aufgrund ihres hohen Kontaminationsgrads und der davon ausgehenden Gefahr der „Cross-Kontamination" getrennt von der restlichen Reinraumbekleidung in dafür bestimmten Aufbewahrungseinrichtungen untergebracht werden.

12.8.9 Bekleidungslogistik

Neben der Produktqualität (Reinheit) ist es für den Dienstleister ebenfalls wichtig, sicherzustellen, dass der Kunde die richtige Bekleidung in der richtigen Menge zur rechten Zeit am rechten Ort zur Verfügung hat. Ein wichtiges

Werkzeug für diese logistische Aufgabenstellung ist ein Bekleidungsregistriersystem. Hierbei erhält jedes Bekleidungsstück eine individuelle Nummer, einen Barcode, einen Identifikationschip oder einen Identifikationstransponder.

Ein derartiges Bekleidungsregistriersystem unterstützt jedoch nicht nur die Logistikoptimierung – mit Hilfe eines solchen Systems können auch qualitätsrelevante Informationen erfasst und dokumentiert werden. Folglich sollte dieses System Informationen enthalten wie:

- Aufenthaltsort der Bekleidung zu einem bestimmten Zeitpunkt, z. B. bei der Vorwäsche, in der Reparatur oder beim Kunden etc.
- Wieviel Reinigungszyklen hat ein bestimmtes Bekleidungsstück bereits durchlaufen?
- Welche und wieviele Reparaturen wurden bereits an einem bestimmten Bekleidungsstück durchgeführt?
- Gesamtanzahl gewaschener Bekleidungsstücke pro Ladung (Sortierung), Tag, Woche etc.
- Stimmt die Anzahl verfügbarer Bekleidungsstücke mit der Anzahl der zur Zeit gebrauchten Bekleidungsstücke und der Anzahl der zur Zeit benötigten Bekleidungsstücke überein?
- Werden die Bekleidungsstücke regelmäßig benutzt und dekontaminiert?
- Verbindung zwischen der Erfassung der Bekleidungsstücke und der Fakturierung.

12.9 Prüfung der dekontaminierten Reinraumbekleidung

Neben der ständigen Überwachung des gesamten Pflegeprozesses, d. h. unter anderem der Überwachung der Raumluft im Reinraum oder der Überwachung des verwendeten Wassers etc., ist die Reinheit der Kleidung insbesondere nach der Dekontamination mittels Stichproben routinemäßig zu prüfen. Die erfassten Prüfergebnisse werden entsprechend archiviert und sollten über einen definierten Zeitraum jederzeit verfügbar sein. Wird ein Serviceunternehmen mit der Dekontamination beauftragt, so empfiehlt es sich, von diesem pro Waschladung ein entsprechendes „Reinheitszertifikat" für die dekontaminierte Bekleidung (d. h. ein Prüfprotokoll der durchgeführten Messungen) ausstellen zu lassen.

Eckold berichtet, dass die Ergebnisse zwischen verschiedenen Dienstleistungsunternehmen, bezogen auf die Reinheit der Kleidung nach der Dekontamination, sehr unterschiedlich ausfallen können [12.88]. In dieser Arbeit wurden die Dekontaminationsergebnisse zwischen zwei Reinraumwäschereien untersucht. In einem Fall wurden für einige Partikelgrößen sogar höhere Messwerte nach der Dekontamination ermittelt, als vor der Behandlung. Als mögliche Fehlerursachen werden unter anderem eine zu hohe Füllmenge und somit das Risiko der zu geringen Benetzung und höheren Reibungsmechanik aufgeführt sowie ein zu geringes Flottenverhältnis mit partikelarmen Wasser bei den Spülvorgängen [12.88]. Eine Untersuchung aus Japan zeigt, dass Reinraumbekleidung aufgrund unsachgemäßer Reinigung, zu einer kritischen Partikelquelle im Reinraum werden kann [12.77].

Die Prüfung bzgl. der Restkontamination erfolgt nach einem vorher festgelegten Stichprobenverfahren an Bekleidungsstücken pro Waschladung. Es wird die Anzahl der Partikel auf dem Bekleidungsstück bzw. im Gewebe nach der Dekontamination gemessen. Um „Cross-Kontamination" weitestgehend auszuschließen, sind die Tests von ausgebildeten und erfahrenen Mitarbeitern in angemessener Reinraumbekleidung in einem Reinraum durchzuführen, dessen Reinheitsklasse zumindest den Anforderungen des Auftraggebers entspricht. Die Testmethoden sind zwischen Anwender/Entscheider und Dienstleister vorab zu definieren und sollten folgende Angaben umfassen:

- Kritische Partikelgrößen und -grenzen
- Häufigkeit der Tests und Stichprobenumfang
- Welche Daten werden benötigt für Qualifikation, Vergleiche, Wiederholbarkeit?
- Die gesamten Qualitätskontrollanforderungen, bzw. Spezifikationen
- Kosten

12.9.1 Prüfmethoden zur Bestimmung der Restkontamination auf/in der Reinraumbekleidung sowie andere Bekleidungstests

12.9.1.1 ASTM-F51

Das Testverfahren ASTM-F51 (American Society for Testing and Materials) existiert als Orginalmethode und als alternative Methode „Alternate Method (woven fabric)". Die alternative Methode wird sowohl in der ASTM-F51 als auch in der IES-RP-CC003.2 (Institute of Environmental Sciences – Recommended Practice – Contamination Control 003.2) beschrieben.

Bei der alternativen Methode wird ein Abschnitt des zu testenden Bekleidungsstücks eingespannt und „abgesaugt". Die Luft wird über einen Membranfilter geleitet, um die ausgefilterten Partikel und Fasern mikroskopisch zu analysieren.

Die alternative Methode unterscheidet sich in folgenden Punkten von der Originalmethode:

- Bei der alternativen ASTM-Methode wird nicht nur ein Abschnitt des Kleidungsstücks getestet (meistens der sauberste Bereich am Rücken des Overalls oder des Kittels), sondern eine vorher fest definierte Anzahl von Messpunkten (bspw. 5 Stellen an einem Overall), verteilt über das komplette Bekleidungsstück.
- Um die Anpassung an Gewebe mit unterschiedlicher Luftdurchlässigkeit zu verbessern, verwendet die alternative Methode einen Luftstrom mit konstantem Druck anstelle eines konstanten Luftvolumenstroms.

In Tabelle 12.1 sind die unterschiedlichen Reinheitsstufen nach ASTM-F51, in Abhängigkeit zu den jeweils maximal erfassten Partikeln aufgeführt.

Mögliche Unterschiede zwischen der ursprünglichen und der alternativen Version der ASTM-F51 untersuchten Hill und Wieckowski und kamen dabei unter anderem zu dem Ergebnis, dass bei der ursprünglichen Version signifi-

Tabelle 12.1   Reinheitsklassifikation nach ASTM-F51

Klasse	Anzahl Partikel/Fasern pro ft^2		
A	Weniger als	1.000	Partikel	5 µm und größer
	Maximal	10	Fasern	
B	Weniger als	5.000	Partikel	5 µm und größer
	Maximal	25	Fasern	
C	Weniger als	10.000	Partikel	5 µm und größer
	Maximal	50	Fasern	
D	Weniger als	15.000	Partikel	5 µm und größer
	Maximal	120	Fasern	
E	Weniger als	25.000	Partikel	5 µm und größer
	Maximal	175	Fasern	

kant mehr Partikel (> 5,0 µm) erfasst wurden als bei der alternativen Version [12.89].

12.9.1.2 ASTM-„Schnellmessmethode"

Dieses Verfahren wird oftmals auch „Durchsaugzählermethode" genannt und fast ausschließlich in Deutschland eingesetzt. Es handelt sich um eine weitere Abwandlung der ASTM-F51. Bei der Schnellmessmethode wird ein Partikelzähler anstelle des Mikroskops eingesetzt. Die Methode wird somit weniger zeitaufwendig und zudem können auch Partikel kleiner als 5 µm erfasst werden. Fasern lassen sich allerdings mit Partikelzählern nicht mehr nachweisen. Für jedes Bekleidungsstück existieren definierte Messpunkte, die von der ursprünglichen ASTM-Methode übernommen worden sind. Die Reinheitsklassen bei dieser Methode entsprechen den in Tabelle 12.1 aufgeführten Grenzwerten. Die luftdichte Probeneinspannung bei der Schnellmessmethode ist ein weiterer Unterschied zur ASTM-Methode.

12.9.1.3 GTS-Stoff-Prüf-System

Bei dieser Methode handelt es sich um eine Weiterentwicklung der „Durchsaugzählermethode". Eine immer wieder diskutierte Einflussgröße an der Original-Methode der ASTM-F51 bzw. an den modifizierten Methoden ist der konstante Luftvolumenstrom bzw. der Luftstrom bei konstantem Differenzdruck.

Das weiterentwickelte Verfahren erlaubt, bedarfsweise mit konstantem Differenzdruck oder mit konstantem Volumenstrom zu messen und verbessert damit die Anpassung der Messbedingungen an unterschiedliche Gewebe. Zur Zeit gibt es Bemühungen diese in Zusammenarbeit mit dem ITV-Denkendorf weiterentwickelte Methode international als ein mögliches Standardmessverfahren zu etablieren.

12.9.1.4 Helmke-Drum-Test

Mit den bisher beschriebenen Messmethoden ist es nicht möglich, die Restkontamination von beschichteten/laminierten Geweben (z.B. Goretex®) zu bestimmen, da dabei grundsätzlich Luft durch das Gewebe gesaugt werden muss. Mit der Helmke-Drum-Methode können alle Arten von Geweben getestet werden.

Die Testmethode wird in der IES-RP-CC003.2 beschrieben. Zusammengefasst arbeitet dieses Verfahren wie folgt:

Die zu überprüfenden Bekleidungsstücke werden in eine sich drehende Trommel gelegt, deren Beladungsseite offen bleibt. Die Bekleidungsstücke werden aufgrund der Trommeldrehungen durcheinandergewirbelt, um so Partikel vom Gewebe zu lösen. Mittels eines automatischen Partikelzählers wird das Niveau der Partikeldichte der Luft innerhalb der Trommel bestimmt.

Die Ergebnisse können jedoch bei der Helmke-Drum-Methode, abhängig vom jeweils getesteten Gewebe, stark schwanken. Weitere Nachteile dieser Methode sind die lange Prüfdauer und die mangelhafte Erfassen von Fasern. Ferner besteht die Gefahr, dass sich die Kleidung durch die Rotationsbewegungen statisch aufladen kann und so Partikel auf/im Gewebe haften bleiben können [12.90]. Kritische Anmerkungen zur Helmke-Drum-Methode finden sich bei Spector [12.91].

In Tabelle 12.2 (gemäß IES-RP-CC003.2) sind die unterschiedlichen Reinheitskategorien für die Helmke-Drum-Testmethode aufgeführt.

Mit der Helmke-Drum-Methode und mit der ASTM-Methode und deren Abwandlungen ist es möglich, die Qualität einer Wäscherei und die Dekontaminierbarkeit eines Gewebes zu überprüfen. In diesem Zusammenhang ist es wichtig, darauf hinzuweisen, dass sich i. d. R. sehr luftdurchlässige Reinraumtextilien wesentlich effektiver dekontaminieren lassen [12.92] und folglich bei den oben aufgeführten Tests im Vergleich zu luftundurchlässigeren Geweben grundsätzlich besser abschneiden. Um mögliche Fehlinterpretationen zu reduzieren, sollten deshalb Reinraumtextilien bzgl. des Restkontaminationsverhaltens nur im direkten Zusammenhang mit dem Partikelrückhaltevermögen beurteilt werden. Keine der oben aufgeführten Methoden eignet sich, um Alterungseffekte an einem Reinraumgewebe nachzuweisen.

Tabelle 12.2   Reinheitsklassifikation nach Helmke Drum

Kategorie	Bekleidungsstück	Durchschnittliche Anzahl Partikel $\geq 0{,}5\ \mu m/min$		
I	1 Kittel		<	1.000
I	1 Overall		<	1.200
I	5 einfache Hauben		<	450
I	3 aufwendigere Hauben		<	450
II	1 Kittel	1.000	–	10.000
II	1 Overall	1.200	–	12.000
II	5 einfache Hauben	450	–	4.500
II	3 aufwendigere Hauben	450	–	4.500
III	1 Kittel	10.000	–	100.000
III	1 Overall	12.000	–	120.000
III	5 einfache Hauben	4.500	–	45.000
III	3 aufwendigere Hauben	4.500	–	45.000

12.9.2 „Particle-Containment"-Test

Der „Particle-Containment"-Test ist eine weitere, in der IES-RP-CC003.2 ausführlich beschriebene Testmethode, die oftmals auch als „Body-Box-Test" bezeichnet wird. Es handelt sich hierbei um eine Testmethode, die aufgrund des sehr hohen Zeitaufwands für eine kontinuierliche Überwachung der Reinraumbekleidung unzweckmäßig ist. Andererseits eignet sich dieses Verfahren insbesondere für die Überprüfung der Partikelfreisetzung an einem kompletten Bekleidungssystem. Die Unterschiede zwischen verschiedenen Bekleidungssystemen lassen sich bzgl. der Partikelfreisetzung ebenfalls gut bestimmen.

Die Grundelemente dieser Testmethode:
– Die Testperson zieht in einem kontrollierten Umkleideraum die zu testende Reinraumkleidung an. Von dort aus betritt die Testperson eine ebenfalls kontrollierte Kammer. In diesem definierten Raum führt die Testperson vorgegebene Übungen/Bewegungsabläufe aus, während die Luft in der Kammer überwacht wird, um die Anzahl der freigesetzten Partikel zu bestimmen.

Im Zusammenhang mit dem „Particle-Containment-Test" ist folgender Hinweis wichtig: Es handelt sich bei dieser Testmethodik nicht um einen absoluten Test, da die Ergebnisse insbesondere von der spezifischen Partikelemission der jeweiligen Testperson abhängt und die kann, wie allgemein bekannt, stark variieren und damit auf das Ergebnis Einfluss nehmen.

12.9.3 Nachweis des Gesamtgehalts an extrahierbaren oder flüchtigen Bestandteilen

Zum Schluss dieses Kapitels wird auf eine Prüfmethode eingegangen, die als Bestimmung „extrahierbarer oder flüchtiger Bestandteile" nur für ganz bestimmte Anwender von Interesse ist. So können Alkalimetallionen, wie bspw. Natrium, in bestimmten Prozessen Probleme verursachen, indem sie die elektrischen Eigenschaften von Silizium verändern. Der Mensch als mögliche Natrium-Kontaminationsquelle und das Tragen von Reinraumbekleidung sowie von Reinraumhandschuhen zum Schutz vor dieser Art von Kontamination untersuchte Ro [12.93].

Für den Nachweis extrahierbarer Stoffe werden, um kein Bekleidungsstück zerstören zu müssen, vorgefertigte Stoffmuster mit einer Fläche von 0,1 m^2 zusammen mit der Bekleidung be- bzw. verarbeitet. Diese Stoffmuster werden über einen bestimmten Zeitraum in kochendes Lösungsmittel eingetaucht. Danach wird das Lösungsmittel über Membranfilter geleitet, um abgelöste Partikel und Fasern zu entfernen. Nun können die im Lösungsmittel befindlichen Mengen an „extractables" bestimmt werden. (Näheres ist in der IES-RP-CC003.2 beschrieben.)

Die in den obigen Abschnitten vorgestellten Prüfverfahren sowie weitere Methoden zur Bewertung von Reinraumtextilien werden bei Spectors et al. erläutert und diskutiert [12.94]. Eine generelle Empfehlung für ein bestimmtes Verfahren ist nicht möglich, da die Eignung eines Prüfverfahrens vor allem von den Prozessanforderungen und vom jeweiligen Reinraumtextil abhängt. Ein Verfahren zur mikrobiologischen Untersuchung von Reinraumbekleidung beschreibt DeVecchi 1990 [12.95].

12.10 Anhang

Empfehlungen zur Reinraumbekleidung in Abhängigkeit von der angestrebten Reinraumklasse (mikrobiologisch überwachte Bereiche)

GMP Leitfaden (EU)	A/B	C/D
(vergleichbar bzgl. der Partikelbelastung mit) US Fed.Std. 209E ISO 14644-1	100 ISO 5	10.000/100.000 ISO 7 / ISO 8
Bekleidungselemente je nachReinraumklasse (Empfehlungen)	Augenschlitzhaube Vlieseinweghaube (darunter) Einwegmundschutz (darunter) Overall reinraumgerechte Zwischenbekleidung Überziehstiefel Reinraumschuhe (darunter) Reinraumhandschuhe	Vlieseinweghaube Einwegbartschutz Overall oder eine Kombination aus Jacke und Hose Überziehschuhe Reinraumschuhe (darunter) Reinraumhandschuhe
Wechselzyklus je nach Reinraumklasse (Empfehlungen)	Reinraumoberbekleidung bei jedem Betreten des Reinraums, Zwischenbekleidung täglich	Reinraumoberbekleidung täglich
Textilien (Empfehlungen)	Reinraumoberbekleidung: abriebfeste Filamentgewebe aus synthetischen und leitfähigen Fasern; Zwischenbekleidung: Filamentgewebe aus synthetischen Fasern oder aber sogenannte zweilagige Textilien, Innenseite Baumwolle, Außenseite aus synthetischen Fasern	Für die Reinraumoberbekleidung abriebfeste Filamentgewebe aus synthetischen und leitfähigen Fasern

Empfehlungen zur Reinraumbekleidung in Abhängigkeit von der angestrebten Reinraumklasse (mikrobiologisch überwachte Bereiche sind ausgenommen)

US Fed. Std. 209E ISO 14644-1	1 ISO 3	10 ISO 4	100 ISO 5
Bekleidungselemente je nach Reinraumklasse (Empfehlungen)	Augenschlitzhaube Vlieseinweghaube (darunter) Einwegmundschutz (darunter) Overall reinraumgerechte Zwischenbekleidung Überziehstiefel Reinraumschuhe (darunter) Reinraumhandschuhe	Augenschlitzhaube Vlieseinweghaube (darunter) Einwegmundschutz (darunter) Overall reinraumgerechte Zwischenbekleidung Überziehstiefel Reinraumschuhe (darunter) Reinraumhandschuhe	Vollschutzhaube Einwegmundschutz Overall reinraumgerechte Zwischenbekleidung Überziehstiefel Reinraumschuhe (darunter) Reinraumhandschuhe
Wechselzyklus je nach Reinraumklasse (Empfehlungen)	Reinraumoberbekleidung bei jedem Betreten des Reinraumes, Zwischenbekleidung täglich	Reinraumober- und Zwischenbekleidung täglich	Reinraumober- und Zwischenbekleidung täglich
Textilien (Empfehlungen)	s.o., Empfehlungen für mikrobiologisch überwachte Bereiche, Spalte: A/B-Bereiche, bzw. ISO 5	s.o., Empfehlungen für mikrobiologisch überwachte Bereiche, Spalte: A/B-Bereiche, bzw. ISO 5	s.o., Empfehlungen für mikrobiologisch überwachte Bereiche, Spalte: A/B-Bereiche, bzw. ISO 5

US Fed. Std. 209E ISO 14644-1	1.000 ISO 6	10.000 ISO 7	100.000 ISO 8
Bekleidungselemente je nach Reinraumklasse (Empfehlungen)	Vollschutzhaube Einwegmundschutz Overall Überziehstiefel Reinraumschuhe (darunter) Reinraumhandschuhe	Vlieseinweghaube Kittel Überziehschuhe Reinraumschuhe (darunter) Reinraumhandschuhe	Vlieseinweghaube Kittel Überziehschuhe Reinraumschuhe (darunter) Reinraumhandschuhe (ggf.)
Wechselzyklus je nach Reinraumklasse (Empfehlungen)	Reinraumoberbekleidung 2–3 Mal wöchentlich	Reinraumoberbekleidung einmal wöchentlich	Reinraumoberbekleidung einmal wöchentlich
Textilien (Empfehlungen)	s.o., Empfehlungen für mikrobiologisch überwachte Bereiche, Spalte: C/D-Bereiche, bzw. ISO 7/8	s.o., Empfehlungen für mikrobiologisch überwachte Bereiche, Spalte: C/D-Bereiche, bzw. ISO 7/8	s.o., Empfehlungen für mikrobiologisch überwachte Bereiche, Spalte: C/D-Bereiche, bzw. ISO 7/8

Richtlinien, Normen, Standards, Testmethoden

ASTM F 51. Standard Test Method for Sizing and Counting Particulate Contaminant in and on Clean Room Garments

DIN EN ISO 14644-1. Reinräume und zugehörige Reinraumbereiche – Teil 1: Klassifizierung der Luftreinheit

DIN EN ISO 7730. Ermittlung des PMV und des PPD und Beschreibung der Bedingungen für thermische Behaglichkeit (1995)

DIN EN 100 015-1. Schutz von elektrostatisch gefährdeten Bauelementen (1992)

DIN EN 1149-1. Schutzkleidung, elektrostatische Eigenschaften, Teil 1: Oberflächenwiderstand (1996)

G. E. Helmke. A Tumble Test for Determining the Level of Particles Associated with Clean Room Garments and Clean Room Wipers.

IES-RP-CC003.02. Garment System Considerations for Cleanrooms and Other Controlled Environments. Institute of Environmental Sciences, USA, Recommended Practice

IEST-RP-CC027.1.Personnel Practices and Procedures in Cleanrooms and Controlled Environments. Institute of Environmental Sciences and Technology, USA, Recommended Practice

Supplement to IES-RP-CC003.02. Garment Sterilization Considerations for Microbiologically Controlled Environments. Institute of Environmental Sciences, USA

US Federal Standard 209E. Airborne Particulate Cleanliness Classes in Cleanrooms and Clean Zones

VDI Richtlinie 2083, Blatt 4. Reinraumtechnik. Oberflächenreinheit

VDI Richtlinie 2083, Blatt 5. Reinraumtechnik. Thermische Behaglichkeit

VDI Richtlinie 2083, Blatt 6. Reinraumtechnik. Personal am Reinen Arbeitsplatz

Literatur

[12.1] M. Ando, K. Homma, S. Nagira and M. Migitaka: Particle Emission from Workers in a Cleanroom, Vortrag, 10th International Symposium on Contamination Control, Zürich, Sept. 1990, Swiss Contamination Control 3 (1990), 4a, 92–95

[12.2] H. Schneider, J. Ludwig, H. Martin: Partikelmessungen geben Entscheidungshilfe, Reinraumtechnik 1/92

[12.3] Y. Suzuki, S. Nishiate, K. Sato and H. Shimizu: Effects of Suction Type Clean Room Garment, Vortrag, 9th International Symposium on Contamination Control, Los Angeles, Sept. 1988

[12.4] R. Howie: Clean Room Clothing Performance, 1999, Internet/Homepage S2C2 (http://www.s2c2.co.uk)

[12.5] L. Gail und P.Meissner, Personaltätigkeit und Mikrokontamination, Vortag, Concept-Symposion „Personal im Reinraum", Frankfurt/M., 1988

[12.6] P. R. Austin: Design and Operation of Clean Rooms, Troy, Michigan, Business News Publishing Company, 1970

[12.7] A. G. Brunner: Keim- und Partikelausstreung in Abhängigkeit von Tätigkeit und Bekleidung, Dissertation, Eidgenössische Technische Hochschule Zürich, 1970

[12.8] J. Hoborn: Mensch, Bekleidung und Reinraumtechnik, medita 7, 1977, Nr. 8/9, 3-8

[12.9] W. Whyte: An Introduction to Contamination Control Technology, 1991

[12.10] J. Schrank: Untersuchung von Reinraum-Bekleidungsausrüstung, Separatdruck aus der „Chemischen Rundschau" 26, 1973, Nr. 34, 1–12

[12.11] W. B. Cown and T. W. Kethley: Dispersion of Airborne Bacteria in Clean Rooms, Contamination Control, Vol. VI, No. 6, 1967 (zitiert bei L. K. Barnes, 1973)

[12.12] T. Guang-Bei and Z. Shaofan: Study on the Relationship Between Dust Filtration and Bacteria Filtration, Vortrag, 10th International Symposium on Contamination Control, Zürich, Sept. 1990, Swiss Contamination Control 3 (1990), 4a, 196–198

[12.13] T. Guang-Bei and C. Qiuhong: An Experimental Study of Bacteria Dispersal from Human Body, Vortrag, 9th International Symposium on Contamination Control, Los Angeles, Sept. 1988

[12.14] B. Ljungqvist and B. Reinmüller: Hazard analyses of airborne contamination in clean rooms – Application of a method for limitation of risks, PDA Journal of Pharmaceutical Science and Technology, Vol. 49, 1995, 239–243

[12.15] B. Ljungqvist and B. Reinmüller: Active sampling of airborne viable particles in controlled environments: a comparative study of common instruments, European Journal of Parenteral Science and Technology, Vol. 3, 1998, 59–62

[12.16] J. R. Weaver and R. C. White: Particle Contributions of Three Types of Cleanroom Jumpsuit, Delco Electronics Corp., 1987

[12.17] E. W. Moore: Contamination of Technological Components by Human Dust, 29th Annual Techinal Meeting, Institute of Environmental Science, 1983, 324–329

[12.18] W. Whyte and P. V. Bailey: Reduction of Microbial Dispersion by Clothing, Journal of Parenteral Science and Technology, Vol. 39, 1985, 51–60

[12.19] H. Lottermann, J. Verwijst: The Influence of Washing Frequency and Other Parameters on the Particle Control Performance of Clean Room Clothing, Vortrag, 10th International Symposium on Contamination Control, Zürich, Sept. 1990, Swiss Contamination Control 3 (1990), 4a, 268–271

[12.20] C. Baczkowski: Factors Affecting the Number of Airborne Particles Released from Clean Room Operators, Particles in Gases and Liquids 3: Detection, Characterization, and Control, Edited by K. L. Mittal, Plenum Press, New York 1993, 203–212

[12.21] T. Rakoczy: Reinraumgerechtes Verhalten von Personen und reinraumgerechte Ausstattung von Produktionsstätten, VDI-Berichte Nr. 654, 1987, 59–73

[12.22] O. Minamino and S. Fujii: Generation of Dust from Various Kinds of Garments for Clean Room, Vortrag, 7th International Symposium on Contamination Control, Paris, 1984

[12.23] O. Minamino and S. Fujii: Generation of Dust from from Garments in the Clean Room, Vortrag, 8th International Symposium on Contamination Control, Mailand, Sept. 1986

[12.24] Ueda, T. Matsuo, T. Takagi and T. Asada: Experimental Study on Clean Room Garments, Jap. Air Clean. Assoc. 1985

[12.25] L. K. Barnes: Personnel Control, aus: Environmental Control in Electronic Manufacturing, edited by Philip W. Morrison, Van Nost and Reinhold Company, New York, 1973, S. 336 ff.

[12.26] A. B. Waring: Monitoring of Cleanroom-Clothing, Vortrag, Concept-Symposion „Partikelkontrolle in der Reinraumtechnik", Bad Nauheim, 1985

[12.27] P. Ehrler, G. Schmeer-Lioe: Reinraumbekleidung, aus dem Handbuch der Reinraumpraxis, Hauptmann – Hohmann, ecomed-Verlag, Landsberg 1992

[12.28] P. Ehrler, G. Schmeer-Lioe: Prüfverfahren zur Beurteilung funktioneller Eigenschaften von Reinraumbekleidung, VDI-Tagung „Problemlösungen in der Reinraumtechnik", Nov. 1988, München, VDI-Berichte Nr. 783, 1989, 303–396

[12.29] T. Hirakawa and M. Tsumoto: Influence of Fabric Construction on the Performance of Clean Room Garmenst, Vortrag, 7th International Symposium on Contamination Control, Paris, 1984

[12.30] P. Ehrler, G. Schmeer-Lioe und G. Stauch: Experimentelle Untersuchungen zur Partikelabgabe von Reinraumbekleidung, VDI-Berichte Nr. 783, 1989, 67–96

[12.31] P. Ehrler, G. Schmeer-Lioe und G. Stauch: Die Barrierefunktion von Reinraumbekleidung, Vortrag, 28. Internationale Chemiefasertagung, Dornbirn, 1989

[12.32] P. Ehrler, M. Hottner und G. Schmeer-Lioe: Cleanroom-Garment as a Barrier against Particles and as a Source of Particles and Fibers, Vortrag, 11th Digital Cleanroom-cleaning technology conference, Kaufbeuren, 1991

[12.33] M. S. Dahlstrom: Clean Room Garments, Where From Here?, Semiconductor International, April 1983

[12.34] S. A. Hoenig: Is There A Light At The End Of The Tunnel?, Microcontamination, Sept. 1988, 18–24

[12.35] P. Ehrler: Merkmale zur Beurteilung von Reinraumbekleidung, VDI-Berichte Nr. 654, 1987, 31–58

[12.36] R. O. Siekmann: Features and Testing of Clean Room Apparel, The Journal of Environmental Science, January/February 1983, 36–40

[12.37] P. Ehrler, G. Schmeer-Lioe: Das elektrostatische Verhalten als funktionale Eigenschaft und als Qualitätsmerkmal textiler Flächengebilde, Textile Praxis International 46, Nr. 10, 1991, 1100–1109

[12.38] P. Ehrler, G. Schmeer-Lioe: Gebrauchsbedingte Alterung von Reinraumbekleidung, Vortrag, Concept-Symposion „Personal im Reinraum", Frankfurt/M., 1988

[12.39] AIF-Forschungsvorhaben 6649, Abschlussbericht des Institutes für Textil- und Verfahrenstechnik Denkendorf, Untersuchungen zur Sekundärkontamination von Reinraumbekleidung, 1989

[12.40] P. Ehrler, G. Schmeer-Lioe: Untersuchungen zur Gebrauchsbeständigkeit von Reinraumbekleidung, Melliand Textilberichte 69, 1988, 592–598

[12.41] N. Hurst and M. Barker: ESD reduction in garment design, Cleanroom Technology, August/September 1999

[12.42] P. Ehrler, G. Schmeer-Lioe: Elektrostatisches Verhalten gewaschener Textilien und Waschmittel, Vortrag, 38. Internationale Referate Tagung, Krefeld, 1998

[12.43] AIF-Forschungsvorhaben 7505, Abschlussbericht des Bekleidungsphysiologischen Institutes Hohenstein e.V., Bekleidungsphysiologische Optimierung von Reinraumbekleidung, 1991

[12.44] E. Welfers: Probleme der bekleidungsphysiologischen Forschung, Vortrag, XV. Internationalen Textiltechnischen Tagung, Dresden, Nov. 1979, Chemiefaser/Textilindustrie 30/82, 1980, 333–342

[12.45] B. Piller: Welche Wäsche unter Schutzbekleidung, Wikerei- und Strickerei-Technik 41, 1991, 505-508, 829-834

[12.46] AIF-Forschungsvorhaben 7169, Abschlussbericht des Bekleidungsphysiologischen Institutes Hohenstein e. V., Quantifizierung, Mesung und Bewertung des hautsensorischen Tragekomforts von Textilien durch ein Vorhersagemodell, 1990

[12.47] J. Mecheels: Zur Komfort-Wirkung von Textilien auf der Haut, Hohensteiner Forschungsberichte, Bekleidungsphysiologisches Institut Hohenstein e.V., Bönnigheim, 1982

[12.48] AIF-Forschungsvorhaben 10567, Abschlussbericht des Bekleidungsphysiologischen Institutes Hohenstein e.V., Erforschung der Möglichkeiten für die Konstruktion und die Verarbeitung von partikeldichten Textilien mit gutem Tragekomfort und einem erweiterten Anwendungsbereich, 1998

[12.49] K. H. Umbach: Messung der bekleidungsphysiologischen Eigenschaften von Textilien, Melliand Textilberichte 61, 1980, 543–548

[12.50] P. Salz: Wasserdampfdurchlässigkeit von Regenschutzbekleidung, Melliand Textilberichte, 1986, 521-523

[12.51] U. Orth: Arbeitsmedizinische Gesichtspunkte für Kleidung und Personalauswahl, Vortrag, Concept-Symposion „Personal im Reinraum", Frankfurt/M., 1988

[12.52] H. U. Krauss: Hautoberflächentemperatur als Indikator thermophysiologischer Behaglichkeit bei Reinraumbeschäftigten, Firmenschrift IBM, Sindelfingen 1990

[12.53] J. Mecheels: Köper – Klima – Kleidung – Textil, Melliand Textilberichte 58, 1977, 773–776, 857-860, 942–946

[12.54] J. Mecheels, K. H. Umbach: Thermophysiologische Eigenschaften von Kleidungssystemen, Melliand Textilberichte 57, 1976, 1029–1032

[12.55] H. Kajii, O. Minamino and S. Fujie: Study of Thermal Comfort of Various Kinds of Hoods and Masks of Nonlinting Uniform and Garment in the Cleanroom, Vortrag, 10th International Symposium on Contamination Control, Zürich, Sept. 1990, Swiss Contamination Control 3 (1990), 4b, 48–53

[12.56] N. Conti and J. Piriou: The Behaviour of the Human Contamination with Respect to Tested Variables, Vortrag, 8th International Symposium on Contamination Control, Mailand, Sept. 1986

[12.57] M. S. Johnson: Packaging People, Cleanroom Technology, August/September 1999

[12.58] W. Hecker: Reinheitsanforderungen an Arbeitsbekleidung (Beispiel Pharmaproduktion), Vortrag, Schweizerische Gesellschaft für Reinraumtechnik (SRRT), Basel, Frühjahrstagung 1988

[12.59] P. O. Fanger: Thermal comfort in clean rooms, Vortrag, Concept-Symposion „Fortschritte der Reinraumtechnik", Frankfurt/M., 1985

[12.60] M. J. D. Dyer: Fabric properties – are they related to clean room performance, Vortrag, 11th International Symposium on Contamination Control, London, Sept. 1992

[12.61] M. Heinzel: Wäschedesinfektion der Berufsbekleidung innerhalb der pharmazeutischen/kosmetischen Produktion, Vortrag, , Concept-Symposion „Desinfektionsmitteleinsatz im Produktionsbereich", 1988

[12.62] S. Hirasawa, T. Hiratsuka, K. Oshige and M. Souma: Study on Sterilization for Clean MGarments by Conventional Clean Laundry Method, Vortrag, 13th International Symposium on Contamination Control, Den Haag, Sept. 1996

[12.63] P. Ehrler, G. Schmeer-Lioe: Kriterien für die Reinraumtauglichkeit von Ausrüstungen am Beispiel von Textilien, Vortrag, Schweizerische Gesellschaft für Reinraumtechnik (SRRT), Zürich, Herbsttagung 1989

[12.64] S. A. Hoenig and S. W. Daniel: Industry/University Coperative Research Activity: Particle Contamination in the Clean Room, The Journal of Environmental Science, March/April 1983, 33–38

[12.65] R. O. Siekmann: A New Rationale for Garment Specification in the Clean Room, 29th Annual Techincal Meeting, Institute of Environmental Science, 1983, 301–304

[12.66] K. M. Mitchell: Testing the effectiveness of clean room garment systems, Vortrag, 11th International Symposium on Contamination Control, London, Sept. 1992

[12.67] E. W. Moore, S. E. Spedden: Schlieren Study of Cleanroom Garment Implementation, Vortrag, 9th International Symposium on Contamination Control, Los Angeles, Sept. 1988

[12.68] AIF-Forschungsvorhaben 7818, Abschlussbericht des Institutes für Textil- und Verfahrenstechnik Denkendorf, Beitrag von Reinraumbekleidung zur Kontamination von Reinräumen: Untersuchung von Ursachen und von Gegenmaßnahmen, 1991

[12.69] S. Brinton and R. Swick: Evaluation of the elements of cleanroom garments for particle protection and comfort, Annual Proceedings, Institute of Environmental Science, 1984, 163–165

[12.70] R. Swick and V. Vancho: A Method for Evaluating the Performance of Cleanroom Garments, Microcontamination, Feb. 1985, 47-51

[12.71] M. Hottner: Optimierung von Reinraumbekleidung im Hinblick auf die Emission von luftgetragenen Partikeln, VDI Verlag, Reihe 3 Verfahrenstechnik, Nr. 447, Denkendorf, 1996

[12.72] Dastex GmbH: Gesamtkatalog, 1. Kapitel

[12.73] K. Ito and N. Sugita: New Development of Clean Room Garment, Vortrag, 10th International Symposium on Contamination Control, Zürich, Sept. 1990, Swiss Contamination Control 3 (1990), 4a, 96–99

[12.74] W. Hecker: Anforderungen des EG-Leitfadens für GMP an die Reinraumbekleidung, Vortrag, , Concept-Symposion „Hygieneanforderungen des EG-Leitfadens
einer Guten Herstellungspraxis für Arzneimitel", Frankfurt/M., 1992

[12.75] P. Ehrler und M. Hottner: Reinraumbekleidung, Textilien auf dem Weg vom
Arbeitsanzug zur Systemkomponente, Reinraumtechnik 1/92

[12.76] AIF-Forschungsvorhaben 37Q, Abschlussbericht des Institutes für Textil- und Verfahrenstechnik Denkendorf, Entwicklung eines Prüfsystems für die „Zustandsprü-
fung" von Mehrweg-Reinraumbekleidung als Basis eines zükünftigen Qualitätssi-
cherungssystems, 1993

[12.77] T. Fukumoto, M. Kojima and A. Nagae: The Design and the Several Contamination
Control Terms for Clean Room Garments, Vortrag, 9th International Symposium
on Contamination Control, Los Angeles, Sept. 1988

[12.78] N. Shiromaru, K. Shimoda, S. Shibuya, T. Saiki, M. Morisaki, T. Yoneda, T. Takenami,
T. Ohmi: Measurement of thr Number of Particles on Cleanroom Garment, 9th
International Symposium on Contamination Control, Los Angeles, Sept. 1988

[12.79] D. Werner: Personnel in Cleanrooms, Vortrag, Cleanrooms International European
Conference on Contamination Control Technologies, Frankfurt/M, June 1998

[12.80] R. W. Clemens: Controlling People as a Critical Control Point with Food, Vortrag,
13th International Symposium on Contamination Control, Den Haag, Sept. 1996

[12.81] W. Seemayer: Performance Characteristics of Clean Room Apparel, Vortrag, 10th
International Symposium on Contamination Control, Zürich, Sept. 1990, Swiss
Contamination Control 3 (1990), 4b, 43–47

[12.82] Anonym: Particle Penetration Study, Tyvek, Vs. Reusable Cleanroom Garment
Fabrics, 1999, Internet/Homepage DuPont (http://www.dupont.com)

[12.83] B Sloan: Solving the Quality-Versus-Cost Dilemma in Cleanroom Garment Acqui-
sition, Microcontamination, April 1992, 43–46

[12.84] B. D. Johnson and B. R. Kleissler: Characteristics of Cleanroom Garmenst Made
from Membrane Fabrics, , Vortrag, 10th International Symposium on Contamination Control, Zürich, Sept. 1990, Swiss Contamination Control 3 (1990), 4a, 110-112

[12.85] K. Wiedow: Kontamination unerwünscht, Reiniger & Wäscher, LII, Heft 11, 1999

[12.86] M. Howell: Laundry decontamination, Cleanroom Technology, August/September
1999

[12.87] P. Ehrler: Verfahren zum Reinigen und Dekontaminieren von Mehrweg-Reinraumbekleidung / Festlegung nach Blatt 4 VDI 2083, Vortrag, , Concept-Symposion
„Reinraumtechnik: Oberflächenreinheit nach VDI 2083, Blatt 4", Frankfurt/M.,
1993, Pharma-Technologie-Journal 1/94, 15. Jahrg., Art.-Nr. 1069

[12.88] S. Eckold: Kontamination und Dekontamination von Reinraumtextilien bei der
Halbleiterherstellung, Diplomarbeit an der Fachhochschule Reutlingen, Fachbe-
reich Textil und Bekleidung, 1997

[12.89] S. L. Hill and J. M. Wieckowski: Comparison Testing Clean Room Garments, 29th
Annual Techincal Meeting, Institute of Environmental Science, 1983, 305-307

[12.90] R. W. Clemens: International Methods for Sizing and Counting Detachable Particulate Contaminants on Cleanroon Garments, Vortrag, 10th International Symposium on Contamination Control, Zürich, Sept. 1990, Swiss Contamination Control 3
(1990), 4a, 117–120

[12.91] R. Spector: Helmke Drum – Is It as Good as We Think?, Vortrag, 11th International
Symposium on Contamination Control, London, Sept. 1992

[12.92] P. Ehrler, M. Hottner, H. Liebert und G. Schmeer-Lioe: „Pigmentartige" Waschrück-
stände als verfahrenstechnisches Problem, Reiniger & Wäscher, XLVII, Heft 8, 1994

[12.93] T. Ro: Considerations for Sodium Generation in Clean Rooms, Vortrag, 10th International Symposium on Contamination Control, Zürich, Sept. 1990, Swiss Contamination Control 3 (1990), 4a, 81–84

[12.94] R. Spector, C. Berndt and E. Burnett: Reviewing Methods for Evaluating Cleanroom Garment Fabrics, Microcontamination, März 1993, 31–70

[12.95] F. DeVecchi: Assessment of Personal Gowning Techniques from the Microbiological Point of View as Currently Required by the USA Food and Drug Administration in Aseptic Processing Areas, Vortrag, , 10th International Symposium on Contamination Control, Zürich, Sept. 1990, Swiss Contamination Control 3 (1990), 4a, 100–102

13 Produktionsmittel-Prüfung auf Reinheitstauglichkeit

13.1 Einleitung

In einschlägigen Industriebranchen, wie der Lebensmittel-, Halbleiter-, Pharma-, Luft- und Raumfahrtindustrie, steigen die Anforderungen zu immer leistungsfähigeren Produkten stetig an. Bei der Produktion hochwertiger Produkte, einhergehend mit möglichst geringen Ausfallraten, spielt der Kontaminationsgedanke eine zunehmend zentrale Rolle [13.1].

Im Bestreben, die Produkte leistungsfähiger zu machen und dabei kontaminationsbedingten Ausschuss zu reduzieren, stellt sich die „Produktionsmittel-Prüfung auf Reinheitstauglichkeit" als bedeutendes Werkzeug dar.

13.2 Motivation

Die Verringerung der Kontamination (in Luft, auf Oberflächen, in Medien) und somit die Bereitstellung einer geforderten Reinheit in Produktionsstätten führt zu dem Begriff der „Kontaminationskontrolle" [13.2]. Diese lässt sich im Wesentlichen durch die Überwachung, Regelung und Beurteilung folgender Einflussfaktoren umsetzen:
- Lufttechnische Anlage
- Personal
- Produktionsmittel.

Bei der Planung von Produktionseinrichtungen muss im Vorfeld, zur Erzielung eines Optimums in Bezug auf Preis und Qualität der zu fertigenden Produkte, die einzusetzende Reinraumtechnik mit den zu erwartenden Kontaminationen durch Personal und eingebrachte Produktionsmittel abgestimmt werden [13.3, 13.4].

Lufttechnische Anlage
Grundvoraussetzung für die Produktion kontaminationskritischer Produkte ist die Bereitstellung einer „reinen" Arbeitsumgebung, die zum Teil durch den Aufbau von Reinräumen und/oder „reinen" Zonen erreicht wird. In Reinräumen wird die Konzentration der pro Volumeneinheit vorhandenen luftgetra-

genen Kontaminationen (biotisch/abiotisch) durch unterschiedliche Filter- und Luftführungstechniken begrenzt. Diese Techniken sind bereits hinreichend untersucht und durch diverse nationale und internationale Regelwerke zur Beurteilung der Luftreinheit abgesichert und vergleichbar gemacht (z. B. U.S. Federal Std. 209E, VDI 2083 Blatt 1, DIN EN ISO 14644-1) [13.5–13.7].

Personal

Die Bereitstellung der hohen Luftreinheit und hochreiner Medien ist jedoch allein nicht ausreichend für die erfolgreiche Herstellung kontaminationsempfindlicher Produkte, da diese durch Menschen oder Maschinen transportiert, bearbeitet, prozessiert oder gehandhabt werden. Das Produkt ist bei dieser Handhabung den von Menschen, Produktionseinrichtungen und Verbrauchsgütern abgegebenen Verunreinigungen direkt ausgesetzt. Da der Mensch eine nicht zu vernachlässigende Kontaminationsquelle in der Fertigungskette eines Produkts darstellt, wird versucht, diesen „unkontrollierbaren" und nur sehr schwer „standardisierbaren" Faktor mehr und mehr aus „reinen" Fertigungen zu eliminieren und durch wachsende Automatisierungsgrade zu ersetzen.

In einzelnen Schritten des Fertigungsprozesses ist der Mensch unabdingbar, da eine Umstellung auf Maschinen, z. B. aus kosten- oder fertigungstechnischen Aspekten, nicht möglich ist. Deshalb wird versucht, diese Kontaminationen durch angepasstes Personalverhalten oder geeignete Abschottungsmaßnahmen wie Minienvironments oder Reinraumbekleidungen vom Produkt fernzuhalten.

Bei der konsequenten Umsetzung derartiger Maßnahmen wird die Beherrschung der vom Personal ausgehenden Kontaminationen maßgeblich durch die Kontrolle des Kontaminationsverhaltens von Verbrauchsgütern und Produktionseinrichtungen abgesichert.

Verbrauchsgüter und Produktionseinrichtungen

Unter dem Begriff Produktionsmittel werden i. Allg. alle Produktionseinrichtungen und Verbrauchsgüter verstanden [13.8, 13.9]. Produktionseinrichtungen sind Maschinen, Anlagen, Komponenten oder Gerätschaften, die in der „reinen" Produktion zum Einsatz kommen; Beispiele für Verbrauchsgüter sind Handschuhe, Wischtücher, Reinraum-Papier etc.

Da Produktionsmittel in unmittelbarer räumlicher Nähe des zu fertigenden Produktes zum Einsatz kommen, spielt deren Qualität eine entscheidende Rolle. Sie bedürfen strenger Reinheitsspezifikationen. Sofern diese nicht von den Produktionsmitteln, die beim Fertigungsprozess Anwendung finden, erfüllt werden, führt die gesamte kostenintensive Reinheitskette nicht zum Erfolg.

Für die Beurteilung der Qualität der Produktionseinrichtungen und Verbrauchsgüter liegen in kontaminationskritischer Hinsicht, im Widerspruch zu deren Relevanz für eine geringe Produktausschussquote, bis dato nur vereinzelt Reinheitsspezifikationen und Regelwerke für deren Prüfung vor [13.10].

Fazit

Für die Einflussfaktoren der „Lufttechnischen Anlage" existieren bereits sehr detaillierte Prüfstandards. Einflüsse durch den Faktor „Personal" beherrscht man durch Verwendung geeigneter Verbrauchsgüter (Reinraumbekleidung, Handschuhe etc.). Somit lässt sich die Thematik der Reinraumtauglichkeitsprüfung beim aktuellen Stand der Technik auf die Qualifizierung von Produktionseinrichtungen und Verbrauchsgütern, also die „Produktionsmittel-Prüfung auf Reinheitstauglichkeit" zurückführen.

13.3 Fehlende Vergleichbarkeit der Kontaminationseigenschaften von Produkten

Aufgrund des Fehlens standardisierter Vorgehensweisen zur Prüfung von Produktionsmitteln stehen dem Hersteller von Produktionsmitteln nur begrenzt Hilfsmittel zur Seite, die ihn bei der Beurteilung der Eignung seiner Produkte für deren Einsatz unter „reinen" Bedingungen unterstützen. In aller Regel ist er auf Erfahrungswerte und die anwendungsbezogene Beurteilung seiner Produkte angewiesen. Hersteller von Produktionsmitteln werben oftmals mit Kontaminationseigenschaften, die nicht auf wissenschaftlich abgesicherten Befunden, sondern nur auf ganz speziellen Anwendungen ihrer Produktionsmittel beruhen.

Firmeninterne Standards

Müssen Hersteller von reinheitskritischen Produkten diese einer Überprüfung auf deren Kontaminationsverhalten unterziehen, sind sie gezwungen, eine eigene Vorgehensweise und Prüfprozedur zu erarbeiten. Durch das Fehlen nationaler/internationaler messtechnischer Standards, Auswerte- und Bewertungsalgorithmen ist eine lange Vorarbeit notwendig, ehe fundierte Prüfergebnisse das tatsächliche Kontaminationsverhalten der geprüften Produkte widerspiegeln. Hat sich eine Firma nach meist mehrjähriger Arbeit die notwendige wissenschaftliche Grundlage erarbeitet, mangelt es den Prüfergebnissen an Übertragbarkeit und Vergleichbarkeit auf Untersuchungsergebnisse anderer Produktionsmittel-Hersteller; sofern mehr als zwei Prüfparameter der Prüfprozedur voneinander abweichen, ist eine Vergleichbarkeit nicht mehr gegeben. Dadurch können Anwender von Produktionsmitteln nicht entscheiden, welches Produkt für ihren speziellen Anwendungsfall die geringsten Kontaminationseigenschaften aufweisen wird.

Wird nach firmeninternen „In-House-Standards" gemessen, fehlt den Untersuchungen oftmals die Neutralität, so dass diese Ergebnisse bei externen Betrachtern oft nur auf eine geringe Akzeptanz stoßen. Des Weiteren ist anzumerken, dass diese Art von Forschung hinter verschlossenen Türen betrieben wird, so dass die breite Masse der Hersteller und Anwender daraus keinen Nutzen ziehen kann.

13.4 Vorgehensweise der Reinheitstauglichkeitsuntersuchungen

Jedes reinheitskritische Produkt besitzt charakteristische Qualitätsanforderungen. Die Umsetzung und Einhaltung dieser Produktspezifikationen im Herstellungs- und Handhabungsprozess erfordert die Minimierung bzw. Ausschließung der relevanten Kontaminationsparameter.

13.4.1 Spezifikationenauswahl

Die wirksame Kontrolle der Kontaminationsparameter, wie z.B. der elektrostatischen Aufladung von Oberflächen oder der Abgabe leicht flüchtiger organischer Verbindungen, setzt voraus, dass die relevanten Kontaminationsfaktoren erkannt und die Hersteller von Produktionsmitteln darauf sensibilisiert sind. Die Analyse der produktspezifischen Kontaminationsparameter stellt den wichtigsten Schritt für eine ganzheitliche Betrachtung der Reinheitstauglichkeit aller im Prozess beteiligten Produktionseinrichtungen und Verbrauchsgüter dar. Der Sensibilisierung folgt die problemangepasste Vorgehensweise bei der Kontaminationskontrolle und der Einsatz der notwendigen Messtechnik.

Typische produktspezifische Anforderungen in einem Prozess der Halbleiterfertigung können z.B. sein:
- Die Reduktion der *luftgetragenen Partikel* definierter Größen in Produktnähe auf ein vorgegebenes Limit.
- Das *elektrostatische Verhalten* zum Einsatz kommender Materialien und Anlagen muss den EPA-Spezifikationen (ESD-Protected-Area) genügen.
- Die *Abgabe leicht flüchtiger Emissionen* von Materialien darf prozessgefährdende Grenzwerte nicht überschreiten.

Um diesen Anforderungen seitens der Produktqualität gerecht zu werden, kommen folgende Untersuchungen an den im Prozess beteiligten Produktionseinrichtungen und Verbrauchsgütern in Betracht:

Quantitative Analyse der *Partikelemission* mittels optischer Partikelzähler in Anlehnung an Regelwerke zur Beurteilung der Luftreinheit wie dem U.S. Fed. Std. 209E oder Roadmap-Vorgaben [13.5, 13.11, 13.12].

Ermittlung von *Oberflächen-, Ableit-* und *Durchgangswiderständen* nach DIN EN 100015 oder IEC 61340-5-1 [13.13, 13.14].

Ermittlung des *Ausgasungsspektrums* flüchtiger organischer Verbindungen an repräsentativen Anlagenteilen. Die Analyse sollte in verschiedenen Temperaturbereichen unter Verbindung gaschromatographischer und massenspektrometrischer Analysemethoden durchgeführt werden. Dabei sind die prozessabhängigen Grenzwerte einschlägiger Regelwerke, Standards, Richtlinien oder Roadmaps zu beachten.

Repräsentative, vergleichbare und statistisch abgesicherte Ergebnisse sind nur mit Untersuchungen nach einer standardisierten Vorgehensweise zu gewährleisten. Das Interesse an standardisierten Prüfverfahren wird vor allem durch Anwender gestützt, die auf eigene Prüfungen verzichten und diese durch allgemein anerkannte Methoden ersetzen wollen.

13.4.2 Definition der Reinheitstauglichkeit von Produktionsmitteln

Für die Untersuchung der Reinraumtauglichkeit von Produktionseinrichtungen und Verbrauchsgütern bedarf es zuvor einer Definition der Begriffe „reinraumtauglich" und „reinheitstauglich". Hierbei wird festgelegt, welche Einflussparameter bei einer Tauglichkeitsuntersuchung berücksichtigt werden. Reinheits- und Reinraumtauglichkeitsuntersuchungen können folgendermaßen aufgesplittet werden (s. Abb. 13.1).

13.4.2.1 Reinheitstauglichkeit

Bei einer Reinheitstauglichkeitsuntersuchung sind alle reinheitsrelevanten Parameter, die einen Einfluss auf die Produktqualität haben, zu berücksichtigen. Diese Aufgaben reichen von der Bewertung der Strömungsverhältnisse, partikulärer Emissionen (sedimentiert, luftgetragen, medien-transportiert), Schwingungen, elektrostatischer Materialeigenschaften bis hin zur Abgabe leicht flüchtiger Stoffe. Diese Größen sind im Wesentlichen von den Reinheitsanforderungen des jeweiligen Produkts abhängig. Ein Vergleich der Messwerte mit dem Anforderungskatalog des jeweiligen Produkts gibt Auskunft darüber, für welche Fertigungsprozesse und Produkte das Produktionsmittel eingesetzt werden kann.

Bei der produktspezifischen Ermittlung der Reinheitstauglichkeit von Produktionseinrichtungen bestimmt das jeweilige Produkt die Art und den Umfang der durchzuführenden Untersuchungen.

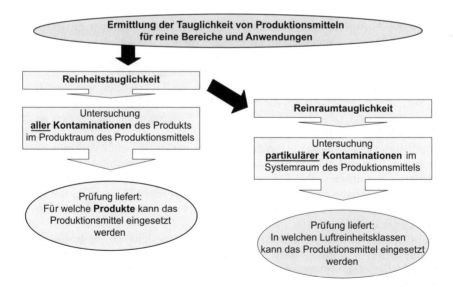

Abb. 13.1   Reinheits- und Reinraumtauglichkeit von Produktionsmitteln [13.4]

13.4.2.2 Reinraumtauglichkeit

Die Reinraumtauglichkeit ist Bestandteil der Reinheitstauglichkeit. Bei der Bestimmung der Reinraumtauglichkeit einer Produktionseinrichtung wird die in die Reinraumumgebung emittierte höchste Konzentration der luftgetragenen partikulären Emission ermittelt. Sie stellt den kleinsten gemeinsamen Nenner für die Reinheitsgüte einer Produktionseinrichtung dar, so dass dadurch eine Vergleichbarkeit des Kontaminationsverhaltens unterschiedlicher Produktionseinrichtungen überhaupt erst ermöglicht wird.

Die Einordnung unter eine bestimmte Luftreinheitsklasse erfolgt anhand eines Vergleichs der eingetragenen Partikelkonzentration durch den Systemraum der Produktionseinrichtung mit den Grenzwerten des jeweilig zu Grunde gelegten Regelwerks der Luftreinheit. Hierbei kann jedes beliebige Regelwerk, das Grenzwerte über die partikuläre Konzentration in einem definierten Luftvolumen enthält, herangezogen werden.

Um eine Eignung des Produktionsmittels für den Einsatz in einer bestimmten Luftreinheitsklasse ermitteln zu können, müssen die Untersuchungen in den das Produktionsmittel charakterisierenden, typischen Betriebszuständen durchgeführt werden.

Fazit

Ist eine Produktionseinrichtung für den Einsatz in einer Reinraumumgebung der geforderten Luftreinheitsklasse und gleichzeitig für die Handhabung eines bestimmten Produkts geeignet, so besitzt diese Produktionseinrichtung eine definierte Reinheitstauglichkeit.

13.4.3 Vergleichbarkeit von Untersuchungsergebnissen (Abb. 13.2)

Variation der Messparameter

Aussagekraft und Vergleichbarkeit einer Messung beruhen maßgeblich auf den messbegleitenden Parametern. Werden im Zuge einer Messreihe mehr als einer dieser messbegleitenden Parameter verändert, kann über die Auswirkung eines einzelnen Parameters auf das Messergebnis keine Aussage getroffen werden. Um also Produkt A (mit Ausprägung A) mit Produkt B (Ausprägung B) hinsichtlich reinheitstechnischer Eigenschaften vergleichen zu können, darf kein zusätzlicher Parameter verändert werden.

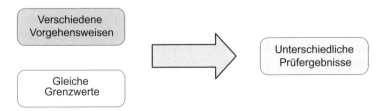

Abb. 13.2   Notwendigkeit standardisierter Vorgehensweisen

Vorgehensweise und Grenzwerte

Das Ziel, die Auswahl der Produktionsmittel nach den spezifischen Reinheitsansprüchen des jeweiligen Produkts auszurichten, kann nur erreicht werden, wenn zum einen einheitliche Grenzwerte als Vergleichsbasis existieren und zum anderen eine einheitliche Vorgehensweise zur Messdatenerfassung zur Anwendung kommt.

Funktionsmusterprüfung

Um die Untersuchung der Reinheitstauglichkeit praktikabel zu halten, können nicht generell alle Produktionsmittel eines diskreten Typs untersucht werden. Vielmehr muss man sich auf die stichprobenartige Überprüfung einzelner Funktionsmuster beschränken. Das an einzelnen Funktionsmustern eines Produktionsmitteltyps festgestellte Kontaminationsverhalten steht repräsentativ für die ganze Charge. Aufgrund möglicher Fertigungs- und Prüftoleranzen sollten die Untersuchungsergebnisse nicht als „absolut", sondern als Grundlage für die Auswahl eines geeigneten Produktionsmittels betrachtet werden.

13.4.4 Unterschiede bei der Ermittlung der Reinraumtauglichkeit von Produktionseinrichtungen und Verbrauchsgütern

Produktionseinrichtungen (z. B. Fertigungsroboter) und Verbrauchsgüter (z. B. Handschuhe) unterscheiden sich signifikant in Bezug auf die Ermittlung ihrer Reinraumtauglichkeit.

Repräsentative Betriebszustände

Um realitätsnahe Ergebnisse zu erhalten, ist es für die Ermittlung der Reinraumtauglichkeit notwendig, die Kontaminationsuntersuchungen bei typischen Betriebszuständen durchzuführen. Im Allgemeinen ist es möglich, den typischen Betriebszustand eines zu prüfenden Produktionsmittels mit Hilfe eines technischen Aufbaus zu simulieren.

Die *Produktionseinrichtung* wird mit Hilfe ihrer Steuerung und einer geeigneten Wahl von Belastungsparametern in repräsentative Betriebszustände versetzt. Zusätzlich kann bezüglich Frequenz und Belastungszustand der Produktionseinrichtung auch eine Worst-Case-Systematik Anwendung finden. Wird davon ausgegangen, dass die Partikelemission mit der Dynamik einer Bewegung ansteigt, gibt diese Vorgehensweise der Worst-Case-Systematik die Sicherheit, dass die hierbei detektierten Emissionswerte diejenigen, die bei Betrieb der Einrichtung mit Standardparametern auftreten, zu keiner Zeit überschreiten. Erfüllt eine Produktionseinrichtung die geforderten Spezifikationen selbst bei der Worst-Case-Belastung, ist diese Produktionseinrichtung als reinraumtauglich einzustufen.

Die Ermittlung eines repräsentativen Betriebszustands bzw. die Simulation desselben, besitzt bei *Verbrauchsgütern* i. Allg. eine weitaus höhere Komplexität. Grund dafür ist eine größere Variationsvielfalt bei der Handhabung von Verbrauchsmaterialien im Vergleich mit Produktionseinrichtungen.

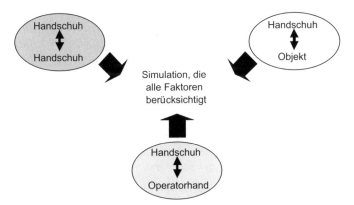

Abb. 13.3   Beispiele für die Simulation charakteristischer „Betriebszustände" eines Handschuhs

Die unterschiedlichen Problematiken, die bei der Erzeugung charakteristischer Betriebszustände auftreten, lassen sich am Beispiel eines Handschuhs für dessen Einsatz in „reinen" Bereichen aufzeigen (Abb. 13.3).

Wie in obiger Abbildung ersichtlich, sind zur Simulation des typischen Einsatzfalles eines Handschuhs mind. 3 Szenarien zur Partikelgenerierung parallel in Betracht zu ziehen:

– Reibung zweier Handschuhflächen gegeneinander.
– Reibung der Handschuhfläche mit einem Objekt als Reibpartner. Unter „Objekten" werden hier Materialien in den drei Aggregatzuständen „gasförmig, flüssig, fest" verstanden.
– Reibung der Handschuhfläche mit der Hand eines Operators.

Da bei der Beurteilung der Reinraumtauglichkeit eine Beschränkung auf luftgetragene partikuläre Kontaminationen erfolgt, ist hier die Abgabe von Verunreinigungen, hervorgerufen durch flüssige Medien, nicht relevant.

Die Beurteilung der Reinraumtauglichkeit eines Verbrauchsgutes kann nur so gut wie die Simulation der realen Einsatzverhältnisse bei der Prüfung sein.

13.5 Durchführung der Reinraumtauglichkeitsuntersuchung von Produktionseinrichtungen

Ablauf einer Reinraumtauglichkeitsuntersuchung (Abb.13.4)

Zur Ermittlung der Reinraumtauglichkeit wird mittels eines optischen Partikelzählers der Eintrag von Partikeln durch die Produktionseinrichtung in die Reinraumumgebung gemessen und als Beurteilungskriterium herangezogen.

Referenz-Prüfumgebung

Vor der Durchführung von Reinraumtauglichkeitsuntersuchungen muss geklärt werden, in welchen Luftreinheitsklassen die zu untersuchende Produk-

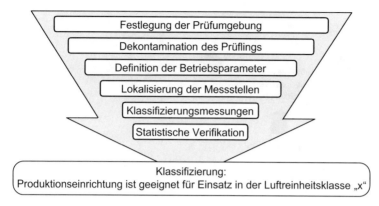

Abb. 13.4   Ablauf einer Reinraumtauglichkeitsuntersuchung

tionseinrichtung, bei deren bestimmungsgemäßem Einsatz, verwendet werden soll. Für die Untersuchungen wird gefordert, dass die Reinheit der Prüfumgebung mindestens eine Luftreinheitsklasse höherwertiger als die Luftreinheitsklasse, in welcher der Prüfling später eingesetzt werden soll, gewählt werden muss. Denn, sofern die von der Erstluft in die Prüfumgebung eingetragenen Konzentrationen luftgetragener Partikel in derselben Größenordnung liegen wie die Partikelemission der Produktionseinrichtung selbst, können diese durch das ungünstige Signal-Rauschverhältnis nicht eindeutig deren Kontaminationsquellen zugeordnet werden. Das Rauschen entspricht der Partikelzahl der Prüfumgebung, das zu bestimmende Signal der Partikelzahl, die von der Produktionseinrichtung emittiert wird.

Eine Ausnahme obiger Forderung bildet die Prüfung von Produktionseinrichtungen auf die höchste technisch realisierbare Luftreinheitsklasse.

Eine Untersuchung der Reinraumtauglichkeit einer Produktionseinrichtung läuft i. Allg. in folgenden Schritten ab:

Festlegung der Prüfumgebung
- *Dekontamination der Produktionseinrichtung* vor der Untersuchung. Diese gewährleistet einen definierten Ausgangszustand für die nachfolgenden Untersuchungen.
- *Definition der Betriebsparameter.* Zur Gewährleistung repräsentativer Ergebnisse wird eine typische Handhabung gewählt, die beim späteren, typischen Einsatzfall unter „reinen" Bedingungen vorherrschen wird. Existieren standardisierte Betriebszustände, gilt es zu prüfen, ob diese für die Kontaminationsuntersuchungen anwendbar sind.
- *Lokalisieren der Messstelle.* Da die von der Produktionseinrichtung ausgehenden partikulären Kontaminationen in die Reinraumumgebung i. Allg. punktuell sind, muss eine Identifikation der Stellen erfolgen, welche die höchsten Partikelemissionen aufweisen.
- *Durchführung der Klassifizierungsmessungen* an Stellen höchster Partikelemissionen. Diese dienen der Bewertung der Produktionseinrichtung für deren Einsatzmöglichkeit in gegebenen Luftreinheitsklassen. Für die Durch-

führung der Messungen gilt: Der zu messende Luftvolumenstrom pro Einzelmesszyklus und die zu überprüfenden Partikelgrößen werden entsprechend dem jeweilig geltenden Regelwerk zur Beurteilung der Luftreinheit, aufgrund dessen Grenzwerte die Produktionseinrichtungs-Klassifizierung erfolgen soll, festgesetzt.

- *Statistische Verifikation* der Messdaten zur Bestimmung der Grenzwertüberschreitungswahrscheinlichkeit [13.15–13.19].
- *Klassifizierung der Produktionseinrichtung* zur Bestimmung der Reinraumtauglichkeit. Neben der auf Messungen beruhenden Berechnung der Grenzwertüberschreitungswahrscheinlichkeit wird auch der visuelle Eindruck, welchen die Produktionseinrichtung beim Versuchsdurchführenden hinterlässt, dokumentiert. Liegt die Grenzwertüberschreitungswahrscheinlichkeit nicht höher als 5 %, wird die Produktionseinrichtung für die jeweilige Luftreinheitsklasse als tauglich eingestuft.

13.6 Aufdecken von Optimierungspotenzialen, Synergieeffekte einer Reinraumtauglichkeitsuntersuchung an Produktionseinrichtungen

Sinn und Zweck einer Reinraumtauglichkeitsuntersuchung liegt nicht nur in der Bestimmung des zum Zeitpunkt der Untersuchung vorliegenden Reinheitsverhaltens der Produktionseinrichtung (Istzustandsanalyse), sondern vielmehr auch in der Möglichkeit, dieses weiter zu verbessern (Abb. 13.5).

Bei Reinraumtauglichkeitsuntersuchungen wird die örtlich aufgelöste partikuläre Emissionscharakteristik einer Produktionseinrichtung ermittelt. Dadurch besteht die Möglichkeit, deren Einzelelemente bzgl. ihres Partikelemissionsverhaltens zu optimieren, so dass diese anschließend, nach dem Durchlaufen einer Re-Qualifizierung, u. U. in Luftreinheitsklassen höherer Anforderungen eingesetzt werden können. Aus den Qualifizierungsuntersuchungen entstehen Synergieeffekte.

Erfüllt nur ein Messpunkt einer Produktionseinrichtung die geforderte partikuläre Reinheit nicht, kann der Produktionseinrichtung eine Eignung für die entsprechende Luftreinheitsklasse nicht zugesprochen werden. Das schlechteste Einzelelement bestimmt das Klassifizierungsergebnis des Gesamtsystems. Im Gegenzug dazu erlauben jedoch die gewonnenen Untersu-

Abb. 13.5   Synergieeffekte einer Reinraumtauglichkeitsuntersuchung

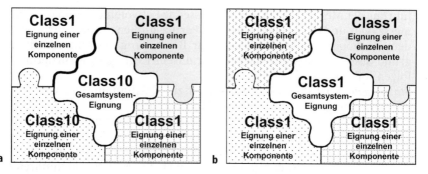

Abb. 13.6   Schematische Darstellung der Auswirkung des Emissionsverhaltens von Einzelkomponenten auf das Gesamtergebnis der Klassifizierung einer Produktionseinrichtung. **a** Klassifiz. nach Istzustand, **b** Klassifiz. nach Optimierung und Re-Qualifizierung

chungserkenntnisse das Aufdecken von Schwachstellen einer Produktionseinrichtung, um somit gezielt deren Reinheitscharakteristik durch Wahl alternativer Komponenten oder Techniken positiv zu modifizieren. In Abb.13.6 ist schematisch für eine Produktionseinrichtung, bestehend aus vier Einzelkomponenten, dieser Sachverhalt verdeutlicht. Aufgrund der reinen Istzustandsanalyse des Gesamtsystems kann diesem nur eine Eignung für Reinräume der Luftreinheitsklasse 10 (nach U.S.Fed.Std. 209E) ausgesprochen werden. Nach dem gezielten Austausch des schwächsten Elements aus kontaminationstechnischer Sicht wurden die Grenzwerte der Luftreinheitsklasse 1 nicht mehr überschritten.

13.6.1 Statistische Analyse

Die statistischen Analysen zur Verifikation der Messergebnisse bilden einen festen Bestandteil der Reinraumtauglichkeitsuntersuchung. Die Berechnung einer Grenzwertüberschreitungswahrscheinlichkeit ermöglicht die Klassifizierung einer Produktionseinrichtung für deren Verwendung in „reinen" Umgebungen, die nach nationalen/internationalen Regelwerken festgeschrieben sind. In Ermangelung von Regelwerken zur Beurteilung der Reinraumtauglichkeit von Produktionseinrichtungen erfolgt die Klassifizierung in Anlehnung an die Regelwerke zur Beurteilung der Luftreinheit [13.7].

Wie allgemein in der Technik üblich, soll auch bei der Bestimmung der Reinraumtauglichkeit einer Produktionseinrichtung ein Ergebnis erhalten werden, das sich auf eine 95%-Konfidenzgrenze stützt.

Zur statistischen Absicherung der Klassifizierung ist die Formulierung einer mathematischen Modellvorstellung erforderlich, welche in signifikanter Weise Partikelemissionsvorgänge an Produktionseinrichtungen beschreibt. Für die Konstruktion dieser Modellvorstellung haben sich aus folgenden Gründen die Poisson- bzw. die Student-t-Verteilung als geeignete Modelle herausgebildet:

– International anerkannte Regelwerke zur Beschreibung der Luftreinheit (z.B. ISO 14644-1, VDI 2083 Blatt1 und 3) legen ihren statistischen Betrach-

tungen ebenfalls die Verteilungsmodelle der Poisson- bzw. Student-t-Verteilung zu Grunde [13.20, 13.21]. Dies erfüllt die Forderung nach der Vergleichbarkeit der Klassifizierungsergebnisse der Reinraumtauglichkeitsprüfung mit den Algorithmen zur Bewertung der Luftreinheit.
– Empirische Untersuchungen, die auf Signifikanzanalysen mittels einer Prüfung auf „Nicht-Normalität" basieren, erbringen fast durchweg sehr hohe Konfidenzniveaus für die Signifikanzschranken.

Die Ermittlung der Wahrscheinlichkeit des Überschreitens eines partikulären Grenzwerts, welcher den Regelwerken zur Beschreibung der Luftreinheit zu entnehmen ist, führt zu einer abgesicherten Aussage über die Reinraumtauglichkeit einer Produktionseinrichtung.

Diese Ermittlung beinhaltet folgende Schritte (Abb. 13.7):
– Wahl der Luftreinheitsklasse mit zugehörigen Grenzwerten luftgetragener Kontaminationen der jeweiligen Partikelgrößen, in welcher die zu überprüfenden Produktionseinrichtungen eingesetzt werden sollen. Dies kann bspw. die „Class 10" nach U.S. Fed. Std. 209E sein.

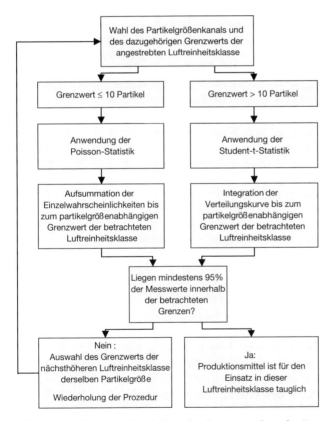

Abb. 13.7   Schritte zur Ermittlung der Grenzwertüberschreitungswahrscheinlichkeit

– Festlegung der statistischen Modellvorstellung. Die Auswahl der zu verwendenden Verteilungsform hängt von der Größe des Grenzwertes, den das Regelwerk der Luftreinheit für die jeweilige Partikelgröße vorschreibt, ab. Beträgt der Grenzwert ≤ 10 Partikel, kommt Szenario 1, aufbauend auf der Poisson-Statistik, zum Tragen. Liegt ein Grenzwert einer Detektionsgröße > 10 Partikel vor, kommt Szenario 2, basierend auf der Student-t-Statistik, zur Anwendung.

Szenario 1, Grenzwert ≤ 10

Die Poisson-Statistik ist im Besonderen dadurch charakterisiert, dass der arithmetische Mittelwert, der Erwartungswert und die Standardabweichung den gleichen Wert besitzen.
Mit der Wahrscheinlichkeitsdichtefunktion

$$P(x_i|\lambda) = \frac{\lambda^{x_i} \cdot e^{-\lambda}}{x_i!} \tag{13.1}$$

P Wahrscheinlichkeit
λ Erwartungswert
e Euler'sche Zahl
x_i Partikelanzahl

werden alle Einzelwahrscheinlichkeiten bis zum jeweiligen Grenzwert des betrachteten Regelwerks der Luftreinheit für die jeweilige Detektionsgröße ermittelt, denen ein Grenzwert ≤ 10 Partikel zu Grunde liegt.
Hier gilt

$$\sum_{i=1}^{n} P(x_i|\lambda) = 1 \tag{13.2}$$

P Wahrscheinlichkeit
λ Erwartungswert
x_i Partikelanzahl

Mit diesen Werten können alle Einzelwahrscheinlichkeiten bis zum jeweiligen Grenzwert für die untersuchte Detektionsgröße aufsummiert werden. Die Subtraktion dieses Wertes von der Gesamtwahrscheinlichkeit 1 ergibt die Wahrscheinlichkeit des Überschreitens des jeweiligen Grenzwerts des Regelwerks.

Szenario 2, Grenzwert > 10

Bei Emissionsuntersuchungen, bei denen Grenzwerte > 10 Partikel im betrachteten Partikelgrößenbereich vorliegen, wird die Student-t-Verteilung angewandt. Für die empirisch detektierten Messdaten wird der obere Erwartungswert μ_o mit einer Sicherheit von 95 % bestimmt. Die Bestimmung von μ_o erfolgt nach

$$P(\mu_o \leq \overline{x} + t_{\alpha,v} \cdot \frac{s}{\sqrt{n}}) = 1 - \alpha \qquad (13.3)$$

P Wahrscheinlichkeit
μ_o oberer Erwartungswert
α statistische Sicherheit
$\overline{x}$ arithmetischer Mittelwert
n Anzahl der Messungen
s Standardabweichung
$t_{\alpha v}$ Signifikanzschranke

Die Gesamtfläche, die unterhalb der Wahrscheinlichkeitsdichtefunktion der Student-t-Verteilung liegt, ist mit 1 gegeben.
Die Summe aller Einzelwahrscheinlichkeiten entspricht der Gesamtfläche der Häufigkeitsverteilung. Die Berechnung der Grenzwertüberschreitungswahrscheinlichkeit erfolgt durch Einsetzen der Grenzwerte des jeweiligen Regelwerks zur Beurteilung der Luftreinheit in folgende Gleichung

$$z = \frac{x - \mu_o}{s/\sqrt{n}} \qquad (13.4)$$

z Schranke der Standardnormalverteilung
μ_o oberer Erwartungswert
x Klassengrenze
n Anzahl der Messungen
s Standardabweichung

Hierbei gilt: Der Parameter z ist ein Vergleichswert, der die abschließende Beurteilung zulässt, ob die Grenzwerte eines herangezogenen Luftreinheitsstandards eingehalten bzw. überschritten werden. Die zu den diskreten statistischen Sicherheiten zugehörigen Werte von z sind aus Tabellen der einschlägigen Literatur zu entnehmen. Die Verteilung der Wahrscheinlichkeitsdichte in Abhängigkeit des oberen Wertes für das Konfidenzintervall des Erwartungswertes μ_o wird bis zum jeweiligen Grenzwert einer Detektionsgröße integriert. Ist die Fläche oberhalb des Grenzwerts nicht größer als 5 % der Gesamtfläche, welche die Verteilungskurve einschließt, so wird die Produktionseinrichtung als tauglich bei der betrachteten Detektionsgröße der herangezogenen Luftreinheitsklasse eingestuft.
Wird diese Konfidenzgrenze von 95 % nicht eingehalten, muss die Bestimmung anhand der Grenzwerte für die nächst höhere Luftreinheitsklasse erfolgen. Die hier aufgeführten notwendigen Berechnungsschritte können auf einfache Weise mit einem Tabellenkalkulationsprogramm durchgeführt werden.

13.6.2 Zeitaufgelöste Emissionsentwicklung mit Hilfe von Life-Cycle-Tests

Die Intensität einer Partikelquelle an einer Produktionseinrichtung, welche insbesondere durch Relativbewegungen induziert wird, kann erheblichen zeitlichen Schwankungen unterworfen sein. Für die Auswahl einer Produktionseinrichtung für reine Produktionen ist daher die zeitlich aufgelöste Partikelemission ein wichtiges Indiz. Anhand von Beispielen soll verdeutlicht werden, in welchem Maße partikuläre Emissionen zeitlichen Veränderungen unterworfen sind. Die untersuchten Produktionseinrichtungen wurden mit einer hohen Handhabungsfrequenz betrieben. Dieser Umstand begründet die relativ kurze Prüfdauer des typischen Betriebszustands, der in den folgenden Beispielen dargestellt ist [13.22].

Modellvorstellung

Der Modellvorstellung der zeitlich aufgelösten partikulären Emissionsentwicklung liegen drei Phasen zu Grunde (Abb. 13.8):
- Phase 1, Einlaufphase: Die Partikelkonzentration sinkt stetig über die Zeit bis zum Zeitpunkt t_1. Die Ursache dieser anfänglich erhöhten Partikelemission rührt zum Großteil von den Kontaminationen, die bei Applikation und Transport zugeführt wurden, her. Im Gegenzug dazu tritt ein „Glättungseffekt" an den Werkstoffoberflächen durch die induzierte Reibung auf, welche die Partikelgenerierung reduziert.
- Phase 2, typischer Betriebszustand: Die Partikelemissionen oszillieren zeitlich aufgelöst um einen phasencharakteristischen Mittelwert.
- Phase 3, Verschleißperiode: Die dynamischen Relativbewegungen, die an den Reibpartnern der Partikelquelle vorliegen, unterliegen nach einer für den Werkstoff charakteristischen Zahl von Bewegungszyklen n stärkeren Verschleißphänomenen. Dieser Zeitpunkt t_2 markiert ein Ansteigen der Partikelkonzentrationen.

Dieser theoretisch zu erwartende Emissionsverlauf über die Zeit tritt jedoch nicht bei jeder Produktionseinrichtung auf. Vielmehr zeigen bisherige Untersuchungen Varianten dieser Modellvorstellung. Die Tatsache, dass die zeitlichen Vorgänge bei der Generierung luftgetragener Partikelemissionen prüfobjektspezifische Erscheinungsbilder der Modellvorstellung darstellen, untermauert die Berechtigung, zusätzlich zur Überprüfung des Istzustands, auch

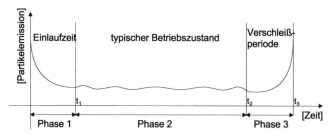

Abb. 13.8   Schematischer zeitaufgelöster Emissionsverlauf luftgetragener Kontaminationen

eine Langzeituntersuchung bei bestimmten Produktionseinrichtungen für hochsensible Bereiche, z. B. der Mikroelektronik, durchzuführen.

In der aus Abb. 13.9 zu entnehmenden zeitlichen Emissionsentwicklung sind die drei Phasen der Modellvorstellung deutlich erkennbar. In diesem Life-Cycle-Test nimmt die Dauer der Einlaufphase (Phase 1), in Relation zur Dauer des typischen Betriebszustands (Phase 2), einen großen Zeitraum in Anspruch. Des Weiteren stellt sich hier die Einlaufphase nicht als stetig abfallende Kurve dar, sondern durchläuft ein Maximum. Dieser Verlauf der Einlaufphase lässt darauf schließen, dass die Partikel, die bei der Applikation der Produktionseinrichtung zugeführt wurden, erst mit einer zeitlichen Verzögerung in die Umgebung abgegeben werden. Der „Oberflächenglättungseffekt" liefert in dieser Phase jedoch nur einen geringen Beitrag zur Gesamtemission. Der sprunghafte Anstieg der Partikelemission in Phase 3 (nach ca. 3000 min Messzeit) lässt auf den Verschleiß einer Oberflächenschicht schließen. Die Zerstörung einer Oberflächenschicht und die damit verbundene dynamische Reibbelastung der darunter liegenden Schicht, zeigt hier einen hohen Einfluss auf das partikuläre Emissionsverhalten der Produktionseinrichtung.

Die Messung der Abb.13.10 zeigt als Charakteristikum die Abwesenheit der Phase 1 auf. Lediglich in den ersten Minuten nach Start der Messung zeigt sich andeutungsweise ein Einlaufverhalten. Die Phasen des typischen Betriebszustands (Phase 2) und der Verschleißperiode (Phase 3) sind analog zur formulierten Modellvorstellung ausgeprägt. Abbildung 13.10 belegt die für den jeweiligen Prüfling charakteristischen Abweichungen der empirischen Messwerte von der formulierten Modellvorstellung.

Fazit

Die Zahl der Handhabungen, die hier an den Prüflingen innerhalb ca. 3000 min vorgenommen wurden, entspricht bei der Häufigkeit einer Standardhandhabung einem Life-Cycle von mehreren Jahren.

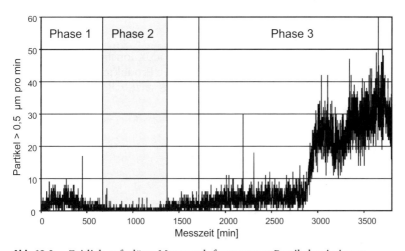

Abb. 13.9   Zeitlich aufgelöste Messung luftgetragener Partikelemissionen

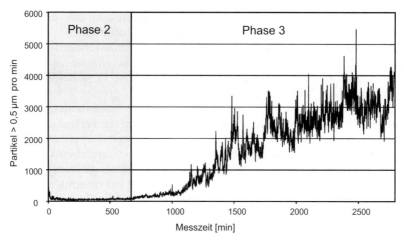

Abb. 13.10   Zeitlich aufgelöste Messung luftgetragener Partikelemissionen

Die Qualitätsanforderungen, die an eine Produktionseinrichtung in der Fertigung reinheitskritischer Produkte zu stellen sind, gelten für die gesamte Lebensdauer der Produktionseinrichtung. Die Sicherheit eines Herstellers reinheitskritischer Produkte, über reinraumtaugliche Produktionseinrichtungen zu verfügen, ist mit der erforderlichen Transparenz gegebenenfalls nur in Verbindung mit einer Langzeituntersuchung des Emissionsverhaltens zu realisieren. Die Beispiele der Abb. 13.9 und 13.10 zeigen weiterhin, dass eine Extrapolation des Emissionsverhaltens über die Zeit anhand einer kleinen Ereigniszahl keine signifikanten Ergebnisse liefert.

13.7 Durchführung der Reinraumtauglichkeitsuntersuchung von Verbrauchsgütern

Verbrauchsgüter finden in den verschiedensten Produktionsbereichen Anwendung, so auch in der Fertigung reinheitskritischer Produkte. In der „reinen" Fertigung werden zahlreiche Verbrauchsgüter eingesetzt, z. B.
– Kleidung
– Schuhe
– Handschuhe
– Wischmittel
– Papier
– Einwegverpackungen.

Die Problematik des Verbrauchsgütereinsatzes in der Fertigung reinheitskritischer Produkte liegt in deren Kontaminationspotenzial. Ein Handschuh, dessen Einsatz in einem Halbleiterfertigungsprozess benötigt wird, kann einen hohen Ausschussanteil verursachen. Betreibt man einen Vergleich der

Stückkosten von Handschuhen bzw. die Stückkosten von Verbrauchsgütern i. Allg. mit den Wertschöpfungen in einem „reinen" Prozess, so erwächst hier eine weitere Motivation für die Ermittlung der Reinraumtauglichkeit von Verbrauchsgütern.

13.7.1 Untersuchung der Reinraumtauglichkeit von Verbrauchsgütern am Beispiel von Handschuhen

Aus dem Beispiel der Simulation des typischen Einsatzfalls von reinheitsgerechten Handschuhen geht zum einen hervor, wie komplex die Reinraumtauglichkeitsuntersuchung von Verbrauchsgütern ist, zum anderen zeigt es die Notwendigkeit eines standardisierten Verfahrens zur Erzeugung vergleichbarer Messergebnisse auf. Einen ersten Schritt zur Standardisierung der Untersuchung reinraumtauglicher Handschuhe stellen die in Blatt 4 der VDI Richtlinie 2083 dargestellten „Vorläufigen Reinheitsklassen für Handschuhe" dar [13.23, 13.24] (Tabelle 13.1).

Das Festsetzen von Grenzwerten liefert jedoch nur den ersten Schritt zur standardisierten Untersuchung von Handschuhen auf Reinraumtauglichkeit. Des Weiteren müssen in Gremienarbeit von Sachverständigen und Experten eine standardisierte Vorgehensweise zur Ermittlung der Partikelkonzentrationen auf/in Handschuhen erarbeitet sowie Korrelationen mit bereits bestehenden Regelwerken zur Beurteilung der partikulären Kontamination auf/in kontaktierenden Medien erstellt werden.

Aufgrund unterschiedlicher Motivationen, die meist ihren Ursprung in innerbetrieblichen Qualitätskontrollmechanismen haben, existieren bis dato eine Vielzahl voneinander abweichende Methoden zur Beurteilung der Reinraumtauglichkeit von Handschuhen. Zur Bestimmung des Kontaminationsgrads von Oberflächen kommen Probenahmetechniken zum Einsatz, die sich folgendermaßen gruppieren lassen.

Kontaminationsnachweis mittels
- indirekter Probenahmetechnik
- direkter Probenahmetechnik.

Tabelle 13.1 Vorläufige Reinheitsklassen von Handschuhen und Fingerlingen nach VDI-Richtlinie 2083 Blatt 4 [13.23]

Partikelgrößenbereiche [μm]	A	B	C	D	E	F	G	H
0,5–5	442	625	884	1250	1768	2500	3536	5000
5–10	53	75	106	150	212	300	424	600
10–15	18	26	37	53	74	106	148	210
15–35	4	5	7	9	13	19	27	38
25–50	2	3	4	5	7	10	14	20
50–150	0	0	0	0	0	1	1	1
Fasern	0	0	0	0	0	1	1	1

13.7.1.1 Indirekte Nachweismethoden

Bei indirekten Nachweismethoden zur Bestimmung der Oberflächenreinheit kommen unterschiedliche Verfahren zur Anwendung. Hierbei wird die zu bestimmende Kontamination zuerst von der zu untersuchenden Oberfläche abgelöst und auf einem Hilfsmedium abgeschieden. Dieses Hilfsmedium wird anschließend direkt vermessen.

Das *Ablösen* sedimentierter Kontaminationen geschieht z. B. durch folgende Techniken:

- Tape-Lift-Verfahren,
- Abblasen mit einem gerichteten Luftstrahl oder
- Entfernen von Partikeln von Oberflächen mittels Reinstwasser.

Die Aussagekraft dieser Techniken ist direkt davon abhängig, wie effizient sowohl das Ablösen der Kontaminationen durch feste, gasförmige oder flüssige Hilfsmedien als auch die Abscheidung auf dem Hilfsmedium ist. Da nur die auf den Hilfsmedien abgeschiedenen Kontaminationen anschließend über diverse Messverfahren nachgewiesen werden können, wird eine möglichst hohe Ablöserate gefordert. Ablösevorgänge von Oberflächen sind nicht trivial. Mit kleiner werdenden geometrischen Partikelgrößen verschiebt sich das Kräfteverhältnis derart, dass der Quotient aus der „Summe der Haftkräfte zwischen Oberfläche und Partikel" zu der „Summe der Haftkräfte zwischen Hilfsmedium und Partikel" größer wird. Dadurch sinkt die Effizienz, kleinere Partikel auf Oberflächen durch indirekte Probenahmetechniken nachzuweisen.

Indirekte Probenahmetechniken sind „abreinigende" Verfahren, d. h. nach dem Übertrag der Kontaminationen auf das Hilfsmedium sind die untersuchten Oberflächen partikelärmer als vor der Probenahme. Da für eine nachfolgende Untersuchung an derselben Oberflächenstelle nicht mehr dieselben definierten Kontaminationen vorliegen, muss eine Ersatzoberfläche herangezogen werden, welche dieselbe Vorkonditionierung erfahren haben muss. Aufgrund von Streuungen der Oberflächenbelastung an lokal unterschiedlichen Probenahmepunkten können hier jedoch nur begrenzt reproduzierbare Ergebnisse erzielt werden.

Tape-Lift-Verfahren

Kommt ein Tape-Lift-Verfahren zum Einsatz, so streut in Abhängigkeit des verwendeten Beschichtungsmaterials, des Anpressdrucks, der Geschwindigkeit und der Richtung des Abhebens des Tape-Lifts von der zu vermessenden Oberfläche die Partikelablöserate erheblich.

Abblas-Verfahren

Werden die sedimentierten Kontaminationen abgeblasen, muss anschließend dieses Luftvolumen, das als Hilfsmedium dient, mit Hilfe eines optischen Partikelzählers vermessen werden. Abblasverfahren weisen eine sehr geringe Effizienz bei der Partikelablösung und dem anschließenden Vermessen des abgeblasenen Luftvolumens auf. Vorteil dieser Messmethode mittels eines speziellen, modifizierten optischen Partikelzählers ist die schnelle Auswertung der partikulären Oberflächenbelastungen, da kein zeitaufwendiges, meist manuelles Auszählen der Kontaminationen, wie dies beim Tape-Lift-Verfahren angewendet werden muss, auftritt. Dieses Verfahren kann auf beliebigen Oberflächen zur Anwendung kommen, wenngleich auch die Ablöseeffizienz stark materialabhängig ist und i. Allg. nicht über den Luftstrahl kalibriert werden kann.

Reinstwasser-Vermessung

Bei der Bestimmung sedimentierter Partikel mittels DI-Wasser als Hilfsmedium wird der partikuläre Kontaminationseintrag in Reinstwasser mit optischen Flüssigkeitspartikelzählern bestimmt [13.25]. Da die untersuchten Handschuhe bei deren späteren typischen Anwendungen i. Allg. nicht im Reinstwasser, sondern unter atmosphärischen Umgebungsbedingungen verwendet werden, spiegelt diese Untersuchungsmethode nicht den repräsentativen Einsatzfall wider. Die folgenden Punkte zeigen den hohen Aufwand bei der Durchführung dieser Methode:

- Bestimmung der partikulären Grundkontamination des Reinstwassers
- Einbringen des Prüflings in das Reinstwasser
- Definiertes Bewegen des Prüflings im Reinstwasser
- Bestimmung der partikulären Kontamination des Reinstwassers
- Bestimmung der Oberfläche der Handschuhe, Auswertung der Messdaten, Klassifizierung des Prüflings unter die Reinheitsklassen von Handschuhen.

13.7.1.2 Direkte Nachweismethoden

Direkte Nachweismethoden benötigen kein Hilfsmedium, das anschließend vermessen wird. Hierbei wird die zu untersuchende Oberfläche direkt, ohne Zwischenschritte, auf deren Kontaminationsbelastung untersucht. Dies kann bspw. durch ein rein optisches Verfahren (Lichtmikroskop oder Oberflächeninspektionsgerät [13.26]), das folgende Vorteile bietet, realisiert werden:

- Die Problematik des effizienten Ablösens der Kontaminationen tritt nicht auf.
- Durch den Wegfall der Handhabung von Hilfsmedien (z.B. Anpressdruck beim Tape-Lift-Verfahren; Vermessen unterschiedlicher Luftvolumina bei Abblas-Verfahren) reduziert sich die Zahl der Einflussgrößen auf das Messergebnis.
- Die optische Kontaminationsbestimmung ist kein „abreinigendes Verfahren". Der Kontaminationszustand vermessener Oberflächen bleibt erhalten, so dass dieselben Flächen mehrmals untersucht werden können.
- Die Effekte unterschiedlicher Konditionierung auf das Kontaminationsverhalten von Oberflächen eines Verbrauchsguts können ohne den Einfluss einer lokalen Streuung bestimmt werden.
- Die optische Partikeldetektion ist bereits in hohem Maße erforscht, so dass eine Kalibrierung auf unterschiedliche Oberflächenmaterialien und eine schnelle, automatisierte Messwertausgabe ohne aufwendigen Operatoreinsatz möglich ist.

13.7.2 Prüfstände zur Schaffung standardisierter Prüfbedingungen

Die Erzeugung reproduzierbarer Messergebnisse kann durch standardisierte Prüfvorgaben und speziell entwickelte Prüfstände zur Simulation des Einsatzes von Verbrauchsgütern realisiert werden. Es werden zwei Prüfstandvarianten näher beleuchtet.

13.7.2.1 Prüfstand mit Druck- und Scherkraft auf Prüfobjekt

Das Schema des in Abb. 13.11 skizzierten Prüfstands erlaubt die reproduzierbare Nachbildung des Handschuheinsatzes unter atmosphärischen Bedingungen. Die Simulation der in Abb. 13.3 geforderten Zustände „Handschuh ↔ Handschuh", „Handschuh ↔ Objekt" und „Handschuh ↔ Operatorhand" ist jedoch zu komplex, um mit diesem Prüfstand nachgebildet zu werden. Der Fokus dieser Apparatur liegt auf der Reproduzierbarkeit der Untersuchungsergebnisse.

Folgende Parameter, die für die Reproduzierbarkeit der Untersuchungen ausschlaggebend sind, können an dem Prüfstand für die Prüfobjekte in definierter Ausprägung variiert werden.

Beschaffenheit der Prüfstandoberflächen

Da die Erzeugung von partikulären Emissionen in starkem Maße von Prüfling- und Gegenkörpermaterialien sowie deren Oberflächenbeschaffenheiten abhängt, muss die Variation dieser Parameter vom Prüfstand erfüllt werden.

Oberflächenmessverfahren für die Auswertung

Die Auswertung der Messdaten muss stets mit dem gleichen Oberflächenmessverfahren durchgeführt werden, um die Streuung der Ergebnisse einzelner Nachweisverfahren zueinander auszuschließen.

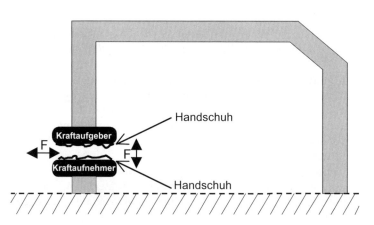

Abb. 13.11   Schematischer Aufbau eines Prüfstands zur Generierung reproduzierbarer Messergebnisse an Handschuhen unter Reinraumbedingungen

Krafteinwirkung auf den Prüfling

Die Partikelablösevorgänge von der Prüflingsoberfläche variieren mit den aufgebrachten Kräften durch den Kraftaufgeber des Prüfstands. Die exakte Einhaltung vorgegebener Kraftverteilungen, sowohl über die gesamte Messzeit als auch bei jedem Messvorgang, sind essentiell für den Erhalt reproduzierbarer Daten.

Reinigungsverfahren, Vor- und Nachkonditionierung des Prüfstands

Während der Durchführung einer Belastungssimulation auf dem Prüfstand findet eine Kontamination desselben durch die vom Prüfling emittierten Partikel statt. Die Etablierung eines validierten Verfahrens zur Vor- bzw. Nachkonditionierung des Prüfaufbaus gewährleistet eine Reduktion von Fremdkontaminationen auf ein Minimum, um nachfolgende Messungen nicht zu verfälschen.

Definierte Prüfbedingungen

Die Realisierung einer gleichbleibenden Prüfumgebung (Partikelbelastung, relative Feuchte, Temperatur etc.) ist Grundvoraussetzung für die Untersuchungen.

So kann in Verbindung mit den in Tabelle 13.1 definierten Grenzwerten die Reinraumtauglichkeit überprüfter Handschuhe bestimmt werden. Die Einhaltung der vorangestellten Faktoren ermöglicht die Vergleichbarkeit der Untersuchungsergebnisse.

13.7.2.2 Materialprüfstand zur Ermittlung der Reinraumtauglichkeit von Verbrauchsgütern

Einen weiteren Schritt zur standardisierten Untersuchung der Reinraumtauglichkeit einer Großzahl von Verbrauchsgütern zeigt der Materialprüfstand in Abb. 13.12 auf. Mit Hilfe dieses Prüfstands ist es möglich, unter reproduzierbaren Bedingungen, die abgegebenen partikulären Kontaminationen einer beliebigen Werkstoffkombination zu prüfen [13.27]. Die Emissionseigenschaften von Verbrauchsgütern hängen in erster Linie von dem Partikelemissionsverhalten ihrer verwendeten Oberflächenwerkstoffe ab.

Konventionelle Prüfstände und Prüfvorgehensweisen für die Materialprüfung sind für die Untersuchung des Partikelemissionsverhaltens von Werkstoffen ungeeignet. Sie sind nicht für den Betrieb in Reinräumen (Auswahl/Anordnung der Komponenten, Strömungsbeeinflussung etc.) ausgelegt und dienen meist der Verschleißmessung durch die Massen- bzw. Volumenabnahme. Dies spielt in der Reinraumtechnik jedoch nur eine untergeordnete Rolle, da es nicht möglich ist, aus den Verschleißvolumina auf Partikelanzahl, -größe oder Materialzusammensetzung zu schließen.

Regelwerke, die eine Werkstoffprüfung im Hinblick auf das Partikelemissionsverhalten beschreiben, sind bis dato nicht verfügbar.

Der Materialprüfstand zur Ermittlung des Partikelemissionsverhaltens von Werkstoffen basiert auf dem von herkömmlichen Verschleißprüfständen bekannten Stift-Scheibe-Verfahren. Dabei wird die Stirnfläche eines Prüfstiftes auf die Stirnfläche einer rotierenden Prüfscheibe aufgedrückt, die Prüfkörper-

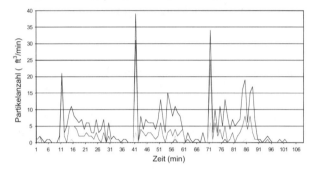

Abb. 13.12   Materialprüfstand

achsen liegen horizontal im Raum. Die Prüfkraft wird durch ein Tellerfedern-paket auf den Prüfstift aufgebracht.

Die durch den Abrieb an der Reibstelle kontaminierte Luft wird im Bereich unterhalb der Prüfkörper abgesaugt und einem optischen Partikelzähler zugeführt.

Für den Prüfbetrieb werden folgende Voraussetzungen bezüglich der Re-produzierbarkeit der Untersuchungen erfüllt:

– definierter Anpressdruck
– definierte Relativgeschwindigkeit des Stifts zur Scheibe
– online-Detektion generierter Partikel
– anwendbar für beliebige Materialpaarungen.

Die Etablierung eines Regelwerks und eines Prüfstands zur Untersuchung der Reinraumtauglichkeit von Verbrauchsgütern würde ein neues, wichtiges Werkzeug zur Steigerung der Produktqualität in der „reinen" Fertigung dar-stellen.

Fazit

Verbrauchsgüter in der reinen Fertigung besitzen ein hohes Kontaminations-potenzial. Die Kontrolle bzw. die Beurteilung dieses Potenzials muss sich auf reproduzierbare, wissenschaftlich abgesicherte Daten stützen. Ferner gewinnt die Beurteilung der Kontaminationseigenschaften von Verbrauchsgütern angesichts eines Vergleichs der Stückkosten von Verbrauchsgütern mit den Wertschöpfungen in reinen Fertigungsprozessen zunehmend an Bedeutung.

Um den steigenden Qualitätsansprüchen in den einschlägigen Industriebereichen gerecht zu werden, ist es notwendig, Verbrauchsgüter, deren Emissionsverhalten bekannt ist, einzusetzen. Die Anwendung noch zu entwickelnder Regelwerke und Materialprüfstände stellt einen handhabbaren Kompromiss aus Wirtschaftlichkeit und Wissenschaftlichkeit dar.

13.8 Zusammenfassung und Ausblick

Die Qualität reinheitskritischer Produkte hängt im Wesentlichen von den drei Einflüssen der lufttechnischen Anlage, dem Personal und den Produktionsmitteln ab.

Die Kontaminationsproblematiken im Bereich der lufttechnischen Anlagen und des Personals sind weitestgehend erforscht und in engen Grenzen kontrollierbar. Um den steigenden Qualitätsanforderungen reinheitskritischer Produkte gerecht zu werden, muss jedoch auch das Kontaminationsverhalten von Verbrauchsgütern und Produktionseinrichtungen kontrollierbar sein.

Messtechnische Vorgehensweisen, die eine Reinraumeignung von Produktionseinrichtungen in Anlehnung an Regelwerke zur Beurteilung der Luftreinheit aussprechen, ermöglichen im Hinblick auf die Kontaminationsproblematik eine erhöhte Transparenz. Weiterführende Untersuchungen, die alle für das Endprodukt relevanten Kontaminationsaspekte aufgreifen, stellen hierbei einen weiteren, wichtigen Schritt zur Produktion qualitativ hochwertiger Produkte dar. Die Aussagekraft der Reinraumtauglichkeitsuntersuchungen wird mit Hilfe von Life-Cycle-Tests um ein Vielfaches erhöht. Life-Cycle-Tests bieten dem Versuchsdurchführenden die Möglichkeit, die Kontaminationscharakteristik eines Produktionsmittels über seine gesamte durchschnittliche Lebensdauer zu beurteilen.

Bei der Simulation eines repräsentativen Handhabungs- bzw. Betriebszustands unterscheiden sich Produktionseinrichtungen und Verbrauchsgüter in signifikanter Weise. Der Aufwand zur Simulation eines repräsentativen Betriebszustands einer Produktionseinrichtung (z. B. Industrieroboter) lässt sich mit geringerem Aufwand realisieren als die typische Handhabung eines Verbrauchsguts (z. B. Reinraumwischtuch).

Aus dieser Schwierigkeit heraus entstand die Problematik der Koexistenz verschiedener Vorgehensweisen, denen jedoch allen dieselben Grenzwerte der maximal zulässigen Kontaminationen zu Grunde liegen. Die Folge der unterschiedlichen Vorgehensweisen sind Messergebnisse, die nicht miteinander vergleichbar sind.

Ein möglicher Schritt zur Erzeugung reproduzierbarer Untersuchungsergebnisse können speziell für Produktionsmittel entwickelte Prüfstände zur Ermittlung deren Reinraumtauglichkeit sein. Dadurch wird ein objektiver Vergleich zwischen einzelnen Produktionsmitteln ermöglicht. Die stetig steigenden Anforderungen an die Effizienz und Funktionstüchtigkeit der Produktionsumgebung, die größtenteils durch die großen Fortschritte in immer kürzeren Abständen in der Halbleitertechnik induziert wurden, werden den Ruf nach der Kontaminationsarmut eingesetzter Produktionsmittel weiter anwachsen lassen.

Literatur

[13.1]   Dorner, J.: „Anwendungen der Reinraumtechnik außerhalb der Halbleiterherstellung und der Pharmazie – Übersicht" In: VDI-Berichte Nr. 919: Reinraumtechnik: Ausgewählte Lösungen und Anwendungen. Düsseldorf: VDI, 1992, S. 223–231

[13.2]   Schließer J.: Untersuchungen von Reinheitssystemen zur Herstellung von Halbleiterprodukten. Berlin u.a.: Springer, 1998 (IPA-IAO Forschung und Praxis Bd. 281) Zugl. Stuttgart, Diss., 1998

[13.3]   Schließer, J.; Werner, D.; Ernst, C.; Gaugel, T.; Güth, A.: „Der sichere Weg zur Qualitätsverbesserung". GIT ReinRaumTechnik 1/99, Seite 16–19

[13.4]   Hauptmann; Hohmann: Handbuch der Reinraumpraxis: Reinraumtechnologie und Human-Resourcen. Ecomed Fachverlag Landsberg 1992

[13.5]   U.S. Federal Std. 209E: Airborne Particulate Cleanliness Classes in Cleanrooms and Zones. Mount Prospect: Institute of Environmental Sciences, 1992

[13.6]   VDI-Richtlinie 2083 Blatt 1: Reinraumtechnik: Grundlagen, Definition und Festlegung der Reinheitsklassen. Düsseldorf. VDI-Gesellschaft Technische Gebäudeeinrichtung, April 1985

[13.7]   DIN EN ISO 14644-1: 1999-07: Reinräume und zugehörige Reinraumbereiche – Teil 1: Klassifizierung der Luftreinheit. Deutsches Institut für Normung e.V., Berlin, 1999

[13.8]   Schließer, J.; Ernst, C.; Gommel, U.; Matuscheck, P.: „Qualifizierung von Betriebsmitteln für die Sauber- und Reinstfertigung". GIT ReinRaumTechnik 1/99, Seite 10–15

[13.9]   Schließer, J.; Gommel, U.: „Reinraumtauglichkeit von Betriebsmitteln"; „Reinraumtechnik `99". VDI-Berichte 148, Seite 161–171: Düsseldorf, 1999

[13.10] VDI-Richtlinie 2083 Blatt 8 Entwurf: Reinraumtechnik: Reinraumtauglichkeit von Betriebsmitteln. VDI-Gesellschaft Technische Gebäudeeinrichtung, August 2000

[13.11] IBM: Jessi Project Report AUTOWEC E 109, 1995

[13.12] International Technology Roadmap for Semiconductors: 1999 edition. Semiconductor Industry Association (SIA), 1999.

[13.13] IEC 61340-5-1:1998-12: Protection of electronic devices from electrostatic phenomena- General requirements, Genf, 1998

[13.14] DIN EN 100 015-3: Schutz von elektrostatisch gefärdeten Bauelementen –Anforderungen an Reinräume. Deutsches Institut für Normung e.V., Berlin, 1993

[13.15] Sachs L.: Statistische Auswertungsmethoden: Springer-Verlag, Berlin, 1968

[13.16] Graf, Henning, Stange, Wilrich: Formeln und Tabellen der angewandten Mathematischen Statistik: Springer, Berlin, 1998

[13.17] Papula, L.: Mathematik für Ingenieure und Naturwissenschaftler Band 3: Vieweg-Verlag Wiesbaden, 1997

[13.18] Timischl, W.: Qualitätssicherung: Carl Hanser Verlag München, 1995

[13.19] Gränicher H.: Messung beendet was nun?: Hochschulverlag AG ETH Zürich, 1994

[13.20] VDI-Richtlinie 2083 Blatt 3 Entwurf: Reinraumtechnik: Messtechnik in der Raumluft. VDI-Gesellschaft Technische Gebäudeeinrichtung, Februar 1993

[13.21] Schließer, J.: Messtechniken in der Reinraumluft zur Abnahme von Reinräumen. IPA-Workshop: Fertigungstechnik im Reinraum – Messtechnisches Praktikum, Institutszentrum der Fraunhofer-Gesellschaft IZS, Stuttgart, 1998

[13.22] Geisinger, J.: Grundlagen zur Entwicklung reinraumtauglicher Handhabungssysteme. Berlin u.a.: Springer, 1989 (IPA-IAO Forschung und Praxis Bd. 141) Zugl. Stuttgart, Diss., 1989

[13.23] VDI-Richtlinie 2083 Blatt 4: Reinraumtechnik: Oberflächenreinheit, Düsseldorf, VDI-Gesellschaft Technische Gebäudeeinrichtung, März 1993

[13.24] IES-RP-CC-87-T:1987-05: Cleanroom Gloves and Finger Cots; Mount Prospect; 1987

[13.25] Ernst, C.; Naffin, F.; Matuscheck, P.: „Messtechnik in der Sauber- und Reinstfertigung". GIT Labor-Fachzeitschrift 3/13.99, Seite 278–283

[13.26] Grimme, R.; Rochowicz, M.: „Oberflächen-Partikelmesstechnik"; „Reinraumtechnik `99". VDI-Berichte 148, Seite 17–20: Düsseldorf, 1999

[13.27] Kaun, R.: „Verfahren zur Konzeption automatischer reinraumtauglicher Fertigungsanlagen und –zellen" Berlin u.a.: Springer, 1997 (IPA-IAO Forschung und Praxis Bd. 253) Zugl. Stuttgart, Diss., 1997

14 Messtechnik

14.1 Einleitung

Die Qualität von Reinräumen wird durch eine Mehrzahl von Messgrößen definiert, s. Abb. 14.1. Die entsprechenden produktrelevanten oder prozesskritischen Parameter sollten deshalb zusammen mit arbeitsplatzspezifischen Richtwerten und einem Hinweis auf gesetzliche Regelungen in der Planungsphase festgelegt werden (DIN ISO EN 14644-4 [14.1]).

Für die Überprüfung dieser Parameter sind eine exakte Messtechnik sowie geeignete und standardisierte Messverfahren erforderlich. Während der Planungsphase sollten auch die zu verwendenden Messgeräte und die einzuhaltenden Abnahmebedingungen unter Verweis auf entsprechende Richtlinien und Regularien definiert werden. Unterschiede zwischen den verschiedenen Reinraumanwendungen werden in den produktkritischen Parametern deutlich.

Während in der Pharmazie als die maßgebenden Parameter, die zu gewährleistende Keim- und Partikelfreiheit, die Einhaltung der Raumdruckkaskade und die Richtung der Luftströmung gelten, sind in der Halbleiterindustrie

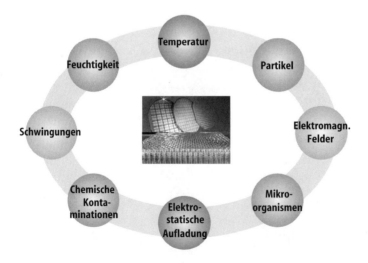

Abb. 14.1 Übersicht über Reinraummessgrößen

neben der zulässigen Partikelkonzentration, Schwingungen, luftgetragene molekulare Bestandteile sowie elektromagnetische Felder wichtig.

Ferner ist zu berücksichtigen, dass einige der für die Reinraumtechnik wichtigen Messgrößen in Bereichen unterhalb der sinnlichen Wahrnehmung des Menschen kontrolliert werden müssen.

Die messtechnischen Verfahren der Reinraumtechnik werden in verschiedenen Richtlinien beschrieben. Einige Richtlinien definieren Grenzwerte und Messverfahren, die bei bestimmten Anwendungsbereichen einzuhalten sind, wie z. B. innerhalb der pharmazeutischen Industrie. Andere Richtlinien, wie z. B. die der DIN EN ISO 14644, Teil 1 [14.2], Teil 2 [14.3] und Teil 3 [14.4] und die VDI 2083, Blatt 1 [14.5] und 3 [14.6] gelten anwendungsübergreifend. Teilweise wird auch festgelegt [14.3], in welchen zeitlichen Abständen die Parameter zu überprüfen sind.

In der pharmazeutischen Industrie gehören die reinraumtechnischen Messungen zum Umfang der Funktionsqualifizierung und Leistungsqualifizierung. Der Umfang der Messungen wird im jeweiligen Validation Master Plan (VMP) festgeschrieben.

14.2 Richtlinien

Als Grundlage für die Vorbereitung, Durchführung und Dokumentation von messtechnischen Arbeiten können folgende Richtlinien und Normen herangezogen werden:
- DIN EN ISO 14644, Teil 1
- ISO 14644, Part 2 FDIS
- DIN EN 12599 [14.7]
- ISO 14644, Part 3 DIS
- VDI 2083, Blatt 1
- VDI 2083, Blatt 3
- VDI 2080 [14.8]
- Federal Standard 209 E [14.9]
- IES-RP-CC006.2 [14.10]
- NEBB [14.11].

Die aufgeführten Richtlinien beinhalten Definitionen zur Durchführung von Qualifizierungsmessungen. Die Tabellen 14.1 und 14.2 zeigen, welche Messungen und Gerätedefinitionen in den jeweiligen Richtlinien aufgeführt sind.

Die Tabellen umfassen nur die international zu beachtenden oder im deutschsprachigen Raum verwendeten Richtlinien. Bei Messungen in anderen Ländern sind zudem die jeweiligen nationalen Richtlinien zu berücksichtigen, obwohl sich mehr und mehr Länder der ISO-Standardisierung anschließen.

Bei der Festlegung der zu messenden Parameter, der Akzeptanzkriterien und bei der Planung von Messungen ist zu empfehlen, die Verfahren zu definieren, da sich die verschiedenen nationalen und internationalen Richtlinien im Umfang und in der Durchführung teilweise voneinander unterscheiden.

Die FDA- [14.12] und europäischen GMP-Richtlinien [14.13] wurden in den Tabellen 14.1 und 14.2 nicht berücksichtigt, da in ihnen lediglich Akzeptanzkriterien, jedoch keine Vorschriften zur Durchführung von Messungen enthalten sind. Bei der Bestimmung der Reinheitsklasse wird z. B. gemäß FDA auf den Federal Standard 209 E verwiesen.

Voraussetzungen

Reinraumhersteller und -nutzer sind, wie bereits erwähnt, in beiderseitigem Interesse angehalten, die Spezifikation der für den Reinraum relevanten Para-

Tabelle 14.1 Richtlinien mit Festlegungen zur Durchführung von Messungen

Definition von Verfahren und Messsystemen

Messung	DIN EN ISO 14644, Teil 1		DIN EN 12599		VDI 2083, Blatt 3 (Blatt 1 und 4)		VDI 2080	
	Ver-fahren	Geräte	Ver-fahren	Geräte	Ver-fahren	Geräte	Ver-fahren	Geräte
Visuelle Endkontrolle					X			
Luftgeschwindigkeit	X^a1	X			X	X	X^a	X
Luftvolumenstrom			X	X	$(X)^b$		X	X
Filterlecktest					X	X		
Dichtigkeit der lufttechnischen Anlage, des Deckensystems und des Raums					$(X)^b$		X^c	X
Parallelität und Strömungsrichtung					X	X		
Raumdruckverhältnis (Druckkaskade)					X	X		
Druckabfall am Filter			X	X	$(X)^b$			
Reinheitsklasse	X	X			X	X		
Partikeldeposition						X		
Erholzeit					X	X		
Luftkeimzahl					X	X		
Temperatur und relative Luftfeuchte			X	X	$(X)^b$		X	X
Schalldruckpegel			X	X	$(X)^b$		X	X
Gebäudeschwingungen					$(X)^b$			
Beleuchtungsstärke					$(X)^b$			
Bodenableitfähigkeit					$(X)^b$			
Luftgetragene chemische Verunreinigungen (AMC)								
Elektromagnetische Interferenzen (EMI)								

a nur Raumluftgeschwindigkeit
b nach Überarbeitung
c Dichtheitsüberprüfung von Kanälen und Lüftungsgeräten

meter und die Prüfverfahren möglichst vollständig zu vereinbaren, damit im Rahmen der Abnahmemessungen keine Unklarheiten entstehen (DIN EN ISO 14644-4).

Die erforderlichen Messungen und Verfahren sind in der Leistungsbeschreibung klar festzulegen. Schwierigkeiten ergeben sich in der Praxis immer wieder durch Definitionen wie z. b. „Abnahmemessung gemäß Federal Standard 209E" oder „Qualifizierungsmessungen gemäß VDI 2083,3". Eine derartige Definition der Messverfahren ist unzureichend, da exakt erläutert werden muss, welche Parameter und Akzeptanzkriterien nachzuweisen sind.

Für die Durchführung der Qualifizierungsmessungen sind bauliche und verfahrenstechnische Voraussetzungen zu gewährleisten und Unterlagen

Tabelle 14.2   Richtlinien mit Festlegungen zur Durchführung von Messungen

Definition von Verfahren und Messsystemen

Messung	Federal Standard 209 E		IES-RP-CC006.2		ISO 14644 Teil 3		NEBB	
	Verfahren	Geräte	Verfahren	Geräte	Verfahren	Geräte	Verfahren	Geräte
Visuelle Endkontrolle					X			
Luftgeschwindigkeit	X	X	X	X	X	X	X	X
Luftvolumenstrom	X	X	X	X	X	X	X	X
Filterlecktest	X	X	X	X	X	X	X	X
Dichtigkeit der lufttechnischen Anlage, des Deckensystems und des Raums	X	X	X	X	X	X	X	X
Parallelität und Strömungsrichtung	X	X	X	X	X	X	X	X
Raumdruckverhältnis (Druckkaskade)	X	X	X	X	X	X	X	X
Druckabfall am Filter							X	X
Reinheitsklasse	X	X	X	X	X	X	X	X
Partikeldeposition			X	X				
Erholzeit	X	X	X	X	X	X	X	X
Luftkeimzahl								
Temperatur und relative Luftfeuchte	X	X	X	X	X	X	X	X
Schalldruckpegel	X	X					X	X
Gebäudeschwingungen	X	X					X	X
Beleuchtungsstärke	X	X					X	X
Bodenableitfähigkeit	X	X						
Luftgetragene chemische Verunreinigungen (AMC)								
Elektromagnetische Interferenzen (EMI)								

bereitzustellen. Die baulichen Voraussetzungen sind:
- Vollständige Installation, Inbetriebnahme und Einregulierung der Außen-
  luft- und Umluftsysteme
- Vollständige Installation von Decken, Wänden und Böden.

Zusätzlich sind die folgenden Unterlagen und Definitionen erforderlich:
- Festlegung der durchzuführenden Messungen und Raumstatus (Bereitstellung, Leerlauf, Fertigung), Leistungsverzeichnis, Verfahrensbeschreibun-
  gen oder Validation-Masterplan (VMP)
- Definition der Verfahren durch Leistungsverzeichnis, firmeninterne Ver-
  fahrensanweisungen Standardarbeitsanweisungen (SOP) oder VMP
- Spezifikationen und Akzeptanzkriterien (z. B. Raumbuch, Leistungsverzeichnis oder VMP)
- Aktuelle Zeichnungen

Darüber hinaus ist die Festlegung von gesonderten Verfahren und Messpunkten möglich.

Im Bereich der pharmazeutischen Industrie werden firmeninterne Verfah-
rensanweisungen definiert, die sich i. Allg. an existierenden Richtlinien orientieren, teilweise jedoch zusätzliche Definitionen, Verfahren oder Anforderungen enthalten.

Vor der Durchführung der Prüfungen muss festgestellt werden, dass alle
zur betriebstechnischen Integrität des Reinraums oder Reinen Bereichs bei-
tragenden Aspekte entsprechend den festgelegten Ausführungen vollständig
sind und sich in Funktion befinden.

14.3 Durchführung und Messtechnik

Die Durchführung der einzelnen Messungen wird in den Richtlinien der Tabellen 14.1 und 14.2 beschrieben. Aus diesem Grund wird in den folgenden
Abschnitten nur auf einige wichtige Festlegungen eingegangen.

14.3.1 Visuelle Endkontrolle

Eine visuelle Endkontrolle wird nur in der VDI 2083, Blatt 3 vorgeschrieben.
Ziel ist es, Einbaufehler und mechanische Beschädigungen der Filter festzustellen. Alle eingebauten Endfilter sollten nach der Installation hinsichtlich
Dichtsitz, mechanischer Beschädigungen und der Größe der Reparaturstellen
kontrolliert werden.

Das Blatt 3 definiert dabei die Größe und Anzahl von zulässigen Reparaturstellen. Der IES-RP-CC006.2 und die ISO DIS 14644, Teil 3 enthalten ebenfalls
Festlegungen hinsichtlich der Dimension und Häufigkeit von Reparaturstellen.

Bei einer fachkundigen Durchführung der visuellen Endkontrolle wird im
Allgemeinen ein Großteil der Schäden bereits vor den Messungen entdeckt.

Vor allem der Aufwand für den Filterlecktest kann hierdurch reduziert werden, da bereits sichtbare Beschädigungen vor den Messungen festgestellt und korrigiert werden können.

14.3.2 Bestimmung der Luftgeschwindigkeit und des Luftvolumenstroms

Die Bestimmung der Luftgeschwindigkeit und des Luftvolumenstroms der endständigen Filter werden in den relevanten Richtlinien meistens getrennt beschrieben.

Anlagen mit turbulenzarmer Verdrängungsströmung werden anhand der Luftgeschwindigkeitsverteilung definiert.

Für einen Reinraum mit turbulenter Mischströmung ist die Luftgeschwindigkeit und insbesondere die Luftgeschwindigkeitsverteilung am endständigen Filter von untergeordneter Bedeutung. Die Qualität dieser Systeme wird durch die Luftwechselzahl und dementsprechend durch den Luftvolumenstrom definiert. Verwendete Mess- und Hilfsgeräte sind:

Luftgeschwindigkeit:
- Flügelradanemometer
- Thermoelektrische Anemometer

Luftvolumenstrom:
- Volumenstrommesshaube
- Pitotsonden
- Flügelradanemometer
- Thermoelektrische Anemometer

Luftgeschwindigkeit

Die Bestimmung der Luftgeschwindigkeitsverteilung wird im Blatt 3 der VDI 2083, im IES-RP-CC006.2 und in der ISO DIS 14644, Teil 3 definiert. Gemäß VDI 2083 Blatt 3 ist die Luftgeschwindigkeit in 300 mm Entfernung zur Filteroberfläche zu bestimmen. Der IES-RP-CC006.2 verlangt eine Entfernung von 150 mm. Die ISO DIS 14644-3 lässt eine Entfernung zwischen 150 und 500 mm mit folgenden Bemerkungen zu: „Zur Ermittlung der Luftgeschwindigkeit am Filter soll die Messung in 150 mm Entfernung erfolgen. Bei einer Bestimmung der Luftgeschwindigkeitsverteilung wird eine Distanz > 300 mm empfohlen".

Luftvolumenstrom

Die VDI 2080, die DIN EN 12599, der IES-RP-CC006.2 und die ISO DIS 14644, Teil 3 spezifizieren die Messung des Luftvolumenstroms. Bei der Auswahl des Verfahrens ist zu berücksichtigen, an welchem Punkt im System gemessen werden kann.

Die VDI 2080 und die DIN EN 12599 definieren die Luftvolumenstrombestimmung am Lüftungsgerät oder im Kanalsystem. Die Messung des Luftvolumenstroms in Kanalsystemen wird in der VDI 2080 festgelegt. Je nach Geometrie der Kanäle sind die entsprechenden Verfahren zur Messpunktwahl (z.B. Schwerlinienverfahren) zu verwenden.

Der IES-RP-CC006.2 und die ISO DIS 14644, Teil 3 beschreiben eine Messung am Eintritt in den Reinraum am Filter oder Auslass. Bei einer Messung direkt am Endfilter erfolgt die Messung entweder mit einer Volumenstrommesshaube oder über die Messung der Luftgeschwindigkeit und Berücksichtigung der aktiven Filterfläche.

14.3.3 Filterlecktest

Der Filterlecktest stellt eine der aufwendigsten Messungen dar und ist in zwei unterschiedliche Messungen gegliedert. Die Überprüfung der Filter wird in einem Werkstest beim Hersteller und in einer Untersuchung nach einer Installation in einem Reinraumsystem unterteilt.

Die Überprüfung beim Hersteller erfolgt meist nach DIN EN 1822 [14.14]. Dieser Test dient zur Qualifizierung der Filter verschiedener Filterklassen.

Der Filterlecktest im Rahmen einer Reinraumqualifizierung erfolgt zur Überprüfung der eingebauten Endfilter hinsichtlich der bei Transport und Installation entstandenen Leckagen. Die Ermittlung des Abscheidegrades ist nicht Ziel dieser Messung.

Dieser Test wird in der VDI 2083, Blatt 3, im IES-RP-CC006.2 und in der ISO DIS 14644, Teil 3 spezifiziert. Die Untersuchung entspricht nicht einer Abscheidegradbestimmung, die nur an einem entsprechenden Prüfstand durchgeführt werden kann. Auch kann eine Vorortüberprüfung nicht gemäß DIN EN 1822 erfolgen.

Die VDI 2083 und die ISO DIS 14644, Teil 3 definieren die zulässige lokalen Überschreitungen des Durchlassgrades in Abhängigkeit der Filterklasse. Die zulässigen lokalen Überschreitungen sind höher als bei der Werksprüfung, da bei einem Vororttest die Bedingungen nicht ebenso konstant gehalten werden können, wie bei einem Werkstest. Der IES-RP-CC006.2 legt den zulässigen Durchlassgrad unabhängig von der Filterqualität fest. Die verwendeten Messund Hilfsgeräte sind:
- Laserpartikelzähler
- Aerosolphotometer
- Aerosolgenerator
- Verdünnungssystem.

Folgendes Messverfahren wird im Allgemeinen angewendet: Vor der Durchführung der Untersuchung ist festzulegen, welche Oberflächen in das Prüfraster einbezogen werden müssen. In Abhängigkeit von den Druckverhältnissen sind entweder nur die Filterfläche, der Dichtsitz oder das komplette Deckensystem (s. Abschn. 14.3.4) hinsichtlich Leckagen zu untersuchen.

Das Dichtungssystem wird gelegentlich noch mit einer Prüfrille ausgestattet. Aus heutiger Sicht kann die Überprüfung des Dichtsitzes mittels Prüfrille immer dann entfallen, wenn eine Leckprüfung mit einem Laserpartikelzähler oder Aerosolphotometer erfolgt. Die Leckprüfung erfasst den gesamten Bereich des Dichtungssystems und ist erheblich empfindlicher als das Prüfrillenverfahren, so dass eine zusätzliche Überprüfung des Dichtsitzes entfallen kann.

Das Blatt 3 der VDI 2083 und der IES-RP-CC006.2 unterscheiden sich nur unwesentlich in der Durchführung der Untersuchung. Die Messung erfolgt entweder mit einem Laserpartikelzähler oder einem Aerosolphotometer. Laserpartikelzähler stellen das wesentlich empfindlichere Messsystem dar. Dementsprechend muss beim Einsatz eines Aerosolphotometers eine um den Faktor 100 bis 1000 höhere Aerosolkonzentration aufgegeben werden.

Die Luft vor dem Filter ist gleichmäßig mit Aerosol zu beaufschlagen. Als Aerosolmaterial wird polydisperses DEHS (Diethylhexasebacat, chemische Bezeichnung: Sebacisäure-bis(2-ethyl-hexyl-)ester), PAO (Poly-Alpha-Olefin) oder monodisperse Latexpartikel verwendet. DOP (Dioctylphthalat, chemische Bezeichnung: Pthhalsäure-bis(2-ethyl-hexyl-)ester) wird kaum noch als Aerosolmaterial eingesetzt, da es kanzerogene Eigenschaften besitzt [14.15, 14.16, 14.17].

Die Konzentration ist in Abhängigkeit von der Filterqualität auszuwählen. Die Filteroberfläche wird einschließlich des Rahmens in überlappenden Bahnen mit gleichmäßiger Geschwindigkeit mit der Sonde des Partikelzählers abgefahren.

Gemäß FDA hat die Durchführung des Lecktests mit einem Aerosolphotometer zu erfolgen. In den letzten Jahren werden jedoch mehr und mehr Laserpartikelzähler eingesetzt und auch akzeptiert. Vergleichsuntersuchungen [14.18] zeigen, dass Aerosolphotometer und Laserpartikelzähler eine ausreichende Korrelation aufweisen. Das Aerosolphotometer zeigt eine scheinbar geringere Penetration als der Laserpartikelzähler.

14.3.4 Dichtigkeit der lufttechnischen Anlage, des Deckensystems und des Raums

Diese Untersuchung gliedert sich in zwei Teilmessungen:
– Dichtigkeitsuntersuchung des Deckensystems und des Raums
– Dichtigkeitsuntersuchung der lufttechnischen Anlage.

Dichtigkeitsuntersuchung des Deckensystems und des Raums

Innerhalb dieser Untersuchung ist zwischen der Überprüfung des Deckensystems und der Dichtheit zu unkontrollierten umliegenden Bereichen zu unterscheiden.

Bei Systemen, bei denen sich der Bereich oberhalb der Filterdecke im Überdruck zum Reinraum befindet, ist es erforderlich, das Deckensystem hinsichtlich möglicher Leckagen zu überprüfen. Dieser Test ist in diesem Fall als Ergänzung zum Filterlecktest zu sehen. Im Falle von kleinen, nicht sichtbaren Undichtigkeiten können aufgrund der Druckverhältnisse große Mengen an Partikeln in den Reinraum eindringen. Ziel dieses Tests ist es, diese optisch nicht festzustellenden Leckagen aufzufinden und zu lokalisieren.

Bei Systemen mit Filterventilatoreinheiten und Filtern mit Einzelhaubenanschluss ist dieser Test nicht notwendig, da aufgrund des Überdrucks keine Kontaminationen in den Reinraum eindringen können. Folgende Mess- und Hilfsgeräte werden verwendet:

- Laserpartikelzähler (Volumenstrom 1ft³/min, Nachweisgrenze < 0,5 µm)
- Aerosolgenerator
- Verdünnungsstufe.

Bezüglich des Messverfahrens ist zu beachten, dass der Test in der VDI 2083, Blatt 3 nicht berücksichtigt ist. Die Neufassung dieser Richtlinie wird diese Messung jedoch enthalten.

Der IES-RP-CC006.2 bezeichnet diese Untersuchung als sogenannten Einhausungsintegritätstest (engl. „Enclosure Integrity Test"). Zusätzlich zur Überprüfung des Deckensystems ist auch unter dieser Bezeichnung die Dichtigkeitsuntersuchung von Wänden und Türen enthalten. Der IES-RP-CC006.2 unterscheidet dabei nicht, bei welchen Lüftungssystemen dieser Test erforderlich ist, was in der Vergangenheit immer wieder zu Diskussionen führte.

Die momentan erarbeitete ISO DIS 14644 Teil 3 beschreibt ebenfalls die Überprüfung eines Eindringens von Luft aus unkontrollierten Bereichen in den Reinraum und zwar als „Containment Leak Test".

Das Aerosol wird dabei in das Lüftungssystem eingebracht. Die Konzentration sollte dabei ca. 3.500.000 Partikel/m³ (100.000 Partikel/ft³) betragen. Das Deckensystem wird dann mit einem Laserpartikelzähler mit einer Geschwindigkeit von 5 cm/s abgefahren. Die zulässige detektierte Partikelkonzentration hängt dabei von der Partikelkonzentration im Raum ab. Eine Referenzpartikelgröße wird nicht definiert, da die Leckfindung bei Partikeln < 1,0 µm nicht von deren Größe abhängig ist [14.6].

Dichtheitsuntersuchung der lufttechnischen Anlage

Die Überprüfung des Lüftungssystem zur Beurteilung des Leckvolumenstroms wird in der DIN 24194 [14.19], DIN EN 1886 [14.20], VDI 3803 [14.21] und VDI 2080 beschrieben. Das Ziel dieses Tests ist einerseits die Vermeidung der Ansaugung von Kontaminationen und andererseits die Reduzierung von Verlusten im Luftvolumenstrom. Die DIN EN 1886 enthält eine Klassifizierung von Lüftungsgeräten hinsichtlich der Dichtheit (3 Klassen) sowie eine Beschreibung der Überprüfungsmessung. Die VDI 3803 beinhaltet die Überprüfung der Dichtheit von Lüftungsgeräten und unterteilt diese in drei Anforderungsklassen. In der DIN 24194 wird die Überprüfung von Lüftungskanälen definiert. Auch hier erfolgt eine Einteilung und zwar in vier Klassen. Die VDI 2080 enthält beide Verfahren.

Mess- und Hilfsgerätegeräte sind:
- Druckmanometer
- Venturidüse, Blenden, Ansaugdüse
- Ventilator.

Verfahren. Gemäß VDI 3803 und DIN 24194 sind die zu überprüfenden Systeme lufttechnisch abzuschließen. Ein Ventilator und eine Volumenstrommesseinrichtung wird in Reihe an den Prüfling angeschlossen. Daraufhin wird entweder ein definierter Über- oder Unterdruck erzeugt. Sobald der jeweilige Druck konstant ist, entspricht die eingespeiste oder herausbeförderte Luftmenge dem Leckvolumenstrom.

14.3.5 Parallelität und Strömungsrichtung

Die Bestimmung der Strömungsrichtung und -parallelität wird nach den folgenden Methoden definiert:

Gemäß der VDI 2083, Blatt 3 geht es um die Feststellung, dass bei turbulenzarmer Verdrängungsströmungen die Strömungsrichtung mindestens bis zur Arbeitsebene senkrecht zur Austrittsebene (meist Filter) verläuft. Hier wird jeder Punkt einzeln und unabhängig betrachtet. Währenddessen wird beim IES-RP-CC006.2 mit dieser Messung untersucht, ob die Strömung parallel verläuft.

Die ISO DIS 14644, Teil 3 unterscheidet hier in eine Strömungsvisualisierung und eine Bestimmung der Strömungsrichtung. Ersterer Test beinhaltet das Ziel, die räumliche und zeitliche Strömungscharakteristik zu ermitteln. Bei der Bestimmung der Strömungsrichtung erfolgt eine Ermittlung der Richtung und Gleichmäßigkeit.

Mess- und Hilfsgeräte
- Band (Tape), Faden
- Nebelgenerator
- Maßband
- Videokamera, Fotokamera
- Tracer-Systeme.

Verfahren. In einem definierten Abstand von der Luftaustrittsfläche (z. B. 0,5 m) wird entweder Nebel aufgegeben oder ein leichtes Band temporär installiert. Auf Arbeitshöhe wird dann die Abweichung zur Senkrechte bestimmt und mit der Winkelabweichung dokumentiert.

14.3.6 Raumdruckverhältnis

Zur Vermeidung von Querkontaminationen zwischen Räumen werden über die lüftungstechnische Anlage Druckdifferenzen erzeugt. Der Differenzdruck zwischen Räumen garantiert, dass keine Luft aus unreinen in reine Bereiche gelangen kann. Die Untersuchung hat zum Ziel, die vereinbarten Druckdifferenzen zur Gewährleistung der Funktion nachzuweisen.

Mess- und Hilfsgeräte
- Membranmanometer
- Schrägrohrmanometer
- Ringwaagen
- Aerosol- oder Nebelgenerator.

Verfahren. Mit einem Manometer wird die Druckdifferenz zwischen einzelnen Bereichen oder zu einem Referenzraum aufgenommen.

Mit einer Strömungsvisualisierung kann festgestellt werden, ob die Luftströmung durch Spalten oder Türen die geforderte Richtung aufweist.

14.3.7 Reinheitsklasse

Das Ziel der Reinheitsklassenbestimmung ist die Messung einer statistisch gesicherten zu erwartenden Partikelkonzentration in der Raumluft. Der Unterschied zwischen den in verschiedenen Normen und Richtlinien definierten Methoden liegt vor allem in den statistischen Verfahren zur Absicherung der Messungen. Gemäß VDI 2083, Blatt 1 muss jeder Punkt die Anforderungen der Reinheitsklasse erfüllen. Beim Federal Standard 209 E muss die mittlere Partikelkonzentration an jedem Messpunkt unterhalb der maximal zulässigen Partikelkonzentration liegen. Bei mehreren Messungen an einem Messpunkt dürfen Einzelwerte das Limit überschreiten. Die DIN EN ISO 14644, Teil 1 enthält diese Form der Statistik.

Bei der Bestimmung der Reinheitsklassen werden meist nur die Partikelgrößen zwischen $0,1\,\mu m$ und $5,0\,\mu m$ überprüft. Die Klassifizierung der Luftreinheit erfolgt bei diesen Partikelgrößen und können mit üblichen Laserpartikelzählern erfasst werden.

Kleinere Partikel ($< 0,1\,\mu m$) werden mit Kondensationskernzählern und unter dem Begriff „Ultrafeine Partikel" zusammengefasst. Größere Partikel ($> 5,0\,\mu m$) werden als Makropartikel bezeichnet.

Messgeräte:
– Laserpartikelzähler
– Kondensationspartikelzähler.

Verfahren. Die Bestimmung der Reinheitsklasse wird in der DIN EN 14644, Teil 1, in der VDI 2083, Blatt 1, IES-RP-CC006.2 und im US-Federal Standard 209 E definiert. Das Blatt 1 der VDI 2083 wird momentan überarbeitet und der DIN EN ISO 14644 angeglichen. Der IES-RP-CC006.2 verweist bei der Messung auf den Federal Standard. Darüber hinaus beschreibt der IES-RP-CC006.2 ein Verfahren zur Ermittlung der Problemstelle, falls die Reinheitsklasse nicht erreicht wird.

Für eine statistisch abgesicherte Messung bestimmt man in jedem Fall zunächst die erforderliche Messpunktanzahl und das Einzelprobenvolumen, und zwar in Abhängigkeit von der Raumgröße und der Reinheitsklasse.

14.3.8 Partikelablagerung

Diese Messung ermittelt Partikel, die von der Luftströmung auf Oberflächen abgelagert werden. Mit dieser Methode werden Partikel ermittelt, die nicht über das Laserpartikelzählverfahren erfasst werden.

Mess- und Hilfsgeräte
– Glas- oder Metallplatten, Wafer, Membranfilter, Petrischalen,
– Oberflächenscanner
– Mikroskop.

Verfahren. Das Partikeldepositionsverfahren wird in der VDI 2083, Blatt 4 [14.22], ISO DIS 14644, Teil 3 und im IES-RP-CC006.2 (hier: Particle Fallout Count) beschrieben.

Es werden zwei Hauptverfahren, die Partikelabscheidung auf Ersatzoberflächen und die Messung nach Ablösung der Partikel von der zu prüfenden Oberfläche, angewendet.

Beim ersten Verfahren werden Platten, Schalen, oder Wafer horizontal im Reinraum verteilt und verbleiben dort eine vorher festzulegende Zeit in Abhängigkeit der umgebenden Partikelkonzentration. Die Partikelerfassung erfolgt per Auszählung mit einem Mikroskop oder einem Oberflächenscanner.

Beim zweiten Verfahren erfolgt eine Abtrennung der Partikel durch unterschiedliche Ablösemechanismen wie Absaugen, Abwaschen, Abwischen oder Abheben mit Klebefolie von der Oberfläche. Diese Arten der Probenahme sollen nur zu vergleichende Untersuchungen herangezogen werden [14.22].

14.3.9 Erholzeit (Recovery-Test)

Bei der Erholzeit wird die Qualität des Raums hinsichtlich der Aufreinigung nach einer möglichen Kontamination erfasst. Mit dieser Messung wird die Abklingzeit einer Partikelkonzentration an einem Punkt des Reinraums mit turbulenter Mischströmung aufgenommen. Eine Erholzeitmessung in einem Reinraum mit turbulenzarmer Verdrängungsströmung ist nur bedingt sinnvoll, da sich der Raum aufgrund der Strömung innerhalb weniger Sekunden reinigt.

Die Bestimmung der Erholzeit ist zeitlich aufwendig. Der Aufwand nimmt mit der Höhe der definierten zulässigen Partikelkonzentration zu.

Mess- und Hilfsgeräte
– Laserpartikelzähler
– Aerosolgenerator
– Verdünnungsstufe (teilweise erforderlich).

Verfahren. Gemäß der VDI 2083, Blatt 3 wird der Reinraum möglichst gleichmäßig mit einer bestimmten Aerosolkonzentration beaufschlagt. Nach dem Ausschalten des Aerosolgenerators wird die Partikelkonzentration mit Messungen im Abstand von einer Minute überprüft, bis die definierte Reinheitsklasse wieder erreicht wird. Der Faktor zwischen der Start- und Endkonzentration soll dabei mindestens 100 betragen.

Beim IES-RP-CC006.2 ist pro Minute über ein 6-Sekunden-Intervall die Partikelkonzentration aufzunehmen. Im Gegensatz zur VDI 2083, Blatt 3 wird jedoch keine Aussage bzgl. der Anfangskonzentration oder dem Verhältnis Anfangs- zu Endkonzentration getroffen.

Der Entwurf ISO DIS 14644, Teil 3 beschreibt zwei Möglichkeiten. Die erste Variante entspricht dem bereits in der VDI 2083, Blatt 3 beschriebenen Verfahren. Da jedoch bei Reinheitsklassen ISO 5 und größer die Anfangskonzentration sehr groß und teilweise nur mit größerem Aufwand zu erzeugen ist, wird ein weiteres Verfahren beschrieben. Hier ist es zulässig, eine geringere Ausgangskonzentration zu verwenden und die Zeit zu bestimmen, bis die definierte Reinheitsklasse erreicht wird. Aus dem ermittelten Gradienten kann dann die Erholzeit beziehungsweise die Aufreinigungskapazität der lüftungstechnischen Anlage bestimmt werden.

14.3.10 Luftkeimzahl

Die Bestimmung der Luftkeimzahl wird vorwiegend in Pharma-Reinräumen und in der Lebensmittelproduktion vorgeschrieben. Bei Produktionsanlagen der Mikroelektronik und Mikromechanik wird zwischen vermehrungsfähigen und nichtvermehrungsfähigen Partikeln der Luft nicht unterschieden.

Diese Untersuchung hat zum Ziel festzustellen, ob luftgetragene Keime durch die lüftungstechnische Anlage in den Reinraum gelangen.

Mess- und Hilfsgeräte
- Luftkeimsammler auf Membranfilter-Basis
- Kaskadensammler
- Slit-Sampler
- Zentrifugal-Sampler
- Impinger
- Brutschrank.

Verfahren. In kritischen Bereichen ist eine isokinetische Probenahme erforderlich. Nachweißmethoden, bei denen die Mikroorganismen nicht direkt auf dem Kulturmedium gesammelt werden, müssen gewährleisten, dass die Sammelmethode und die Geräte das Überleben der Mikroorganismen sicherstellen.

In der FIP [14.23] und der USP 1115 [14.24] werden Grenzwerte für unterschiedliche Produktionsbereiche definiert.

14.3.11 Temperatur und relative Luftfeuchte

Die Überprüfung der Temperatur und relativen Luftfeuchte dient dem Nachweis, dass die lüftungstechnische Anlage die geforderten Temperatur- und Feuchtespezifikationen erzielt. Das Lüftungssystem muss zudem die erforderliche Gleichverteilung im Raum bewerkstelligen.

Bei den Spezifikationen hinsichtlich der Temperatur und relativen Luftfeuchte sind Arbeitsstättenrichtlinien, sowie Forderungen hinsichtlich der Prozesse und Produkte zu berücksichtigen.

Messgeräte
- Widerstandsthermometer
- Thermoelemente
- Psychrometer
- Taupunktmessgeräte
- kapazitive Feuchtemesser
- Elektrolyse-Hygrometer.

Verfahren. Die Bestimmung der Temperatur und relativen Feuchte wird in der DIN EN 12599, VDI 2080, IES-RP-CC006.2 und in der ISO DIS 14644, Teil 3 beschrieben. Die Verfahren unterscheiden sich in der Anzahl der Messpunkte und Messdauer.

14.3.12 Schalldruckpegel

Der Schalldruckpegel beeinflusst normalerweise nicht direkt die Qualität des Produktes. Die Limitierung dieser Messgröße wird in den Arbeitsstättenverordnungen festgelegt. Die Messverfahren sind in der VDI 2080, in der DIN EN 12599 und im IES-RP-CC006.2 beschrieben. Dabei ist zu unterscheiden, ob eine Aufnahme des A-bewerteten Schalldruckpegels oder eine Frequenzanalyse (Terz- oder Oktavband) je nach Spezifikation erforderlich ist.

Mess- und Hilfsgeräte
- Schallpegelmessgerät nach DIN EN 60651 [14.25]
- Oktavfilter.

Verfahren. Die VDI 2080 und DIN EN 12599 beschreiben beide Verfahren. Erforderlich ist eine Bestimmung des Schalldruckpegels in dB(A) in allen spezifizierten Bereichen. Die Messung ist in Kopfhöhe der Arbeitsplätze (sitzend oder stehend) durchzuführen. Der IES-RP-CC006.2 verlangt darüber hinaus eine Frequenzanalyse.

Falls die Messung durch Störgeräusche anderer Systeme beeinträchtigt wird, so ist eine Ermittlung des Fremdgeräuschpegels bei Stillstand der Lüftungsanlage zu erfassen. Beträgt der Fremdgeräuschpegelabstand weniger als 10 dB, so ist der bei Betrieb der Anlage ermittelte Wert zu korrigieren.

14.3.13 Gebäudeschwingung

Die Bestimmung von Gebäudeschwingung ist für einige Bereiche der Produktion von mikroelektronischen Elementen erforderlich. Die Schwingungsmessungen werden durchgeführt, um zu ermitteln ob das Fundament oder der (Doppel-)Boden die schwingungstechnischen Anforderungen erfüllt.

Mess- und Hilfsgeräte
- Zwei-Kanal-FFT-Analysator
- Zwei-Kanal-Echtzeit-Analysator
- Piezoelektrischer Beschleunigungsaufnehmer.

Verfahren. Ein Verfahren zur Bestimmung der Gebäudeschwingungen wird in der DIN 45669 [14.26] beschrieben.

Die Messungen werden in den Frequenzen von 2–200 Hz, mit der Bandbreite von 0,5 Hz oder einer 1/3 Oktave durchgeführt. Mittels eines Aufnehmers wird die Beschleunigung ermittelt. Aus dieser kann dann die Schwingschnelle oder der Schwingweg errechnet werden.

Nach IES-RP-CC006.2 sollen Schwingungen zwischen 1 und 100 Hz in allen drei Richtungen aufgenommen werden. Die Messzeit soll dabei mindestens 1 min betragen.

14.3.14 Beleuchtung

Die Beleuchtungsintensität hat wie der Schalldruckpegel keine direkte Auswirkung auf die Produktqualität. In einigen Produktionsbereichen der Mikroelektronik (z.B. Photolithographie) darf die künstliche Beleuchtung kein Licht unterhalb von 520 nm aufweisen.

Die Messung der Beleuchtungsintensität wird in der DIN 5035 beschrieben. Der IES-RP-CC006.2 erwähnt eine Bestimmung der Lichtstärke, beim Verfahren wird jedoch auf das Lighting Handbook der IESNA [14.27] verwiesen.

Messgerät
– Photometer (Luxmeter).

Verfahren. Die DIN 5035, Teil 6 [14.28] und der IES-RP-CC006.2 beschreiben die Durchführung der Messung in Räumen.

14.3.15 Bodenableitfähigkeit

Die Bodenableitfähigkeit wird definiert, um Personen- und Produktschutz zu gewährleisten. Der Produktschutz ist meist nur in der Mikroelektronik erforderlich. Die Einhaltung von Grenzwerten für die Bodenableitfähigkeit soll statische Aufladungen verhindern, die durch plötzliche Entladungen Produktschäden verursachen können. Die Untersuchung wird in der DIN EN 1081 [14.29] und ESD-S7.1-1994 [14.30] beschrieben.

Mess- und Hilfsgeräte
– Widerstandsmessgerät
– Dreipunktsonde.

Verfahren. Die DIN EN 1081 [14.28] beschreibt die Ermittlung der Bodenableitfähigkeit. Eine Testspannung wird zwischen Bodenoberfläche und einer Erdung aufgegeben. Die Testspannung beträgt 100 V bei Werten unterhalb 10^6 Ohm und 500 V bei Werten oberhalb 10^6 Ohm. Die ESD-S7.1-1994 beinhalten einen ähnlichen Messablauf unter Verwendung einer anderen Sonde und einer Messspannung von 100 V.

14.3.16 Luftgetragene molekulare Kontamination

Durch die stetige Miniaturisierung der Bauelemente in der Mikroelektronik bedeuten luftgetragene molekulare Kontaminationen (Airborne Molecular Contamination – AMC) ein immer größer werdendes Risiko für die Bauelementherstellung. Dabei werden verschiedene Kontaminationsgruppen definiert:
– Säuren als Anionen
– Basen als Kationen
– Metalle und Dotierstoffe
– Flüchtige kondensierbare Bestandteile (Volatile Organic Compounds – VOC).

Mess- und Hilfsgeräte
- Luftprobenahmesystem mit Abscheide-Flaschen (Impinger Bottles)
- Ionenchromatographie (IC)
- Thermale Desorptions-Gaschromatographie mit Flammen Ionisations Detektor (FID) oder Gaschromatographie kombiniert mit einem Massenspektrometer (TD GC-MS oder GC-MS)
- ICP-MS (Inductively Coupled Plasma/Mass Spectroskopy).

Verfahren. In der SEMI F21-95 [14.31] werden diese Verfahren beschrieben. Die beschriebenen analytischen Methoden sind jedoch teilweise nicht für den Ultraspurenbereich anwendbar.

Für die Probenahme werden Impinger-Flaschen oder Tenax-Röhrchen verwendet, durch die ein konstanter Luftvolumenstrom gezogen wird. Anschließend werden die Proben mit den entsprechenden oben beschriebenen analytischen Verfahren untersucht.

Die Methoden werden in Kap. 16 näher beschrieben.

14.3.17 Magnetische und elektrische Felder

Erhöhte elektrische und magnetische Felder können bei verschiedenen Prozessschritten Defekte verursachen. Messtechnische Untersuchungen sollen klären, ob die installierten lüftungstechnischen Systeme sowie deren elektrische Versorgungselemente unzulässige magnetische und elektrische Felder verursachen.

Mess- und Hilfsgeräte
- B-Field Sensor mit B-Field Analysator
- E-Field Sensor mit E-Field Analysator
- FFI Receiver ES
- UHF Antenne HK, HL und CBL.

Verfahren. Die VDE 0848 [14.32] definiert die Erfassung der magnetischen Induktion und die Messung des elektrischen Feldes. Die Messung der elektromagnetischen Interferenz wird in der CISPR-Richtlinie 16-1 [14.33] (Comité International Spècial des Perturbations Radio Électrique) beschrieben.

14.3.18 Dokumentation

Die Dokumentation von Messungen muss alle relevanten Daten und nur diese umfassen. Ferner beinhaltet die Dokumentation sämtliche raum-, anlagen- und prozessspezifischen Daten, wie z. B. Raumgröße, Reinheitsklasse und Luftwechsel, welche für die Ausführung und Bewertung der reinraumtechnischen Messungen von Belang sind.

Der Umfang und der Inhalt der Dokumentation von Messdaten wird entsprechend den Prozessanforderungen festgelegt. Die Qualifizierungsmessungen eines Reinraums sind bei pharmazeutischen Anlagen Teil der Funktions- und Leistungsqualifizierungen.

Die Ergebnisse jeder Prüfung müssen in einem umfassenden Prüfbericht zusammengefasst und dokumentiert sein. Der Prüfbericht muss mindestens folgende Inhalte enthalten:

- Namen und Adresse der Prüfstelle, Namen der durchführenden Personen und das Datum der Durchführung der Prüfung
- Kennzeichnung und Datum der verwendeten Richtlinien
- Eindeutige Kennzeichnung und Ortsangabe des geprüften Reinraums oder Reinen Bereichs sowie die festgelegte Kennzeichnung der Koordinaten aller Probenahmeorte
- Festgelegte Kennzeichnung der Kriterien für den Reinraum oder Reinen Bereich
- Einzelheiten des zur Anwendung gebrachten Prüfverfahrens mit allen Besonderheiten, die einen Bezug zur Prüfung haben, bzw. Abweichungen vom Prüfverfahren, darüber hinaus die Bezeichnung des Prüfgerätes und dessen gültiges Kalibrierzertifikat
- Prüfergebnisse.

Folgende Informationen sollten in den Protokollen nach der VDI 2083, Blatt 3 enthalten sein:
- Prüfer/Verantwortlicher
- Prüfdatum
- Reinraumspezifikationen
- Anlagenzustand
- Messgeräte, -spezifikationen
- Kalibrierdatum
- Bemerkungen bzgl. Umständen, die die Messungen beeinflussen können.

14.3.19 Messsysteme

Die Auswahl von Messsystemen ist an die nachzuweisenden Spezifikationen anzupassen und sollte zur Minimierung der Kosten nicht pauschal für alle Reinräume definiert werden. Die Spezifikationen und Anforderungen an die Messsysteme sind vor der Durchführung schriftlich festzulegen.

Prinzipiell gilt wie bei allen Leistungsmessungen, dass nur kalibrierte Messsysteme verwendet werden dürfen. Die Häufigkeit der Kalibrierung und das Kalibrierverfahren sollten sich an den gegenwärtig üblich, anerkannten Verfahren, welche durch die Industrie durchgeführt werden, orientieren.

Zusätzlich zu einer regelmäßigen dokumentierten Kalibrierung der Messsysteme sind vor und nach den Abnahmemessungen Funktionstest vorzunehmen. Die Funktionstest beinhalten den Nachweis, dass durch den Transport und Betrieb keine Beeinträchtigung oder Schädigung der verwendeten Messsysteme erfolgte. Zusätzlich kann bei einer festgestellten Abweichung oder Defekt des Geräts nachgewiesen werden, dass das Gerät bis zu einem bestimmten Zeitpunkt in Ordnung war. Die Funktionsmessungen sind im Sinne einer besseren Rückführbarkeit ebenfalls zu dokumentieren.

Literatur

[14.1]   ISO/TC209 / Deutsches Institut für Normung ISO FDIS 14644, Teil 4 – Reinräume und zugehörige Reinraumbereiche – Planung, Ausführung und Erst-Inbetriebnahme, 2000

[14.2]   ISO/TC209 / Deutsches Institut für Normung DIN EN ISO 14644, Teil 1 – Reinräume und zugehörige Reinraumbereiche – Klassifizierung der Luftreinheit, 2000

[14.3]   ISO/TC209 / Deutsches Institut für Normung DIN EN ISO 14644, Teil 2 – Reinräume und zugehörige Reinraumbereiche – Festlegungen zur Prüfung und Überwachung zum Nachweis der fortlaufenden Übereinstimmung mit DIN EN ISO 14644 Teil 1, 2000

[14.4]   ISO/TC209 / Deutsches Institut für Normung ISO CD 14644, Teil 3 – Messtechnik und Prüfverfahren, 2000

[14.5]   Verein Deutscher Ingenieure VDI 2083, Blatt 1 – Reinraumtechnik – Grundlagen, Definitionen und Festlegungen von Reinheitsklassen, 1995

[14.6]   Verein Deutscher Ingenieure VDI 2083, Blatt 3 – Reinraumtechnik – Messtechnik in der Reinraumluft, 1993

[14.7]   Deutsches Institut für Normung DIN EN 12599 – Prüf- und Messverfahren für die Übergabe eingebauter – Raumlufttechnischer Anlagen, 2000

[14.8]   Verein Deutscher Ingenieure VDI 2080 – Messverfahren und Messgeräte für Raumlufttechnische – Anlagen, 1996

[14.9]   Federal Supply Service, General Services Administration Federal Standard 209 E – Airborne Particulate Cleanliness Classes in Cleanroom and Clean Zones, 1992

[14.10] Institute for Environmental Sciences IES-RP-CC006.2 – Testing Cleanrooms, 1996

[14.11] National Environmental bureau of Balancing NEBB – Procedural Standards for Certified Testing of Cleanrooms, 1996

[14.12] Center for Drugs and Biologics Food and Drug Administration, Rockville FDA- Guideline on Sterile Drug Products produced by Aseptic Processinf, June 1987

[14.13] GMP – Good Manufacturing Practices – Volume 4, Medicinal products for human and veterinary use, Euopean Commission, Drectorate General III – Industry, Pharmaceuticals and Cosmetics,1997

[14.14] Deutsches Institut für Normung DIN EN 1822 Schwebstofffilter (HEPA und ULPA), Teil 1 Klassifikation, Leistungsprüfung, Kennzeichnung, 1998

[14.15] Carlon, H.R., M.A. Guelta, B.V. Gerber: Some Candiate Replacement Materials for Dictyl Phthalate in „Hot Smoke" Aerosol Photometer Maschines. Aerosol Sci. And Technology 14, 1991

[14.16] Redeker, F.R. Hünert, M. Rohnen, L. Hänsch: Funktionsprüfung von HOSCH-Filtern in Laminarflow-Anlagen. Pharmazeutische Industrie 49, 1987

[14.17] EC Safety Data Sheets according to 91/155/EEC for DOP, DEHP, CAS-No. 117-81-7

[14.18] L. Gail, F. Ripplinger: Correlation of alternative aerosols and test methods for HEPA Filter Leak Testing Proceedings – Institute of Environmental Sciences and Technology, 1998

[14.19] Deutsches Institut für Normung DIN 24194 – Dichtheitsprüfung für Blechkanäle und Blechkanalformstücke, 1985

[14.20] Deutsches Institut für Normung DIN EN 1886, Zentrale raumlufttechnische Geräte, 1998

[14.21] Verein Deutscher Ingenieure VDI 3803 – Raumlufttechnische Anlagen – Bauliche und technische Anforderungen, 1996

[14.22] Verein Deutscher Ingenieure VDI 2083, Blatt 4 – Reinraumtechnik – Oberflächenreinheit, 1996

[14.23] Federation Internationale Pharmaceutique FIP

[14.24] United States Pharmacopoia USP24/1115, 2000

[14.25] Deutsches Institut für Normung DIN EN 60651, Schallpegelmesser, 1994

[14.26] Deutsches Institut für Normung DIN 45669, Messung von Schwingungsimmissionen, Teil 1 und Teil 2, 1995

[14.27] Illuminating Egineering Society of North America IESNA – Illuminating Engineering Society of North America Lighting Handbook

[14.28] Deutsches Institut für Normung DIN 5035, Teil 6 – Innenraumbeleuchtung mit künstlichem Licht – Messung und Bewertung, 1988

[14.29] Deutsches Institut für Normung DIN EN 1081 – Elastische Bodenbeläge – Bestimmung des elektrischen Widerstandes 1998

[14.30] Electrostatic Discharge Association ESD-S7.1-1994, Resistive Characterization of Materials – Floor Materials

[14.31] Semiconductor Equipment and Materials International SEMI F21-95 – Classification of Airborne Molecular Contamnant Levels in Clean Environment, 1996

[14.32] Verein der Elektrotechnik VDE 0848, Sicherheit in elektrischen, magnetischen und elektromagnetischen Feldern Teil 1 Definition, Mess- und Berechnungsverfahren, 1998

[14.33] Comission Electrotechnique Internationale CISPR 16-1, Specification for radio disturbance and immunity measuring instruments, 1997

15 Produktschutz und Arbeitsschutz

15.1 Reinraumtechnik und Arbeitsschutz

Die klassische Aufgabe der Reinraumtechnik, der Produktschutz, muss für die Verarbeitung toxischer oder hochaktiver Stoffe mit der Funktion des Arbeitsschutzes verknüpft werden. Der Zusammenhang zwischen beiden Funktionen ergibt sich zum einen dadurch, dass spezielle Produkte und Prozesse, wie z.B. die Herstellung hochaktiver, steriler Arzneimittel, beide Funktionen benötigen. Der Produktschutz soll dabei z.B. verhindern, dass das Sterilprodukt durch die aufgrund der Personaltätigkeit im Raum freigesetzten Partikel kontaminiert wird – der Arbeitsschutz soll sicherstellen, dass das Personal durch das im Arbeitsbereich freigesetzte Produkt nicht gefährdet wird.

Zum anderen wird der Zusammenhang zwischen Reinraumtechnik und Arbeitsschutz dadurch hergestellt, dass für die Absicherung beider Schutzfunktionen die gleichen Verfahren herangezogen werden. Die Verfahren der Abtrennung von Arbeitsbereichen mittels Verdrängungsströmung, Druckdifferenz oder Barrieretechniken zählen dazu ebenso, wie die Methoden, Mikrokontaminationen zu messen und Schutzfunktionen zu überwachen. Schwebstofffilter und deren Überprüfung waren längst wichtige Elemente von Personen- und Arbeitsschutz für den Umgang mit toxischen Stoffen, bevor man sie für die Reinraumtechnik entdeckte.

Folglich geht es nicht um eher beiläufige Berührungspunkte zwischen Reinraumtechnik und Arbeitsschutz, sondern um eine innere Verwandtschaft, die u.a. an der Verwendung der gleichen Methoden und Werkzeuge erkennbar wird.

Die Verknüpfung von Reinraumtechnik und Arbeitsschutz spielt vor allem innerhalb der Biotechnologie und der Arzneimittelherstellung eine wichtige Rolle, wie z.B. beim Umgang mit hochaktiven, toxischen, infektiösen oder sensibilisierenden Stoffen. Innerhalb der medizinischen Versorgung gibt es Spezialpflegebereiche, die ebenfalls die Verknüpfung von Arbeitsschutz und Reinraumtechnik erfordern.

15.1.1 Schutzanforderungen in der pharmazeutischen Industrie

Die Problemstellungen bei der Herstellung und Verarbeitung pharmazeutischer Wirkstoffe sind grundsätzlich mit denen beliebiger anderer Produkte,

die unter ähnlichen Anforderungen an die Kontaminationskontrolle hergestellt werden, vergleichbar.

Die Verfahren zur Synthese von Wirkstoffen lassen sich verfahrenstech-
nisch nach den folgenden Kategorien unterscheiden:
- Verfahren mit einem klassisch-chemischen Syntheseweg und
- biotechnologische Syntheseverfahren.

In Abb. 15.1 ist ein typischer Verfahrensablauf für die Herstellung und Verarbeitung eines pharmazeutischen Wirkstoffs schematisch dargestellt. Wirkstoffe mit hoher Molekülmasse liegen in reiner Form bei Raumbedingungen
als Feststoffe vor. Im Herstellungsprozess ergeben sich daraus zwangsläufig
Operationen mit Staubfreisetzung. Die Prozesse mit dem diesbezüglich höchsten Potential sind Trocknung, Mahlung, Siebung/Sichtung, Formulierung
und Konfektionierung.

Für die Herstellung, Verarbeitung, Abfüllung und Beprobung dieser Produkte ergibt sich eine kombinierte Aufgabenstellung:
- der Schutz des Personals und der Umgebung vor der Kontamination mit
  dem Produkt, im Folgenden auch vereinfachend mit Personenschutz
  bezeichnet, und
- der Schutz der Produkte bzw. Produktzubereitungen vor der Verunreinigung durch das Personal und die Umgebung, im Folgenden vereinfacht mit
  Produktschutz bezeichnet.

Gewünschte Wirkungen und akzeptable Nebenwirkungen, die beim thera-
peutischen Einsatz der Wirkstoffe auftreten, sind an gesundem Personal nicht
zu rechtfertigen und müssen als Gesundheitsgefährdungen bewertet werden.

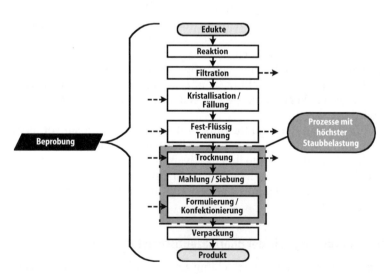

Abb. 15.1   Verfahrensablauf mit kritischen Prozessschritten für die Staubfreisetzung

Der Schutz des Personals richtet sich vor allem auf die Resorption durch Inhalation und durch Hautkontakt.

Pharmazeutische Produkte sind grundsätzlich vor Cross-Kontamination, also vor Verunreinigungen durch andere Produkte zu schützen, die in benachbarten Bereichen oder zeitlich versetzt in demselben Bereich hergestellt werden. Die Umgebung und das Personal stellen weitere Quellen für luftgetragene Kontaminationen dar. Die Hautoberfläche des Menschen setzt täglich mehr als 5 Millionen kleinster Hautschuppen frei. Da derartige Verunreinigungen die Qualität pharmazeutischer Wirkstoffe beeinflussen, werden Maßnahmen für wirksamen Produktschutz, d. h. zur Beherrschung kritischer Umgebungseinflüsse ergriffen.

Die Herstellung von hochwirksamen pharmazeutischen Produkten stellt daher häufig Anforderungen an kombinierten Personen- und Produktschutz. Ungeachtet dessen können abhängig von dem Produkt und dem Herstellungsprozess unterschiedliche Schwerpunkte auf den Anforderungen zum Produkt- und Personenschutz liegen. So überwiegen die Personenschutzanforderungen i. Allg. bei der Herstellung von pulverförmigen Wirkstoffen für Oralia, also Tabletten, Dragees etc., während bei der Produktion von Parenteralia, also z. B. Infusions- und Injektionslösungen, i. d. R. die Produktschutzanforderungen dominieren. Unabhängig davon, welcher Produktionsprozess und welche Produktgruppe betrachtet wird, kann es für beide Schutzziele keine Standardlösungen geben, da die Maßnahmen für den Produkt- und Personenschutz individuell auf die jeweiligen Anforderungen ausgerichtet werden müssen.

15.1.2 Schutzanforderungen in anderen Industrien

Bei der Entwicklung, Erprobung und beim Einsatz von geeigneten Schutz-Technologien für Personal und Umgebung spielt die Kerntechnik eine Vorreiterrolle. Beim Produktschutz spielt diese Rolle mittlerweile die Mikroelektronik. In industriellen Bereichen wurden Schutzkonzepte, lufttechnische Einrichtungen, Schutzausrüstungen, Mess- und Qualifizierungsmethoden, Standardisierungen, Normen und Richtlinien entwickelt, die auch andere Industrien, wie die pharmazeutische Industrie, befruchtet haben. Beispiele dafür sind die Isolator-Technologie oder das Verfahren zum kontaminationsfreien Filterwechsel mittels Doppelkragen. Die Technologien für die Kerntechnik und die Mikroelektronik wurden andererseits für eben diese Einsatzbereiche und ihre Problemstellungen optimiert und können deshalb für optimale Komplettlösungen im Bereich der pharmazeutischen Industrie bestenfalls als Vorlage dienen. Beim Personenschutz im Bereich der Kerntechnik liegt beispielsweise die Besonderheit vor, dass Personen durch die Strahlung der radioaktiven Stoffe auch bereits ohne einen direkten Kontakt gefährdet sind, weswegen eine strikte räumliche Trennung von Produkt und Personen bis hin zur Fremdbedienung in Isolatoren durch Roboterarme unausweichlich ist. Diese strikte räumliche Trennung stellt für die Produktion pharmazeutischer Produkte hingegen nur den äußersten Extremfall dar. Die aktuellen Produktschutzanforderungen im Bereich der Mikroelektronik stellen den anderen Extremfall dar. Eine Schädigung des Produktes im Herstellungsprozess ergibt sich hier auch bereits durch molekulare Kontaminationen, wie z.B. durch Spuren von Ammoniak oder organischen Verbindungen, so dass insbesondere bei der Aufbereitung und Reinigung der Luft andere Methoden als in der pharmazeutischen Industrie eingesetzt werden müssen.

Die Entwicklung von Technologien zum Schutz von Personal und Produkten strahlt aus dem Bereich der pharmazeutischen Industrie wiederum auf andere industrielle Bereiche aus. Übertragbare Produktschutzanforderungen liegen z.B. im Bereich der Lebensmittelindustrie vor, während vergleichbare Personenschutzanforderungen bei der Herstellung von Wasch- und Reinigungsmitteln, die mit hochaktiven Enzymen und anderen biologisch aktiven Additiven versetzt werden, dazu führen, dass auch in diesem industriellen Sektor schon ähnliche Schutzkonzepte und -ausrüstungen wie in der pharmazeutischen Industrie anzutreffen sind. Gekoppelte Anforderungen zum Produkt- und Personenschutz werden mittlerweile auch bei der Herstellung bestimmter Kosmetika gestellt.

15.2 Quantifizierung von Schutzanforderungen

15.2.1 Personenschutz

Für den Schutz von Personal und Umgebung wird das Schutzziel mit Expositionsgrenzwerten beschrieben, welche die maximal zulässige Belastung von Personen am Arbeitsplatz angeben. Die Festlegung derartiger Grenzwerte bedeutet nicht, dass eine bestimmte Expositionsschwelle angegeben werden kann, oberhalb der eine Gesundheitsgefährdung einer beliebigen Person durch eine Substanz beginnt. Die Wahrscheinlichkeit inakzeptabler Beeinträchtigungen der Gesundheit steigt vielmehr bei zunehmender Exposition gegenüber einer Substanz bis zu einem Punkt an, bei dem es eindeutige Hinweise für eine Gesundheitsbeeinträchtigung gibt. Für die Erhaltung der Handlungsfähigkeit einerseits und andererseits zum Schutz des exponierten Personals ist es daher sinnvoll, für jedes hochwirksame Produkt einen Expositionsgrenzwert festzulegen, bei dessen Einhaltung ein akzeptables Risiko gegenüber der Exposition angenommen werden kann [15.1].

Die Erfordernis von Expositionsgrenzwerten am Arbeitsplatz wurde in Deutschland bereits 1886 erkannt und erstmalig erfüllt [15.2]. Die damals vorgestellten Empfehlungen für kurzfristige und langfristige Expositionsgrenzen basierten auf Feldstudien, Modellexpositionen von Freiwilligen und Tierversuchen. Die Vorgehensweise bei der Bestimmung von Expositionsgrenzwerten hat sich bis heute nicht grundlegend geändert. Die Methoden zur Festlegung der Grenzwerte wurden in der Zwischenzeit zwar erheblich verfeinert, und der durch Grenzwerte erfasste Bereich ist durch die zunehmende Kenntnis über die Wirkung und die Wirkungsweise biologisch aktiver Substanzen sowie wegen der immer potenteren pharmazeutischen Wirkstoffe um mehrere Dekaden bis in den Bereich von pg/m^3 erweitert worden. Experimente mit Organismen, Kenntnisse über die Wirkungsweise des Produktes, klinische Studien und Analogieschlüsse zu chemisch oder pharmakologisch vergleichbaren Komponenten dienen aber weiterhin als wesentliche Grundlage für die zu treffenden Festlegungen.

Je nach Sprachraum, Geltungsbereich und Bedeutung der Expositionsgrenzwerte sind unterschiedliche Bezeichnungen in Gebrauch, wie beispielsweise „Maximale Arbeitsplatzkonzentration (MAK)", „Technische Richtkonzentration (TRK)", „Threshold Limit Value (TLV)", „Pharmainterner Richtwert (PIR)", „Occupational Exposure Limit (OEL)", „Exposure Control Limit (ECL)" und „Short Term Exposure Limit (STEL)" [15.1, 15.3–15.5]. Während MAK-, TRK- und TLV-Werte von nationalen Organisationen vor allem für gebräuchliche Substanzen wie Lösungsmittel, verbreitete chemische Zwischenprodukte und natürlich vorkommende Komponenten erstellt wurden und einen juristisch unmittelbar verbindlichen Charakter besitzen, werden die einzelnen PIR-, OEL- und ECL-Werte in der pharmazeutischen Industrie auf Basis von national allgemeingültigen Arbeitsschutzregeln von den Betreibern eigenverantwortlich vergeben und erfüllt.

Wie oben erwähnt, erfolgt die Festlegung von Expositionsgrenzwerten aufgrund von Annahmen unter Einbeziehung statistischer Kenngrößen. Aufgrund der großen Unterschiede in Potenz und Wirkungsweise des jeweiligen Produktes und wegen der Art, Herkunft und Sicherheit der verfügbaren Daten zur Gesundheitsbeeinflussung gibt es keine allgemeingültige einfache Formel oder eine rigorose Checkliste zur Bestimmung eines Expositionsgrenzwertes, sondern jeder Einzelfall muss für sich betrachtet werden.

Für die Festlegung eines Expositionsgrenzwerts sind folgende Faktoren von Bedeutung:
- Identität der Verbindung (chemische Struktur), zu erwartende Analogien mit bekannten ähnlichen Verbindungen
- physikalische und chemische Stoffdaten
- toxikologische Daten: akute und chronische Toxizität, Kanzerogenität, Mutagenität, Reproduktionstoxizität (fruchtschädigend, fortpflanzungsgefährdend)
- pharmakologische Eigenschaften: Wirkungsweise, Pharmakodynamik, Pharmakokinetik, Nebenwirkungen
- epidemiologische Daten, Erfahrungswerte
- sensibilisierende Eigenschaften
- individuelle Verträglichkeit, Risikogruppen, z. B. geschlechtsspezifisch
- infizierende Eigenschaften.

Ist in Tierversuchen bzw. der ersten klinischen Studie eines Wirkstoffes ein „No Observed Effect Level (NOEL)" bestimmt worden, das ist die maximale Einzeldosis, bei der keine toxikologische oder pharmakologische Wirkung am Menschen erwartet bzw. beobachtet wird, so wird in vielen Fällen nach folgender Methode vorgegangen: Der Expositionsgrenzwert wird bestimmt aus dem NOEL, dividiert zum einen durch das Luftvolumen, das ein Mensch während einer achtstündigen Schicht einatmet ($10\ m^3$) und zum anderen durch mindestens einen Sicherheitsfaktor, der u. a. die Art der potentiellen Gesund-

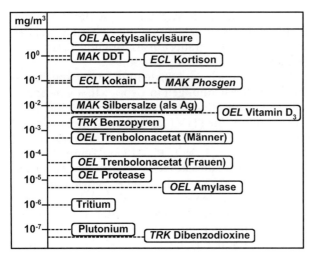

Abb. 15.2   Expositionsgrenzwerte für pharmazeutische Wirkstoffe und sonstige Gefahrstoffe

heitsgefährdung, die Unsicherheit bei der Extrapolation zwischen Tierspezies und Mensch und die Unsicherheit bzgl. irreversibler Wirkungen (chronische Toxizität) in die Abschätzung einbezieht [15.5, 15.6].

Anstelle des NOEL kann unter Berücksichtigung eines höheren Sicherheitsfaktors auch der „Lowest Observed Effect Level (LOEL)" benutzt werden, das ist die geringste Einzeldosis, bei der beim Menschen gerade eine toxikologische oder pharmakologische Wirkung erwartet bzw. beobachtet wird [15.7]. Andere mögliche Vorgehensweisen zur Festlegung von Expositionsgrenzwerten werden z.B. in [15.6, 15.8] beschrieben. Die logarithmische Konzentrationstabelle für Expositionsgrenzwerte ausgesuchter Komponenten in Abb.15.2 veranschaulicht, wie breit der Bereich ist, der je nach Produktanforderungen zu beherrschen ist.

15.2.2 Produktschutz

Die Anforderungen zum Schutz pharmazeutischer Produkte erwachsen aus dem gleichen Grundprinzip wie die Anforderungen an den Personenschutz; die zu schützende Zielperson ist im Fall des Produktschutzes jedoch der Anwender des pharmazeutischen Fertigprodukts. Die Anforderungen an das Fernhalten von Kontaminationen richten sich nach einer Reihe von Faktoren, die letztendlich von der Darreichungsform und der Abwehr unerwünschter mikrobiologischer, pharmakologischer oder toxikologischer Eigenschaften des Fertigprodukts bestimmt werden. Zum wirksamen Schutz des Produkts ist sicherzustellen, dass mehr oder weniger potente Kontaminationen, wie z.B. produktfremde Wirkstoffe, pathogene Keime, Viren, Hautschuppen, Staub aus der Umgebung etc. vom Produkt ferngehalten werden. Die wichtigsten

Faktoren, die bei der Quantifizierung von Produktschutzanforderungen berücksichtigt werden müssen, sind im einzelnen:
- Darreichungsform des Endprodukts
- Verarbeitungsstufe des (Vor-)Produkts
- Einzeldosis des Endprodukts.

Die Festlegung von Grenzwerten für die Exposition eines Produkts gegenüber Kontaminationen aus der Umgebung – analog zum Vorgehen beim Personenschutz – kann wegen der Vielzahl potentieller Kontaminationen und der weniger eindeutigen Ursache-Wirkung-Beziehung nur als Orientierungshilfe dienen.

Soweit für empfindliche Prozesse eine bestimmte Reinraumumgebung gefordert wird, gilt dies selbstverständlich auch in Verbindung mit den oben angesprochenen Anforderungen an den Personenschutz. Innerhalb der Mikroelektronik gilt das für bestimmte Diffusions- und Ätzprozesse an Siliziumscheiben, innerhalb der Pharmazie für aseptische Prozesse, d.h. für Herstell- und Fertigungsoperationen mit Produkten, für welche die höchsten Anforderungen an mikrobiologische Reinheit gelten, da sie keiner Endsterilisation unterzogen werden können. Beispiele hierfür sind biologische Produkte, wie Antibiotika sowie andere hochwirksame Biologika, gentechnologische Produkte und Impfstoffe.

Für Produkte, die einer Endsterilisation unterzogen werden, gilt, dass sie durch den Kontakt mit der Raumumgebung keine Verunreinigungen aufnehmen dürfen, welche die Qualität der sterilisierten Fertigprodukte gefährdet. Neben anderem ist dabei ein wirksamer Schutz vor Cross-Kontamination, also vor der Verunreinigung durch andere Produkte zu berücksichtigen.

Die Wirkstoff-Herstellung erfolgt vorwiegend in einer Umgebung ohne Reinraumanforderungen. Eine Ausnahme bilden hier die Herstelloperationen, die dem letzten Reinigungsschritt folgen, wie z.B. die Bulk-Abfüllung. Für diesen Schritt, einschließlich Wiegeoperationen und Probenahme, ist es in vielen Fällen angezeigt, die Anforderungen an den Arbeitsschutz und den Produktschutz zu definieren.

15.3 Schutzkonzepte

15.3.1 Raum

Die lufttechnischen Bedingungen für die raumbezogene Kontaminationskontrolle durch turbulente Mischlüftung sind in Abb. 15.3 schematisch dargestellt. Dem Arbeitsraum wird eine definierte Menge an aufbereiteter Luft zugeführt. Da im Raum freigesetzte Kontaminationen von der zugeführten Luft lediglich verdünnt, aber nicht gezielt abgeführt werden, hängt die Wirksamkeit dieses Prinzips vor allem vom Luftwechsel, also dem Quotienten aus Abluftvolumenstrom und Raumvolumen ab. Eine Barriere zwischen dem Produktbereich und dem Personalbereich gibt es nicht. Lediglich zu angrenzen-

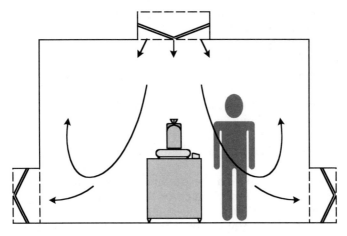

Abb. 15.3   Verdünnung luftgetragener Verunreinigungen durch turbulente Mischlüftung

den Räumen hin kann durch Schleusen, Druckhaltung oder Luftströmung eine Barriere eingerichtet werden. Hat der Produktschutz Priorität, erhält der Produktbereich Überdruck bzw. Abströmung zur Umgebung hin, hat der Umgebungsschutz Priorität, erhält der Produktbereich Unterdruck bzw. Zuströmung von der Umgebung her. Wird beides gefordert, kann man zwischen diesem Raum und angrenzenden Reinräumen bspw. Luftfallen mit Druckgefälle von beiden Räumen vorsehen.

Das Prinzip der turbulenten Mischlüftung mit gereinigter Luft ist gleichermaßen für Produkt- und Personenschutz geeignet, wenn auch auf relativ niedrigem Anforderungsniveau.

15.3.2 Arbeitsplatz

Die Wirksamkeit von Produkt- und Personenschutz kann durch arbeitsplatzbezogene Konzepte erheblich gesteigert werden. Das Prinzip des Abzugs ist vor allem aus dem Laborbereich bekannt (s. Abb. 15.4). In einem weitgehend abgeschlossenen Raum wird das Produkt von außen durch einen offenen Eingriff gehandhabt. Der Produktbereich wird unter Verwendung einer Absaugung kontinuierlich mit Luft gespült, die aus dem Personalbereich bzw. der Umgebung durch den Eingriffsquerschnitt strömt. Der Eingriffsquerschnitt kann durch eine manipulierbare Schutzscheibe an die Erfordernisse der jeweiligen Tätigkeit und des Schutzes des Bedienungspersonals angepasst werden, wobei ein weiter geöffneter Querschnitt zur Verminderung der Schutzwirkung führt. Der Abzug kann durch die einwärts gerichtete Strömung im Querschnitt nur Personenschutz aber keinen Produktschutz gewährleisten, da die Luft aus dem Personalbereich bzw. der Umgebung in den gesamten Produktbereich gelangen kann.

In Abb. 15.5 ist schematisch ein Arbeitsplatz zur Wirkstoffabfüllung gezeigt, an dem der einwärts gerichtete Luftschleier die im Innenbereich freigesetzten

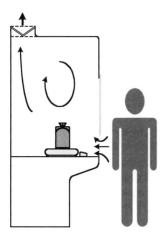

Abb. 15.4   Personenschutz durch das Arbeiten im Laborabzug

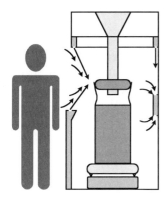

Abb. 15.5   Personenschutz durch Abtrennung des Prozessbereichs mittels Luftschleier

Luftverunreinigungen gezielt zur Absaugung führt. Dieses sog. Stützstrahlprinzip stellt eine Weiterentwicklung des Abzuges dar, da der Luftschleier einen weiten Querschnitt zum Eingriff in den Produktraum offen lässt, ohne dass die Schutzwirkung wie beim Abzug stark nachließe. Auch bei dieser Bauweise geht es primär um Personenschutz und nicht um Produktschutz, da die Luft aus dem Personalbereich durch den Luftschleier nur verdünnt, aber nicht vom Produkt abgeschirmt wird. Als weiterer Vorteil dieser Anordnung gilt der geringe Bedarf an aufbereiteter Luft.

Einen weitaus höheren Reinluftbedarf weist das Prinzip der nach unten gerichteten turbulenzarmen Verdrängungsströmung auf, das in Abb. 15.6 dargestellt ist. Dieser Nachteil kann u. U. durch die Verwendung von Fortluft aus einem angeschlossenen größeren Raumbereich ausgeglichen werden. Die gleichmäßige vertikale Luftströmung führt bei diesem Schutzkonzept, das auch raumbezogen ausführbar ist, freigesetzte Kontaminationen gezielt nach unten ab, ohne dass eine Rückvermischung der verunreinigten Luft mit der Reinluft stattfindet. Auf diese Weise können nur noch diejenigen Kontaminationen, die vom Personal direkt oberhalb des Produkts freigesetzt werden, zum Produkt gelangen; im Gegensatz zum Verdünnungskonzept der Abb.15.4 bewirkt im unteren Teil des Arbeitsbereichs freigesetztes Produkt keine Gefährdung des Atmungsbereichs des Personals. Durch die Erfassung der Verunreinigungen aus der Umgebung und eines Großteils der vom Personal freigesetzten Kontaminationen liegt bei diesem Konzept durchaus eine Schutzwirkung für das Produkt vor, der Schwerpunkt liegt aber etwas stärker auf dem Personenschutz.

Das Prinzip turbulenzarmer Verdrängungsströmung wird auch in der Querstromanordnung vorteilhaft genutzt. Abbildung 15.7 zeigt eine Lösung für die großflächige Abschirmung eines Wiegeplatzes. Im Vergleich zur vertikalen Strömungsführung bietet die Querstromanordnung eine noch wirksamere Abschirmung gegen Produktkontamination durch das Personal, so dass dieses Prinzip eine ausgewogene Verbindung von Produkt- und Personenschutz auf hohem Niveau ermöglicht.

Abbildung 15.8 zeigt das auch als „Sicherheitswerkbank" bekannte Prinzip der Verbindung von Produkt- und Personenschutz [15.9-15.11]. Der Produktschutz wird durch vertikale Verdrängungsströmung, der Personenschutz durch eine im Eingriffsquerschnitt einwärts gerichtete Strömung erreicht. Im Gegensatz zum reinen Luftschleierprinzip gemäß Abb. 15.5 und zum einfachen Abzug gemäß Abb. 15.4 gelangt die einwärts gerichtete Strömung jedoch nicht in den Produktbereich sondern wird noch im Eingriffsquerschnitt kontrolliert nach unten abgeführt. Wie beim Abzug ermöglicht eine manipulierbare Schutzscheibe die Anpassung des Eingriffsquerschnitts an die Erfordernisse zur Handha-

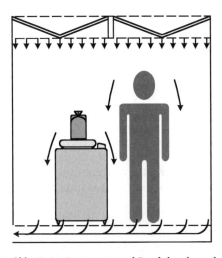

Abb. 15.6   Personen- und Produktschutz durch vertikale Verdrängungsströmung

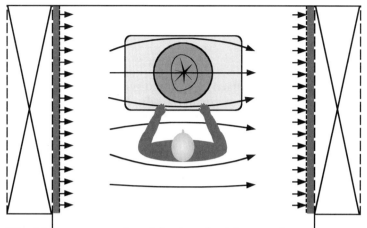

Abb. 15.7 Personen- und Produktschutz durch horizontale Verdrängungsströmung

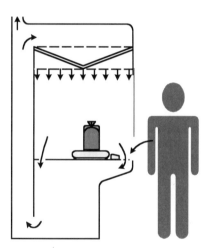

Abb. 15.8 Personen- und Produktschutz mittels Sicherheitswerkbank Klasse 2 [15.10]

bung und zum Schutz des Bedienpersonals, wobei ein weiter geöffneter Querschnitt auch einen verminderten Umfang der Schutzfunktionen bewirkt.

Die Weiterentwicklung dieses Prinzips für die verschiedenen Aufgaben bei Prozessen mit hochwirksamen Stoffen zeigt Abb. 15.9. Ein Luftschleier im Eingriffsquerschnitt bildet hier eine Barriereströmung, die den Produktbereich vom Personenbereich bzw. von der Umgebung abtrennt. Besonders wirksam sind dabei mindestens zwei parallel hintereinander angeordnete flächige Luftstrahlen, die sich gegenseitig stabilisieren. Als besonderer Vorteil dieses Prinzips wird die geringe Beeinflussung des Luftschleiers bei Manipulationen im Barrierebereich hervorgehoben. Durch die Kombination des Luftschleiers mit der turbulenzarmen Verdrängungsströmung wird ein hohes Niveau an Produkt- und Personenschutz trotz des großen Eingriffs-querschnitts gewährleistet.

15.3.3 Maschine

Werden hohe Sicherheitsanforderungen gestellt und gelingt es, Prozesse so zu gestalten, dass auf häufige Eingriffe verzichtet werden kann, kommt die Kap-selung der gesamten Prozesseinrichtung in Betracht, wie in Abb. 15.10

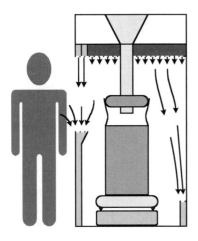

Abb. 15.9   Personen- und Produktschutz durch doppelten Luftschleier im Eingriffsquer-schnitt und Verdrängungsströmung im Prozessbereich

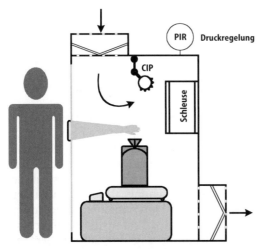

Abb. 15.10   Isolator, manuell bedienbar, mit Wiegeplatz, Handschuheingriff und Material-schleuse für Personen- und Produktschutz

gezeigt. Für den Materialtransport werden in diesem Fall Schleusen vorgesehen, für die Bedienung Handschuheingriffe oder sog. Halfsuits und weitere
Systeme für die Reinigung, Desinfektion/Sterilisation sowie für den Luftwechsel bzw. die Zuführung und Abführung filtrierter Luft. Abhängig davon, welche
Schutzfunktion Priorität bekommt, wird der Isolator in Unter- oder Über-
druckfahrweise betrieben. Je nach Produktanforderungen sind Einrichtungen für kontaminationsfreien Filterwechsel erforderlich.

Der besondere Vorteil einer Kapselung von Maschinen durch ein solches
Isolator-Konzept ist die erhöhte Sicherheit bei Prozessstörungen und gegenüber Bedienungsfehlern. Produkt- und Personenschutz werden auf sehr hohem
Niveau gewährleistet. Demgegenüber steht i. d. R. ein erheblich höherer Aufwand für die Installation und den Betrieb derartig ausgerüsteter Maschinen.

Für höchste Schutzanforderungen kann der Isolator zusätzlich fremdbe-
dient werden. Die Handhabung des Produkts geschieht dann mit Hilfe von
Manipulatoren, die abseits vom streng abgeschirmten Produktbereich
bedient werden, wie in Abb. 15.11 schematisch gezeigt. Durch den vollständigen Ersatz flexibler Schnittstellen zwischen Personal- und Produktbereich
wie Handschuheingriff oder Halfsuit durch Manipulatoren bietet dieses Schutz-
prinzip zusätzliche Sicherheit gegen Migration des Produkts durch flexible
Schutzmembranen bzw. gegen ein potentielles Materialversagen der flexiblen
Einrichtungen. In fremdbedienten Isolatoren können auch hoch radioaktive
Produkte verarbeitet werden.

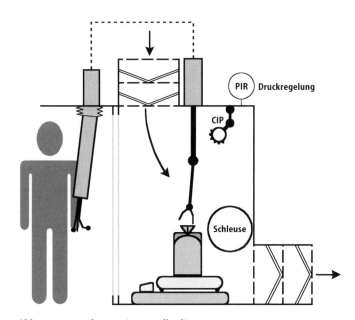

Abb. 15.11   Isolator mit Fremdbedienung

15.4 Personalausrüstung und Personaltraining

Wo sonst ein unmittelbarer Kontakt des Personals mit hochwirksamen Stoffen gegeben wäre, müssen direkte Maßnahmen für den Personenschutz vorgesehen werden, wie beispielhaft in Abb. 15.12 gezeigt. Damit soll erreicht werden, dass die Aufnahme von Produkt über den Atembereich oder durch Hautkontakt verhindert wird und die Verschleppung von Produkt aus dem Arbeitsbereich, z.B. durch die Kleidung, vermieden wird.

Die Art der Maßnahmen für den Körperschutz richtet sich nach den Expositions-Grenzwerten, der Art der Tätigkeit und den jeweiligen Prozesseinrichtungen. Die Maßnahmen zielen nicht nur auf die „normalen" Betriebsbedingungen, sondern auch auf (voraussehbare) Abweichungen vom Normalbetrieb, d. h. auf Störungen, Reinigungs-, Wartungs-, Produktwechsel-, und Reparaturarbeiten sowie Störsituationen in Nachbarbetrieben und Feuerschutz.

Neben den üblichen Körperschutzmitteln, wie z.B. Feinstaubmasken, Handschuhen und Overall kommen für die Bewältigung besonderer Situationen Vollschutzanzüge in Betracht. Von der Gefährlichkeit und der physikalischen Erscheinungsform der hochwirksamen Produkte hängt es dabei ab, ob Vollschutzmasken oder fremdbeatmete Systeme eingesetzt werden müssen.

Für die Reinigung kontaminierter Prozesseinrichtungen sind Geräte erforderlich, deren technisch einwandfreie Funktion regelmäßig Leistungsmessungen unterzogen wird, insbesondere dann, wenn die Einhaltung des Personen-, und Umgebungsschutzes davon abhängt, wie z.B. im Falle frei beweglicher Staubsauger.

Abb. 15.12   Persönliche Schutzausrüstung

Beim Umgang mit hochwirksamen Produkten müssen geringste, meist visuell nicht wahrnehmbare Kontaminationen sicher beherrscht werden, so dass hier an das Personaltraining besondere Anforderungen zu stellen sind. Die Mitarbeiter unterliegen einer besonderen arbeitsmedizinischen Betreuung, müssen über mögliche gesundheitliche Schäden aufgeklärt werden und detaillierte Kenntnisse über die angewendeten Schutzkonzepte erlangen. Alle wesentlichen Elemente dieser Konzepte werden in Betriebsanweisungen schriftlich niedergelegt und geschult. Die konsequente Anwendung der geforderten Schutzmaßnahmen und der Wissensstand des Personals werden in festgelegten Abständen überprüft.

Auswahl der Schutzausrüstung

Jede individuelle Aufgabe zur Erfüllung von Anforderungen an den Produkt- und Personenschutz erfordert ein speziell darauf zugeschnittenes Ausrüstungskonzept. Eine allgemeingültige Empfehlung zur Auswahl einer Schutzausrüstung kann deshalb nicht gegeben werden. So ist außer der Kenntnis der Anforderungen an den Produkt- und Personenschutz z.B. wichtig, wie der Produktionsrahmen und der Prozessablauf gestaltet werden sollen. Das Potential zur Freisetzung von Produktstäuben ist für eine Spezifizierung der Schutzausrüstung genauso entscheidend wie der vorgesehene Arbeitsablauf und der damit verbundene notwendige Spielraum für Bewegungen und Manipulationen im Produktbereich. In Abb. 15.13 ist dennoch eine Zuordnung dargestellt, die angibt, welche Kategorien von Schutzausrüstungen in Abhängigkeit von den Anforderungen an den Personenschutz typischerweise gewählt werden können. Diese Darstellung soll aus den oben genannten Grün-

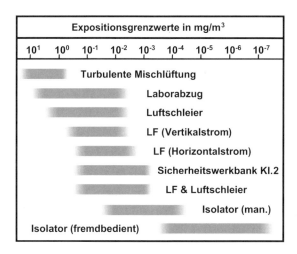

Abb. 15.13   Schutzsysteme mit Anwendungsbereichen

den keinesfalls einen Anspruch auf Allgemeingültigkeit oder Ausschließlichkeit vermitteln, sondern dem Anwender als einfache Hilfestellung dienen, als erster Startpunkt z. B. bei einer iterativen Vorgehensweise der Auswahl.

15.5 Qualifizierung

15.5.1 Personen- und Produktschutz

Den Kernpunkt der Qualifizierung einer entstaubungstechnischen Einrichtung bildet der quantitative Nachweis, dass die Einrichtung ihre Schutzfunktionen zuverlässig wahrnimmt. Als Maß für die Bewertung der Schutzfunktionen können Schutzfaktoren dienen, die analog zur Penetration eines Filters bestimmt werden. Der Arbeitsbereich wird dabei gedanklich in einen Personal- und einen Produktbereich geteilt. Im Personalbereich setzt das Personal bei seiner Arbeit luftgetragene Partikel frei, die das Produkt kontaminieren können, während im Produktbereich das hochwirksame Produkt als luftgetragene Kontamination freigesetzt wird.

Der Produktschutzfaktor gibt an, um welchen Faktor die Konzentration an luftgetragenen produktfremden Partikeln im Personalbereich die entsprechende Partikelkonzentration im Produktbereich übersteigt, s. Abb. 15.14.

Umgekehrt kennzeichnet der Personenschutzfaktor, um welchen Faktor die Konzentration an luftgetragenem Produkt im Produktbereich höher ist als im Personalbereich, s. Abb. 15.15.

In Abb. 15.16 ist gezeigt, wie der Personenschutzfaktor messtechnisch erfasst wird. Mit Hilfe eines Aerosolgenerators wird Testaerosol im Produktbereich aufgegeben und die Partikelkonzentration jeweils in beiden Bereichen

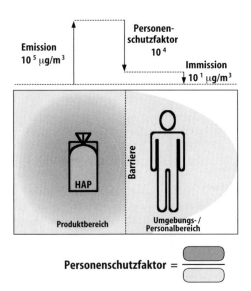

Abb. 15.14 Definition des Personenschutzfaktors

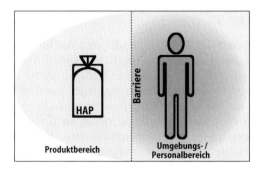

Abb. 15.15 Definition des Produktschutzfaktors

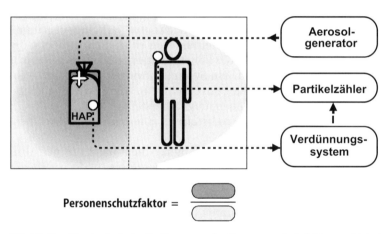

Abb. 15.16 Messtechnische Bestimmung des Personenschutzfaktors mittels Aerosolgenerator und Partikelzähler mit Verdünnungssystem

mit einem Partikelzähler gemessen. Der Personenschutzfaktor lässt sich durch Division der Partikelkonzentration im Produktbereich durch die Konzentration im Personalbereich ermitteln. Hierbei ist ggf. eine Korrektur für die Hintergrund-Konzentration an Partikeln im Personalbereich erforderlich.

Die Ermittlung des Produktschutzfaktors geschieht analog durch Aufgabe des Testaerosols im Personalbereich. Die Schutzfaktoren für Produkt- und Personenschutz werden zweckmäßig sowohl im Ruhezustand, d.h. ohne Personal, als auch im (simulierten) Betriebszustand bestimmt.

15.5.2 Filteranordnung und -prüfung

Für sämtliche Anlagenkonzepte gilt, dass die Zuluft-, Umluft-, und Fortlufteinrichtungen mit Schwebstofffiltern ausgestattet werden. Zuluft-, und Umluftfilter, welche die Reinheit im Arbeitsbereich absichern, können in Kanalfiltergehäusen, als endständig eingebaute Deckenfilter oder in Reinraumanlagen installiert sein. Die Funktion dieser Filter ist für die Absicherung des Produkt-, Personen-, und Umgebungsschutzes von zentraler Bedeutung, indem sie die entscheidende Barriere zwischen dem produktbelasteten, kontaminierten Bereich und der geschützten Umgebung darstellen. Die bestimmungsgemäße Installation der Filter, die Filterprüfung, die Wartung der Anlagen und der kontaminationsfreie Filterwechsel sind wesentliche Elemente des Sicherheitskonzepts.

Für die Anordnung der Filter gilt, dass ein möglichst kurzer Weg zwischen der Emission von Gefahrstoffen und deren Rückhaltung in Schwebstofffiltern angestrebt werden muss. Je länger dieser Weg ist und je schlechter dessen Zugänglichkeit ist, desto schwieriger und aufwendiger ist die Reinigung des kontaminierten Bereichs.

Im Idealfall installiert man das Abluftfilter so, dass es vom geschützten Bereich her, wie zum Beispiel vom Innenbereich eines Isolators her, gewechselt werden kann. In diesem Fall ist sichergestellt, dass das Personal hinreichend geschützt ist und das kontaminierte Filter kontrolliert eingesiegelt und entsorgt werden kann. Bei zentralen Abluftanlagen ist es nicht anders möglich, als den Filterwechsel außerhalb des kontaminationsgeschützten Bereichs vorzunehmen. Für diesen Fall wurde ein System entwickelt [15.12], das während des gesamten Filterwechsels eine zuverlässige Barriere zwischen kontaminierten Komponenten und der Umgebung sicherstellt.

In der Regel wird für sämtliche Schwebstofffilter eine Prüfung auf Leckdichtigkeit im eingebauten Zustand gefordert.

Die Prüfung der Zuluftfilter auf Leckdichtigkeit dient nicht nur der Absicherung der Reinheitsanforderungen des Herstellprozesses sondern ebenfalls dem Kontaminationsschutz der Umgebung, z. B. wenn lüftungstechnische Anlagen ausfallen oder abgeschaltet werden müssen. Die Prüfung der Filterpenetration durch Absuchen der gesamten Filterfläche („lokale Penetration"), während die Anströmseite mit einem Testnebel beaufschlagt wird, bietet die höchste Nachweisempfindlichkeit und erlaubt, das Rückhaltevermögen des eingebauten Filters zu testen, s. Abb. 15.17 [15.13]. Die Anforderungen des Produktschutzes werden ebenso wie die des Arbeitsschutzes in vollem Umfang erfüllt, indem die Leistungsvorgaben an die lokale Penetration des Filters, z. B. entsprechend der europäischen Norm DIN EN 1822 [15.14], auf das Filter im eingebauten Zustand, also einschließlich Filterrahmen, Filterrahmendichtung und Filtergehäuse, übertragen werden.

Zuluft- und Abluftfilter werden vielfach auch mit „Prüfrillen" [15.15] ausgestattet. Mittels Prüfrille wird allerdings nur die Dichtung und nicht der Filter geprüft, so dass dieses Verfahren für Bereiche zur Herstellung hochwirksamer Stoffe noch keine ausreichende Prüfaussage liefert. Als weiterer Nachteil kommt hinzu, dass die bestimmungsgemäße Installation und Funktion von Prüfrillen nur bedingt kontrollierbar ist.

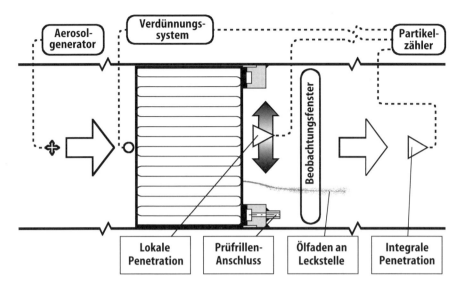

Abb. 15.17 Methoden zur Bestimmung der Filterpenetration und Leckdichtigkeit von Abluftfiltern

Für Abluftfilter kommen neben dem Prüfrillentest und dem Test auf lokale Penetration weitere Verfahren in Betracht, da die Abströmseite für Prüfarbeiten weniger gut zugänglich ist als bei endständig eingebauten Zuluftfiltern. Bei der Prüfung der integralen Penetration wird auf das Absuchen der gesamten Filteroberfläche verzichtet und an Stelle dessen nur ein Bezugswert für die abströmseitige Penetration bestimmt. Die Probenahme erfolgt in diesem Fall über eine fest installierte Sonde, so dass auch ein abströmseitig geschlossenes System geprüft werden kann. Die Empfindlichkeit dieser Prüfung ist geringer als bei Bestimmung der lokalen Penetration. Durch erhöhte Anforderungen an die nachzuweisende Penetration (im Sinne von Detektionsempfindlichkeit) gelingt es, diesen Unterschied teilweise zu kompensieren.

Der sog. Ölfaden-Test ermöglicht auch die Bestimmung lokaler Defekte in Kanal-Abluftfiltern. Dabei wird auf der Anströmseite des Schwebstofffilters eine so hohe Konzentration an Ölnebel aufgegeben, dass Leckagen als Ölfaden erkennbar werden. Die Beobachtung des Ölfadens wird durch ein Sichtfenster auf der Abströmseite des Filters ermöglicht. Die Erkennbarkeit des Ölfadens wird durch Beleuchtung der Abströmseite des Filters vor dunklem Hintergrund verbessert.

Eine weitere Möglichkeit zur Detektion lokaler Filterdefekte besteht bei deckenbündig eingebauten Abluftfiltern darin, für den Prüfvorgang die Strömungsrichtung umzukehren. In diesem Fall kann das Filter wie ein Zuluftfilter durch Absuchen der Filterfläche vom Arbeitsraum her geprüft werden.

Eingeschränkte Prüfmöglichkeiten können durch erhöhte Qualitätsanforderungen, wie z.B. durch Stückprüfung von Filtern oder durch Installation von zwei Filtern in Reihe, kompensiert werden.

Literatur

[15.1]   Henschler, D.: The Concept of Occupational Exposure Limits. Sci. Total Environ. 101 (1991), 9–16

[15.2]   Lehmann, K.B.: Experimentelle Studien über den Einfluss technisch und hygienisch wichtiger Gase und Dämpfe auf den Organismus. Arch. Hyg. 5 (1886), 1

[15.3]   Deutsche Forschungsgemeinschaft: „MAK- und BAT-Werte-Liste 1999", Wiley/VCH, Weinheim Juli 1999

[15.4]   American Conference of Governmental Industrial Hygienists: „1999 TLVs and BEIs", Cincinnati, OH USA, 1999

[15.5]   Berufsgenossenschaft der chemischen Industrie: Sicherer Umgang mit Gefahrstoffen in der pharmazeutischen Industrie. Merkblatt M 057, Jedermann-Verlag, Heidelberg 1999

[15.6]   Galer, D.M., Leung, H.W., Sussman, R.G., Trzos, R.J.: Scientific and Practical Considerations for the Development of Occupational Exposure Limits (OELs) for Chemical Substances. Regul. Toxicol. Pharmacol. 15 (1992), 291–306

[15.7]   Sargent, E.V., Kirk, G.D.: Establishing Airborne Exposure Control Limits in the Pharmaceutical Industry. Am. Ind. Hyg. Assoc. J. 49 (1988), No.6, 309–313

[15.8]   Naumann, B.D., Sargent, E.V., Starkman, B.S., Fraser, W.J., Becker, G.T., Kirk, G.D.: Performance-Based Exposure Control Limits for Pharmaceutical Active Ingredients. Am. Ind. Hyg. Assoc. J. 57 (1996), 33–42

[15.9]   DIN 12950 Teil 10: Sicherheitswerkbänke für mikrobiologische und biotechnologische Arbeiten – Anforderungen und Prüfung, Oktober 1991, Beuth Verlag GmbH, Berlin

[15.10] DIN EN 12469: Leistungskriterien für mikrobiologische Sicherheitswerkbänke, Oktober 1996, Beuth Verlag GmbH, Berlin

[15.11] BS 5726: Specification for Microbiological Safety Cabinets. British Standards Institution, London.

[15.12] Ohlmeyer, M., Stolz, W.: Schwebstoff-Filteranlagen für die Abluft aus Kerntechnischen Einrichtungen. Kerntechnik 15 (1973), Nr. 9, 416–423

[15.13] Internationaler Normenentwurf ISO/DIS 14644-3: Reinräume und zugehörige Reinraumbereiche – Teil 3: Messtechnik und Prüfverfahren (erscheint demnächst)

[15.14] DIN EN 1822: Schwebstofffilter (HEPA und ULPA)

[15.15] DIN 1946 Teil 4: Raumlufttechnik – Raumlufttechnische Anlagen in Krankenhäusern

16 Qualitätsmanagement in der Reinraumtechnik

16.1 Allgemeines

Warum Qualitätsmanagement – Warum Reinraumtechnik?

Das Qualitätsmanagement ist in der Reinraumtechnik deshalb ein wichtiger Bestandteil, da bereits die Forderung, ein Produkt im Reinraum herzustellen oder einen Vorgang im Reinraum auszuführen, den Begriff Qualitätsmanagement und Qualitätssicherung quasi impliziert. Die Zusammenhänge und Abhängigkeiten von Technik und Überwachung sollen im Folgenden erläutert werden.

Reinraumtechnik wird in den Richtlinien wie folgt definiert: „Reinraumtechnik sind alle Maßnahmen zur Verminderung oder Verhinderung schädlicher Einflüsse auf das Produkt oder den Menschen" [16.1].

Bei den Produktionen oder Abläufen, die unter reinraumtechnischen Bedingungen ablaufen, können die reinraumtechnischen Mess- und Steuergrößen häufig nur mit hohem messtechnischem Aufwand identifiziert, quantifiziert und gesteuert werden, da man sich in der Reinraumtechnik häufig am Rande des physikalisch und technisch Messbaren bewegt. Weiterhin sind einige Messgrößen nicht direkt einer Messung zugänglich, so dass man sich bei der Beurteilung indirekter Messgrößen bedient. Als Beispiel sei die Oberflächenreinheit Klasse 1 [16.1] eines Produkts als das zu kontrollierende Qualitätsmerkmal angeführt. Da diese Messgröße nicht mit vertretbarem Messaufwand kontinuierlich kontrolliert werden kann, benutzt man zur Überwachung die das Produkt umgebende Luft und deren Reinheit. Eine Korrelation zwischen Luftreinheit und Oberflächenreinheit konnte nur in den seltensten Ausnahmen hergestellt werden.

Die kritischen Dimensionen der in Reinräumen hergestellten Produkte werden in den letzten Jahren immer kleiner:

- In der Mikroelektronik liegen die kritischen Strukturbreiten heute bei 0,18 μm und bald bei 0,13 μm. Hieraus ergibt sich eine kritische Partikelgröße (sog. Killerpartikelgröße) von < 0,01 μm, d.h. < 10 nm. Die Schichtdicken im komplexen Schichtaufbau eines Computer-Chips betragen teilweise nur noch wenige Monolagen von Atomen.
- In der Pharmazie sind die kolonie-bildenden Einheiten (KBEs) die bestimmenden Parameter für die Reinraumtechnik. Viren mit Größenordnungen von 30 nm aufwärts und Bakterien mit typischen Größenordnungen von

0,3–20 µm definieren die kritischen Größenordnungen. Durch BSE und HIV, z. B. bei aus Blut gewonnenen Präparaten, gerät man in molekulare Größenordnungen von wenigen Nanometern. Weiterhin ist die Applikation der Medikamente und die Aufnahme der Wirkstoffe mit den Qualitätsparametern „Wirkstoff-Dosierung" und chemischer und mikrobieller Reinheit verknüpft. Auch hier entwickelt die Pharmazie für eine bessere Dosierung und Aufnahme Nanowirkstoffpartikel – Wirkstoffpartikel im Nanometerbereich.

– In weiteren Anwendungsfeldern, wie der Mikromechanik, Optik, Oberflächenbeschichtungstechnik, Satellitentechnik, Kosmetik und Lebensmittelindustrie, gelten ähnliche oder ggf. schwächere Anforderungen an die Reinraumbedingungen.

In der Mikroelektronik, aber auch in der Pharmazie sind nicht mehr nur die Partikel wichtig, sondern die luftgetragenen molekularen Verunreinigungen (Airborne Molecular Contamination, AMC, vgl. Kap. 10) gewinnen an Bedeutung. Diese Entwicklung wird neue Anforderungen an die gesamte Reinraumtechnik und damit auch an das Qualitätsmanagement stellen.

Ein weiterer Grund für eine stringente Qualitätsüberwachung in der Reinraumtechnik ist, dass durch die Anforderungen der Produkte an die Reinheit in den Gebieten mit den höchsten Ansprüchen die Betrachtung mit deskriptiver Statistik nicht mehr angewendet werden kann. Es hat sich herausgestellt, dass die mathematischen Voraussetzungen an die Grundgesamtheit und Repräsentativität der Messungen spätestens unterhalb der Reinheitsklasse 1 nach DIN EN ISO 14644-1 nicht mehr gültig sind. So misst man in den reinsten Reinräumen an repräsentativen Messstellen teilweise nur noch 1 Partikel pro Woche größer 0,1 µm mit einem Messintervall von 1 min und einem Probenahmevolumenstrom von 0,1 Kubikfuß pro Minute. Das heißt nur noch 1 Partikel in etwa 30 m³ analysierter Luft oder 5×10^{-19} kg Partikel in 36 kg Luft. Bei derartigen geringen Zählraten wird deutlich, dass ein Erwartungswert oder ein Mittelwert als Angabe von gebrochenen Partikeln pro Monat keine Aussagekraft haben kann. Zusätzlich noch in Frage gestellt werden derartige Messwerte durch Falschzählraten von Partikelzählern und anderen Einflüssen von außen. Die zugehörigen Standardabweichungen übertreffen die Mittelwerte um Faktoren in ihrer Größe und haben damit keinen Aussagewert.

Die Reinraumtechnik setzt sich aber nicht nur mit reinen Oberflächen und reiner Luft auseinander sondern unter diesem Oberbegriff werden, wie bereits oben definiert, die Reinheitsanforderungen an alle Medien (wie z. B. Reinstwasser oder Reinstgase) und die Anforderungen an die Maschinen und die im Reinraum arbeitenden Menschen zusammengefasst, siehe nachfolgende Zusammenstellung. Im englischen Sprachraum wird für das deutsche Wort „Reinraumtechnik" häufig der Begriff „contamination control" – die Kontaminationskontrolle – benutzt. Da in Deutschland der Begriff „Kontamination" häufig noch mit radioaktiven Verunreinigungen in Zusammenhang gebracht wird, hat sich die „Reinraumtechnik" als Begriff durchgesetzt.

– Die Reinraumtechnik befasst sich mit allen Umschließungsflächen eines Reinraumes (Decke, Wände, Böden), Luft-, Wasser-, Gas-, Chemikalienaufbereitungs-, Lager- und Verteilungstechnik, Filtertechnik, Anforderungen an die Gebäudetechnik (Schall, Vibration, Elektromagnetische Schwingungen, Dichtheit der Fassaden), der Messtechnik für alle Arten von Kontaminationen (Partikel, Temperatur, Feuchte, Elektrostatik, Differenzdruck, AMC u.v.a.m.), um nur einige zu nennen (Abb. 16.1).

- Für die Einhaltung der Reinheitskette müssen der Weg des Produkts vom Rohmaterial, die Transportlogistik, die Fertigung bis hin zum fertigen Produkt und die Abtransportlogistik betrachtet werden.
- Der Mensch ist die größte Kontaminationsquelle und sicher auch eine der am schwierigsten zu zertifizierenden Elemente einer Herstellung unter Reinraumbedingungen.
- Das Qualitätsmanagement umfasst die Qualitätsmotivation von der obersten Leitung bis zur Produktion, die Qualitätssicherungssysteme und die einzelnen Qualitätselemente.

Wenn man alle vorbeschriebenen Maßnahmen mit einem Begriff zusammenfasst, so hat sich dafür im Qualitätsmanagement der Begriff „Total Quality Management" herausgebildet, s. Abb. 16.2.

Qualitätsmanagement ist für alle Phasen des Lebenszyklus eines Reinraumes gefordert:
- Planung mit Konzept-, Basic- und Detail-Engineering
- Ausführung inkl. Abnahme und Qualifizierung
- Betrieb und Requalifizierung.

Qualitätsmanagement ist die verbindende Komponente zwischen Kunde, Planer, Lieferant und ggf. Nutzer der reinraumtechnischen Anlagen.

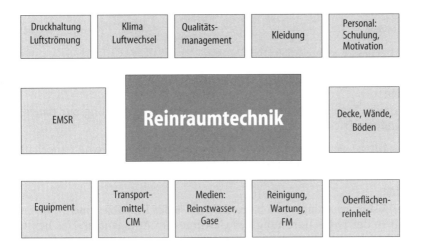

Abb. 16.1 Übersicht über die zur Reinraumtechnik gehörenden Elemente

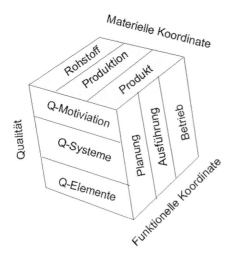

Abb. 16.2   Total Quality Management TQM

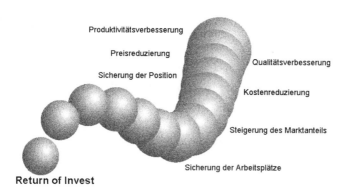

Abb. 16.3   Demings-Kettenreaktion [16.3]

Definitionen

Qualität ist die Erfüllung von einer (vereinbarten) Anforderung zur dauerhaften Kundenzufriedenheit.

Qualifizierung ist der dokumentierte Nachweis, dass alle Systeme dauerhaft in der Lage sind, die Produktionsbedingungen sicherzustellen.

Fehlerkosten

Die Fehlerkosten im Anlagenbau betragen ca. 2 % des Umsatzes und bewegen sich damit in der Größenordnung des Gewinnes im Anlagenbau. Das heißt, dass die Fehler bereits existenzgefährdend sein können. Interessant in diesem Zusammenhang ist auch, dass fast 50 % aller Firmen ihre Qualitätskosten nicht kennen, weitere 35 % schätzen die Kosten nur und haben keinen Bezug zwischen Aufwendung und Erfolg der Qualitätssicherungsmaßnahmen. Nur ca. 15 % aller Firmen erfassen ihre Fehlerkosten konsequent und ermitteln ihre Qualitätskosten [16.2].

Erschwerend zu dieser Situation kommt die sog. 10er-Regel der Fehler hinzu, die besagt, dass wenn ein Fehler in der Planungsphase einen Schaden von 10 Einheiten verursacht, verursacht ein Fehler in der Ausführungsphase 100 und in der Betriebsphase 1000 Einheiten.

Ziel eines konsequenten Qualitätsmanagements muss es sein, mit den eingeleiteten Maßnahmen Geld zu verdienen, s. Abb. 16.3 „Demings-Kettenreaktion", und nicht Geld zu verlieren. Hierzu sollen im Folgenden die Verfahrensschritte aufgezeigt werden.

16.2 Gesetzliche und regulatorische Grundlagen

Zur Bewertung der notwendigen und hinreichenden Maßnahmen des Qualitätsmanagements und der einzusetzenden Reinraumtechnik muss zu Projektbeginn identifiziert werden, welche
- gesetzlichen Grundlagen eingehalten werden müssen
- welche Regelwerke Beachtung finden sollten
- welche zusätzlichen Hinweise, z. B. Informationen von Berufsgenossenschaften, Sachversicherern etc., beachtet werden müssen.

Die Kenntnis des Stands der Technik bezieht sich, wie einige gerichtliche Auseinandersetzungen zeigen, nicht nur auf die reine Technik, sondern auch auf die Kenntnis und zeitgleiche Umsetzung von Regelwerken.

Eine umfassende Auflistung dieser Grundlagen und Regelwerke findet sich im Handbuch der Reinraumpraxis [16.2].

Hinsichtlich der Verbindlichkeit der Regelsetzung wird zwischen normativen (Englisch auch „mandatory") und informativen Elementen unterschieden.

16.2.1 Gesetzliche Grundlagen – das Muss

Gesetzliche Grundlagen sind z.B.:
- Umweltschutzgesetze (z. B. BImsch [16.4], sog. TA Luft, Wasser, Boden [16.5–16.7])
- Arbeitsschutz
- Produkthaftungsgesetz
- Brandschutz
- Bauordnung der Länder, des Bundes
- Bebauungspläne
- u. v. a. m.

und zusätzlich für die pharmazeutische Industrie z.B.:
- Deutsches Arzneibuch [16.8]
- Pharmabetriebsordnung [16.9]

- Lebensmittelbedarfsgesetz [16.10]
- Code of Federal Regulation CFR 21 [16.13] etc.
- Europäische Pharmacopae

16.2.2 Regulatorische Grundlagen – das Soll

Regulatorische Grundlagen im Bereich Reinraumtechnik sind z.B. je nach Anwendungsfeld und Standort des Reinraums bzw. Exportland der im Reinraum hergestellten Produkte (vgl. auch Kap. 18):
- ISO 9000-Reihe
- VDI 2083, Blatt 1–12
- DIN EN ISO 14644 Serie und zugehörige Entwürfe
- IES RP's
- Semi-Standards
- ASTM-Richtlinien
- DIN-Richtlinien
- GMPs der FDA, EG, WHO, PIC.

16.2.3 Non-mandatory-Informationen – das Kann

Non-mandatory-Informationen bzw. Informationen, die keinen unmittelbaren Richtliniencharakter aufweisen, nichts desto weniger aber den Stand der Technik dokumentieren, sind z.B.:
- Informationsblätter der Berufs- und Fachverbände, z.B. PDA, ISPE, VDMA, usw.

16.3 Qualitätsmanagement

Qualitätsmanagement fängt damit an, dass man sich mit den Problemstellungen vertraut macht. Es sind zu beachten:
- Die Anforderungen des Produkts an die Fertigung unter Reinraumbedingungen
- Die Wechselwirkungen einzelner Produktionsschritte
- Aufbauorganisation zur Qualitätsausrichtung
- Ablauforganisation zur Sicherstellung einer konstanten Qualität.

Wie in der Einführung bereits erwähnt, kennen nur die Wenigsten die Kosten, die durch Fehler in der Produktion auf das einzelne Unternehmen zukommen. Im Folgenden sollten die Werkzeuge, mit denen man Problemstellungen in der Reinraumtechnik einfach visualisiert und quantifiziert, aufgezeigt werden:
- Risiko-Analyse
- Fischgräten- oder Ishikawa-Diagramm
- Fehler-Möglichkeits- und Einfluss-Analyse
- Simulation (Klima, Stromlinien der Geschwindigkeit, Reinheit, Logistik etc.)

Hier wurden nur die Verfahren ausgewählt, die mit einem vertretbaren Aufwand zum Ziel „Verdeutlichung von Problemstellungen in der Reinraumtechnik" führen. Es gibt noch weitere Verfahren, die z. B. besser in der Produktion von Massenwaren oder ähnlichem eingesetzt werden. In Abschn. 16.3.1 wird aufgezeigt, in welchen Phasen eines Reinraumprojektes die hier vorgestellten Werkzeuge eingesetzt werden können. Nach der Behandlung der Werkzeuge wird für die einzelnen Phasen eines Projekts, und zwar für:

- Planung,
- Ausführung,
- Betrieb von Reinen Räumen

beschrieben, welche detaillierten Qualitätssicherungsmaßnahmen in der jeweiligen Projektphase zu beachten sind.

Um den eigenen Stand im Qualitätsmanagement zu beurteilen und zu bewerten, bietet sich die Checkliste gemäß des Baldrige-Awards oder die EQM-Frageliste an, s. Tabelle 16.1.

16.3.1 Risk Assessment und Risk Management

Durch die Komplexität der Zusammenhänge einer reinraumtechnischen Anlage und der Verknüpfung der einzelnen Subsysteme oder Gewerke miteinander ist es notwendig, eine Risikoanalyse vorzunehmen. Hierbei werden die Risiken identifiziert und bewertet. Die definierten Risiken sollten durch Maßnahmen zur Risikovermeidung minimiert oder beseitigt werden.

In der Pharmazie wird im Rahmen der Qualification Need Analysis (QNA) festgelegt, welche Systeme für die Anforderungen der Produktion kritisch und welche unkritisch sind. Nur die kritischen Systeme werden einer Qualifizierung unterworfen. Die Risikoanalyse kann außerdem eingesetzt werden, um festzulegen wie tief oder wie weit kritische Systeme qualifiziert werden müssen. Im Folgenden wird der grobe Ablauf einer Risikoanalyse beschrieben.

Mit heutigen Computerprogrammen, z. B. RS1 von Fastech/BBN, sind komplexe Analysen des Risikos mit computerisierten Werkzeugen wie „Design of Experiment" – einer systematisierten Systemanalyse und eines Simulationswerkzeugs – möglich. Der hohe Aufwand sollte gegen den möglichen Nutzen abgewogen werden, bevor man derartige Werkzeuge einsetzt.

16.3.1.1 Risiko-Analyse

Im Risiko-Assessment werden auf der Basis des Anforderungsprofils des (späteren) Betreibers mit nachvollziehbaren Prozessen die Qualitätssicherungsmaßnahmen festgelegt. Es werden kritische und nicht-kritische Systeme und Komponenten identifiziert. Eine Visualisierung kann über ein Fischgräten- (oder Ishikawa-)Diagramm, s. Abb. 16.4–16.6 für Beispiele, vorgenommen werden. Natürlich lassen sich auch andere Darstellungsmethoden wählen, die aber häufig einen größeren Aufwand und größere Komplexität der Darstellung bedeuten. Die Risiko-Bewertung kann mit einer Fehler-Möglichkeits- und Einflussanalyse (FMEA) durchgeführt werden.

Nachfolgend wird der Vorschlag einer Checkliste für die Risikoanalyse aufgezeigt (Vorlage AICHE, American Institute of Chemical Engineers). Die Risikoanalyse soll sowohl die sicherheitstechnischen Belange als auch die prozesstechnischen Forderungen spezifizieren und quantifizieren.

Tabelle 16.1   Qualitätseinschätzung gemäß Baldrige Award (Übersetzung aus: Malcolm Baldrige National Award: 1992 Examination Categories and Items [United States Department of Commerce]).

lfd. Nr.	Kategorie	Max. Punktanzahl	Zwischensumme	Einschätzung
1.0	**Führung**		90	
1.1	Verantwort. der obersten Leitung	45		
1.2	Qualitätsmanagement installiert	25		
1.3	Kommitment aller Mitarbeiter für QM	20		
2.0	**Information und Analyse**		80	
2.1	Daten/Vorgabe für QM kommuniziert	15		
2.2	Benchmark und Wettbewerbsanalyse	25		
2.3	Ermittlung von eigenen Qualitätskosten	40		
3.0	**Strategische Qualitätsplanung**		60	
3.1	Installierter Qualitätsplanungsprozess	35		
3.2	Qualitätserfüllungspläne	25		
4.0	**Human Ressource Management und Personalentwicklung**		150	
4.1	Human Ressource Management	20		
4.2	Mitarbeiterentwicklungspläne	40		
4.3	Qualitätsmanagementtraining	40		
4.4	Erfassung des Qualitätsbewusstseins der Mitarbeiter	25		
4.5	Qualitätsverhalten der Mitarbeiter	25		
5.0	**Management und Prozessqualität**		140	
5.1	Einführung von Qualitätsprodukten/ -dienstleistungen	40		
5.2	Prozesslenkung eingeführt	35		
5.3	Prozesslenkung auf Geschäftsebene und Supportebene eingeführt	30		
5.4	Kontrolle der Zulieferqualität	20		
5.5	Qualitätsanalysen eingeführt	15		
6.0	**Qualitäts- und Betriebsergebnisse**		180	
6.1	Produkt- und Dienstleistungsqualitätsergebnisse	75		
6.2	Betriebsergebnisse der Firma	45		
6.3	Ergebnisse der Geschäfts u. Supportebene	25		
6.4	Qualitätsergebnisse der Lieferanten	35		
7.0	**Kundenfokus und Kundenzufriedenheit**		300	
7.1	Kundenbeziehungen und Kundenpflege	65		
7.2	Kundenbezogenheit/Kommitment	15		
7.3	Analyse der Kundenzufriedenheit	35		
7.4	Ergebnisse der Kundenzufriedenheit	75		
7.5	Vergleich der Kundenzufriedenheit	35		
7.6	Zukünftige Kundenerwartungen	35		
	Gesamtsumme		1000	

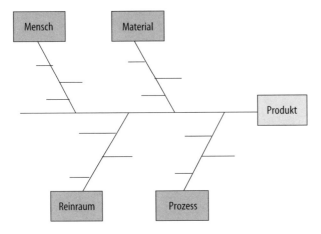

Abb. 16.4   Fischgräten- oder Ishikawa-Diagramm

Komponenten der Risikoanalyse

Die Risikoanalyse setzt sich zusammen aus Risiko-Assessment, Risiko-Management und Risiko-Kommunikation (Abkürzungen bedeuten: V vernach-lässigbar, N niedrig, M moderat, H hoch)

Definition

- *Risk Assessment* ist die Charakterisierung eines möglichen Einflusses, wel-cher
  - die Wahrscheinlichkeit des Eintretens einer Gefährdungssituation,
  - die Konsequenzen bei Eintreten der Gefährdung (wie gefährlich ist die Situation?)

  beschreibt.

- *Komparative Risikoanalyse* ist die Prozedur zur Messung des relativen Risi-kos (verglichen mit anderen Risiken).

- *Risiko-Management* ist der Entscheidungsprozess, in dem die Ergebnisse des Risiko-Assessments und der komparativen Risikoanalyse gewichtet werden, und zwar unter weiteren Gesichtspunkten wie den Werten der Firma, den äußeren Bedingungen und Kosten der Risikoverminderung, um eine ange-messene Entscheidung zu treffen (Was soll in dieser Situation getan werden?).

16.3.1.2 Komponenten des Risiko-Assessments

Die Fragen (Prozessinitialisierung)
- Welcher Prozess soll analysiert werden?
- Was sind die Anforderungen?
- Von wem?
- Welches Produkt?
- Wie hergestellt?

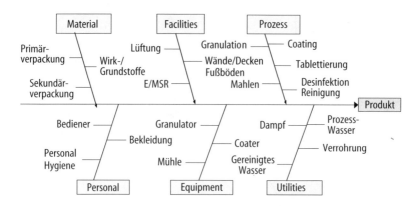

Abb. 16.5   Fischgräten- oder Ishikawa-Diagramm einer Tablettenfertigung

- Von wo?
- Wieviel?
- Geht wohin?
- Wird gebraucht wofür?
- Was?
- Warum?

Gefährdung (Identifizierung der Gefährdung)

- Was kann alles passieren?
- Welche Probleme können auftreten?
- Was ist die Folge des Problems (z. B. Kontamination, Cross -Kontamination, Verletzung, Infektion, zerstörte Produkte, Waren)?

Wahrscheinlichkeit des Fehlers (Wahrscheinlichkeitskomponente des Fehlers)
- Wahrscheinlichkeit des Fehlers/der Kontamination (Wertung V, N, M oder H oder quantifizieren)
- Beschreibung oder Modellierung „was und von wo?"
- Wie hoch ist die Wahrscheinlichkeit, dass die Gefährdung den betrachteten Bereich betrifft?
- Wahrscheinlichkeit der Exposition/Übertragung (Wertung V, N, M oder H oder quantifizieren)
- Wahrscheinlichkeit der Ausbreitung (Wertung V, N, M oder H oder quantifizieren)
- Beschreibung oder Modellierung der chemischen, physikalischen oder mikrobiologischen Gefährdungsprozesse der Ausbreitung vom Entstehungsort, Bewertung der Wahrscheinlichkeit der Ausbreitungsverhinderung.

16.3.1.3 Folgen eines Fehlers

- Chemische, physikalische oder mikrobiologische Folgen (Wertung V, N, M oder H oder quantifizieren)
- Beschreibung oder Modellierung der chemischen, physikalischen oder mikrobiologischen Folgen (Dosis-Wirkung) auf das Produkt, die Fabrik,

Menschen oder Tiere, einschließl. möglicher ökonomischer Folgen (Wertung V, N, M oder H oder quantifizieren)
- Beschreibung des direkten wirtschaftlichen Verlusts (in Geldwerten oder Prozentanteilen der Produktion)
- Direkte wirtschaftliche Folgen durch das Ereignis
- Indirekte wirtschaftliche Folgen durch Ansehensverlust bzw. Verkaufsverlust/Jahr.

Unsicherheit und Zusammenfassung des Risiko-Assessments
- Beschreibung der Unsicherheit der benutzten Daten
- Zusammenfassung aller Risiken mit zugehöriger Wahrscheinlichkeit, Auswirkung und Unsicherheit/Grad der Bestimmtheit

Für das Risiko gilt genau so wie für den abstrakten Begriff „Qualität", dass Führungsverantwortung und Verantwortungsgefühl der jeweilig Betroffenen oder betrauten Personen über den Erfolg oder den Misserfolg des „Risiko-Assessments" mitentscheidet.

16.3.2 Fischgräten- oder Ishikawa-Diagramm

In einem Fischgräten- oder Ishikawa-Diagramm können sehr schnell und übersichtlich die unterschiedlichen Einflussfaktoren bei einer Produktion unter Reinraumbedingungen visualisiert werden, s. Abb. 16.4–16.6. Zusätzlich lassen sich ggf. vorhandene Abhängigkeiten in einem zweiten Bearbeitungsschritt herausarbeiten oder Gewichtungen (siehe auch Risiko-Analyse oder FMEA) vornehmen.

In Abb. 16.5 wurden die Abhängigkeiten bei einer Tabletten-Produktion als Beispiel aus dem Bereich Pharmazie gewählt. In Abb. 16.6 ist als Beispiel ein

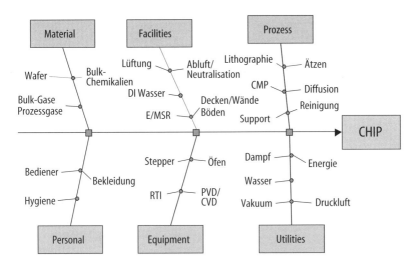

Abb. 16.6   Fischgräten- oder Ishikawa-Diagramm einer Chip-Produktion

Ishikawa-Diagramm einer DRAM-Produktion unter Reinraumbedingungen dargestellt.

Die Komplexität der Verknüpfungen, an deren Ende erst das gewünschte Produkt steht, wird an den Beispielen offensichtlich.

16.3.3 Fehlermöglichkeits- und Einflussanalyse FMEA

Die Fehlermöglichkeits- und Einflussanalyse ist eine systematische Vorgehensweise zur Bewertung von Risiken und Beurteilung von Maßnahmen mit hoher Systematik (Checklistencharakter), s. Tabelle 16.2. Es sollte ein FMEA-Team aus Betreibern, Planern, Fachingenieuren, Qualitätssicherung und Qualitätskontrolle mit der Aufgabe betraut werden. Die FMEA läuft ab wie folgt:
- Analyse einer Komponente oder eines Prozesses
- Spezifikation der Funktion oder des Zwecks
- ALLE denkbaren Fehler werden in einem Brainstorming-Prozess aufgelistet. Es wird noch KEINE Bewertung der Fehler vorgenommen.
- Spezifikation der Auswirkung der Fehler auf die Komponente oder den Prozess
- Ermittlung aller Fehlerursachen
- Risikobewertung für jeden Fehler
  - Bedeutung des Fehlers für den Prozess S: schwerwiegend 10, unbedeutend 1
  - Auftretenswahrscheinlichkeit A: hoch 10, unwahrscheinlich 1
  - Entdeckungswahrscheinlichkeit E: niedrig 10, hoch 1
  Die Risikozahl RZ ergibt sich aus der Multiplikation dieser drei Einzelwerte $RZ = S \times A \times E$
- Bei hohen Risiken (Risikozahl > 125) müssen Maßnahmen getroffen werden. Verantwortlichkeiten sind festzulegen.

Tabelle 16.2 Beispiel einer FMEA

Problem: Produkt verunreinigt					
Fehler	S	A	E	RZ	Kommentar/Maßnahme
Luftreinheit	5	3	8	120	Regelmäßiges Monitoring
Oberflächenreinheit	8	5	2	80	Oberflächenmessung zu teuer, Reinigung nach Lösung des Problems mit Reinstwasser optimieren
Reinheit des Ausgangsmaterials	3	3	4	36	Lieferant ist qualifiziert, keine Maßnahmen
Reinstwasserreinheit	6	6	5	180	Anlage sofort optimieren
Gasreinheit	4	3	5	60	Reinheitsspezifikation prüfen
Mikrobielle Reinheit	2	3	5	30	Monitoring 1 × Woche
Prozessfehler	7	4	5	140	Mitarbeiter sofort schulen, SOPs prüfen

– Unter der Annahme, dass die richtigen Maßnahmen ergriffen worden sind, kann mit der FMEA der Prozess simuliert und optimiert werden, indem die FMEA wiederholt durchgeführt wird.

Aus der aufgezeigten Ablaufkette wird deutlich, dass die FMEA ein sehr erfolgreiches Werkzeug zur Quantifizierung möglicher Fehlerquellen im Reinraum sein kann. Für eine Problemanalyse ist es hilfreich, wenn weitere Hilfsmittel wie z.B. Excel-Listen vorbereitet und Moderatoren zur Durchführung des FMEA-Prozesses vorhanden sind.

Für den erfolgreichen Einsatz der Methode sollten die Moderatoren für die FMEA geschult sein. Weiterhin stehen moderne Weiterentwicklungen der o.a. Methodik in Form von unterstützenden Excel-Programmen (z.B. Matrix-FMEA, IMS) zur Verfügung.

Am gewählten Beispiel der Tabelle 16.2 lässt sich eine der Problemstellungen der Reinraumtechnik und der Fehlerdefinition ablesen.

Bisher wurde noch keine Korrelation zwischen der Oberflächenreinheit und der Luftreinheit in der Umgebung des Produkts zweifelsfrei nachgewiesen. Häufig ist die Oberflächenreinheit die Reinheitsspezifikation für ein Produkt (Wafer, CD, etc.). Die Oberflächenreinheit ist von der Bedeutung her in vielen Fälle der kritischere Prüfparameter. Die Oberflächenreinheit (Ausnahme polierte Wafer) kann nur mit großem messtechnischem und damit apparativem Aufwand beurteilt werden. Damit sind die FMEA-Parameter Auftretenswahrscheinlichkeit und Fehlererkennung gering zu bewerten. Es folgt, dass die Oberflächenreinheit zwar ein kritischer Parameter ist, in der Fehler-Möglichkeits- und Einflussanalyse aber nur geringe Risikozahlen erhält. Hieraus kann man z.B. ableiten, dass indirekte Messungen wie z.B. die Luftreinheit oder Qualitätssicherungsmaßnahmen (Schulung des Personals, Verbesserung des Reinstwassers) einen größeren Einfluss auf den Parameter „Produkt verunreinigt" haben, da diese einfacher zu kontrollieren und zu überwachen sind.

16.3.4 Simulation

Die Simulation ist die komplexeste aber effektivste Form, mögliche Risiken, Fehler oder Beeinträchtigungen im Vorfeld eines Projekts zu ermitteln. Leider gibt es keinen Simulator für das Gesamtsystem „Reinraum", sondern nur Simulationswerkzeuge für z.B.:
– Umgebungsbedingungen im Reinraum
– Energieverbrauch
– Raumluftströmung und die damit zusammenhängende Luftreinheit (z.Z. begrenzt auf kleinere Räume von ca. 50 m^2) (Computational Fluid Dynamics, mit Turbulenzuntersuchung)
– Transport und Logistik (Monte-Carlo, Discrete Event etc.), Prozessfluss.

Die Simulatoren hängen von der Qualität der Eingabe ab. Die Investitionskosten für derartige Simulationswerkzeuge können mehr als 100.000 DM betragen. Je nach Problemstellung muss die Kosten-Nutzen-Rechnung vor Einsatz der Simulation detailliert vorgenommen werden.

16.3.5 Qualitätsmanagement in der Planungsphase

Die Planungsphase ist aus der Sicht des Qualitätsmanagements in der Reinraumtechnik die Basis zur Fehlervermeidung, Minimierung von Änderungen und Minderung der Investitions- und Betriebskosten. Zur Erreichung dieses Zieles bedient man sich bewährter Methoden wie der Risiko-Analyse, der Fehler-Möglichkeits- und Einflussanalyse (FMEA) und Visualisierungen wie dem Ishikawa-Diagramm, s. Abb. 16.4–16.7, und ähnlichem. Durch Festlegung und Dokumentation der Ergebnisse in Form von ersten Qualifizierungsschritten (Design-Qualification) werden die Ziele geprüft und festgeschrieben. Durch den Aufbau und Einsatz einer Aufbau- und Ablauforganisation auf Seiten des Auftraggebers und der planenden Organe wird begonnen, die definierten Projektziele umzusetzen. Für jedes Projekt ist die Frage des Projekt-Budgets entscheidend. Aus diesem Grund soll in Abschn. 16.3.6 auf die Erfassung von Kostenstrukturen im Reinraum eingegangen werden.

Aufbau- und Ablauforganisation in der Planungsphase

Eine Reihe von Fehlern und damit verbundene Mehrkosten werden durch eine mangelnde personelle Besetzung der Projektteams sowohl in der Quantität als auch der Qualität hervorgerufen. In diesem Zusammenhang ist es eine wichtige Aufgabe des Qualitätsmanagements, in der Projektdefinitionsphase den Personalbedarf zu ermitteln, die Personen zu benennen und in den einzelnen Projektphasen bereitzustellen. Dies bedingt eine Evaluierung der vorhandenen internen und externen Ressourcen.

Nachfolgend ist in Tabelle 16.3 ein Beispiel der Funktionen und Verantwortlichkeiten aus der pharmazeutischen Industrie aufgezeigt, das mit kleinen sprachlichen Anpassungen ähnlich in der Elektronik-Industrie übernommen werden kann.

Am Beispiel der Validierung in der Pharmazie werden in der Tabelle 16.4 beispielhaft ein Ablaufdiagramm eines Projekts und die zugehörigen Verantwortlichkeiten und Tätigkeiten verdeutlicht.

16.3.6 Qualitätsmanagement und Kostenstrukturen im Reinraum

Ein wichtiger Bestandteil des Qualitätsmanagements ist die Betrachtung der Kostenstrukturen und deren Bewertung. Dabei dürfen nicht nur die Investitionskosten, sondern müssen auch die Betriebskosten herangezogen werden, da die Betriebskosten von reinraumtechnischen Anlagen pro Jahr in einigen Fällen bis zu 30 % der Investitionskosten betragen können.

Im Folgenden werden die einzelnen Qualitätsmanagementaufgaben von den grundsätzlichen Überlegungen zu Investitions- und Betriebskosten für die einzelnen Lebensphasen einer reinraumtechnischen Anlage bis hin zum Betrieb beschrieben.

16.3.6.1 Investitions- und Betriebskostenmatrix

In Tabelle 16.5 werden die Investitions- und Betriebskostenarten gemäß den in der VDI-Richtlinie 2083, Blatt 11, getroffenen Festlegungen aufgelistet.

Tabelle 16.3   Funktionen des Qualitätsmanagements für Reinraumprojekte

Funktionen	Verantwortlichkeiten im Qualifizierungs-/Validierungsprozess
Engineering	Konzipiert, entwirft, plant, evaluiert, kauft ein, installiert, qualifiziert, zertifiziert und startet Fabriken, Anlagen der technischen Gebäudeausrüstung, Anlagen, Mediensysteme unter Beachtung von GMP und GEP (und ggf. ISO 9000, falls bereits installiert).
Entwicklung	Entwirft, optimiert und zertifiziert die Herstellprozesse, installiert und etabliert Design-Kriterien, stellt Prozess-Fähigkeitsdaten zur Verfügung und ist für Designdaten der Lastenhefte und Funktionsspezifikation mitverantwortlich.
Betreiber	Betreibt und wartet Fabriken, Reinräume, Hilfssysteme und den spezifischen Herstellungsprozess innerhalb von festgelegten Design-Kriterien, Spezifikationen und Anforderungen, schreibt die Lastenhefte mit Informationen aus der Entwicklung, führt zusammen mit der Qualitätskontrolle und der Qualitätssicherung die Prozessvalidierung und Reinigungsvalidierung durch.
Qualitäts-sicherung	Ist für die Validierungsprotokolle verantwortlich und leitet die Prozessvalidierung, auditiert spezifische Herstellprozesse auf Übereinstimmung mit den Design-Spezifikationen; sichert allgemeine Qualität im Rahmen von GEP (oder ggf. ISO 9000 wenn installiert) in Zusammenarbeit mit dem Engineering.
Qualitätskontrolle	Unterstützt Engineering, den Betreiber und die Qualitätssicherung in der Prozess- und Reinigungsvalidierung und unterstützt den Betreiber in der Überwachung der Herstellung, Probenahme, Monitoring und Belastungstests.

Um eine Vergleichbarkeit und Bewertung der Kostensituation zu erhalten, sollten in Tabelle 16.5 nur die Kosten, die mit der Nutzung der Flächen als Reinraum in Verbindung stehen, eingetragen werden. Die „normalen" Erstellungskosten für ein Gebäude sollten separat bewertet werden.

Tabelle 16.5 kann nur eine Vorlage für die Aufstellung für das jeweilig zu bewertende Projekt sein. Die Ergebnisse der Auswertung für gleichartige Reinraumanwendungen ergaben eine Übereinstimmung in der Größenordnung ±15 %, so dass gröbere Fehleinschätzungen oder Fehlbewertungen vermieden werden können. Variationen ergeben sich durch unterschiedliche Qualitätsvorgaben an einzelne Systeme bzw. durch unterschiedliche Produktanforderungen an die Reinraumtechnik.

16.3.6.2 Qualifizierung und Validierung

Qualifizierung und Validierung sind Begriffe, die in dieser Form in der Pharmazie, Kosmetik und Lebensmittelindustrie benutzt werden.

Die Abläufe und Maßnahmen, die durch die beiden Begriffe zusammengefasst werden, sind im Rahmen eines Qualitätsmanagements von so großer Bedeutung, dass im Folgenden vertiefend darauf eingegangen werden wird. Für andere Anwendungsfelder der Reinraumtechnik (Mikroelektronik, Mikromechanik, Optik etc.) wird empfohlen, sich an das in der Pharmazie benutzte Vor-

Tabelle 16.4 Validierungsmatrix des Ablaufes und der Verantwortlichkeiten

Qualifizierungs-Team Aufgaben	Q-Projekt-Mgr. (z.B. Engineering)	Betreiber	Entwick-lung	Qualitäts-Sicherung	Qualitäts-Kontrolle
Kick-off-Meeting – Risiko-Analyse – Meilensteine	V/D	D	D	D	M
Master-Pläne (VMP, MQP)	V/M	M	M	V/D M	
GMP Review	V/D	M	M	D	M
Lieferantenauswahl und Evaluierung	V/D	M	I	D	M
Design-Qualifizierung – Prüfplanerstellung – Ausführung – Bericht	V/D	I	–	M	M
Installations- Qualifizierung – Prüfplanerstellung – Ausführung – Bericht	V/D	I	–	I	M
Operational- Qualifizierung – Prüfplanerstellung – Ausführung – Bericht	V/D	I	–	I	M
Performance- Qualifizierung – Prüfplanerstellung – Ausführung – Bericht	V/D	M	–	I	M
Schlussbericht	V/D	I	–	I	I
Kalibrations-Pläne	M	V/D	–	M	D
Betriebsanweisungen	M	V/D	–	M	M
Prozessanweisungen	M	V/D	–	D	M
Wartungsanweisungen	M	V/D	–	I	M
Reinigungsanweisungen	M	V/D	–	I	D
Trainingsanweisungen und Training	M	V/D	–	M	M
Validierungsbericht	M	M	–	V/D	M
Requalifizierung	I	V/D	–	M	M
Wartung	M	V/D	–	I	
Rekalibration	I	V	–	M	D
Änderungskontrolle	I	V/D	–	M	I

V Verantwortung; I Information; D Durchführung; – nicht beteiligt; M Mitwirkung

Tabelle 16.5/1   Investitions- und Betriebskosten modifiziert nach VDI 2083, Blatt 11

lfd. Nr.	Investitionskostenart	in TDM	Betriebskostenart	in TDM
1	**Gebäude, Infrastruktur**		**Gebäude, Infrastruktur**	
a			Reinigung	
b			Unterhalt	
2	**Reinlufttechnik**		**Reinlufttechnik**	
a	Konzept der Hülle		Energiekosten	
b	Konzept der Luftförderung		Wartung und Instandhaltung	
c	Prozessfortluftentsorgung		Reinigung (RR-Boden, RR-Decke, RR-Wand)	
3	**Medienver- und entsorgung**		**Medienver- und -entsorgung**	
a	Bulkgase		Lieferreinheit	
b	Spezialgase		Sicherheit	
c	Reinstwasser		Instandhaltung	
d	Prozessflüssigkeiten		Entsorgung	
e	allgemeine Versorgungstechnik		Sicherung der POU-Reinheit	
f	– Beleuchtung		Energie	
g	– Elektroversorgung			
h	– Kommunikationstechnik			
i	– Wärme, Kälte, Dampf			
j	– Sanitär			
k	– Roh- und Abwasser			
l	– Vakuum, Druckluft			
4	**Personal**		**Personal**	
a	Bekleidung (Erstausstattung)		Umkleidezeit	
b	Verhalten (Schulung)		Lohnzuschlag	
c			Verbrauchsmaterialien	
d			Dekontamination	
e			Training, Fortbildung	
5	**CIM, Automatisierung**		**CIM, Automatisierung**	
a	CIM, PPS, MES		Energie	
b	Transportsysteme		Wartung und Instandhaltung	
c	Lagersysteme		Reinigung	
d	Handlingssysteme/Robotik			
6	**Prüfkosten**		**Prüfkosten**	
a	Abnahme		Prüfzeiten	
b	Qualifizierung/Validierung		Überwachungsprüfzeiten	
c	Überwachung/Monitoring		Kalibration der Mess- und Analysentechnik	
d	– Messtechnik		Verbrauchsmaterialien	
e	– Analysentechnik		Instandhaltung	
f	– Datenverarbeitung		Qualifizierungskosten für das Personal, Schulung	
g	– Dokumentation			
h	– Prüfzeiten			
7	**Sicherheitstechnik**		**Sicherheitstechnik**	
a	Überwachungstechnik		Energie	
b	Sicherheitssysteme		Wartung und Instandhaltung	

Tabelle 16.5/2   Investitions- und Betriebskosten modifiziert nach VDI 2083, Blatt 11

lfd. Nr.	Investitionskostenart	in TDM	Betriebskostenart	in TDM
c	– Sprinkler-/Feuerlösch-anlagen/Brandmelder		Entsorgung	
d	– Notbeleuchtung		Qualifizierungskosten für das Personal, Schulung	
e	– Not-/Augendusche Atemgeräte			
f	– Schulung, Organisation			
8	**Umweltschutz** Überwachungstechnik Sondermassnahmen Prüf- und Nachweiskosten		**Umweltschutz** Energie Instandhaltung Entsorgung Prüf- und Nachweiskosten Qualifizierungskosten für das Personal, Schulung	
	Gesamtkosten		Gesamtkosten	

gehen anzulehnen, weil dadurch die Wahrscheinlichkeit eines Erfolg des Projekts erhöht wird. Welche Begriffe für die Vorgänge benutzt werden, ist für andere Anwendungsfelder von untergeordneter Bedeutung, solange die Vorgehensweise eingehalten wird.

Da in der Literatur teilweise unterschiedliche Begriffsdefinitionen zu finden sind, seien diese wie folgt festgelegt:

Process Validation/Prozessvalidierung. Die Prozessvalidierung ist der dokumentierte Nachweis, dass der spezifische Prozess dauerhaft ein Produkt erzeugt, das seine vorbestimmten Spezifikationen und seinen Qualitätsmerkmalen entspricht. Die Prozessvalidierung weist auf der Grundlage und in Übereinstimmung mit den GMP nach, dass jede Prozedur, Prozess, Equipment, Material oder System zu den erwarteten Resultaten führt.

Qualification/ Qualifizierung. Die Qualifizierung stellt sicher, dass die Fabrik, der Prozess oder das System in Übereinstimmung mit Design-Spezifikationen errichtet worden sind und dass diese dauerhaft und zuverlässig die Spezifikationen des Lastenheftes erfüllen.

Good Manufacturing Practice GMP. Im Leitfaden zur Guten Herstellpraxis (Good Manufacturing Practice = GMP) werden Empfehlungen für die Rahmenbedingungen einer kontrollierten Herstellung von Arzneimitteln ausgesprochen.

Design Qualification DQ. Die Design-Qualifizierung (deutsch auch „Planungsqualifizierung") ist der dokumentierte Nachweis, dass das Design der Fabrik, des Prozess-Equipments und des Kontrollsystems die Anforderungen des

Lastenheftes, die Current Good Manufacturing Practices, die Anforderungen der allgemeinen Qualitätssicherung und die Anforderungen der Umwelt- und Arbeitssicherheit erfüllt.

Installation Qualification IQ. Die Installations-Qualifizierung ist der dokumentierte Nachweis, dass die Fabrik und die Infrastruktur gemäß den festgelegten Spezifikationen, Lastenheften, Installationsvorschriften und anderen zugrundegelegten Regelwerken gebaut bzw. installiert worden ist.

Operational Qualification OQ. Die Operational Qualification (deutsch auch „Funktionsqualifizierung") ist der dokumentierte Nachweis, dass die Systeme dauerhaft wie spezifiziert funktionieren und die Funktionsanforderungen wie Steuerung, Kapazität und Prozessabfolge erfüllen. Dies wird durch die Überprüfung und den Vergleich aller Funktionen mit den identifizierten und akzeptierten Kriterien, wie z. B.:
- Normale Funktion
- Manuelle Funktion
- Alarme
- Schnittstellen zu anderen Systemen

sichergestellt. Zur Überprüfung wird im allgemeinen ein Wasserlauf durchgeführt, ggf. kann ein Placebo zum Funktionstest eingesetzt werden. Bei der Operational Qualification werden zur Datenerfassung ausschließlich kalibrierte Sensoren eingesetzt. In der Operational Qualification werden die Design- oder Funktionsbereiche geprüft, die prozesskritischen Instrumente identifiziert und kalibriert, die genehmigten Arbeitsanweisungen und Prozeduren für Equipment, Funktion, Bedienung und Wartung, Reinigung und Änderungskontrolle geprüft.

Performance Qualification PQ. Die Performance-Qualifizierung (deutsch auch: „Leistungsqualifizierung") ist der dokumentierte Nachweis, dass die kritischen Systeme, die im Risiko-Assessment definiert wurden, zuverlässig und dauerhaft funktionieren und innerhalb der spezifizierten Parameter produzieren. Der Nachweis erfolgt über eine im Qualifizierungsplan festgelegte Frist.

Abbildung 16.7 verdeutlicht die Parallelität von allgemeinen Ingenieurleistungen und den Leistungen des pharmazeutischen Qualitätsmanagements/ Qualifizierungsmanagements.

Als erste Maßnahme im Rahmen der Planung werden der Validierungsmasterplan/Qualifizierungsmasterplan, der die Verantwortlichkeiten und Abläufe festlegt, erstellt und die Qualifizierung der Planung (DQ) durchgeführt. Die Forderungen der Pharmazie lassen sich hierbei auch auf die Anforderungen der Mikroelektronik übertragen.

Der Grundgedanke des Qualitätsmanagements ist die Parallelität der einzelnen Phasen des Engineerings und der Qualifizierung in ihrer zeitlichen und logischen Abfolge für das Gesamtprojekt bis zur Übergabe an den Betreiber.

Ein derartiger mit einem Qualitätsmanagement verknüpfter Projektablauf stellt sicher, dass mögliche Fehler frühestmöglich erkannt und abgestellt werden.

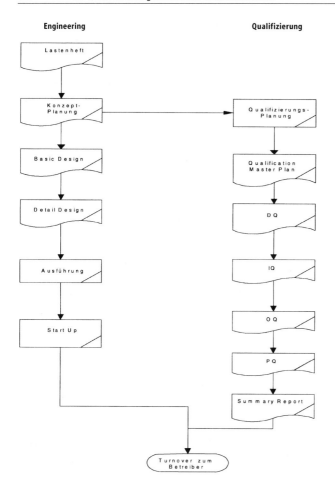

Engineering   **Qualifizierung**

Abb. 16.7   Parallelität von Projektablauf und Qualifizierung

16.3.7 Qualitätsmanagement in der Ausführung

Auch wenn in der Planungsphase die wesentlichen Grundsteine für ein erfolgreiches Projekt gelegt werden und der Einflussgrad zur Minimierung der Investitions- und Betriebskosten am größten ist, steigt, gemäß der 10er-Regel der Fehler, das Risiko in der Ausführung. Ein wesentlicher Baustein im Qualitätsmanagement in dieser Projektphase ist damit das Fehler- und Änderungsmanagement. Diese Forderung steht im Konflikt mit den immer kürzer werden Realisierungszeiten der Projekte und den damit verbundenen Parallelarbeiten.

Eine effektives Qualitätsmanagement des Gesamtprojekts setzt weiterhin voraus, dass alle Lieferanten und Partnerfirmen für ihre Teilleistungen entsprechende Kontrollen durchführen. Die Zwischenergebnisse sollten regel mäßig in den Projektbesprechungen mitgeteilt werden. Eine mitlaufende Dokumentation sowohl beim Lieferanten als auch, mit entsprechenden Verweisen, im Gesamtprojekt sollte on-line geführt werden. Das Beispiel der Reinheitskette sei hier zur Verdeutlichung genannt. Entspricht der Reinraumboden nicht den Anforderungen und Spezifikationen, kann sich ein Projektablauf um Monate verschieben, mit allen Folgen für den Terminplan und die Kostensituation, falls der einmal eingebrachte Boden saniert werden muss.

Die heutige Rechnertechnik und die verfügbare Vernetzung der Rechnersysteme stellt Werkzeuge zur Verfügung (Microsoft Project Manager, VISIO und andere), mit denen eine Terminkontrolle durchgeführt werden kann. Die Kommunikation erfolgt in Kick-Off-Treffen, Projektübergabe- und baubegleitenden Projektbesprechungen.

16.3.7.1 Aufbau- und Ablauforganisation

Zusätzlich zu den in der Planungsphase genannten Anforderungen sollten Audits bei den möglichen Lieferanten und Partnerfirmen durchgeführt werden, die die Liefer- und Leistungsfähigkeit der Lieferanten sicherstellen. Entsprechende Audit-Check-Listen sind beispielhaft in der Pharmabetriebsverordnung und den zugehörigen Kommentaren enthalten. Diese lassen sich leicht auch auf andere Anwendungsfelder übertragen.

Hervorzuheben ist in diesem Zusammenhang, dass alleine das Vorliegen eines Zertifikats nach ISO 9000 nicht den Nachweis der Lieferfähigkeit nach reinraumtechnischen Gesichtspunkten sicherstellt, s.a. [16.1].

Die Durchgängigkeit der Aufbau- und Ablauforganisation über die gesamte Projektdauer ist zur Vermeidung von Schnittstellen und damit verbundenen Fehlerrisiken notwendig. Die Planenden sollten aus dieser Sicht auch unmittelbar in der Ausführung beteiligt sein, was für einen „Turn-Key"-Ansatz spricht. Sollten andere Ansätze gewählt werden, ist von Seiten des Beauftragenden ein gleichwertiges Schnittstellenmanagement vorzuhalten.

16.3.7.2 Qualifizierung

Die wesentlichen Qualifizierungsschritte in der Ausführung sind in der Pharmazie die Installation Qualification IQ und die Operational Qualification OQ. Als fehlerminimierende Maßnahme im Rahmen der IQ seien der Factory-Acceptance-Test (Abnahme beim Hersteller) und der Site-Acceptance-Test (Abnahme auf der Baustelle) hervorgehoben.

Im Factory-Acceptance-Test wird die Einhaltung der im Lasten- und Pflichtenheft geforderten Spezifikationen bereits beim Hersteller geprüft. Dies stellt sicher, dass nur prinzipiell als Einzelgerät funktionierende Einheiten auf die Baustelle geliefert werden. Diese Maßnahme ist nicht für alle reinraumtechnischen Subsysteme durchführbar oder sinnvoll. In diesem Fall kann durch den Site-Acceptance-Test die Funktionalität der Subsysteme vor Inbetriebnahme nachgewiesen werden. Auch hier zeigt die Erfahrung, dass diese Maßnahmen das Projekt weder verteuern noch verlangsamen sondern eher verkürzen und durch das Ausschließen von Fehlern verbilligen.

16.3.7.3 Projektbegleitende Dokumentation

Eine projektbegleitende Dokumentation ist eine wesentliche Komponente des Qualitätsmanagements. Der Umfang und Inhalt sollte bereits in den Auftragsverhandlungen durch Festschreiben der Lasten- und Pflichtenhefte definiert werden und führt nicht zu nennenswerten Mehrkosten, weder beim Lieferanten noch beim Auftraggeber. Auf der Basis der Dokumentation nach der Operational-Qualification-Phase ist eine Abnahme und Zertifizierung ohne Überraschungen möglich.

16.3.7.4 Abnahme und Zertifizierung

Die Abnahme einer reinraumtechnischen Anlage stellt einen Rechtsakt dar, an den eine Reihe von Voraussetzungen und Folgen, z. B. in Bezug auf Gefahrenübergang und Beginn von Gewährleistungsfristen geknüpft sind.

Die Abnahme ist im Rahmen des Qualitätsmanagements eine zeitlich extrem begrenzte Bestätigung des vereinbarten Betriebszustands. Erst eine Performance Qualification liefert die für den Betreiber wichtige Dokumentation der dauerhaften Nutzungsfähigkeit.

Für Einzelheiten der Abnahme wird auf die Einzelblätter der VDI 2083 [16.1] und anderer Richtlinien [16.11] verwiesen.

16.3.8 Qualitätsmanagement bei der Erst-Inbetriebnahme und im Betrieb

Während in der Planung und in der Ausführung eine große Systematik in Form von Checklisten zur Verfügung steht, muss spätestens im Start-up und im Betrieb das Qualitätsmanagement für den im Reinraum stattfindenden Prozess feststehen, der auch alle reinraumtechnischen Belange einschließt, s. [16.4] und [16.2].

16.3.8.1 Qualitätsüberwachung und Prozesssteuerung

Als Qualifizierungsschritt im Rahmen der pharmazeutischen Validierung und Qualifizierung der Produktionsprozesse wird die Leistungsqualifizierung (Performance Qualification PQ) durchgeführt, die das Systemverhalten unter Produktionsbedingungen und unter Belastung (worst case) simuliert. Im allgemeinen liegt die Verantwortung für diesen Schritt bereits beim Betreiber oder Anlagennutzer, der von den bisherigen Funktionsträgern unterstützt wird. Die Leistungsqualifizierung geht nahtlos in die Prozessvalidierung über.

Ohne eine Möglichkeit zur automatisierten Prozessüberwachung und Prozesssteuerung aller Anlagensysteme inkl. der reinraumtechnischen Anlagen ist ein Qualitätsmanagement nur mit hohem Personal- und Zeitaufwand durchführbar, s. a. [16.4] und [16.2].

16.3.8.2 Reinheitsoptimierung im Betrieb

Ein Teil des Qualitätsmanagements im Betrieb eines Reinraums ist die Reinheitsoptimierung der eingesetzten Medien. Dies kann eine Optimierung sowohl in Richtung der Notwendigkeit reinerer Medien sein als auch eine mögliche Verminderung der Anforderungen. Dazu gehören auch Maßnahmen der Einsparung von Betriebskosten unter Beibehaltung des gleichen

Qualitätsniveaus der Reinheit. So konnten z. B. durch den Einsatz eines Monitoring-Systems zur bedarfsgerechten Steuerung der Luftreinheit im Betrieb die Betriebskosten für die Reinlufttechnik unter Beibehaltung der Luftreinheit von 700.000 DM auf 250.000 DM gesenkt werden [16.12]. In der Reinstwassertechnik kann über eine, durch die Reinheitsüberwachung gesteuerte Rückgewinnung, ein ähnliches Einsparpotential verfügbar gemacht werden.

16.3.8.3 Requalifizierung
Die Kosten für Requalifizierung und Rezertifizierung sind sowohl in der Mikroelektronik als auch in der Pharmazie von nicht zu vernachlässigender Größenordnung. Durch den Einsatz von kontinuierlich arbeitenden Monitoring-Systemen können die Requalifizierungshäufigkeit und der Personalaufwand soweit reduziert werden, dass ab einer bestimmten Betriebsgröße eine Rückzahlrate der Investitionen für die Monitoring-Systeme innerhalb von 3–5 Jahren erwartet werden kann.

16.4 Der Qualitätskreis: Planen – Bauen – Betreiben

In keinem anderen Industriezweig sind die Betriebskosten im Vergleich zu den Investitionskosten für die Infrastrukturtechnik so hoch wie in der Reinraumtechnik, s. hierzu auch Abb. 16.8 und 16.9. Heutige Reinräume müssen als komplexe Produktionsmaschinen verstanden werden, in deren Inneren die Herstellungsprozesse ablaufen. Zur Erstellung und zum Betrieb dieser komplexen Anlagen müssen Verfahrensabläufe konsequent eingehalten werden, die in den Qualitätskreisen Abb. 16.10 und 16.11 dargestellt sind. Speziell die Erbringung von Dienstleistungen, s. Abb. 16.10, ist bei immer geringerer

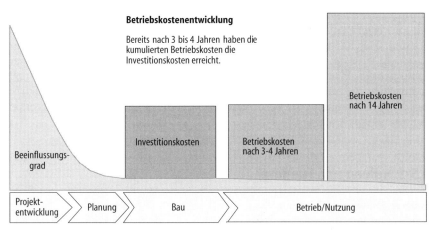

Abb. 16.8   Life Cycle eines Projektablaufs von der Konzeptphase bis zum Betrieb (KRANTZ TKT Firmenbroschüre)

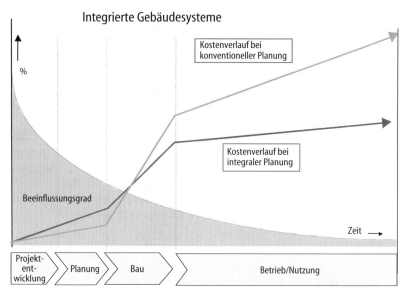

Abb. 16.9   Kostenentwicklung bei integriertem Projektansatz (KRANTZ TKT Firmenbroschüre)

Wertschöpfungstiefe sowohl bei den Reinraumnutzern als auch bei den Anlagenbauern für das Qualitätsmanagment von großer Bedeutung.

Alle Aufgaben des Qualitätsmanagements mit ihren Schnittstellen von Herstellern/Lieferanten und Kunden/Verbrauchern sind im Qualitätskreis, wie er im Blatt 11, VDI 2083 dargestellt ist, zusammengefasst, s. Abb. 16.11. Eine wichtige Forderung zum Schließen des Qualitätskreises ist die Rückkopplung bzw. Weiterleitung und Kommunikation der Informationen an alle Beteiligten.

Neben der Entwicklung der Betriebskosten, s. Abb. 16.8 und 16.9, ist zum Zeitpunkt der Projektentwicklung und Projektdefinition der Beeinflussungsgrad im Projekt auf die zu erwartenden Investitions- und Betriebskosten am höchsten. Gleichzeitig sind die mit dem Projekt verbundenen Kosten in dieser Phase sehr niedrig. Hieraus lässt sich ableiten, dass in dieser Phase und der nachfolgenden Planungsphase das größte Augenmerk auf die Minimierung der Investitions- und Betriebskosten gelegt werden muss, indem in der Form eines Meilensteinplanes die besonderen Eckdaten für ein Projekt noch einmal zusammengefasst werden.

16.5 Schulung und Training

Schulung, Einweisung, Training

Im Rahmen des allgemeinen Einsparungszwangs ist in den letzten Jahren fast durchgängig ein Rückgang der Investitionen für Schulung, Einweisung und Personaltraining festzustellen. Zusätzlich wird häufig am notwendigen War-

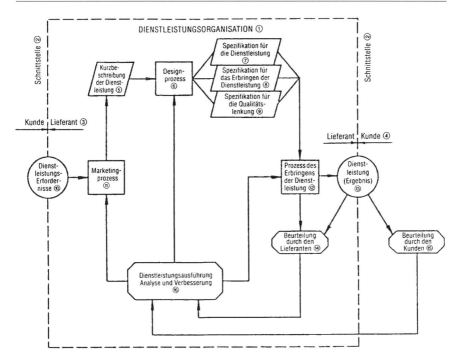

Abb.16.10   Qualitätskreis nach ISO 9004

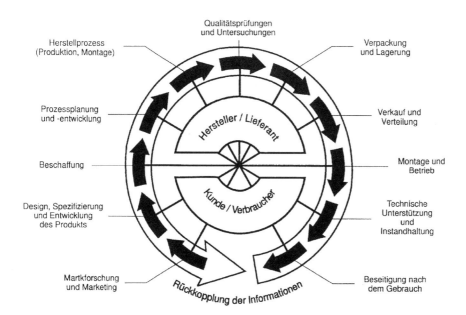

Abb.16.11   Qualitätskreis nach VDI 2083, Blatt 11

tungs- und Service-Personal gespart. Dies ist im Zusammenhang mit der Frage des Fehler-Managements und von Life-Cycle-Cost-of-Ownership-Strategien eine fatale Entwicklung. Komplexe reinraumtechnische Anlagen können von der besten Qualität sein. Selbst wenn diese Qualität perfekt dokumentiert ist, kann ohne entsprechend trainiertes Personal der Reinraum weder betrieben noch gewartet werden.

Durch Outsourcing, wie z. B. durch Vergabe des Facility-Managements an externe Firmen, kann ein Teil der Risiken vermindert und auf Kosten externer Betriebskosten minimiert werden. Die Schnittstellenkompetenz, wie im vorangegangenen beschrieben, muss in jedem Fall beim Nutzer (englisch: „owner") der reinraumtechnischen Produktionsanlagen als Minimum verbleiben.

Für die Aufrechterhaltung der Reinraumdisziplin und zur Fehlervermeidung muss von einem Schulungs-/Trainingsbedarf von ca. 5–8 Trainingseinheiten für diesen Themenkreis pro Person und Jahr ausgegangen werden.

16.6 Kostenmanagement: Balance zwischen Investitions- und Betriebskosten

Der Abhängigkeit zwischen Reinheit und Ausbeute (Yield) ist in vielen Fällen nicht ohne weiteres darzustellen. Bei einer Verweildauer der Wafer im Reinraum von 1 oder 2 Monaten und bis zu 800 Prozessschritten ist die direkte Zuordnung zu Partikelkonzentrationen oder einzelnen Kontaminationsquellen aufwendig. Eine Korrelation zwischen Luftreinheit und Ausbeute wurde nur bei IBM als ein Zusammenhang zwischen der Ereignisdichtefunktion des Auftretens von erhöhten Partikelkonzentrationen und einer größeren Fehlerhäufigkeit bei Multilayer-Keramiken identifiziert [16.13].

Dies sollte allerdings nicht als Argument gegen Monitoring und Überwachung verstanden werden. Der Aufwand, Korrelationen zu identifizieren, ist sowohl wegen der notwendigen Messtechnik als auch wegen der notwendigen Auswertung derartig hoch, dass die Messwerte des Monitoring nur als indirekte Bezugsgrößen für die Ausbeute oder Produktqualität herangezogen werden können.

Dieser Sachverhalt wird aus Abb. 16.12 deutlich. Es ist sinnvoller, durch Anstrengungen in der Fehlervermeidung (z. B. Monitoring und entsprechende Sicherheitsmaßnahmen) die Fehlerkosten zu senken.

In Abb. 16.13 sind die einzelnen Kostenarten für Pharmazie und Mikroelektronik für die Beispiele Sterilfertigung/Parenteralia und 16 MB Speicherchip-Fertigung gegenübergestellt.

Grundlage für dieses Schema ist ein Benchmarking-Prozess von drei Pharma- und drei Halbleiterfertigungen gemäß Tabelle 16.5. Es wurde auf eine Untergliederung in die einzelnen Unterpunkte im Hinblick auf eine übersichtliche Darstellung verzichtet.

Es ergeben sich gemäß Tabelle 16.5 Gesamtkosten von ca. 50.000–55.000 DM/m^2 als Investitionskosten in der Mikroelektronik (16 MB-DRAM-Produktion) und 30.000–35.000 DM/m^2 für die Sterilherstellung (Abfüllung von ‚Parente-

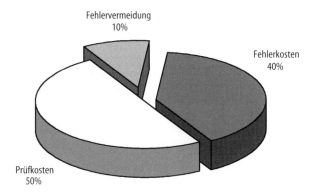

Abb. 16.12   Qualitätskosten in der Reinraumtechnik

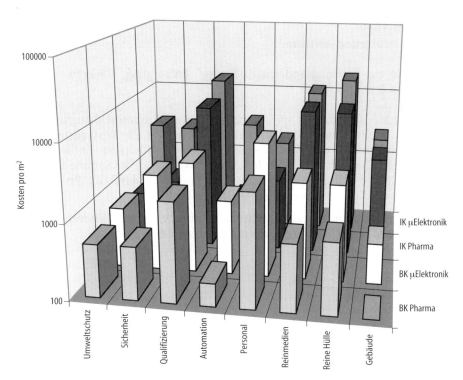

Abb. 16.13   Investitionskosten (IK) und Betriebskosten (BK) in der μElektronik und Pharmazie (Beispiel 16 MB und Parenteralia)

ralia) in der Pharmazie. Die Betriebskosten pro Jahr betragen im Mittel ca. 24–28 % für die Mikroelektronik und ca. 20–22 % für die Pharmazie von den vorgenannten Summen, unter Zugrundelegung aller Einzelpositionen aus Tabelle 16.5.

Diese Kosten sollten nicht verwechselt werden mit Angaben in der Literatur, die sich z. B. nur auf den Punkt 2, Tabelle 16.5: „Kosten der Hülle" beziehen und z. B. nur Kosten für Decke, Wände, Böden und Reinlufttechnik beinhalten.

Ziel des Blatts 11, der VDI 2083, ist es, einen Überblick über die Gesamtkosten zu geben, so dass im Rahmen der Projektabwicklung und des späteren Betriebs keine Überraschungen auftreten.

Life Cycle Cost of Ownership
Die hohen, mit dem Bau und Betrieb reinraumtechnischer Anlagen verbundenen Kosten erfordern die Betrachtung der voraussichtlichen Betriebsspanne der Anlage von der:
– Konzept- und Projektentwicklungsphase
– über Feasibility-Studien
– Basic Design
– Detailed Design
– Realisierung
– Evaluierung und Abnahme
– Betrieb
– bis hin zur Nutzungsänderung oder ggf. Entsorgung, s. hierzu auch die Abb. 16.8 und 16.9.

In der Mikroelektronik spricht man in diesem Zusammenhang auch von dem Cost of Ownership-Modell, s. Abb. 16.14, in dem alle Kostenarten in die Gesamtbeurteilung der Kosten einer Halbleiterproduktion einfließen. Im wesentlichen handelt es sich bei den „Cost of Wafer" um die Summe aller Kosten, dividiert durch die Ausbeute und den Durchsatz durch die Produktion. Nachfolgend die Definition gemäß Blatt 11, VDI 2083:

$F   Fixe Kosten (Lineare Abschreibung, für die meisten Systeme 5 Jahre)
fixed costs (linear depreciation 5 years for most systems)

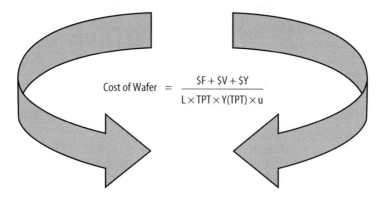

$$\text{Cost of Wafer} = \frac{\$F + \$V + \$Y}{L \times TPT \times Y(TPT) \times u}$$

Abb. 16.14   Kostenarten des Ownership-Modells COO

$V   Variable Kosten inkl. aller Verbrauchskosten (Wartung, Service etc.)
         *variable costs including all operational costs, consumption, mainte-
         nance, service and spare parts*

$Y   Kosten verbunden mit Ausbeuteverlusten (in Prozent vom Gesamt-
         ausstoss
         cost of yield loss (in percentage of total value of output)

L   Equipmentlebensdauer
         equipment life

TPT   Durchsatzrate
         throughput rate

Y(TPT)   Ausbeute des Durchsatzes
         throughput yield

u   Verfügbarkeit
         production utilization capability

Die Begriffe in Abb.16.14 wurden in Deutsch und Englisch angegeben, da die englischen Begriffe innerhalb der Halbleiterproduktion auch im deutschen Sprachraum benutzt werden.

Die Ergebnisse der COO-Betrachtung sind exemplarisch in Tabelle 16.6 dargestellt. Als Beispiel wurde eine Halbleiterfabrik in Singapur gewählt, die ASICs für den Chipkartenbereich herstellen soll. Unter der Annahme von 5200 Wafer-Starts pro Woche (WSPW) und 200 Chips pro Wafer zu einem Preis von ca. 15 S$ ergibt sich ein Verkaufswert der hergestellten Chips von etwa 800 Mio S$ pro Jahr und Kosten pro Wafer durch die Reinraumtechnik von etwa 43 S$. Die COO-Analyse ermöglicht einen schnellen Überblick über die Anteile der verschiedenen Teilsysteme der Reinraumtechnik an den Gesamtkosten. Es lässt sich leicht ablesen und anhand verschiedener Produktionsszenarios durchspielen, welche Kosten und Einflüsse auf die Produktion zu erwarten sind, s. z.B. die hohen Automatisierungskosten in o. a. Beispiel, die nur über hohe Stückzahlen und mittels Automatisierung erzielbare Produktionssteigerungen gerechtfertigt werden können.

Der Kostendruck ist für die pharmazeutische Produktion offenbar noch nicht so hoch wie in der Halbleiterproduktion, so dass das Cost-of-Ownership-Modell in der Pharmazie noch nicht in dieser Form eingesetzt wird. Bei den zu beobachtenden Entwicklungen ist es absehbar, dass auch in der Pharmazie ein größerer Augenmerk auf die mit dem einzelnen Produkt verbundenen Produktionskosten gelegt werden wird.

16.7 Zusammenfassung und Ausblick

Es wurde versucht, mit dem Begriff „Qualitätsmanagement" eine Beziehung zwischen den mit der Reinraumtechnik verknüpften Kosten und den Vorgehensweisen zur Absicherung der geforderten Qualität herzustellen. Qualitätsmanagement stellt sicher:

Tabelle 16.6 Cost-of-Wafer-Betrachtung für eine Halbleiterfabrik

Group	Range of Service	Half Fab [S$]	CoW	Remarks
200 chips/wafer, 15 S$ per chip	WSPW m² Cleanroom Output of Chips in S$/Y	5.200 6.710 811.200.000		
Production support	Fab & AMHS Simulation	222.463	0,857	
	CIM (MES H/W + S/W)	11.000.000	4,390	Maintenance, Updates, Services
	AMHS sea of lots + conveyor	28.834.563	8,755	SMIF Pods and Carriers Replacements included
Process support	Process Gas Distribution	4.088.700	2,125	All consumed gases included
	Process Gas Cabinets	4.200.000	0,983	Maintenance, Spareparts, Service
	Process Chemical Supply	4.024.792	2,432	All consumed chemicals included
	CMP Slurry Supply	1.313.419	1,278	All consumed slurry included
	DI Water	12.820.500	7,274	All consumed DI included, 50% reclaim
	Reclaim	2.496.000	1,359	All consumed chemicals included
Cleanroom and facilities	Cleanroom	8.703.575	1,801	Maintenance, Spareparts, Service, Running Costs
	Mini-environment (Interface + Robots)	8.667.139	1,869	Maintenance, Spareparts, Service, Running Costs
	Air Exhausts	5.988.691	1,062	Maintenance, Spareparts, Service, Running Costs
	HVAC	4.004.325	0,745	Maintenance, Spareparts, Service, Running Costs
	Control and Safety (MSR)	6.246.747	1,622	Maintenance, Spareparts, Service, Running Costs
	Process Utilities	21.748.650	3,102	Maintenance, Spareparts, Service, Running Costs
Building	Shell	56.805.000	0,709	Depreciation 10 years
	Externals	6.300.000	0,166	Depreciation 10 years
	Mechanical and Electrical	53.235.000	2,279	Depreciation 10 years
		240.699.562 Total Invest	42,807 Cost of wafer S$ Total Facilities	

– dass der Reinraum mit seinen Subsystemen gemäß den Vorgaben geplant, gebaut und betrieben werden kann;
– dass die Kosten-Nutzen-Betrachtung von der Planungsphase bis zum Betrieb transparent ist;
– dass Fehler möglichst früh erkannt werden, Änderungen beherrschbar bleiben und auch im Betrieb eine Optimierung ein selbstverständlicher Bestandteil ist.

Ein möglicher Projektablauf sowohl für die Pharmazie als auch für die Mikroelektronik soll in Abb. 16.15 als Meilensteinplan zusammengefasst werden, mit dem Hinweis, dass Qualitätsmanagement und Qualifizierung sowohl bei

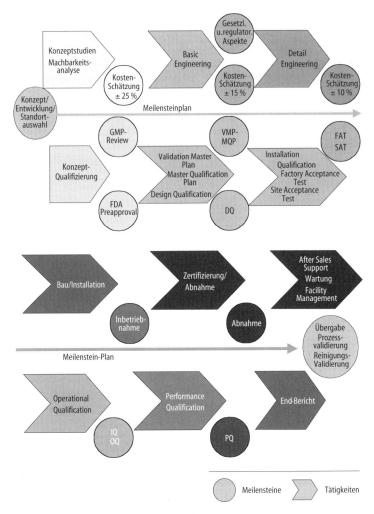

Abb. 16.15   Meilenstein-Plan in der Pharmazie

der Pharmazie als auch in der Mikroelektronik und anderen Anwendungen unabdingbare Elemente eines Projektverlaufs sein müssen, um die Kette: „Design-Optimierung, Investitions- und Betriebskosten" optimal zu gestalten.

Literatur

[16.1]   VDI 2083, Blatt 1 – 12, Reinraumtechnik
[16.2]   Hauptmann, Hohmann: Handbuch der Reinraumpraxis, Ecomed-Verlag
[16.3]   Deming, W.E.: „Out of the Crisis", Cambridge/M., 1986
[16.4]   Bundesimmissionschutzgesetz (BImSch)
[16.5]   Erste Allgemeine Verwaltungsvorschrift zum Bundes-Immissionsschutzgesetz – Technische Anleitung zur Reinhaltung Luft (TA Luft) – vom 27.02.1986, GMBl s. 95, 202
[16.6]   Wasserhaushaltsgesetz Neufassung vom 23.09.86, BGBl. I, S. 1529
[16.7]   Bundesnaturschutzgesetz, Neufassung vom 12.03.87, BGBl. I, S. 889
[16.8]   Deutsches Arzneibuch, Deutscher Apothekerverlag, Stuttgart
[16.9]   Pharmabetriebsordnung, Betriebsordnung für die pharmazeutischen Unternehmen
[16.10] Lebensmittelbedarfsgesetz, Lebensmittel- und Bedarfsgegenständegesetz (LMBG)
[16.11] ISO TC 209, WG 1 – 8 und zugehörige DIS, ISO 14644-4
[16.12] Heino Hoser: DIGITAL, Kaufbeuren, private Mitteilung 1990
[16.13] H. Heine: IBM, Sindelfingen, private Mitteilung 1990
[16.14] Code of Federal Regulation, CFR 21, siehe jeweils den aktuellen Stand im Internet
         http://www.fda.gov

17 Qualifizierung von Lüftungsanlagen und Reinräumen

17.1 Vorschriften und Richtlinien

Pharmazeutische Darreichungsformen und ebenso Produkte aus dem Bereich der Mikroelektronik und der Medizintechnik müssen ihre spezifizierte Qualität über den gesamten Lebenszyklus aufrechterhalten. Zur Herstellung von Arzneimitteln ist die Forderung nach einer dokumentierten Beweisführung aus den derzeit gültigen Vorschriften und Richtlinien eindeutig ableitbar. Alle für die Produktqualität kritischen Systeme sind demnach hinsichtlich ihrer Tauglichkeit für den geplanten Einsatz zu überprüfen. Hierzu gehören unter anderem auch die Räumlichkeiten und die Lüftungsanlagen. Zu berücksichtigende Faktoren sind hierbei die Einhaltung der geforderten Spezifikationen, Vermeidung von Kreuzkontaminationen, gründliche Reinigung, Wartung etc. Der Nachweis wird über die Qualifizierung/Validierung der entsprechenden Anlagen und Systeme geführt. Generell unterscheidet man zwischen der Qualifizierung von Anlagen und Prozessen, wobei die Prozessqualifizierung innerhalb der Pharmazie als Validierung bzw. Prozessvalidierung bezeichnet wird. Die Prozessvalidierung ist nicht Gegenstand dieses Kapitels und soll hier deshalb nicht weiter behandelt werden.

In der EG-GMP Richtlinie [17.1] Artikel 8 *Räumlichkeiten und Ausrüstung* wird die Qualifizierung direkt gefordert:

Räumlichkeiten und Ausrüstung, die zur Verwendung für hinsichtlich der Produktqualität kritische Herstellungsvorgänge bestimmt sind, müssen hinsichtlich ihrer Eignung überprüft werden (Qualifizierung).

Die Vorschriften und Richtlinien in Bezug auf die Qualifizierung und Validierung in der pharmazeutischen Industrie sind sehr vielfältig. Die folgende Aufstellung soll einen Überblick über die wichtigsten Regularien vermitteln.

- AMG (Arzneimittelgesetz)
- PharmBetrVO (Betriebsverordnung für pharmazeutische Unternehmer)
- EG-GMP-Richtlinie (91/356/EWG)
- CFR 21(Code of Federal Regulations)
- EG-GMP Leitfaden einer Guten Herstellungspraxis für Arzneimittel mit ergänzenden Leitlinien (1998)
- PIC-Dokument PR 1/99-1: Recommendations on Validation Master Plan, Installation and Operational Qualification, Non-Sterile Process Validation, Cleaning Validation (1999)

- FDA Guideline on General Principles of Process Validation
- FDA Guideline on Sterile Drug Products Produced by Aseptic Processing
- ISPE Baseline Pharmaceutical Engineering Guides
  - Vol. 1 – Bulk pharmaceutical Chemicals (1996)
  - Vol. 2 – Oral solid dosage forms (1998)
  - Vol. 3 – Sterile manufacturing facilities (1999)
  - Vol. 4 – Water and steam guide (Draft, 1997)
  - Vol. 5 – Commissioning and qualification (Draft, 1999)
- US FED STD 209 E: Airborne Particulate Cleanliness Classes in Cleanrooms and Clean Zones
- IES-RP-CC006.2: Testing Cleanrooms
- VDI 2083: Reinraumtechnik
- DIN ISO 14644: Reinräume und zugehörige Reinraumbereiche (Zum Teil noch im Entwurf, 1999)
- DIN ISO 14698: Reinräume und zugehörige Reinraumbereiche – Biokontaminationskontrolle (Entwurf, 1999)
- Diverse FDA Inspection Guidelines.

17.2 Dokumentation und Durchführung

Gemäß dem EG-Leitfaden einer guten Herstellungspraxis [17.2] wird der Begriff Qualifizierung wie folgt definiert:

Beweisführung, dass Ausrüstungsgegenstände einwandfrei arbeiten und tatsächlich zu den erwarteten Ergebnissen führen.

Unter dem Begriff „Ausrüstungsgegenstände" werden erfahrungsgemäß alle Systeme, Anlagen und Komponenten verstanden, die in einer Reinheitszone installiert sind. Damit sind unter anderem alle Versorgungsmedien und Raumumschließungsflächen gemeint. Im Einzelnen seien an dieser Stelle die Lüftungs- und Entstaubungstechnik, die Reinstmedienversorgung sowie die Wände, Decken und Böden der Reinheitszone genannt.

Die Anlagenqualifizierung wird üblicherweise durch die folgenden Schritte realisiert:

*Design Qualification (DQ).*Dokumentierte Beweisführung, dass alle Anlagen bzw. Systeme in Übereinstimmung mit den aktuell gültigen Vorschriften und Richlinien (FDA, cGMP usw.) geplant wurden.

Installation Qualification (IQ). Dokumentierte Beweisführung, dass alle Anlagen bzw. Systeme gemäß ihren geplanten Spezifikationen und Anforderungen installiert wurden.

*Operational Qualification (OQ).*Dokumentierte Beweisführung, dass alle Anlagen bzw. Systeme gemäß ihren geplanten Spezifikationen und Anforderungen betrieben werden können und dass die Reinheitszonen ohne Betriebspersonal den festgelegten Kriterien entsprechen.

Performance Qualification (PQ). Dokumentierte Beweisführung, dass alle Anlagen bzw. Systeme unter Routine-Produktionsbedingungen in den Reinheitszonen den geplanten Spezifikationen und Anforderungen entsprechen.

Die Vorgehensweise bei jedem Qualifizierungsschritt ist prinzipiell gleich (Abb. 17.1). Prüfpläne und Prüfprotokolle werden erstellt, dann genehmigt und ausgeführt. Nach der Durchführung werden Berichte mit Mängellisten erstellt, welche bewertet und nach Abarbeitung eventueller Maßnahmen ebenfalls genehmigt und freigegeben werden. Eine Ausnahme bildet hierbei die DQ, für die es mehrere verschiedene Vorgehensweisen gibt. Diese werden in Abschn. 17.2.3 näher beschrieben.

Als Basisdokument eines jeden Qualifizierungsprogramms gilt der Validierungsmasterplan (VMP), in dem die Inhalte und Vorgehensweisen zur Durchführung aller erforderlichen Qualifizierungsaktivitäten festgeschrieben werden. Ein VMP ist der Leitfaden für das gesamte Validierungsprojekt und definiert Verantwortlichkeiten, Projektansatz, Validierungsumfang und den Zeitplan. Auf den VMP wird im weiteren noch genauer eingegangen. Alternativ kann auch mit einem separaten Qualifizierungsmasterplan gearbeitet werden. Dieser hat für das Qualifizierungsprojekt die gleiche Funktion wie der VMP für das gesamte Validierungsprojekt.

Ein wichtiger Baustein eines jeden Validierungsprogramms sind die sog. Standardarbeitsanweisungen (SOPs). Hierunter werden Dokumente verstanden, in denen wiederkehrende Arbeitsabläufe innerhalb einer Produktionsstätte beschrieben werden, wie z. B. die Reinigung und Wartung von Anlagen bzw. Reinheitszonen sowie Kalibriervorgänge oder Verhaltensregeln und Schulungsprogramme für das in einer Reinheitszone arbeitende Personal.

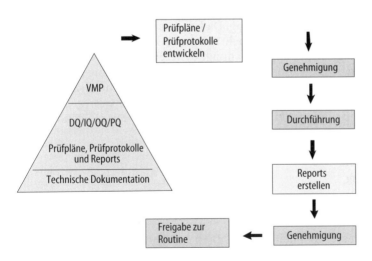

Abb. 17.1   Allgemeines Vorgehen bei der Qualifizierung

Zur Realisierung der verschiedenen Qualifizierungsschritte werden üblicherweise Prüfpläne mit den dazugehörigen Prüfprotokollen entwickelt. Diese Dokumente werden separat für alle zu qualifizierenden Systeme und Anlagen (z.B. Lüftungstechnik, Reinstwasserversorgung etc.) erstellt. Jede Anlage bzw. Reinheitszone erhält ihre eigenen Prüfpläne. In diesen Prüfplänen werden im wesentlichen jeweils das Ziel, der Geltungsbereich, die Akzeptanzkriterien und die Zuständigkeiten/Verantwortlichkeiten definiert sowie die Durchführung der eigentlichen Qualifizierungsmaßnahmen beschrieben. Die Prüfpläne und die dazugehörigen Prüfprotokolle müssen vor der eigentlichen Durchführung von der Qualitätssicherung genehmigt werden (Abb. 17.1). Nach der erfolgten Durchführung aller festgelegten Qualifizierungsmaßnahmen werden deren Ergebnisse in abschließenden Berichten zusammengefasst und bewertet. Generell ist darauf zu achten, dass die Chronologie der Qualifizierung von der DQ bis zur PQ gewahrt wird. Überschneidungen verschiedener Qualifizierungsphasen sollten soweit wie möglich vermieden werden, es sei denn, es handelt sich um nichtkritische Abweichungen.

Generell sollten alle in einer Reinheitszone installierten Systeme, Anlagen und Komponenten qualifiziert werden, welche einen Einfluss auf die Qualität des pharmazeutischen Produkts haben [17.3]. Bereits im Rahmen einer Risikoanalyse oder der Qualifizierungsplanung ist es wichtig, in kritische Anlagen und Systeme, die einen direkten Einfluss auf die Produktqualität haben können, mit einer durchgängigen Qualifizierung und in nicht-kritische Anlagen und Systeme mit einer Qualitätssicherung nach ISO 9000 oder anderen firmenspezifischen Festlegungen zu unterscheiden.

17.2.1 Commissioning

Im Allgemeinen ist die Qualifizierung eine Überprüfung der durch die ausführenden Firmen vorgenommenen Installation, Einregulierung und Inbetriebnahme, dem sog. Commissioning. Da bei dem Commissioning teilweise Leistungen erbracht werden, die auch für die Qualifizierung wichtig sind, können hier, bei gezielter Vorausplanung, Synergien erzielt werden. Es ist hierfür wichtig, dass das Commissioning mit der Qualifizierung parallel läuft (Abb. 17.2) und die Einregulierung z.B. auf vom Betreiber autorisierten Prüfprotokollen dokumentiert wird.

Zu den Commissioning-Aktivitäten werden normalerweise folgende Funktionen gezählt.
- Fertigstellung der Installation
- Inbetriebnahme
- Einregulierung
- Teilabnahmen
- Planung und Management der o.g. Aktivitäten.

Zur Versorgung einer Reinheitszone gehören Anlagen und Systeme, die einen direkten oder einen indirekten Einfluss auf die Produktqualität haben. Diese zwei Kategorien können wie folgt definiert werden:

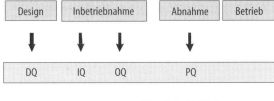

DQ = Design Qualification
IQ = Installation Qualification
OQ = Operational Qualification
PQ = Performance Qualification

Abb. 17.2   Projekt- und Qualifizierungsphasen

– *Kritische Systeme*. Systeme, von denen erwartet wird, dass sie einen direkten Einfluss auf die Produktqualität haben.
– *Nichtkritische Systeme*. Systeme, von denen nicht erwartet wird, dass sie einen direkten Einfluss auf die Produktqualität haben.

Anlagen der ersten Kategorie (z. B. Lüftungsanlagen etc.) müssen qualifiziert werden. Für Anlagen der zweiten Kategorie besteht diese Anforderung nicht. Wenn die Systeme als nichtkritisch eingestuft werden können (indirekter Einfluss auf die Produktqualität), reicht im Normalfall eine Qualitätssicherung nach ISO 9001 oder betreiberspezifischen Anforderungen aus (Commissioning). Zu diesen Systemen können z.b. Kaltwasser-, Schwarzdampf- oder Heizungssysteme gehören. Die Entscheidung, ob ein System kritisch ist oder nicht, sollte im Rahmen einer Risikoanalyse mit nachfolgender Qualifizierungsplanung erfolgen.

Da die kritischen und nichtkritischen Systeme und Anlagen funktional zusammengehören, müssen sinnvolle Schnittstellen definiert werden. Das folgende Beispiel soll dies erläutern.

Wird z. B. die Kaltwasseranlage, die ein Lüftungsgerät zur Luftkühlung versorgt, als nichtkritisch eingestuft, das Lüftungsgerät aber als kritisch, muss zu Beginn der Qualifizierungsaktivitäten festgelegt werden, welche Anlagenteile noch mit zu qualifizieren sind. Der Wärmetauscher zur Luftkühlung ist sowohl Bauteil des Kaltwasserversorgungssystems als auch des Lüftungsgeräts. Da er Teil des Lüftungsgeräts ist, ist der Wärmetauscher als kritisches Bauteil einzustufen und zu qualifizieren. Der wasserseitige Regelkreis für den Wärmetauscher sollte bei engen Toleranzen in der Raumtemperatur und der relativen Luftfeuchte mit in die Qualifizierung einbezogen werden.

Ab dem Punkt, an dem das System (hier als Beispiel die Kaltwasseranlage) als nichtkritisch eingestuft werden kann, wird eine Qualifizierung nicht mehr benötigt. Das sog. Commissioning nach den Regeln der Qualitätssicherung gemäß ISO 9001 oder betreiberspeziefischen Anforderungen wäre hier ausreichend.

Den Unterschied zwischen dem Commissioning und der Qualifizierung wird bei dem sog. V-Modell (Abb. 17.3) gut ersichtlich.

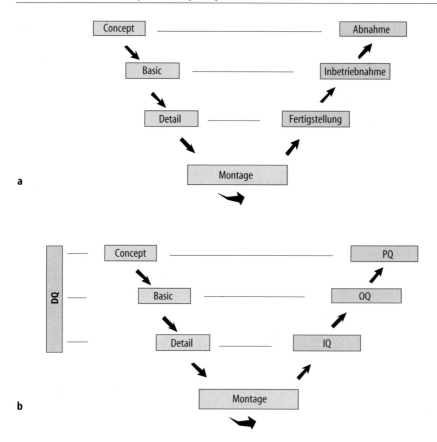

Abb. 17.3   V-Modelle Commissioning (**a**) und Qualifizierung (**b**)

17.2.2 Validierungsmasterplan (VMP)

Der Validierungsmasterplan (VMP) (Abb. 17.4) ist das Basisdokument eines jeden Validierungsprojekts, in dem die Organisationsstruktur, die Inhalte und die Vorgehensweisen zur Durchführung aller erforderlichen Validierungs- und Qualifizierungsaktivitäten festgeschrieben werden.

Der VMP ist ein übergeordnetes Dokument und sollte die allgemeinen Grundlagen für das Validierungsprojekt festlegen. Systemspezifische Details werden in den individuellen Qualifizierungsplänen behandelt. Im Folgenden wird der VMP nur bzgl. der Ausrüstungsgegenstände und nicht hinsichtlich der Prozessvalidierung betrachtet. Der VMP sollte typischerweise folgenden Punkt beinhalten:

– Ziel und Geltungsbereich
– Qualifizierungsansatz
– Verantwortlichkeiten
– Anforderungen an die Dokumente
– Liste der zu qualifizierenden Anlagen und Systeme

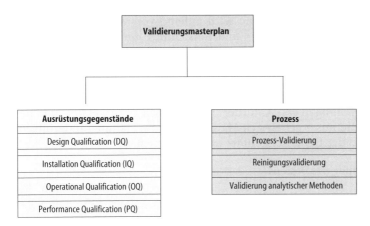

Abb. 17.4   Validierungsmasterplan

- Beschreibung der Anlagen und Systeme
- Liste zu erstellender Dokumente
- wesentliche Akzeptanzkriterien
- Zeitplan
- Qualifizierungspersonal
- Liste der geltenden und erforderlichen SOPs
- Änderungskontrolle
- Anhänge.

Der VMP ist zu Beginn der Qualifizierungsmaßnahmen durch die Qualitätssicherung des Betreibers zu genehmigen.

17.2.3 Design Qualification (DQ)

Die Design Qualification (DQ) erbringt die dokumentierte Beweisführung, dass alle Anlagen bzw. Systeme in Übereinstimmung mit den aktuell gültigen Vorschriften und Richtlinien (FDA, cGMP etc.) geplant wurden und sämtliche Betreiberanforderungen erfüllen.

Um GMP-Probleme nicht erst bei Abschluss der Planung zu erkennen und die potentiellen zeitlichen und finanziellen Einbußen zu minimieren, sollten planungsbegleitend ab der Konzeptphase bereits Überprüfungen der Planungsschritte stattfinden. Hierbei können Risikoanalysen und GMP-Audits helfen. Auf diese Weise wird sichergestellt, dass bei einer DQ am Ende der Planungsphase nicht unvorhergesehene und kostspielige Änderungen die Planung und später die Ausführung belasten.

Die DQ sollte von einer planungsunabhängigen Instanz durchgeführt werden. Dies können externe Qualifizierungsexperten oder auch Mitarbeiter des Betreibers oder des Planers sein, solange die jeweilige Person nicht in der Planung mitgewirkt hat. Somit wird eine möglichst objektive Überprüfung der Planung bzgl. der GMP- und der Betreiberanforderungen sichergestellt.

Die Qualität der Anlagenplanung wird anhand von vorliegenden Zeichnungen sowie Schemata diskutiert und hinsichtlich der Übereinstimmung mit den aktuell gültigen Vorschriften und Richtlinien überprüft. Als etwaige Themenschwerpunkte seien an dieser Stelle z. B. Material- und Personalfluss, die Vermeidung von Kreuzkontamination, das Druckzonenkonzept und das Reinheitszonenkonzept genannt.

Etwaige Abweichungen von Anforderungen müssen dokumentiert und bewertet werden. Hieraus ergeben sich Maßnahmen bzw. Planungsänderungen, die vor Abschluss der DQ durchgeführt werden müssen.

17.2.3.1 Überprüfung des Designs

Zur Realisierung einer DQ gibt es i. Allg. verschiedene Möglichkeiten. Bei allen Vorgehensweisen ist aber zu Beginn der DQ eine Überprüfung und Statusaufnahme der vorliegenden Planungsdokumente vorzunehmen und als Qualifizierungsgrundlage festzuhalten. Im Folgenden werden die beiden alternativen DQ-Vorgehensweisen mittels GMP-Audits und DQ-Prüfplänen näher beschrieben:

GMP-Audits

GMP-Audits sollten planungsbegleitend zu verschiedenen Zeitpunkten durchgeführt werden. Je früher Abweichungen von GMP-Anforderungen bzw. Betreiberanforderungen festgestellt werden, desto einfacher kann die Planung angepasst werden. Es ist daher sinnvoll, bereits in den frühen Planungsphasen (Machbarkeitsstudie, Konzeptplanung) GMP-Audits durchzuführen. Auch in der späteren Entwurfs- und Ausführungsplanung sind GMP-Audits ein geeignetes Instrument, um sicherzustellen, dass die geplanten Anlagen und Systeme die spezifizierten Anforderungen erfüllen, und dass die Dokumentation qualifizierungsgerecht vorbereitet wird.

Die Ergebnisse eines jeden Audits und die daraus eventuell resultierenden Maßnahmen werden in einem abschließenden Bericht festgehalten. Bei dem jeweils folgenden Audit ist zu prüfen, dass die definierten Maßnahmen in die Planung eingeflossen sind. Alle Unterlagen eines GMP-Audits sind der DQ beizufügen.

Das letzte GMP-Audit sollte zum Ende der Ausführungsplanung durchgeführt werden. Die zu dieser Zeit gültigen Zeichnungen werden in die DQ aufgenommen. Eventuelle Abweichungen müssen bewertet und evtl. Maßnahmen durchgeführt werden, bevor die DQ mit einem übergreifenden Bericht abgeschlossen werden kann.

DQ-Prüfplane

Eine DQ kann auch über die Erstellung und Durchführung von entsprechenden Prüfplänen mit dazugehörigen Prüfprotokollen erfolgen. Im Prüfplan werden die bereits oben erwähnten Inhalte beschrieben. In den Prüfprotokollen werden system-, anlagen- bzw. raumweise GMP-relevante Prüfmerkmale und Akzeptanzkriterien definiert. Die DQ-Prüfung erfolgt auf der Grundlage der zu diesem Zeitpunkt vorliegenden Planungsunterlagen. Idealerweise wird die DQ nach Abschluss der Planung durchgeführt. Die Einzelergebnisse dieser DQ-Prüfungen werden in die jeweiligen Prüfprotokolle eingetragen und wiederum in einem zusammenfassenden Bericht bewertet. Die Durchführung der sich hieraus ergebenden Maßnahmen vor Abschluss der DQ ist selbstverständlich auch bei dieser Methode gefordert.

17.2.3.2 Technische Dokumentation

Für die Durchführung einer DQ werden i. Allg. die folgenden Dokumente benötigt:
- User Requirement Specification (URS)
- Lastenheft/Pflichtenheft
- Leistungsverzeichnis/Funktionalausschreibung
- Reinheitszonenkonzept
- Druckzonenkonzept
- Raumlayout
- Raumbuch
- R+I-Schemata
- Stücklisten
- Anlagenzeichnungen und Pläne
- Deckenspiegel
- Druckverlustberechnungen
- Schallberechnungen
- Kühl- und Wärmelastberechnungen
- MSR-Konzept
- Systembeschreibung.

Bei GMP-Audits in den frühen Planungsphasen sind normalerweise noch nicht alle der oben genannten Dokumente vorhanden. Zum Abschluss der DQ sollte die Dokumentation allerdings vollständig sein.

Es ist wichtig, dass die Planungsdokumente, die als DQ Basis herangezogen werden, unterschrieben und genehmigt sind. Spätestens nach Abschluss der DQ ist ein straffes *Change Management* einzuführen, um den Fortschritt der Planungsunterlagen zu dokumentieren und eine klare Grundlage für die nächste Qualifizierungsphase zu schaffen.

17.2.4 Installation Qualification (IQ)

17.2.4.1 Generelles Vorgehen und Protokollierung

Mit der Installationsqualifizierung wird *per definitionem* der dokumentierte Beweis erbracht, dass alle Anlagen und Systeme gemäß ihrer geplanten Spezifikationen und Anforderungen installiert wurden. Hierbei wird vorausgesetzt, dass eine DQ erfolgreich durchgeführt und auch abgeschlossen ist sowie ein Pflichtenheft bzw. eine komplette technische Dokumentation (s. Abschn. 17.2.3.2) vorhanden ist, gegen die geprüft werden kann. Weiterhin müssen genehmigte Ausführungs- bzw. Montagepläne für das zu qualifizierende System vorliegen. Zur Realisierung einer IQ werden üblicherweise Prüfpläne und dazugehörige Prüfprotokolle für alle GMP-relevanten Systemkomponenten entwickelt. Dies geschieht i. d. R. systemweise. Der IQ-Prüfplan beschreibt im wesentlichen das Ziel und den Geltungsbereich, die Zuständigkeiten und Verantwortlichkeiten sowie die eigentliche Durchführung der IQ-Prüfschritte. Die IQ-Prüfprotokolle sollten übersichtlich aufgebaut sein und die jeweiligen Prüfmerkmale und Akzeptanzkriterien enthalten. In den Abschn. 17.2.4.2 und 17.2.4.3 werden entsprechende Beispiele gegeben.

In der Regel wird die IQ während bzw. nach der Installation der zu prüfenden Systemkomponenten gemäß der genehmigten IQ-Dokumente durchgeführt. Hierbei erfolgen meist visuelle Vorort-Prüfungen. Die wesentlichen Kriterien bei der Überprüfung der ausgewählten Anlagenkomponenten sind: Konformität zur Spezifikation, Vollständigkeit, Einbausituation, Materialverwendung, Reinheit, Kennzeichnung etc. Die Ergebnisse werden vom Durchführenden direkt in die IQ-Prüfprotokolle eingetragen. Die durchgeführten Prüfprotokolle müssen von einem unabhängigen Prüfer gegengeprüft und abgezeichnet werden. Die bei der IQ-Durchführung festgestellten Mängel bzw. Abweichungen werden in einer Mängelliste bzw. in einem Abweichungsbericht festgehalten.

Die Prüfung der technischen System- und Bestandsdokumentation (s. Abb. 17.5) wird ebenfalls im Rahmen der *Installation Qualification* durchgeführt. Hierbei stehen Akzeptanzkriterien wie z. B. „as-built-Status", Vollständigkeit und Wiederfindbarkeit im Vordergrund. Ein wichtiger Bestandteil der Qualifizierungsdokumentation sind die Kalibrierzertifikate sämtlicher bei der Qualifizierung eingesetzten Messgeräte. Die Kalibrierung muss „aktuell" sein, d. h. innerhalb der festgelegten Kalibrierfrequenzen des Messinstruments gültig sein. Die Kalibrierungen der eingesetzten Messgeräte müssen auf nationale bzw. internationale Standards (z. B. DKD, PTB oder NIST) rückführbar sein.

1.	Technische System-/Anlagenbeschreibung
2.	Zeichnungen/Pläne
3.	Betrieb und Bedienung des Systems/der Anlage
4.	Wartung und Inspektion
5.	Herstellerinformationen für Einzelaggregate
6.	Bescheinigungen und Zertifikate

Abb. 17.5   Mögliche Hauptstruktur einer technischen Bestandsdokumentation

17.2.4.2 Lüftungsanlage

Die *Installation Qualification* einer Lüftungsanlage verfolgt das Ziel, die installierten RLT-Bauteile inklusive der zugehörigen Sensoren bzgl. Vollständigkeit, korrektem Einbau sowie Konformität zu den geforderten RLT-Spezifika-

Gewerk RLT / Installation Qualification (IQ)
Prüfprotokoll
RLT-Verteilsystem / HEPA-Filter für turbulente Strömung
Gebäude X 100 / Dok.-Nr.: QIP50001

Muster pharma Projekt X

Musterfirma ▶▶▶▶
total facility solutions
Nürnberg

RLT-Anlagen-Nr. : _____   Raum-Nr. : _____   Filter-Nr. : _____

Nr.			Prüf-ergebnis	Bemerkung/ geprüfte Dokumente
1				
2				
3				
4				
5				
6				
7				
8				
9				
10				

+ : in Ordnung   – – : nicht in Ordnung   O : Prüfmerkmal nicht zutreffend

Durchgeführt von:		geprüft von:	
Datum / Unterschrift:		Datum / Unterschrift:	

Abb. 17.6   Beispiel eines IQ-Prüfprotokolls für einen HEPA-Filter

tionen und Ausführungsplänen zu überprüfen. Die IQ der Lüftungsanlage wird für wichtige RLT-Bauteile, wie etwa Ventilatoren, Filtereinheiten, Regelorgane oder Kanalsysteme während bzw. nach deren Installation durchgeführt. Die Prüfergebnisse werden direkt in die jeweiligen IQ-Prüfprotokolle eingetragen, welche für jede Bauteilart im wesentlichen die jeweiligen Prüfmerkmale und die Akzeptanzkriterien beinhalten. Ein Beispiel eines IQ-Prüfprotokolls wird durch Abb. 17.6 gegeben. Die Identifizierung der jeweils zu prüfenden RLT-Komponente erfolgt über die Regelschemata bzw. über zusätzliche Dokumente (Datenblätter etc.). Für verschiedene RLT-Komponenten, wie z. B. Zuluftdrallauslässe und HEPA-Zuluftfilter, können die IQ-Prüfungen raumweise auf einem Prüfprotokoll zusammengefasst werden. Nach der erfolgten Zusammenstellung der RLT-Anlagendokumentation wird diese ebenso im Rahmen der Installation Qualification geprüft und die Ergebnisse in einem entsprechenden Prüfprotokoll festgehalten. Bezüglich der Akzeptanzkriterien für die Dokumentationsprüfung und die Verfolgung aufgetretener Mängel bei der IQ-Durchführung wird auf Abschn. 17.2.4.1 verwiesen.

17.2.4.3 Reinraumwände, -decken und -böden

Die Umschließungsflächen eines pharmazeutischen Reinraumes sollten ebenfalls einer IQ-Prüfung unterzogen werden. Die Installation der Böden, der Wände und der Decken eines Reinraumes ist inklusive der Komponenten (Türen, Fenster, Bodenabläufe etc.) bzgl. der GMP-Kriterien und der Konformität zu den geforderten Spezifikationen zu überprüfen. Die Dokumentation mittels genehmigten Prüfplänen und Prüfprotokollen erfolgt hierbei wie in

Abschn. 17.2.4.1 beschrieben. Üblicherweise wird ein IQ-Prüfplan für alle Raumumschließungsflächen verfasst. Die Ergebnisse werden in separate Prüfprotokolle eingetragen. Die Durchführung der Installationsqualifizierung wird üblicherweise raum- bzw. zonenweise durchgeführt.

In Abb. 17.7 werden einige Beispiele für Prüfmerkmale und Akzeptanzkriterien für die Reinraumwand und die Reinraumdecke genannt. Bezüglich der Mängelverfolgung wird auf Abschn. 17.2.4.1 verwiesen.

Die Qualifizierungskette für die Raumumschließungsflächen wird mit der IQ-Prüfung für die entsprechenden Bestandsdokumentationen abgeschlossen (s. Abschn. 17.2.4.1). Die Durchführung von OQ-Maßnahmen für Wände, Decken und Böden im eingebauten Zustand ist nicht üblich, jedoch werden im späteren Verlauf der Qualifizierung mikrobiologische Oberflächenuntersuchungen durchgeführt.

Prüfmerkmal	Akzeptanzkriterium
Typ, Material	Korrekt, in Übereinstimmung mit der Ausführungsplanung
Vollständigkeit	Alle Komponenten komplett installiert
Unversehrtheit / Sauberkeit	Keine Verunreinigungen oder Beschädigungen sichtbar
Versiegelung	Siegelnaht durchgängig und glatt
Türen	Typ und Anschlagsrichtung gemäß Ausführungsplanung, komplett installiert, unbeschädigt, Türspalte zum Boden in Ordnung
Fenster	Typ gemäß Ausführungsplanung, komplett installiert, unbeschädigt
Rammschutz	Korrekt installiert
Verglasung	Typ gemäß Ausführungsplanung, komplett installiert, unbeschädigt, Anschluß zur Wand spalt- und rissfrei

a

Prüfmerkmal	Akzeptanzkriterium
Typ, Material	Korrekt, in Übereinstimmung mit der Ausführungsplanung
Vollständigkeit	Alle Komponenten komplett installiert
Unversehrtheit / Sauberkeit	Keine Verunreinigungen oder Beschädigungen sichtbar
Farbqualität	Keine groben Farbunterschiede erkennbar
Befestigung	Ausreichende Anzahl der Hänger richtig installiert
Leuchten	Typ und Beleuchtungsstärke gemäß Ausführungsplanung, komplett installiert, unbeschädigt
Deckenhöhe	Korrekt, in Übereinstimmung mit der Ausführungsplanung
Versiegelung	Siegelnaht durchgängig und glatt

b

Abb. 17.7 IQ-Prüfmerkmale und -Akzeptanzkriterien für Reinraumwand (**a**) und Reinraumdecke (**b**) (Beispiele)

17.2.5 Operational Qualification (OQ)

17.2.5.1 Generelles Vorgehen und Protokollierung

Das Ziel der OQ ist das Erbringen eines dokumentierten Nachweises, dass das betrachtete System gemäß den festgelegten Anforderungen funktioniert. Es handelt sich hierbei um Vorort-Messungen, welche über das normale Maß einer Inbetriebnahme hinausgehen und in einem OQ-Prüfplan ausführlich und nachvollziehbar beschrieben werden müssen. Desweiteren sollten in einem derartigen OQ-Prüfplan die entsprechenden Akzeptanzkriterien festgelegt und alle verwendeten Messgeräte aufgeführt sowie deren Funktionsweisen detailliert erläutert werden. Eine mögliche Struktur für einen OQ-Prüfplan ist in Abb. 17.8 ersichtlich.

Muster pharma X - Projekt	**Gewerk RLT** **Prüfplan** **Operational Qualification (OQ)** **Gebäude X 100**	Dok.-Nr.: QIP50001.doc Seite 2 von 20

Inhaltsverzeichnis

1   Ziel 3
2   Geltungsbereich 3
3   Prüfgrundlage 3
4   **Akzeptanzkriterien** 4
5   **Messgeräte** 5
5.1   Volumenstrom-Meßhaube AccuBalance.. 5
5.2   Luftgeschwindigkeitsmessung mit Heißfilmsensor VelociCalc 5
5.3   Differenzdruckmessung mit Manometer Furness.. 5
5.4   Partikelzähler HIAC/ROYCO 5230 6
5.5   Prüfaerosolgenerator AGF 2.0 i. P.. 6
5.6   Aerosol-Verdünnungssystem VKL 6
5.7   Temperatur-/Feuchte-Kombinationsmeßgerät TESTO 452 7
6   **OQ- Durchführung** 8
6.1   Zuluft-Volumenstrom-Bestimmung... 8
6.2   Bestimmung des Zuluft-Raumluftwechsels 10
6.3   Nachweis der Differenzdruckkaskade 11
6.4   Bestimmung der Temperatur und relativen Feuchte der Raumluft............. 11
6.5   Integritätstest der Schwebstofffilter nach VDI 2083, Blatt 3 (Entw. Feb. 1993)............ 12
6.6   Bestimmung der Reinheitsklasse gemäß FED STD 209E 15
6.7   Erholzeitmessung (Recovery)... 17
7   **Dokumentation** 19
8   **Mitgeltende Regeln** 19
9   **Anlagen**.. 20

Musterfirma total facility solutions Nürnberg	Abteilung QV Dr. B. Förster	Erstellt: 30.05.2000	geändert: --

Abb. 17.8   Inhaltsverzeichnis eines OQ-Prüfplans (Beispiel)

Die eingesetzten Messsysteme sollten einen gültigen Kalibrierstatus aufweisen und reproduzierbare und ausreichend genaue Messergebnisse liefern. Die Auswertung sowie die Dokumentation aller Messdaten erfolgt messartbezogen auf entsprechenden OQ-Prüfprotokollen, auf welchen die ermittelten Messdaten den jeweiligen Akzeptanzkriterien gegenübergestellt werden. Für einzelne Messungen ist darüberhinaus eine statistische Bewertung erforderlich (s. Abschn. 17.2.5.8).

Mit der Durchführung der OQ sollte erst begonnen werden, wenn die IQ mängelfrei abgeschlossen werden konnte bzw. keine Installationsmängel vorliegen, welche die ordnungsgemäße OQ-Durchführung beeinflussen können, d. h. Mängel, welche die Funktion der RLT-Anlage berühren. Sind bspw. noch nicht alle Systemkomponenten mit den richtigen Bezeichnungsschildern versehen, kann dennoch mit der OQ begonnen werden. Dokumentarisch kann eine derartige Überschneidung zwischen den einzelnen Qualifizierungsschritten mittels einer schriftlichen Freigabe durch die Qualitätssicherung zum jeweils nachfolgenden Qualifizierungsschritt behandelt werden. Zur Durchführung von OQ-Messungen wird ebenso eine abgeschlossene Einregulierungsphase für das jeweilige RLT-System vorausgesetzt (Optimierung). Im Rahmen der *Operational Qualification* kommen verschiedene Messverfahren in Erzeugungs- und Verteilsystemen der Lüftungsanlage sowie in den Reinräumen zum Einsatz. Eine Übersicht über die gebräuchlichen OQ-Messungen wird in Abb. 17.9 gegeben.

Die OQ-Messungen im Reinraum können in Abhängigkeit von Betreiberanforderungen oder anderen normativen Vorgaben (z. B. in [17.2]) in verschiedenen Betriebszuständen durchgeführt werden (s. Abb. 17.10). Hierbei wird zwischen den Zuständen „as built" und „at rest" eine „pharmazeutische Reinigung" der Räume vorgenommen, d. h. „at rest" ist der desinfizierte Zustand, in dem die OQ-Tests bezogen auf die partikuläre und mikrobielle Rein-

---

Erzeugungs- und Verteilsystem der Lüftungsanlage

- Kalibrierung von installierten Sensoren für Temperatur, Feuchte, Druck, Geschwindigkeit etc. (rückführbar auf nationale bzw. internationale Normen)
- Dichtsitz- und Integritätstest von Schwebstofffiltern in Kanalsystemen

Reinraum

- Dichtsitz- und Integritätstest von dem Reinraum zugeordneten Schwebstofffiltern
- Nachweis des Zuluft-Raumluftwechsels
- Nachweis der Geschwindigkeitsverteilung für Laminar-Flow-Bereiche
- Nachweis von Differenzdrücken und Strömungsrichtungen zwischen Reinheitszonen
- Visualisierung der Luftströmung an kritischen Raumpositionen mittels Aufgabe von Testnebel und Videodokumentation
- Nachweis der Reinheitsklasse bzgl. Partikel und Mikroorganismen
- Nachweis der Lufttemperatur und der relativen Luftfeuchte
- Bestimmung der Erholzeit

Abb. 17.9   Übersicht über gängige OQ-Messungen in Lüftungssystemen und Reinräumen

Betriebszustand	Reinluftanlage	Produktionspersonal	Produktionseinrichtung
as built (OQ)	in Betrieb	ohne	ohne
at rest (OQ)	in Betrieb	ohne	installiert / in Betrieb [1]
in operation (PQ)	in Betrieb	mit	installiert / in Betrieb

[1] je nach Betreiberfestlegung können die Produktionseinrichtungen auch außer Betrieb sein

Abb. 17.10   Übersicht über die verschiedenen Betriebszustände für OQ-/PQ-Messungen in Reinräumen (amerikanischer Sprachgebrauch)

• FED STD 209 E :	Airborne Particulate Cleanliness Classes in Cleanrooms and Clean Zones	
• IES-RP-CC006.2 :	Testing Cleanrooms	
• VDI 2083 :	Reinraumtechnik	
• ISO/DIS 14644 :	Clean rooms and associated controlled environments	
• USP XXIV :	Microbiological evaluation of clean rooms and other controlled environments (8. Supplement USP-NF)	

Abb. 17.11   Übersicht über einige Prüfvorschriften für OQ-/PQ-Messungen

heit der Räume durchgeführt werden. In dieser Phase findet in den Räumen noch keine Betriebsaktivität statt. Die Betriebszustände für die jeweiligen Messarten sollten vor der Durchführung festgelegt und im OQ-Prüfplan definiert werden. Die Spezifikationen und die Durchführung der in Abb. 17.9 genannten OQ-Messungen müssen den jeweils gültigen Vorschriften und Richtlinien entsprechen. In diesen Prüfvorschriften werden z.B. der Typ des zu verwendeten Messgeräts, das Messverfahren und auch die Bewertung der Messergebnisse vorgeschrieben. In Abb. 17.11 werden einige Prüfvorschriften für OQ-Messungen genannt.

Die *Operational Qualification* gilt als abgeschlossen, wenn alle in diesem Qualifizierungsschritt festgelegten Prüfungen durchgeführt und die geforderten Akzeptanzkriterien erreicht wurden. Alle systemweise erzielten Messergebnisse sollten in Abschlussreports (*Final Reports*) zusammengefasst und bewertet werden.

Im Folgenden wird auf verschiedene OQ-Messungen näher eingegangen, wobei darauf hingewiesen wird, dass einige Messverfahren in Kap. 14 bereits näher beschrieben wurden. Aus diesem Grund sind die folgenden Abschnitte im Wesentlichen auf die Dokumentation der OQ-Maßnahmen und auf Beispiele aus der Praxis beschränkt.

17.2.5.2 Kalibrierung von RLT-Sensoren

Zur lüftungstechnischen Regelung und Überwachung von wichtigen reinraumtechnischen Parametern werden verschiedenartige Sensoren eingesetzt. Die
entsprechenden Sensoren für die Kontrolle der Lufttemperatur und der relativen Luftfeuchte sind hierbei meist in den Lüftungskanälen oder in der Reinraumdecke installiert. Die stationären Druckmessgeräte zur Überwachung
der Differenzdrücke zwischen Reinräumen sind häufig direkt in den Reinraumwänden implementiert oder befinden sich in einer entprechenden Tech-
nikzentrale. Die Geschwindigkeitsfühler zur Anzeige der Luftgeschwindigkeit
unmittebar am Austritt einer Laminar-Flow-Einheit werden üblicherweise
300 mm unterhalb der Filterauslassfläche positioniert.

Die Sensoren zur Erfassung der oben genannten Parameter müssen im
Rahmen der OQ kalibriert werden. Dies sollte vor bzw. während der Inbe-
triebnahmephase für die Lufttechnik erfolgen. Unter Kalibrierung versteht
man generell das Feststellen und Dokumentieren einer Messwertabweichung
zwischen dem Prüfling und dem Kalibriergerät. Eine zwingende Voraussetzung für die Durchführung der Kalibrierung ist das Vorhandensein eines genehmigten Kalibrierplanes, in dem der Umfang der zu kalibrierenden Sensoren, die Art der Kalibrierung sowie die Akzeptanzkriterien für die jeweiligen
Parameter definiert sind. Sensoren, welche als „kritisch" eingestufte Parameter erfassen, werden üblicherweise einer Mehrpunktkalibrierung unterzogen.
Hierbei wird die Messwertabweichung zwischen dem Prüfling und dem Kali-
brierreferenzgerät an fest vorgegebenen Kalibrierpunkten ermittelt. Die Kalibrierpunkte werden über den Messbereich des Fühlers sinnvoll verteilt. Bei großen Messbereichen können bis zu fünf Kalibrierpunkte erforderlich sein. Eine
Mehrpunktkalibrierung setzt stets voraus, dass der zu prüfende Fühler demon-
tierbar und so ausgeführt ist, dass er in handelsübliche Kalibratoren eingeführt
werden kann. Für Sensoren, welche als „weniger kritisch" eingestufte Parameter
erfassen, genügt oft die Kalibrierung am Betriebspunkt. Hierfür ist ein Ausbau
des installierten Sensors nicht erforderlich. Die Kalibrierreferenz wird bei laufender Lüftungsanlage in unmittelbarer Nähe zum Prüfling positioniert.

Die Akzeptanzkriterien für die jeweiligen Kalibrierungen sind in Abhängigkeit der Herstellergenauigkeit des zu kalibrierenden Fühlers und der Betreiberanforderungen festzulegen. Übliche zulässige Abweichungen sind zum
Beispiel für die Lufttemperatur $\pm 1,5$ K und für die relative Luftfeuchte ± 5 % r. F.
Unabhängig von den oben genannten Kalibrierarten ist bei einer Über- bzw.
Unterschreitung des Toleranzbereiches eine Justage erforderlich. Nach erfolgter Einstellung auf einen kleinstmöglichen Fehler muss die Kalibrierung
wiederholt werden. Zur Dokumentation des Kalibriervorganges sei angemerkt, dass auf dem Prüfprotokoll neben der eindeutigen Identifizierung des
zu prüfenden Sensors die Kalibrierpunkte, Akzeptanzkriterien, Kalibrierer-
gebnisse, Kalibrierreferenztyp, Kalibrierdatum sowie Name und Unterschrift
des Durchführenden ersichtlich sein müssen.

17.2.5.3 Nachweis des Zuluft-Raumluftwechsels

Unter dem Zuluftwechsel pro Raum wird das Verhältnis von Gesamt-Zuluft-
volumenstrom zu Raumvolumen verstanden (Einheit 1/h). Je höher der Raum-

luftwechsel, desto häufiger wird das Raumluftvolumen pro Zeiteinheit durch filtrierte Zuluft ausgetauscht bzw. erneuert. Der Raumluftwechsel ist somit aus reinraumtechnischer Sicht ein wichtiger Parameter, da luftgetragene Verunreinigungen im Reinraum durch hohe Luftwechselraten schneller aus dem Reinraum abgeführt werden können. Dies bedeutet, dass die Erholzeit des Raumes (s. Abschn. 17.2.5.9) nach einer unerwünschten Kontamination durch hohe Raumluftwechsel grundsätzlich verkürzt wird. Die Produktion kann entsprechend früher wieder gestartet werden.

Für Produktionsbereiche zur Herstellung von sterilen Arzneimitteln, welche den Richtlinien der amerikanischen Gesundheitsbehörde FDA unterliegen, wird ein Mindest-Raumluftwechsel von 20 l/h gefordert. Anderenfalls werden für die Festlegung der Raumluftwechselzahlen während der Lüftungsplanung Erfahrungswerte aus der Praxis zugrundegelegt. Die im Rahmen der DQ spezifizierten Werte für den Raumluftwechsel sind im Rahmen der OQ in jedem Falle nachzuweisen. Der Nachweis der Luftwechselrate erfolgt über die separate Bestimmung aller Einzelluftvolumenströme pro Raum. Hierbei werden nur die Zuluftmengen betrachtet, die, entsprechend aufbereitet, meist über Drallauslässe oder Lüftungsgitter in den Reinraum gelangen. Für die Berechnung des Raumluftwechsels werden die gemessenen Einzelzuluftvolumenströme additiv betrachtet. Zur Messung der Luftvolumenströme werden verschiedene Messverfahren bzw. Messgeräte eingesetzt, welche in Kap. 14 bereits beschrieben wurden. Es sei an dieser Stelle lediglich darauf hingewiesen, dass bei allen Messtechniken den Luftauslassgeometrien sowie den aktuellen Werten für Lufttemperatur und Luftdruck im Produktionsbereich uneingeschränkt Rechnung getragen werden muss.

Auslass-Nr.	Zuluft-Volumenstrom in m³/h (gemessen)	Zuluft-Volumenstrom in m³/h (korrigiert)	Bemerkungen
Summe:			

Ermittelter Raumluftwechsel β

$$\beta = \frac{\sum Zuluftvolumenströme\ (korrigierte\ Werte)\ eines\ Raumes\ \frac{m^3}{h}}{Raumvolumen\ V_R\ in\ m^3}$$

β (ISTWERT) in 1/h	β (SOLLWERT) in 1/h
	20

Abb. 17.12 Ausschnitt aus einem Prüfprotokoll zum Nachweis des Raumluftwechsels

Die Bestimmung des Raumluftwechsels wird auf einem entsprechenden OQ-Prüfprotokoll dokumentiert. Abbildung 17.12 zeigt beispielhaft einen Ausschnitt aus einem derartigen Protokoll. Beim Vergleich des Ist-Werts mit dem Soll-Wert für den Raumluftwechsel ist stets die Messungenaugikeit des verwendeten Messgeräts zu berücksichtigen.

17.2.5.4 Nachweis der LF-Geschwindigkeitsverteilung

Um höchste Reinheiten bzgl. Partikel und Mikroorganismen zu erzielen, werden in der Reinraumtechnik Bereiche mit einer gleichförmigen horizontalen bzw. vertikalen Verdrängungsluftströmung realisiert. Man spricht hierbei von sog. Laminar-Flow-Bereichen (kurz LF-Bereiche), obwohl diese aus physikalischer Sicht nicht laminar sind und daher besser als turbulenzarme Bereiche zu bezeichnen sind. Durch turbulenzarme Bereiche kann das Kontaminationsrisiko für kritische Herstellungsprozesse in der Reinraumtechnik auf ein Minimum beschränkt werden. Bezüglich des Aufbaus und der Wirkungsweise eines LF-Bereichs wird auf Kap. 1 verwiesen. Im Rahmen der OQ gilt es nachzuweisen, dass ein LF-Bereich die in den einschlägigen Regelwerken genannten Akzeptanzkriterien erfüllt (s. Abb. 17.13).

Die LF-Gleichmäßigkeit wird über die Messung der lokalen Luftgeschwindigkeiten in einem Abstand von 300 mm von der Luftaustrittsfläche bestimmt. Diese Netzmessung kann mittels eines Hitzdraht- oder Flügelradanemometers erfolgen (s. Kap. 14). Die Messpunkte werden hierbei homogen über die Austrittsfläche verteilt.

Abbildung 7.14 zeigt beispielhaft die gemessenen Ergebnisse aus einer LF-Geschwindigkeitsmessung für einen Wiegebereich, für welchen eine mittlere Soll-Luftgeschwindigkeit von 0,3 m/s eingestellt ist. Der LF-Bereich besteht aus 15 nebeneinander positionierten Schwebstofffiltern. Für jedes Filter wurden 6 Einzelmessungen durchgeführt. Die Bewertung der Ergebnisse nach der amerikanischen Richtlinie IES-RP-CC006.2 ergibt für den gezeigten Fall die Einhaltung der diesbezüglichen Akzeptanzkriterien (s. Abb. 17.13). Die mittlere Ist-Geschwindigkeit ist nur 0,017 % höher als die mittlere Soll-Geschwindigkeit und die relative Standardabweichung beträgt nur 5,35 %. Die Dokumentation der Einzelwerte für die Geschwindigkeit (Rohdaten) sowie die Bewertung der Turbulenzarmut der LF-Strömung in Bezug auf die Akzeptanzkriterien erfolgt wiederum auf einem entsprechenden OQ-Prüfprotokoll.

EG-GMP-Leitfaden	$U_{i,Ist} = 0,45\,m/s \pm 20\%$ *(Richtwert)*
IES-RP-CC006.2	$\overline{U}_{Ist} = \overline{U}_{Soll} \pm 5\%, \quad \dfrac{\sigma_U}{\overline{U}_{Ist}} \leq 15\%$
VDI 2083, Blatt 3	$U_{i,Ist} = \overline{U}_{Ist} \pm 20\%$ *(für 80 % aller U_i)*
	$U_{i,Ist} = \overline{U}_{Ist} \pm 30\%$ *(für 20 % aller U_i)*

Abb. 17.13 Akzeptanzkriterien für LF-Bereiche (U Geschwindigkeit, σ_U arithm. Standardabweichung)

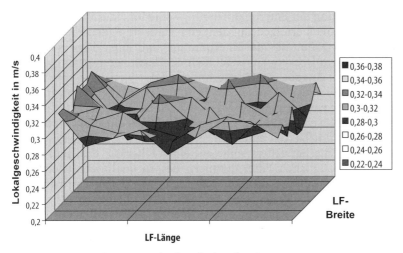

Abb. 17.14   Beispiel einer LF-Gleichmäßigkeitsbestimmung

17.2.5.5 Dichtsitz- und Integritätsprüfung von Schwebstofffiltern

Schwebstofffilter sind in reinraumtechnischen Anlagen diejenigen RLT-Komponenten, welche die partikuläre und mikrobielle Reinheit der Zuluft für Reinräume sicherstellen. Diese Filter werden meist in den Zuluftauslässen (endständige Anordnung), im RLT-Kanalsystem oder in einem zentralen Lüftungsgerät installiert. Bei kritischen Abluftströmen werden in das Abluft- bzw. Fortluftsystem ebenfalls Schwebstofffilter eingebaut.

Unabhängig vom Einbauort müssen Schwebstofffilter während der OQ-Phase hinsichtlich ihres Rahmendichtsitzes und ihrer Filtermedienintegrität überprüft werden. Das bedeutet, sie dürfen keine signifikanten Leckagen aufweisen. Diese OQ-Maßnahme setzt voraus, dass die Filter ordnungsgemäß eingebaut wurden und gemäß der Spezifikation lüftungstechnisch durchströmt werden (für Zuluftfilter sollte der Nachweis des Raumluftwechsels bereits erfolgt sein). Die Messverfahren und Messgeräte sowie die Akzeptanzkriterien (Leckdefinition) für die Filterprüfung wurden in Kap. 14 bereits beschrieben. Ergänzend sei angemerkt, dass die Aersolaufgabe im RLT-Gerät (möglichst vor dem Ventilator) oder separat für jedes Schwebstofffilter erfolgen kann. Die Messung der Rohluftkonzentration muss jedoch vor jedem Filter durchgeführt werden (Ausnahme: LF-Bereich mit sehr homogener Verteilung). Der oft getroffenen Annahme, das Schwebstofffilter werde bei der Dichtsitz- und Integritätsprüfung ebenso hinsichtlich seines Abscheidegrads vermessen, muss an dieser Stelle wiedersprochen werden, da im Regelfall keine Prüfbedingungen gemäß der Filternorm DIN EN 1822 vorliegen. Die Prüfung von Abluftfiltern kann über eine spezielle Rückspülanordnung erfolgen, wobei das zu qualifizierende Schwebstofffilter im Testfall wie ein Zuluftfilter betrieben wird und von der Reinraumseite aus abgescannt werden kann. Diese Prüfung sollte aufgrund von Arbeitsschutz-Risiken nur für neu installierte Schwebstofffilter durchgeführt werden.

Die Dokumentation der Filterqualifizierung sollte für jedes Filter auf einem separaten Prüfprotokoll erfolgen, auf dem eine eindeutige Identifizierung des Filterprüflings mit Nennung von Filternummer und Filterklasse sowie mit Zuordnung zu einem Deckenplan ersichtlich ist. Desweiteren muss das Prüfprotokoll neben der Angabe der Messtechnik und der Messdaten eine Bewertungszeile hinsichtlich des Akzeptanzkriteriums (Leckfreiheit) enthalten. Die Rohdaten in Form von Originalausdrucken des Partikelmessgeräts müssen ebenfalls archiviert werden und dem entprechenden Prüfprotokoll zuzuordnen sein. Die Rückführbarkeit eines Schwebstofffilters auf die spezifische Seriennummer des Filterherstellers sollte auf einer Filterliste erfolgen, welche ebenso die diesbezüglichen Filternummern des zu qualifizierenden Reinraumbereiches enthält. Das Zertifikat von der erfolgreichen Durchführung eines Lecktest bzw. einer Bestimmung des lokalen Abscheidegrades beim Filterhersteller (FAT Factory Acceptance Test) ist ebenso Bestandteil der Qualifizierungsdokumentation.

Aus der Praxis sei angemerkt, dass die Probleme bei der Filterqualifizierung häufig am Rahmendichtsitz und weniger am Filtermedium liegen. Der Prüffrillentest, welcher ehemals vor dem inzwischen üblichen Lecktest mittels Partikelzähler eingesetzt wurde, stellt aus heutiger Sicht keine adäquate Nachweismethode für Schwebstofffilter in der Reinraumtechnik dar. Fehler der konstruktiven Gestaltung der Prüfrille oder der Filterbefestigung können trotz technischer Mängel zu einem einwandfreien Prüfergebnis führen.

17.2.5.6 Nachweis der Differenzdrücke zwischen Reinräumen

Um eine Kreuzkontamination zwischen Herstellungsräumen mit unterschiedlichen Reinheitsanforderungen bzw. verschiedenen Produktionsprozessen nahezu ausschließen zu können, muss ein definierter Differenzdruck zwischen benachbarten Räumen aufrechterhalten werden. Dies erfolgt durch eine geeignete Regelung der lüftungstechnischen Anlage. In Abhängigkeit von den zugrundegelegten Gesetzesanforderungen werden Differenzdrücke von 5–20 Pa zwischen den Reinräumen eingestellt. Für Produktionsbereiche mit vielen unterschiedlichen Reinheitsklassen wird eine Druckkaskade erforderlich. Die Werte für die Raum-Differenzdrücke müssen im Rahmen der *Design Qualification* spezifiziert werden. Üblicherweise wird hierfür ebenso ein Druckzonenkonzept erstellt.

Im Rahmen der OQ muss der Nachweis erbracht werden, dass die spezifizierten Differenzdruckwerte zwischen den Reinräumen nach abgeschlossener Raumfertigstellung sowie lüftungstechnischer Einregulierung gehalten werden können. Die Bestimmung des Differenzdrucks von Raum zu Raum erfolgt hierbei mit Hilfe eines Mikromanometers. Als Messstellen sind geeignete Durchführungen, wie z. B. Türspalte, Schlüssellöcher etc. zu wählen. Die Messwerte werden auf einem entsprechenden Prüfprotokoll dokumentiert und den Sollwerten vergleichend gegenübergestellt (s. Abb. 17.15). Kurzzeitige Unter- bzw. Überschreitungen der Akzeptanzkriterien (z. B. Türöffnen) sind zulässig. Die diesbezüglichen Toleranzgrenzen sind in Alarmplänen festzuschreiben. Die zwischen den Reinräumen direkt bestimmten Differenzdrücke sind ferner mit den Werten zu vergleichen, welche an den stationär instal-

Messwerte

von Raum	zu Raum	Differenzdruck Δp [in Pa]	
		Δp_{Soll}	Δp_{Ist}

Verwendete Messtechnik

Mikromanometer FURNESS (CPFM)	[Typ, Seriennummer]

Abb. 17.15   Ausschnitt aus einem Prüfprotokoll zum Nachweis des Raumdifferenzdrucks

lierten Druckanzeigen in den Räumen oder in der Leitzentrale abgelesen werden können. Wird die Luftbilanz eines Reinraumes durch das Ein- und Ausschalten von Prozess- oder Entstaubungsanlagen beeinflusst, so muss in der OQ-Phase nachgewiesen werden, dass der Raum-Differenzdruck für die verschiedenen Betriebszustände im geforderten Toleranzband gehalten werden kann. Ein entsprechender Funktionsnachweis für die Lüftungsregelung wird dadurch ebenfalls erbracht. Die Wirksamkeit der Abgrenzung nebeneinanderliegender Reinräume lässt sich nicht nur mittels Differenzdruck sondern auch durch die Richtung der Luftströmung spezifizieren. Für die Qualifizierung der Luftströmung kommt die Prüfung der Strömungsgeschwindigkeit sowie die Visualisierung der Luftströmung mittels Testnebels und simultaner Videoaufzeichnung in Betracht.

17.2.5.7 Nachweis der Lufttemperatur und der relativen Luftfeuchte

Die Lufttemperatur und die relative Luftfeuchte in Reinräumen sind wichtige klimatische Parameter in Hinblick auf die Behaglichkeit des Reinraumpersonals und bezogen auf temperatur- bzw. feuchtempfindliche Produktionsprozesse. In Feststoffproduktionen zum Beispiel darf die relative Luftfeuchte bestimmte Toleranzgrenzen nicht überschreiten, um eine Produktagglomeration zu vermeiden. Mit der Temperatur- und Feuchtequalifizierung wird der dokumentierte Nachweis erbracht, dass die Lüftungsanlage in der Lage ist, zunächst im Betriebszustand „at rest" (s. Abb. 17.10) die klimatischen Parameter in den spezifizierten Grenzen zu halten. Im Rahmen der PQ wird dieser Nachweis in Anwesenheit des Produktionspersonals in den Reinräumen und bei laufenden Produktionsmaschinen erbracht (s. Abschn. 17.2.6).

Die OQ-Messung der Temperatur und der Feuchte hat generell nach einer ausreichenden Stabilisierung der RLT-Bedingungen zu erfolgen. Die Messungen werden üblicherweise raum- bzw. zonenweise in Arbeitshöhe durchgeführt. Die Anzahl der Messpunkte pro Raum bzw. Temperatur-/Feuchte-Zone ist abhängig von der Raum- bzw. Zonengröße, den inneren Wärmelasten und von den Betreiberanforderungen. Bei unkontrollierten Bereichen sollte min-

Messpunkt	Raumlufttemperatur in [°C]		relative Raumluftfeuchte in [%r.F.]	
MP 01		Mittelwert der T-Messwerte:		Mittelwert der φ-Messwerte:
MP 02				
MP 03		$\overline{\vartheta}$ = ...		$\overline{\varphi}$ = ...
MP 04		Sollwert:		Sollwert:
MP 05		von ...... bis		von ...... bis ......
Abweichung vom Sollwert:		.... K		.... %
Akzeptanz-kriterium erfüllt?:	❏ ja	❏ nein	❏ ja	❏ nein

Abb. 17.16   Ausschnitt aus einem Prüfprotokoll zum Nachweis der Lufttemperatur und der relativen Luftfeuchte im Reinraum

destens eine T-/φ-Messung pro Raum bzw. Zone erfolgen. In Bereichen mit produktspezifischen Temperatur-/Feuchteanforderungen werden in der Regel Netzmessungen durchgeführt. Die Messpunkte werden hierbei unter Einbeziehung von lokalen Wärmelasten homogen auf die Reinräume verteilt. Die Messergebnisse werden auf entsprechenden Prüfprotokollen dokumentiert und den spezifizierten Sollwerten vergleichend gegenübergestellt (s. Abb. 17.16). Die Identifzierung der Messpunkte im jeweiligen Raum sowie die Art und der Kalibrierstatus des verwendeten Messgeräts müssen auf dem Prüfprotokoll vermerkt werden. Rohdaten müssen archiviert werden.

17.2.5.8 Bestimmung der Partikelreinheitsklasse („at rest")

In den Regularien der Reinraumtechnik (s. Kap. 18) wird die Reinheit eines Produktionsraumes nach verschiedenen Reinheitklassen charakterisiert. Die Klasseneinteilung bezieht sich zum einen auf eine partikuläre und zum anderen auf eine mikrobielle Kontamination im Raum. Für jede Reinheitsklasse sind Grenzkonzentrationen für Partikel und Keime definiert, welche nicht überschritten werden dürfen. Bezüglich dieser Grenzwerte und den verschiedenen Reinraum-Betriebszuständen, welche den Reinheitsklassen zugeordnet sind, wird auf Kap. 18 verwiesen. Die Bestimmung der Partikelreinheitsklasse im Zustand „at rest" ist eine OQ-Maßnahme und kann erst durchgeführt werden, wenn die Luftbilanzen und die Differenzdrücke in den zu qualifizierenden Reinräumen nachweislich eingestellt wurden, d.h. die diesbezüglichen Funktionsprüfungen (s. Abschn. 17.2.5.3–17.2.5.6) erfolgreich durchgeführt wurden. Die Reinheitsklasse wird dadurch bestimmt, dass an definierten Raumpunkten in Arbeitshöhe Probenahmevolumenströme aus der Raumluft entnommen und mittels des optischen Partikelzählverfahrens analysiert werden. Die Metrologie für diese OQ-Maßnahme wurde in Kap. 14 bereits beschrieben. Die Einzelmesswerte für einen Reinraumbereich werden entweder mittels der Student-t-Verteilung oder der Poisson-Verteilung statistisch bewertet. Die Dokumentation der Reinheitsklassenbestimmung erfolgt auf einem entsprechenden Prüfprotokoll, auf welchem ersichtlich sein muss, ob die spezifizierte Reinheitsklasse erfüllt wurde oder nicht. Abbildung 17.17 zeigt beispielhaft ein OQ-Prüfportokoll zum Nachweis der Reinheitsklasse. Die Rohdaten in Form der Originalausdrucke des optischen Partikelzählers sind Bestandteil der Qualifizierungsdokumentation.

Muster Pharma

	Prüfprotokoll 6
	Bestimmung der Reinheitsklasse
	(FED STD 209E)
OQ der raumlufttechnischen Anlagen	Seite : 1 von 2

Ausgangsdaten

RLT – Anlagen - Nr.:			
Raum – Bezeichnung:			
Raum - Nr.:		Reinheitsklasse :	
Raum – Grundfläche (F):	...... m^2	SI-Einheiten:	M = ...
Berechnung der Anzahl der Messpunkte (L):	$L = \dfrac{F \cdot 64}{\sqrt{10}^{\,M}} = \dfrac{\cdot 64}{\sqrt{10}} =$		
gewählte Anzahl der Messpunkte (L):		Ist die Anzahl der Messpunkte L ≤ 9, siehe Statistik Seite 2	

Messwerte

Partikelanzahlkonzentration (kumulative Partikelzahl in 1/ft^3)

Nr.	Mess-Punkt	A$_i$ in 1/ft^3 D ≥ 0,5 μm	D ≥ 5 μm	Nr.	Mess-punkt	A$_i$ in 1/ft^3 D ≥ 0,5 μm	D ≥ 5 μm

Maximalwert A$_i$ (bzw. **UCL** aus der statistischen Auswertung)

geforderte Reinheitsklasse erfüllt?: ❑ ja ❑ nein

Verwendete Messtechnik

optischer Partikelzähler	[Typ, Seriennummer]

Musterfirma total facility solutions ►►►	Durchgeführt: Musterfirma	Geprüft: Musterfirma	Geprüft: Muster Pharma
Name:			
Datum:			
Unterschrift:			

Abb. 17.17 Prüfprotokoll zum Nachweis der partikulären Reinheitsklasse

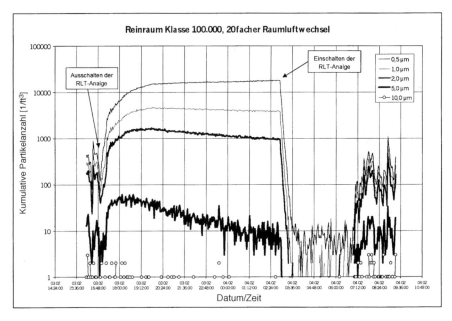

Abb. 17.18   Partikelmonitoring für das Ein- und Ausschalten einer RLT-Anlage

In einigen pharmazeutischen Betrieben wird die RLT-Anlage zu Nachtzeiten abgeschaltet. Für diesen Fall sollte im Rahmen der OQ nachgewiesen werden, zu welcher Zeit die RLT-Anlage frühmorgens wieder eingeschaltet werden muss, um beim geplanten Produktionsstart die geforderten Partikelzahlen wieder zu garantieren. In Abb.17.18 sind die Ergebnisse eines derartigen Partikelmonitorings für einen Reinraum der Klasse 100.000 mit einem Raumluftwechsel von 20 1/h grafisch dargestellt. Der Raum befand sich vor dem Ausschalten der RLT-Anlage im Zustand „at rest" und war gereinigt.

Nach Ausschalten der Lüftungsanlage steigen die Partikelzahlen im Raum zwar an, die Grenzwerte für die Reinheitsklasse 100.000 werden aber selbst während der gesamten Nachtzeit nicht überschritten. Das Einschalten der RLT-Anlage in den Morgenstunden bewirkt aufgrund des ausreichenden Luftwechsels und der vorliegenden Güte der Raumdurchspülung eine sprunghafte Reduzierung der Partikelzahlen. Der eintretende Personenverkehr in den Räumen führt zu den Ausgangspartikelwerten.

17.2.5.9 Bestimmung der Erholzeit

Als Erholzeit (*Recovery*) wird diejenige Zeit betrachtet, die benötigt wird, um in einem turbulenten Reinraum nach einer erhöhten Kontamination wieder den spezifizierten Reinheitsstatus zu erreichen. Eine starke Verunreinigung im Raum kann zum Beispiel durch einen Ausfall der RLT-Anlage oder durch etwaige innere Emissionsquellen entstehen. Die Erholzeit ist in erster Linie abhängig vom Raumluftwechsel, von der Lüftungseffizienz und von der Geometrie des Reinraumes. Zur Bestimmung der Erholzeit im Zustand „at rest" wird

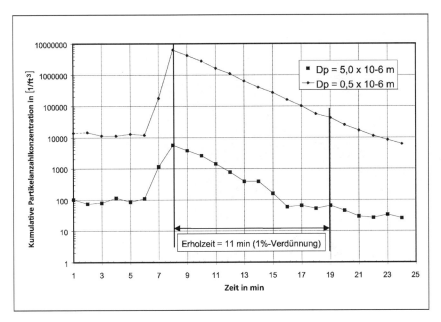

Abb. 17.19   Grafische Darstellung der Ergebnisse aus einer Erholzeitmessung

der Reinraum möglichst gleichmäßig mit einem Prüfaerosol beaufschlagt und die zeitliche Änderung der Aersolkonzentration nach Ausschalten des Aerosolgenerators gemessen (Abklingkurve). Bezüglich des genauen Messablaufes und der Messtechnik für diese OQ-Maßnahme wird auf Kap. 14 verwiesen. In Abb. 17.19 sind die Ergebnisse aus einer Erholzeitmessung grafisch dargestellt. Die Messung wurde in einem pharmazeutischen Produktionsraum der Reinheitsklasse 100.000 gemäß FED STD 209 E durchgeführt. Der Raumluftwechsel betrug 20 1/h. Wie in Abb. 17.19 ersichtlich ist, erfüllte der untersuchte Reinraum vor Messbeginn seine partikulären Reinheitsanforderungen. Die Partikelanzahlkonzentration wurde künstlich auf ca. $6,5 \times 10^{-6}$ Partikel $\geq 0,5$ µm/ft^3 erhöht. Die Bewertung der Abklingkurve nach dem 1 %-Kriterium gemäß VDI 2083 ergab im gezeigten Fall eine Erholzeit von 11 min. Die spezifizierte Reinheitsklasse wurde bereits nach 9 min wieder erreicht.

Die Dokumentation der Erholzeitmessung erfolgt wiederum auf einem Prüfprotokoll mit den entsprechenden Angaben (s. vorherige Abschnitte). Die Rohdaten in Form der Originalausdrucke des optischen Partikelzählers sind wiederum Bestandteil der Qualifizierungsdokumentation.

17.2.5.10 Visualisierung von Luftströmungen

An kritischen Raumpositionen (LF-Bereiche, Absaugungen, Überströmpositionen etc.) sollte die Luftströmung visualisiert werden, um eine bildliche Aussage über deren Richtungsverhältnisse bzw. über deren Laminarität zu erhalten. Hierzu wird eine strömungssichtbarmachende Substanz in die Luftströmung eingebracht und die visualisierte Strömug mittels Foto- oder Video-

Abb. 17.20 Beispiel einer LF-Strömungsvisualisierung im Sterilbereich

dokumentation aufgezeichnet und dokumentiert. Üblicherweise wird Reinstwasser als Testnebel verwendet. Abbildung 17.20 zeigt beispielhaft eine Strömungsvisualisierung in einem LF-Bereich. Die turbulenzarme Strömungscharakteristik ist bis in die Nähe der Produktionseinheit deutlich zu erkennen.
In einigen Richtlinien (z. B. VDI 2083 oder IES-RP-CC006.2) werden zulässige
Winkelabweichungen für die Luftströmung zwischen Aerosolaufgabe und Arbeitshöhe definiert.

17.2.5.11 Bestimmung der mikrobiellen Reinheitsklasse („at rest")

Für die „at-rest"-Bedingungen werden Grenzwerte für die mikrobiologische
Kontamination nicht ausdrücklich spezifiziert. Die einschlägigen Regelwerke
spezifizieren Grenzwerte der mikrobiologischen Reinheit lediglich für die
Produktions- oder Qualitätskontrollbereiche unter Betriebsbedingungen („in
operation"). Die zusätzliche Messung der Ruhephasenbedingungen („at rest")
wird von einigen Betreibern als Vergleichswert für die Funktion der Anlage
herangezogen.

Für die Qualifizierung von Reinräumen wird in der „at-rest"-Phase (OQ
der Räume, s. Abschn. 17.2.5.8) die Funktion der Lüftungsanlage ausschl. über
die Reinheit von Raumluft und Flächen geprüft, ohne die Räume durch Aktivitäten von Personal und Maschinen zu belasten. Es ist zu betonen, dass die
mikrobiologischen Prüfungen zugleich Sicherheit bezüglich der Effizienz der
gewählten Desinfektionsverfahren der Räume geben.

Für Raumluft und Flächen werden die folgenden Grenzwerte der mikrobiologischen Kontamination vorgeschlagen (s. Abb. 17.21 und Abb. 17.22).

Die angegebenen Grenzwerte sollten in der Qualifizierung sowie auch später im Routine-Monitoring durch Warnwerte ergänzt werden, die zu ca.

USP XXIV			Europäischer GMP-Leitfaden		

Klassen: "SI"	"US Customary"	KBE/m3 Luft	Klassen:	KBE/m3 Luft	KBE/Petrischale (Durchmesser 90 mm) nach 4 Stunden
M. 3.5	100	< 3	A	< 1	< 1
			B	10	5
M. 5.5	10.000	< 20	C	100	50
M. 6.5	100.000	< 100	D	200	100

KBE: Koloniebildende Einheiten

Abb. 17.21   Mikrobiologische Grenzwerte für Raumluft

USP XXIV			Europäischer GMP-Leitfaden	

Klassen: "SI"	"US Customary"	KBE/ Kontaktplatten	Klassen:	KBE/Kontaktplatte, (Durchmesser 55 mm)
M. 3.5	100	3 (einschl. Boden)	A	< 1
			B	5
M. 5.5	10.000	5	C	25
M. 6.5	100.000	10 (Boden)	D	50

KBE: Koloniebildende Einheiten

Abb. 17.22   Mikrobiologische Grenzwerte für Flächen

20–50% unter den Grenzwerten liegen und bei deren Erreichen geeignete Maßnahmen wie Überprüfen der Anlage oder der Effizienz der Flächen-Desinfektion angezeigt sind.

Die isolierten Mikroorganismen sollten identifiziert werden, um die Quelle der Kontaminierung bzw. eventuell Resistenzen gegenüber dem Desinfektionsmittel ausmachen zu können.

Methoden zum Nachweis mikrobieller Kontamination im Raum

Die mikrobielle Kontamination im Raum wird durch direkte Auftragung der Mikroorganismen auf Oberflächen von Nährböden und anschließende Inkubation nachgewiesen. Die nach Inkubation als „koloniebildenden Einheiten (KBE) nachgewiesenen lebensfähigen Keime werden zumindest bei Überschreiten der festgelegten Grenzwerte (s. Abschn. 17.2.5.12) einer Identifizierung unterworfen. Die Kenntnis der Spezies ermöglicht Rückschlüsse auf die Quelle der Kontamination in den Räumen. Beispiele: typischer Hautkeim: Personal oder auch Filterprobleme; typischer Wasserkeim: Feuchtigkeit durch eventuelle Undichtigkeiten an Wasser- und Produktleitungen.

Verfahren der mikrobiologischen Beprobung der Räume

Raumluft

Hierzu gibt es mehrere Geräte, die aktiv Luft ansaugen und entweder die Partikel, hier die Mikroorganismen, direkt auf die Oberfläche von Nährböden schleudern oder über Filtration des Luftstroms auf einer Membran zurückhalten, welche auf einen Nährboden aufgebracht wird.

Es wird an jedem Probenahmepunkt im Raum 1 m³ angesaugt.

Flächen

Flächen werden durch Aufdrücken von Nährbodenplatten mit gewölbter Oberfläche beprobt. Der Nährboden muss mit neutralisierenden Substanzen versetzt sein, die Desinfektionsmittelrückstände auf den Flächen inaktivieren, um so die Entwicklung der lebensfähigen Keime während der Inkubation zu gewährleisten.

17.2.6 Performance Qualification

Die *Performance Qualification (PQ)* erbringt die dokumentierte Beweisführung, dass alle Anlagen bzw. Systeme unter Routine-Produktionsbedingungen in den Reinheitszonen („in operation") den geplanten Spezifikationen und Anforderungen entsprechen und diese über einen längeren Zeitraum, d.h. bis zur nächsten Requalifizierung, einhalten können. Dazu werden neben den Messungen für die Raumparameter Lufttemperatur, relative Feuchte und Raumdifferenzdruck regelmäßige Bestimmungen bezüglich Partikelkonzentration und mikrobieller Kontamination von Oberflächen und Raumluft im Betriebszustand „in operation" durchgeführt. Die PQ stellt sicher, dass sowohl eine ausreichende Kapazität und Effizienz der Anlage gegeben ist, als auch, dass das in den Räumen befindliche Personal (Kleidung, Verhalten) sowie die Maschinen während des Routinebetriebes die Einhaltung der Reinraumklassen gewährleisten bzw. nicht gefährden.

Die Grundlage für die PQ bildet die abgeschlossene OQ, relevante SOPs, der genehmigte PQ-Plan mit Definition des Qualifizierungsumfangs und der Verantwortlichkeiten sowie die zugehörigen, genehmigten Prüfpläne und die über das *Change Control* genehmigten Änderungen. In den Prüfplänen sind die jeweiligen durchzuführenden Messungen definiert, und zwar unter Angabe des zu benutzenden Messsystems, Messverfahrens und der Auswertung der Ergebnisse.

Für die eingesetzten Messsysteme und Messfühler werden wie im Falle der OQ die zugehörigen Kalibrierzertifikate benötigt.

Die PQ wird abgeschlossen, wenn alle im Prüfplan definierten Messungen und alle sich daraus ergebenden Maßnahmen durchgeführt sind und der Abschlussbericht genehmigt wurde.

Bei der Terminplanung sollte genügend Zeit für die Probennahme, Analyse der Proben und Wiederholungstests eingeplant werden.

Im Folgenden wird auf die wichtigsten PQ Messungen eingegangen, wobei darauf hingewiesen wird, dass die entsprechenden Messverfahren in Abschn. 17.2.5 bzw. in Kap. 14 bereits näher beschrieben wurden.

17.2.6.1 Nachweis der Lufttemperatur, der relativen Feuchte und des Raumdifferenzdrucks

Die Lufttemperatur, die relative Feuchte und der Differenzdruck wird für jeden Raum separat über Datenlogger oder Monitoring-Systeme erfasst. Die Messungen erfolgen analog zur OQ (s. Abschn. 17.2.5.6 und 17.2.5.7). Im Unterschied zur OQ werden die Tests über einen vorgegebenen Zeitraum hinweg regelmäßig wiederholt. Die Zeitintervalle und der Gesamtzeitraum sind zu definieren. Die Erfassung sollte aber nicht weniger als 3 Wochen andauern. Ideal wäre eine kontinuierliche Erfassung der relevanten Daten. Die Ergebnisse müssen mit den definierten Betriebspunkten und zugehörigen Toleranzen verglichen werden. Ist ein Monitoring-System installiert, ist bei Überschreitung der Toleranzgrenzen zu prüfen, ob eine Alarmmeldung ausgelöst wird. Generell sollten die o. g. Parameter in kritischen Räumen (Herstellungsräumen) überwacht werden. Dies muss allerdings nicht unbedingt über ein automatisches, d. h. kontinuierlich arbeitendes Monitoring-System erfolgen.

Die Messergebnisse und Anforderungen sind gemäß den Prüfprotokollen für jeden Raum separat zu dokumentieren und zu bewerten.

17.2.6.2 Bestimmung der Partikelreinheitsklasse („in operation")

Dieser Nachweis ist nur gefordert, wenn auch für den Betriebszustand „in operation" Grenzwerte festgelegt sind. Für einen nach [17.2] als „D" klassifizierten Reinraumbereich ist z. B. eine maximale Partikelzahl „in operation" nicht definiert. Für „D" oder niedrigere Klassifizierungen (betreiberspezifische Klassen) ist ein Nachweis der Partikelkonzentration im Raum also nicht gefordert. Für höher klassifzierte Bereiche muss analog zur Prüfung der Lufttemperatur, der relativen Feuchte und des Raumdifferenzdruckes auch die Partikelkonzentration im Raum auf Einhaltung der Grenzwerte für den Betriebszustand „in operation" überprüft werden. Im Vergleich zu den OQ-Messungen im Betriebszustand „at rest" wird hier der Routinebetrieb einschließlich des Produktionspersonals (Kleidung, Verhalten) begutachtet. Die Bestimmungen der Partikelreinheitsklasse im Betriebszustand „in operation" sind analog zur OQ (s. Abschn. 17.2.5.8) durchzuführen und über einen vorgegebenen Zeitraum mehrmals zu wiederholen.

Es ist zu beachten, dass bei bestimmten Verfahren oder Prozessen Produktstaub oder Tröpfchen freigesetzt werden können, wodurch eine Messung im Betriebszustand „in operation" nicht sinnvoll ist. Die Messungen können Partikelzahlen jenseits der festgelegten Grenzwerte aufzeigen. Da ein Kontaminationsrisiko für das Produkt durch sich selbst nicht gegeben ist, ist die Partikelzahl in diesem Fall nicht aussagekräftig. Für einen solchen Fall sollte der Nachweis über Fremdstoffanalysen im fertigen Produkt und die mikrobielle Kontamination im Reinraum geführt werden.

17.2.6.3 Bestimmung der mikrobiellen Reinheitsklasse („in operation")

Während der PQ wird über einen längeren Zeitraum (z. B. 3–6 Wochen) die mikrobielle Kontamination im Raum *während routinemäßiger Arbeit* von Maschinen und Personal im den Räumen verfolgt. Es ist großer Wert darauf zu legen, dass dabei das gesamte Spektrum relevanter Produktionsbedingungen geprüft wird.

Die PQ gibt auf diese Weise Aufschluss über die Kapazität der Lüftungsanlage mit allen „Belastungen", die durch die Aktivität in den Räumen entstehen:

– Kontamination durch das *Personal,* vor allem Verteilung von Hautkeimen in den Räumen, Einfluss von Kleidung und Verhalten
– Kontamination durch *Prozesse,* die zur lokalen Bildung von Feuchtigkeit führen können, Verteilung und Anreicherung von Wasserkeimen
– Kontamination durch unzureichende *Reinigungs- und Desinfektionsmaßnahmen,* Anreicherung von Hautkeimen und Wasserkeimen.

Überschreitungen der vorgegebenen Kontaminationsgrenzwerte müssen gründlich untersucht werden. Über die Identifizierung der isolierten Keime können, wie bereits für die OQ (s. Abschn. 17.2.5.11) beschrieben, Rückschlüsse auf die Quelle der Kontamination gezogen werden und Korrekturmaßnahmen, wie etwa eine erneute Schulung des Personals, eine Verbesserung der Desinfektionsmaßnahmen oder etwa Verbesserungen im Bereich der Herstellungprozesse veranlasst werden.

Für die PQ gelten die in Abschn. 17.2.5.11 für die OQ angegebenen Grenzwerte der mikrobiologischen Kontamination.

17.2.7 Final Report

Jede Qualifizierungsphase wird mit einem Bericht abgeschlossen. Zum Ende der PQ wird noch ein übergreifender Abschlussbericht für das gesamte Qualifizierungsprojekt verfasst. In diesem Bericht werden die Ergebnisse der Qualifizierungsphasen nochmals zusammengefasst und analysiert. Dieser Bericht sollte mit einer Schlussfolgerung über die Akzeptanz des Gesamtsystems (Räumlichkeiten, Lüftungssystem, Prozessmedien etc.) bzgl. der Erreichung und der Einhaltung der geforderten Grenzwerte und Parameter enden.

Der *Final Report* sollte als übergeordnetes Dokument analog der Stufe des Validierungsmasterplanes angesehen werden.

Nach Abschluss der Performance Qualification (PQ) für sämtliche Ausrüstungsgegenstände und der Freigabe durch die Qualitätssicherung kann mit der Prozessvalidierung begonnen werden.

Literatur

[17.1]   EG-GMP Richtlinie (91/356/EWG)
[17.2]   EG-Leitfaden einer Guten Herstellungspraxis für Arzneimittel mit ergänzenden Leitlinien, 5. überarbeitete und erweiterte Auflage (1998)
[17.3]   PIC-Dokument PR 1/99-1: Recommendations on Validation Master Plan, Installation and Operational Qualification, Non-Sterile Process Validation, Cleaning Validation (1999)

18 Reinraum – Regelwerke

18.1 Von nationalen zu globalen Konzepten

Regelwerke haben innerhalb der Reinraumtechnik von Beginn an eine zentrale Rolle gespielt. Als Ende der 60er Jahre die erste moderne Reinraum-Norm erschien, war es eine nationale Norm, die bald internationale Bedeutung erlangte. Diese Norm, der U.S. Federal Standard 209E [18.1], wurde bis in die neunziger Jahre zum Inbegriff für die wissenschaftlich fundierte Klassifizierung von Reinräumen und Reinraumbereichen auf Basis der Konzentration luftgetragener Partikel.

Das Interesse an weltweit akzeptierten Reinraum-Normen erklärt sich für den Bereich der Mikroelektronik mit den raschen Fortschritten einer seit den 80er Jahren zunehmend globalen Technologieentwicklung. In den USA, Japan und Europa arbeitete man an den gleichen Aufgaben und an den gleichen Zielen. Anders im Bereich der Pharmazie, wo einerseits Technologietraditionen und andererseits Überwachungsbehörden einen stärkeren Einfluss ausüben und damit größere regionale Technologieunterschiede entstehen und bestehen ließen.

Die Reinraumtechnik entwickelte sich in diesen Jahren von einer Spezialrichtung der Raumluft- und Gebäudetechnik zu einer Technologie, die mehr und mehr dem jeweiligen Prozessgeschehen zugeordnet wird. In dem Maße, wie die Kontamination der Raumluft und anderer Medien zum kritischen Qualitätsfaktor wurde, ging man dazu über, die Absicherung der Reinheitsanforderungen der Prozessverantwortung zu unterstellen. Dieser Trend lässt sich heute u. a. daran ablesen, dass zu den Schlüsselparametern, mit denen die Anforderungen an neue Produktionstechnologien definiert werden (s. Kap. 7 und 9), in aller Regel typische Reinraumanforderungen gehören.

Zu den traditionellen Anwendern aus Pharmazie, Mikroelektronik und Raumfahrt sind längst weitere Anwender aus Medizin, Optik, Feinwerktechnik, Lebensmitteltechnologie und anderen Bereichen hinzugekommen. Da diese nur ausnahmsweise über branchenorientierte Regularien für die Reinraumtechnik verfügen, entnehmen sie die für ihre Prozessapplikation erforderlichen Regeln den allgemeinen, für beliebige Anwender erstellten Reinraumregularien.

Die Entwicklung von einer Spezialrichtung der Gebäudetechnik zur Prozesstechnik hin wird letztlich auch durch die zahlreichen Regularien belegt, die inzwischen für die Anforderungen an die Raumluft, den Bau und den Betrieb von Reinraumanlagen, an Oberflächen, Kleidung und Personal, Medien und Verbrauchsartikel entstanden und i. d. R. der Reinraumtechnik zugeordnet werden. Das Interesse an der Verknüpfung zwischen Reinraumtechnik und Prozesstechnik dokumentieren nicht zuletzt auch die national und international herausgegebenen GMP (Good Manufacturing Practice)-Leitfäden, die immer wieder Regularien der Reinraumtechnik heranziehen, um die Anforderungen an eine dem Stand der Technik entsprechende Produktion zu definieren.

Der Stellenwert, den die Reinraumtechnik hier erhält, erklärt sich für den Bereich der Mikroelektronik und der Pharmazie auf unterschiedliche Weise: Die Schwierigkeit, Kontaminationseffekte im Mikron- und Submikronbereich zu detektieren, führt in der Mikroelektronik zu der Strategie, für die gesamte Prozessumgebung eine *statistisch abgesicherte Beherrschung aller relevanten Kontaminationsfaktoren* zu fordern, auch wenn das Kontaminationsgeschehen nicht in allen Einzelheiten entschlüsselt ist.

Innerhalb der Pharmazie verstärkt sich der Trend, die Produktqualität weniger ausschließlich mit den am Fertigprodukt messbaren Qualitätsparametern zu dokumentieren, sondern zunehmend Daten der Prozessumgebung einzubeziehen, also typischerweise reinraumtechnische Kenngrößen. Hinter diesem Trend steht die Überlegung, dass die Stückprüfung ebenso wie statistisch verteilte Prüfmuster nur eine sehr eingeschränkte Qualitätsaussage liefern. Eine Verbesserung der Qualitätsaussage ist vor allem dadurch zu erreichen, dass die Einflüsse der Prozessumgebung auf das Produkt mit leistungsfähigen Methoden überwacht werden. Die Methoden der Reinraumtechnik sind zum einen empfindlicher als die der Stückprüfung und zum andern statistisch aussagefähiger als die der Musterziehung. Es kommt hinzu, dass das Ergebnis reinraumtechnischer Kontrollen i. d. R. sofort verfügbar ist, während die Ergebnisse mikrobiologischer Kontrollen u. U. erst zwei Wochen später vorliegen. Vermutlich erklärt dieser Gesichtspunkt auch das besondere Gewicht, das Behörden und die von Behörden herausgegebenen Richtlinien auf die reinraumtechnische Prozessumgebung legen. Sorgfältig konzipierte und verantwortungsbewusst betriebene Reinraumtechnik wird als wesentlicher Teil der Produktionskultur gesehen. Nur so ist zu erklären, dass reinraumtechnische Parameter bei behördlichen Inspektionen gelegentlich ein Gewicht erhalten, das über deren praktische Relevanz hinausgeht.

Seit den 90er Jahren haben sich die Verhältnisse innerhalb von Mikroelektronik und Pharmazie von Grund auf verändert. Die zunehmende Öffnung der Märkte und der damit verbundene weltweite Wettbewerb haben das Interesse an global akzeptierten Technologiekonzepten, in denen die Reinraumtechnik eine zentrale Rolle spielt, stetig wachsen lassen.

Die zurückliegende Phase regional geprägter Technologietraditionen kann dabei längst nicht als überwunden angesehen werden. Das Erbe dieser Phase ist eine Fülle von *Technischen Regeln*, die sich von Region zu Region zum Teil nur marginal unterscheiden. Innerhalb von nur drei Jahrzehnten wurden für das Gebiet der Reinraumtechnik ca. 300 nationale Normen und Richtlinien entwickelt, deren Unterschiede unter technischen Gesichtspunkten vielfach nicht von Belang sind. Für die Praxis der Planung und Genehmigung von Produktionsanlagen ist es andererseits aber durchaus von Belang, in wie viele Reinheitszonen ein Reinraumbereich, z.b. für die aseptische Herstellung, gegliedert ist – in die zwei Reinraumzonen einer US-Richtlinie, in die drei Zonen der entsprechenden ISO-Norm oder in die vier Zonen des einschlägigen EC-Leitfadens, s. a. Abschn. 18.5.

Man geht allgemein davon aus, dass es für wirkliche, d.h. für qualitätsrelevante Unterschiede, schon deshalb keine Berechtigung gibt, weil weltweit die gleichen Anforderungen gelten, wie z.b. für die Qualität, die Sicherheit und die Wirksamkeit von Arzneimitteln. Wenn es sich aber um Unterschiede handelt, die für die Produktqualität nicht direkt relevant sind, muss die Frage nach deren Berechtigung gestellt werden. Regionale Standards, die zur Abgrenzung von Märkten beitragen und somit Handelshemmnisse darstellen, werden immer weniger akzeptiert. Das Interesse an der Harmonisierung bestehender Regularien steht gleichgewichtig neben dem Interesse an verstärkter, international ausgerichteter Regelarbeit.

18.2 Internationale Reinraumnormung

Aus dem Wunsch nach weltweit akzeptierten Verfahren für die Klassifizierung, den Bau und Betrieb von Reinräumen wurde 1990 begonnen, ein internationales Regelwerk zu entwickeln und zwar durch die Einrichtung des CEN/TC 243 „Cleanroom Technology" (Reinraumtechnologie) innerhalb des Europäischen Komitees für Normung (CEN: Comité Européen de Normalisation; TC: Technical Committee Technisches Komitee). Das Technische Komitee CEN/TC 243 wurde auf die Initiative der British Standards Institution (BSI) hin geschaffen und in vier Arbeitsgruppen gegliedert:
- WG 1   Luftgetragene Verunreinigungen
- WG 2   Mikrobiologische Kontamination
- WG 3   Planung und Betrieb
- WG 4   Terminologie.

Als Folge der Gründung des CEN/TC 243 sowie auf die Anregung des Institute for Environmental Sciences and Technology (IEST) und anderer Reinraumtechnik-Gesellschaften wurde durch die Internationale Organisation für Normung (ISO) im Jahr 1992 ein weiteres Technisches Komitee ins Leben gerufen, ISO/TC 209 *„Cleanrooms and associated controlled environments"* (*Reinräume und zugehörige Reinraumbereiche*). Der Gedanke dieser Initiative war, dass eine global akzeptierte Normung auf dem Gebiet der Reinraumtechnik auf die Einbeziehung der USA und Japans auf keinen Fall verzichten könne. Im Mai 1993 wurde dieses neue Technische Komitee formell gegründet. Bis zu diesem Zeitpunkt waren von den vier Arbeitsgruppen des CEN/TC 243 bereits sieben Norm-Entwürfe erstellt und veröffentlicht worden.

Die erste Sitzung des ISO/TC 209 fand im November 1993 statt. Der Ausschuss stimmte zu, bis zum Ende 1999 globale Normen zu erarbeiten. Die ersten 11 teilnehmenden Mitglieder (P-Mitglieder) sagten ihre Mitwirkung an dieser Sitzung zu. Seit dieser Zeit hat sich die Anzahl der P-Mitglieder auf 19 erhöht, die Anzahl der O-Mitglieder, der beobachtenden Mitglieder, beläuft sich derzeit auf 17.

Die offizielle Aufgabe des ISO/TC 209 lautet „internationale Normen für Reinräume und zugehörige Reinraumbereiche mit dem Ziel zu entwickeln, die Ausstattung, Anlagen und Betriebsverfahren zu standardisieren und Prozessgrenzen und Prüfverfahren für die Minimierung der Kontamination zu definieren".

Im Hinblick auf das weltweite Interesse an dieser Normung wurde die Arbeit des ISO/TC 209 und des CEN/TC 243 auf die Grundlage der sog. „Wiener Vereinbarung" („Vienna Agreement") gestellt, einem Abkommen über die technische Zusammenarbeit zwischen ISO und CEN. Das Ziel dieses Verfahren war, die erforderliche Rückkopplung zu gewährleisten, wenn ISO- und CEN-Komitees an demselben Thema arbeiten und sicherzustellen, dass bei der Erstellung der Normen die „parallele Umfrage bzw. Abstimmung" durchgeführt wird. Die Entscheidung, die Wiener Vereinbarung geltend zu machen, bedeutete in diesem Fall, dass das ISO/TC 209 die Federführung dabei übernahm, weiterhin internationale Normen auf Basis von Europäischen Norm-Entwürfen zu entwickeln, wohingegen das CEN/TC 243 eine begleitende und beobachtende Rolle übernahm. Sieben Arbeitsgruppen wurden gegründet, um die Ziele zu erreichen, die ursprünglich auf der Arbeit der CEN/TC 243-Arbeitsgruppen basierten. 1998 wurde dann eine achte Arbeitsgruppe eingerichtet:
- WG 1   Reinheitsklassen für luftgetragene Partikel
- WG 2   Biokontamination
- WG 3   Messtechnik und Prüfverfahren
- WG 4   Planung und Ausführung
- WG 5   Betrieb
- WG 6   Begriffe, Definitionen und Einheiten
- WG 7   Einrichtungen zur Trennung von Reinraumbereichen
- WG 8   Molekulare Kontamination.

Die Entwicklung einer internationalen Norm erfolgt nach einem genau festgelegten Schema, s. Tabelle 18.1.

Als Vorteile des nach den Regeln von ISO und CEN durchgeführten Normungsverfahrens sind aus dem bisherigen Projektablauf die folgenden Aspekte hervorzuheben:
- Die aktive und beobachtende Teilnahme aller maßgebenden Industrieregionen trägt wesentlich zur fachlichen Expertise und zur angestrebten globalen Relevanz bei.
- Das formal genau festgelegte Verfahren sichert Transparenz und Akzeptanz.
- Die Berücksichtigung vorhandener Regelwerke unterstützt die angestrebte Harmonisierung bei der Regelsetzung.

Die Grundsätze für die Normenarbeit wurden wie folgt definiert:
- Die zu erarbeitende Normenfamilie Reinraumtechnik soll sich lediglich Themen widmen, die für dieses Fachgebiet *von allgemeinem Interesse* sind

Tabelle 18.1   Folge der ISO-Projektstufen und zugehörige Dokumente

Projektstufe	zugehöriges Dokument Bezeichnung	Abk.	Kommentar
0 Vorläufige Stufe	Vorläufiges Arbeitsprojekt	PWI	Erste Definition der Arbeit – muss beendet sein
1 Vorschlagsstufe	Vorschlag für ein neues Arbeitsprojekt	NP	Muss nach 6 Monaten als WD ausgearbeitet sein
2 Bearbeitungsstufe	2.00 Angenommenes Arbeitsprojekt	AWI	
	2.20 Arbeitsentwurf	WD	Muss nach 18 Monaten als CD ausgearbeitet sein
3 Komiteestufe	Komitee-Entwurf	CD	Erfordert die Kommentare der P-Mitglieder innerhalb von 3–6 Monaten
4 Umfragestufe	Internationaler Norm-Entwurf	DIS	Erfordert die Kommentare und Abstimmung durch die nationalen Normungsinstitute innerhalb von 5 Monaten
5 Annahmestufe	Internationaler Schlussentwurf	FDIS	Änderungen aus der DIS-Umfrage werden eingearbeitet – letztendliche Annahme durch alle Mitglieder innerhalb von 2 Monaten
6 Veröffentlichungs-stufe	Internationale Norm	ISO	Automatische Veröffentlichung innerhalb von 2 Monaten nach der FDIS-Annahme

und die – unabhängig von ihrer Ausrichtung – für alle Anwendungsgebiete der Reinraumtechnik anwendbar und relevant sind.

- *Anwendungsspezifische* Fragestellungen – wie z. B. die Luftreinheitsanforderungen für bestimmte Technologiebereiche – sollen durch das ISO/TC 209 *nicht* behandelt werden.
- Die Normen sollen *zielorientiert* sein: die zu erfüllenden Anforderungen sind klar und eindeutig zu formulieren, aber hinsichtlich des Weges zum Ziel, also der technischen Lösungen, soll maximale Freiheit gewährleistet sein.
- Der *Fortschritt* soll angeregt und gefördert und keinesfalls behindert werden.
- Die Normen sollen zum Abbau technischer Handelshemmnisse beitragen und das Verständnis zwischen Nationen fördern. Sie dürfen einzelne Nationen wirtschaftlich weder bevorzugen noch benachteiligen.

In den Arbeitssitzungen dieses Normungsprojekts hat sich wiederholt bestätigt, wie wichtig das hier geltende Konsensprinzip für den Bereich der technischen Normung ist. Dieses Prinzip fordert, dass in den Arbeitsgruppen ohne Mehrheitsvoten entschieden wird und alle technischen Fragen also einstimmig entschieden werden. In der Praxis bedeutet dies, dass alle Fragen mit Meinungsverschiedenheit entweder solange verhandelt werden, bis Übereinstimmung erzielt ist oder von der Normung ausgeschlossen werden.

Immer wieder, wenn es darum geht, überzogene, unangemessene oder aus Eigeninteresse angestrebte Regulierungen von der Normung fernzuhalten, erweist sich dieses Prinzip als wirksames Filter. Während national oder behördlich beeinflusste Regelwerke noch eine Vielzahl von hinderlichen, nicht dem Stand der Technik entsprechenden Regelungen aufweisen, ist ISO/TC 209 im Sinne nötiger Deregulierung aktiv geworden. Als Beispiel sei hier auf die Behandlung der Strömungsanforderungen und der Reinraumabgrenzung hingewiesen, s. a. Abschn. 18.4.2.

In Richtlinien, die ohne Anwendung des Konsensprinzips erarbeitet werden, finden sich dagegen immer wieder Festlegungen, die nur die individuelle Erfahrung oder die persönliche Einschätzung einzelner Experten wiedergeben und genau das ist es, was von der Regulierung ausgeschlossen werden sollte.

18.3 Die Normenfamilien DIN EN ISO 14644 und DIN EN ISO 14698

Aus der Arbeit des ISO/TC 209 gehen zwei Normenfamilien hervor, die Serie DIN EN ISO 14644 für die allgemeine Reinraumtechnik und die Serie DIN EN ISO 14698 für die Sonderaspekte der Beherrschung von Biokontaminationsrisiken.

Der aktuelle Status der Arbeitsdokumente wird in Tabelle 18.2 dargestellt.

Das mehrstufige Bewilligungsverfahren bei der Veröffentlichung von ISO- bzw. DIN EN ISO-Normen wurde oben bereits vorgestellt. Was bedeutet nun dieses Verfahren im Falle der Reinraumnormung? Sobald die Veröffentlichung als ISO/DIS bzw. prEN-Entwurf erfolgt ist, kann das Dokument als Grundlage von Spezifikationen und von vertraglichen Vereinbarungen dienen; vor Gericht repräsentiert es den Stand der Technik. Die definitive Publikation als Norm hat dann aber für die Nationen des CEN und die ISO-Mitglieder, die nicht zugleich auch CEN-Mitglieder sind, unterschiedliche Konsequenzen. Die Publikation als EN- bzw. EN ISO-Norm verpflichtet alle CEN-Mitgliedsnationen zur Aufnahme der Norm in ihre nationalen Normensammlungen; darüber hinaus haben sie allfällige nationale Normen zum gleichen Thema zurückzuziehen und die nationale Normung auf diesem Gebiet fortan zu unterlassen. Anders im Falle der ISO-Nationen, die nicht CEN-Mitglieder sind: für sie ist die Übernahme von ISO-Normen in die nationalen Normensammlungen ein freiwilliger Entscheid.

Das parallele Abstimmungsverfahren in ISO und CEN verleiht den Normen, für die es Anwendung findet, ein erhebliches Gewicht, ist dadurch doch die Aufnahme in 19 nationale Normensammlungen von Anfang an gesichert.

18.3.1 ISO 14644-1 Reinheitsklassifizierung

Als erstes, definitiv genehmigtes Dokument der EN ISO-Normenfamilie Reinraumtechnik ist die Norm DIN EN ISO 14644-1 [18.2] zur Luftreinheitsklassifizierung am 1. Mai 1999 erschienen. Die ISO- und CEN-Schlussabstimmung

Tabelle 18.2   Status der Dokumente des ISO/TC 209

Dokument	Titel: Reinräume und zugehörige Reinraumbereiche	Status*
ISO 14644-1	Klassifizierung der Luftreinheit	ISO
ISO 14644-2	Festlegungen zur Prüfung und Überwachung zum Nachweis der fortlaufenden Überein- stimmung mit 14644-1 ISO	ISO
ISO 14644-3	Messtechnik und Prüfverfahren	CD
ISO 14644-4	Planung, Ausführung und Erst-Inbetriebnahme	ISO
ISO 14644-5	Betrieb	DIS
ISO 14644-6	Begriffe	CD
ISO 14644-7	Einrichtungen zur Trennung von Reinraum- bereichen (Reinlufthauben, Handschuhboxen, und Mini-Environments)	DIS
ISO 14644-8	Molekulare Kontamination	AWI
	Reinräume und zugehörige Reinraumbereiche- Biokontaminationskontrolle	
ISO 14698-1	Allgemeine Grundlagen	DIS, Einarbeitung der Stellungnahmen
ISO 14698-2	Auswertung und Interpretation von Biokontaminationsdaten	DIS, Einarbeitung Stellungnahmen
ISO 14698-3	Verfahren zur Wirksamkeitsmessung von Reinigungs- und/oder Desinfektionsprozessen von inaktiven Oberflächen, die biokontami- nierte Nassverschmutzungen oder Biofilme aufweisen	DIS, Einarbeitung der Stellungnahmen und Veröffentlichung als Technischer Bericht

* Stand: 2001-8

hatte sie souverän bestanden – ohne eine einzige Gegenstimme auf den beiden Ebenen von ISO und CEN! Die Übernahme in das deutsche Normenwerk und damit die Veröffentlichung der deutschsprachigen Fassung als DIN EN ISO 14644-1 [18.2] erfolgte im Juli 1999. Tabelle 18.3 zeigt die ISO-Partikelreinheitsklassen der Luft in tabellarischer Form; wie man sieht, schließen sich die Klassenfestlegungen für den Partikelgrößen-Schwellwert 0,5 μm nahtlos an die Festlegungen im bekannten U.S. Federal Standard 209E [18.1] an.

18.3.2 ISO 14644-2 Requalifizierung und Überwachung

Dieser Teil der Internationalen Norm ISO 14644 legt Anforderungen an die regelmäßige Prüfung und Überwachung eines Reinraums oder Reinen Bereiches zum Nachweis der fortlaufenden Übereinstimmung mit ISO 14644-1 fest. Die Norm DIN EN ISO 14644-2 [18.3] behandelt die Festlegungen zur Requalifizierung und zur Überwachung von Reinraumsystemen. Die Requalifizierung von Reinräumen soll danach mindestens die folgenden reinraumtechnischen Kenngrößen umfassen:

Tabelle 18.3   Ausgewählte Partikelreinheitsklassen der Luft für Reinräume und Reine Bereiche

ISO Klassi-fizierungs-zahl (N)	Höchstwert der Partikelkonzentrationen (Partikel je m³ Luft) gleich oder größer als die betrachteten Partikeldurchmesser. Die Grenzkonzentrationen sind nach der Gleichung $C_n = 10N \times (0{,}1/D)^{2{,}08}$ berechnet					
	0,1 µm	0,2 µm	0,3 µm	0,5 µm	1 µm	5 µm
ISO-Klasse 1	10	2				
ISO-Klasse 2	100	24	10	4		
ISO-Klasse 3	1.000	237	102	35	8	
ISO-Klasse 4	10.000	2.370	1.020	352	83	
ISO-Klasse 5	100.000	23.700	10.200	3.520	832	29
ISO-Klasse 6	1.000.000	237.000	102.000	35.200	8.320	293
ISO-Klasse 7				352.000	83.200	2.930
ISO-Klasse 8				3.520.000	832.000	29.300
ISO-Klasse 9				35.200.000	8.320.000	293.000

Anmerkung: Messtechnische Unsicherheiten verlangen, dass Konzentrationsdaten aus nicht mehr als drei geltenden Zahlen zur Bestimmung des Klassifizierungsgrads verwendet werden.

- Bestätigung der *Partikelreinheitsklassen der Luft;*
- Nachweis der *Druckdifferenzen* zwischen Arbeitsräumen;
- *Luftgeschwindigkeiten* (bei turbulenzarmer Verdrängungsströmung) oder *Luftvolumenströme* (bei turbulenter Mischströmung).

Für Anlagen der Pharmazie, die GMP-Auflagen zu erfüllen haben, gehört auch die periodische Wiederholung des *Integritätstests* der Schwebstofffilter, s. a. Abschn. 18.4.2.2, zum Pflichtprogramm, sowie – vor allem bei Arbeitsräumen mit turbulenter Mischströmung – die Bestimmung der *Erholzeit (recovery time)*. Aus GMP-Sicht ist dies die Ermittlung des Zeitintervalls, in welchem die Partikelkonzentration von derjenigen im Betriebszustand *Fertigung* auf diejenige im Betriebszustand *Leerlauf* abklingt.

Das Dokument ist im Februar 2001 als endgültige DIN EN ISO-Norm erschienen.

18.3.3 ISO 14644-3 Messtechnik

Zur Durchführung physikalischer Qualifikations- und Überwachungsmessungen wird in absehbarer Zeit der Entwurf ISO/DIS 14644-3 zur Verfügung stehen. In ihm sind – abgestimmt auf die Bedürfnisse der Normenreihe EN ISO 14644 – insgesamt 14 spezifisch reinraumtechnische Messaufgaben behandelt, so bspw. die Partikelmessung, der in-situ-Integritätstest von Schwebstofffiltern und die Bestimmung der Erholzeit. Für die erforderliche Messausrüstung wird im Anhang der Norm das Mindestanforderungsprofil spezifiziert. Bis zum Vorliegen dieses umfassenden Normenentwurfes, der momentan den Status *Komitee-Entwurf* [18.4] erreicht hat, wird man sich mit nationalen

Richtlinien behelfen müssen, wie z. B. der Richtlinie VDI 2083 Blatt 3 [18.5] oder den Richtlinien des IEST [18.6].

18.3.4 ISO 14644-4 Planung, Ausführung und Erst-Inbetriebnahme

Die unlängst erschienene Norm DIN EN ISO 14644-4 [18.7] über Planung, Ausführung und Erst-Inbetriebnahme von Reinraumsystemen vollzieht im Vergleich mit älteren Regularien eine klare Trennung zwischen normativen und informativen Vorgaben. Dieses Konzept erlaubt, die normativen Vorgaben auf das Nötige zu beschränken und im informativen Teil ein Spektrum von Maßnahmen und Mitteln aufzuzeigen, ohne den Anwender auf bestimmte dieser Mittel festzulegen. Für den Bereich der Spezifikation, der Konzeption, und der Ausführung von Reinraumsystemen werden im *normativen* Hauptteil lediglich Grundregeln definiert, so dass diese Norm der Zielsetzung entsprechend vielseitig anwendbar bleibt. Mit diesem Konzept spricht sie einen breiten Kreis von Auftraggebern, Lieferanten und Planern aus allen Anwendungsbereichen der Reinraumtechnik an. In den acht umfangreichen *informativen* Anhängen werden technische Lösungen ausschließlich als Beispiele behandelt. Im Anhang findet sich eine besonders nützliche Neuerung für die Reinraumplanung: eine systematische Zusammenstellung von Festlegungen, die zwischen Auftraggeber und Planer/Lieferant vereinbart werden sollten. Bestandteil dieser Aufstellung ist u. a. eine 13 Abschnitte umfassende Checkliste mit insgesamt 151 Positionen!

18.3.5 ISO 14644-5 Betrieb

Der Themenbereich des Entwurfs ISO/DIS 14644-5 umfasst die grundlegenden Anforderungen an den Betrieb und die Instandhaltung von Reinräumen und zugehörigen Reinraumbereichen. Dabei sind die Normen für die Planung, den Bau und den Betrieb, unabhängig von der Nutzung des Reinraums, einzuhalten. Die Norm wird keine Vorgaben zu bestimmten Reinheitsgrenzen machen, noch die Verfahren oder die Mittel definieren, um Grenzwerte einzuhalten. Die Norm ist ausschließlich auf den Routinebetrieb von Reinräumen ausgerichtet und liefert ein Gerüst, um für alle Bereiche des Reinraumbetriebs die erforderlichen Anweisungen zu erstellen.

Dem Schema entsprechend, das sich in anderen Teilen der Norm bewährt hat, werden im normativen Teil die ganz allgemein gültigen Grundforderungen behandelt und im informativen Teil Beispiele für die anwendungsbezogene Umsetzung der Grundforderungen angegeben. Die Veröffentlichung des Entwurfs DIN EN ISO 14644-5 hat im Juli 2001 stattgefunden.

18.3.6 ISO/CD 14644-6 Begriffe und Einheiten

Die Arbeitsgruppe 6 (ISO/TC 209/WG 6) ist verantwortlich für die Harmonisierung und Vereinheitlichung von Begriffen, Definitionen und Einheiten innerhalb des ISO/TC 209 und hinsichtlich der international gebräuchlichen Definitionen. „Terminologie" ist ein wichtiger und besonders kritischer Aspekt eines jeden internationalen Normungsvorhabens, der entscheidenden Einfluss auf die Transparenz und Verständlichkeit der Bedeutung wichtiger Schlüsselwörter nimmt. WG 6 existiert innerhalb des ISO/TC 209 als eine kontinuierliche Dienstleistung für alle anderen Arbeitsgruppen, indem es während der fortschreitenden Entwicklung der Arbeitsdokumente die verwendete Sprache bzw. Ausdrücke überwacht. WG 6 schlägt harmonisierte (abgestimmte) Definitionen für alle Dokumente vor.

Die ISO/CD 14644-6 wird als eines der letzten Dokumente dieser Normenreihe erscheinen, da es alle Begriffe und Definitionen aus den verschiedenen Teilen von ISO 14644 und ISO 14698 enthalten wird. Ausgenommen von dieser Regelung werden die Begriffe und Definitionen aus dem Dokument der Arbeitsgruppe ISO/TC 209/WG 8 „Molekulare Kontamination" sein, die ihre Aktivitäten erst 1998 aufgenommen hat. ISO/TC 209 beschloss kürzlich, dass zu dem Zeitpunkt, an dem ISO 14644 Teile 1–7 und ISO 14698 Teile 1 und 2 als Internationale Norm-Entwürfe, Internationale Schlussentwürfe oder Internationale Normen vorliegen, die ISO/DIS 14644-6 veröffentlicht werden sollte.

18.3.7 ISO 14644-7 Einrichtungen zur Trennung von Reinraumbereichen

Die Thematik der „Einrichtungen zur Trennung von Reinraumbereichen" geht erstmals über den vom CEN/TC 243 definierten Arbeitsbereich hinaus. Die Arbeitsgruppe 7 (ISO/TC 209/WG 7) wurde gegen Ende 1994 unter der Obmannschaft der Vereinigten Staaten von Amerika (IEST für ANSI, vgl. Tabelle 18.6, S. 484) eingerichtet. Der Arbeitsbereich dieser Gruppe umfasst die Definition der Leistungsanforderungen für die Planung, Ausführung, Einrichtung, Prüfung und Abnahme von Einrichtungen zur Trennung von Reinraumbereichen in denjenigen Anwendungen, in denen sie sich von Reinräumen unterscheiden, die nach ISO 14644-4 und -5 beschrieben sind. Einrichtungen zur Trennung von Reinraumbereichen umfassen sowohl offene als auch geschlossene Systeme.

Wegen der großen Bedeutung, die man dieser Technik für den gesamten Reinraumbereich zumisst und wegen des Mangels an „Vorbildern" für eine solche Normung ist man hier an einer Regelsetzung interessiert, die eine wirklich vorbildliche Beschreibung der Werkzeuge dieser Technik liefert – eine wichtige Voraussetzung dafür, dass alle Optionen der verschiedenen Einrichtungen zur Trennung von Reinraumbereichen offengehalten werden. Die Veröffentlichung des Entwurfs DIN EN ISO 14644-7 ist im Februar 2001 erfolgt.

18.3.8 ISO 14644-8 Molekulare Kontamination

Die Thematik der *Molekularen Kontamination* (s. Kap. 10) stellt in analoger Weise zu den *Einrichtungen zur Trennung von Reinraumbereichen* eine Erweiterung des bisherigen Arbeitsprogramms dar. Die Arbeitsgruppe ISO/TC 209/WG 8 behandelt Teilaufgaben wie die Definition relevanter Begriffe und Messgrößen, die quantitative Klassifizierung von Reinräumen und zugehörigen Reinraumbereichen in bestimmten Verunreinigungsgrenzen, die Festlegung von Messstrategien, die Beschreibung der Messverfahren für Klassifizierungszwecke und die Aufstellung von Prüflisten für Kunden, Lieferanten und Planer.

Ausgehend vom derzeitigen Stand von Wissenschaft und Technik, geht es darum, die Techniken zur Konzeption und Spezifikation zusammenzustellen und damit einen Bereich der Reinraumtechnik zu fördern, der dringend neue Definitionen verlangt, ohne dass zugleich weitere Entwicklungen und neue Anwendungen ausgeschlossen werden.

18.3.9 ISO 14698-1 bis -3 Biokontaminationskontrolle

Zum Thema „Biokontamination" liegen mittlerweile drei Norm-Entwürfe der Reihe DIN EN ISO 14689 vor. Teil 1 (E DIN EN ISO 14698-1) behandelt Grundsätze und Verfahren für ein allgemeines System zur Bewertung und Kontrolle der Biokontamination [18.8].

Teil 2 (E DIN EN ISO 14698-2) spezifiziert Grundlagen und methodische Anforderungen für die mikrobiologische Datenauswertung und für die Bewertung von Biokontaminationsdaten [18.9]. Teil 3 (E DIN EN ISO 14698-3) beschreibt eine Methode zum Nachweis des Erfolgs von Biodekontaminationsmaßnahmen wie z. B. Spülen, Reinigen, Desinfizieren und soll als Technischer Bericht und nicht als Norm erscheinen [18.10].

Die Teile 1 und 2 werden von der Arbeitsgruppe ISO/TC 209/WG 2 überarbeitet und danach zur Abstimmung als Internationale Schlussentwürfe (FDIS) vorbereitet.

18.4 Übersicht der Reinraum- und GMP-Regularien

Die eingangs geschilderte Entwicklung in der Reinraumtechnik hat dazu geführt, dass die einzelnen Teilgebiete der Reinraumtechnik durch verschiedene nationale Normen- und Richtlinienausschüsse bearbeitet worden sind. Der Grad an Überlappung zwischen den einzelnen Regularien ist von Themengebiet zu Themengebiet sehr unterschiedlich und führt dazu, dass man sich in einem breiten Spektrum von Regularien orientieren muss, je nachdem, inwieweit spezielle regionale, nationale oder internationale Anforderungen zu berücksichtigen sind.

Es kommt hinzu, dass einzelne Regularien, wie z. B. die GMP-Regelwerke der Pharmazie, Spezifikationen angeben, die keine oder nur unzureichende Anweisungen für die praktische Anwendung enthalten, so dass der Anwender andere Regelwerke heranziehen muss, um z. B. Methoden zu definieren und Betriebsanweisungen zu erstellen.

Diesem Umstand kommt entgegen, dass innerhalb der Reinraumtechnik schon frühzeitig damit begonnen wurde, Übersichten über Regularien, wie die des IEST-Kompendiums, vgl. [18.6]und Tabelle 18.4, zu erstellen. Tabelle 18.4 zeigt Regelwerke für Spezialthemen der Reinraumtechnik. Tabelle 18.5 zeigt eine Übersicht, in der die Normen und Norm-Entwürfe des ISO/TC 209 für Planung, Bau und Betrieb von Reinraumanlagen zusammen mit anderen nationalen/internationalen Regelwerken nach Themen aufgelistet werden. Eine Übersicht der Gesellschaften, die an der Bearbeitung von Reinraum-Regelwerken beteiligt sind, zeigt Tabelle 18.9 (S. 489–491).

Tabelle 18.4 Reinraum-Regelwerke für Spezialgebiete

Aufgabenbereiche	Regelwerke
1. Einrichtungen zur Trennung von Reinraumbereichen/ Isolatoren	ISO/DIS 14644-7 [18.17]
2. Sicherheitswerkbänke	DIN EN 12469 [18.18] DIN 12950-10 [18.18] DIN 12980 (Zytostatika-Werkbänke) [18.18]
3. Molekulare Kontamination	ISO/WD 14644-8 [18.19]
4. Reinstmedien	VDI 2083 Blatt 7 [18.5] VDI 2083 Blatt 10 [18.5]
5. Oberflächenreinheit	VDI 2083 Blatt 4 [18.5]
6. Thermische Behaglichkeit	VDI 2083 Blatt 5[18.5] DIN EN ISO 7730 [18.20]
7. Reinstwasser	VDI 2083 Blatt 9 [18.5]
8. Qualitätssicherung	VDI 2083 Blatt 11 [18.5]
9. Sicherheits- und Umweltschutzaspekte	VDI 2083 Blatt 12 [18.5]
10. Biokontamination	E DIN EN ISO 14698-1, -2, -3 [18.8–18.10] IEST-RP-CC023.1 [18.6]
11. Reinraumkleidung	ISO/DIS 14644-5 Anhang B [18.15] DIN EN ISO 7730 [18.20] VDI 2083 Blatt 5 [18.5] VDI 2083 Blatt 6 [18.5] IEST-RP-CC003.2 [18.6]
12. Tragbare Geräte und Verbrauchsartikel	ISO/DIS 14644-5 Anhang E [18.15]
13. Kompendium der Reinraum-Regelwerke	IEST-RP-CC009.2 [18.6]
14. Reinraumtauglichkeit von Betriebsmitteln	VDI 2083 Blatt 8 [18.5]
15. Partikelmesstechnik	DIN 50452-3 (Teilchenanalytik in Flüssigkeiten) [18.21] VDI 3489 Blatt 3 (Prüfaerosole) [18.22] JIS B 9921 (Partikelmessung in Luft) [18.23] JIS B 9925 (Partikelmessung in Flüssigkeiten) [18.24]

Tabelle 18.5   Reinraum- und GMP-Regelwerke für Planung, Bau und Betrieb von Reinraumanlagen

Aufgabenbereiche	Regelwerke
1. Reinraumklassifizierungen	DIN EN ISO 14644-1 [18.2] ISO 13408-1 [18.11] EC GMP Annex 1 [18.12] U.S. Federal Standard 209E [18.1] FDA-Richtlinie Aseptic Processing [18.13] VDI 2083 Blatt 1 [18.5]
2. Anforderungen an die Reinraumumgebung	DIN EN ISO 14644-4 [18.7] ISO/CD 14644-3 [18.4]
3. Reinraumkonzept	DIN EN ISO 14644-4 Anhang B [18.7]
4. Messtechnik und Qualifizierung	ISO/CD 14644-3 [18.4] DIN EN ISO 14644-4 Anhang C (Qualifizierung) [18.7] DIN EN 1822-1 [18.14] VDI 2083 Blatt 3 [18.5] IEST-RP-CC001.3 [18.6] IEST-RP-CC006.2 [18.6] IEST-RP-CC007.1 (ULPA-Filter) [18.6] IEST-RP-CC034.1 [18.6]
5. Layout	DIN EN ISO 14644-4 Anhang D [18.7]
6. Prozess- und Versorgungseinrichtungen	DIN EN ISO 14644-4 Anhänge D, E und H [18.7] ISO/DIS 14644-5 Anhang D [18.15] VDI 2083 Blatt 1 [18.5]
7. Wartung und Instandhaltung	DIN EN ISO 14644-4 Anhänge D, E [18.7]
8. Planung, Bau und Erst-Inbetriebnahme	DIN EN ISO 14644-4 [18.7] DIN V ENV 1631 [18.16] VDI 2083 Blatt 2 [18.5] IEST-RP-CC012.1 [18.6]
9. Betrieb von Reinräumen	ISO/DIS 14644-5 [18.15] DIN V ENV 1631 [18.16] VDI 2083 Blatt 2 [18.5] IEST-RP-CC026.1 [18.6]
10. Personal im Reinraum	ISO/DIS 14644-5 Anhang C [18.15] VDI 2083 Blatt 6 [18.5]
11. Reinraum-Reinigung	ISO/DIS 14644-5 Anhang F [18.15]

18.4.1 Nationale Reinraum-Regelwerke

Als Beispiele für nationale Reinraum-Regelwerke werden im Folgenden die vom Verein Deutscher Ingenieure (VDI) bearbeitete Richtlinienreihe VDI 2083 und die vom Institute of Environmental Sciences and Technology (IEST) in den USA herausgegebene Richtlinienreihe vorgestellt.

18.4.1.1 VDI 2083

Die heute vorliegende Fassung des Richtlinienwerks VDI 2083 „Reinraum-technik" wurde in den 80er Jahren begonnen. Das Arbeitsgebiet „Reinraum-technik" war zu dieser Zeit längst nicht mehr auf die Beherrschung des Kon-taminationsfaktors „Luft" beschränkt. Man hatte erkannt, dass auch andere Kontaminationsfaktoren der Regelsetzung bedürfen und weitete das Projekt demzufolge auf Themenbereiche wie Personal, Oberflächen, Reinstmedien und Versorgungssysteme, Qualitätssicherung sowie Sicherheits- und Umwelt-schutzaspekte aus.

Die Arbeitsgruppen der Richtlinie VDI 2083 sind an der internationalen Normung des ISO/TC 209 von Anfang an beteiligt, indem sie Elemente ihrer eigenen Regelarbeit für die Integration in die internationale Normung aufbe-reiten und die vorliegenden Entwürfe kommentieren. Der Gemeinschaftsar-beitsausschuss Reinraumtechnik („GAA-RR im DIN und VDI") koordiniert diese Aktivitäten über den deutschen „Spiegelausschuss ISO/TC 209 und CEN/TC 243" und hat beschlossen, parallel dazu auch die Arbeit an den entspre-chenden VDI-Richtlinien fortzuführen. Die weitere Arbeit an VDI 2083 hat zum Ziel, beide Regelwerke zu harmonisieren, Themengebiete zu betreuen, die durch die internationale Regelsetzung nicht oder noch nicht erfasst wer-den und Teilgebiete für die regelmäßig anstehende Überarbeitung der inter-nationalen Normung vorzubereiten.

Eine Übersicht der vorliegenden Teile des Richtlinienwerks VDI 2083 zeigt Tabelle 18.6.

Tabelle 18.6   VDI 2083 Reinraumtechnik (Beuth Verlag, Berlin)

Blatt	Titel:	Erscheinungsdatum
Blatt 1	Grundlagen, Definitionen und Festlegung der Reinheitsklassen	April 1995 in Überarbeitung
Blatt 2	Bau, Betrieb und Instandhaltung	Februar 1996
Blatt3 Entwurf	Messtechnik in der Raumluft	Februar 1993 Entwurf in Überarbeitung
Blatt 4	Oberflächen	Februar 1996
Blatt 5	Thermische Behaglichkeit	Februar 1996
Blatt 6	Personal am Reinen Arbeitsplatz	November 1996
Blatt 7	Reinheit von Prozessmedien	Januar 2000
Blatt 8 Entwurf	Reinraumtauglichkeit von Betriebsmitteln	November 2000
Blatt 9 Entwurf	Qualität, Erzeugung und Verteilung von Reinstwasser	September 1991 Entwurf in Überarbeitung
Blatt 10	Reinstmedien-Versorgungssysteme	Februar 1998
Blatt 11 Entwurf	Qualitätssicherung	Februar 1999 Weißdruck erscheint 2001
Blatt 12	Sicherheits- und Umweltschutzaspekte	Januar 2000

18.4.1.2 IEST – Richtlinien

Ähnlich wie bei der vorstehend beschriebenen Richtlinienreihe VDI 2083 bezweckt auch die Sammlung reinraumtechnischer *Recommended Practices* („Empfohlene Verfahrensweisen") des *Institute of Environmental Sciences and Technology (IEST)*, die Bedürfnisse der reinraumtechnischen Praxis auf umfassende, aber anwendungsneutrale Art abzudecken. Diese Dokumentensammlung verdient die besondere Beachtung durch global tätige Hersteller von Arzneimitteln, Medizinprodukten und Erzeugnissen der Biotechnologie sowie ihrer Zulieferer, weil sich die amerikanische Aufsichtsbehörde der Pharmaindustrie und Biotechnologie, die *Food and Drug Administration (FDA*, vgl. Tabelle 18.6*)*, bei der Umsetzung ihrer reinraumtechnischen Forderungen in erster Linie an den Recommended Practices des IEST orientiert, an deren Erstellung sie punktuell auch aktiv mitgearbeitet hat.

Eine Zusammenstellung einiger vom IEST für die Reinraumtechnik veröffentlichter Dokumente zeigt Tabelle 18.7.

Tabelle 18.7   Richtlinien zur Thematik Reinraumtechnik des IEST

Richtlinien-Nr.	Reinraum-Richtlinien des Institute of Environmental Sciences and Technology (IEST) *Mount Prospect, IL, USA*	Erscheinungs-datum
IEST-RP-CC001.3	HEPA und ULPA-Filter/HEPA and ULPA-Filters	1993
IEST-RP-CC002.2	Laminarflow-Reinraumgeräte/Unidirectional flow clean air devices	1999
IEST-RP-CC003.2	Kleidung für Reinräume und kontrollierte Bereiche/Garments required in cleanrooms and controlled environments	1993
IEST-RP-CC006.2	Prüfung von Reinräumen/Testing cleanrooms	1997
IEST-RP-CC007.1	Prüfung von ULPA-Filtern/Testing ULPA-Filters	1992
IEST-RP-CC009.2	Kompendium von Normen und Richtlinien der Reinraumtechnik/Compendium of standards, practices, methods, and similar documents relating to contamination control	1993
IEST-RP-CC0011.2	Glossar von Begriffen und Definitionen der Reinraumtechnik/A glossary of terms and definitions relating to contamination control	1995
IEST-RP-CC0012.1	Überlegungen zur Planung von Reinräumen/ Considerations in cleanroom design	1998
IEST-RP-CC0023.1	Mikroorganismen in Reinräumen/Microorganisms in cleanrooms	1993
IEST-RP-CC0026.1	Betrieb von Reinräumen/Cleanroom operations	1995
IEST-RP-CC0027.1	Personalverhalten und Arbeitsprozeduren im Reinraum/Personnel practices and procedures in cleanroom and controlled environments	1999
IEST-RP-CC0034.1	Prüfung von HEPA- und ULPA-Filtern/HEPA and ULPA filter leak tests	1999

18.4.2 Anmerkungen zu speziellen Themenbereichen

18.4.2.1 Reinraumklassifizierungen (Tabelle 18.5, Ziff.1)

In Tabelle 18.5, Ziff.1 werden Regularien für die Reinraumklassifizierung aufgeführt. Die DIN EN ISO 14644-1 wird unter diesen als das maßgebende Regelwerk angesehen, zumal, nachdem in den USA der Antrag eingebracht worden ist, im Hinblick auf die Herausgabe von ISO 14644-1, den U.S. Federal Standard 209 zurückzuziehen. Bei DIN EN ISO 14644-1, U.S. Federal Standard 209E und VDI 2083-1 handelt es sich um Reinraumklassifizierungen, die für sämtliche Anwendungsbereiche offen sind. Die übrigen Klassifizierungen sind GMP-Klassifizierungen, d.h. sie enthalten anwendungsspezifische Festlegungen für den Bereich der Pharmazie. Innerhalb USP 24 [18.25] kommt man ohne die Definition einer speziellen Reinraumklassifizierung aus, indem man den pharmaspezifischen Klassifizierungen der Hygienetechnik die Reinraumklassifizierung des U.S. Federal Standard 209E zuordnet.

Die Vergleichbarkeit zwischen Reinraum- und GMP-Regularien ist trotz derartiger Unterschiede insgesamt gut. Eine Ausnahme bildet hier lediglich der EC-Leitfaden.

Während man bei der Abfassung des EC-Leitfadens noch davon ausging, jede Reinraumklasse mit einer Vielzahl von Detailspezifikationen charakterisieren zu müssen, ließ man in den übrigen Regelwerken wesentlich mehr Spielraum für prozessspezifische Definitionen. Während der EC-Leitfaden für die Luftgeschwindigkeit in „Laminar flow-Bereichen" noch eng tolerierte Vorgaben (0,45 m/s ± 20 % in der Arbeitsebene) macht, geht man in neueren Regularien von Vorgaben, die den technischen Handlungsspielraum unangemessen einengen, immer mehr ab, wie u. a. am Beispiel der DIN EN ISO 14644-1 deutlich wird.

Die Zuordnung von Reinraumklassen zu bestimmten Herstellbereichen, die ein wesentliches Element des EC-Leitfadens darstellt, wird in der USP 24 [18.25] weniger streng vorgegeben, in der ISO 13408-1 [18.11] weniger detailliert spezifiziert und in der DIN EN ISO 14644-4 [18.7] lediglich als Anwendungsbeispiel aufgeführt. Als Merkmal der ISO-Normen erweist sich, dass man bemüht ist, zwischen wesentlichen („normativen") Festlegungen und nachgeordneten („informativen") Spezifikationen zu differenzieren. Für den Anwender bietet dieses Konzept den Vorteil, dass ein bestimmter Stand der Technik weniger detailliert festgeschrieben wird und der Planer folglich über weitaus mehr Freiheiten verfügt, fortschrittliche Techniken einzusetzen und prozessspezifische Gesichtspunkte zu berücksichtigen.

18.4.2.2 Messtechnik und Qualifizierung (Tabelle 18.5, Ziff.4)

Lecktest eingebauter Schwebstofffilter

Kernstück des Komitee-Entwurfs ISO/CD 14644-3 ist eine den neuesten Stand der Technik berücksichtigende Spezifikation für den Lecktest an eingebauten Filtern. Der Unterschied zwischen der älteren Regelsetzung der FDA-Richtlinie über aseptische Herstellung [18.13] und dem neueren ISO/CD 14644-3 [18.4] wird dabei besonders deutlich. Die FDA-Richtlinie orientiert sich an

Vorgaben, die dem bereits Mitte der 80er Jahre zurückgezogenen U.S. Federal Standard 209B entnommen sind. Dessen Vorgaben beziehen sich einzig auf den Lecknachweis mittels Aerosol-Photometer und kennen noch keine Differenzierung zwischen der herstellerseitigen Leistungsmessung an Filtern und der Leckprüfung im eingebauten Zustand. Die herstellerseitige Filterprüfung behandelt DIN EN 1822-1 [18.14]. Erst der Komitee-Entwurf ISO/CD 14644-3 bringt diese Differenzierung in Fortführung des von VDI 2083 Blatt 3 [18.5] entwickelten Konzepts und liefert darüber hinaus eine von gerätebezogenen Spezifikationen weitgehend freie Definition der Anforderungen an den Lecktest. Je nach Filterklasse (H13–U17) gelten unterschiedliche Anforderungen an die Prüfung der lokalen Penetration – aber immer Anforderungen, die deutlich geringer sind als die der herstellerseitigen Leistungsmessung des jeweiligen Filters [18.14]. In den neueren Regularien wird auf die Vorteile der Leckprüfung mittels Partikelzähler-Test hingewiesen, die vor allem in der höheren Empfindlichkeit und der geringeren Aerosolbelastung liegen. Das veraltete Konzept der FDA bzw. des zurückgezogenen U.S. Federal Standard 209B ist aber bedauerlicherweise in der IEST-RP-CC034.1 [18.6] erst kürzlich wieder neu festgeschrieben worden – ein Vorgehen, das als Widerspruch zum Komitee-Entwurf ISO/CD 14644-3 noch erhebliche Verwirrung schaffen dürfte.

Luftgeschwindigkeit

In der Frage der *Luftgeschwindigkeit* bei turbulenzarmer Verdrängungsströmung, vgl. Tabelle 18.5, Ziffer 4 ergeben sich ebenfalls erhebliche Unterschiede. Der EC-Leitfaden fordert 0,45 m/s in der Arbeitsebene, eine Forderung, die immer dann unrealistisch ist, wenn es sich nicht um einen freien Arbeitsbereich ohne feste Installationen handelt, sondern um den Prozessbereich einer Maschine, die innerhalb einer Reinraumanlage installiert ist. In der Richtlinie VDI 2083 Blatt 3 wird für den Nachweis der mittleren Geschwindigkeit bereits eine Messzone, 300 mm stromab der Filterebene, definiert – eine Vorgabe, die wesentlich mehr Praxisbezug erkennen lässt. In der neuen DIN EN ISO 14644-1 geht man noch weiter, indem man auf die Definition von Grenzwerten für die Luftgeschwindigkeit in Zusammenhang mit der Luftreinheitsklassifizierung gänzlich verzichtet. Die Praxis hat bewiesen, dass nahezu jede Art von Geschwindigkeitsgrenzwert untauglich ist, die strömungsbedingte Schutzwirkung zu charakterisieren.

18.4.2.3 Reinraumabgrenzung (Tabelle 18.5, Ziff.8)

In der Frage der *Reinraumabgrenzung* gegenüber weniger reinen Umgebungsbereichen liegen die Anforderungen von EC- und FDA-Leitfaden, vgl. [18.12] u. [18.13], nahe beieinander. Das Problem von Betreibern in der Pharmazie liegt darin, dass nicht klar wird, ob das traditionelle Konzept der Reinraumabgrenzung mittels Differenzdruck als das einzig gültige Konzept anzusehen ist und für welche Bereiche dieses Konzept gelten soll. DIN EN ISO 14644-4 hingegen zeigt drei verschiedene Konzepte zur Reinraumabgrenzung auf, die Abgrenzung mittels Druckdifferenz, mittels Überströmung und mittels Barrierekonzept und überlässt es dem Anwender, das für den betreffenden Prozess am besten geeignete System zu bestimmen.

Tabelle 18.8   Regelwerke für Sicherheitsbänke (Beuth Verlag, Berlin)

DIN EN 12469:2000	Biotechnik – Leistungskriterien für mikrobiologische Sicherheitswerkbänke; Deutsche Fassung EN 12469 : 2000
DIN 12950-10:1991	Laboreinrichtungen – Sicherheitswerkbänke für mikrobiologische und biotechnische Arbeiten – Anforderungen, Prüfung
DIN 12980:1996	Laboreinrichtungen – Zytostatika-Werkbänke – Anforderungen, Prüfung

18.4.2.4 Sicherheitswerkbänke (Tabelle 18.4, Ziff.2 und Tabelle 18.8)

Im September 2000 ist die neue Europäische Norm DIN EN 12469 [18.18] verabschiedet worden, die folgende Verbesserungen bringt:
– Betonung von Leistungsanforderungen an Stelle von Ausstattungsmerkmalen
– Verallgemeinerte Definition der Anforderungen an den Personen- und Produktschutz sowie den Schutz vor Querkontamination
– Beschränkung der Routineprüfung auf Funktionskontrollen.

Die ausführliche Darstellung der im Anhang aufgeführten Simulationstests für den Leistungsnachweis entspricht nicht ganz deren praktischer Bedeutung und Aussagekraft. Einfache physikalische Parameter, wie die Luftgeschwindigkeit (Vertikalstrom/Horizontalstrom) sind prinzipiell geeigneter, den sicheren Betrieb von Anlagen zu definieren und unter Routinebedingungen sicherzustellen. Die Verantwortung der Hersteller, im Rahmen der Typprüfung derartiger Anlagen die Spezifikationen zur fortlaufenden Absicherung des bestimmungsgemäßen Betriebs zu erstellen, wird in der Norm zwar erwähnt, sollte aber zusätzliches Gewicht erhalten.

18.4.2.5 Reinraumkleidung (Tabelle 18.4, Ziff.11)

Die Konzeption und Bewertung von Reinraumkleidung wird in den aufgeführten Normen und Regelwerken aus unterschiedlichen Perspektiven behandelt. ISO/DIS 14644-5 definiert in Anhang B allgemein gehaltene *Basisanforderungen* an Reinraumkleidung. DIN EN ISO 7730 [18.20] behandelt Reinraumkleidung ausschließlich unter dem Gesichtspunkt der *Behaglichkeitskriterien*, d. h. unter zahlenmäßiger Bewertung der thermodynamischen Parameter, der Art der Tätigkeit und des Isolationswerts der Kleidung. VDI 2083 definiert darüber hinaus *reinheitsklassenbezogene* Anforderungen an Reinraumkleidung und die IEST- Richtlinie behandelt u. a. verschiedene Methoden zur *Prüfung der Reinheit* von Reinraumkleidung, s. a. Kap. 12, *Textile Reinraumbekleidung*.

18.5 Konkurrierende Regularien

Bei der Zuordnung von Reinraumklassifizierungen kann es ebenso wie bei der Festlegung von Grenzwerten oder Prüfmethoden zur Konkurrenz zwischen verschiedenen Regularien kommen. Als Ursache für derartige Konflikte

Tabelle 18.9 Gesellschaften mit Beteiligung an der Reinraum-Regelarbeit

Abkürzungen	Name und Adresse
ACCS	Australian Contamination Control Society (Fax +61-2-97 42 61 90); www.acenet.com/accs/ P.O.Box 696, Greenacre NSW 2190, Australien
AFNOR	Association Francaise de Normalisation (Fax: +33-1-42 91 56 56); www.afnor.fr Tour Europe, 92049 Paris La Défense CEDEX, Frankreich
ANSI	American National Standards Institute (Fax +1 212 3 98 00 23); www.ansi.org 11 West 42nd Street, 13th Floor, New York NY 10036, USA
ASCCA	Associazione per lo Studio ed il Controllo della Contaminazione Ambientale (Fax + 39 3 82 2 76 97); www.ascca.it Via S. Giovanni in Borgo 4, IT-27100 Pavia, Italien
ASENMCO	Association of Engineers for Microcontamination Control, Russia Fax (+7 095 253 50 45) AO INVAR, Krimsky Val 8, 117 049 Moscow, Russland
ASHRAE	American Society of Heating, Refrigerating and Air-Conditioning Engineers (Fax +1-404-3 21 54 78); www.ashrae.org 1791 Tullie Circle, N.E., Atlanta, GA 30329, USA
ASPEC	Association pour la prévention et l´étude de la contamination, Secretariat: ASPEC (Fax +33 1 44 74 67 10); www.aspec.asso.fr 10 boulevard Diderot, F-75012 Paris, Frankreich
ASTM	American Society for Testing and Materials (Fax: +01-6 10-8 32-95 55); www.astm.org 100 Barr Harbor Drive, W. Conshohocken, PA 19428-2959, USA
BCW	Belgian Cleanroom Workclub (Fax +32 56 64 26); www.bcw.be Oudenaardsesteenweg 70-72, B-8580 Avelgem, Belgien
BSI	British Standards Institution (Fax:+44-20–89 96 74 00); www.bsi.org.uk 389 Chiswick High Road, London W4 4AL, Großbritannien
CCCS	Chinese Contamination Control Society (Fax +86 10 68 21 78 42) 27 Wanshou Road, P.O.Box 307, 100840 Beijing, China
CEC	Commission of the European Communities Office for Official Publications of the European Communities 2 Rue Mercier, 2985 Luxembourg, Luxemburg
CEN	European Committee for Standardization (Fax +32 2 5 50 08 19); www.cenorm.be Rue de Stassart 36, 1050 Bruxelles, Belgien
DIN	DIN Deutsches Institut für Normung e.V. (Fax: +49-30-26 01 12 31); www.din.de Burggrafenstr. 6, 10787 Berlin, Deutschland

Tabelle 18.9   Fortsetzung

Abkürzungen	Name und Adresse
FDA	Food and Drug Administration Division Drug Quality Compliance, Center Drugs & Biologics www.fda.gov 5600 Fishers Lane, Rockville, MD 20857, USA
GAA-RR	Gemeinschaftsarbeitsausschuss Reinraumtechnik (GAA-RR) im DIN und VDI, Normenausschuss Heiz- und Raumlufttechnik (NHRS), (Fax +49-2 11-62 14-1 57); www.din.de Postfach 10 11 39, 40002 Düsseldorf, Deutschland
GSA	General Services Administration Federal Supply Service Bureau, Specification Section, www.gsa.gov Suite 8 100, 470 East L'Enfant Plaza, S.W., Washington, DC 20407, USA
ICS	Irish Cleanroom Society (Fax : +353 1 960 36 56 88)
IEST	Institute of Environmental Sciences and Technology (Fax: +01-847-2 55-16 99); www.iest.org 940 East Northwest Highway, Mt. Prospect, IL 60056, USA
ISO	International Organization for Standardization (Fax +41 22 7 49 73 49); www.iso.ch CP-56, 1 Rue de Varembé, CH-1211 Genève 20, Schweiz
JACA	Japan Air Cleaning Association (Fax: +81-3-32 33-17 50); www.soc.ac.jp/jaca/ Tomoe-Ya Building No. 2-14 1-Chome, Uchi-Kanada, Chiyodaku, Tokyo 101-0047, Japan
JISC	Japanese Industrial Standards Committee c/o Standards Department, Ministry of International Trade and Industry (Fax +81 3 35 80 86 37); www.jisc.org 1-3-1 Kasumigaseki, Chiyoda-ku, JP-Tokyo 100, Japan
KACRA	Republic of Korea, South Korea (Fax +82 2 2 48 51 10) Prof. Myung-do Oh, Dept. Of Mechanical Engineering University of Seoul, 90 Jeonnong-dong, Dongdaemun-gu, SEOUL 130-743, Rep. of Korea
NSF	National Sanitation Foundation (Fax: +01-3 13-7 69-01 09) 3465 Plymouth Rd., P.O. Box 1468, Ann Arbor, MI 48106, USA
R³ NORDIC	Nordic Association for Contamination Control P.O. Box 65 SE-240, 13 Genarp Schweden
SAI	Standards Australia International Ltd. (Fax:+61 2 97 46 84 50); www. standards.com.au P.O. Box1055, AU-Strathfield, N.S.W. 2135, Australien
SBCC	Sociedade Brasileira de Controle de Contaminacão (Fax +55 12 382 35 62); www.sbcc.com.br Rua Sebastião Hummel, 171 Sala 702 11210-200 São José dos campos SP Brasilien

Tabelle 18.9   Fortsetzung

Abkürzungen	Name und Adresse
S^2C^2	Scottish Society for Contamination Control (Fax +44 141 330 35 01); www.s2c2.co.uk James Watt Building, University of Glasgow, Glasgow G12 8QQ, Großbritannien
SEE	Society of Environmental Engineers (Fax +44 17 63 27 32 55) Owles Hall, Buntington Herts SG 9 9PL, Großbritannien
SEMATECH	Sematech (Fax: +1-5 12-3 56-30 81); www.semtech.org 2706 Montopolis Dr. Austin, TX 78741, USA
SEMI	Semiconductor Equipment and Materials International (Fax +1 408 428 96 00); www.semi.org 3081 Zanker Road, San Jose, CA 95134, USA
SIS	SIS – Standardiseringen i Sverige (Fax +46 8 30 77 57); www.sis.se Box 6455 SE-113 82 Stockholm, Schweden
SNV	Schweizerische Normen-Vereinigung (Fax +41 52 224 54 74); www.snv.ch Bürglistr. 29, CH-8400 Winterthur, Schweiz
SWKI	Schweizerischer Verein von Wärme- u. Klima-Ingenieuren (Fax +41 31 852 13 01); www.swki.ch Solothurnstr. 13, CH-3332 Schönbühl, Schweiz
SRRT	Schweizerische Gesellschaft für Reinraumtechnik (Fax: +41-1-9 18 08 38); www.srrt.ch Langwisstr. 5, CH-8126 Zumikon, Schweiz
USP	United States Pharmacopeia (Fax +1 301 816 81 48); www.usp.org 12601 Twinbrook Parkway, Rockville, MD 20852, USA
VCCN	Vereniging Contamination Control Nederland (Fax +33-4 32- 15 81); www.tvvl.nl/VCCN/ De Mulderij 12, Postbus 311, 3830 AJ Leusden, Niederlande
VDI	Verein Deutscher Ingenieure e.V. (Fax: +49-02 11-62 14-177); www.vdi.de VDI-TGA, Postfach 10 11 39, 40002 Düsseldorf, Deutschland
WHO	World Health Organization (Fax +00 41 22 791 3111); www.who.ch Av. Appia 20, 1211 Geneva 27, Schweiz

(Über die angegebenen Internet-Adressen können die von den Gesellschaften herausgegebenen Regelwerke direkt bestellt bzw. abgerufen werden.)

kommen unterschiedliche Traditionen in den betreffenden Industrieregionen sowie Unterschiede zwischen reinraum- und prozessbezogener Regelsetzung in Betracht. Wie sollen Betreiber und Planer damit umgehen?

Als Beispiel sei hier auf einen Fall innerhalb der Pharmazie näher eingegangen, in dem sich behördliche und technische Regulierung auf charakteristische Weise gegenüberstehen: Bei Reinraum-Regelwerken, wie der DIN EN ISO 14644 oder der VDI 2083, wurde bewusst auf Festlegungen verzichtet, die nur für bestimmte Anwendungen relevant sind.

Die sogenannten GMP-Regelwerke hingegen sind einerseits ganz auf anwendungsspezifische Belange der Pharmazie ausgerichtet, behandeln andererseits aber auch reinraumtechnische Festlegungen. Diese stehen innerhalb der Pharmazie in Verbindung mit anderen, z.B. mikrobiologischen Festlegungen und der Definition bestimmter Herstellbereiche. Für die Praxis sind die reinraumtechnischen Festlegungen der GMP-Regelwerke jedoch vielfach nicht ausreichend, da sie teils zu allgemein gehalten sind, um als technische Anleitung herangezogen zu werden und teils zu speziell, um die gesamte Bandbreite technischer Anforderungen angemessen abzubilden. Es geht innerhalb der Pharmazie also darum, zwischen den teils ungenauen und teils einengenden Definitionen behördlicher Regulierung und denen allgemeiner Reinraumregularien zu vermitteln.

Eine derartige Konkurrenzsituation zwischen verschiedenen Regularien ergibt sich bspw. durch Festlegungen für Sterilbereiche der Pharmazie im Annex 1 des EC-Leitfadens [18.12]. Für die technisch korrekte Definition der Reinraumanforderungen genügt es auf keinen Fall, lediglich Partikelgrenzwerte zu spezifizieren und auf Hinweise zur Methodik ganz zu verzichten. An anderer Stelle gehen die Festlegungen der gleichen Richtlinie so weit, dass eine Mehrzahl von Sonderfällen behandelt oder offensichtlich kein anerkannter Stand der Technik zugrunde gelegt wird.

Soweit aber GMP-Leitfäden keine vollständige Anleitung zum Handeln liefern und andere technische Regelwerke deshalb heranzuziehen sind, wie im Fall des EC-Leitfadens/Annex 1, steht der Anwender vor der Aufgabe, zwischen beiden Bereichen zu vermitteln. Innerhalb der USA gilt, dass markt- und anwendungsnahe technische Regulierung Vorrang vor behördlicher Regulierung erhält. Auf dieser Grundlage wurde nach dem Erscheinen der ISO 14644-1 ein Verfahren zur Suspendierung des US Federal Standard 209E eingeleitet. Wo eine Konkurrenzsituation nicht auf diese Weise bereinigt wird, muss es dem Anwender freistehen, technische Vorgaben sinngemäß und zielorientiert umzusetzen.

Wie sieht eine solche zielorientierte Interpretation von Vorgaben in der Praxis aus? Die Partikelgrenzwerte für die verschiedenen, der ISO-Klasse 5 entsprechenden Reinraumklassifizierungen, liegen für die Bezugspartikelgröße 0,5 μm zwischen 3500 und 4500 je Kubikmeter Luft. Für den Nachweis der Reinraumbedingungen in einem Bereich der ISO-Klasse 5 kommt es in aller Regel aber gar nicht darauf an, ob dieser entsprechend den unterschiedlichen Grenzwerten der DIN EN ISO 14644, des U.S. Federal Standard 209E, der VDI 2083 oder des EC-Leitfadens erbracht wird. Die wirklichen Unterschiede zwischen den verschiedenen Klassifikationen liegen mehr in der Messmethodik als in den Grenzwerten, deren Unterschiede vielfach geringer sind als die Abweichung zwischen verschiedenen Messsystemen. Ein Anwender, der eine geeignete Messmethodik sucht, sollte daher frei sein, von behördlichen Vorgaben bzgl. der Grenzwerte abzuweichen, soweit offensichtlich ist, dass er ein gleichwertiges bzw. technisch überlegenes Verfahren anwendet.

Gibt sich eine Behörde mit dieser Argumentation nicht zufrieden, kann es erforderlich sein, den Nachweis der Gleichwertigkeit zu führen. In einigen Fällen lässt sich das aus dem Schrifttum belegen – in anderen Fällen kann es erforderlich sein, die Gleichwertigkeit durch Untersuchungen zu belegen.

18.6 Moderne Regelsetzung

Moderne Reinraum-Regelwerke müssen dem Planer ebenso wie dem Betreiber den nötigen Freiraum für optimale Konzepte lassen. Die Aufgabe der Regelwerke liegt nicht darin, eine Standard-Technik für beliebige Reinraumprojekte zu definieren, sondern, Verfahrensregeln zu erstellen, die sich flexibel an spezifische Prozessbedingungen anpassen lassen.

Bei Reinstprozessen, die in geschlossenen Maschinen, ohne Eingriff des Menschen ablaufen, müssen andere Anforderungen an die Umgebung gelten als bei offenen Arbeitsplätzen, an denen das Produkt vor der Verunreinigung durch das Personal geschützt werden muss. Wieder andere Regeln gelten für die Reinraumumgebung beim Umgang mit hochwirksamen oder toxischen Stoffen oder für die Verarbeitung steriler Pulver.

Wurde technische Regelsetzung in der Vergangenheit oft als die Aufgabe verstanden, ein bestimmtes Anlagenkonzept detailgetreu abzubilden und festzulegen, wird für die Zukunft eine Regelsetzung benötigt, die erlaubt, den Gesamtprozess der Entwicklung von Anlagen adäquat einzubeziehen. Von der Definition der Anforderungen, über den Bau und die Qualifizierung von Anlagen, darf nicht der Nachweis eines festgelegten Kanons technischer Merkmale oder Kenngrößen im Mittelpunkt stehen sondern immer nur das Erreichen und die Absicherung der geforderten Qualität. Wird bei der Konkretisierung der Mindestanforderungen zu sehr ins Detail gegangen, gibt es immer eine Vielzahl von Fällen, auf welche die definierten Regeln nicht anwendbar sind. Die Ziele der Normung sind nur zu erreichen, wenn sie sich als hinreichend flexibel erweisen, um technische Regeln für ein breites Spektrum gegenwärtiger und künftiger Anwendungen zu setzen. Moderne Regelsetzung muss dem Fortschritt verpflichtet sein, darf sich nicht bei der Beschreibung technischer Wege aufhalten, sondern muss immer auf die Definition von Zielen ausgerichtet werden.

Literatur

[18.1] U.S. Federal Standard 209E: „Airborne Particulate Cleanliness Classes in Cleanrooms and Clean Zones", September 11, 1992; General Services Administration, Washington D.C., USA.

[18.2] DIN EN ISO 14644-1 : 1999: Reinräume und zugehörige Reinraumbereiche – Teil 1: Klassifizierung der Luftreinheit (ISO 14644-1 : 1999); Deutsche Fassung DIN EN ISO 14644-1 : 1999, Beuth Verlag, Berlin.

[18.3]   DIN EN ISO 14644-2 : 2001: Reinräume und zugehörige Reinraumbereiche – Teil 2: Festlegungen zur Prüfung und Überwachung zum Nachweis der fortlaufenden Übereinstimmung mit ISO 14644-1 (ISO 14644-2 : 2000); Deutsche Fassung DIN EN ISO 14644-2 : 2001, Beuth Verlag, Berlin.

[18.4]   Internationaler Komitee-Entwurf ISO/CD 14644-3: Reinräume und zugehörige Reinraumbereiche – Teil 3: Messtechnik und Prüfverfahren (steht zur Veröffentlichung als Entwurf an).

[18.5]   Richtlinienreihe VDI 2083 Reinraumtechnik, Blätter 1–12, s. Tabelle 18.6

[18.6]   Richtlinien zur Thematik Reinraumtechnik des IEST, s. Tabelle 18.7

[18.7]   DIN EN ISO 14644-4 : Reinräume und zugehörige Reinraumbereiche – Teil 4: Planung, Ausführung und Erst-Inbetriebnahme; Deutsche Fassung DIN EN ISO 14644-4 : 2001, Beuth Verlag, Berlin.

[18.8]   E DIN EN ISO 14698-1 : 1999 (Entwurf): Reinräume und zugehörige Reinraumbereiche – Biokontaminationskontrolle – Teil 1: Allgemeine Grundlagen (ISO/DIS 14698-1 : 1999); Deutsche Fassung prEN ISO 14698-1 : 1999, Beuth Verlag, Berlin.

[18.9]   E DIN EN ISO 14698-2 : 1999 (Entwurf): Reinräume und zugehörige Reinraumbereiche – Biokontaminationskontrolle – Teil 2: Auswertung und Interpretation von Biokontaminationsdaten (ISO/DIS 14698-2 : 1999); Deutsche Fassung prEN ISO 14698-2 : 1999, Beuth Verlag, Berlin.

[18.10] E DIN EN ISO 14698-3 : 1999 (Entwurf): Reinräume und zugehörige Reinraumbereiche – Biokontaminationskontrolle – Teil 3: Verfahren zur Wirksamkeitsmessung von Reinigungs- und/oder Desinfektionsprozessen von inaktiven Oberflächen, die biokontaminierte Nassverschmutzungen oder Biofilme aufweisen (ISO/DIS 14698-3 : 1999), Deutsche Fassung prEN ISO 14698-3 : 1999, Beuth Verlag, Berlin.

[18.11] ISO 13408-1 : 1998-08: Aseptic processing of health care products – Part 1: General requirements, ISO, Geneva.

[18.12] EC GMP Guide to Good Manufacturing Practice. Revised Annex 1: Manufacture of sterile medicinal products. In: The rules governing medicinal products in the European Union. Vol. 4: Good Manufacturing Practices. European Commission, Luxembourg, 1998.

[18.13] Guideline on Sterile Drug Products Produced by Aseptic Processing, June 1987, Center for Drugs and Biologics and Office of Regulatory Affairs, Food and Drug Administration, Rockville, Maryland, USA.

[18.14] DIN EN 1822-1 : 1998: Schwebstofffilter (HEPA und ULPA) – Teil 1: Klassifikation, Leistungsprüfung, Kennzeichnung; Deutsche Fassung EN 1822-1 : 1998, Beuth Verlag, Berlin.

[18.15] Entwurf ISO/DIS 14644-5: Reinräume und zugehörige Reinraumbereiche – Teil 5: Betrieb.

[18.16] DIN V ENV 1631 : 1997: Reinraumtechnik – Planung, Ausführung und Betrieb von Reinräumen und Reinraumgeräten, Deutsche Fassung ENV 1631 : 1996, Beuth Verlag, Berlin.

[18.17] ISO/DIS 14644-7 : 2001: Reinräume und zugehörige Reinraumbereiche – Teil 7: Einrichtungen zur Trennung von Reinraumbereichen (Reinlufthauben, Handschuhboxen, und Mini-Environments).

[18.18] Regelwerke für Sicherheitswerkbänke, s. Tabelle 18.8

[18.19] ISO/WD 14644-8: Reinräume und zugehörige Reinraumbereiche – Teil 8: Molekulare Kontamination (in Erarbeitung).

[18.20] DIN EN ISO 7730 : 1995: Gemäßigtes Umgebungsklima – Ermittlung des PMV und des PPD und Beschreibung der Bedingungen für thermische Behaglichkeit (ISO 7730 : 1994); Deutsche Fassung EN ISO 7730 : 1995, Beuth Verlag, Berlin.

[18.21] DIN 50452-3 : 1995: Prüfung von Materialien für die Halbleitertechnologie – Verfahren zur Teilchenanalytik in Flüssigkeiten – Teil 3: Kalibrierung von optischen Durchflusspartikelzählern, Beuth Verlag, Berlin.

[18.22] VDI 3489 Blatt 3 : Messen von Partikeln – Methoden zur Charakterisierung und Überwachung von Prüfaerosolen Optischer Partikelzähler (1997), Beuth Verlag, Berlin.

[18.23] JIS B 9921 : 1997 : Light scattering automatic particle counter, JISC, Tokyo.

[18.24] JIS B 9925 : 1991 : Light scattering particle counter for liquid, JISC, Tokyo.

[18.25] USP 24 : The United States Pharmacopeia, Jan 1 2000, United States Pharmacopeial Convention, Rockville MD, USA.

Sachverzeichnis

A

Abblas-Verfahren 362
Abfüllanlage 187
–, isolatorgerechte, aseptische 187
–, Manipulatoren 187
–, optimale Ergonomie 189
–, reinigungsfreundliche 187
–, reinraumgerechte 187
–, Vakuumsauger 188
–, Vialfüllung 188
Abgabe leicht flüchtiger organischer
  Verbindungen 347
Abluft 249
Abluftentnahme 92
–, Hohlraumbodensysteme 92
Abnahme 430
Abriebfestigkeit 311
Abscheidegrad 376
Abscheidesysteme 102
–, elektrische Abscheider 102
–, filternde Abscheider 102
–, Wäscher 102
–, Zyklone 102
Abwasser 249
Adsorbierbare organische Verbindungen
  284
Adsorption 224
Aerosol 78, 377, 381
–, Generator 69, 70
–, Aerosolkonzentration 381
–, Photometer 376f
Aerosolsubstanz 78
–, Dampfdruck 79, 81
–, MAK-Wert 79, 81
–, Viskosität 80, 81
Airborne Molecular Contamination
  (AMC) 372, 384, 410
Aktivkohleadsorber 218
Anforderungen 344

Anlagenqualifizierung 442
–, Design Qualification (DQ) 442
–, Installation Qualification (IQ) 442
–, Operational Qualification (OQ) 442
–, Performance Qualification (PQ) 443
Anpassung 28
–, der Produktübergabe 29
–, strömungstechnische 28
–, thermische 29
Ansaugdüse 66
Anschaffungskosten 199
Antistatische Fasern 313
–, Carbon 313
Anzahlkonzentration 78
Äquivalentdurchmesser 40
–, Diffusionsdurchmesser 41
–, elektrischer Mobilitätsdurchmesser
  41
–, Feret-Durchmesser 41
–, Martin-Durchmesser 41
–, Streulichtdurchmesser 40
–, Trägheitsdurchmesser 41
Arbeitsschutz 205, 389
ASTM E-595-93 287
ASTM-Schnellmessmethode 333
Aufbau- und Ablauforganisation 422
Aufladung 53
Auflösungsvermögen 62
Aufrauneigung 311
Aufreinigungskapazität 382
Ausbildungsprogramm 302
Ausfallraten 344
Ausgasung 282, 286
Ausrüstungen 325
–, antimikrobielle 325
–, wasserabsorbierende 325
–, wasserabstossende 325
Außenluft 277f, 285

Außenluft-Konzentrationen von AMCs 279

Außenluftversorgung 145
–, adiabate Luftbefeuchter 148
–, Aktivkohlefilter 147
–, Außenluftbeimischung 150
–, Außenlufterwärmung 147
–, Außenluftfilterung 146
–, Außenluftkühlung 148
–, Befeuchtung 148
–, Dampfbefeuchter 148
–, Düsenbefeuchter 148
–, Luftwascher 149
–, Volumenstromregelung 150
Außenluftwäscher 292
Austauschbewegungen 88
–, Kontaminationsbereiche 88
–, Kontaminationsfeld 89
–, laminare Zulufteinbringung 88
–, Turbulenzgrad 88
Auswertealgorithmen 346

B
Basen 271, 273, 274, 277, 285
–, Ammoniak 285, 292
–, Methylamine 285
–, NH_3 278
–, NMP 285
Basenspezifikation 275
Begrenztes Reinheitsvolumen 23
Bekleidungsregistriersystem 331
–, Barcode 331
–, Identifikationschip 331
–, Identifikationstransponder 331
Belastungssimulation 365
Beleuchtung 372, 384
–, Stärke 372, 373
Bestimmungs- und Leistungsgrößen
für Luftfilter 110
–, Abscheidegrad 110
–, Anfangsdruckdifferenz 110
–, Druckdifferenzverlauf 110
–, Einsatzdauer 110
–, Standzeiten 110
Bestimmungsgrenzen 216
Betriebszustand 350, 358, 455
–, as built 455
–, at rest 455
–, charakteristischer 351
–, in operation 455
Bewertungsalgorithmen 346
Bewusstseinswandel 299
Biokontamination 482

Biopolishing 224
Bodenableitfähigkeit 372, 373, 384
Body-Box-Test 335
Brechungsindex 60, 81
Brewster-Fenster 65
Brown'sche Bewegung 38
Bulkgase 237, 239

C
CEN/TC 243 Cleanroom Technology 473
Chemisch-mechanisches Polieren (CMP) 231, 234, 249
–, Abwasser 249
Chemisorption 288
Compliance 298
Computational Fluid Dynamics (CFD) 280
Containment Leak Test 378
Cost-of-Ownership-Analyse 28, 32
Count median diameter 45
Cross-Kontamination 88, 391
Cunningham-Correction-Faktor 50

D
Deckenfilter 282ff
Dekontamination 325, 326, 352
–, Flottenverhältnis 326
–, Unterbeladung 326
Dekontaminierbarkeit 316
Deregulierung 476
Design-Qualifizierung (Design Quali-
fication, DQ) 201, 206, 426, 447
–, Prüfplan 448
–, GMP-Audit 448
–, Planungsqualifizierung 201
Destillation 221, 253, 254, 259
Dichtigkeit
–, der lufttechnischen Anlage 372f, 377
–, des Deckensystems 372f, 377
–, des Raums 372f, 377
Dichtsitz 376
Differenzdruck 379
Diffusion 49
Dispergierung 36
Doppelbodensysteme 86
–, Abluftentnahme 87
–, luftundurchlässige Störstellen 87
–, Raumumschließungsflächen 87
–, turbulente Austauschbewegungen 87
–, Wärmequellen 87
–, Wirbelschleppen 87
Doppeldeckel-Andocksystem 168

Dotierstoffe   271, 273, 277, 283, 284, 292
–, Organophosphate   282
Dotierstoffkonzentration, zulässige   275
Druckabfall am Filter   372, 373
Druckdifferenzen   202, 210
–, definierte   210
Druckkaskade   372, 373
Druckluft   246, 266
Druckmessgerät   378
Druckverlust   289, 290
Durchdringungsgrad   73
Durchflussmesseinrichtung   76
Durchlassgrad   376
Durchsaugzählermethode   333
DUV-Fotolithografie   273
Dynamische Headspace-
    Gaschromatographie (GC)   287

E

EG-GMP-Leitfaden   299
Einlaufphase   358
Einwegbekleidung   323
Elektrische Kräfte   52
Elektrische Mobilität   53
Elektromagnetische Interferenzen (EMI),
    s. Magnetische und elektrische Felder
    372, 373
Elektrostatisches Verhalten   312
–, Aufladeneigung   312
–, Durchgangswiderstand   312
–, Entladegeschwindigkeit   312
–, Oberflächenwiderstand   312
Emissionsquelle Mensch
–, Gewebe der Kleidung   6
–, Hautbeschaffenheit   6
Enthärtung   218
Erfolgskontrollen   303
Erholzeit   372, 373, 381
Erwartungswert   356
Exponentialverteilung   46
Expositionsgrenzwerte   392, 393
–, Exposure Control Limit (ECL)
    393
–, Lowest Observed Effect Level (LOEL)
    394
–, No Observed Effect Level (NOEL)
    393
–, Occupational Exposure Limit (OEL)
    393
–, Pharmainterner Richtwert (PIR)
    393
–, Short Term Exposure Limit (STEL)
    393

F

Fabrikabluft   280
Faserfilter   101
–, Schwebstofffilter   101
–, Standardluftfilter   101
FAT (Factory Acceptance Test)   203
FDA (Food and Drug Administration)
    200, 377, 485
–, Approval   199
–, Richtlinie   486
Fertigung   189
–, Absorptionsverhalten   190
–, Ampullenfüllmaschine   194
–, aseptische   189, 190
–, aseptischer Lösungsansatz   191
–, biotechnische   190
–, Festwandisolatoren   191
–, Halbmanntechnik   196
–, Lösungsansatz   195
–, Materialien   190
–, Scale up   195
–, Transferisolator   191
–, Vialabfüllung   194
–, Zeit-/Druckabfülltechnik   191
Fertigungsgeräte   23, 24, 25, 27
–, Design   22
Fertigungskette   345
Festwandisolator   171, 207
Filterdichtflüssigkeit   282ff
Filterelemente   105
–, Beutelfilter   105
–, Faltenfilter/Filterzellen   105
–, Filtermatten   105
–, Hochleistungsfilterplatten   105
–, Plissee-Filter   105
–, Schwebstofffilter-Zellen   105
Filterkontamination   59, 80
Filterlecktest   372f, 376
Filternde Abscheidesysteme   102
–, Abreinigungsfilter   102
–, Schüttschichtfilter   102
–, Speicherfilter   102
Filterprüfung   406
–, integrale Penetration   407
–, lokale Penetration   406
–, Ölfaden-Test   407
–, Prüfrillen   406
Filtrationssysteme für AMC   288
Flammschutzmittel   275, 281, 284, 291
Flexible Luftverteilung   23
Flockung   218
Flüssigkeitspartikelzähler   363
Fraktionsabscheidegrad   114

–, integraler   114
–, lokaler   114
Funktionsmusterprüfung   350
Funktionsqualifizierung (FQ)   202
–, Sterilisationseinrichtungen   203

G

Gate-Oxide   273
Gauß-Verteilung   45
Gebäudekonzept
–, 2-Level-Fab   134
–, 3-Level-Fab   135
–, Bay/Chase-Konzept   134, 135
–, Waffle Slab   134
Gebäudeschwingungen   372f, 383
Geometrischer Durchmesser   44
Gereinigtes Wasser (Aqua Purificata, AP)
   254
Gesetzliche Grundlagen   413
Good Manufacturing Practice (GMP)
   426, 472
–, Klassifizierungen   486
–, Regelwerke   483
–, Regelwerke der Pharmazie   481
Gravitationskraft   51
Grenzwerte   347
–, für Luftkontamination   272
–, Überschreitungswahrscheinlichkeit
   353, 355
Größenverteilung   78

H

Halbisolatortechnik   170, 172, 173
Halbmanntechnik   168, 177
Handschuhe   176
–, Dichtigkeit   186, 200
–, Prüfeinrichtungen   202
–, Systeme   186
–, Technik   168
–, Wechseleinrichtungen   202
–, Wechselsystem   176
–, Werkstoffe   176
–, Zweithandschuhe   177
Harmonisierung   473
Häufigkeitsverteilung   42
Hausdampf   266
Haze   270
–, Organophosphatverbindung   275
Helium-Lecktest   202
Helmke-Drum-Methode   334
Humanitärer Gesichtspunkt   299
Hygiene   295, 305

I

Identifikationsmerkmal   329
IEST-Richtlinien   485
Impaktor   59, 60
–, Kaskaden-   59, 60
Impinger   59, 60
Indirekte Probenahmetechnik   361
Infektionsquelle   296
Infektionsweg   296
Installationsqualifizierung (Installation
   Qualification, IQ)   201, 427
Instandhaltung   483
Integrales Reinheitssystem   19, 20, 25
Integration der LF-Technik/Integrierte
   Schaltung   11, 13, 14
–, Belüftung angrenzender Nebenräume
   13
–, Nachlaufzeit   17
–, Nacht- und Feiertagsbetrieb   16
–, rauminterne Umwälzung   13
–, Reinheiten   14
–, Sicherheitsüberlegungen   14
–, Temperaturprofil im Raum   14
–, Übergang vom Nachtbetrieb auf Tag-
   betrieb   17
–, Übergangsverhalten   16
–, überschlägige Berechnungen   14
–, Wirtschaftlichkeit   14
–, Zwischendeckenräume   13
Internationales Regelwerk   473
Investitions- und Betriebskosten   422
Investitionskostenersparnisse   199
Ionenaustauscher   220, 222, 258, 289
–, borspezifische Harze   220
–, kontinuierliche Elektrodenionisierung
   220
–, Mischbett-   220
–, nichtregenerierbarer Mischbett-
   polisher-   220
ISO-9000-Familie   298
ISO/TC 209   473
–, Konsensprinzip   475
Isolatoranlage   174
–, essentielle Komponenten   174
–, logistische Schnittstelle   174
–, Monitoring- und Dokumentationssys-
   teme   174
–, Reinraumanlage mit integriertem
   Kaltsterilisationsmodul   174
Isolatoren   24, 174, 400, 482
–, fremdbediente   401
–, Halfsuits   401
–, Manipulatoren   401

–, manuell bedienbar   400
–, technische Anforderungen   174
Isolatorhülle   174f, 210
–, anthropometrische Maße   176
–, Arbeitssicherheit   175
–, Containmentanforderungen   175
–, Ergonomie   175
–, reinigungsgerechte Gestaltung   175
–, reinraumgerechte Gestaltung   175
Isolatortechnik   173
–, Entwicklung   168ff
–, Geschichte   173
–, Masterplan (VMP)   200

K

Kabelummantelung   282ff
Kalibrierung   69, 456
–, am Betriebspunkt   456
–, Mehrpunkt-   456
Katalyse   288
Keimfreiheit   58, 370
Kelvin-Effekt   37
Killerpartikelgröße   409
Klassifizierung von Reinräumen   471
Klassifizierungsergebnis   353
Klassifizierungsmessungen   352
Knudsen-Zahl   48
Koagulation   38
Koinzidenz   63, 67
Koinzidenzfehler   67, 69
Koloniebildende Einheiten   467
–, Hautkeime   467
–, Wasserkeime   467
Kompendium der Reinraum-Regelwerke   482
Kondensation   37
Kondensationskernzähler   59
Kondensierbare Stoffe   271, 273, 275, 277, 292
Konfektionstechnische Hilfsmittel   319
–, Bündchen   319
–, Reißverschlüsse   319
Konfidenzgrenze   354
Kontamination   304, 344
–, Beseitigen mikrobieller   304
–, Inaktivieren mikrobieller   305
–, Mechanismen   20
–, mikrobielle   304
–, Parameter   347
–, Potenzial   366
–, Quellen   278, 296, 307, 352
Kontaminationskontrolle   344

Kontaminationskonzentration, stationär   285
Kontaminationskritische Fertigungen   19
Kontinuierliche Elektro-Deionisation   259
Konvektionsströmung an Wärmequellen   96
Konzeptqualifizierung   203
Körperschutz   402
Kostenmanagement   434
Kostenzusammenstellung   28
Krankenhaushygiene   296
Kritische Raumpositionen   465
–, Absaugungen   465
–, LF-Bereiche   465
–, Überströmpositionen   465
Krümmer   74

L

Laminierte Textilien   324
Laserpartikelzähler   65, 376f
Latexpartikel   63, 69, 70, 71
Latexsuspension   70
Lebensdauer   360
Leckdichtheit   200
Lecktest   374, 489
–, an eingebauten Filtern   489
–, herstellerseitige Leistungsmessung an Filtern   487
–, Lecknachweis mittels Aerosol-Photometer   487
–, lokale Penetration   487
–, Helium-   202
Leckvolumenstrom   378
Lichtwellenlänge   61, 62
Life Cycle Cost of Ownership   436
Life-Cycle-Tests   358
Log-Normalverteilung   45
Luftdurchlässigkeit   321
Luftfeuchte, relative   372f, 382
Luftgeschwindigkeit   372f, 375
–, Luftgeschwindigkeitsverteilung   375
Luftgetragene chemische Verunreinigungen (AMC), s. Airborne Molecular Contamination (AMC)
Luftgetragene molekulare Kontamination, s. Airborne Molecular Contamination (AMC)
Luftgetragene Partikel   21
Luftkeimzahl   372f, 382
Luftreinheitsklasse   349
Luftströmung   370
Luftvolumenstrom   372f, 375
Luftwechselzahl   375

M

Magnetische und elektrische Felder   385
MAK-Wert-Prüfgerät   202
Massenabnahme   365
Massenkonzentration   79
Materialprüfstand   365
Materialtransfer   211
Median-Durchmesser   44
Mehraufwand   198
–, apparativer   198
Mehrschichtenfilter   218
Membranentgasung   219
Membranfilter   59, 60
Membranpumpen   233
Messbereich   67, 68
Messkammer   63, 66
Messmethode   216
Messparameter   349
Messtechnik   483
Messvolumen   63, 64, 65
Mie-Theorie   61
Mikrobiologie   193, 305
–, Halbmanntechnik   197
–, Handschuhtechnik   197
–, Softwallisolator   196
–, Steriltests   196
Mikrobiologische Beprobung   468
–, Flächen   468
–, Raumluft   468
Mikrofiltration   220
Mikroorganismen   59
Mini-Environment   24, 32
–, lokale Reinräume   21
Mischströmungen   83
–, Partikelausbreitungen   83
Mittlere freie Weglänge   48
Modal-Durchmesser   44
Modellvorstellung   356
Monitoring- und Dokumentationssysteme   185
–, Arbeitsschutzeinrichtungen   187
–, Druckdifferenzen   185
–, Drucküberwachungseinrichtung   185
–, Grenzwerte   185
–, Isolator-Dichtheitsprüfung   186
–, Leckprüfung   185
–, mikrobiologische   185
–, Partikelniveau   185
–, Rauchtest   186
–, Strömungsgeschwindigkeit   185
–, Überströmwächter   185
–, zu akzeptierende Leckgröße   187

MTBA/MTBS Mean Time between Assists/Service   233
MTBF/MTBR Mean Time between Failures/Repairs   233
MTTR Mean Time to Repair   233
Multifilamentgarne   311

N

Nachweismethoden   362
Nähte   318
–, Kappnaht   318
–, Nahtkräuselung   319
–, Tunnelnaht   318
–, Überwendlichnaht   318
Nicht-Normalität   355
Non-mandatory-Informationen   414
Normalverteilung   45
Normenfamilie DIN EN ISO 14644   476
–, Erholzeit   478
–, Integritätstests der Schwebstofffilter   478
–, ISO-Partikelreinheitsklassen   477
–, Luftreinheitsklassifizierung   476
–, Molekulare Kontamination   480
–, Partikelreinheitsklassen   478
–, Reinheitsklassifizierung   476
–, Requalifizierung   477
–, Trennung von Reinraumbereichen   480
–, Überwachung   477
Normenfamilie DIN EN ISO 14698   476
–, Biokontamination   481
–, Biokontaminationskontrolle   481
–, mikrobiologische Datenauswertung   481
Normung   209
–, Britische Richtlinie   209
–, ISO 14644-7-Klassifizierung   210
–, ISO-Norm 14644-7   209
–, VDI 2083 Blatt 2   209
Nukleation   37
–, homogene   37
–, Selbst-   37
Nullzählrate   68

O

Oberflächendekontaminationsverfahren
–, automatisierbares   171
–, Alternativen   171
Oberflächenreinheit   482
Open cavity   65
Operational Qualification (OQ)   427
Optimierung   26

Optimierungspotenziale 353
Organisationsverschulden 297
Ozon 272, 279, 292

P

PAAG-(HAZOP)-Verfahren 206
Parallelität 372f, 379
Partialdruck 37
Particle-Containment-Test 335
Partikel 216, 347
–, Ablöserate 362
–, Ablösevorgänge 365
–, aerodynamischer Durchmesser 59
–, Anzahlkonzentration 57, 62
–, Äquivalentdurchmesser 57
–, Emissionen 308
–, geometrischer Durchmesser 57, 62
–, Größenverteilung 63, 69
–, Konzentration 67, 69, 371
–, Messtechnik 482
–, Messverfahren 58
–, Migrationsverhalten 311
–, Partikeldurchmesser 61, 62
–, Partikelgröße 57, 68, 74
–, Produktionsrate 78
–, Porosität 310
–, Rückhaltevermögen 310
–, Streulicht-Äquivalentdurchmesser
     58, 62, 72
Partikelablagerung, s. Partikeldeposition
Partikeldeposition 372f, 380
Partikelzähler 377
–, optischer 58, 60, 62
Passform 318
Performancequalifizierung (Performance
     Qualification, PQ) 203, 427
Personal 483
–, Training 403
–, Verfügbarkeit 198
Personenschutz 390, 392
Personenschutzfaktor 404
Persönliche Schutzausrüstung 402
Petrischale 59, 60
Pharmawasser 253
–, Qualitätskontrolle 263
Pharmazeutische BetriebsVO 299
Pharmazie 305
Physisorption 288, 289
PIC-Richtlinienentwurf 199
Pipeline-Counter 64
Poisson-Verteilung 46, 356
Probenahme 59f, 72, 382
–, isokinetisch 72f, 382

–, Sonde 72
–, Technik 361
–, Wirkungsgrad 73
Probenvolumenstrom 62, 67, 68
Produkteignung 346
Produktinformation 299
Produktionseinrichtungen 344, 345
–, Planung von 344
Produktionsmittel-Prüfung 344
Produktkontrollen 305
Produktraum 348
Produktschutz 389, 390, 394
–, Faktor 404
Produktspezifikationen 24, 347
Produktumgebung 20
Protokoll 386
Prozesschemikalien 230
–, Qualifizierung 235
Prozessfortluftsystem 150
–, allgemeine Fortluft 151
–, Aufkonzentrierung 153, 154
–, basische Fortluft 152
–, Biofilter 153
–, lokale Abluftbehandlung 152
–, lösemittelbeladene Abluft 153
–, Nachverbrennung 153
–, Nasswäscher 152
–, säurehaltige Fortluft 152
–, toxische Abluft 152
Prozessgase 236
–, Qualifizierung 245
Prozesskühlwasser 247
Prozessvalidierung 426
Prozesswasser 248
Prüfaerosole 78, 114
–, DEHS (Di-Ethyl-Hexyl-Sebacat) 114
–, DOP (Di-Octyl-Phthalat) 114
–, Paraffinöl 114
–, Quarzstaub 114
–, radioaktiv markiertes atmo-
     sphärisches Aerosol 114
Prüfmethoden 112
–, Abscheidegradprüfung gegenüber
     synthetischem Staub 112
–, Wirkungsgradprüfung gegenüber
     atmosphärischem Staub 112
Prüfprotokoll 331
Prüfrille 376
Prüfstände 364
Prüfungen, mikrobiologische 203
Pumpeffekt 320, 322
–, Mindestluftdurchlässigkeit 320
PVC-Bodenbelag 282ff

PVC-Isolator   170
–, flexibler   170
PVC-Zelt   168

Q

Qualifizierung   227, 373, 412, 423, 426,
    404, 483
–, Plan   228
–, Messungen   373
Qualität   412
–, Kontrollmechanismen   361
–, Kosten   412
Qualitätsfaktoren   21, 22
–, als Netzwerk   22
Qualitätskreis   431
Qualitätsmanagement   251, 409, 414
–, Fehlermöglichkeits- und Einfluss-
    analyse (FMEA)   414, 420
–, Fischgräten- oder Ishikawa-
    Diagramm   414, 419
–, Komparative   417
–, Risiko-Analyse   414
–, Risiko-Management   417
–, Risk Assessment   417
–, Simulation   414, 421
Qualitätssicherung   409, 482

R

Raumdruckkaskade   370
Raumdruckverhältnis   372f, 379
Raumumschließungsflächen   91
–, Coanda-Effekt   91
–, Rückströmwirbelfeld   91
Rayleigh-Streuung   61
Re-Qualifizierung   353
Reclaim   213, 224, 232
Recovery, s. Erholzeit
Recycling   212, 213, 224, 232, 242, 244,
    249
–, Verteilsysteme   212
Regelwerke   349, 471
–, nationale Richtlinien   478
–, Regularien   471
Registriersystem   329
–, Barcode   329
–, Identifikationschip   329
–, Identifikationstransponder   329
Regularien   471
–, branchenorientierte   471
Regulatorische Grundlagen   414
Reine Fertigungsumgebung   19
Reinheit   19, 21
–, Anforderungen   348

–, Charakteristik   354
–, Faktoren   20
–, Güte   349
–, Spezifikationen   345
–, Zertifikat   331
–, Zonen   21
Reinheitsklassen   46, 372f, 380
Reinigung   483
Reinigungseinrichtungen   327
–, Durchreich-Waschmaschinen   327
Reinigungsverfahren   327
Reinraum
–, Aufwand   198
–, Bedingungen   202
–, Böden   165
–, Decken   163
–, Klassifizierungen   483, 486
–, Umgebung   483
–, Wandanstrich   282ff
–, Wand-Bodenverbindungen   166
–, Wände   164
Reinraumabgrenzung   487
–, Barrierekonzept   487
–, mittels Differenzdruck   487
Reinraumbekleidung   319, 330, 482, 491
–, Alterung   312
–, Behaglichkeitskriterien   488
–, Gewebe   312
–, Prüfung der Reinheit   488
–, Schnitt   318
–, Unterbekleidung   322
–, Verpacken   330
–, Zwischenbekleidung   322
Reinraumisolator   182
–, aktiver   182
Reinraumkonzept   133
–, Ballroom   137
–, Bay/Chase-Konzept   130
–, Environmental Chambers   132
–, FOUP (Front Opening Unified Pod)
    137
–, Minienvironment   136
–, Minienvironment/Ballroom-Konzept
    130
–, Selfpowered Minienvironment   137
–, SMIF (Standardized Mechanical Inter-
    face)   136
–, Tunnelkonzept   133, 134
Reinraumsysteme
–, aerodynamische Trennung von Pro-
    dukt und Emittenten   4
–, konventioneller Reinraum   2, 3, 6
–, Laminar Flow   4

–, Laminar Flow-Prinzip 8
–, Sterilräume der pharmazeutischen
    Fertigung 5
–, Stufung 3
–, turbulenzarme Verdrängungs-
    strömung 8
–, zu unterdrückende Kontaminations-
    transport-Richtung 5
Reinraumsysteme/Technische Lösungen
–, additive LF-Zellen 10
–, additive Schaltung 11, 12
–, Gesamt-LF-Räume 8
–, kleinere Bauvolumina 10
–, kleinere Zonen mit höchster Reinheit
    10
–, kurze Kreisläufe 10
–, Mischlüftungsbereich 11
–, Partikelkonzentration 9
–, Schutz-Barriere 9
–, Stofftransport quer zur Strömungs-
    richtung 8
–, Stromführung 8
–, typisierte LF-Bausteine 10
Reinraumtauglichkeit 349
–, von Betriebsmitteln 482
–, Tauglichkeitsprüfung 346
Reinraumtechnik/Technik des Reinen
    Arbeitens 1, 410
–, Sauberkeit 1
–, Antisepsis 1
–, Asepsis 2
–, Keimfreiheit 1
–, Schwebstoffteilchen 2
–, Sterilität 1
–, Transport der Kontaminanden 2
Reinstluftversorgung 132
–, Außenluftanlage 157
–, Axialventilator 138, 139
–, Druckdecke 132
–, Druckhaltung 161
–, Druckplenum 132
–, Druckverteilung 145
–, Energiebedarf 144
–, Fan Tower 140, 141
–, FFU-Querschnitt 142
–, FFU-Steuerung 143
–, Filter-Ventilator-Einheit (Filter Fan
    Unit, FFU) 132f, 138, 140f, 159f
–, Filterhaube 132
–, Mischluftanlage 158
–, Umluftanlage 159, 160
–, Umluftgeräte 138
Reinstmedien 212, 482

–, Reinstdampf 266
–, Technik 212
Reinstwasser 214, 217, 362, 482
–, Aufbereitung 218
–, Qualifizierung 226
–, Überwachung 226
–, Vermessung 363
–, Verteilung 225
Relaxationszeitspektrometer 59
Reparatur 325, 329
Reproduzierbarkeit 364
Requalifizierung 431
Restkontamination 317, 332
Restteilchen 70, 71
Reynolds-Zahl 50
Richtlinien 155
–, EG-Leitfaden 155
–, FDA-Richtlinie 155
Risikoanalyse 206, 415, 417
–, Risk Assessment 415
Risk Management 415
Rohwasservorbehandlung 217

S
Säuren 271, 272, 276, 277, 285
–, NO_x (NO/NO_2) 278
–, Schwefeldioxid 292
–, SO_x (SO_2/SO_3) 278
–, Stickoxide 292
Schalldruckpegel 372f, 383
–, Schallpegelmessgerät 383
Schulung 302, 432
Schutzanforderungen 391
Schutzausrüstung 403
–, Auswahl 403
Schutzkonzepte 395
–, Abzug 396
–, Barriereströmung 399
–, Isolator 400
–, Luftschleier 396, 399
–, Sicherheitswerkbank 398
–, Stützstrahlprinzip 397
–, turbulente Mischlüftung 395
–, turbulenzarme Verdrängungsströ-
    mung 397, 399
Schwachstellen 354
Schwebstofffilter 103
–, Hochleistungs- (ULPA) 103
–, Standard- (HEPA) 103
Schwingungen, s. Gebäudeschwingungen
Sedimentationsgeschwindigkeit 51
SEMI E46-95 286, 288
SEMI F21-95 271

SEMI-Test E46-95 283
SIA-Roadmap 273, 276
Sicherheits- und Umweltschutzaspekte
    482
Sicherheitsniveau 198
Sicherheitswerkbänke 482, 488
–, biologische 168
Signal-Rauschverhältnis 352
Silikat 216
Simulation realer Einsatzverhältnisse 351
Slip-Faktor 50
Sonderausstattungen 319
–, Diffusions- und Migrationsvorgänge
    320
–, Partikelfallen 319
–, Thermik 320
–, Überdruck 320
Space Management 251
Spezialgase 243
Spezifikationen 273, 277
Spezifischer Widerstand 216
SPF-Isolatoren 204
–, mit festen Kunststoffwänden 205
Standardabweichung 356
Standzeit 289
Statistische Analyse 354
Staubfreisetzung 390
Sterile Annex 199
Sterilisationsmethoden 183
–, Auslüftzeit 184
–, Chlordioxid 183
–, integrierte Wasserstoffperoxidsterili-
    sation 184
–, integriertes Modul zur Kaltsterilisa-
    tion 182ff
–, Nachweis der pharmazeutischen
    Sicherheit 184
–, Ozon 183
–, Peressigsäure 183
–, Standard-Dekontaminationszyklus
    mit dampfförmigem Wasserstoff-
    peroxid 183
–, Sterilisiermittelverbrauch 184
–, turnusmäßiger Lecktest 183
–, Verdampfung von Wasserstoffperoxid
    183
Sterilisierbarkeit 317
–, Autoklavieren 317
–, desinfizierendes Waschen 317
–, Gamma-Bestrahlung 317
Sticking coefficient 278
Störstellen 90
–, Aufstaugebiet 90

–, Nachlaufströmung 90
–, Rückströmgebiet 90
Streulicht
–, Impuls 62
–, Intensität 62
–, Messung 62
–, Photometer 59
Strömungsrichtung 372f, 379
Strömungsverhältnisse 210
Strukturparameter des Faserfiltermediums
    123
–, Faserdurchmesser 124
–, Filterdicke 124
–, Packungsdichte 123
Student-t-Statistik 356
Substanzen 205, 206
–, gefährliche 205
–, Spezifikationen 206
Synthese 390
–, von Wirkstoffen 390
Systemraum 348

T
Tagestank 233
Tape-Lift-Verfahren 362
Technische Dokumentation 201
Teilstromentnahme 72
Temperatur 372f, 382
Temperaturverteilung 202
Testverfahren ASTM-F51 332
Texturierte Garne 311
Thermische Behaglichkeit 482
Thermophoretische Kraft 54
TOC (Total Organic Carbon) 216
Total Quality Management 411
Toträume 225
Tragekomfort 314, 316
–, ergonomischer 314
–, Funktionalität 316
–, Griff 314
–, hautsensorischer 314
–, Passform 316
–, Schnitt 316
–, thermophysiologischer 314
–, Verarbeitung 316
–, Wärmetransport 314
–, Wasserdampfdurchlässigkeit 315
–, Wasserdampftransportverhalten
    314
–, Weichheit 314
Train-the-Trainer-Programm 301, 302
–, Einführungskurse 301
–, Weiterbildungskurse 301, 302

Training 432
Transfercontainer 170
–, andockbarer 170
–, dampfsterilisierbarer 170
Transfersystem 178, 181, 202
–, breach velocity 181
–, dampfsterilisierbarer Transfercontainer 179, 180
–, definierte unumkehrbare Strömung 181
–, diskontinuierliche sterile Übergabe 178
–, diskontinuierliches 202
–, Doppelklappensystem 180
–, Druckfalle 182
–, Heißluftbeaufschlagung 182
–, konstante Druckhaltung 182
–, konstantes Druckgefälle 182
–, kontinuierliches 181
–, Polypropylenbehälter 179
–, Sterilisiertunnel 181
–, Transportschnecke 181
–, Wasserstoffperoxiddampf 182
–, Wischdesinfektion 181
Transferzuverlässigkeit 200
Transport 60, 72, 73
Transportmechanismen 118
–, Diffusion 118
–, elektrische Wechselwirkungen 120
–, Gravitation 119
–, Sperreffekt 118
–, Trägheit 118
Trennwandsystem 95
Trinkwasser 248, 255, 256
TRK (Technische Richtkonzentration) 205
Turbulenzarme Verdrängungsströmung 8, 379

U

U.S. Federal Standard 209E 471, 477
Überströmung, unumkehrbare 202
Ultrafiltration 221, 259
Umkehrosmose 217, 219, 222, 224, 227, 258
Umweltschutz 206
–, Auflagen 206
Unterdruckisolator 208
–, dosierte Reaktorbeschickung 208
–, Sackentleerung 208
UV 219

V

Vakuum 248
Vakuumentgaser 219

Validation Master Plan (VMP) 371
Validierung 374, 423
–, Validation-Masterplan (VMP) 374
VDI 2083 Reinraumtechnik 484
–, Richtlinie 2083, Blatt 6 300
Verantwortlichkeiten 422
Verbrauchsgüter 350, 360, 482
Verdrängungsströmung 83
Verdünnung 60, 69, 72, 74, 77
–, Kaskadierung 76
Verdünnungsfaktor 69, 70, 76
Verdünnungsstufe 76
Verdünnungssystem
–, Ejektorprinzip 75
–, mit Teilstromfiltration 77
Verdünnungsverhältnis 77
Vergleichbarkeit 349
Verhalten 347
–, elektrostatisches 347
Verschleiß 359
–, Verschleißmessung 365
–, Verschleißperiode 358
Verschließtechnik 190
–, Optimierung 190
Versuchstiere 204
Verteilsystem 242, 244, 261
Verunreinigungen 345
Visuelle Endkontrolle 372f, 374
Visueller Eindruck 353
VOC (Volatile Organic Compounds) 279
Vollmanntechnik 168
Volumenabnahme 365
Vorbehandlung 257

W

Wahrscheinlichkeit 355
Wahrscheinlichkeitsdichtefunktion 357
Waschprozess 327
–, Seifenbad 328
–, Spülungen 327
–, Trockner 328
–, Trommeltrockner 328
–, Tumbler 328
–, Tunneltrockner 328
Wasser für Injektionszwecke (Aqua ad iniectabilia, WFI) 253, 254
Wasserstoffperoxidsterilisation 184
–, Verfahrensschema 184
Weichmacher 275, 281, 284
Werkstoffkombination 365
Widerstandskraft 51

Wiener Vereinbarung   474
–, parallele Umfrage   474
Wirkungsgrad   289
Witness Wafer   278
Worst-Case-Belastung   350

Z
Zählwirkungsgrad   68, 69, 71
Zertifizierung   430
Zweistoff-Zerstäuberdüse   70, 78
Zyklonabscheider   79

Druck (Computer to Film): Saladruck Berlin
Verarbeitung: Stürtz AG, Würzburg